荣获2016年中国石油和化学工业优秀教材一等奖

教育部高等学校化工类专业教学指导委员会推荐教材

化工设计概论

（第二版）

李国庭　主编

陈焕章　邱科镔　黄文焕　崔　群　参编

化学工业出版社

·北京·

本书为教育部高等学校化工类专业教学指导委员会推荐教材，详细介绍了化工设计的基本程序、内容、方法和步骤及工艺设计图纸的绘制方法、规范、内容和技巧。全书共分12章，主要包括：化工设计基本知识、项目建设的设计程序和内容、工艺流程设计、物料衡算与能量衡算、设备的工艺计算与选型、车间布置设计、管道设计与布置、向非工艺专业提供的设计条件、设计概算和技术经济、设计文件的编制、工厂选址及总布置设计、计算机辅助化工设计。本书中所引用的代号、符号及图纸主要选自国家或行业的最新标准。

本书以工艺设计为主线，层次分明、脉络清晰，密切联系实际，内容具有很好的系统性、科学性和实用性。本书可作为高校化学工程与工艺、制药工程、轻化工、生物化工、能源化工、环境化工等专业的教材，也可作为化工企业职工继续教育指导书及工程技术人员用书。

图书在版编目（CIP）数据

化工设计概论/李国庭主编. —2版. —北京：化学工业出版社，2014.9（2024.8重印）
教育部高等学校化工类专业教学指导委员会推荐教材
ISBN 978-7-122-21359-4

Ⅰ.①化… Ⅱ.①李… Ⅲ.①化工设计-高等学校-教材 Ⅳ.①TQ02

中国版本图书馆CIP数据核字（2014）第161244号

责任编辑：徐雅妮　何　丽　　　装帧设计：关　飞
责任校对：王素芹

出版发行：化学工业出版社（北京市东城区青年湖南街13号　邮政编码100011）
印　　装：三河市双峰印刷装订有限公司
787mm×1092mm　1/16　印张25　插页6　字数633千字　2024年8月北京第2版第12次印刷

购书咨询：010-64518888　　　售后服务：010-64518899
网　　址：http://www.cip.com.cn
凡购买本书，如有缺损质量问题，本社销售中心负责调换。

定　　价：59.00元

序

化学工业是国民经济的基础和支柱性产业，主要包括无机化工、有机化工、精细化工、生物化工、能源化工、化工新材料等，遍及国民经济建设与发展的重要领域。化学工业在世界各国国民经济中占据重要位置，自2010年起，我国化学工业经济总量居全球第一。

高等教育是推动社会经济发展的重要力量。当前我国正处在加快转变经济发展方式、推动产业转型升级的关键时期。化学工业要以加快转变发展方式为主线，加快产业转型升级，增强科技创新能力，进一步加大节能减排、联合重组、技术改造、安全生产、两化融合力度，提高资源能源综合利用效率，大力发展循环经济，实现化学工业集约发展、清洁发展、低碳发展、安全发展和可持续发展。化学工业转型迫切需要大批高素质创新人才，培养适应经济社会发展需要的高层次人才正是大学最重要的历史使命和战略任务。

教育部高等学校化工类专业教学指导委员会（简称“化工教指委”）是教育部聘请并领导的专家组织，其主要职责是以人才培养为本，开展高等学校本科化工类专业教学的研究、咨询、指导、评估、服务等工作。高等学校本科化工类专业包括化学工程与工艺、资源循环科学与工程、能源化学工程、化学工程与工业生物工程等，培养化工、能源、信息、材料、环保、生物工程、轻工、制药、食品、冶金和军工等领域从事工程设计、技术开发、生产技术管理和科学研究等方面工作的工程技术人才，对国民经济的发展具有重要的支撑作用。

为了适应新形势下教育观念和教育模式的变革，2008年“化工教指委”与化学工业出版社组织编写和出版了10种适合应用型本科教育、突出工程特色的“教育部高等学校化学工程与工艺专业教学指导分委员会推荐教材”（简称“教指委推荐教材”），部分品种为国家级精品课程、省级精品课程的配套教材。本套“教指委推荐教材”出版后被100多所高校选用，并获得中国石油和化学工业优秀教材等奖项，其中《化工工艺学》还被评选为“十二五”普通高等教育本科国家级规划教材。

党的十八大报告明确提出要着力提高教育质量，培养学生社会责任感、创新精神和实践能力。高等教育的改革要以更加适应经济社会发展需要为着力点，以培养多规格、多样化的应用型、复合型人才为重点，积极稳步推进卓越工程师教育培养计划实施。为提高化工类专业本科生的创新能力和工程实践能力，满足化工学科知识与技术不断更新以及人才培养多样化的需求，2014 年 6 月“化工教指委”和化学工业出版社共同在太原召开了“教育部高等学校化工类专业教学指导委员会推荐教材编审会”，在组织修订第一批 10 种推荐教材的同时，增补专业必修课、专业选修课与实验实践课配套教材品种，以期为我国化工类专业人才培养提供更丰富的教学支持。

本套“教指委推荐教材”反映了化工类学科的新理论、新技术、新应用，强化安全环保意识；以“实例—原理—模型—应用”的方式进行教材内容的组织，便于学生学以致用；加强教育界与产业界的联系，联合行业专家参与教材内容的设计，增加培养学生实践能力的内容；讲述方式更多地采用实景式、案例式、讨论式，激发学生的学习兴趣，培养学生的创新能力；强调现代信息技术在化工中的应用，增加计算机辅助化工计算、模拟、设计与优化等内容；提供配套的数字化教学资源，如电子课件、课程知识要点、习题解答等，方便师生使用。

希望“教育部高等学校化工类专业教学指导委员会推荐教材”的出版能够为培养理论基础扎实、工程意识完备、综合素质高、创新能力强的化工类人才提供系统的、优质的、新颖的教学内容。

教育部高等学校化工类专业教学指导委员会

2015 年 6 月

前言

化工设计是将一个系统（如一个工厂、一个车间或一套装置等）的技术方案、工艺过程、生产装备等转化为工程语言的过程，是一门综合性很强的科学。在化学工业基本建设上，化工设计发挥着重要的作用，它是促进国民经济和社会发展的重要技术经济活动的组成部分。化工设计知识是化工行业工程技术人员、管理人员的必备知识，化工设计课程已成为高等学校化工及相关专业的一门必修课程。

化工设计课程不同于其他专业理论课程，其主要是面向实际、面向应用、面向当代。

随着我国经济的快速发展与改革的不断深入，各个领域都在与国际接轨。工程设计领域也在快速与国际接轨，设计规范、标准不断修订，以满足我国工程项目设计国际化的要求。目前大多数国内设计院及高校教材引用的化工设计标准是 HG 20519—92 标准，为了适合新形势的需要，我国已制定了 2009 版（HG/T 20519—2009）化工工艺设计施工图内容和深度统一规定。本次修订我们引入了化工设计的最新标准，将教材进一步完善，提高系统性，充实内容，以满足目前我国进行的“卓越工程师教育培养计划”的需要，以及全国化工设计大赛参考用书的需要。

本次再版是在第一版基础上进行升级，依然秉持第一版的基本结构特征和实用性强的优点。本次修订的主要内容如下。

1. 按国家和行业有关法律、法规、标准的新变化，特别按 HG/T 20519—2009 化工工艺设计施工图内容和深度统一规定，进行了全面更新、补充和完善。

2. 书中内容尽量采用国际通用名称及规范，并结合国情，进行全面介绍，引导国内设计规范工作与国际通用做法接轨，以便适应我国化工设计人才培养的需要。

3. 增加教学案例，并提高案例的系统性、前后关联性；图纸按最新行业标准进行规范，有助于学生系统、规范地接受化工设计教育。

4. 对“化工设计”概念进行了精准、科学的定义；结合国内外资料，分别介绍了国内外对设计阶段的划分及设计内容；大篇幅增加了关于工艺流程设计方面的内容，增加了工艺包内容。

5. 主要章节增加了本章小结内容，目的在于加强学生对重点知识的掌握；增加了设计经验介绍，特别是使用 Auto CAD 软件进行工艺设计的技巧和经验，有利于学生设计能力的快速提高。

本书以工艺设计为主线，详细介绍了化工设计的程序、内容、方法和步骤，工艺流程设计、设备布置设计及管道布置设计的内容、原则和方法；较为详细、规范、系统地介绍了化工样图的表示方法。该教材具有以下特点：①贯彻教学计划和教学大纲，符合化工专业人才培养目标及教学要求，能反映本专业教育教学研究的先进成果和理念，深度适宜；②能完整地表达化工设计课程应包含的知识与技能要求，反映其相互联系及发展规律，注重理论知识与实践技能的有机结合；③符合化学工程与工艺等专业的认知规律，富有启发性，便于学习，有利于激发学生学习兴趣及化工设计能力的培养；④以工艺设计为主线，层次分明，脉络清晰，密切联系实际，实现了系统性、科学性和实用性的有机统一；⑤语言流畅，通俗易懂，叙述生动，图文配合科学，符号、计算单位符合国家标准；⑥教材中所选图纸多来自于实际工程项目，图样清晰、规范，便于教师、学生及工程技术人员参考。

教材是集作者近二十年来实际化工项目工程设计经验和理论教学经验编写而成，并充分吸收了同类教材的优点。本书可作为高校化学工程与工艺、制药工程、轻化工、生物化工、能源化工、环境化工等专业的教材，也可作为化工企业职工继续教育指导书及工程技术人员设计用书。

参加本书编写的有河北科技大学李国庭、陈焕章；南京工业大学崔群；吉林化工学院黄文焕。第1~7章由李国庭、陈焕章编写，第8~11章由黄文焕、李国庭编写，第12章由崔群编写。全书由李国庭统稿，河北医药化工设计有限公司邱科镔在本次修订过程中做了大量的工作。本书编写过程中，得到了原河北省石油化工规划设计院白秀玲高级工程师的悉心指导，在此表示衷心感谢。

《化工设计概论》出版以来，承蒙广大读者的关心和爱护，在此谨表衷心感谢，并希望读者继续提出宝贵意见，以便使本书不断地改进和完善。限于编者水平，书中难免有不妥之处，恳请读者批评指正。

编者

2014年9月

第一版前言

化工设计是将一个系统（如一个工厂、一个车间或一套装置等）的技术方案、工艺过程、生产装备等转化为工程语言的过程，是一门综合性很强的科学。在化学工业基本建设中，化工设计发挥着重要的作用，它是促进国民经济和社会发展的重要技术经济活动的组成部分。化工设计知识是化工行业工程技术人员、管理人员的必备知识，化工设计课程是高等学校化工及相关专业的一门必修课程。通过该课程的学习，可以使学生掌握工程实践知识，提高综合素质，完成化学工程师的基本训练，为今后参加实际工程设计做好切实的准备。

该教材是集作者近二十年来实际化工项目工程设计经验和理论教学经验编写而成，并借鉴了相关教材的优点，参阅了大量设计资料及设计标准。该教材具有以下几个特点。

(1) 以工艺设计为主线，层次脉络清晰，密切联系实际，内容具有很好的系统性、科学性、实用性。

(2) 整体结构合理，内容系统、完整。书中系统地阐述了化工设计的基本程序、内容和方法；重点介绍了工艺流程设计、设备布置设计及管道布置设计的内容、原则和方法；详细且规范地介绍了化工样图的表示方法。

(3) 充分听取设计单位的意见，在内容编排上更注重实用性。

(4) 图纸、表格、符号、代号、图例规范，标准统一。书中图样、设计规范均以 HG 20519—92、HG 20546—92、HG/T 20549—1998 内容为标准，因为目前大多数设计院主要执行的是 1992 年版的标准，新标准（如 HG/T 20559—93）主要用在涉外项目设计中。

(5) 教材中所用图纸大多来自于编者的化工项目工程设计，图样清晰、规范，便于教师讲解和学生参考。

本书共 11 章，第 1 章至第 6 章由河北科技大学李国庭、陈焕章编写，第 7 章至第 10 章由吉林化工学院黄文焕、河北科技大学李国庭编写，第 11 章由南京工业大学崔群编写，全书由李国庭统稿。本书由天津大学张美景审定，并提出了宝贵建议，在此表示感谢。本书在编写过程中，还得到了河北省石油化工规划设计院白秀玲高级工程师的悉心指导，在此也表示衷心感谢。

限于编者水平，书中难免有不妥之处，恳请读者批评指正。

编者

2008 年 5 月

目录

0 绪论 / 1

0.1 化工项目的建设过程 …… 1
0.2 化工设计在化工建设中的作用 …… 3
0.3 学习化工设计的意义 …… 3
本章小结 …… 4
思考与练习题 …… 4

第1章 化工设计基本知识 / 5

1.1 化工设计的概念 …… 5
1.2 化工设计分类 …… 6
1.2.1 根据建设项目性质对化工设计进行分类 …… 6
1.2.2 按项目开发过程对化工设计进行分类 …… 6
1.2.3 根据设计范围对化工设计进行分类 …… 13
1.3 化工厂设计工作程序及内容 …… 13
1.4 车间设计工作程序及内容 …… 13
1.5 化工设计的特点 …… 16
1.6 化工设计总原则 …… 17
本章小结 …… 18
思考与练习题 …… 18

第2章 项目建设的设计程序和内容 / 19

2.1 我国传统设计工作程序及内容 …… 19
2.1.1 设计前期工作步骤与内容 …… 20
2.1.2 初步设计阶段工作内容与程序 …… 24
2.1.3 施工图设计阶段工作内容与程序 …… 26
2.2 我国石油化工装置设计程序及内容 …… 27
2.3 国际通用设计程序及内容 …… 29
2.3.1 工艺设计阶段 …… 30
2.3.2 基础工程设计阶段 …… 30
2.3.3 详细工程设计阶段 …… 31
2.3.4 工程设计步骤 …… 32
2.3.5 相应文件要达到的目标 …… 32
本章小结 …… 32
思考与练习题 …… 33

第 3 章　工艺流程设计 / 34

3.1　工艺路线选择…… 34
3.1.1　选择原则 …… 35
3.1.2　技术路线和工艺流程确定的步骤 …… 36
3.2　工艺流程设计原则…… 38
3.3　工艺流程设计任务…… 39
3.4　工艺流程设计方法…… 40
3.5　工艺流程的概念设计步骤…… 41
3.5.1　实验步骤的流程化 …… 42
3.5.2　根据生产环保需要完善细化工艺流程 …… 43
3.5.3　将方框流程图转化为工艺流程简图 …… 45
3.5.4　逐步完善得到概念设计的工艺流程图 …… 49
3.6　初步设计阶段的工艺流程设计…… 54
3.7　施工图（亦称详细工程）设计阶段的工艺流程设计…… 56
3.8　工艺流程图的绘制…… 56
3.8.1　方框流程图和工艺流程草（简）图 …… 56
3.8.2　工艺物料流程图 …… 58
3.8.3　管道及仪表流程图 …… 61
3.8.4　流程图绘制步骤 …… 74
本章小结 …… 75
思考与练习题 …… 75

第 4 章　物料衡算与能量衡算 / 76

4.1　物料衡算…… 76
4.1.1　物料衡算的概念及分类 …… 76
4.1.2　物料平衡方程 …… 77
4.1.3　物料衡算的基本步骤 …… 78
4.1.4　计算举例 …… 81
4.2　能量衡算…… 83
4.2.1　能量衡算的目的 …… 84
4.2.2　能量衡算可以解决的问题 …… 84
4.2.3　能量平衡方程 …… 84
4.2.4　热量衡算 …… 85
4.2.5　计算举例 …… 87
本章小结 …… 92
思考与练习题 …… 92

第 5 章　设备的工艺设计与选型 / 93

5.1　化工设备的工艺设计与选型原则…… 94
5.2　化工设备工艺设计的主要工作和方法…… 94

5.3 化工设备的材料和选材原则…………………………………………………… 96
5.3.1 化工设备使用材料分类概况 …………………………………………… 96
5.3.2 材料选用的一般原则 …………………………………………………… 96
5.4 泵的设计与选型………………………………………………………………… 97
5.4.1 泵的类型和特点 ………………………………………………………… 97
5.4.2 选泵的原则……………………………………………………………… 100
5.4.3 选泵的工作方法和基本程序…………………………………………… 102
5.4.4 工业装置对泵的要求…………………………………………………… 104
5.4.5 选泵的经验……………………………………………………………… 104
5.5 气体输送及压缩设备的设计与选型 ……………………………………… 104
5.6 换热器的设计与选型 ………………………………………………………… 109
5.6.1 换热器的分类…………………………………………………………… 109
5.6.2 换热器设计的一般原则………………………………………………… 111
5.6.3 管壳式换热器的设计及选用程序……………………………………… 113
5.7 贮罐容器的设计与选型 ……………………………………………………… 116
5.7.1 贮罐的类型……………………………………………………………… 116
5.7.2 贮罐系列………………………………………………………………… 117
5.7.3 贮罐设计的一般程序…………………………………………………… 118
5.8 塔设备的设计与选型 ………………………………………………………… 120
5.8.1 板式塔…………………………………………………………………… 120
5.8.2 填料塔…………………………………………………………………… 120
5.9 反应器的设计与选型 ………………………………………………………… 122
5.9.1 反应器分类与选型……………………………………………………… 122
5.9.2 反应器的设计要点……………………………………………………… 125
5.9.3 釜式反应器的结构和设计……………………………………………… 126
5.10 液固分离设备的选型………………………………………………………… 130
5.10.1 离心机 ………………………………………………………………… 130
5.10.2 过滤机 ………………………………………………………………… 132
5.10.3 离心机的选型 ………………………………………………………… 133
5.10.4 过滤机的选型 ………………………………………………………… 135
5.11 干燥设备的设计与选型……………………………………………………… 136
5.11.1 常用干燥器 …………………………………………………………… 136
5.11.2 干燥设备的选型原则 ………………………………………………… 140
5.12 其他设备和机械的选型……………………………………………………… 141
5.12.1 起重机械 ……………………………………………………………… 141
5.12.2 运输机械 ……………………………………………………………… 141
5.12.3 加料和计量设备 ……………………………………………………… 142
5.13 汇编设备一览表……………………………………………………………… 142
本章小结……………………………………………………………………………… 143
思考与练习题………………………………………………………………………… 143

第 6 章　车间布置设计 / 144

6.1　车间布置设计的内容及原则方法 …… 144

6.1.1　车间布置设计的依据…… 144

6.1.2　车间布置设计的内容…… 145

6.1.3　车间布置设计的原则…… 145

6.1.4　车间布置设计的方法和步骤…… 146

6.2　车间的整体布置设计 …… 148

6.2.1　厂房的平面布置…… 149

6.2.2　厂房的立面布置…… 151

6.2.3　厂房的建筑结构…… 151

6.2.4　车间厂房布置设计时须注意的问题…… 152

6.3　设备布置设计 …… 152

6.3.1　生产工艺对设备布置的要求…… 152

6.3.2　安全及卫生对设备布置的要求…… 154

6.3.3　操作条件对设备布置的要求…… 154

6.3.4　设备安装及检修对设备布置的要求…… 155

6.3.5　厂房建筑对设备布置的要求…… 156

6.3.6　车间辅助室及生活室的布置…… 156

6.3.7　车间布置要整齐美观…… 157

6.3.8　建筑要求…… 157

6.4　常用设备的布置 …… 157

6.4.1　反应器…… 157

6.4.2　混合设备…… 160

6.4.3　蒸发设备…… 160

6.4.4　结晶器…… 161

6.4.5　容器…… 161

6.4.6　加热炉…… 162

6.4.7　塔类设备…… 163

6.4.8　换热器…… 167

6.4.9　泵、风机等运转设备…… 170

6.4.10　过滤机 …… 174

6.4.11　干燥器 …… 177

6.4.12　气体净化设备 …… 178

6.4.13　运输设备 …… 178

6.4.14　罐区 …… 178

6.4.15　控制室 …… 179

6.4.16　主管廊 …… 179

6.5　设备布置图的绘制 …… 180

6.5.1　设备布置图的内容…… 180

6.5.2　设备布置图的绘制方法…… 181

6.5.3 设备布置图的绘图步骤…… 186
6.6 设备安装图 …… 186
本章小结…… 188
思考与练习题…… 188

第 7 章 管道设计与布置 / 189

7.1 管道设计与布置的内容 …… 189
7.2 管道及阀门的选用 …… 191
7.2.1 基本概念…… 191
7.2.2 管道…… 191
7.2.3 常用阀门…… 197
7.2.4 常用管件…… 204
7.2.5 法兰、法兰盖、紧固件及垫片…… 205
7.3 管道压力降计算 …… 205
7.3.1 直管阻力 H_1 计算 …… 206
7.3.2 局部阻力 H_2 计算 …… 206
7.4 管道热补偿设计 …… 208
7.4.1 管道的热变形与热应力计算…… 209
7.4.2 管道热补偿设计…… 209
7.5 管道的绝热设计 …… 211
7.5.1 绝热范围…… 211
7.5.2 绝热结构…… 211
7.5.3 管道热力计算的基本任务…… 212
7.5.4 管道绝热计算…… 212
7.6 化工管道的防腐与标志 …… 213
7.6.1 管道防腐…… 213
7.6.2 管道标志…… 215
7.7 管道布置设计 …… 216
7.7.1 管道布置设计的内容…… 216
7.7.2 管道布置设计的依据…… 217
7.7.3 管道布置设计的基本要求 …… 217
7.7.4 管道布置设计的一般原则…… 218
7.7.5 管道敷设方式…… 221
7.8 常用设备的管道布置 …… 222
7.8.1 泵的管道布置…… 222
7.8.2 换热器的管道布置…… 224
7.8.3 容器的管道布置…… 226
7.8.4 塔的管道布置…… 227
7.8.5 管廊上的管道布置…… 231
7.8.6 其他管道布置…… 233
7.9 管道布置图的绘制 …… 234

7.9.1 管道布置图的内容 …… 234
7.9.2 管道布置图的绘制要求 …… 234
7.9.3 管道布置图的绘制 …… 242
7.10 管道轴测图 …… 244
7.10.1 管道轴测图要求的图示内容 …… 245
7.10.2 管道轴测图的图示方法 …… 245
7.10.3 管道轴测图的尺寸及其标注 …… 248
7.11 管架图与管件图 …… 250
7.11.1 管架图 …… 250
7.11.2 管件图 …… 250
7.12 管口方位图 …… 252
7.12.1 管口方位图的作用与内容 …… 252
7.12.2 管口方位图的画法 …… 253
7.13 管段表及综合材料表 …… 254
本章小结 …… 256
思考与练习题 …… 256

第8章 向非工艺专业提供的设计条件 / 258

8.1 土建设计条件 …… 258
8.1.1 化工建筑基本知识 …… 258
8.1.2 工艺专业向土建设计提供的条件 …… 262
8.2 非定型设备设计条件 …… 265
8.3 变配电及电气设计条件 …… 267
8.3.1 变配电 …… 267
8.3.2 电气设计条件 …… 267
8.4 自动控制设计条件 …… 268
8.5 给排水及暖通条件 …… 269
8.5.1 供水设计条件 …… 269
8.5.2 排水设计条件 …… 270
8.5.3 采暖通风设计条件 …… 270
8.6 供热及冷冻设计条件 …… 271
8.6.1 供热系统条件 …… 271
8.6.2 冷冻系统条件 …… 271
本章小结 …… 272
思考与练习题 …… 273

第9章 设计概算和技术经济 / 274

9.1 设计概算 …… 274
9.1.1 概算的内容 …… 274
9.1.2 概算费用的分类 …… 275
9.1.3 概算的编制依据 …… 277

9.1.4 概算的编制办法…… 277
9.2 技术经济 …… 281
9.2.1 投资估算…… 282
9.2.2 产品生产成本估算…… 283
9.2.3 经济评价…… 285
本章小结…… 290
思考与练习题…… 291

第10章 设计文件的编制 / 292

10.1 初步设计阶段设计文件的编制…… 292
10.1.1 设计说明书的编制内容 …… 292
10.1.2 设计说明书的附图和附表 …… 295
10.2 施工图设计文件的编制…… 296
10.2.1 施工图设计图纸目录 …… 297
10.2.2 工艺专业施工图设计技术文件 …… 297
10.2.3 设计文件归档 …… 299
本章小结…… 299
思考与练习题…… 299

第11章 工厂选址及总布置设计 / 300

11.1 厂址选择…… 300
11.1.1 工厂选址的指导方针 …… 300
11.1.2 工厂选址的一般要求 …… 301
11.2 厂址选择的程序…… 302
11.2.1 准备工作阶段 …… 302
11.2.2 现场勘查工作阶段 …… 303
11.2.3 编制厂址选择报告阶段 …… 303
11.3 厂址方案比较…… 303
11.3.1 厂址方案比较的重要性 …… 303
11.3.2 厂址方案比较的内容 …… 303
11.4 厂址选择报告…… 305
11.4.1 厂址选择报告的基本内容 …… 305
11.4.2 有关附件资料 …… 306
11.5 工厂总平面设计…… 306
11.5.1 工厂总平面设计内容 …… 306
11.5.2 总平面布置原则及方法 …… 307
11.5.3 工厂分区 …… 308
11.5.4 平面布置 …… 309
11.5.5 竖向布置 …… 310
11.5.6 管廊布置 …… 311
11.6 总平面布置图内容…… 312

11.6.1 图纸内容 …… 312
11.6.2 总平面设计主要技术经济指标 …… 313
11.6.3 实例 …… 314
本章小结 …… 314
思考与练习题 …… 315

第 12 章 计算机辅助化工设计 / 316

12.1 化工设计软件概述 …… 317
12.1.1 化工设计软件主要作用 …… 317
12.1.2 常用化工设计软件 …… 317
12.2 化工流程模拟软件 …… 319
12.2.1 化工流程模拟软件用途 …… 320
12.2.2 稳态模拟和动态模拟 …… 321
12.2.3 常用化工流程模拟软件简介 …… 321
12.3 化工装置及系统设计软件 …… 326
12.3.1 换热器设计软件 …… 326
12.3.2 换热流程与 PINCH …… 328
12.3.3 管网计算软件 …… 329
12.3.4 CFD 软件 …… 332
12.4 化工装置布置设计软件 …… 333
12.4.1 设备布置设计软件 …… 334
12.4.2 管道应力计算软件 …… 338
12.4.3 4D 模型技术 …… 339
12.5 计算机绘图软件 …… 342
12.5.1 常用的制图软件 …… 342
12.5.2 AutoCAD 基础知识 …… 342
12.5.3 AutoCAD 绘制工艺流程图 …… 343
12.5.4 AutoCAD 绘制设备布置图 …… 346
本章小结 …… 347

附录 / 348

附录 1 管道及仪表流程图中的缩写 …… 348
附录 2 管道及仪表流程图中设备、机器图例 …… 351
附录 3 管道及仪表流程图中管道、管件、阀门及管道附件图例 …… 355
附录 4 管道布置图和轴测图上管子、管件、阀门及管道特殊件图例 …… 360
附录 5 设备布置图图例及简化画法 …… 369
附录 6 工厂总布置图图例 …… 372
附录 7 首页图（见 374～375 之间的插页）
附录 8 管道、管件及阀门等的重要结构参数 …… 375

参考文献 / 382

0 绪　论

在本章你可以学到如下内容

- 化学工业在国民经济中的重要作用
- 学习本课程的意义
- 化工项目建立的过程

化工是“化学工艺”、“化学工业”、“化学工程”等的简称。凡运用化学方法改变物质组成、结构或合成新物质的技术，都属于化学生产技术，也就是化学工艺，所得产品被称为化学品或化工产品。起初，生产这类产品的是手工作坊，后来演变为工厂，并逐渐形成了一个特定的生产行业，即化学工业。化学工程是研究化工产品生产过程共性规律的一门科学。人类与化工的关系十分密切，有些化工产品在人类发展历史中，起着划时代的重要作用，它们的生产和应用，甚至代表着人类文明的一定历史阶段。目前化工产品早已渗透到人们的衣、食、住、行、用等各个领域，在现代生活中，几乎随时随地都离不开化工产品，它几乎与国民经济的各个领域都有着密切的联系，化学工业已成为世界各国国民经济重要的支柱产业。

我国的化学工业在进入改革开放的三十多年里，其结构和规模均发生了巨大变化，化学工业的产业结构已从以化肥、酸碱盐为主的无机化工发展成为门类齐全的工业体系，化学工业在国民经济中所占比重越来越大，已成为我国国民经济最重要的基础产业。伴随着我国化学工业的迅速发展，不仅需要大量科研、生产、管理方面的精英，而且还需要大量具有扎实的化工专业基础知识和正确的设计思想以及相应的设计能力的设计人才，加强对化工设计人才的培养是非常必要的。

化工设计是化工项目建设的重要环节，作为从事化工设计的专业人员首先要了解化工项目的工程建设过程，这有助于对工程建设各个阶段的化工设计内容及设计深度的掌控。

0.1 化工项目的建设过程

基本建设是指利用国家预算内基建资金、自筹资金、国内外基建贷款以及其他专项资金进行的，以扩大生产能力（或新增工程效益）为主要目的的新建、改扩建工程及有关工作。

基本建设是人类改造自然进行固定资产投资的社会经济活动，建设工程的一切活动虽然属于国民经济的特定领域，却与国民经济的各个部门息息相关，影响到社会生产和人民生活水平。因此，一切建设项目的投资方向、工程规模、区域布置等重大问题上必须在国家政策、法规的允许范围内进行，服从国家长远规划，符合行业规划、行业政策、行业准入标准。为了确保国家资源、建设资金的有效使用，减少建设项目决策失误，各国对工程建设实行行政审批制或备案制，并建立了基本建设管理程序。基本建设程序是指建设项目从设想、选择、评估、决策、设计、施工到竣工验收、投入生产整个建设过程中，各项工作必须遵循的先后次序的法则。图 0.1 为工程建设的基本环节框图。政府规定所有建设项目都必须按照基本建设程序管理规定进行，以保证建设项目的科学决策和顺利进行。

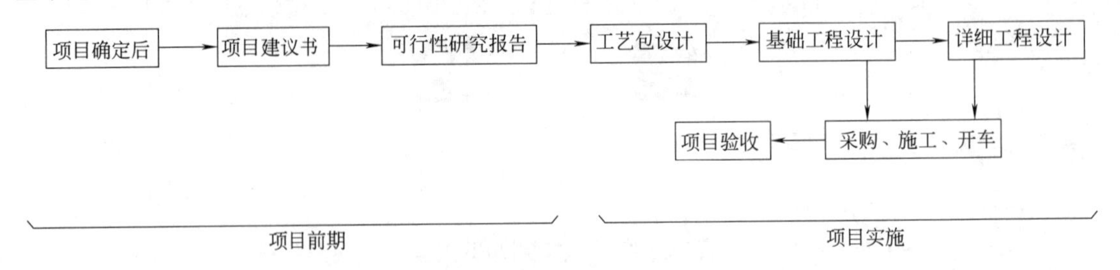

图 0.1 工程建设基本环节

按照基本建设程序管理规定，在我国化工项目（指化工厂或车间）建立的全过程，一般需要经过酝酿、立项（编制项目建议书）、可行性研究、初步设计、施工图设计、安装施工、试车和考核验收等几个阶段。根据以上几个阶段性建设程序，可以将化工厂整个建设过程分为三个阶段：①项目建设前期阶段；②项目建设实施阶段；③项目竣工验收阶段。第一阶段，项目建设前期主要工作是编制项目建议书，提出立项申请，编制可行性研究报告、环评报告、安评报告，做地震安全性评价，办理建设规划许可，用地规划许可，按项目基本建设程序完成立项需要的手续。第二阶段，项目建设实施阶段主要任务是委托有资质、有能力的设计院或工程公司，完成初步设计和施工图设计，进行消防设计审核，招投标建筑、安装公司完成生产装置的建设，组织人员学习培训，由生产技术人员指导生产调试，直到装置生产达标。第三阶段，竣工验收阶段的主要任务是在技术考核期内，对各项技术指标组织考核，达到设计要求后，转入正常生产管理。图 0.2 为我国传统化工项目的基本建设程序框图。

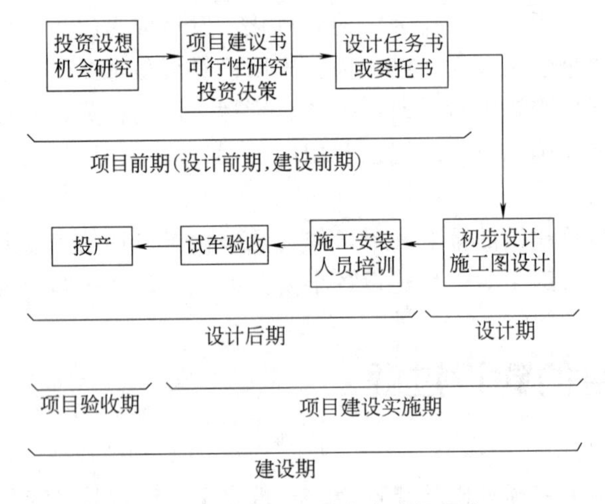

图 0.2 化工项目的基本建设程序

化工项目具有投资大，资源消耗多，风险高，牵扯范围广，生产技术复杂，涉及易燃、易爆、有毒、有害、高温、高压等危险因素，易发生重大事故，易造成环境污染等，所以化工项目的建设必须严格按基本建设程序管理规定进行，并加强安监、消防、环境、卫生等部门对化工建设项目的监管。

0.2 化工设计在化工建设中的作用

化工设计是把一项化工工程从设想变成现实的一个建设环节，是化工企业得以建立的必经之路。在化工建设项目确定以前，化工设计为项目决策提供依据，在化工建设项目确定以后，又为项目的建设提供实施的蓝图，在化工项目基本建设中化工设计发挥着重要作用，无论工厂或车间的新建、改建和扩建，还是技术改造和技术挖潜，均离不开化工设计。

化工设计是科研成果转化为现实生产力的桥梁和纽带，科研成果只有通过工程设计才能实现工业化生产，产生经济效益。在科学研究中，从小试到中试以及工业化的生产，都需要与设计有机结合，并进行新工艺、新技术、新设备的开发工作，力求实现科研成果的高水平转化。化工设计是企业技术革新，增加产品品种，提高产品质量，节约能源和原材料，是促进国民经济和社会发展的重要经济技术活动的组成部分。

化工设计在化学工程项目建设的整个过程中是一个极其重要的环节，是工程建设的灵魂，对工程建设起着主导和决定性作用。可以说在建设项目立项以后，设计前期工作和设计工作就成为建设中的关键。企业在建设的时候能不能加快速度，保证施工安装质量和节约投资，建成以后能不能获得最大的经济效益、环境效益和社会效益，设计工作起着决定性的作用。

因此，国民经济的发展、发展的效益和速度，都离不开化工设计工作，设计是一切工程建设的先行，设计工作的质量好坏将直接影响工厂的运行安全和经济效益，对于科学技术事业的发展和我国现代化建设都有着极大的影响，可以说没有现代化设计，就没有现代化建设。

0.3 学习化工设计的意义

(1) 化工设计课程是化工专业教育的重要内容

我国要求化工专业毕业生应具备以下几方面的知识和能力：①掌握化学工程、化学工艺、应用化学等学科的基本理论、基本知识；②掌握化工装置工艺与设备设计方法，掌握化工过程模拟优化方法；③具有对新产品、新工艺、新技术和新设备进行研究、开发和设计的初步能力；④熟悉国家对于化工生产、设计、研究与开发、环境保护等方面的方针、政策和法规；⑤了解化学工程学的理论前沿，了解新工艺、新技术与新设备的发展动态；⑥掌握文献检索、资料查询的基本方法，具有一定的科学研究和实际工作能力；⑦具有创新意识和独立获取新知识的能力。从以上我国对化工专业学生具有知识和能力的要求上看，化工设计是高等院校化工类专业的必修课，学生必须修好化工设计这门专业课程，才能达到专业培养目标的要求。

(2) 化工设计课程是培养化工设计人才的重要环节

化工设计课程教育是培养学生独立解决工程技术问题、理论联系实际、提高学生综合素质、由大学生向化学工程师转变的一个重要环节，化工设计是化学工程技术人员不可缺少的技术知识之一。通过本课程的教学，使学生初步了解我国基本建设的有关方针政策，学习有关工艺设计的基本理论，强化学生的工程意识，提高学生工程素质，使学生具备化学工程师的基本理论素质，为今后参加实际工程设计做好切实的准备，更好地培养企业所需的工程人才，实现学校提出的毕业生与企业“无缝接轨”的目标。

（3）开设化工设计课程是化工专业认证的要求

国际化化工专业认证要求化工设计教学要贯穿本科四年，目的是强化设计能力、实践能力、创新能力、团队精神培养，提高学生的工程综合素质，培养出大量符合企业需求的未来工程师。我国的化工教育必须顺应国际教育的发展潮流，强化化工设计方面的教育，以适应时代的发展。

（4）学好化工设计，今后无论考研还是参加工作都将大有裨益

化工专业的学生毕业之后基本上有两大去向，一是读研，二是参加工作。对读研的学生来讲，绝大多数还是选择化工及相关专业，从实验装置到放大装置的设计过程都离不开化工设计。对参加工作的学生来讲，主要从事化工、制药等工作，无论是新建、改建和扩建一个工厂，还是技术革新、装置能力的核算、工厂的改造挖潜，降低能耗，综合利用，三废处理，提高生产效率，以至于产品的开发、中间实验都需要一定的化工开发和化工设计的专业知识。因此，在大学高年级开设这门全面系统讲解化工设计的课程，进行有关工程设计方面知识的学习和训练是十分必要的。

本章小结

对于化工设计初学者首先要了解基本建设程序，了解我国化工项目的审批建设过程，这有助于学习掌握化工设计在化工项目基本建设中设计程序及工作内容，了解项目建议书、可研报告的用途，也有助于对后面基本概念、设计分类、化工设计的原则等基本知识的理解，为下一步开展设计工作打好基础。

绪论中的工艺包、建议书、可研报告等概念后面有详细讲解。基础工程设计、详细工程设计、初步设计、施工图设计是设计阶段的划分中的概念，初步设计和施工图设计为国内俗称，基础工程设计、详细工程设计为国际通称，对于初学者来说可以简单理解为“初步设计”内容相当于“基础工程设计”内容，“施工图设计”内容相当于“详细工程设计”内容，后面也有详尽介绍，在化工设计工作中应逐渐使用国际化通称。

思考与练习题

1. 解释基本建设程序的概念。
2. 简述化工项目建立的全过程。
3. 简述化工设计在国民经济中的地位和作用?

第1章

化工设计基本知识

在本章你可以学到如下内容

- 化工设计概念及分类
- 工艺包概念及内容
- 工艺设计内容
- 车间设计工作程序及内容
- 化工设计原则

1.1 化工设计的概念

对于“设计”这个词，大多数人并不陌生，平时人们常说建筑设计、美术设计、工程设计等。设计就是设想、运筹、计划与预算，它是人类为实现某种特定目的而进行的创造性活动。在辞海中将“设计”解释为：根据一定的目的要求，预先制定的方案、图样等。

化工是“化学工艺”、“化学工业”、“化学工程”等的简称，本书所讲的“化工设计”中的“化工”，涵盖了“化学工艺”、“化学工业”、“化学工程”等内容，但主要内涵应是“化学加工”的简称，延伸为“化学加工工程”，即“化工设计”是“化学加工工程设计”或“化工工程设计”的简称。广义的“化工设计”定义为：“化工设计是根据化工建设工程和法律法规的要求，对建设工程所需的技术、经济、资源、环境等条件进行综合分析、论证，编制建设工程设计文件，提供相关服务的活动”。设计文件是指从开发、立项、设计、施工安装、试产、验收到正式生产的各个阶段的实践过程形成的图样及技术资料的总称。本书介绍的“化工设计”内容主要是化工项目在基本建设时期的设计文件。

化工设计是把一项化工工程从设想变成现实的一个建设环节，涉及如下多个方面：①政治、经济、技术；资源、产品、市场、用户、环境；②天时地利人和以及国情、国策、标准、法规；③化学、化工、工艺、机械、电气、土建、自控、三废治理、安全卫生、运输、给排水、采暖通风等专业。化工设计是一项综合性很强的技术活动。

化工设计不同于化工原理设计，后者是对某个单元装置的设计，而本书所讲的“化工设计”是针对一个化工项目，这个项目可能是一个化工厂或一个生产车间的生产装置的整体设计，侧重于化工工艺设计内容。

1.2 化工设计分类

我国传统上对化工设计的分类是依照基本建设项目进行分类的，分为新建工厂设计、原有工厂的改建和扩建设计以及车间、厂房的局部修建设计。下面分别介绍按建设项目性质、项目开发过程及设计范围大小对化工设计进行分类。

1.2.1 根据建设项目性质对化工设计进行分类

（1）新建项目设计

新建项目设计包括新产品设计和采用新工艺或新技术的产品设计。这类设计往往由开发研究单位、专利商提供基础设计、工艺包，然后由工程研究部门（国外由工程公司）根据建厂地区的实际情况进行工程设计。

（2）重复建设项目设计

由于市场需要或者设备老化，有些产品需要再建生产装置，由于新建厂的具体条件与原厂不同，即使产品的规模、规格及工艺完全相同，还是需要由工程设计部门进行设计。

（3）已有装置的改扩建设计

化工厂旧的生产装置，由于其产品质量或产量不能满足客户要求，或者因技术原因，原材料和能量消耗过高而缺乏市场竞争能力，或者因环保要求的提高，为了实现清洁生产，而必须对已有装置进行改造。已有装置的改造包括去掉影响产品产量和质量的“瓶颈”，优化生产过程操作控制，提高能量的综合利用率和局部的工艺或设备改造更新等。这类设计通常由生产企业的设计部门进行设计，对于生产工艺过程复杂的大型装置可以委托工程设计部门进行设计。

1.2.2 按项目开发过程对化工设计进行分类

一个新化工项目的开发过程包含研究、工程化设计和建设三个阶段。在研究阶段，将理论研究成果，通过实验室小试、中试完成全部试验过程，并提供一套完整的设计原始数据（也称设计基础数据）。在工程化设计阶段，经过概念设计、中试设计、基础设计、工艺包设计、基础工程设计、详细工程设计，完成全部设计过程。在建设阶段，业主通过项目建议书、可行性研究、工程设计、施工建设、投产等，完成建设的全过程。

（1）概念设计

概念设计是在应用研究进行到一定阶段后，根据开发性基础研究的成果、文献数据、现有类似的操作数据和工作经验，从工程角度出发按照未来生产规模所进行的一种假想设计。其内容包括：过程合成、分析和优化，得到最佳工艺流程，给出物料流程图；进行全系统的物料衡算、热量衡算和设备工艺计算，确定工艺操作条件及主要设备的型式和材质；进行参数的灵敏度和生产安全性分析，确定“三废”处理方案；估算装置投资与产品成本等主要技术经济指标。

概念设计的作用是：用以指导过程研究及提出对开发性的基础研究进一步的要求；暴露和提出过程研究中存在的问题，如工艺流程、主要单元操作、设备结构及材质、过程控制方案及环保安全等方面的问题，并为解决这些问题提供途径或方案；为技术经济评价提供较为可靠的依据，并得出开发的新产品或新技术是否有工业化价值的结论。若出现不利前景，则应及时终止开发。

(2) 中试设计

按照现代新技术开发的观点，中试的主要目的是解决小试不能解决问题，检验和修改小试与大型冷模试验结果所形成的综合模型，考察基础研究结果在工业规模下实现的技术、经济方面的可行性；考察工业因素对过程和设备的影响；消除不确定性，为工业装置设计提供可靠数据。即概念设计中的一些结果和设想，通过中试来验证，在中试中得到未来工程设计中所需要的数据、设计依据。中试装置设计主要为满足中试要求，所以中试装置设计内容比工程设计简单，中试可以不是全流程试验，规模也不是越大越好。中试要进行哪些试验项目，规模多大为宜，均要由概念设计来确定。由于中试装置较小，一般可不画出管道、仪表、管架等安装图纸。

(3) 基础设计

基础设计是一个完整的技术软件，是整个技术开发阶段的研究成果，它是工艺包、工程设计依据。基础设计一般在研究内容全部完成并通过鉴定后进行。

基础设计主要内容：

a. 详细的工艺计算；

b. 主要设备条件；

c. 对仪表、电气、暖通、给排水、土建等专业的要求；

d. 经济分析；

e. 对工程设计的要求；

f. 操作规程；

g. 消耗定额；

h. 有关的技术资料；

i. 安全技术与劳动保护说明。

基础设计的内容应包括新建装置的一切技术要点，合格的工程技术人员应能根据基础设计完成一个能顺利投产，达到一定产量和质量指标的生产装置。

我国传统上对新开发的化工项目的设计，是依据基础设计文件而展开的初步设计、施工图设计。目前国际通用作法将基础设计进一步完善深化，做成“工艺包”商品，出售给业主或工程公司。

(4) 工艺包设计

工艺包（process package）是一个专用的技术名词，特指某个化工产品生产技术方面的全部技术文件的总和，化工工艺技术成果的文件表达，是工艺技术对工程设计、采购、建设和生产操作要求的体现，是一个化工厂工艺的核心技术文件，是基础工程设计的主要依据，由化工工艺、工艺系统、分析化验、自控、材料（需要时）、安全卫生（需要时）、环保（需要时）等专业共同完成该化工产品的工艺包设计工作。

工艺包的来源主要是专利商、科研院所、大专院校、掌握生产技术关键的人或单位。具备下列条件之一者，可以进行工艺包设计：本公司已经熟练掌握并成为公司技术专有的化工产品；与科研单位、生产单位共同开发的新工艺、新技术、新产品，已具备工艺包设计所需的各项要求；用户专有技术并提供相近规模的工程设计文件或现有运行的生产装置可供设计参考；无专利权或专利有效期已过的成熟工艺技术。

工艺包是具有知识产权的产品，它浓缩了化工装置的主要工艺技术。科研机构将其试验成果编制成工艺包，成为一个可商业化的产品走向市场，既保护了科研机构自身的知识产权，又有利于推广技术，因而是目前国际上的通行做法。

工艺包提交的内容如下。

① 设计基础

a. 工艺装置的组成和工艺特性　说明本工艺装置由哪些工艺单元组成，与其他工程的联系及协作关系，工艺过程的主要特性，如多相聚合反应、萃取、减压精馏、干燥等工艺过程。

b. 生产规模　说明本工艺装置的设计规模，主要产品产量，中间产品产量，原料处理量（万吨/年，或 t/h）。

c. 年操作小时　说明本工艺装置年操作时数；生产方式（连续、间歇）。

d. 原料、催化剂和化学品规格　说明本工艺装置对原料、催化剂、化学品的规格要求，分析方法，来源及送入界区的方式，如连续输送、间歇输送、管道输送或桶装。

e. 公用工程规格和用量　说明本工艺装置需要的主要公用工程规格和数量。

f. 产品规格　说明本工艺装置的产品和副产品（必要时包括中间产品的详细规格和分析方法），产品、副产品送出界区的条件（温度、压力）和输送方式。

g. 原料和化学品、催化剂的消耗和单耗值。

h. 技术保证指标　说明本工艺装置的技术保证值和期望值，如反应的转化率、选择性。原料、催化剂、化学品的单耗，催化剂寿命，产品和主要副产品规格。

i. 废物（三废）的性质、排放量和建议的处理方法　说明本工艺装置的生产方案，生产工艺特点，废物的排放量及处理方法。

j. 安全卫生　说明本工艺装置危险因素分析、火灾爆炸的危险和毒性物质危险等。

② 工艺说明

a. 工艺原理　说明本工艺的反应原理，列出主反应及主要副反应的化学方程式，并说明控制反应速率和副反应产生的主要因素。如反应温度、反应压力、原料浓度配比、空速、催化剂选择、原料中杂质对反应和催化剂的影响。

b. 主要工艺参数　说明本工艺的主要操作参数。包括反应、精馏、萃取、传热等主要单元的主要操作参数。有反应的工艺还应列出反应初期和末期的操作参数。

c. 工艺流程说明　按不同工段的管道及仪表流程图，详细叙述工艺流程。说明原料、中间产品、副产品、产品的去向，进出界区的方式及储存方法；说明主要操作条件，如温度、压力、流量、主要物料配比等；主要控制方案；若为间歇操作，还需说明操作周期和一次（批）的加料量。

技术保证值和期望值，如反应的转化率、选择性。原料、催化剂、化学品的单耗，催化剂寿命，产品和主要副产品规格。

③ 工艺流程图

工艺流程图（process flowsheet diagram，简称 PFD）表示工艺生产所有的主要设备（包括名称、位号），关键阀门、流量、温度、压力、热负荷以及控制方案。

④ 物料平衡和能量平衡

完成生产装置全过程的物料和能量平衡后，如有必要应考虑负荷的波动及各工况的变化。

根据计算结果列出物流表，应包括流程中每股物料组成、状态、流量、相对密度、黏度、温度和压力等。通常这些物流表可由工艺流程模拟计算得到。

⑤ 管道及仪表流程图

工艺包的管道及仪表流程图（P&ID），从工艺角度来看，已全部表示了工艺过程的设备、机械、驱动设备（具体类型、规格可以在工程设计时确定），包括相应设备备台；还应表示出工艺过程正常操作、开停车、特殊操作（如再生、烧焦、切换等）等所需的全部管道的管子尺寸、管子材质、阀门类型、保温等；标示出工艺取样分析点；标示出全部的检测、指示和控制功能仪表；对工程设计有特殊要求的需要在P&ID上加以标识注明，如管道的坡向、不可有袋形、两相流管道须固定、最小距离、液封高度，必要时还需要给出保证工艺要求的节点详图。

应该指出：涉及工程设计的内容，如管道等级、管道详细标注、仪表控制的详细标注、压缩机系统的公用工程管线、界区阀门设置、公用工程 P&ID 的深化，膨胀节、波纹管的设置等，工艺包 P&ID 的相应内容是初步的，有时可以没有。需待工程设计深化。

⑥ 工艺设备表

列出主要工艺设备名称、数量和规格。

⑦ 主要工艺设备的工艺规格书

按设备类别分类编制工艺规格书，即数据表，如反应器、塔、换热器、储槽、压缩机、泵、工业炉等。应列出工艺设计和操作参数，材质要求。静设备类应附设备草图，动设备类应提出传动机械要求，其深度应满足进行基础工程设计的要求。典型的设备数据见表 1.1、表 1.2，泵及压缩机设备数据样表参见《化工工艺设计手册》第四版（化学工业出版社）。

表 1.1　塔设备数据表

<table>
<tr><td colspan="2" rowspan="8"></td><td colspan="3">工程名称</td><td colspan="5"></td></tr>
<tr><td colspan="3">车间(或装置)名称</td><td colspan="5"></td></tr>
<tr><td colspan="3">所在区</td><td colspan="5"></td></tr>
<tr><td colspan="3">设计阶段</td><td colspan="5"></td></tr>
<tr><td></td><td></td><td></td><td></td><td></td><td></td><td></td><td></td></tr>
<tr><td></td><td></td><td></td><td></td><td></td><td></td><td></td><td></td></tr>
<tr><td></td><td></td><td></td><td></td><td></td><td></td><td></td><td></td></tr>
<tr><td>版次</td><td>日期</td><td>说明</td><td>会签</td><td>编制</td><td>校核</td><td>审核</td><td>审定</td></tr>
<tr><td colspan="3">设备名称</td><td colspan="4">设备位号</td><td colspan="3">台数</td></tr>
<tr><td colspan="3">塔类型</td><td colspan="4">塔板数×间距</td><td colspan="3"></td></tr>
<tr><td colspan="3">塔径×高度</td><td colspan="4">填料规格及高度</td><td colspan="3"></td></tr>
<tr><td colspan="3">操 作 数 据</td><td colspan="7" rowspan="26">设备草图</td></tr>
<tr><td></td><td>塔顶</td><td>塔底</td></tr>
<tr><td>主要介质</td><td></td><td></td></tr>
<tr><td>温度(最高) ℃</td><td></td><td></td></tr>
<tr><td>(正常) ℃</td><td></td><td></td></tr>
<tr><td>压力(最高) MPa</td><td></td><td></td></tr>
<tr><td>(正常) MPa</td><td></td><td></td></tr>
<tr><td>设计温度 ℃</td><td></td><td></td></tr>
<tr><td>设计压力 MPa</td><td></td><td></td></tr>
<tr><td>气相负荷 m^3/h</td><td></td><td></td></tr>
<tr><td>液相负荷 m^3/h</td><td></td><td></td></tr>
<tr><td>气相密度 kg/m^3</td><td></td><td></td></tr>
<tr><td>液相密度 kg/m^3</td><td></td><td></td></tr>
<tr><td>塔板序号</td><td></td><td></td></tr>
<tr><td>塔体/塔板材料</td><td></td><td></td></tr>
<tr><td>腐蚀裕度 mm</td><td></td><td></td></tr>
<tr><td colspan="3">接 管 口</td></tr>
<tr><td>序 号</td><td>直径</td><td>用途</td></tr>
<tr><td></td><td></td><td></td></tr>
<tr><td></td><td></td><td></td></tr>
<tr><td></td><td></td><td></td></tr>
<tr><td></td><td></td><td></td></tr>
<tr><td></td><td></td><td></td></tr>
<tr><td></td><td></td><td></td></tr>
<tr><td></td><td></td><td></td></tr>
</table>

注：本表中压力（MPa）为表压。

表 1.2 换热器数据表

	工程名称							
	车间(或装置)名称							
	所在区							
	设计阶段							
	版次	日期	说明	会签	编制	校核	审核	审定

项目	单位	序号				
设备名称		设备位号			台数	
型式		传热面积 m^2				
流体		1				
流体名称		2				
总流量	kg/h	3				
		4	进	出	进	出
液体量	kg/h	5				
蒸汽		6				
液体	kg/h	7				
水蒸气	kg/h	8				
不凝性物流	kg/h	9				
蒸发或冷凝	kg/h	10				
操作温度	℃	11				
操作压力	MPa	12				
密度	kg/m^3	13				
黏度	Pa·s	14				
热导率	W/(m·K)	15				
分子量		16				
比热容	kJ/(kg·℃)	17				
潜热	kJ/kg	18				
流速	m/s	19				
压降	MPa	20				
污垢系数	$(m^2 \cdot K)/W$	21				
膜系数	$W/(m^2 \cdot K)$	22				
传热量	W	23				
平均温度	℃	24				
总传热系数	$W/(m^2 \cdot K)$	25				
设计温度	℃	26				
设计压力	MPa	27				
程数		28				
腐蚀裕度	mm	29				
材质		30	管子	管板	壳体	封头
管子		31	管数	内径	外径	管长
		32	管中心距		——→□◇△◁	
壳体		33	内径		折流板间距	切割
保温		34	壳体 是/否		封头 是/否	
设备草图						

注：本表中压力（MPa）为表压。

表 1.3 管道特性表

管线号	公称直径/mm(或 in)	管道等级	介质名称	介质状态	管道起讫位置		流程图号	网格	压力/MPa				温度/℃				试压介质（水、空气、其他）	清洗介质	管道类别	绝热			备注
					起点	终点			操作压力			设计压力	操作温度			设计温度				绝热代号	材料代号	厚度/mm	
									最低	正常	最高		最低	正常	最高								

注：1. 绝热代号及其含义分别为：H—保温；C—保冷；P—防烫；D—防结露；E—电伴热；S—蒸汽伴热；W—热水伴热；O—热油伴热。

2. 本表中压力（MPa）系指表压。

⑧ 自动控制和仪表

a. 初步的仪表一览表、PLC 开关量输入、输出点，DCS 开关量输入、输出点。

b. 初步仪表回路规格。

c. 工艺控制和联锁系统包括报警系统和联锁系统的参数。

d. 仪表系统说明。

⑨ 管道设计

a. 初步的管道一览表　列出工艺装置主要工艺管道的介质名称、代号，工艺操作条件，管道走向，管路尺寸，管道等级，保温等，详见表 1.3 管道特性表。

b. 初步的管道材料等级　列出工艺装置主要工艺和公用工程管道、阀门、管件材料的选用等级表。

c. 初步的设备布置图　该设备的布置图为工艺专利技术拥有者根据其工程经验和工艺技术要求提出的建议性设备布置，在工程设计时可根据具体总图布置、装置情况作适当调整，但其中工艺技术要求内容必须满足。

d. 管道安装设计建议。

e. 特殊管件。

⑩ 电气设计

包括电气设计概况、单线图、危险区域划分图和初步的电动机表等。

⑪ 泄放阀和安全阀

a. 排放原因（不包括火灾）。

b. 排放量工艺数据表（不包括阀的计算）。

⑫ 分析手册

a. 对原料、化学品和最终产品的分析方法。

b. 为控制装置操作的分析要求、采样点、分析方法、分析频率和控制指标。

c. 实验室分析仪器的规格。

⑬ 工艺操作手册

a. 操作指南。

b. 操作步骤。

c. 卫生安全环保措施（HSE）。

d. 特殊要求的检修要领。

从工艺包的内容来看，它基本达到了工艺初步设计的深度，各个工程公司、设计院基本都是从接手工艺包开始，做项目工程的设计。

（5）工程设计

工程设计的主要任务是工程设计人员将基础设计、工艺包设计的方案进一步具体化，完成进行工程建设和生产所需要的全部资料。工程设计的最终成品是施工安装说明书，他是施工、安装部门进行施工和安装的依据。工程设计主要任务是建设前期撰写项目建议书、可行性研究报告，设计期的工程设计。

工程设计不同阶段的性质不同，其工作范围、内容和设计深度也不尽相同。通常情况下，在项目设计期，一般按两个设计阶段来进行，一是基础工程设计，二是详细工程设计。

① 基础工程设计

基础工程设计的性质和功能定位是在工艺包的基础上进行工程化的一个工程设计阶段，要为提高工程质量、控制工程投资、确保建设进度提供条件，所有的技术原则和技术方案均应确定。

② 详细工程设计

详细工程设计，有的资料简称“详细设计”。详细工程设计阶段是工程设计人员在基础工程设计的前提下，将工程设计进一步完善直到完成能满足工程施工、安装、开车所必需的全部设计文件。

本书所讲的“化工设计”侧重工程设计，其设计深度及内容将在第2章详细介绍。

1.2.3 根据设计范围对化工设计进行分类

根据项目所设计范围的大小，化工设计通常又分为以工厂为单位和以车间为单位的两种设计。车间设计是化工厂设计的核心内容，将各个车间或界区设计内容进行系统规划则完成一个化工厂的总体设计。车间设计不涉及厂址选择、总图布置、公用工程等设计，主要涉及化工工艺设计内容。

1.3 化工厂设计工作程序及内容

一个化工厂，除了工艺设备和工艺管道外，还应有房屋、电器、仪表、上下水、采暖、通风等；另外，设计一个化工厂，还要考虑到它应有一个合理的总平面布置，要考虑原料和产品的运输，还要考虑到设计的经济性、环保、安全、卫生问题等。因此，一个化工厂的设计需要众多专业共同协作才能顺利完成。在化工厂设计中工艺设计是整个化工厂设计的核心，决定了整个化工设计概貌，其他专业是以工艺设计为依据，按各专业要求进行的设计，是为工艺配套的，所以将化工厂的设计分为：工艺设计和非工艺设计两部分。

(1) 工艺设计

工艺设计是根据化工生产的要求，制定化工生产装置建设过程所需的工艺技术资料，供装置的基本建设、开工生产使用。工艺设计的主要内容有：生产方法选择、工艺流程设计、工艺计算、设备选型、车间布置设计、化工管路设计、向非工艺专业提供设计条件，设计文件以及概（预）算的编制等项设计工作。工艺设计是化工设计的基础，贯穿在基础设计、工艺包设计、工程设计各个设计阶段，由于化工装置设计在不同的设计阶段其设计工作深度不同，因此化工工艺专业在不同设计阶段的设计工作内容也略有不同，但不同阶段的设计工作内容是相互衔接的，并随着设计工作的进行不断深化。

(2) 非工艺设计

非工艺设计包括设备设计，总图运输设计，土建设计，电气、自动控制设计，公用工程（供电、供热、给排水、采暖通风）设计，机修、电修等辅助车间设计，外管设计，环境保护工程设计，工程概算与预算等。目前由于各工程公司和设计院的规模及管理体制不同，在设计工作专业设置、名称上还存在很大差异，有的将工艺设计细分成化工工艺、工艺系统、管道等；非工艺专业细分电力、电讯、电算等。对于专业如何分工对于我们学习来说并不太重要，重要的是要熟知工艺专业要做的工作内容，知道工厂的设计还要众多非工艺专业配套。

1.4 车间设计工作程序及内容

化工车间（装置）设计是化工厂设计的最基本的内容，也是初学者必须首先掌握的。车间化工设计又分为化工工艺设计和非工艺设计两部分，化工工艺设计决定整个设计的概貌，是化工设计的核心，起着组织与协调各个非工艺专业互相配合的主导作用，其他非工艺设计是为化工工艺设计服务的，他们的设计均需以化工工艺专业提出的各种设计条件为依据。非工艺设计分别由各专业设计人员负责，包括建筑、结构、设备、电气、仪表及自动控制、暖通、给排水、环保等专业的各项设计工作。本节重点介绍化工车间（装置）工艺设计内容和程序。

下面按工作程序介绍车间工艺设计的内容。

(1) 设计准备工作

a. 熟悉设计任务书　全面深入地正确领会设计任务书提出的要求，分析设计有关条件，这都是设计的依据，必须熟记、贯彻实施。

b. 了解化工设计以及工艺设计包括哪些内容，其方法步骤如何。

c. 查阅文献资料　按照设计要求，主要查阅与原材料、产品、中间产品、产品性质、价格、质量标准、产品市场情况、生产的工艺路线、工艺流程和重点设备有关的文献资料，并摘录笔记。此外，还应对资料数据加工处理，对文献资料数据的适用范围和精确程度应有足够的估计。

d. 收集第一手资料　深入生产与试验现场调查研究，尽可能广泛地收集齐全可靠的原始数据并进行整理，这对做好整个设计来说是一项很重要的基础工作。

(2) 选择生产方法

大多数化工产品有多种生产方法，所以对于设计人员在接受设计任务之后，首先要确定一个合适的、先进的生产方法。这就需要设计人员充分研究和领会设计任务书的精神实质，面对现实，对当地、当时的物质条件、资源状况、其他类似工业的生产水平全面调查研究，掌握第一手资料，广泛而详细地查阅中外资料，清楚地掌握国内外类似工厂的生产及操作管理状况，把现有的生产方法进行全面的分析、对比，从中挑选出工艺先进、技术成熟、经济合理、安全可靠、“三废”得到治理并符合国情或当地条件的生产方法及其工艺路线，作出合理的决定。若某个产品的生产只有一种固定的生产方法，则无选择而言。

(3) 工艺流程设计

生产方法确定之后，就要根据各自的生产原理，以每个车间或界区的主要任务或反应为核心，以主要物料的流向为线索，以图解的形式表示出整个生产过程的全貌。在这一过程中应把原料、中间产品及最终产品需要经过哪些工艺过程及设备，这些设备之间的相互关系与衔接，以及它们的相对位差、物料的输送方法、过程中间加入的物料或取出的中间产品等加以说明，并对流程作出详细的叙述。

(4) 工艺计算及设备选型

工艺计算是工艺设计的中心环节。它主要包括物料衡算、能量衡算和设备工艺计算与选型三部分内容；并在此基础上，绘制物料流程图、主要设备总图和必要部件图。

物料衡算是建立在质量守恒定律基础上的，即引入某一过程或某一设备的物料质量必须等于离去的物料质量（包括损失在内），据此即可求出物料的质量、体积和组成等数据，最后可汇总成原料消耗综合表。

能量衡算即进入过程的能量等于过程结束所获得的能量，亦即能量的收入等于能量的支出。根据能量计算的结果，可以确定输入或输出的热量，加热剂或冷却剂的消耗量。同时结合设备工艺计算，可以算出传热面积，最后可以得出能量消耗综合表。

设备工艺计算与选型主要是确保一定生产能力的设备的主要工艺尺寸；或者相反，根据一定的设备规格确定其生产能力。设备工艺计算与选择的最后结果是得出设备示意图（或称条件图）和设备一览表。

(5) 车间布置设计

车间或界区布置设计主要解决厂房及场地的配置，确定整个工艺流程中的全部设备在平面和空间的具体位置，相应地确定厂房或框架的结构形式。一个完整的车间设计，应包括生产各工段或岗位、工艺设备、动力机器间、机修间、变电配电间、仓库与堆置场、化验室等。车间布置的要求就要对上列工段和房间作出整体布置和厂房轮廓设计。当整体布置和厂房轮廓设计大体就绪后，即可进行设备的排列与布置工作。

车间或界区布置设计是在完成工艺计算并绘制出管道及仪表流程图之后进行的，最后绘制车间平面布置图和剖视图。

(6) 化工管道设计

化工管路设计任务：根据输送介质物化参数、操作条件，选择管道材质、管壁厚度，选择流速计算管径，确定管道连接方式及管架形式、高度、跨度等。完成管道布置图的设计，确定工艺流程图中全部管线、阀件、管架、管件的位置，满足工艺要求，便于操作、检查和安装维修，且整齐美观。

(7) 提供非工艺设计条件

工艺设计告一段落后，其他非工艺设计项目包括：总图、外管、设备、运输、自控、建筑、结构、暖通、给排水、电气、动力、经济等项目均要着手进行，而设计的依据，即是由工艺设计人员提供设计条件。为了正确贯彻执行各项方针政策和确定的设计方案，保证设计质量，工艺专业设计人员在各项工艺设计的基础上，应认真负责地编制各专业的设计条件，并确保其正确性和完整性，这样才能使得非工艺设计能更好更合理地为生产工艺服务。

(8) 概（预）算书的编制

概算书是在初步设计阶段的工程投资的大概计算，是工程项目总投资的依据，它是根据初步设计的内容，概算出每项工程项目建设费用的文件。有时为了加快设计进度，也可以根据同类型厂的全部建厂投资和本厂设计中改造部分的增减情况而编制出概算书。

预算书是在施工图设计阶段编制的，它是根据施工设计内容，计算每项工程项目建设费用的文件。

通常预算书要比概算书内容详细而且比较精确。预算书一般可作为设备安装阶段各种物料的发放、领取标准，也是检查现场物料的使用情况和有无浪费的依据。

(9) 编写设计说明书

设计说明书是设计人员在完成本车间工艺设计之后，为了阐明本车间设计时所采用的先进技术、工艺流程、设备、操作方法、控制指标及设计者需要说明的一些问题而编制的。

车间工艺设计的最终成品是设计说明书、附图（工艺流程图、布置图、设备图等）和附表（设备一览表、材料汇总表等）。各设计阶段应分别进行编写和绘制。

设计说明书是供审查、批复、下一段设计及施工单位进行施工、生产单位进行生产的依据，要求对说明书、附图、附表进行认真的校核，对文字说明部分，要求做到内容正确、严谨、完整易懂；对设计图纸要求做到准确无误，符合设计规范，满足生产、操作、施工、维修的要求，整洁美观。

以上仅是车间工艺设计的大体内容，叙述的顺序就是一般的设计工作程序，实际设计过程中，这些工作内容往往是交错进行的。车间工艺设计的主要内容和步骤如图 1.1 所示。图中右边框代表设计的成品。

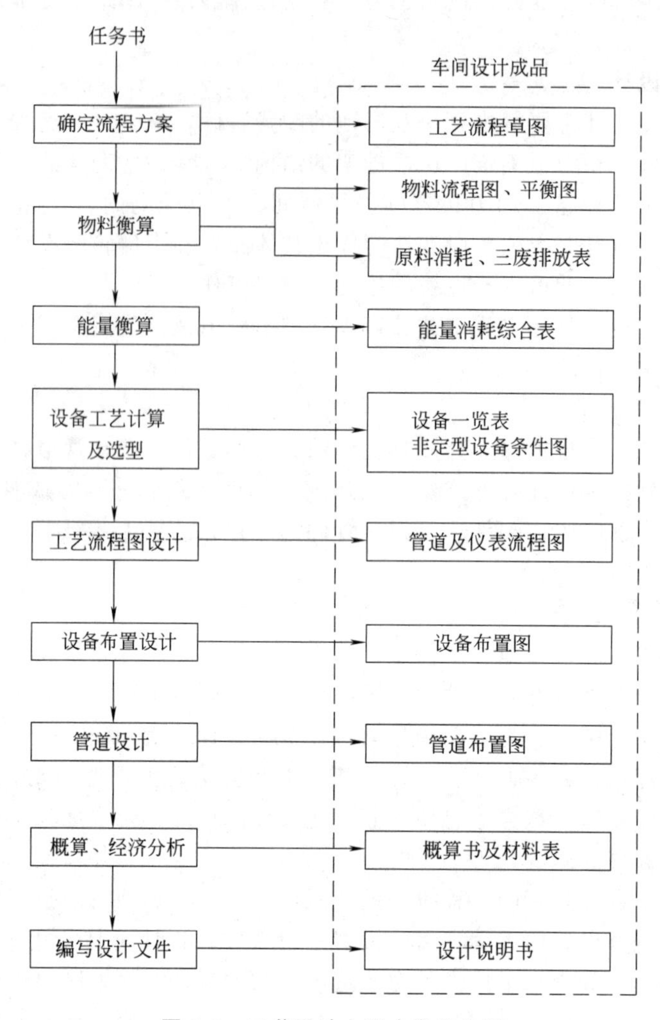

图 1.1 工艺设计主要内容和步骤

1.5 化工设计的特点

一般化工生产设计涉及专业众多，工艺复杂，操作条件苛刻，工程投资大，使用大量原材料，且都易燃、易爆，具有一定的腐蚀性、毒性，易对操作人员造成伤害，生产过程中还会产生大量的废水、废气、废渣等。化工生产的物料性质、工艺条件、技术要求的特殊性形成了化工设计的以下特点。

(1) 政策性强

化工设计是一项政策性很强的综合工作，整个过程都必须遵循国家的各项有关方针政策和法规，遵守化工设计的程序和规范，严格按照规定的形式和要求，进行设计并完成工作。从我国的国情出发，充分利用人力和物力资源，要本着对国家、对人民负责的态度、严肃认真的精神，自觉维护国家和人民的利益，为国家创造财富，确保安全生产，保护环境，保障良好的操作条件。

(2) 技术强

化工设计又是一项理论密切联系实际的工作，从事化工设计不仅要有扎实的专业理论知识、较广博的综合基础知识、熟练的技能，还要有丰富的实践经验和运用先进设计手段的操作能力。化工设计是一种创造性劳动，不是照搬照抄，而是消化吸收，“出神入化”，我们不仅要珍惜自己的宝贵经验，也要吸收国内外先进成熟的技术，精心设计，确保质量，提高设计水平。

(3) 经济性强

化工生产过程大都复杂，所需原材料种类多，能耗大，基建费用高，要求设计人员有经济观点，在确定生产方法、设备选型、车间布置、管道布置时都要加强经济观点，认真进行技术经济分析，处理好技术与经济的关系，做到化工设计技术上先进、成熟，经济上合理。

(4) 综合性强

化工设计是一项系统工程，是一门多学科、多人手的集体性劳动，要在工作中团结协作，互相支持、互相配合，以大局为重，发扬民主、尊重科学、尊重知识，协同工作，必须依靠全体工艺设计人员和非工艺设计人员的通力合作，密切配合才能完成。

(5) 规范多

化工项目涉及易燃、易爆、有毒、高温、高压、低温、低压，危险品多，易发生重大事故，易造成环境污染，所以国家建立了大量的化工建设及行业有关设计规范、规定和标准，设计要严格遵守。主要标准规范有：《化工建设项目环境保护设计规定》、《建筑设计防火规范》、《化工企业安全卫生设计规定》、《化工工艺设计施工图内容和深度统一规定》、《工业企业总平面设计规范》等。

总之，化工设计即是一门综合性很强的专业知识，同时又是一项政策性很强的工作。作为化工设计工作者，要想胜任化工设计工作，就要有高度的责任心，必须了解化工设计的特点，了解先进的生产技术，熟悉化工生产的特点及产品的工艺流程，掌握各种化工设备的性能及设计规范，不但要有扎实的理论基础，而且要具有丰富的实践经验，熟练的专业技能和运用计算机等先进设计手段的能力，这样才能完成高质量的设计。

1.6 化工设计总原则

化工设计工作既是一门技术与经济相结合的科学，同时又是一项政策性很强的工作，为此应特别注意贯彻以下原则。

① 在国家政策、法规允许范围内进行设计，禁止对国家明令禁止的项目进行设计，禁止在设计中采用国家明令淘汰的工艺技术，设计要符合国民经济和社会发展规划、行业规划、产业政策、行业准入标准。

② 从符合党和国家的政治方针和技术经济政策出发，要本着对国家、对人民负责的态度，合理开发有效利用资源，注意节能、节水、减排，保护环境，处理好技术、经济及环境的关系，自觉维护国家和人民的利益；确保安全生产，符合国家工业安全与卫生要求，不对公众利益、环境产生重大不利影响。

③ 执行国家基本建设的方针政策，在整个设计过程中严格遵守国家、行业有关设计规范、规定和标准，特别是涉及危化品、火灾危险性为甲类的化工产品的设计。

④ 认真贯彻工厂布置一体化，总流程系统化，生产装置联合化、露天化，建构筑物轻

型化，公用工程设施力求社会化等设计原则。

⑤ 树立科学严谨的工作态度，带着高度的责任感和责任心去完成设计作品，避免出现不可弥补的设计失误。

⑥ 深入研究、精心设计，吸收国内外先进成熟的科学技术成果和生产实践经验，选择最可靠的建设方案进行设计，做到经济合理、技术先进、安全可靠、美观实用，设计的主要指标达到同类工厂先进水平。

⑦ 整个系统必须可操作和可控制。

⑧ 设计方案及深度要保证有关审批、验收工作能顺利通过，如项目立项、许可审查、项目环评、安评、职业卫生评价，安全设施审查、消防设计防火审核、防雷装置设计审核，环保、安全、消防、职业病防护设施验收等工作。

本章小结

本章重点掌握化工设计概念，化工工艺设计内容；了解工艺包设计内容及深度，车间设计工作程序及内容；领会化工设计原则内涵。通过本章的学习，有助于将来从事化工设计工作时思想观念的转变。要端正工作态度，养成认真、严谨的工作作风，要对图纸上的“一横一竖”负责，树立质量、安全责任意识，使设计作品顺利通过“政策关”、“经济关”、“技术关”、“实施关”、“验收关”的考核，为完成现代化的化工工程项目建设奠定良好基础。

思考与练习题

1. 什么是化工设计？
2. 化工工艺设计包括哪些内容？
3. 化工设计的总原则有哪些？

第2章 项目建设的设计程序和内容

在本章你可以学到如下内容

- 我国传统设计工作程序及内容
- 国际通用设计程序及内容
- 可行性研究目的和作用
- 可行性研究报告的主要内容
- 相应文件要达到的目标

设计工作是化工项目建设过程中最重要、最复杂的工作，是一个多专业、多阶段的综合性工作，对于庞大复杂的化工厂设计不可能一蹴而就，而是一个渐进、不断细化完善的过程。为了保证设计质量，提高工作效率，避免造成重大经济损失，必须建立一套科学的设计工作程序，分阶段地完成一个新建项目的设计。目前在设计阶段划分上，国内与国际通用设计体制还存在着不同，国内不同行业也存在差异。对于初学者来说可以简单理解为，国内划分为：①初步设计阶段；②施工图设计阶段。国际上通行的划分是：①工艺包设计阶段；②基础工程设计阶段；③详细工程设计阶段。下面将详细展开介绍国内外的化工设计工作程序及内容。

2.1 我国传统设计工作程序及内容

按照我国工程建设的基本建设实施程序，一个新建化工厂的建设，要经过项目建设前期、建设实施、项目竣工验收三个建设阶段。作为化工项目建设的主要设计工作，也要随着项目进展情况分设计前期、设计期、设计后期三个阶段完成。设计前期工作是撰写项目建议书、可研报告；设计期主要完成大量设计图纸等文件；设计后期主要工作是施工图解疑、现场变更、工程总结、设计回访、项目后评价、完成技术档案的整理、移交、存档等工作。图2.1为化工项目的工程设计基本程序图。

设计阶段的划分是由基本建设管理模式体制所决定的，我国基本建设管理规定现行的设计体制是20世纪50年代初期仿照前苏联模式建立起来的传统设计体制。根据规定对大、中型建设项目的工程设计一般分为：初步设计和施工图两个阶段，有些涉及面广的大型项目或联合企业还应先做总体设计，对于技术复杂或缺乏设计经验的重大项目，经主管部门和业主确定，可在施工图设计之前，增加技术设计阶段，对于技术简单的小型项目，在简化的初步设计（亦称方案设计）确定后，就可开展施工图设计。

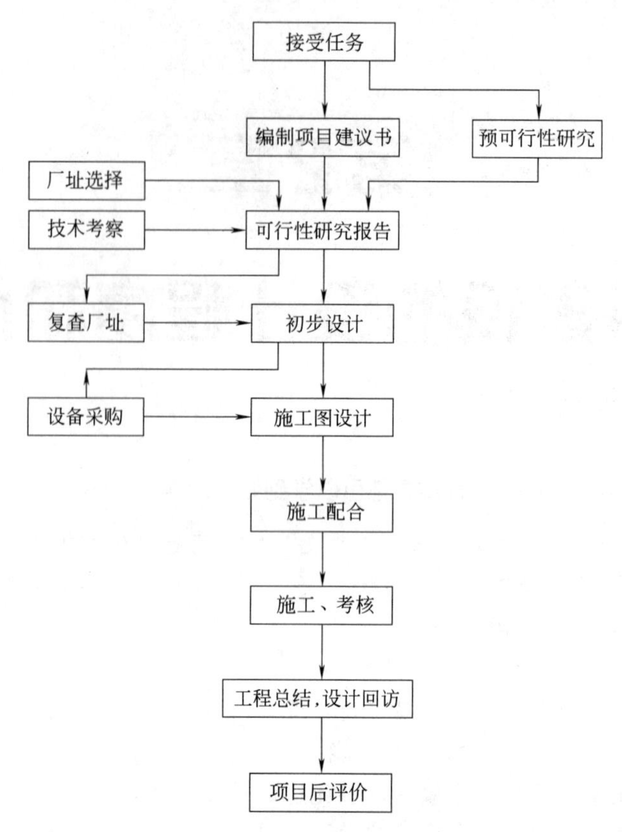

图 2.1 化工项目工程设计基本程序图

我国“初步设计”内容及深度与国际上通称的“基础工程设计”的内容及深度接近；“施工图”设计内容及深度与国际上通称的“详细工程设计”的内容及深度相当。随着我国经济的快速发展，设计工作也越来越国际化，大部分设计院逐渐接受和使用“基础工程设计”和“详细工程设计”的概念。

2.1.1 设计前期工作步骤与内容

设计前期工作的任务是在某工程项目的设计未批准之前，对该设计项目的技术、工程和经济进行深入细致的调查研究，全面分析和进行多方面比较，从而对拟建项目是否应该建设及如何建设作出论证和评价。

目前设计前期的工作步骤与内容，国内外作法不完全一致，国外分为机会研究、初步可行性研究、可行性研究、评价及决策几个阶段；国内分为项目建议书、可行性研究、编制设计任务书等几个阶段。

2.1.1.1 国外做法

(1) 机会研究

机会研究即项目意向。机会研究报告应对几个投资机会或项目意向提出建议，根据资源和市场情况寻求可行的投资机会。即在确定的地区和行业内，根据自然资源、市场需求、国家政策、国际贸易各方面的情况，通过调查、分析研究和预测，选择建设项目，寻找最有利的投资机会。机会研究的一般内容如下。

① 自然资源情况；

② 现有工农业格局；

③ 由于人口和购买力增长引起的产品销售增长的潜力；

④ 进口情况及可以取代进口商品和出口的可能性；

⑤ 现有企业扩建的可能性；

⑥ 多种经营的可能性；

⑦ 现有小型企业扩建到合理规模的可能性；

⑧ 发展工业的政策；

⑨ 生产要素的成本和可能性。

投资机会研究只是在众多的投资机会中挑选出有利的投资机会，要以少量的花费迅速地确定有关项目的投资可能性，所以机会研究是比较粗略的，主要依靠情报资料进行合理估计，而不是详细计算，因而数据的精确度误差可在30%。投资机会研究的结果一旦引起了投资者的兴趣就会转入下一步，即进行项目的初步可行性研究。

(2) 初步可行性研究

初步可行性研究亦称预可行性研究或可行性初步研究。经过投资机会研究认定的大中型项目，通常需作初步可行性研究。这个阶段要解决的问题是还有哪些关键问题需要做辅助研究，以及项目是被否定还是被肯定。如果被肯定，对大多数项目来说应立即着手进行下一步可行性研究。对一些中小型项目，只需再做一些增补工作便可做出投资决策。

初步可行性研究是机会研究的深入，逐步明确投资决策。其目的要做出以下决定。

① 分析机会研究结论，并在详细分析资料的基础上做出投资决定；

② 是否应该进行下一步的可行性研究；

③ 项目中哪些关键问题需要做辅助性的专题研究；

④ 判断该项目是否有生命力。

如果机会研究数据充分可靠，也可越过初步可行性研究，直接进入可行性研究。

(3) 可行性研究

此阶段又称详细可行性研究或最终可行性研究，它是投资决策前期研究的关键阶段。在此阶段，要对工程项目进行技术经济综合分析和多方案论证比较，从技术、经济、工程、环保等方面为项目提供决策依据。此阶段的结果是推荐一个最佳方案或是提出几个可行方案并列举出利弊，由决策者自行作出抉择。当然也可以作出项目不可行的结论，但因已通过了机会研究和初步（预）可行性研究，故在此阶段作出不可行结论的较为少见。

可行性研究是建设项目投资决策的基础，其内容要点如下。

① 项目的背景和历史；

② 市场需求预测和工厂建设规模；

③ 资源、原材料、燃料及公用设施情况；

④ 建厂条件和厂址方案；

⑤ 项目的技术方案；

⑥ 环境保护；

⑦ 工厂的机构、管理和定员；

⑧ 项目的实施计划和进度要求；

⑨ 财务和经济评价；

⑩ 评价结论。

一般来说，确定一个工程项目，先要做机会研究，获得可行的结论，进而做初步可行性研究；如果认为不行，则就此作罢。

2.1.1.2 国内做法

(1) 项目建议书

根据国民经济和社会发展的长远规划，并结合矿藏和水利资源条件，在分析现有生产力、广泛调查、收集资料、踏勘厂址等工作完成之后，提出具体的项目建议书，向国家推荐项目。项目建议书的主要内容如下。

① 项目建设目的和意义，即项目提出的背景和依据、投资的必要性和意义；

② 市场初步预测，包括对产品国内外近期和远期的市场需求、生产能力、销售情况的初步预测；

③ 产品方案和拟建规模；

④ 工艺技术初步方案（原料路线、生产方法和技术来源）；

⑤ 原材料、燃料和动力的供应；

⑥ 建厂条件和厂址初步方案；

⑦ 公用工程和辅助设施初步方案；

⑧ 环境保护；

⑨ 工厂组织和劳动定员估算；

⑩ 项目实施初步计划；

⑪ 投资估算和资金筹措设想；

⑫ 经济效益和社会效益的初步估算；

⑬ 结论与建议。

项目建议书由各部门、各地区、各企业提出，批准的项目建议书是正式开展可行性研究、编制设计任务书的依据。

(2) 可行性研究

目的和作用：可行性研究报告是在项目决策前对项目的技术、经济进行综合论证，是建设项目投资决策的依据和基础。

项目建议书经相关部门平衡、筛选后，需要对项目进行可行性研究论证，这项工作是极其必要的，它是基本建设前期工作的重要内容，是基本建设程序中的重要组成部分。其基本任务是：收集必需的资料，而且还要进行必要的科学研究和试验。然后对所取得的资料进行可行性分析、论证，根据国民经济长期规划和地区规划、行业规划的要求，对化工建设项目的技术、工程和经济进行深入细致的调查研究，全面分析和进行多方面比较，从而对拟建项目是否应该建设及如何建设作出论证和评价，为上级领导机关投资决策，为编制、审批设计任务书提供可靠的依据。

可行性研究的主要内容如下。

① 产品市场研究　市场需求及价格的调查分析和预测，产品进入市场的能力以及预期的市场渗透、竞争情况的研究，产品的市场营销战略和竞争对策研究等。

② 原料及投入物料的研究　基本原材料和投入物的当前及以后的来源、供应情况，以及价格趋势。

③ 劳动力来源和费用、人员培训、项目实施计划的研究　通过这些研究确定合理的建设进度和工厂组织机构。

④ 建厂地区和厂址研究　结合工业布局、区域经济、内外建设条件、生产物资供应条件等，对建厂地区和厂址进行研究选择。

⑤ 规模经济研究　一般是作为工艺选择研究的组成部分来进行的，当问题仅限于规模的经济性而不涉及复杂的多种工艺时，则此项研究的主要任务是评估工厂规模经济性，在考虑可供选择的工艺技术、投资、成本、价格、效益和市场需求的情况下，选择最佳的生产规模。

⑥ 工艺选择研究　对各种可能的工艺生产技术的先进性、适用性、可靠性及经济性进行分析研究和评价，特别是采用新工艺、新技术时这种研究尤为必要。

⑦ 设备选择研究　一些建设项目需要很多各类生产设备，并且供应来源、性能、价格相当悬殊时，需要进行设备研究。因为项目投资的构成和经济性很大程度上取决于设备的类型、价格和生产成本，甚至项目的生产效率也直接随着所选择的设备而变动。

⑧ 节能研究　按照节约能源的政策法规和规范的要求，提出节约能源的技术措施，对节能情况做出客观评价。

⑨交通影响评价　项目城市交通带来的需求和影响以及对策。

根据原化工部对“可行性研究报告”的内容和深度的有关规定，项目可行性研究报告的主要内容如下。

第一章　总论

- 项目名称，承办单位
- 项目范围、编制依据和原则
- 企业概况
- 项目建设的必要性和投资意义
- 研究结论
- 存在问题及建议

附主要技术经济指标表

第二章　产品市场分析和价格预测

第三章　生产规模、总工艺流程及产品方案

第四章　工艺技术及控制方案

- 国内外工艺技术概况
- 工艺技术方案及关键设备的选择
- 引进技术及设备材料说明
- 工艺流程简述
- 自控技术方案
- 能耗分析及节能措施

第五章　原材料、燃料及动力供应

第六章　建厂条件及厂址方案

第七章　总图运输、储运、场内外管网

第八章　公用工程及辅助设施

包括给排水、供电、电信、供热、供冷、采暖、通风及空调、化验、仓库、维修设施及土建方案。

第九章　环境保护

- 建厂地区环境现状
- 执行的环境质量标准及排放标准
- 本项目污染物状况及治理措施

第十章　劳动保护、工业卫生及消防

第十一章　企业组织、定员及人员培训

第十二章　项目实施规划

第十三章　投资估算和资金筹措

第十四章　财务和社会效益评价

第十五章　综合评价结论

附件：主要包括环保部门关于环评的批复、规划部门和土地审批部门关于项目用地的意见、公用工程［水、电、汽（气）］的供应协议、资金来源等。

附图：主要包括区域位置图、总平面布置图、工艺流程图、物料平衡图、蒸汽平衡图及供电系统图。

可行性研究报告的内容深度可随工程项目的不同而有所差别，亦可根据工程项目条件的不同而有所侧重与适当调整。以上所述内容深度主要适用新建、改建、扩建的大中型化工工程项目；对小型工程项目可参考上述内容要求，在满足投资决算需要的前提下，可行性研究报告的内容可简化；对于老厂改、扩建项目则可根据规定的要求，结合项目的原有基础，改、扩建内容和有利条件与总体改造规划的关系，如何平衡、衔接情况而进行编制。

(3) 设计任务书

在可行性研究的基础上，按照上级审定的建设方案，落实各项建设条件后，便可以编制设计任务书，并下达给设计者。对于设计者来讲，设计任务书是指令性文件，设计者必须按设计任务书的各项要求，完成设计任务，有关设计的原则和要求规定得越明确、越具体，越便于设计工作的开展。设计任务书内容如下。

① 建设目的和依据；

② 建设规模、产品方案、生产方法或工艺原则；

③ 矿产资源、水文地质和原材料、燃料、动力、供水、运输等协作条件；

④ 资源综合利用和环境保护，“三废”治理的要求；

⑤ 建设地区或地点，占地面积的估算；

⑥ 防空、防震等要求；

⑦ 建设工期；

⑧ 投资控制数；

⑨ 劳动定员控制数；

⑩ 要求达到的经济效益。

设计单位、员工接受设计任务书后，必须认真地研究和领会任务书的内容和要求，构思设计的轮廓，考察收集资料，准备初步设计。

2.1.2　初步设计阶段工作内容与程序

根据上级相关主管部门批准后的设计任务书，设计单位就可以进行初步设计。初步设计的最终成果是编制初步设计文件，待审批通过后，便可以进行施工图设计。

(1) 初步设计阶段的目的

初步设计的目的是：定设计方案、设备布置方案，定投资，定人员，确定工程总造价和基本技术经济指标，为上级部门进行审批提供依据，为施工准备及施工图设计提供依据。

初步设计和总概算经上级主管部门审查批准后是确定建设项目的投资额、编制固定资产投资计划、组织主要设备订货、进行施工准备以及施工图设计的依据。

(2) 初步设计阶段的任务

初步设计的主要任务是：以投资估算（总概算）为中心，确定工艺方案、公用工程配套方案及环保、安全、消防、卫生等方案。主要生成总平面布置图、PFD、设备一览表、P&ID、设备布置图、管线表、主要建筑物平/立/剖图、建筑物一览表、总概算表及分项概算表、环保、安全、消防、卫生专篇等初步设计文件。初步设计文件应满足设计方案的比选、主要设备材料订货、土地征用、基建投资控制、施工设计的编制、施工组织设计的编制、施工准备和生产准备等的要求。

工艺专业在初步设计阶段要完成的材料：①设计说明书，即工艺设计的文字说明；②附表，即设备一览表、主要材料估算表等；③附图，即物料流程图、管道及仪表流程图、总平面布置图、车间设备布置图、关键设备总图等；④概算书和技术经济分析资料等。

(3) 初步设计阶段的内容深度

根据“化工厂初步设计文件内容深度规定（HG/T 20688—2000）”的要求，初步设计的主要内容包括如下26章。

1 总论
2 技术经济
3 总图运输
4 化工工艺与系统
5 布置与配管
6 空压站、氮氧站、冷冻站
7 厂区外管
8 分析化验
9 设备（含机泵、工业炉）
10 自动控制及仪表
11 供配电
12 电信
13 土建
14 给排水
15 供热系统
16 采暖通风及空调调节
17 维修
18 液体原料、产品运输
19 固体原料、产品储运
20 全厂设备、材料仓库
21 消防专篇
22 环境保护专篇
23 劳动安全卫生专篇
24 节能
25 行政管理设施及居住区
26 概算

初步设计各章应以文字（说明）、表格和图纸表达项目各专业的设计原则、设计标准、设计方案重大技术问题、投资概算和经济分析。内容要按生产装置、辅助装置、公用工程、通讯及交通运输，办公及生活福利设施、投资概算、经济分析等予以编制，同样可依业主要求按《石油化工装置基础设计（初步设计）内容规定》、《轻工业建设项目初步设计编制内容深度规定》、《医药建设项目初步设计内容及深度的规定》进行编制。

(4) 初步设计的工作程序

① 初步设计准备。根据上级主管部门批准的可行性研究报告及任务书，设计单位就可进行设计准备，由工艺专业作开工报告，各其他专业作设计准备。

② 讨论设计方案，选定工艺路线，进行工艺方案技术经济论证，确定工艺流程方案。

③ 工艺向有关专业提出设计条件和要求，进行协调，确定有关方案。

④ 完成各专业的具体设计工作。工艺专业应从方案设计开始，陆续完成物料衡算、能量衡算及主要设备选型计算、工艺设备布置设计，最后完善流程设计，绘制管道及仪表流程图和设备一览表，编写设计说明书。

⑤ 组织好中间审核及最后校核，及时发现和纠正差错，确保设计质量，解决各专业间

的协调或漏项及投资控制等问题。

⑥ 在各专业完成各自的设计文件和图纸，并进行最后审核之后，由各专业进行有关图纸的会签，以解决各专业间发生的漏失、重复、顶撞等问题，确保设计质量。

⑦ 编制初步设计总概算，论证设计的经济合理性。

⑧ 审定设计文件，并报上级主管部门组织审批，审批核准的初步设计文件，作为施工图设计阶段开展工作的依据。

2.1.3 施工图设计阶段工作内容与程序

施工图设计阶段要全面完成并提供全套施工图纸、进行散装材料最终统计、完成材料订货任务、并审查确认供货厂商图纸等工作，完成施工图设计阶段的任务，即标志整个工程设计阶段结束。

(1) 施工图设计阶段的目的

施工图设计在初步设计经审批后进行，它所产生的设计文件是工程施工安装的依据，主要目的是为施工服务。施工图是全部施工的依据，用于进行建筑安装工程、设备安装、管道敷设及标准和非定型设备、装置和金属结构的制造。

(2) 施工图设计阶段的基本要求

① 应根据已审定的初步设计方案进行设计和安排，在设计过程中，如有原则性的改变，需报上级机关或建设单位同意，方能进行。

② 据以进行设备订货和各种设备材料的安排。

③ 据以进行化工非定型设备制造和其他设备制造、加工。

④ 据以进行施工准备和施工预算。

⑤ 据以满足土建施工和设备、设施、仪表、电气、管道、机械等就位及安装工程要求。

⑥ 具有施工阶段和安装的全部图纸和施工方法说明等。

(3) 施工图设计阶段设计内容

施工图设计的主要内容是根据批准的初步设计文件及主要设备情况进行详细设计计算，绘制施工图纸并编制有关施工说明，据以指导施工。向非工艺专业提供设计条件和提出设计要求，完善初步设计中提出的工艺流程设计、设备布置设计，进而完成管道布置设计和设备、管道的保温及防腐设计等，完成施工图设计文件。施工图设计的详细内容包括：图纸目录、施工图设计说明、管道及仪表流程图、设备布置图、设备图、管道布置图、工艺设备安装图、设备管口方位图、设备一览表、工艺管道一览表、管架表、管道安装材料汇总表、管架安装材料汇总表、工艺设备安装材料汇总表、工艺设备保温工程量表、工艺管道保温工程量表等。

如果对初步设计的某些内容必须进行修改时，应详细说明修改的理由和原因，但有些主要内容如生产规模、产品方案、工艺流程、主要设备、建筑面积和标准、定员等，须报请原来审批初步设计的机关批准后才能据以修改。

(4) 施工图设计阶段工作程序

按设计工作的程序，施工图设计阶段一般应分以下几个步骤进行。

① 根据审批初步设计会议的批复文件，即行修改和复核工艺流程和生产技术经济指标；并将建设单位提供的设备订货合同副本、设备安装图纸和技术说明书作为施工图设计的依据。施工图阶段的开工报告亦可参照初步设计开工报告提纲编制，但应根据具体情况进行适当删减或补充。

② 复核和修正生产工艺设计的有关计算和设备选型及其计算等数据，全部选定专业与通用设备、运输设备，以及管径、管材、管接，除经审批会议正式批复或经有权审批的设计机关正式批准外，不能修改主要设备配置。

③ 和协同设计的配套专业讨论商定有关生产车间需要配合的问题，同时根据项目工程师召开项目会议的决定，工艺与配套专业之间商定相互提交资料的期限，签订“工程项目设计内部联系合同”（或资料流程契约）。工艺专业必须按期向配套专业提供正式资料，也要验收配套专业返回工艺专业的资料。

④ 精心绘制生产工艺系统图和车间设备、管道布置安装图；编制设备和电动机明细表。

⑤ 组织设计绘制设备和管道布置安装中需要补充的非定型设备和所需工器具的制造安装图纸，编制材料汇总表，向建设单位发图并就安排订货和制造配合施工安装进度要求提出交货时间的安排建议。

⑥ 编写施工安装说明书，以严谨的文字结构写明：施工安装的质量标准及验收规范，附质量检测记录的格式。凡是已颁发国家或部施工和验收规范或标准的应采用国家和部标准；写明设备和管道施工安装需要特别注意的事项；非定型设备的安装质量和验收标准；设备和管道的保温、测试和刷漆与统一管线颜色的具体规定；协同配套专业对相互关联的单项工程图纸进行会签，然后把底图整理编号编目，送交有关人员进行校审和签署，最后送达项目工程师统一交完成部门晒印，向建设单位发图。

(5) 施工图设计的深度

施工图设计深度应满足以下要求：

① 设备订货及非标准设备的制造；

② 指导施工；

③ 施工图预算的编制。

施工图预算经审定后，即作为预算包干、工程结算的依据。

常用施工图设计深度的相关规定如下：

《化工工艺设计施工图内容和深度统一规定》HG/T 20519—2009

《化工装置设备布置设计规定》HG/T 20546—2009

《化工装置管道布置设计规定》HG/T 20549—2009

《石油化工工艺装置布置设计规范》SH 3011—2011

《石油化工金属管道布置设计规范》SH 3012—2011

《化工装置管道机械设计规定》HG/T 20645—1998

化工工艺设计施工图设计说明包括的主要内容如下：

① 工艺设计说明（设计依据、工艺说明、设计范围等）；

② 管道设计说明；

③ 隔热、隔声设计说明；

④ 防腐设计说明。

2.2 我国石油化工装置设计程序及内容

对于新建石油化工项目的建设，我国石油化工行业将设计阶段划分为：项目建议书（预可行性研究），可行性研究报告，总体设计，基础工程设计，详细工程设计，竣工图。总体设计之前还有工艺包设计。各个设计阶段的工作内容及要求，已编制了行业标准，其标准号如下。

工艺包：中国石油化工集团公司发布的《石油化工装置工艺设计包（成套技术工艺包）内容规定》（SHSG-052—2003）。

可行性研究报告：中国石油天然气股份有限公司发布的《炼油化工建设项目可行性研究报告》编制规定 2002 年 9 月。

总体设计：中国石油化工集团公司发布的《石油化工大型建设项目总体设计内容规定》（SHSG-050—2008）。

基础工程设计：中国石油化工集团公司发布的《石油化工装置基础工程设计内容规定》（SHSG-033—2008）。

详细工程设计：中国石油化工集团公司发布的《石油化工装置详细工程设计内容规定》（SHSG-053—2008）。

（1）总体设计

总体设计亦称总体规划。对大型石油化工建设项目，还应进行总体规划设计或总体设计，以平衡协调每个单项工程生产运行的内在关系，解决一个项目内若干装置建设的总体部署和重大原则问题，达到优化化工厂总平面布置，优化辅助生产设施，优化系统工程的设计方案，控制工程规模，确定工程设计标准、设计原则和技术条件，为开展初步设计和详细设计创造条件，实现对建设项目的总定员、总占地、总投资的控制目标。

根据《石油化工大型建设项目总体设计内容规定》（SHSG-050—2008），总体设计必须完成下列工作内容。

- 一定：定设计主项和分工；
- 二平衡：全厂物料平衡，全厂能量平衡；
- 三统一：统一设计指导思想，统一技术标准，统一设计基础（如气象条件、公用工程参数、原材料和辅材料规格等）；
- 四协调：协调设计内容、深度和工程有关的规定，协调环境保护、劳动安全卫生和消防设计方案，协调公用工程设计规模，协调生活设施；
- 五确定：确定总工艺流程图，确定总平面布置图，确定总定员，确定总进度，确定总投资。

（2）基础工程设计

基础工程设计是在批准的可行性研究报告的基础上进行的，根据设计任务书的要求，依据专利商的工艺软件包做出在技术上可行、经济上合理的最符合要求的设计方案。基础工程设计阶段应编写初步设计说明书，各章应以文字（说明书）表格和图纸表达项目各专业的设计原则、设计标准、设计方案重大技术问题、投资概算和经济分析。内容要按生产装置、辅助装置、公用工程、通讯及交通运输，办公及生活福利设施、投资概算、经济分析等予以编制，同样也可依业主要求按中国石油化工集团公司发布的《石油化工装置基础工程设计内容规定》（SHSG-033—2008）标准执行。

（3）详细工程设计

详细工程设计也称施工图设计，根据批准的初步设计文件、基础工程设计文件及主要设备情况进行施工图设计计算，绘制施工图纸并编制有关的施工说明，据以指导施工。详细工程设计内容及深度按中国石油化工集团公司发布的《石油化工装置详细工程设计内容规定》（SHSG-053—2008）标准执行。

2.3 国际通用设计程序及内容

国际通用设计体制是21世纪科学技术和经济发展的产物，已成为当今世界范围内通用的国际工程公司模式。按国际通用设计体制，有利于工程公司的工程建设项目总承包，对项目实施“三大控制”（进度控制、质量控制和费用控制），也是工程公司参与国际合作和国际竞争进入国际市场的必备条件。国际上通常把全部设计过程划分为工艺包设计和工程设计两大设计阶段。工艺包设计属于基础设计阶段，主要由专利商承担，工程设计由工程公司承担。工程公司是以工程为基础，以工程建设为主业，具备工程项目设计、采购、施工和施工管理、开车服务、项目管理的能力，通过组织项目的实施，创造价值并获取合理利润的企业。在国际上新建项目一般由工程公司总包完成，在我国新建项目的建设分段由不同公司完成，而我国设计院大多数提供单一的工程设计。

国际通用设计程序的阶段划分及主导专业在各设计阶段应完成的主要设计文件见表2.1。

表2.1 国际通用设计程序的阶段划分

<table>
<tr><td></td><td>专利商</td><td colspan="3">工程公司</td></tr>
<tr><td>阶段名称</td><td>工艺包
(Process Package)
或基础设计
(Basic Design)</td><td>工艺设计
(Process Design)</td><td>基础工程设计
(Basic Engineering)
或分析和平面设计
(Analitical and Planning Engineering)</td><td>详细工程设计
(Detailed Engineering)
或最终设计
(Final Design)</td></tr>
<tr><td>主导专业</td><td>工艺</td><td>工艺</td><td>系统/管道</td><td>系统/管道</td></tr>
<tr><td>主要文件</td><td>1. 工艺流程图(PFD)
2. 工艺控制图(PCD)
3. 工艺说明书
4. 物料平衡及热量平衡计算
5. 设备表
6. 工艺数据表
7. 概略布置图
8. 原料、催化剂、化学品、公用物料的规格、消耗量及消耗定额
9. 产品的规格及产量
10. 分析化验要求
11. 安全分析
12. 三废排放及建议的处理措施
13. 建议的设备布置图
14. 操作指南</td><td>1. 工艺流程图(PFD)
2. 工艺控制图(PCD)
3. 工艺说明书
4. 物料平衡表
5. 设备表
6. 工艺数据表
7. 安全备忘录
8. 概略布置图
9. 主要专业设计条件</td><td>1. 管道仪表流程图(P&ID)
2. 设备布置图(分区)
3. 管道平面图(分区)

以下由其他专业完成
1. 设备计算及分析草图
2. 设计规格说明书
3. 材料选择
4. 请购文件
5. 地下管网图
6. 电气单线图
7. 各有关专业设计条件</td><td>1. 管道仪表流程图(P&ID)
2. 设备安装平/剖面图
3. 详细配管图

以下由其他专业完成
1. 基础图
2. 结构图、建筑图
3. 仪表设计图
4. 电气设计图
5. 设备制造图
6. 其他专业全部施工所需图纸文件
7. 各专业施工安装说明</td></tr>
<tr><td>用途</td><td>提供工程公司作为工程设计的依据，并是技术保证的基础。</td><td>把专利商文件转化为工程公司设计文件，发表给有关专业开展工程设计，并提供用户审查。</td><td>为开展详细工程设计提供全部资料，为设备、材料采购提出请购文件。</td><td>提供施工所需的全部详细图纸和文件，作为施工及材料补充订货的依据。</td></tr>
</table>

工程设计又划分为：工艺设计、基础工程设计和详细工程设计三个阶段。

2.3.1 工艺设计阶段

工艺设计（Process Design）是工程设计的第一阶段。其主要内容是把专利商提供的工艺包或本公司开发的专利技术按合同的要求进行工程化，并转换成工程公司的设计文件，发表给有关专业，作为开展工程设计的依据，并提交用户审查。工艺设计程序见图2.2。

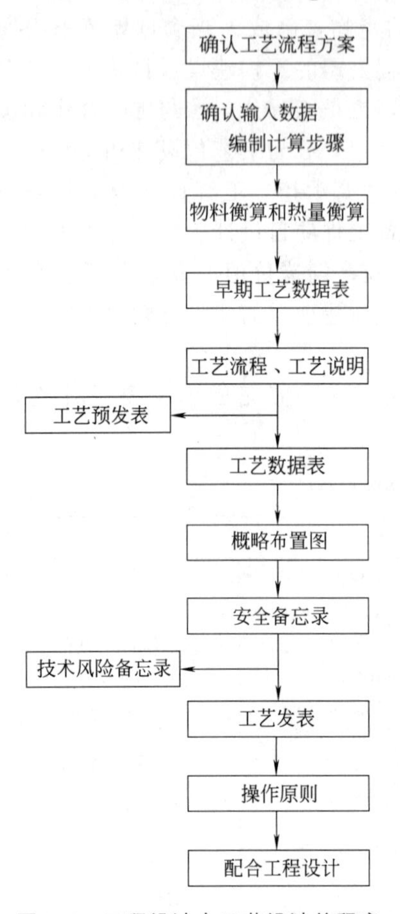

图2.2 工程设计中工艺设计的程序

此阶段通常从项目中标、合同生效时开始，与项目经理筹划项目初始阶段的工作同时进行，并以工艺发表为其结束的标志。工艺设计文件是编制、批准控制估算的依据和基础资料。

工艺设计的主要依据包括专利商提供的工艺包、研究部门的中试或小试工艺技术成果、项目设计依据文件以及项目合同及其附件。

工艺设计的主要内容如下：

① 工艺流程图（PFD）；

② 物料平衡图表；

③ 工艺说明书；

④ 工艺数据表；

⑤ 设备表；

⑥ 概略布置图；

⑦ 安全备忘录；

⑧ 技术风险备忘录；

⑨ 操作原则。

工艺设计的主导专业是工艺专业，主要参加专业包括仪表、设备、分析、系统和材料等专业。

2.3.2 基础工程设计阶段

基础工程设计（Basic Engineering Design）的性质和功能定位是：在工艺包的基础上进行工程化的一个工程设计阶段。基础工程设计阶段是工程设计人员将专利商提供的工艺包或者基础设计转化成工程设计的一个重要环节。基础设计和基础工程设计是有区别的，前者是专利商提供的技术成果和专有技术能够转化成工程设计的依据和充分及必要条件，后者是工程公司（我国主要为设计院）在专利商的基础设计的基础上进一步完善并把它转化成为工程设计的技术资料的过程。

基础工程设计的主要内容如下。

① 编制管道及仪表流程图（P&ID）A版～2版；

② 编制设备布置图成品版；

③ 编制管道平面设计图；

④ 编制设备和主要材料请购单；

⑤ 编制仪表数据和主要仪表请购单；

⑥ 编制电气单线图和主要电器请购单；

⑦ 编制全厂总平面布置图及界区条件图；

⑧ 编制防爆区域划分图；

⑨ 编制地下管网布置图；

⑩ 编制各专业其他设计文件。

基础工程设计是工程设计的一个关键性的工作阶段，此阶段与工艺设计阶段紧密衔接，从工艺发表、举行设计开工会议开始，直至开展详细工程设计用的管道及仪表流程图 2 版、管道平面设计图（也称管道平面研究图）和装置布置图的发表为其结束的标志。

基础工程设计在国外有的工程公司还可细分为分析设计和平面设计两个工作阶段。

分析设计是基础工程设计的第一个工作阶段，主要是为平面设计阶段的工作提供设计条件。这个阶段的主要工作是应用工艺发表和设计开工会议提供的设计条件和数据，开发和编制管道及仪表流程图（P&ID）、工艺控制图（PCD）和装置布置图，编写设计规格说明书和设备请购单，并开展设备订货及大口径合金钢管道早期定货等工作。此阶段完成的主要设计文件需送请用户审查认可。

平面设计是基础工程设计的第二个工作阶段，主要为详细工程设计提供设计依据。这个阶段的主要工作有：进行管道研究、开展管道应力分析和编制管道平面设计图；审查确认设备供货厂商图纸；进行散装材料初步统计和首批材料订货；完成供详细工程设计用的管道及仪表流程图 2 版和装置布置图；各专业相应完成布置图等工作。此阶段以管道平面设计图的发表为其结束的标志，由此进入详细工程设计阶段。

基础工程设计为详细工程设计提供全部资料，同时为设备和主要材料的采购提出请购文件，并作为编制首次核定估算的依据。

基础工程设计的主导专业是系统和管道专业，主要参加专业有总图、布置、仪表、电气、设备等专业。

2.3.3 详细工程设计阶段

详细工程设计（Detailed Engineering Design）即是施工图设计，是工程设计人员在基础工程设计的前提下，开始工程采购，并逐步根据制造厂商返回的采购文件的深化，将工程设计进一步完善直到能满足工程施工、安装、开车所必需的全部设计文件完成，即标志整个工程设计阶段结束。

详细工程设计以基础工程设计的全部设计文件、项目依据文件和合同文件为依据。

详细工程设计的主要内容包括如下。

① 编制管道仪表流程图 3 版和施工版；

② 编制管道平面布置图；

③ 编制管道空视图；

④ 编制土建结构图；

⑤ 编制土建基础图；

⑥ 编制仪表设计图；

⑦ 编制电气设计图；

⑧ 编制设备制造图；

⑨ 编制其他各专业施工所需的图纸和文件。

详细工程设计的主要参加专业包括管道、土建、电气仪表、公用工程和总图等。

详细工程设计为最终材料采购、施工和试车提供详细图纸和文件，并作为编制二次核定估算的依据。

2.3.4 工程设计步骤

按设计工作的程序，工程设计阶段一般应按以下步骤进行。

(1) 工程设计准备

根据上级主管部门对初步设计的批准文件进行工程设计准备。工程设计阶段的开工报告也可参照初步设计开工报告提纲编制，但应根据具体情况进行适当删减或补充。

主要有以下几方面：

① 在初步设计阶段已明确的内容可从简；

② 补充初步设计的审批及修改情况；

③ 设计条件的进一步落实，如提供有关地形测量图、地质勘察报告，落实施工单位和主要设备订货合同等。

(2) 签订资料流程

(3) 设计文件编制

各专业分别进行本专业的设计工作，设计过程中各专业应向相应专业提交条件。

(4) 成品校审、会签

① 按照校审制度校核设计成品；

② 各专业设计成品的会签。

2.3.5 相应文件要达到的目标

① 工艺包作为技术载体，解决技术来源和工艺技术的可靠性问题；

本章小结

在我国新建一个化工项目，为了便于项目建设有关各方相互沟通以及向主管部门汇报，需要编制“项目建议书”和“可研报告”。“可研报告”的编制一般由设计院、咨询公司或工程公司完成，编制依据是技术方提供的技术资料。如果新开发的项目由设计院依据科研开发阶段的基础设计资料或技术方设计的工艺包，进行一个简单的初步设计，其设计深度应满足编制可研报告的需要，建议技术提供方最好按国际通行的做法把核心技术资料做成工艺包商品，以备出售。以上是项目建设前期的主要设计工作。待项目获得行政许可后，项目建设进入设计阶段。业主委托设计院，国际上委托工程公司，完成该项目的设计。国内外通行的设计程序都是分两个设计阶段完成施工用图及相关文件的设计。对施工用图纸及文件的设计通称施工图设计阶段，国际通称为详细工程设计阶段。在详细工程设计阶段前，工程设计不需要做得太细，主要为审批、论证用，可以广义地称为初步设计。国际通称的基础工程设计相当于国内俗称的初步设计，但我国对初步设计要求的深度比国际通称的基础工程设计要求的设计深度浅，所以也不能简单地把基础工程设计与初步设计等同起来。建议按国际基础工程设计的深度完成初步设计内容，以便与国际通用设计要求统一。

在采用国际通用设计程序中，对国内工程建设项目还要遵守我国基本建设管理体制的规定。设计院在开始工程设计工作前，需要将专利商的工艺包（基础设计）形成初步设计，供向有关部门和用户报告以及项目审批使用。有的国内设计单位将基础工程设计阶段中的部分图纸文件汇编成册，作为初步设计审查之用。目前在国内化工设计系统中已经全面推行国际通用的设计程序和方法。建议在兼顾我国设计程序下，尽可能按国际惯例开展设计工作。

② 基础工程设计解决专业技术方案和工程化问题；

③ 详细工程设计是按照确认的基础工程设计完成项目建设实施的图纸和文件。

● 思考与练习题

1. 一个新建的化工厂，建设的三个阶段是什么？
2. 国际通用设计体制中工程设计三个阶段是怎样划分的？
3. 国内传统上对化工设计阶段是如何划分的？
4. 为什么要编制可行性研究报告？
5. 初步设计的目的是什么？
6. 国内的设计前期工作步骤与内容是什么？

第3章

工艺流程设计

在本章你可以学到如下内容

- 工艺路线选择原则
- 工艺流程设计原则及任务
- 工艺流程设计方法和步骤
- PFD 图设计绘制规定及要求
- 管道及仪表流程图（P&ID）绘制规定及要求

在化学加工过程中，通常原料不能一步转化成需要的产品，而需要一系列的工序或步骤组合完成一个总的转变过程。在工业生产中，从原料到制成成品各项工序安排的程序称为工艺流程，工艺流程一般用直观的工艺流程图来表达。工艺流程设计是工艺设计的核心，是决定整个车间（装置）基本面貌的关键步骤。在整个工艺设计中，设备选型、工艺计算、设备布置等工作都与工艺流程有直接关系，只有在流程确定后，其他各项工作才能得以开展。工艺流程设计涉及各个方面，而各个方面的变化又反过来影响工艺流程设计，甚至使流程发生较大的变化，所以它不可能一次设计好，而是最先设计，几乎最后完成，同时需要由浅入深，由定性到定量，分成几个阶段进行设计，最后才能完成施工版的工艺流程设计。

工艺流程设计总步骤：在正式开始工艺流程设计前首先进行工艺路线选择论证，当工艺路线和产品规模确定之后，即可开始设计生产工艺流程草图，并且随着设计工作的深入，物料计算、能量计算、设备工艺计算的逐步展开，工艺流程草图也要由浅入深地不断修改、完善。工艺专业人员根据工艺流程草图及物料衡算计算结果，绘制物料流程图。最后工艺专业人员根据工艺流程图（PFD）、工艺控制图（PCD）、物料平衡表及工艺操作要求、说明等资料绘制并完成各种版本的管道及仪表流程图（P&ID）。

3.1 工艺路线选择

化工生产的特点之一是生产方法的多样性，即技术路线的多样化，生产同一化工产品可采用不同的原料，经过不同的生产方法，即使采用同一种原料，也可采用不同的生产方法、不同的工艺流程，随着化工生产技术的发展，可供选择的技术路线和工艺流程越来越多，所以要科学严谨地选择工艺路线。某个产品若只有一种固定的生产方法，就无须选择，若有几种不同的生产方法，就要逐个进行分析研究，通过全面的比较分析，从中选出技术先进、经济合理、安全可靠的工艺路线，以保证项目投产后能达到优质、高产、低耗和安全运转。

3.1.1 选择原则

（1）先进性

工艺路线的先进性体现在两个方面，即技术上的先进和经济上的合理，两者缺一不可。技术上先进是指项目建设投资后，生产的产品质量指标、产量、运转的可靠性及安全性等既先进又符合国家标准；经济上合理指生产的产品具有经济效益或社会效益。在设计中，既不能片面地考虑技术上的先进而忽视经济合理的一面，也不能片面地只求经济上的合理而忽视技术上是否先进。一条工艺路线的是否先进，应具体体现在以下几个方面：

① 是否符合国家有关的政策及法规；

② 生产能力大小；

③ 原、辅材料和水、电、汽（气）等公用工程的单耗；

④ 产品质量优劣；

⑤ 劳动生产率高低；

⑥ 建厂时的投资、占地面积、产品成本以及投资回收期等；

⑦ “三废”治理；

⑧ 安全生产。

环境保护是建设化工厂必须重点审查的一项内容，化工厂容易产生“三废”，我国目前对环境保护已十分重视，设计时应防止新建的化工厂对周围环境产生严重污染，给国家和人民产生重大的经济损失，并影响人民的身体健康，为此对“三废”污染严重的工艺路线应避免采用。新建工厂的排放物必须达到国家规定的排放标准，符合环境保护法的规定。

安全生产是化工厂生产管理的重要内容。化学工业是一个易发生火灾和爆炸的行业，因此从技术路线上、设备上、管理上对安全予以重视，严格制定规章制度、对工作人员进行安全培训是安全生产的重要措施。同样，对有毒化工产品或化工生产中产生的有毒气体、液体或固体，应采用相应的措施避免外溢，达到安全生产的目的。

总之，先进性是一个综合性的指标，它必须由各个具体指标反映出来。

（2）可靠性

所谓工艺路线的可靠性，是指所选择的技术路线的成熟程度，只有具备工业化生产的工艺技术路线才能称得上是成熟的工艺技术路线。工厂设计工作的最终产品是拟建项目的蓝图，直接影响未来工厂的产量、质量、劳动生产率、成本、利润。如果所采用的技术不成熟，就会影响工厂正常生产，甚至不能投产，造成极大的浪费。因此，工厂设计必须可靠，在流程设计中对于尚在试验阶段的新技术、新工艺、新设备、新材料，应采取积极而又慎重的态度，防止只考虑新的一面，而忽视不成熟、不稳妥的一面。未经生产实践考验的新技术不能用于工厂设计。以往建厂的经验和教训证明，工厂设计必须坚持一切经过试验的原则，只有经过一定时间的试验生产，并证明技术成熟、生产可靠、有一定经济效益的，才能进行正式设计。不允许把生产工厂当作试验厂来进行设计，也不允许把不成熟的技术运用到工厂设计中去。另外，对于实际应用中的工艺流程的改革也应采取积极而又慎重的态度，不能有侥幸的心理，以往设计中这种失败的教训是不少的。

（3）适用性

工艺流程路线的选择，从技术角度上，应尽量采用新工艺、新技术，吸收国外的先进生产装置和专门技术，但在具体选定一条工艺路线时，还要结合我国的国情和建厂所在地的具体条件。这方面要考虑的问题很多，必须花精力和时间，科学、严肃、认真地去考虑。

上述三项原则中可靠性是生产方法和工艺流程选择的首要原则，在可靠性的基础上全面衡量，综合考虑。一种技术的应用总有其长处，即优越性的一面，也有其短处，即不足的一面，设计人员必须在总结以往经验和教训的基础上，采取全面分析对比的方法，根据建设项目的具体要求，选择先进可靠的工艺技术，竭力发挥有利的一面，设法减少不利的因素。在论证时要仔细研究设计任务书中提出的各项原则要求，整理分析收集到的资料，提炼出能够反映本质的、突出主要优缺点的数据材料，作为比较的依据。从而使新建的化工厂的产品质量、生产成本以及建厂难易等主要指标达到比较理想的水平。

3.1.2 技术路线和工艺流程确定的步骤

(1) 调查研究，搜集资料

这是确定生产方法和选择工艺流程的准备阶段。在此阶段，要根据建设项目的产品方案及生产规模，有计划、有目的地搜集国内外同类型生产厂的有关资料，其内容包括各国生产情况、各种生产方法及工艺流程、原料来源及成品应用情况；试验研究报告，原料、中间产品，产品和副产品的规格和性质以及消耗定额；安全技术和劳动保护措施，综合利用及“三废”治理，生产技术是否先进，生产机械化、自动化程度，装备大型化与制造、运输情况，基本建设投资、产品成本、占地面积；水、电、汽（气）、燃料的用量及供应，主要基建材料的用量及供应；厂址、地质、水文、气象等方面资料；车间（装置）环境与周围的情况等。

要提前做好这项工作，接到任务以后才着手搜集资料是很被动的。这就要求设计人员在平时就应留心搜集、整理有关资料，早做准备。当然掌握国内外化工技术经济的资料工作，仅靠设计人员自己搜集是不够的，还应向科技部门、情报部门、气象部门请教和索取，有时还要向有关咨询机构提出咨询。

(2) 落实关键设备

设备是完成生产过程的重要条件，在确定工艺路线和工艺流程时，必然涉及设备，而对关键设备的研究分析，对保证执行工艺路线和完成工艺流程设计是十分重要。在很多情况下，往往由于解决不了关键设备，或中断，或改变原定的工艺路线和工艺流程。因此，对各种生产方法所采用的关键设备，必须逐一进行研究分析，看看哪些已有定型产品，哪些需要设计制造，哪些国内已有，哪些需要进口，如需要进口，从哪个国家进口，质量、性能和价格如何等；如需要设计制造，根据质量、进度、价格等要求落实到哪家工厂，这些都要研究和分析，最后拿出具体方案。

(3) 全面比较与确定

针对不同的工艺路线和工艺流程，进行技术、经济、安全等方面的全面对比，从中选出既符合国情又切实可行的生产方法。比较时要仔细领会设计任务书提出的各项原则和要求，要对收集到的资料进行加工整理，提炼出能够反映本质的，突出主要优缺点的数据材料，作为比较的依据。全面对比的内容很多，一般要从以下几个主要方面进行比较：

① 几种工艺路线在国内外采用的现状及其发展趋势；

② 产品质量和规格；

③ 生产能力；

④ 原材料、能量消耗；

⑤ 综合利用及“三废”治理；

⑥ 建厂投资及产品最终成本。

(4) 选择生产方法及工艺流程设计时应注意的事项

工艺路线为工艺流程描绘了大致的轮廓，而一些具体的问题和细节，必须在工艺流程设计中进一步考虑。下面介绍的是在工艺路线选择及工艺流程设计中需要注意的问题。

① 要满足产品性能规格的要求。这一点对决定生产方法很重要，无论选择什么方法，必须保证产品的性能规格符合要求。

② 要采用新技术和新工艺。在工艺流程设计中，一定要掌握国内外与项目有关的技术资料，及时采用该领域的新技术和新工艺。当有多种方案可供选择时，选直接法代替多步法，选原料易得路线代替难得原料路线，选低能耗方案代替高能耗方案，选接近于常温常压的条件代替高温高压的条件，选污染或废料少的代替污染严重的等。但也要综合考虑，要注意努力开发新工艺、新技术、吸收国外先进的生产装置和专门技术。

③ 选用的工艺路线必须具备工业化生产的条件。流程中的关键性技术难关都应突破。如反应收率、选择性问题，由于催化剂活性较强而造成强放热效应的飞温问题，催化剂寿命问题，产物的分离等都应当解决好，以保证足够多的开工时数，有效的操作控制、稳定的质量。

④ 要对各项技术经济指标进行比较。主要是从投资、产品生产成本、消耗定额和劳动生产率等方面进行比较。一个好的工艺路线，在技术水平上应当先进，在经济指标方面更应是先进合理的，反映在生产过程中就应具有物料消耗少、能量消耗低而且回收利用得好等优点。

⑤ 要考虑连续化问题。在化工生产过程中，某些工序可有间歇式生产和连续化生产两种工艺。一般说来，连续化生产可缩短工艺流程，操作稳定，相应减少设备和场地，具有投资较少，原材料及能源消耗低，易于自动控制，劳动生产率高，生产成本较低等优点。

连续式工艺经济效益高，是发展方向。但还应注意连续化生产带来的另一方面，例如，对建厂条件、车间布置、设备安装等要求高，对工人的技术水平、操作要求以及对干部的管理水平要求高，对生产的连续稳定性要求高，对自动化程度要求高，对原材料的规格质量要求高等。此外，连续化生产，不宜、不易、有时不能更换产品品种，因此，往往达不到“一线多能，一机多用”、产品多样化的目的。

在一般情况下，生产规模较大，生产水平要求较高（如自动化程度），产品较单一的宜采用连续化生产，而生产牌号多、规模小、连续化工业生产尚未成功的宜采用间歇法。

⑥ 要考虑装置大型化问题。近年来大型装置越来越多，采用大型装置的目的是为了提高产量，降低建设投资。由于装置的建设费和生产规模并不成正比，所以近年来大型装置越来越多。装置的投资和生产能力关系为：

$$I_2=I_1(C_2/C_1)^{\alpha}$$

式中 I_1、I_2——较小型和大型装置所需投资；

C_1、C_2——相应装置的生产能力；

α——规模指数，一般为 0.6～0.8（一些文献中可找到某个化工品种或装置的规模指数）。

该式表明，装置规模增大可相应节省建设费，且大装置占地少，布置紧凑，减少热能损失，改善能量回收，便于使用计算机进行控制和管理等。但装置大型化也会带来一些问题，例如，大型附属设备贵，一般无备用设备。另外大型装置也受经济效益、机械设计制造和运输的限制，若开车不稳定，损失就巨大。因此，一个工程应该取多大规模一定要视拟建工程的条件而定。

⑦ 治理“三废”，消除污染。治理“三废”必须充分重视，切实贯彻落实“全面规划、合理布局、综合利用、化害为利、依靠群众、大家动手、保护环境、造福人民”的方针，基建项目必须严格执行环境保护法的有关规定。

在选择工艺路线时，应大力开拓与利用无害工艺或闭路工艺，对那些确实还不能避免“三废”产生与排除的工艺，一定要加强综合利用，变废为宝。尽量少排放，排放物要符合国家有关规定，要建立“三废”处理装置，认真治理。

⑧ 提高自动化水平，尽量利用计算机进行生产控制和管理。强化化工流程的自动控制，是化工生产过程的发展趋势和方向。提高自动化水平，不仅可大大减少生产一线操作人员数量，而且可以提高生产装置的稳定性及安全性，减少因人为操作而引起事故的发生，所以我们在设计中尽量采用易实现自动化的工艺技术，采用DCS控制系统来实现生产的自动化，特别在大型化工设计中要尽量考虑使用这些新技术，提高自动化水平。

3.2 工艺流程设计原则

工艺流程的设计是一项复杂的技术工作，需要从技术、经济、社会、安全和环保等多方面考虑，并要遵循以下设计原则。

(1) 技术成熟先进，产品质量好原则

尽可能采用先进设备、先进生产方法及成熟的科学技术成就，以保证产品质量。技术的成熟程度是流程设计首先应考虑的问题，如果已有成熟的工艺技术和完整的技术资料，则应选择成熟的工艺技术进行项目的开发与建设，这样既保证了项目开发成功的可靠性，同时也节省了开发费用。作为投资建设项目的流程设计，总希望少承担些技术风险，但在保证可靠性的前提下，则应尽可能选择先进的工艺技术路线，如果先进性和可靠性二者不可兼得，则宁可选择可靠性大而先进性可满足要求的工艺技术作为流程设计的基础。

(2) 节能降耗，资源充分利用原则

充分利用原料，努力提高原料利用率，提高生产率，采用高效率的设备，降低原材料消耗及水、电、汽（气）消耗，降低产品的生产成本，降低投资和操作费用，以便获得最佳的经济效益。

在流程设计中考虑节省建设投资，降低生产成本，可注意以下几方面：

- 多采用已定型生产的标准型设备，以及结构简单、造价低廉的设备；
- 尽可能选用操作条件温和、低能耗、原料价廉的工艺技术路线；
- 选用高效的设备和建筑，以降低投资费用，并便于管理和运输，同时，也要考虑到操作、安全和扩建的需要；
- 工厂应接近原料基地和销售地域，或有相应规模的交通运输系统；
- 现代过程工业装置的趋向是大型、高效、节能、自动化、微机控制，而一些精细产品则向小批量、多品种、高质量方向发展，选取工艺方案要掌握市场信息，结合具体情况，因地制宜，充分利用当地资源和有利条件；
- 用各种方法减少不必要的辅助设备或辅助操作，例如利用地形或重力进料以减少输送机械；

- 选用适宜的耐久防腐材料，既要考虑在很多情况下如跑、冒、滴、漏所造成的损失，远比节约某些材料的费用要多，同时也要考虑到化工生产是折旧率较高的行业；
- 工序和厂房的衔接安排要合理。

(3) 安全生产原则

确保安全生产，以保证人身和设备的安全，充分预计生产的故障，以便即时处理，保证生产的稳定性。生产过程尽量采用机械化和自动化，实现稳产、高产。

(4) 保护环境原则

尽量减少“三废”排放量，有完善的“三废”治理措施，以减少或消除对环境的污染，并做好“三废”的回收和综合利用。

在我国“三废”治理和环境保护已纳入法治轨道，国家规定了各种有害物质的排放标准，任何企业都必须达标排放，否则将是违法的。在开始进行生产方法和流程设计中，就必须考虑过程中产生“三废”的来源和采取的防治措施，尽量做到原材料的综合利用，变废为宝，减少废弃物的排放。如果是工艺上不成熟，工艺路线不合理，污染问题不能解决，则是不能建厂的。

(5) 经济效益原则

这是一个综合的原则，应从原料性质、产品质量和品种、生产能力以及发展等多方面考虑。

3.3 工艺流程设计任务

工艺流程设计的主要任务有两个：①设计一个能够完成所规定的化工产品生产任务的工艺流程；②在工艺流程设计的不同阶段，绘制不同的工艺流程图。

流程设计要确定生产流程中各个过程的具体内容、顺序和组织方式、操作条件、控制方案，确定“三废”治理方案，确定安全生产措施，达到加工原料以制得所需产品的目的，其具体工作内容如下。

(1) 确定整个流程的组成

工艺流程反映了由原料制得产品的全过程，应确定采用多少生产过程或工序来实现全过程，确定每个单元过程的具体任务（即物料通过时要发生什么物理变化、化学变化和能量变化），以及每个生产过程或工序之间如何连接。

(2) 确定每个工序或单元操作的组成

对一个工序或单元操作来说，应确定每一单元操作中的流程方案及所需设备的形式，注意安排各单元操作与设备的先后次序，并明确每台设备的作用及其主要工艺参数。同一化工过程可以利用不同的方法和设备来完成，这时就需要根据具体情况选择一种最理想的方法及设备，例如输送液体的方法有压送法、真空吸入法以及采用各种不同类型的泵来输送。这就需要结合车间的具体情况，例如物料的腐蚀性、黏滞性、易燃易爆性等选择一种最理想的输送方法。

(3) 确定操作条件

为了使每个过程、每台设备正确地起到预定作用，应当确定整个生产工序或每台设备的各个不同部位要达到和保持的操作条件。

(4) 确定控制方案

为了正确实现并保持各生产工序和每台设备本身的操作条件，以及实现各生产过程之间的正确联系，需要确定正确的控制方案，选用合适的控制仪表。要考虑正常生产、开停车、事故处理和检修所需要的各个过程的连接方法，还要增补遗漏的管线、阀门、过滤密封系统，以及采样、放净、排空、连通等设施，逐步完善控制系统，最后体现在管道及仪表流程图上。

(5) 确定物流和能量的合理利用方案

要合理地做好能量回收和综合利用，降低能耗，据此确定水、电、蒸汽和燃料的消耗，同时应当合理地确定各个生产过程的效率，得出全装置的最佳总收率。

(6) 确定“三废”治理方法

除了产品和副产品外，对全流程中所排出的“三废”要尽量综合利用，对于那些暂时无法回收利用的，则需进行妥善处理。

(7) 确定安全生产措施

应当对设计出来的化工装置在开车、停车、长期运转以及检修过程中，可能存在哪些不安全因素进行认真分析，再遵照国家规定，结合以往的经验教训，制订出切实可靠的安全措施。根据“万无一失”的原则确定装置的防火、防爆、防毒措施，例如设置安全阀、阻火器、事故贮槽，危险状态下发出信号或自动开启放空阀、或自动停车连锁等。

(8) 工艺流程的逐步完善

在确定整个流程后，要全面检查、分析各个过程的操作手段和相互连接方式，要考虑到开停车和事故处理等情况，增添必要的备用设备，增补遗漏的管线、阀门、采样、放净、排空、连通等设施。

(9) 在工艺流程设计的不同阶段，绘制不同的工艺流程图

工艺流程要求以图解的形式表示出在化工生产过程中，当原料经过各个单元操作过程制得产品时，物料和能量发生的变化及其流向，以及采用了哪些化工过程和设备（包括化学过程和物理-化学过程及设备），再进一步通过图解形式表示出化工流程和计量控制流程。

流程图种类有多种，在不同的设计阶段，工艺流程图设计的内容及深度要求也不一样，要按相应的设计要求完成各种版本的工艺流程图。

3.4 工艺流程设计方法

实验室的实验流程和实验装置与实际工业生产之间存在着巨大差距，在实验室一个非常简单的过程，可是到实际生产中，就变得很复杂，如在实验室配制硫酸和硝酸的混合酸是一个很简单的过程，只要将一定量的硫酸、硝酸倒入烧杯中，再用玻璃棒搅拌均匀即可。若将这一实验过程放大到工业化生产中，那么其工艺流程就会变得相当复杂，工艺流程如图 3.1 所示。

生产工艺流程的设计，要求设计人员必须具备深厚的专业知识和丰富的实践经验，才能胜任设计工作。生产工艺流程设计首先要查阅大量的有关资料，调研现有生产厂家，根据所掌握的资料，逐步深化完善工艺流程设计。工艺流程设计的方法是：①根据现有的工程技术资料，直接进行工程化设计或在此基础上进行技术改进完善；②根据现有的生产装置进行工艺流程设计，如在工厂实习中，要求学生根据现场装置及技术人员的讲解，绘制工艺流程图；③根据小试、中试的科研成果进行生产流程设计。因为前两种设计方法比较简单，技术

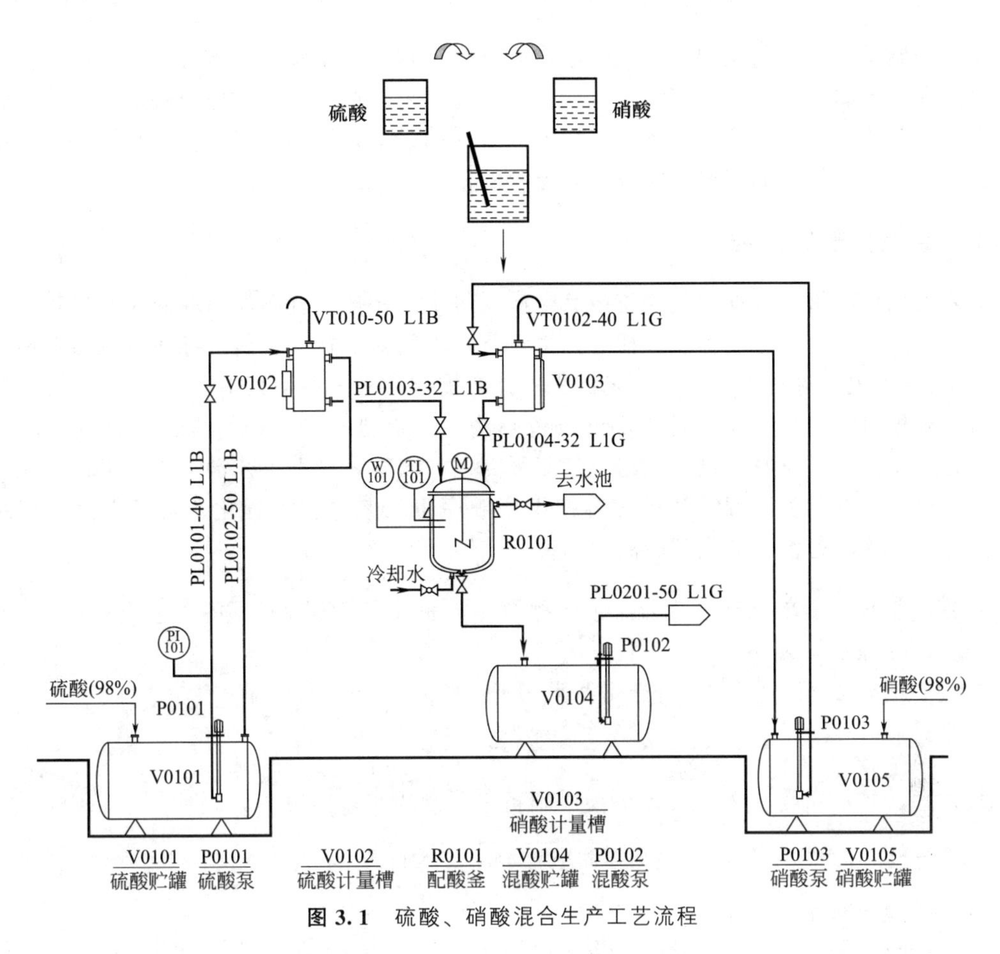

图 3.1 硫酸、硝酸混合生产工艺流程

成熟，这里不再赘述，下面重点介绍由小试、中试的科研成果，由概念设计开始一步一步地完成到工程阶段的生产工艺流程设计过程。

根据实验科研成果进行生产工艺流程设计的步骤是：工艺流程设计一开始，首先进行概念设计，根据反应式或工艺流程简述设计出方框流程示意图；在流程框图的基础上进一步以设备形式定性地表示出各个过程的单元设备及各物流的流向，逐步修改完善设计出工艺流程草图；草图进一步修改完善设计出概念设计阶段的工艺流程图草图；经物料、能量衡算后，设计绘制出工艺物料流程图；当设备、管道计算及选型结束时，工艺控制方案确定后，开始绘制基础设计或工艺包需要的管道及仪表流程图；将基础设计的流程图进一步工程化，设计出基础工程阶段的管道及仪表流程图；只有当车间设计结束，进一步修改流程图后才能最后绘制出正式的详细设计（施工图）设计阶段的管道及仪表流程图。总之工艺流程设计通过由浅入深，由定性到定量，分阶段进行设计，最后才能完成施工版的生产工艺流程图。

3.5 工艺流程的概念设计步骤

实际工程项目的设计，一般依据工艺包设计、基础设计技术资料开展工程设计工作，将基础设计的工艺流图进行工程化，最终转化为施工用的图纸。对于高等院校的学生，重点要掌握工艺流程图的设计思路和方法，而不是强调施工的需要，所以要从最基础的概念工艺流程图设计开始学习。工艺流程概念设计的步骤是：①将实验步骤工艺流程化，得到实验流程的方框流程示意图；②将实验流程生产化，得到为满足生产需要的方框流程示意图；③将方框流程图设备化，把方框流程图各个工序换成有形的设备，用物料线连接起来；④流程简图的工程化，按工程设计的需要，完成工艺流程的概念设计。

3.5.1 实验步骤的流程化

工艺流程化是指以方框图形式将产品生产的每个工序按流程顺序串联起来的过程。

当我们接到一个工艺流程设计任务，第一步是查阅专业技术资料，寻找可以参考借鉴的流程图。《化工生产流程图解》是工艺流程设计的重要参考资料，其中有将近1000种常用化工产品的流程简图，在流程设计、部分设备画法上可借鉴参考。第二步若没有查到流程简图，我们只能根据反应原理或实验的工艺流程简述的内容，借助工艺学、化学工程、化工原理等专业知识，将工艺流程简述的内容按工序顺序将工艺过程流程化。第三步根据产品质量、工艺的需要，完善、细化实验流程图。

案例 根据下面的工艺原理及工艺流程简述，完成煤气脱硫过程的工艺流程化。

(1) 反应原理

煤气中的硫以 H_2S 存在，可选用氨水来吸收脱除 H_2S，其反应式为：

$$H_2S + NH_3 \cdot H_2O \rightleftharpoons NH_4HS + H_2O$$

循环液的再生可选用空气，在鼓泡塔中再生，其再生反应式为：

$$NH_4HS + 1/2O_2 \longrightarrow S + NH_3 \cdot H_2O$$

(2) 主要工艺过程

来自原料的煤气经风机加压后，进入脱硫塔用氨水来吸收脱除 H_2S，将吸收后的部分循环吸收液导入再生塔中，鼓入空气，使循环液中的氨水再生，同时得到硫膏。提示：在流程设计中，要考虑氨水的损失，要不断补充新氨水。

(3) 流程化步骤

① 根据反应原理及提示，将上面流程简述中涉及的各个工序（或单元操作）简单串联起来，得到简单的流程化方框图，如图3.2煤气脱硫工序流程示意图1。

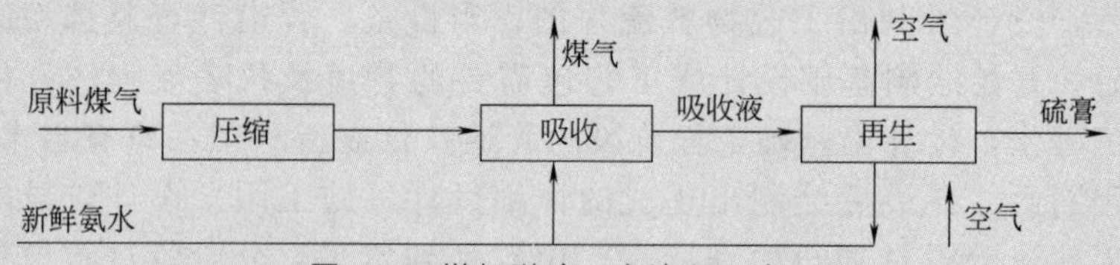

图3.2 煤气脱硫工序流程示意1

② 根据产品质量及工艺需要，进一步完善细化工艺流程。简单的流程示意图完成后，要根据产品质量要求、工艺及工序的需要，结合专业知识，进一步完善补充流程内容。有时前后工序不能直接实现，需要增加必要的中间工序或设备实现前后连接，如物料的前后输送，气体加压、净化、缓冲，液体加压、导液、循环，设置中间泵、循环泵；物料的计量，中间贮存等。例如上例中，煤气进入脱硫吸收塔需要对煤气加压，氨水需要在塔中循环吸收；原料煤气经脱硫吸收塔吸收后，出塔气中必然要夹带氨水雾滴，在工艺上需要增

加除氨水净化工序，以免影响煤气下一工序的使用。经过以上分析将图 3.2 进一步补充完善，得到图 3.3 煤气脱硫工序流程示意图 2。

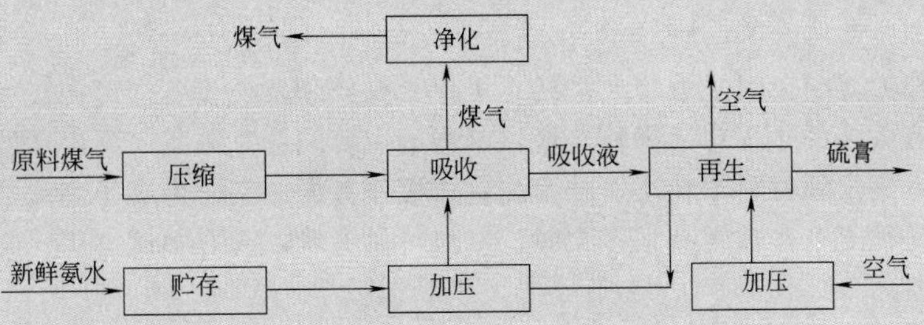

图 3.3 煤气脱硫工序流程示意 2

3.5.2 根据生产环保需要完善细化工艺流程

为了满足实际工业化生产的需要，在实验流程基础上要增加原料的贮存、预处理，产品的计量包装及贮存等生产工序。考虑环保及经济效益，在生产流程设计上还要增加“三废”处理流程及副产品回收流程。

(1) 原料贮存

原料贮存是保证连续或间歇生产的需要，液体、气体原料需设一定容量的贮罐，固体需设料仓、料场贮存。

(2) 原料预处理

一般反应对原料的性质及规格都有一定的要求，如纯度、温度、压力以及加料方式等。通常当原料不符合要求时，需要进行预处理。有的原料纯度不高，通常经过分离提纯，有些原料需溶解或熔融后进料，固体原料往往需要破碎、磨粉及筛分预处理。

(3) 产品的计量包装及贮存

生产的产品一般都要经计量、包装后出厂。气体用钢瓶装运，液体产品一般用桶或散装槽类（如汽车槽车、火车槽车或槽船）装运，固体可用袋型包装（纸袋、塑料袋）、纸桶、金属桶等装运。生产的产品一般不是能马上销售掉，还要考虑产品如何贮存。

一个工艺过程除了上述的各单元外，还需要考虑“三废”的处理及公用工程［水、电、汽（气）］及其他附属设施（如消防设施、辅助生产设施、办公室及化验室等）。

下面介绍一个带有化学反应的典型生产工艺的工艺流程化过程。

一个典型的化工工艺流程一般可由六个单元组成，如图 3.4 所示。

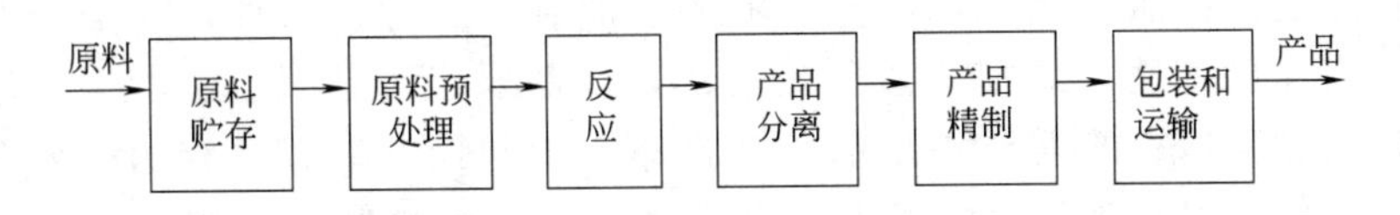

图 3.4 一般化工工艺流程

将以上工艺路线完成流程化的工作步骤如下：

① 首先确定主反应过程

按“洋葱头”模型（由史密斯、林霍夫提供的模型）的理念，强调过程开发和设计的有序和分层性质，设计的核心是反应系统的设计和开发，如果一个化工过程需要一台反应器，那么该化工过程的设计就必须从它开始。

根据物料特性、工艺特点、产品要求、生产规模和基本操作条件，决定是采用连续化操作还是间歇操作。有些不适合连续化操作的不必勉强，间歇操作也有不可替代的作用，尤其是当同一生产装置生产多品种、多牌号产品时，工艺控制要求多变复杂，常常不必强调连续化生产。

确定了操作方式时，对主反应所需的化工单元操作和反应设备即可初步大体确定。主反应过程往往没有太多的化工单元操作，应该考虑的主要问题是满足产品生产的要求，满足产品质量和产量，满足原材料消耗小、技术先进、操作方便、安全可靠等要求。这一步的选择和确定一般不是很复杂，常常有很多文献、资料可供参考，或有中试流程、工业化生产流程可供参考、借鉴。

② 根据反应要求，决定原料准备过程和投料方式

在主反应过程确定之后，根据化工反应的特点，必然对原料提出要求；根据生产操作方式，必然对原料的加料形式有所规范。如预热（冷）、汽化、干燥、粉碎、筛分、提纯精制、混合、配制等，这些操作过程就需要相应的化工单元操作，需要一定的装置和工艺操作条件，通常不是一两台设备或简单过程能完成的。原料准备的化工操作过程常常根据原料性质、处理方法不同而选用不同的生产装置，这些装置如何与反应过程衔接，即投料过程分为自动化的、手动的、自控的、机械的、电子的、间歇的、连续的等，其计量、输送方式各不相同。

③ 根据产品质量要求和实际反应过程，确定产物净化分离过程

按“洋葱头”模型的理念，设计的反应将产生由未反应的原料、产品和副产品组成的混合物，该混合物需要进一步分离，而未反应的原料需要再循环利用。

在工艺路线筛选中，实际上已经大体决定了产物的净化程序，根据主反应过程和生产连续化与否的要求，选择化工单元操作过程加以组合，安排相应设备和装置，确定相应的工艺操作条件，把原料—反应的过程串联起来，形成“原料准备—主反应—产物净化”一个较完整、通顺的过程。

用于产物净化的化工单元操作过程很多，往往是整个工艺过程最关键、最繁杂、最需要认真和机巧构思的部分，即使已经决定了净化过程的顺序，如何安排每一净化步骤的操作、设备和装置，它们之间如何连通，净化的效果和能力等都是要认真思考的，要有丰富的学识，掌握大量的资料和丰富的实践经验，比较多种方案，才能完成此部分流程设计。

④ 产品的计量、包装或后处理工艺过程

有些生产的产品可能是直接销售的商品，有些合成净化的产物可能是下一工序的原料，有些产物还要进行后处理，如筛选、混和、静置、拉伸、热处理、加压灌装等，有些作为原料或商品的产物，即使不进行后处理，也需要经过计量、贮存、运输、包装等若干过程。这些过程，有的需要一定的工艺操作要求和设备装置，有的需要合理的化工单元操作安排，作为工艺流程化的终点，也应将这个过程具体化为装置设备上可以操作运行的过程。

⑤ 副产物处理的工艺过程

以上设计了主产品的“原料—原料准备—反应—净化—后处理及包装”全过程，在反应和净化阶段，有时出现副产品，副产品也是设计产品方案的一部分。副产品也需要“净化—后处理或包装”这个过程，处理方法和主产品相似，根据产品质量要求和反应特点、产物现状，设计需要的化工单元操作过程，确定每一步化工单元操作的流程方案和装置。

⑥“三废”排出物的综合治理流程

在生产过程中，需要考虑不得不排放的各种废气、废水、废渣，其从产品流程中释放出来的途径和释放的流程，对于下一步正确处理“三废”，影响甚大。如废水的收集，废气的收集与处理或输送，废渣的排出方式、收集和贮运装置，防止造成二次污染等问题。

对于废水的处理，常采用絮凝、沉降、中和、稀释或化学的、生物的处理方法，有的可以分散处理，有的要求集中处理，视生产流程情况和排放水质要求而定，所以在设计流程时，要将废水的处理加以“具体化”。集中处理废水时，往往是全厂各车间的废水集中处理，有专门的水处理和污水净化设计流程，或污水处理车间，按照化工设计要求，进行正规设计。有时废水排放量不大，其中毒害物质和污染物质可以或很容易处理而达到国家规定的排放标准的，可以分散处理。处理原则一般是在生产流程中就近安排处理，例如中和、稀释、化学分解等，处理这些废水，就有化工单元操作过程和规范的操作条件。无论用什么方法处理废水、在主反应主产物、副产物的工艺流程中，总应考虑设计废水的收集和输送流程。

对于废渣处理，通常是焚烧或回收利用，具体流程安排要根据废渣的成分、性质来确定。有的转化为建材，有的转化为肥料，有的用于提取化工原材料等。废渣的处理有时是一个专门的工序或车间，其流程设计和化工工艺流程设计相似，但在主反应和主产品生产流程中，要设计废渣的排放方式，有利于贮存、运输和废渣的综合利用和处理。

废气处理常用吸收、吸附、燃烧等方法，可以分散处理，也可以集中燃烧。在主反应流程中，应设计废气的排放方式、输送方式，如设计废气就地处理，则应设计相应的化工装置，加以吸收、中和、吸附后排放惰性气体。吸收中和后的产物，不允许出现二次污染，应转化为某种有用的或无害的物质。

根据以上设计方法和步骤，将每一步产生的成果具体化为化工单元操作的流程方案和装置时，即实现工艺路线的流程化，进一步完善得到所需要的生产工艺流程图。图 3.5 为工艺路线的流程化工作流程。

3.5.3 将方框流程图转化为工艺流程简图

在方框流程图中，每一方框代表一个工序、一个步骤或一个单元操作，单元操作的基础理论、工艺过程、设备结构在化学工程、化工原理、反应工程等理论课程中，都有详尽介绍，我们利用化学工程等专业知识，把每个单元操作过程用设备简图的形式表示出来，然后再用物料流程线连接起来，就可得到工艺流程草图。流程框图中大部分单元操作，只需一个单体设备就能完成，如物料的输送、换热、混合、结晶、反应、分离、吸收、粗粉碎、计量、包装等。对于单台设备能完成的单元操作，直接将该工序换成相应设备简图即可。简图画法按附录 2 管道及仪表流程图中设备、机器图例，图例中没有的可参考《化工生产流程图解》中的画法，或按实际设备轮廓简化。有些工序单元操作，如精馏、干燥、浓缩、粉碎等，不是单一设备能完成的，而需要一套生产装置完成，那么就需要将该工序或单元操作换成一套装置的设备简图。下面是典型单元操作过程的简图。

图 3.6 为常见液体输送工艺流程图。图中泵将液体从一个贮罐输送到另一个贮罐中。注意泵的进出口管道尺寸一般应比泵管口大一级或更大。

图 3.7 为列管式换热器的换热流程图。换热流程冷、热流体的走向应根据物料性质、工艺条件、操作要求进行，图中采用的是逆流形式。

图 3.8 为夹套式换热及反应流程图。反应中液体一般采用高位计量槽加料，反应需要加热或降温，注意当需要加热反应物料时，蒸汽应由反应釜夹套的上部进入，下部排冷凝水；

当需要给反应物料降温时，冷却水应由反应釜夹套下部进入，上部排出。

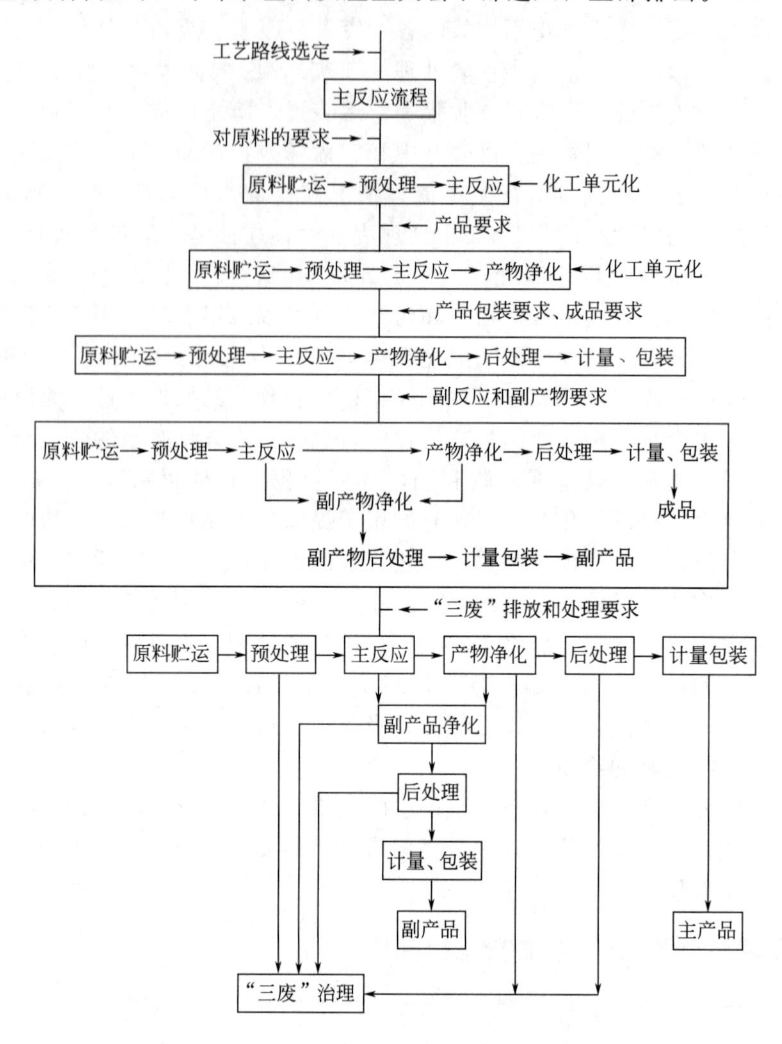

图 3.5 工艺路线的流程化工作流程

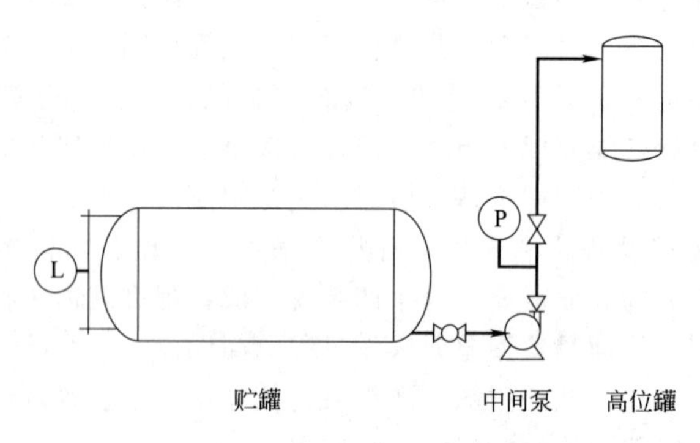

图 3.6 常见液体输送流程图

图 3.9 为双效蒸发流程图。当蒸发量较大时，为了降低蒸汽消耗，一般采用双效或三效蒸发装置，各设计单位设计的装置在细节上会有所不同，但总体设计思路都是尽量降低热量消耗。

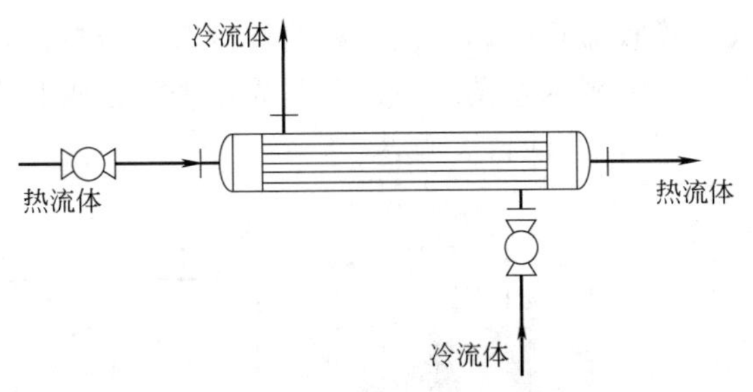

图 3.7 常见列管式换热流程图

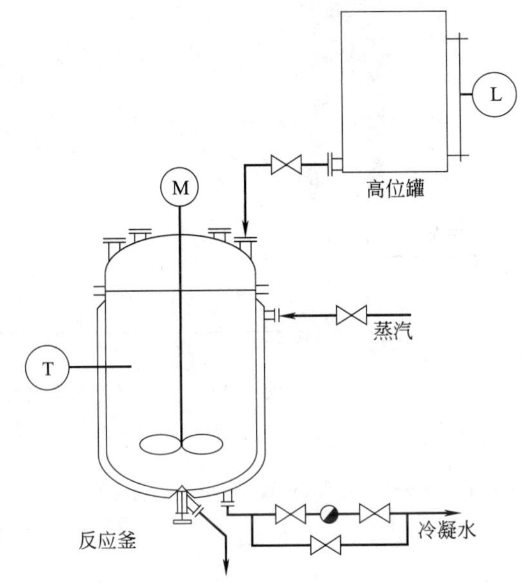

图 3.8 夹套式换热及反应流程图

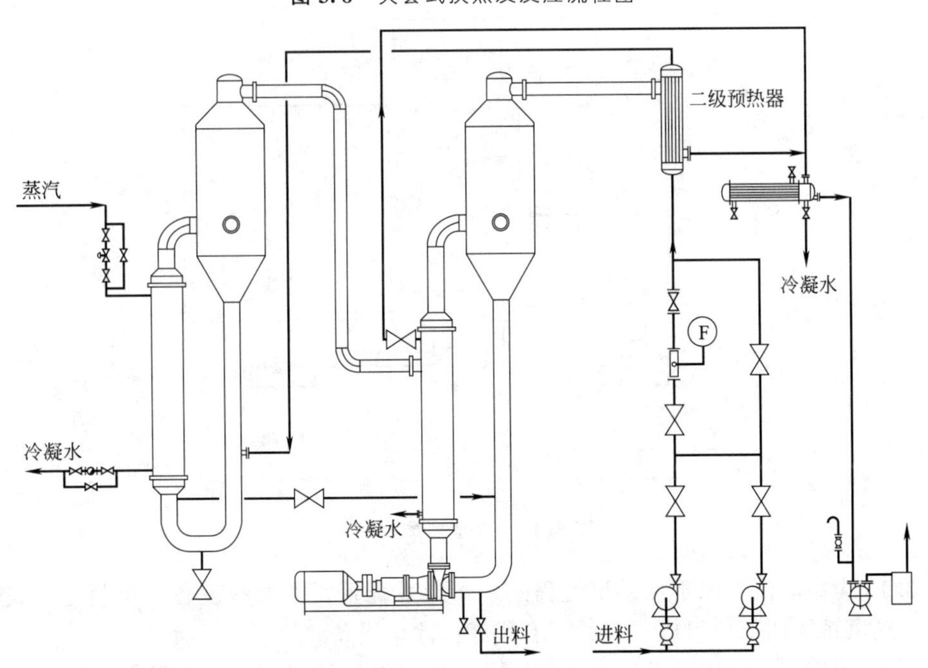

图 3.9 双效蒸发流程图

图 3.10 为填料塔气液吸收流程图。在画流程时注意气、液进出口的位置。

图 3.11 为洗油吸苯脱苯流程示意图。该流程是先用洗油在吸收塔中吸收掉蒸汽中的苯，然后洗油在解吸塔中解吸出苯，洗油再去吸苯。

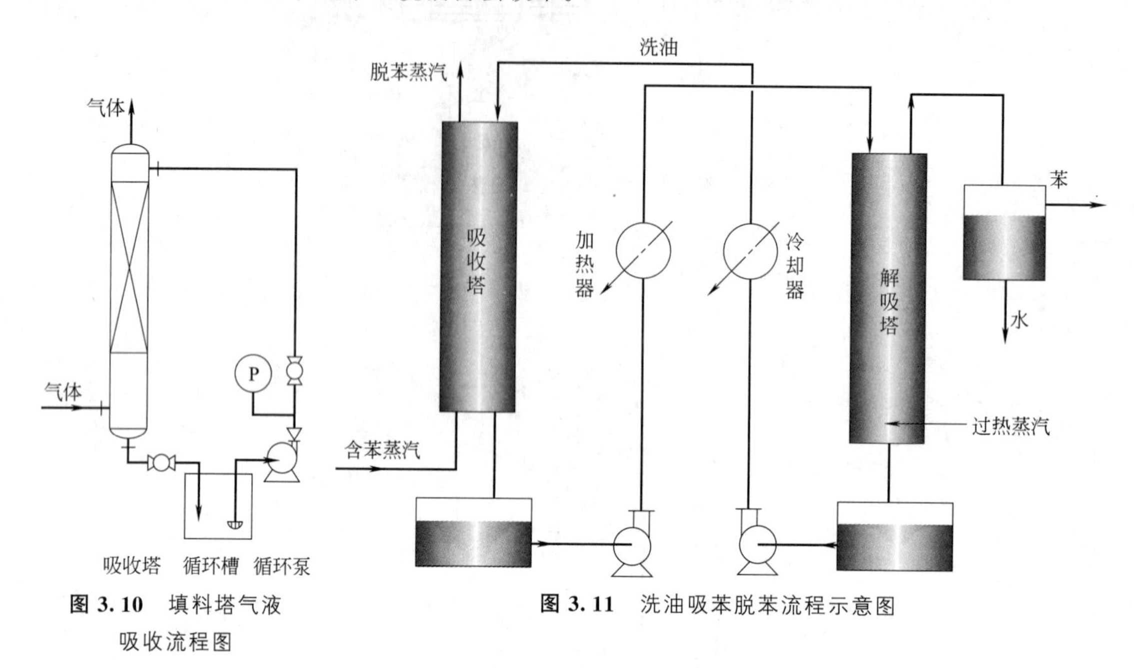

图 3.10 填料塔气液吸收流程图

图 3.11 洗油吸苯脱苯流程示意图

图 3.12 为典型精馏流程图。一套精馏装置主要由三部分组成：精馏塔、下部的再沸器和上部的冷凝器。精馏都采用连续化操作，需要对进料、回流、出料进行调节控制，要注意各个进出料的位置。

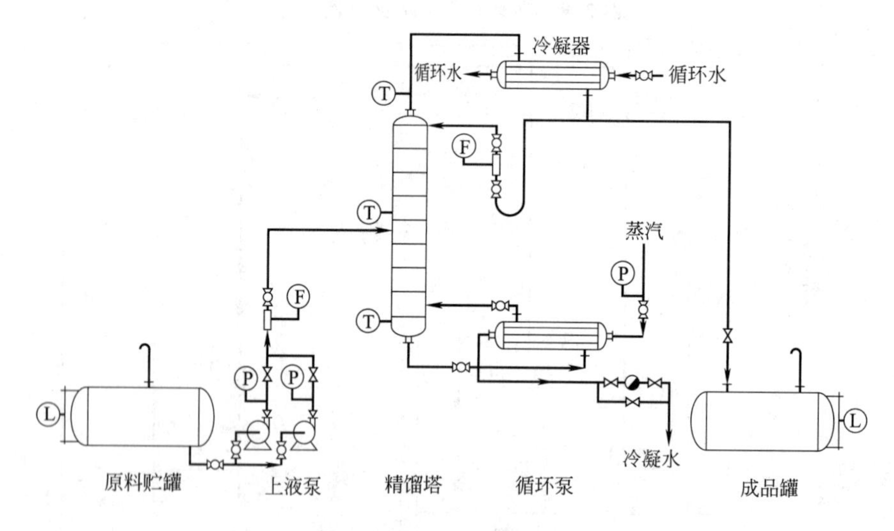

图 3.12 典型精馏流程图

图 3.13 为振动流化床干燥系统流程图。干燥系统主要由喂料设备、出料分离设备、排潮设备、热风系统四部分组成，有的还有袋滤器除尘设备。

图 3.14 为压缩机加压输送气体流程图。一般气缸压缩机因为气流的脉冲性，气体经常夹带油污，所以一般压缩机出口要配缓冲罐，进口要配消音器。

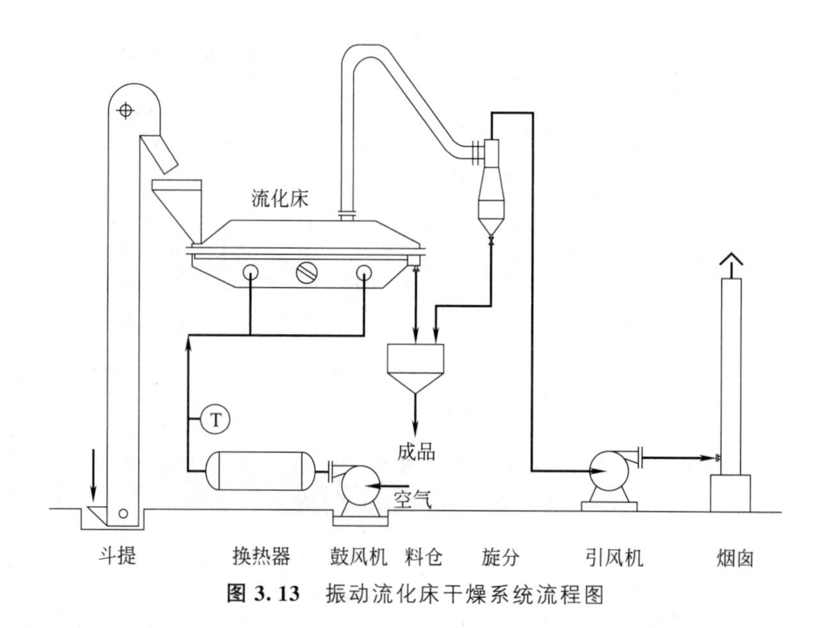

图 3.13 振动流化床干燥系统流程图

图 3.15 为压滤机压滤流程图。压滤机需要用泵加压将物料压送进压滤机中，泵一般标配为螺杆泵，稀物料也可选用离心泵，有的物料需要洗涤、压榨，有的还需要配置水管、压缩空气管。

依据上述方法，将图 3.3 的方框流程图中，每个框换成一个工序或一个单元操作的生产设备简图，然后用物流线按工艺过程将单体设备连接起来，得到煤气脱硫的工艺流程草图，如图 3.16 所示。

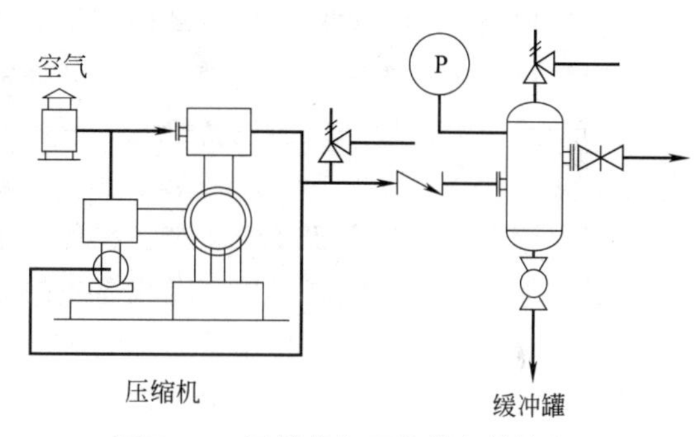

图 3.14 压缩机加压输送气体流程图

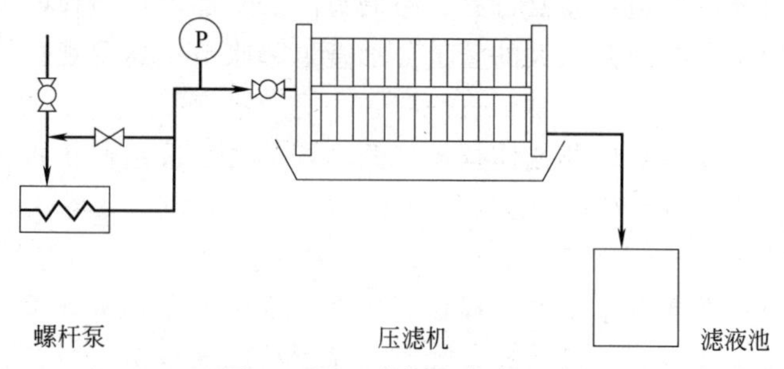

图 3.15 压滤机压滤流程图

3.5.4 逐步完善得到概念设计的工艺流程图

根据上述得到的流程草图，进行工艺计算和设备选型，然后将流程草图中设备外形进一步修改完善，得到与生产实际接近的流程草图。在此基础上还需要进一步对工艺管道进行补充完善，添加管件、阀门、仪表控制点、自动化控制等。管道、阀门、仪表、自动化控制的设计主要考虑工艺需要、生产需要、操作需要、安全需要、事故处理需要、开停车需要、设备检修需要、安装需要。下面分别简单介绍一下管道、阀门、仪表、自动化控制的设计

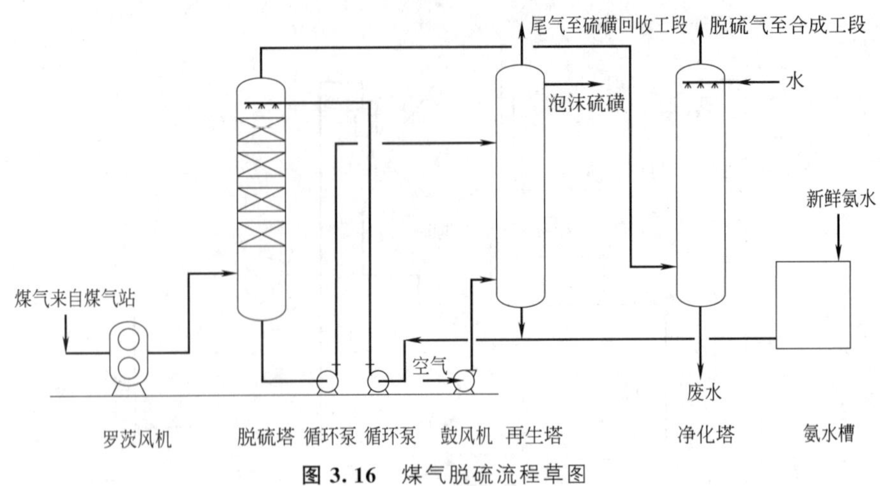

图 3.16　煤气脱硫流程草图

要求。

(1) 管道和阀门的设计

主要管道的设计按物料工艺流动顺序从原料输入到产品流出，由一个设备流向另一个设备。辅助工艺管线也要设计，如“三废”处理管线、物料循环管线、事故处理管线、安全生产管线、旁路管线、检修切换设备管线、开停车管线、排气、排液、装置放空、设备保护管线等。

阀门、管件的设计主要基于生产、操作、工艺、安全、维修等需要。在大多数设备的进出口一般要加切断阀，以满足生产及设备更换维修需要；在需要调节流量或压力、切断管道或设备上要加阀门；排液、排净管道上要加阀门；超压易发生事故的地方要加安全阀，如锅炉、高压设备及管路；高压流体进入低压设备或管道处要加减压阀，低压设备或管道上还要加安全阀；排出冷凝水的地方要加疏水阀；在管道中存有高压流体，一旦设备停车，发生流体倒流，易发生事故，所以要加止回阀，不允许流体反向流动的管道，也要加止回阀；在容积式泵、压缩机进口要加管道过滤器，有旁路调节的需要加阀，出口要加安全阀；大管道与小管道相接加变径接头；有温升较大的管道要加管道膨胀节；需要观察管道流量变化的在管道上加视盅等。

阀门型式选用参考：一般切断流体选用球阀，调节流量选用截止阀，大管径的气体管道一般选闸阀、蝶阀。

(2) 仪表的设计

仪表控制点的设计主要基于工艺、操作、生产、安全的需要进行设计。

有压力显著变化的地方要加压力表，如泵、压缩机、真空泵出口，其主要目的是观察工艺及设备运转情况。需要观察、控制压力技术指标的地方，如密闭的反应设备；加热会产生压力的设备，如锅炉等；在接入设备的蒸汽总管上，要装压力表，以便显示管道有没有蒸汽，蒸汽压力是多少。

有需要控温的地方要加温度表，如反应釜、各种炉窑、干燥装置、蒸馏等；有热交换的设备经常需要测温显示。

有需要计量或控制流量的地方要加流量表，如反应釜加料、精馏塔进料、出料、回流；有需要对流体进行计量的设备及管路要加流量表。

有需要计量、显示、限制或控制液位的地方要加液位计，如大型贮罐、中间罐、计量罐；精馏塔塔釜液、反应液液位高度控制；需要对物料进行液位计量、报警的地方要加液位计。

在工艺系统中，需要对现场原材料、中间过程、中间产品、终产品取样检测的地方，在流程上加取样点。

仪表符号，在这里可以简单表示。用 ϕ10mm 的细线圆表示，圆内注明检测参量代号，代号的表示规定见表 3.9 常用参量代号。

(3) 自动化控制的设计

仪表和计算机自动控制系统在化工过程中发挥着重要作用，强化化工流程的自动控制是化工生产过程的发展趋势和方向。

化工流程自动化控制的优点：提高关键工艺参数的操作精度，从而提高产品质量或收率；保证化工流程安全、稳定的运行；对间歇过程，还可减少批间差异，保证产品质量的稳定性和重复性；降低工人的劳动强度，减少人为因素对化工生产过程的影响。下面是典型设备控制方案，供参考。

① 泵的流量控制方案

泵所输送流体的流量控制主要有出口节流控制和旁路控制两种方案。

a. 出口节流控制　泵的出口节流控制是离心泵流量控制最常用的方法，对于容积式泵不易采用，如图 3.17 所示。在泵的出口管线上安装孔板流量计与调节阀，孔板在前，调节阀在后。

b. 旁路控制　旁路控制主要用于容积式泵（如往复泵、齿轮泵、螺杆泵等）的流量调节，有时也用于离心泵工作流量低于额定流量 20%的场合，如图 3.18、图 3.19 所示。

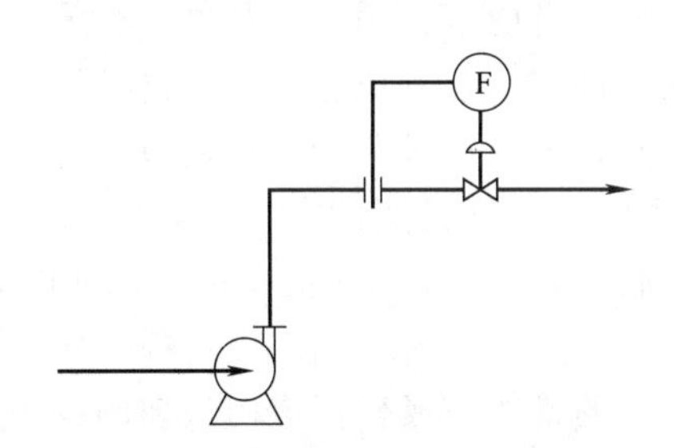

图 3.17　离心泵出口节流控制

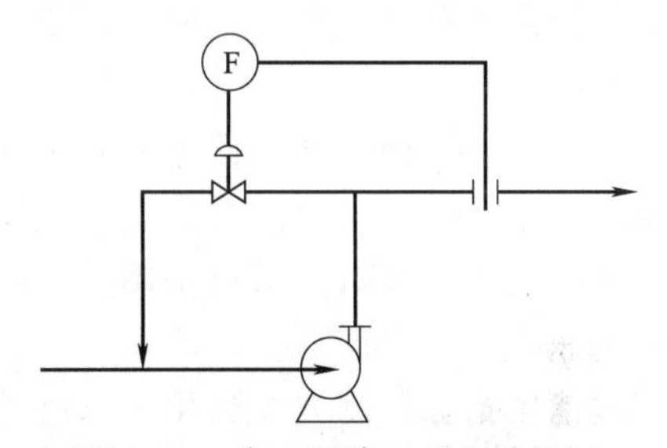

图 3.18　离心泵出口的旁路控制

② 换热器的温度控制方案

a. 调节换热介质流量　通过调节换热介质流量来控制换热器温度的流程如图 3.20 (a) 所示。这是一种常见的控制方案，有无相变均可使用，但流体 1 的流量必须是可以改变的。

b. 调节换热面积　如图 3.20 (b) 所示，适用于蒸汽冷凝换热器，调节阀装在凝液管路上，流体 1 的出口温度高于给定值时，调节阀关小使凝液积累，有效冷凝面积减小，传热面积随之减小，直至平衡为止，反之亦然。其特点是滞后大，有较大的传热面积余量；传热量变化缓和，能防止局部过热，对热敏性介质有利。

c. 旁路调节　如图 3.20 (c) 所示，主要用于两种固定工艺物流之间的换热。

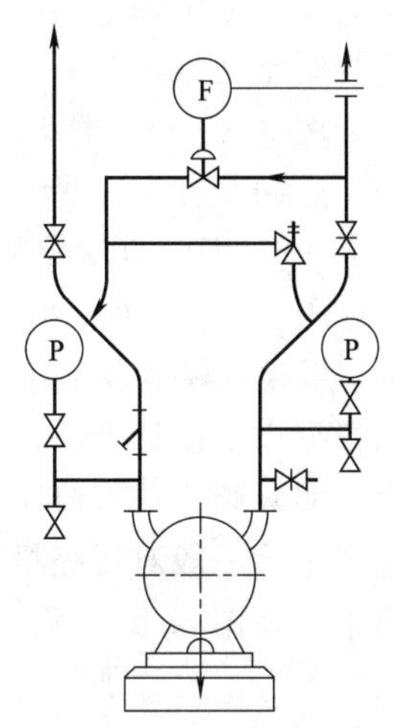

图 3.19　容积式泵的旁路控制

③ 精馏塔的控制方案

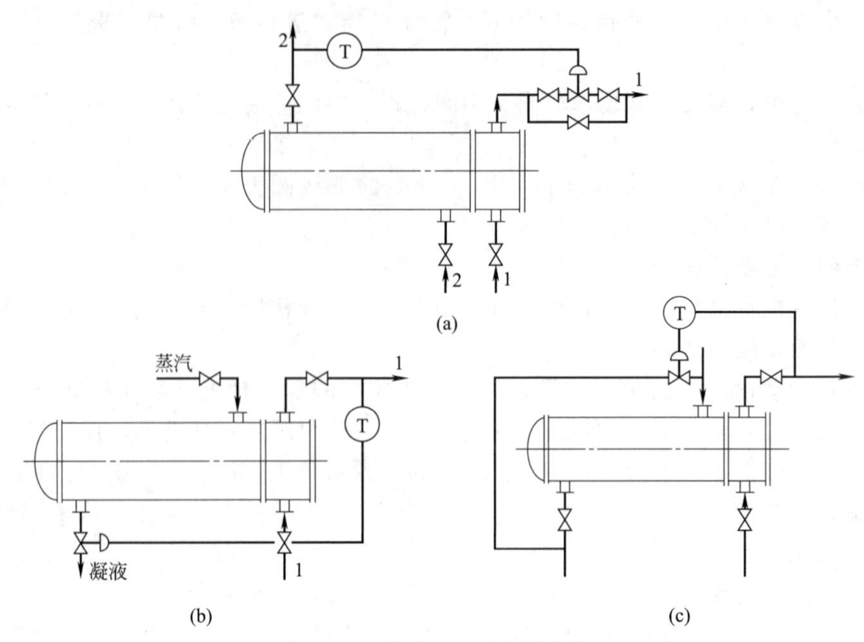

图 3.20 换热器温度控制方案

精馏塔的基本控制方案主要有两种：其一，按精馏段指标控制；其二，按提馏段指标控制。

按精馏段指标控制方案适用于以塔顶馏出液为主要产品的精馏塔操作。它是以精馏段某点成分或温度为被测参数，以回流量 L_R、馏出液量 D 或塔内蒸汽量 V_S 为调节参数。采用这种方案时，于 L_R、D、V_S 及釜液量 W 四者中选择一种作为控制成分手段，选择另一种保持流量恒定，其余两个则按回流罐和再沸器的物料平衡，由液位调节器进行调节。用精馏段塔板温度控制 L_R，并保持 V_S 流量恒定，这是精馏段控制中最常用的方案，如图 3.21（a）所示。在回流比很大时，适合采用精馏段塔板温度控制 D，并保持 V_S 流量恒定，如图 3.21（b）所示。

按提馏段指标控制方案适用于以塔釜液为主要产品的精馏塔操作。应用最多的控制方案是用提馏段塔板温度控制加热蒸汽量，从而控制 V_S，并保持 L_R 恒定，D 和 W 两者按物料平衡关系由液位调节器控制，如图 3.22（a）所示的方案。另一种控制方案是用提馏段塔板温度控制釜液流量 W，并保持 L_R 恒定，D 由回流罐的液位调节，蒸汽量由再沸器的液位调节，如图 3.22（b）所示。

上述两个方案只是原则性控制方案，具体的方案是通过塔顶、塔底及进料控制实现的。

④ 施工图中自动控制的画法

在施工图设计前，自动化控制一般简单画出，但在施工图设计中，尽量使图纸与工程实际接近，以便更好适合设计、安装施工的需要。图 3.23 为施工图自动化控制的示例，供参考。

根据以上设计方法和步骤，将图 3.16 的工艺流程草图进一步完善，氨水再生塔形状根据生产实际装置进行修正，如图 3.24 所示。为了保证整个生产过程连续、稳定运行，在实际生产中，一般对压缩机、泵等需要经常检修的设备，要考虑备用，这些需要在流程图上表示出来。在图 3.16 流程草图基础中，考虑上述因素，进一步对流程、设备外形、管道连接修改完善后，再添加阀门、仪表符号等，即得到一个概念性带控制点流程简图的主体部分图，如图 3.24 所示。

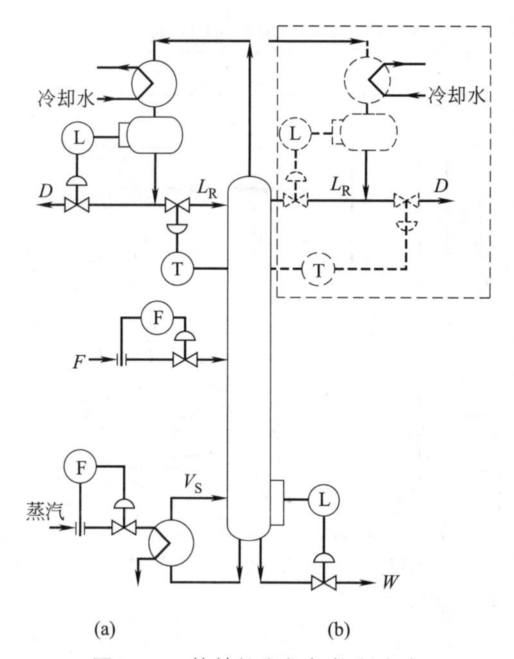

图 3.21　按精馏段指标控制方案

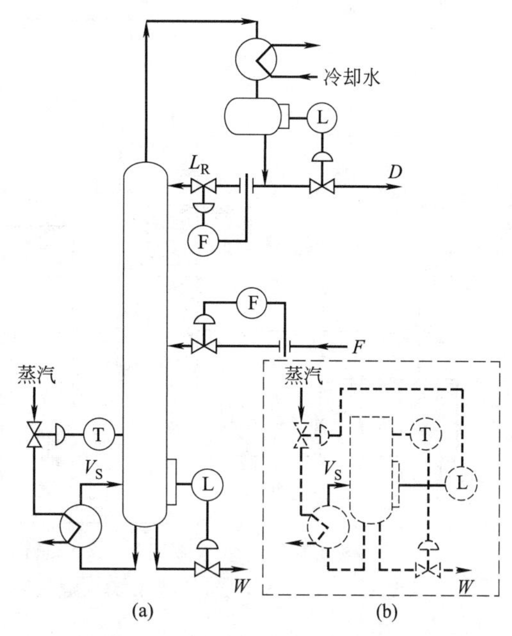

图 3.22　按提馏段指标控制方案

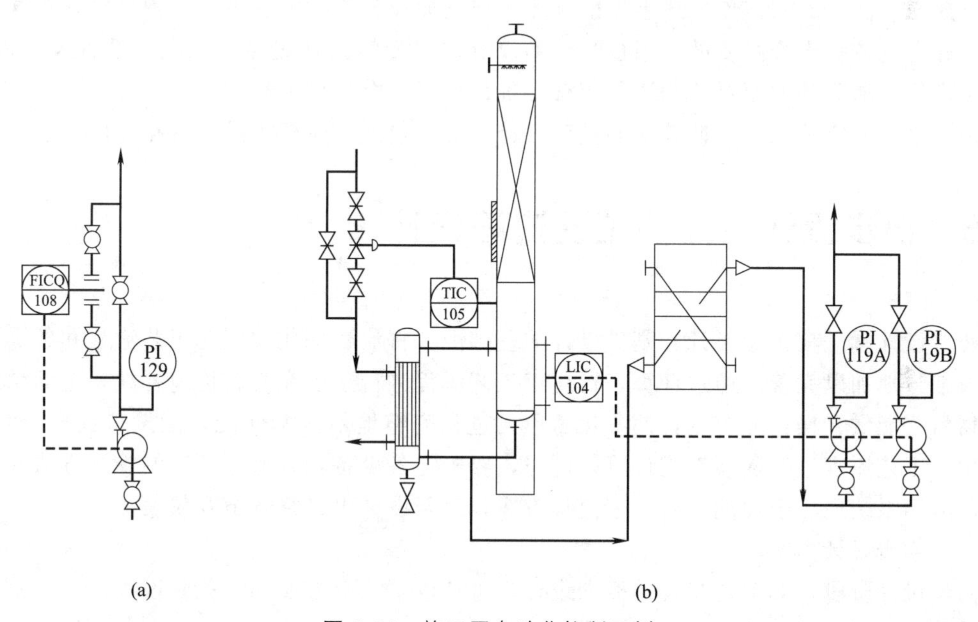

图 3.23　施工图自动化控制示例

说明：在这里煤气脱硫只是整个煤气生产过程中的一部分，所以没有考虑原料贮存及成品计量包装工序，若是一个整流程前面要考虑原料贮存，后面要考虑成品计量、包装、三废处理等工序。

下面还需要参考《化工工艺设计施工图内容和深度统一规定》进一步完善、规范，加上图框、标题栏、设备标号、仪表编号、管道编号等。

（4）确定动力使用和公用工程的配套

在工艺流程概念设计阶段的后期，还要考虑反应流程中使用水、蒸汽、压缩空气、导热油、冷冻盐水、氮气等公用工程，流程设计时要考虑周全，加以配套供应。

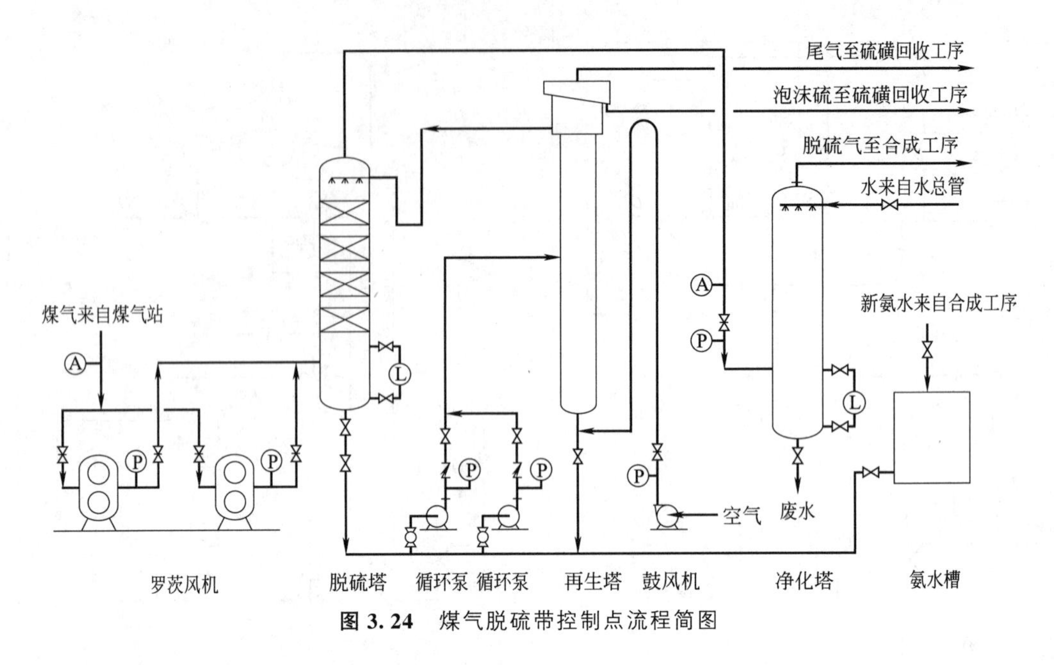

图 3.24 煤气脱硫带控制点流程简图

(5) 工艺流程方案比较，选出最优方案

组成工艺流程的操作单元或装置的顺序、选用的设备等可能有不只一种方案，对这些方案进行综合比较是十分必要的。通过物料衡算和能量衡算，从设备、工艺参数、人员操作、安全、环保、消防等方面对流程进行综合评价，选择一个最佳方案。

(6) 进一步完善优化，使其达到基础设计、工艺包设计所要求的内容和深度。

3.6 初步设计阶段的工艺流程设计

初步设计就是在概念设计、基础设计的基础上，将流程深化，即对工艺流程和各操作单元深入细致地加以完善。通过计算，对化工工艺流程进行逐步完善、拾遗补缺，全面系统地研究物料、能量、操作、控制，使各化工单元过程完整地衔接和匹配，能量得到充分利用。在对化工工艺流程进行逐项工艺计算的同时，要确定各设备和各操作环节的控制方法和控制参数，从而系统地、全面地完善工艺流程方案，直至设计出最终管道及仪表流程图。

(1) 初步设计内容

初步设计阶段，对工艺流程的概念设计，可从以下几个方面加以完善设计。

① 生产能力和操作弹性

在设计和完善流程方案时，首先考虑主反应装置的生产能力，确定年工作日和生产时间、维修时间、保养维护时间等，按照设计的主产品产量要求，设计留有一定的操作弹性，尤其是一些较复杂的反应，由于控制条件的不精确会造成生产的不稳定，对此要作充分估计。

② 工艺操作条件的确定和流程细节安排

在初步设计中，最重要的工作是校审各工艺装置的工艺操作条件，包括温度、压力、催化剂投入、投料配比、反应时间、反应的热效应、操作周期、物料流量、浓度等。这些条件直接关系到流程中使用的一些辅助设备和必要的控制装置，比如有些反应需要在一定的高压下反应，则流程中一定要有加压设备，如压缩机；有些反应要在负压下操作，则流程中要有真空装置；有的不仅是主反应，包括流程的各环节、各装置都有其特定的操作条件，则必定要有相应的供热、蒸汽稳压、分配、供冷、计量、混合、进料、排渣、降温、换热、液位控制等装置或设施。有些反应过程中需要定期清理的装置，如旋风分离器、过滤器、压缩机等，还要考虑设备的平行切换；有些设备需要定期更换介质或需要再生辅助的装置，如酸（碱）吸收塔、干燥塔、分子筛吸附塔等。当工艺要求到某一浓度或规定工作多少时间即要求切换使用，也应有相应的再生装置和切换备用的流程线、排料收集装置等。如此通过对工艺操作条件的确定和落实，必然产生对流程细节的要求，在初步设计中应加以完善。

③ 操作单元的衔接和辅助设备的完善

在化工计算中，特别是对物料、能量和功的衡算，在充分利用物质和能量时，应当考虑诸如废热锅炉、热泵、换热装置、物料捕集、废气回收、循环利用装置等。

在进行化工装置平面布置过程中，有时为了节省厂房造价和建筑物的合理性，并不片面追求利用位差输送物料，而设计输送机械。有时在平面布置中，还会对工艺流程进行修改，如检修工作的安排、物料的进出口都可能要求装置适当地变动。

对于公用工程的安排，有时可能在流程中设计附加设备，如将水输入到高层厂房顶部的冷凝器，靠自然水压运输不可靠时，则应设计专门的高扬程水泵。通过全流程的工艺计算和设备计算、平面布置，对工艺流程作一些细节的补充、修正，使流程更加完善。

④ 确定操作控制过程中各参数控制点

在初步设计中，考虑开车、停车、正常运转情况下，操作控制的指标、方式，在生产过程中取样、排净、连通、平衡和各种参数的测量、传递、反馈、连动控制等，设计出流程的控制系统和仪表系统，补充可能遗漏的管道装置、小型机械、各类控制阀门、事故处理的管道等，使工艺流程设计不仅有物料系统、公用工程系统，还有仪表和自动控制系统。

(2) 初步设计阶段工艺流程的内容深度

初步设计工艺流程图主要反映工艺、设备、配管、仪表等组成部分的总体关系，至少应包括以下内容。

① 列出全部有位号的设备、机械、驱动机及备台，有未定设备的应在备注栏中说明，或用通用符号、长方形图框暂时表示，并初步标注主要技术数据、结构材料等。

② 主要工艺物料管道标注物料代号、公称直径，可暂不注管道顺序号、管道等级和绝热、隔声代号，但要表明物料的流向。

③ 与设备或管道相连接的公用工程、辅助物料管道，应标注物料代号、公称直径，可暂不标注管道顺序号、管道等级和绝热、隔声代号，但要表明物料的流向。蒸汽管道的物料代号应反映出压力等级，如 LS、MS、HS。

④ 应标注对工艺生产起控制、调节作用的主要阀门，管道上的次要阀门、管件、特殊管（阀）件可暂不表示，如果要表示，可不用编号和标注。

⑤ 应标注主要安全阀和爆破片，但不注尺寸和编号。

⑥ 全部控制阀不要求注尺寸、编号和增加旁路阀。

⑦ 标注主要检测与控制仪表以及功能标识，标明仪表显示和控制的位置。

⑧ 标注管道材料的特殊要求（如合金材料、非金属材料高压管道）或标注管道等级。

⑨ 标明有泄压系统和释放系统的要求。

⑩ 必需的设备关键标高和关键的设计尺寸，对设备、管道、仪表有特定布置的要求和其他关键的设计要求（如配管对称要求真空管路等）。

⑪ 首页图上文字代号、缩写字母、各类图形符号，以及仪表图形符号。

3.7 施工图（亦称详细工程）设计阶段的工艺流程设计

本阶段以被批准的初步设计阶段的工艺流程为基础，进一步为设备、管道、仪表、电气、公用工程等工程的施工安装提供指导性设计文件。

在初步设计方案的基础上，完善管道和仪表的设计，各种物料、公用工程、全部设备、管道、管件、阀门、全部的控制点、检测点、自动控制系统装置及其管道、阀门设计。作为安装施工指导的工艺流程设计，最终表现为绘制“管道及仪表流程图”（简称 P&ID 图）。

管道及仪表流程图是所有流程图中最重要的一张图，是施工、安装、编制操作手册，指导开车、生产和事故处理的依据，而且对今后整个生产装置的操作运行和检修也是不可缺少的指南。

有关 P&ID 施工版的主要内容和深度如下：

① 绘出工艺设备一览表中所列的全部设备（机器），并标注其位号（包括备用设备）；

② 绘出和标注全部工艺管道以及与工艺有关的一段辅助或公用系统管道，包括上述管道上的阀门、管件和管道附件（不包括管道之间的连接件）均要绘出和标注，并注明其编号；

③ 绘出和标注全部检测仪表、调节控制系统、分析取样系统；

④ 成套设备（或机组）的供货范围；

⑤ 特殊的设计要求。一般包括设备间的最小相对高差（有要求时）、液封高度、管线的坡向和坡度、调节阀门的特殊位置、管道的曲率半径、流量孔板等。必要时还需有详图表示；

⑥ 设备和管道的绝热类型。

上述的工艺管道是指正常操作的物料管道、工艺排放系统管道和开、停车及必要的临时管道。

3.8 工艺流程图的绘制

各个阶段工艺流程设计的成果都是通过各种流程图和表格表达出来，按照设计阶段的不同，先后有：①方框流程图；②工艺流程草图；③工艺物料流程图；④管道及仪表流程图；也有用带控制点的工艺流程图（Process and Control Diagram，即 PCD）代替 P&ID。

由于各种工艺流程图要求的深度不一样，流程图上的表示方式也略有不同，方框流程图、流程草图只是工艺流程设计中间阶段产物，只作为后续设计的参考，本身并不作为正式资料收集到初步设计或施工图设计说明书中，因此其流程草图的制作没有统一规定，设计者可根据工艺流程图的规定，简化一套图例和规定，便于同一设计组的人员阅读即可。下面着重介绍现在国内比较通用的工艺物料流程图和管道及仪表流程图的一些设计规定。

3.8.1 方框流程图和工艺流程草（简）图

3.8.1.1 方框流程图

方框流程图（Block Flowsheet）是在工艺路线确定后，工艺流程进行概念性设计时的一种流程图，它的编制，没有严格明确的规则，也不编入设计文件。对于设计工作来说，该图为流程草图设计提供一个依据。因此，不论方框图的格式如何，简化程度如何，它必须能说明一个既定工艺流程所包含的每一个主要工艺步骤。这些工艺步骤或单元操作，用细实线矩形框表示，注明方框名称和主要操作条件，同时用主要的物流将各方框连接起来，对于各种公用工程，如循环水、盐水、氮气、蒸汽、压缩空气等，通常不在方框图中作为一个独立的体系加以表达，有时只表明某一方框单元中，要求供应某种公用工程等。图 3.25 为以氧化铜为原料生产硫酸铜的方框流程图。

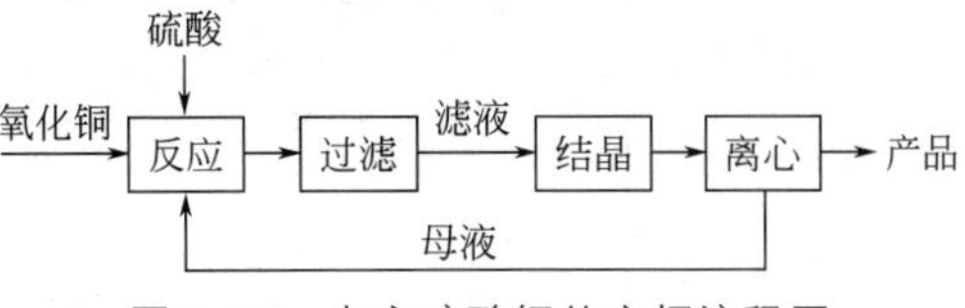

图 3.25 生产硫酸铜的方框流程图

方框流程图从表面上看比较简单，但是它却能扼要地将一个化学加工过程的轮廓表达出来。一个化工生产过程或化工产品的生产大致需要经历几个反应步骤，需要那些单元操作来处理原料和分离成品，是否有副产物，如何处理，有无循环结构等，这些在方框流程图中都要表达出来。

3.8.1.2 工艺流程草图

在方框流程图的基础上，将各个工序过程换成设备示意图，进一步修改、完善可得到工艺流程草图（Simplified Flowsheet）。绘制设计工艺流程草图只需定性地标出物料由原料转化成产品时的变化、流程顺序以及生产中采用的各种设备，以供工艺计算使用。因为这种图样是供化工工艺计算和设备计算使用的，此时绘制的流程草图尚未进行定量计算，所以其所绘制的设备外形，只带有示意性质，并无准确的大小比例，有些附属设备如料斗、泵、再沸器，也可忽略，但个别要求深化的流程简图，可以在深化设计时加以标出。

工艺流程草图一般由物料流程、图例、必要的文字说明所组成。

(1) 物料流程

用细实线画出设备外形，比例大小没有准确要求，比照图幅大小合适即可，管口位置要求相对准确，常用工艺设备图例见附录 2。有的设备甚至简化为符号，如冷却器，在用细线画的圆上加一斜向上的箭头，表示冷却水的进出。图 3.26 是常用换热器的简化符号。注意该类符号在管道仪表流程图中不可使用。

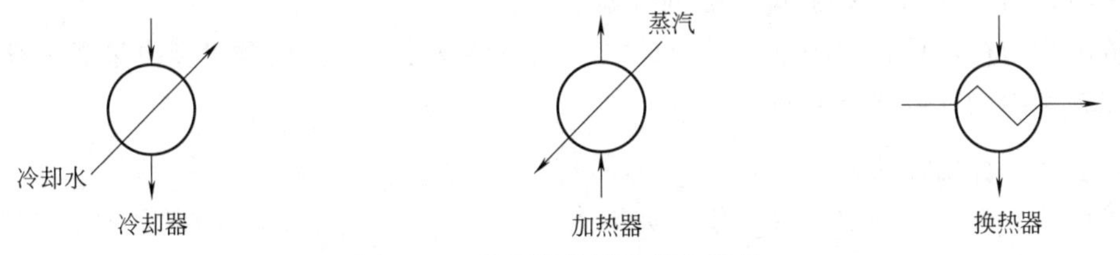

图 3.26 常用换热器的简化符号

在图中要标出设备名称及位号，其详细规定参阅物料流程图。用线条和箭头表示主要物料管线和流向，至于管件、阀门等一般不标出。具体图样可参考图 3.27。

(2) 图例

在草图中一般不需要画图例，如果图中出现一些特殊代、符号及图形，应在图纸的右上方，画出图例并进行说明。

(3) 必要的文字说明

文字注释写出必要的内容，如设备名称、物料名称及物料流向等。

生产工艺流程草图的画法，采用由左至右展开式，先物料流程，其次图例，有时在图上还绘上标题栏和设备一览表。设备轮廓线用细实线画出，主物料管线用粗实线画出，动力管线可用中实线画出。

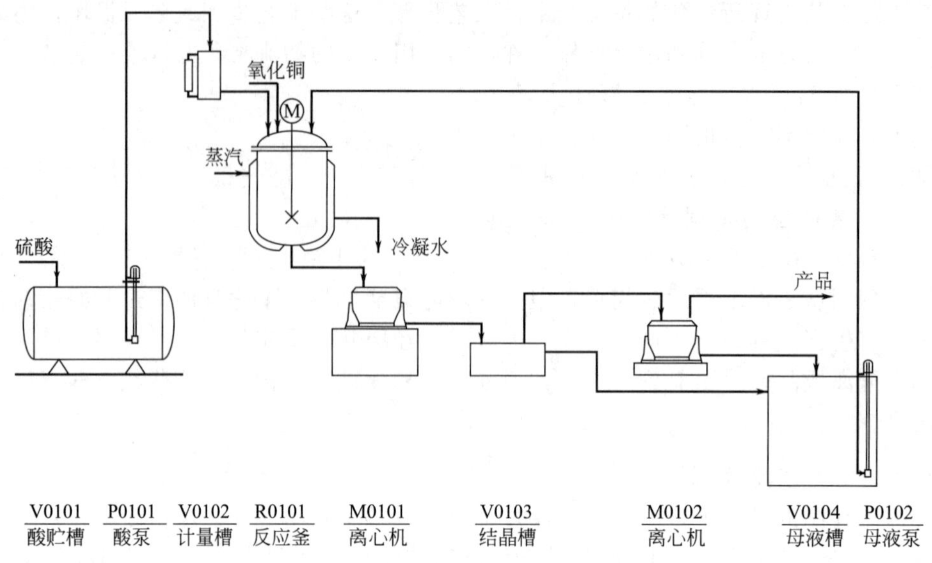

图 3.27 生产硫酸铜的工艺流程草图

3.8.2 工艺物料流程图

工艺流程草图不仅表达了概念（方案）设计的成果，而且是进行化工工艺计算的图解标本，从草图上可以看出必须对哪些生产工序、步骤或关键设备进行计算，不至于混乱、遗漏和重复。当化工工艺计算即物料衡算和能量衡算完成后，应绘制工艺物料流程图（Process Flowsheet Diagram，PFD），简称物流图，有些书中称工艺流程图。

物流图主要反映化工计算结果，它表达了一个生产工艺过程中的关键设备或主要设备，关键节点的物料性质（如温度、压力）、流量及组成。通过 PFD 可以对整个生产工艺过程和与该工艺有关的基础资料有一个根本性的了解，为设备选型、原料消耗计算、环评等设计提供设计参数，为详细的 P&ID 设计提供依据。

物流图作为初步设计阶段的设计文件之一，提交设计主管部门和投资决策者审查，如无变动，在施工图设计阶段不必重新绘制。

3.8.2.1 图纸规格

应采用 A1 号、A2 号或 A3 号图，如果采用 A2 号或 A3 号图，需要延长时，其长度尽量不要超过 1 号图的长度。

3.8.2.2 图纸内容及要求

内容要求：①必须反映出全部工艺物料和产品经过的设备，并标注位号和名称；②必须反映出全部主要物料管线表示出流向和进出装置界区的流向；③示意工艺设备使用公用物料点的进出位置；④必须标示出必要的工艺数据（温度、压力、流量、热负荷等）；⑤必须标出与物料平衡表对应的全部物流号；⑥标示出主要的控制回路。

内容应简明地表示出装置的生产方法、物料平衡和主要工艺数据。具体内容如下：①主要设备；②主要工艺管道及介质流向；③主要参数控制方法；④主要工艺操作条件；⑤物料的流率及主要物料的组成和主要物性数据；⑥加热及冷却设备的热负荷；⑦流程中产生的

"三废"，亦应在有关管线中注明其组分、含量、排放量等；⑧图框及标题栏。

3.8.2.3 设备的表示方法

以展开图形式，从左到右，按流程顺序画出与生产流程有关的主要设备，不画辅助设备及备用设备，对作用相同的并联或串联的同类设备，一般只表示其中的一台（或一组），而不必将全部设备同时画出。常用设备的画法按附录2设备图例绘制，没有图例的设备参考实际设备外形绘制，设备大小可以不按比例画，但其规格应尽量有相对的概念。有位差要求的设备，应示意出其相对高度位置。有的设备可用简化符号，如换热器（见图3.26）等。对工艺有特殊要求的设备内部构件应予表示，例如板式塔应画出有物料进出的塔板位置及自下往上数的塔板总数；容器应画出内部挡板及破沫网的位置；反应器应画出器内床层数；填料塔应表示填料层、气液分布器、集油箱等的数量及位置。

设备外形用细实线绘制，在图上要标注设备名称和设备位号，设备名称用中文写，设备位号是由设备代号和设备编号两部分组成。设备代号按设备的功能和类型不同而分类，用英文单词的第一个字母表示，设备代号规定见附录2。设备编号一般是由四位数字组成，第一、二位数字表示设备所在的主项代号（车间/工段/装置），第三、四位表示主项内同类设备的顺序号，如R0318表示第三工段（车间）的第18号设备。功能作用完全等同的多台设备，则在数字之后加大写的英文字母进行区分，如R0318A、R0318B等，详细标注方法见P&ID部分。该设备位号表示方法应用十分普遍，容易掌握，也便于统计归纳，有利于设备定货。在绘制这些设备的外形轮廓时，应尽量做到按相对比例，而且有些主要设备应表示设备的内外特性结构（如塔板、夹套、内外盘管、搅拌等）。

3.8.2.4 物流管线表示方法

① 设备之间的主要物流线用粗实线表示，辅助物料、公用工程物流线等用中粗实线表示，并用箭头表示管内物料的流向，箭头尽量标注在设备的进出口处或拐弯处。

② 正常生产时使用的水、蒸汽、燃料及热载体等辅助管道，一般只在与设备或工艺管道连接处用短的细实线示意，以箭头表示进出流向，并注明物料名称或用介质代号表示，介质代号同管道及仪表流程图。正常生产时不用的开停工、事故处理、扫线及放空等管道，一般均不需要画出，也不需要用短的细实线示意。

③ 除有特殊作用的阀门外，其他手动阀门均不需画出。

④ 流程图应自左至右按生产过程的顺序绘制，进出装置或进出另一张图（由多张图构成的流程图）的管道一般画在流程的始末端（必要时可画在图的上下端），用箭头（进出装置或进出另一张图纸）明显表示，并注明物料的名称及其来源或去向。进出另一张流程图时，需注明进出另一张图的图号。

在管道的界区标志旁的连接管线上（下）方标明来自（或去）的装置名称（或外管、桶、槽车等）和接续界区的管道号，如图3.28所示。该图例也可按图3.35进行绘制。

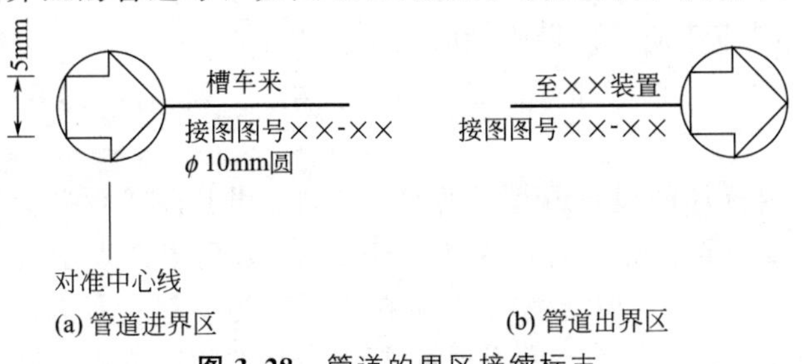

(a) 管道进界区　　(b) 管道出界区

图3.28 管道的界区接续标志

在装置界区内部，每张图纸进出的物流管线的始端或终端，连接 32mm×45mm 或 20mm×30mm 的长方框，框内依次注明介质的名称、来自何处或去向何处的设备位号、衔接的图号，如图 3.29 所示。

长方框以细线条绘制，放在流程图下端且设备位号上方，注意排列整齐或成一横行。长方框不允许放在图纸的左端或右端。

⑤ 在图上要标出各物流点的编号，只要有物料组成发生变化的，就应该绘制一个物流点编号。绘制方法：用细实线绘制适当尺寸的菱形框，菱形边长为 8～10mm，框内按顺序填写阿拉伯数字，数字位数不限，但同一车间物流点编号不得相同。菱形可在物流线的正中，也可紧靠物流线，也可用细实线引出，分别见图 3.30（a）、（b）、（c）所示。

图 3.29 图纸续接管道的表示

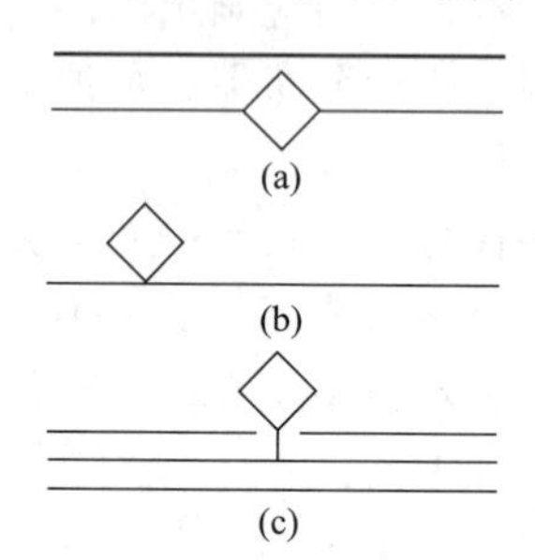

图 3.30 物流点在管道上的表示

3.8.2.5 仪表的表示方法

工艺流程中应表示出工艺过程的控制方法，画出调节阀、控制点及测量点的位置，如果有连锁要求，也应表示出来，一般压力、温度、流量、液位等测量指示仪表均不予表示。即进 DCS 的仪表要画，主要控制要画，就地仪表不表示。

3.8.2.6 物料流率、物性及操作条件的表示方法

① 原料、产品（或中间产品）及重要原材料等的物料流率均应表示，已知组成的多组分混合物应列出混合物总量及其组成。

物性数据一般列在说明书中，如有特殊要求的个别物性数据也可表示在 PFD 中。

② 装置内的加热及冷却设备一般应标注其热负荷及介质的进出口温度，但空冷器可不注空气侧的条件，蒸汽加热设备的蒸汽侧只标注其蒸汽压力，可不注温度。

③ 必要的工艺数据，如温度、压力、流量、密度、换热量等应表示，如图 3.31 所示。表示方法以细实线绘制的内有竖格隔开的长方框或它们的组合体表示，并用细实线与相应的设备或管线相连。在框内竖格的左面填写工艺条件的名称代号，例如温度的代号可填写摄氏度（℃）或开尔文（K）；压力的代号可填写帕斯卡（Pa 或 MPa），换热量可填写焦耳每小时（J/h），以此类推。在框内竖格右面填写数值，该长方框的尺寸一般采用（5～6mm）×（30～40mm）较适宜。在同一张图内尽可能采用同一尺寸规格的框。

④ 如为间断操作，应注明一次操作的时间和投料量。

⑤ 物料流率、重要物性数据和操作条件的标注格式一般有下述几种，可根据要求选择其中一种或多种并用。

a. 直接标注在需要标注的设备或管线的邻近位置，并用细实线与之相连。

b. 对于流程相对复杂或需要表达的参数较多时，宜采用集中表示方法。将流程中要求标注的各部位的参数汇集成总表（物流表）。表示在流程图的下部或右部，各部位的物流应按流程顺序编号（用阿拉伯数字列入〈 〉内表示）；标在流程的相应位置。物流表形式见表 3.1。

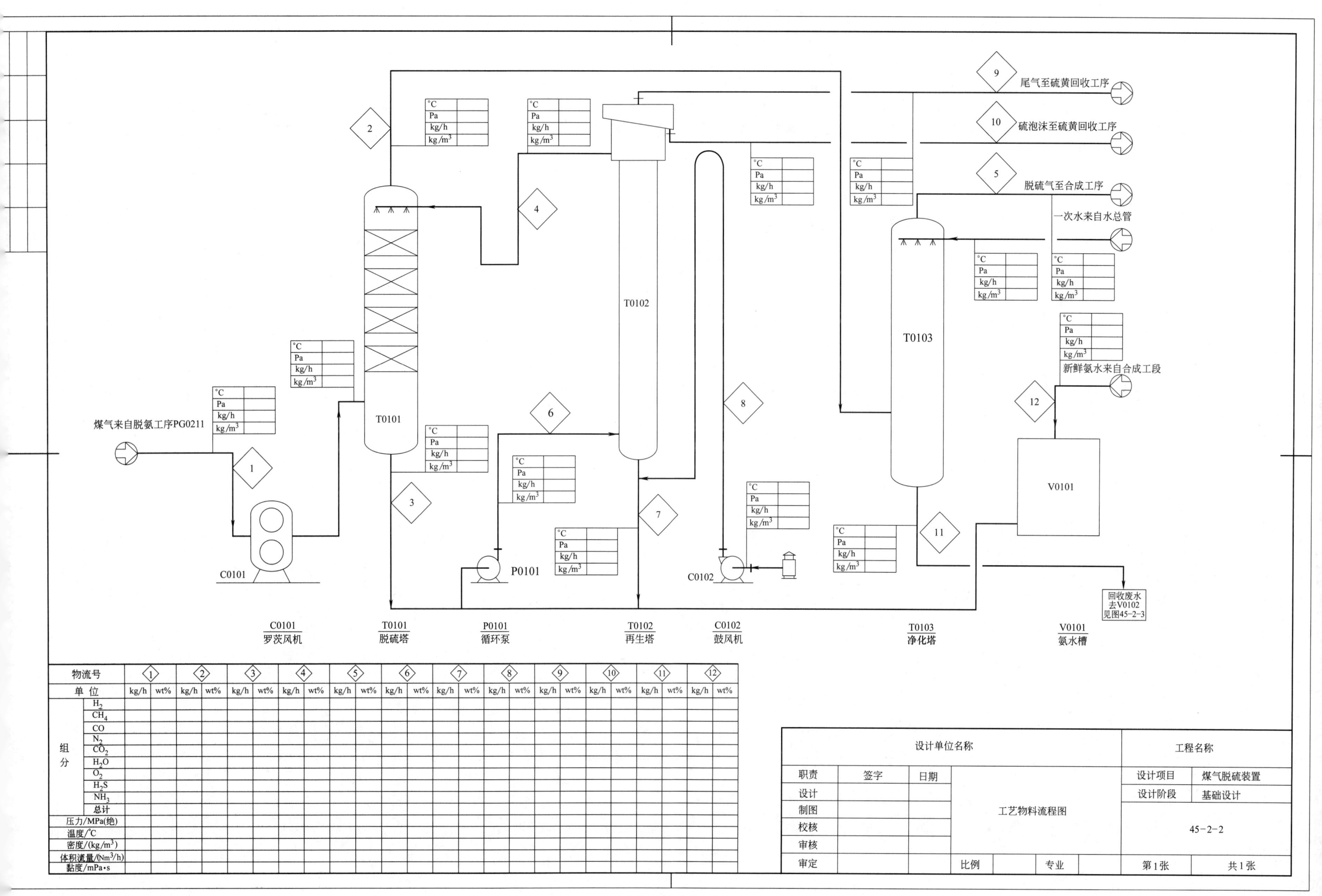

图 3.31 工艺物料流程图示例

3.8.2.7 物料平衡表

物料平衡表是反映工艺物料流程图上各点物料编号的物料平衡。物料平衡表可以合并在工艺物料流程图上，如图 3.31 所示，也可以单独绘制。其内容一般包括：序号、工艺物料流程图上各点物料编号、物料名称和状态、流量（分别列出各流股的总量，其中的气、液、固体数量、组分量、组分的质量分数、体积分数或摩尔分数）、操作条件（温度、压力）、相对分子质量、密度、黏度、导热系数、比热容、表面张力、蒸汽压等。物料平衡表可参考表 3.1。

表 3.1 物料平衡表

序号	组分	分子式	相对分子质量	物流点编号				物流点编号			
				物料名称				物料名称			
				kg/h	wt%	kmol/h	mol%	kg/h	wt%	kmol/h	mol%
1											
2											
3											
4											
—											
合计											
1	温度										
2	压力										
3	密度										
4	黏度										

注：1. 物流点编号与物料流程图要一致；

2. 根据需要，可以画若干栏物料，格式同样，向右延伸；

3. 根据需要物料组成的序号可多可少；

4. 可根据需要增加物理量，如导热系数、比热容等；

5. 本表可以放在工艺物料流程图纸下方，也可以单独成为一份图纸。

3.8.3 管道及仪表流程图

当工艺计算结束、工艺方案定稿、控制方案确定之后就可以绘制管道及仪表流程图（Piping and Instrument Diagram，P&ID），在之后的车间设备平面布置设计时，可能会对流程图进行一些修改，再最终定稿，作为正式的设计成果编入设计文件中。

3.8.3.1 主要内容

管道及仪表流程图，应表示出全部工艺设备、物料管道、阀件以及工艺和自控的图例、符号等。其主要内容一般是设备图形、管线、控制点和必要数据、图例、标题栏等。管道及仪表流程图中常用的缩写、设备、管子等图例见附录 1、附录 2 及附录 3（摘自 HG/T 20519—2009 标准）。

(1) 图形

将生产过程中全部设备的简单形状按工艺流程次序，展示在同一平面上，配以连接的主辅管线及管件、阀门、仪表控制点符号等。

(2) 标注

注写设备位号及名称、管段编号、控制点代号、必要的尺寸、数据等。

(3) 图例

代、符号及其他标注的说明，有时还有设备位号的索引等。有的设计单位将图例放入首页图中，见附录7。

(4) 标题栏、修改栏

注写设计项目、设计阶段、图号等，便于图纸统一管理。注写版次修改说明。

3.8.3.2 绘制的规定及要求

(1) 图幅

绘制时一般以一个车间或工段为主进行绘制，原则上一个主项绘一张图样，不太主张把一个完整的产品流程划分得太零碎，尽量有一个流程的“全貌”感。在保证图样清晰的原则下，流程图尽量在一张图纸上完成。图幅一般采用A1或A2的横幅绘制。流程图过长时，幅面也常采用标准幅面的加长，长度以方便阅览为宜，也可分张绘制。

(2) 比例

管道及仪表流程图不按比例绘制，因此标题栏中“比例”一栏不予注明，但应示意出各设备相对位置的高低，一般在图纸下方画一条细实线作为地平线，如有必要还可以将各楼层的高度表示出来。一般设备（机器）图例只取相对比例，实际尺寸过大的设备（机器）比例可适当缩小。实际尺寸过小的设备（机器）比例可适当放大。整个图面应协调、美观。

(3) 相同系统的绘制方法

当一个流程中包括两个或两个以上相同的系统（聚合釜、气流干燥、后处理等）时，需绘制出一张总图表示各系统间的关系，再单独绘出一个系统的详细流程图，其余系统以细双点划线的方框表示，框内注明系统名称及其编号。当多个不同系统流程比较复杂时，可以分别绘制各系统单独的流程图。在总流程图中，各系统采用细双点划线方框表示，框内注明系统名称、编号和各系统流程图图号。

(4) 复用设计

对于在工艺流程图中局部复用定型设计或者采用制造厂提供的成套设备（机组）的管道及仪表流程图时，在图上对复用部分或者成套部分以双点划线框图表示出来，框内注明名称、位号或编号，填写有关图号，必要时加文字说明。

(5) 图线和字体

a. 所有图线都要清晰、光洁、均匀，宽度符合要求。平行线间距至少要大于1.5mm，以保证复制件上的图线不会分不清或重叠。图线用法参照表3.2的规定。

b. 汉字宜采用长仿宋体或者正楷体（签名除外）。并要以国家正式公布的简化汉字为标准，不得任意简化、杜撰，字体高度参照表3.3规定。

(6) 设备的绘制和标注

绘出工艺设备一览表所列的所有设备（机器）。

设备图形用细实线绘出，可不按绝对比例绘制，只按相对比例将设备的大小表示出来。设备、机器图形按《化工工艺设计施工图内容和深度统一规定》（HG/T 20519—2009）绘制，见附录2。建议设备的图形尽量接近实际生产装置，少用附录中简化的设备符号，尽可能给设计、施工提供精准的信息，如离心泵、压缩机、反应釜、卧式贮罐的画法建议采用图3.32中所示的图例。

表 3.2 图线用法及宽度

类别		图线宽度/mm			备注
		0.6～0.9	0.3～0.5	0.15～0.25	
工艺管道及仪表流程图		主物料管道	其他物料管道	其他	设备、机械轮廓线 0.25mm
辅助管道及仪表流程图 公用系统管道及仪表流程图		辅助管道总管 公用系统总管	支管	其他	
设备布置图		设备轮廓	设备支架 设备基础	其他	动设备(机泵等)如只绘出设备基础,图线宽度用 0.6～0.9mm
设备管口方位图		管口	设备轮廓 设备支架 设备基础	其他	
管道布置图	单线(实线或虚线)	管道		法兰、阀门及其他	
	双线(实线或虚线)		管道		
管道轴测图		管道	法兰、阀门承插焊螺纹连接的管件的表示线	其他	
设备支架图		设备支架及管架	虚线部分	其他	
特殊管件图		管件	虚线部分	其他	

注：凡界区线、区域分界线、图形接续分界线的图线采用双点划线，宽度均用 0.5mm。

表 3.3 图纸中字体高度规定

书写内容	推荐字高/mm	书写内容	推荐字高/mm
图表中的图名及视图符号	5～7	图名	7
工程名称	5	表格中的文字	5
图纸中的文字说明及轴线号	5	表格中的文字(格高小于 6mm 时)	3
图纸中的数字及字母	2～3		

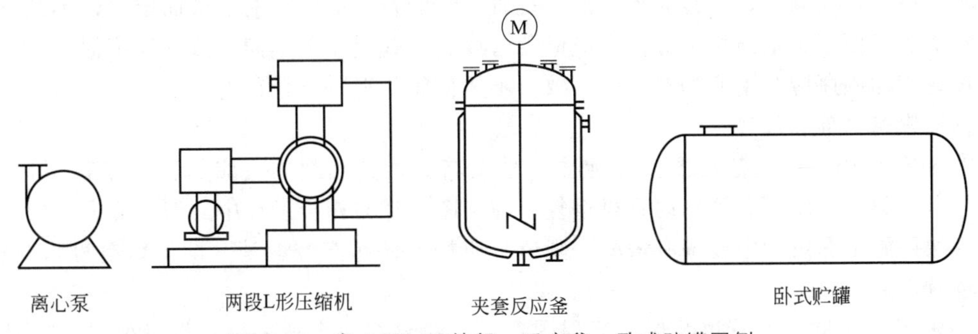

图 3.32 离心泵、压缩机、反应釜、卧式贮罐图例

未规定的设备、机器的图形可以根据其实际外形和内部结构特征绘制，可只取相对大小，不按实物比例。设备图形外形和主要轮廓接近实物，显示设备的主要特征，有时其内部结构及具有工艺特征的内部构件也应画出，如列管换热器、反应器的搅拌形式、内插管、精馏塔板、流化床内部构件、加热管、盘管、活塞、内旋风分离器、隔板、喷头、挡板（网）、

护罩、分布器、填充料等，这些可以用细实线表示，也可以用剖面形式表示内部构件。设备、机器的支承和底（裙）座可不表示。设备、机器自身的附属部件与工艺流程有关者，例如柱塞泵所带的缓冲罐、安全阀，列管换热器管板上的排气口，设备上的液位计等，它们不一定需要外部接管，但对生产操作和检修都是必需的，有的还要调试，因此在图上应予以表示。电机可用一个细实线圆内注明“M”表达。设备、机器上的所有接口（包括人孔、手孔、卸料口等）宜全部画出，其中与配管有关以及与外界有关的设备上的管口（如直连阀门的排液口、排气口、放空口及仪表接口等）则必须画出。用方框内一个英文字母加数字表示管口编号（目前国内大部分流程图、管道布置图上还没有加管口编号）。管口一般用单细实线表示，也可以与所连管道线宽度相同，允许个别管口用双细实线绘制。设备管口法兰可用细实线绘制。对于需绝热的设备和机器要在其相应部位画出一段绝热层图例，必要时注出其绝热厚度；有伴热者也要在相应部位画出一段伴热管，必要时可注出伴热类型和介质代号，如图 3.33 所示。

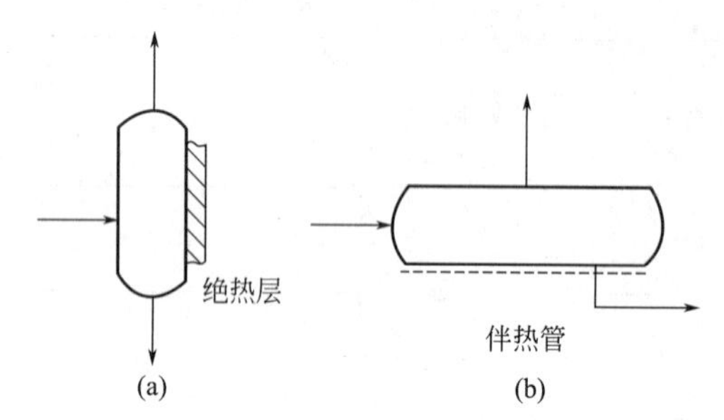

图 3.33 需绝热、伴热的设备的画法

地下或半地下设备、机器在图上应表示出一段相关的地面。地面以 ╱╱╱╱╱╱╱╱ 表示。

图样采用展开图形式，设备的排列顺序应符合实际生产过程，按主要物料的流向从左到右画出全部设备示意图。

相同的设备或两级以上的切换备用的系统，通常也应画出全部设备，有时为了省略，也可以只画一套，其余数套装置应当用双点划线勾出方框，表示其位置，并有相应的管道与之连通，在框内注明设备位号、名称。

(7) 相对位置

设备间的高低和楼面高低的相对位置，除有位差要求者外，可不按绝对比例绘制，只按相对高度表示设备在空间的相对位置，有特殊高度要求的可标注其限定尺寸，其中相互间物流关系密切者（如高位槽液体自流入贮罐、反应釜，液体由泵送入塔顶等）的高低相对位置要与设备实际布置相吻合。低于地面的应画在地平线以下，尽可能地符合实标安装精况。

至于设备横向间距，通常亦无定规，视管线绘制及图面清晰的要求而定，以不疏不密为宜，既美观又便于管道连接和标注，应避免管线过长或过于密集而导致标注不便，图面不清晰。设备横向顺序应与主要物料管线一致，不要使管线形成过量往返。

(8) 设备名称和位号

① 标注的内容　设备在图上应标注位号及名称，其编制方法应与物料流程保持一致。设备位号在整个车间（装置）内不得重复，施工图设计与初步设计中的编号应该一致，不要混乱。如果施工图设计中设备有增减，则位号应按顺序补充或取消（即保留空号），设备的名称也应前后一致。

② 标注的方式　在管道及仪表流程图上，一般要在两个地方标注设备位号：一处是在图的上方或下方，要求排列整齐，并尽可能与设备对正，在位号线的下方标注设备名称；另一处是在设备内或近旁，此处只注位号，不标名称。各设备在横向之间的标注方式应排成一行，若在同一高度方向出现两个以上设备图形时，则可按设备的相对位置将某些设备的标注放在另一设备标注的下方，也可水平标注。

设备在图上要标注位号及名称，有时还注明某些特性数据，标注方式如图 3.34 所示。

设备位号由设备分类代号、主项代号、设备顺序号、相同设备的数量尾号等组合而成。常用设备分类代号参见表 3.4，表中内容选自《化工工艺设计施工图内容和深度统一规定》（HG/T 20519—2009），主项代号一般为车间、工段或装置序号，用两位数表示，从 01 开始，最大 99，按工程项目经理给定的主项编号填写；设备顺序号按主项内同类设备在工艺流程中的先后顺序编制，也用两位数表示，从 01 开始，最大 99；相同设备的数量尾号，用以区别同一位号、数量不止一台的相同设备，用 A、B、C…表示。

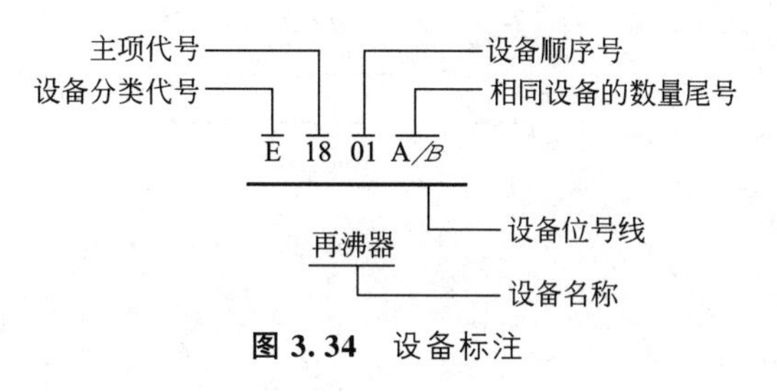

图 3.34 设备标注

在流程图、设备布置图及管道布置图中，在规定的位置画一条宽度 0.6mm 粗实线——设备位号线，线上方书写设备位号，线下方在需要时书写设备名称。

表 3.4 常用设备类别代号

序号	设备类别	代号	注解	序号	设备类别	代号	注解
1	泵	P	Pump	7	塔	T	Tower
2	反应器	R	Reactor	8	火炬、烟囱	S	Flare Stack
3	换热器	E	Exchanger	9	起重运输设备	L	Lift
4	压缩机、风机	C	Compressor	10	计量设备	W	Weight
5	工业炉	F	Furnace	11	其他机械	M	
6	容器(槽、罐)	V	Vessel	12	其他设备	X	

(9) 管道的绘制和标注

绘出和标注全部管道，包括阀门、管件、管道附件。

绘出和标注全部工艺管道以及与工艺有关的一段辅助及公用管道，标上流向箭头。工艺管道包括正常操作所用的物料管道；工艺排放系统管道；开、停车和必要的临时管道。绘出和标注上述管道上的阀门、管件和管道附件，不包括管道之间的连接件，如弯头、三通、法兰等，但为安装和检修等原因所加的法兰、螺纹连接件等仍需绘出和标注。

管线的伴热管必须全部绘出，夹套管只要绘出两端头的一小段即可，其他绝热管道要在适当部位绘出绝热图例。有分支管道时，图上总管及支管位置要准确，各支管连接的先后位置要与管道布置图相一致。辅助管道系统及公用管道系统比较简单时，可将其总管道绘制在流程图的上方，其支管道则下引至有关设备，当辅助管线比较复杂时，辅助管线和主物料管线分开，画成单独的辅助管线流程图，辅助管线控制流程图。此时流程图上只绘出与设备相连接位置的一段辅助管线（包括操作所需要的阀门等）。如果整个公用工程系统略显复杂，也可单独绘制公用工程系统控制流程图。公用工程系统也可以按水、蒸汽、冷冻系统绘制各自的控制点系统图。

图上的管道与其他图纸有关时，一般将其端点绘制在图的左方或右方，以空心箭头标出物流方向（入或出），在空心箭头上方注明管道编号或来去设备、机器位号、主项号、装置号（或名称）、管道号（管道号只标注基本管道号）或仪表位号及其所在的管道及仪表流程图号，该图号或图号的序号写在前述空心箭头内，所有出入图纸的管线都要有箭头，并注出连接图纸号、管线号、介质名称和相连接设备的位号等相关内容。空心箭头画法如图 3.35 所示。图 3.35 (a) 为进出装置或主项的管道或仪表信号线的图纸接续标志，图 3.35 (b) 为同一装置或主项内的管道或仪表信号线的图纸接续标志。按 HG/T 20559—2009 规定的接续标志用中线条表示。

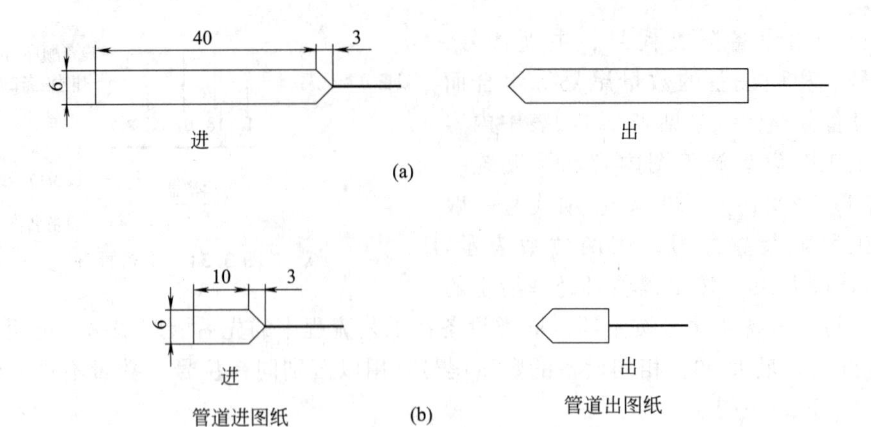

图 3.35 管道的图纸接续标志

① 管道的画法

a. 线形规定

图线宽度分三种：粗线 0.6～0.9mm；中粗线 0.3～0.5mm；细实线 0.15～0.25mm。平行线间距至少要大于 1.5mm，以保证复制图纸时不会分不清或重叠。有关管道图例及图线宽度按《化工工艺设计施工图内容和深度统一规定》（HG/T 20519—2009）执行，常用管道图示符号见附录 3。

b. 交叉与转弯

交叉与转弯绘制管道时，应避免穿过设备或使管道交叉，确实不能避免时，一般规定“细让粗”。当同类物料管道交叉时应将横向管道线断开一段，断开处约为线宽度 5 倍，如图 3.36 所示。管道要画成水平和垂直，不用斜线或曲线。图上管道转弯处，一般应画成直角，而不是画成圆弧形。

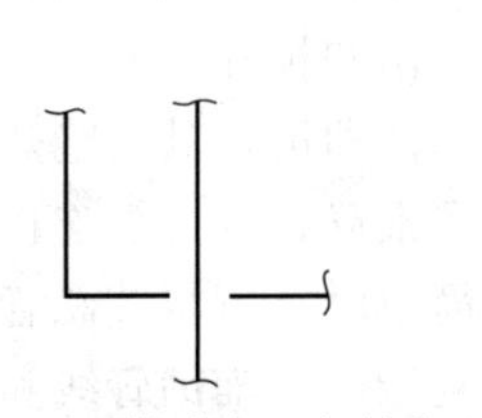

图 3.36 管道交叉与转弯

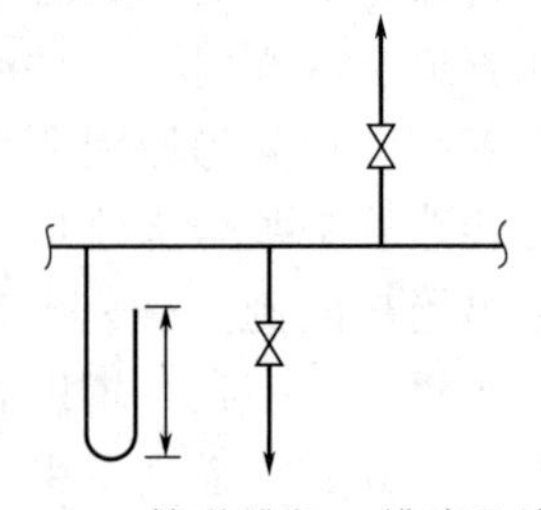

图 3.37 管道排气、排液及液封

c. 放气、排液及液封

管道上取样口、放气口、排液管等应全部画出。放气口应画在管道的上边，排液管则画在管道的下方，U 形液封管应按实际比例长度表示，如图 3.37 所示。

② 管道的标注

管道及仪表流程图的管道应标注的内容有四个部分，即管段号（由三个单元组成）、管径、管道等级和绝热（或隔声），总称管道组合号。管段号和管径为一组，用短横线隔开；管道等级和绝热（或隔声）为另一组，用短横线隔开，两组间留适当空隙。水平管道宜平行标注在管道的上方，竖直管道宜平行标注在管道的左侧。在管道密集、无标注的地方，可用细实线引至图纸空白处水平（竖直）标注。标注内容及规范如图 3.38 所示。

管道标注常用物料代号按 HG/T 20519.36—2009 执行，见表 3.5 工艺流程图中的物料代号；主项代号按工程规定的主项编号填写，采用两位数字，从 01 开始，至 99 为止；管道

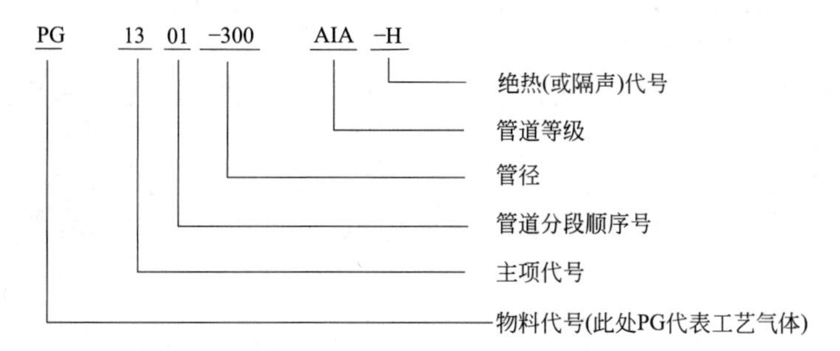

图 3.38 管道标注

序号，相同类别的物料在同一主项内以流向先后为序，顺序编号，采用两位数字，从 01 开始，至 99 为止。以上三个单元组成管段号。

表 3.5 工艺流程图中的物料代号

代号类别		物料代号	物料名称	代号类别		物料代号	物料名称
工艺物料代号		PA	工艺空气 Process Air	辅助、公用工程物料代号	油	DO	污油
		PG	工艺气体 Process Gas			FO	燃料油 Fuel Oil
		PGL	气液两相流工艺物料			GO	填料油
		PGS	气固两相流工艺物料			LO	润滑油 Lubricating Oil
		PL	工艺液体 Process Liquid			RO	原油
		PLS	液固两相流工艺物料			SO	密封油
		PS	工艺固体 Process Solid			HO	导热油
		PW	工艺水 Process Water		制冷剂	AG	气氨
辅助、公用工程物料代号	空气	AR	空气 Air			AL	液氨
		CA	压缩空气			ERG	气体乙烯或乙烷
		IA	仪表空气 Instrument Ait			ERL	液体乙烯或乙烷
	蒸汽、冷凝水	HS	高压蒸汽 High Press Steam			FRG	氟利昂气体
		LS	低压蒸汽 Low Press Steam			PRG	气体丙烯或丙烷
		MS	中压蒸汽 Medium Press Steam			PRL	液体丙烯或丙烷
		SC	蒸汽冷凝水			RWR	冷冻盐水回水
		TS	伴热蒸汽 Tracing Steam			RWS	冷冻盐水上水
	水	BW	锅炉给水		其他	H	氢 Hydrogen
		CSW	化学污水			N	氮
		CWR	循环冷却水回水			O	氧
		CWS	循环冷却水上水			DR	排液、导淋 Drain
		DNW	脱盐水			FSL	熔盐
		DW	自来水、生活用水			FV	火炬排放空
		FW	消防水			IG	惰性气
		HWR	热水回水			SL	泥浆
		HWS	热水上水			VE	真空排放气
		RW	原水、新鲜水			VT	放空 Vent
		SW	软水 Soft Water			WG	废气
		WW	生产废水			WS	废渣
	燃料	FG	燃料气 Fuel Gas			WO	废油
		FL	液体燃料			FLG	烟道气
		LPG	液化石油气			CAT	催化剂
		FS	固体燃料			AD	添加剂
		NG	天然气				
		LNG	液化天然气				

注：对于表中没有的物料代号，可用英文代号补充表示，且应附注说明。

管径一般注公称直径，以 mm 为单位，只注数字，不注单位。如 DN200 的公制管道，只需标注“200”，2 英寸的英制管，则表示为“2″”。

管道等级号由管道公称压力等级代号、管道材料等级顺序号、管道材质代号组成，如图 3.39 所示。

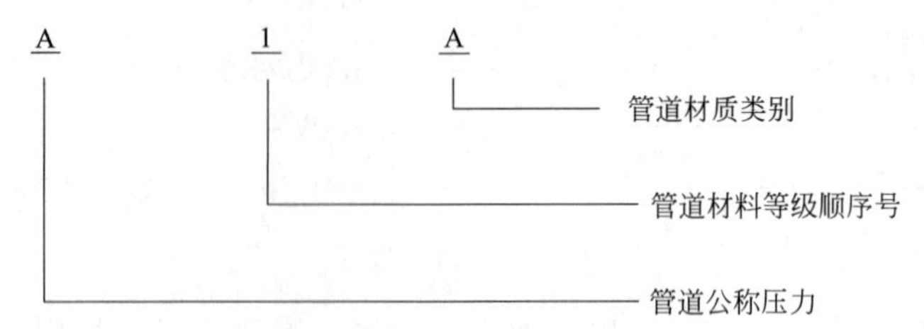

图 3.39 管道等级标注方法

其中管道公称压力等级代号用大写英文字母表示，A～K 用于 ANSI 标准压力等级代号（其中 I、J 不用），L～Z 用于国内标准压力等级代号（其中 O、X 不用），具体如表 3.6 所示。顺序号用阿拉伯数字表示，由 1 开始。管道材质代号用大写英文字母表示，具体如表 3.7 所示。

表 3.6 管道公称压力等级代号

压力等级 用于 ANSI 标准		压力等级 用于国内标准	
压力等级代号	压力/LB	压力等级代号	压力/MPa
A	150	L	1.0
B	300	M	1.6
C	400	N	2.5
D	600	P	4.0
E	900	Q	6.4
F	1500	R	10.0
G	2500	S	16.0
		T	20.0
		U	22.0
		V	25.0
		W	32.0

表 3.7 管道材质代号

管道材质代号	材　质	管道材质代号	材　质
A	铸铁	E	不锈钢
B	碳钢	F	有色金属
C	普通低合金钢	G	非金属
D	合金钢	H	衬里及内防腐

绝热及隔声代号，按绝热及隔声功能类型的不同，以大写英文字母作为代号，如表 3.8 所示，详细见 HG 20519—2009 标准。

表 3.8 绝热及隔声代号

代号	功能类型	备　注	代号	功能类型	备　注
H	保温	采用保温材料	S	蒸汽伴热	采用蒸汽伴热管和保温材料
C	保冷	采用保冷材料	W	热水伴热	采用热水伴热管和保温材料
P	人身防护	采用保温材料	O	热油伴热	采用热油伴热管和保温材料
D	防结霜	采用保冷材料	J	夹套伴热	采用夹套管和保温材料
E	电伴热	采用电热带和保温材料	N	隔声	采用隔声材料

对于工艺流程简单，管道品种、规格不多时，管道等级和绝热隔声代号可省略，则第四单元管道尺寸可直接填写管子的外径×壁厚，并标注工程规定的管道材料代号，如ϕ57×3.5E。

管道上的阀门、管道附件的公称直径与所在管道公称直径不同时应注出它们的尺寸，必要时还需要注出它们的型号。它们之中的特殊阀门和管道附件还应进行分类编号，必要时以文字、放大图和数据表加以说明。

同一管道号只是管径不同时，可只注管径，如图3.40（a）、（b）。异径管的标注为大端管径乘小端管径，标注在异径管代号“▷”的下方。

同一管道号而管道等级不同时，应表示出等级的分界线，并标注相应的管道等级，如图3.40（c）所示。

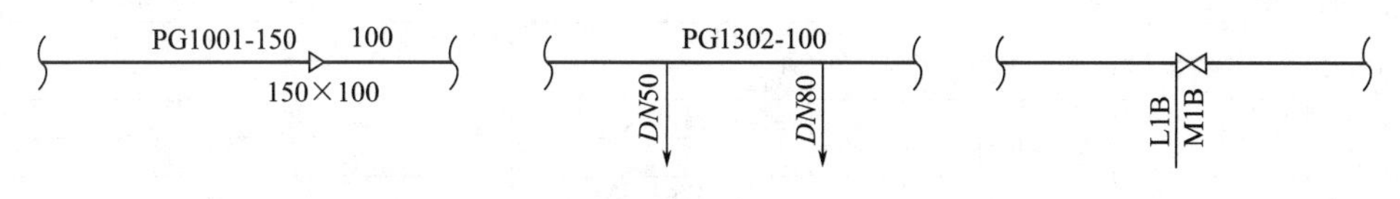

(a) 同轴异径管标注　(b) 同管道号不同管径的标注　(c) 同管道号不同管道等级的标注

图3.40　同一管道号不同直径、等级时的标注

管线的伴热管要全部绘出，夹套管可在两端只画出一小段，绝热管则应在适当位置画出过热图例。

一般将箭头画在管线上来表示物料的流向。

(10) 阀门、管件和管道附件的表示法

管道上的阀门、管件和管道附件（如视镜、阻火器、异径接头、盲板、下水漏斗等）按HG/T 20519—2009规定的图形符号，见附录3。

其他一般的连接管件，如法兰、三通、弯头、管接头、活接头等，若无特殊要求均可不予画出。绘制阀门时，全部用细实线绘制，其宽度约为物流线宽度的4～6倍，长度为宽度的2倍。在流程图上所有阀门的大小应一致，水平绘制的不同高度阀门应尽可能排列在同一垂直线上，而垂直绘制的不同位置阀门应尽可能排列在同一水平线上，且在图上表示的高低位置应大致符合实际高度。在实际生产工艺流程中使用的所有控制点（即在生产过程中用以调节、控制和检测各类工艺参数的手动或自动阀门、流量计、液位计等）均应在相应物流线上用标准图例、代号或符号加以表示。所有控制阀组一般都应画出。

(11) 仪表的绘制和标注

应绘出和标注全部计量检测仪表（温度、压力、真空、流量、液面等）、调节控制系统、分析取样系统。

仪表控制点应在有关的管道或设备上按大致安装位置引出的管线上，用图形符号、字母符号、数字编号表示，用细实线绘制在安装位置上。检测、控制等仪表在图上用细实线圆（直径约10mm）表示，一般仪表的信号线、指引线均以细实线绘制，指引线与管道（或设备）线垂直，必要时可转折一次。仪表及控制点、控制元件的代号及图形符号可参见原化工部HG 20505—2000标准。

① 仪表控制点的代号和符号

仪表和控制点应该在有关管道上，大致按照安装位置，以代号、符号表示出来。常用的仪表功能标志的字母代号见表3.9（表中带括号的数字为注释编号）。

表 3.9 字母代号

	首位字母①		后继字母②		
	被测变量或引发变量	修饰词	读出功能	输出功能	修饰词
A	分析③		报警		
B	烧嘴、火焰		供选用④	供选用④	供选用④
C	电导率			控制	
D	密度	差			
E	电压(电动势)		检测元件		
F	流量	比率(比值)			
G	毒性气体或可燃气体		视镜、观察⑤		
H	手动				高⑥
I	电流		指示		
J	功率	扫描			
K	时间、时间程序	变化速率⑦		操作器⑧	
L	物位		灯⑨		低⑥
M	水份或湿度	瞬动			中、中间⑥
N	供选用④		供选用④	供选用④	供选用④
O	供选用④		节流孔		
P	压力、真空		连接或测试点		
Q	数量	积算、累计			
R	核辐射		记录、DCS 趋势记录		
S	速度、频率	安全⑩		开关、联锁	
T	温度			传送(变送)	
U	多变量⑪		多功能⑫	多功能⑫	多功能⑫
V	振动、机械监视			阀、风门、百叶窗	
W	重量、力		套管		
X	未分类⑬	X 轴	未分类⑬	未分类⑬	未分类⑬
Y	事件、状态⑭	Y 轴		继动器(继电器) 计算器、转换器⑮	
Z	位置、尺寸	Z 轴		驱动器、执行元件	

①“首位字母”在一般情况下为单个表示被测变量或引发变量的字母（简称变量字母），在首位字母附加修饰字母后，首位字母则为首位字母＋修饰字母。

②“后继字母”可根据需要为一个字母（读出功能）、或二个字母（读出功能＋输出功能）、或三个字母（读出功能＋输出功能＋读出功能）等。

③“分析（A）”指本表中未予规定的分析项目，当需指明具体的分析项目时，应在表示仪表位号的图形符号（圆圈或正方形）旁标明。如分析二氧化碳含量，应在图形符号外标注 CO_2，而不能用 CO_2 代替仪表标志中的“A”。

④“供选用”指此字母在本表的相应栏目处中未规定其含义，可根据使用者的需要确定其含义，即该字母作为首位字母表示一种含义，而作为后继字母时则表示另一种含义。并在具体工程的设计图例中作出规定。

⑤“视镜、观察（G）”表示用于对工艺过程进行观察的现场仪表和视镜，如玻璃液位计、窥视镜等。

⑥“高（H）”、“低（L）”、“中（M）”应与被测量值相对应，而并非与仪表输出的信号值相对应。H、L、M 分别标注在表示仪表位号的图形符号（圆圈或正方形）的右上、下、中处。

⑦“变化速率（K）”在与首位字母 L、T 或 W 组合时，表示测量或引发变量的变化速率。如 WKIC 可表示重量变化速率控制器。

⑧“操作器（K）”表示设置在控制回路内的自动-手动操作器，如流量控制回路中的自动-手动操作器为 FK，它区别于 HC 手动操作器。

⑨“灯（L）”表示单独设置的指示灯，用于显示正常的工作状态，它不同于正常状态的“A”报警灯。如果“L”指示灯是回路的一部分，则应与首位字母组合使用，例如表示一个时间周期（时间累计）终了的指示灯应标注为 KQL。如果不是回路的一部分，可单独用一个字母“L”表示，例如电动机的指示灯，若电压是被测变量，则可表示为 EL；若用来监视运行状态则表示为 YL。不要用 XL 表示电动机的指示灯，因为未分类变量“X”仅在有限场合使用，可用供选用字母“N”或“O”表示电动机的指示灯，如 NL 或 OL。

⑩“安全（S）”仅用于紧急保护的检测仪表或检测元件及最终控制元件。例如“PSV”表示非常状态下起保护作用的压力泄放阀或切断阀。亦可用于事故压力条件下进行安全保护的阀门或设施，如爆破膜或爆破板用 PSE 表示。

⑪ 首位字母“多变量（U）”用来代替多个变量的字母组合。

⑫ 后继字母“多功能（U）”用来代替多种功能的字母组合。

⑬“未分类（X）”表示作为首位字母或后继字母均未规定其含义，它在不同地点作为首位字母或后继字母均可有任何含义，适用于一个设计中仅一次或有限的几次使用。例如 XR-1 可以是应力记录，XX-2 则可以是应力示波器。在应用 X 时，要求在仪表图形符号（圆圈或正方形）外注明未分类字母“X”的含义。

⑭“事件、状态（Y）”表示由事件驱动的控制或监视响应（不同于时间或时间程序驱动），亦可表示存在或状态。

⑮“继动器（继电器）、计算器、转换器（Y）”说明如下：“继动器（继电器）”表示是自动的，但在回路中不是检测装置，其动作由开关或位式控制器带动的设备或器件。表示继动、计算、转换功能时，应在仪表图形符号（圆圈或正方形）外（一般在右上方）标注其具体功能。但功能明显时也可不标注，例如执行机构信号线上的电磁阀就无需标注。

● 测量点图形符号　测量点图形符号一般可用细线绘制。检测、显示、控制等仪表图形符号用直径约 10mm 的细实线圆圈表示，如表 3.10 所示。

表 3.10　测量点图形符号

序号	名　称	图　形　符　号	备　　注
1			测量点在工艺管线上，圆圈内应标注仪表位号
2		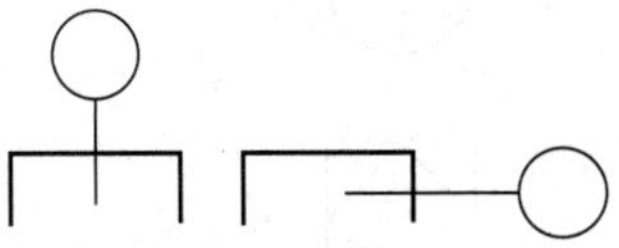	测量点在设备中，圆圈内应标注仪表位号
3	孔板	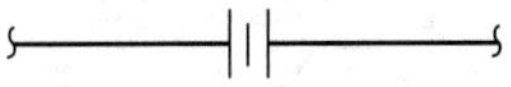	
4	文丘里管及喷嘴	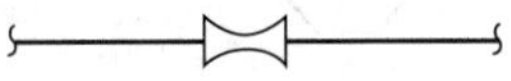	
5	无孔板取压接头		
6	转子流量计	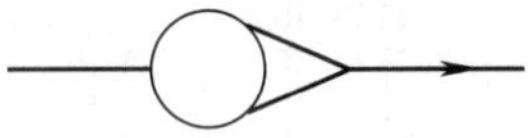	圆圈内应标注仪表位号
7	其他嵌在管路中的仪表	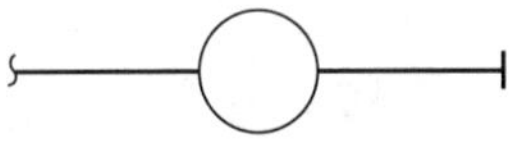	圆圈内应标注仪表位号

● 仪表安装位置图形符号，如表 3.11 所示。

② 仪表位号的编注

仪表位号由字母代号和阿拉伯数字编号组成。仪表位号中第一位字母表示被测变量，后继字母表示仪表的功能。数字编号可按装置或工段进行编制，不同被测参数的仪表位号不得连续编号，编注仪表位号时，应按工艺流程自左至右编排。

按装置编制的数字编号，只编同路的自然顺序号，如图 3.41 所示。

表 3.11　表示仪表安装位置的图形符号

	现场安装	控制室安装	现场盘装
单台常规仪表	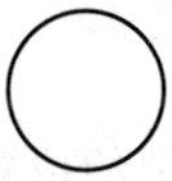	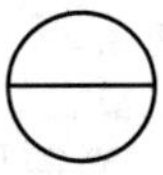	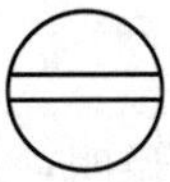
DCS	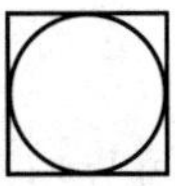	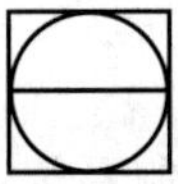	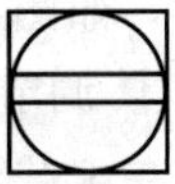
计算机功能	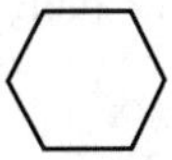	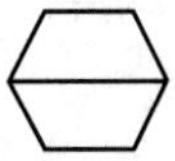	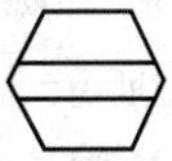

续表

	现场安装	控制室安装	现场盘装
可编程逻辑控制			

注：正常情况下操作员不监视，或盘后安装的仪表设备或功能，仪表图形符号可表示为：

1. 盘后安装的仪表

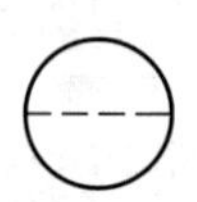

2. 不与 DCS 进行通讯联接的 PLC

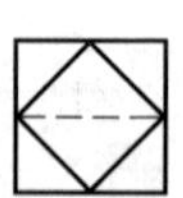

3. 不与 DCS 进行通讯联接的计算机功能组件

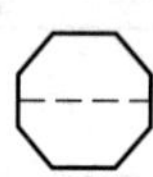

按工段编制的数字编号，包括工段号和回路顺序号，一般用三位或四位数字表示，如图 3.42 所示。

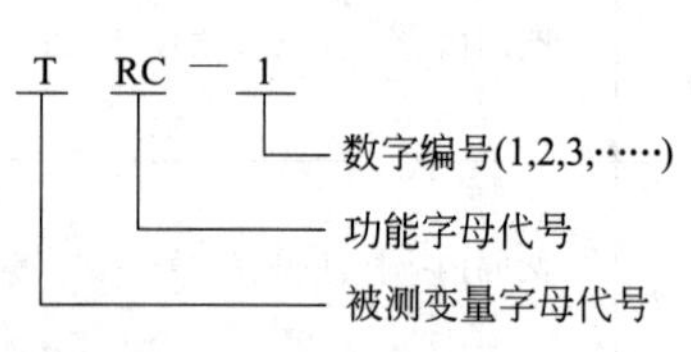

图 3.41 按装置编制仪表位号

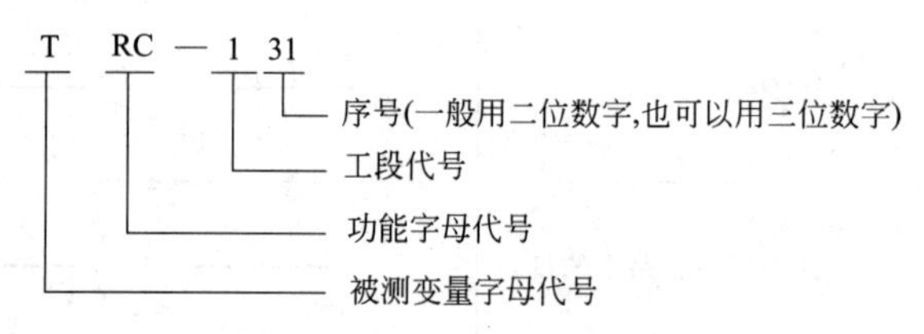

图 3.42 按工段编制仪表位号

③ 管道及仪表流程图中仪表位号的标注方法：上半圆中填写字母代号，下半圆中填写数字编号。检测仪表在工艺流程图上的图示与标注，如图 3.43 所示。

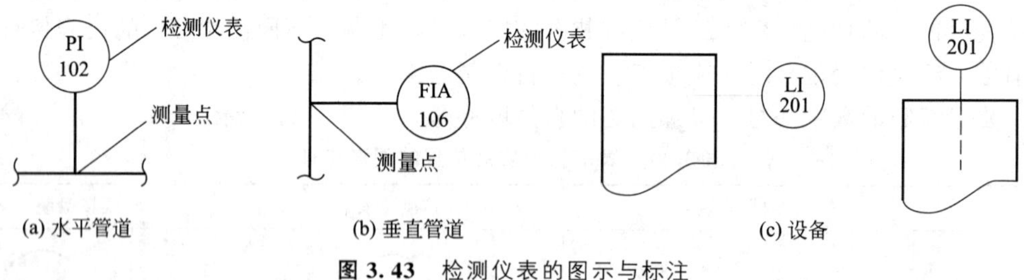

图 3.43 检测仪表的图示与标注

说明：若测量点位于设备中，当需要标出测量点在设备中的位置时，可用细实线或虚线表示，如图 3.43（c）所示。

④ 调节与控制系统的图示

在工艺流程图上的调节与控制系统，一般由检测仪表、调节阀、执行机构和信号线四部分构成。常见的执行机构有气动执行、电动执行、活塞执行和电磁执行四种方式，如图 3.44 所示。

控制系统常见的连接信号线有三种，连接方式如图 3.45 所示。

M
S
(a) 气动执行
(b) 电动执行
(c) 活塞执行
(d) 电磁执行

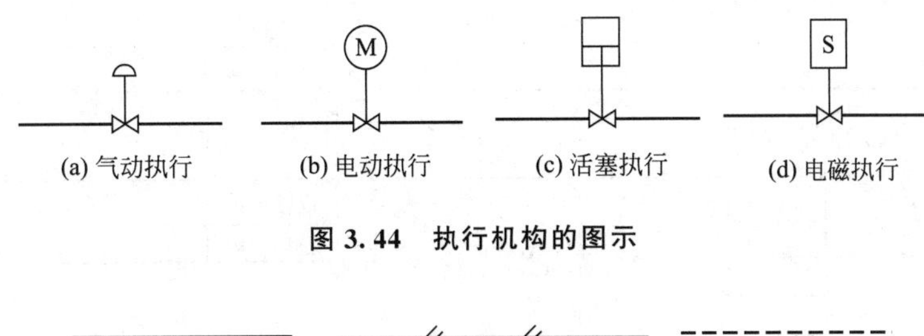

图 3.44　执行机构的图示

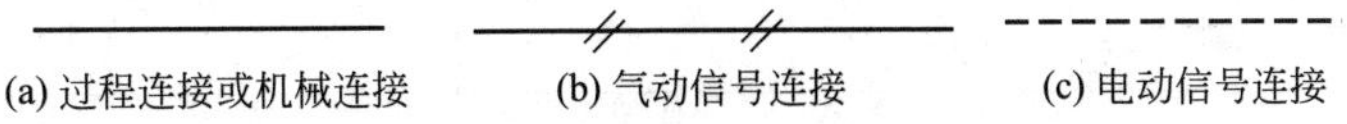

(a) 过程连接或机械连接
(b) 气动信号连接
(c) 电动信号连接

图 3.45　控制系统常见的连接信号线的图示

⑤ 分析取样点

分析取样点在选定的位置（设备管口或管道）标注和编号，其取样阀组、取样冷却器也要绘制和标注或加文字注明，如图 3.46 所示。圆为直径 10mm 的细线圆。

A
1301

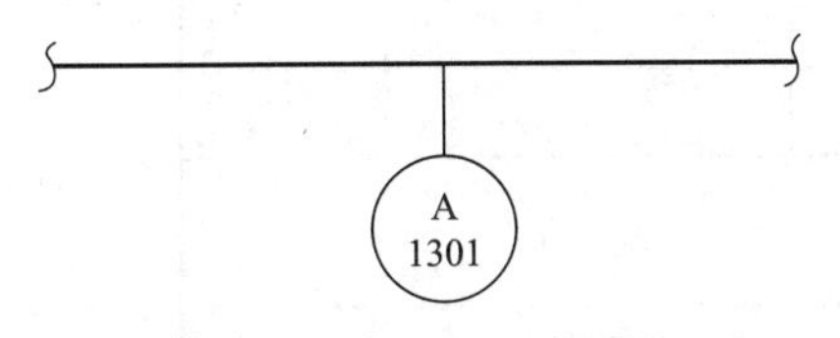

图 3.46　分析取样点画法

A 表示人工取样点，1301 为取样点编号

（13 为主项编号，01 为取样点序号）

(12) 图例和索引

工艺流程图上，图例是必不可少的。流程图简单时，一般绘制于第一张图纸的右上方，若流程较为复杂，图样分成数张绘制时，代、符号的图例说明及需要编制的设备位号的索引等往往单独绘制，作为工艺流程图的第一张图纸称首页图，见附录 7。

图例通常包括管段标注、物料代号、控制点标注等，使阅图者不用查阅手册通过图例即可看懂图中的各种文字、字母、数字符号。即使是那些有规定的图例，凡本图出现的符号，均要一一列出。所示图例的具体内容包括下列四点。

① 图形标志和物料代号

将本图上出现的阀门、管道附件等一一加以说明，将本图上出现的所有物料代号一一加以说明。

② 管道标注说明

取任一管段为例，画出图例并对管段上标注的文字、数字一一加以说明。

③ 控制点符号标注

将本图上出现的控制点标注方式举例说明。

④ 控制参数和功能代号

将图中出现的所有代号表达的参数含义或功能含义一一加以说明。

(13) 附注

设计中一些特殊要求和有关事宜在图上不宜表示或表示不清楚时，可在图上加附注，采用文字、表格、简图的方式加以说明。例如对高点放空、低点排放设计要求的说明；泵入口直管段长度要求；限流孔板的有关说明等。一般附注加在标题栏附近。

(14) 标题栏、修改栏

标题栏也称图签，标题栏位于图纸的右下角，其格式和内容如图 3.47（a）所示，在标题栏中要填写设计项目、设计阶段、图号等，便于图纸统一管理，在修改栏中填写修改内容。每个设计院标题栏的格式略有不同，如图 3.47（b）是某设计院的标题栏。

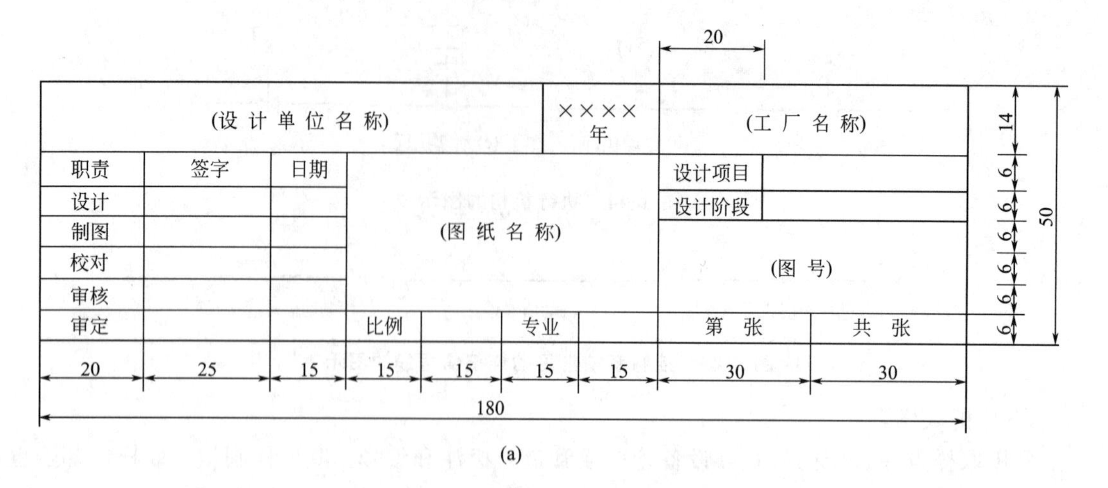

(a)

△0							
版次 REV.	说 明 DESCRIPTION	日期 DATE	制图 DRAW	设计 DESIGN	校核 CHECK	审核 REVIEW	审定 APPROVE

设计单位名称			工程名称 ENGNAME			
工艺管道及仪表流程图			设计项目 UNIT	煤气脱硫装置		
			设计阶段 PHASE	基础设计	比例 SCALE	
工程设计证书: DESIGN CERTIFICATE NO.	第1张 SHEET	共1张 TOT.	工程号 ENG NO·		图号 DWG NO.	

(b)

图 3.47 标题栏格式

3.8.4 流程图绘制步骤

以前化工设计是手工在图纸上一笔一笔地完成大量的工程图纸的设计，随着计算机技术的高速发展，现代设计是借助计算机智能完成。下面介绍使用 AutoCAD 计算机辅助设计软件完成流程图的步骤。

① 建立图层，并对图层、线形进行设置。为了使图纸清晰、有层次感，同时为以后修改、编辑、打印方便，必须建立图层，在不同的层，完成不同的内容。需要建立的图层有：图框层、设备层、主物料层、辅助物料层、阀门层、仪表层、文字层、虚线层、中心线层、设备位号层、管道标注层等。不同的层要设置不同的颜色。图层设置的原则是在够用的基础上越少越好。

线形设置，除虚线层、中心线层等特殊线形外，一般选连续线，线宽按表 3.3 规定设置，主物料管道设置 0.6～0.9mm，辅助物料管道设置 0.3～0.5mm，其他 0.15～0.25mm，线宽也可选默认，但在打印时要进行线宽设置。线形、线宽、颜色要随层而定。

② 在图框层，绘制图框及标题栏，注意内框线宽为 0.6～0.9mm。实际工程图一般按 A2 加长绘制，学生练习可采用 A3 图框，若图纸太长，不方便阅读，可按一个车间或一个工序单独绘制。

③ 在图框内部偏下部分，用细实线画出厂房的地平线，以作为设备在高度方面布置的参考。

④ 在设备层，按照流程顺序从左至右用细实线按大致的位置和近似的外形比例尺寸，绘

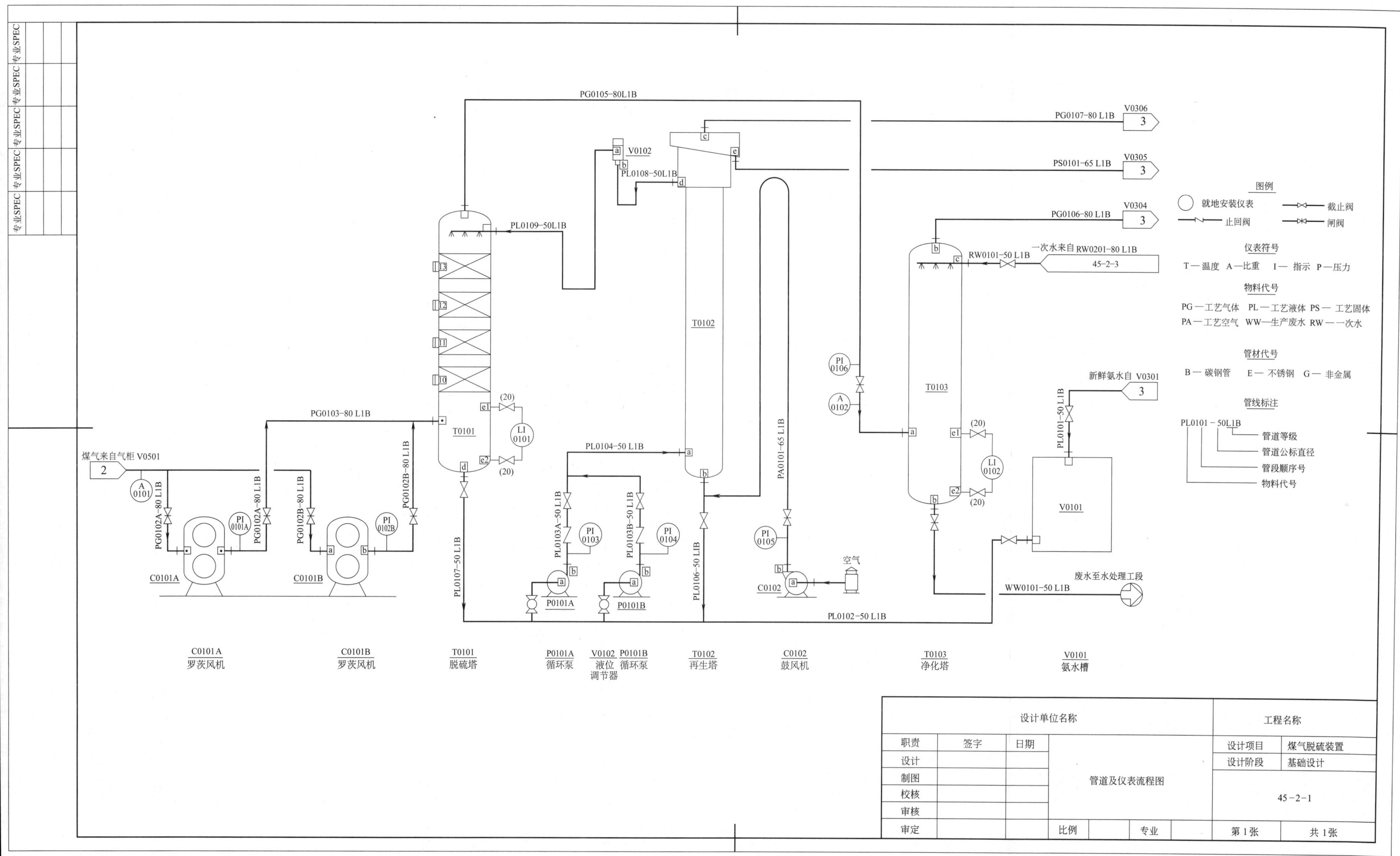

图 3.48 管道及仪表流程图示例

出流程中各个设备的简化图形（示意图），各简化图形之间应保留适当距离，以便绘制各种管线及标注。

⑤ 在主物料层，用粗实线画出主要物料的流程线，在流程线上标注流向箭头，并在流程线的起始和终了处注明来源和去向等。

⑥ 在辅助物料层，用稍粗于细实线的实线画出其他物料的流程线，并标注流向箭头。

⑦ 在阀门层，绘制阀门及管件。

⑧ 在文字层，在流程图的下方或上方，列出各设备的位号及名称，注意要排列整齐；在设备附近或内部也要注明设备位号。

⑨ 在仪表层，标注仪表控制点，自动化控制。

⑩ 在文字层，在每条管道上完成管道标注。

⑪ 在文字层，完成附加说明的绘制。

图 3.48 是管道及仪表流程图示例，请参考。

本章小结

工艺流程设计是工艺设计的核心，是所有设计的基础，对于化工专业学生来说一定要学会工艺流程的绘制方法，掌握 PFD 和 P&ID 两种重要流程图的设计内容及绘制规范，绘制的 PFD 要满足为设备、仪表、环评等专业提供全面、可靠工艺数据的需要；P&ID 要满足设备、管道及仪表的布置设计需要，能指导施工、安装，能满足正常开/停车、事故停车及生产需要。

工艺流程设计涉及众多专业、方方面面的知识，不但需要书本上学的大量专业知识，还要丰富的工程技术知识、生产实践经验。只有不断的工程设计磨练，才能胜任实际生产工艺流程的设计。实际工程项目的设计，一般要有可参考的中试或工业生产装置、可参考的工程图纸、工艺包或可研等设计资料基础；新开发的项目要有小试或中试科研技术资料，成熟的生产技术要有公开的技术资料。设计单位依据上述技术资料开展工程设计工作。对于在校学生来讲，由于工程意识不足、工程技术知识匮乏又无生产实践经验，设计一个工程需要的流程图是比较难的，但要掌握课本中的设计思路和方法，重点掌握 PFD 和 P&ID 两种流程图绘制的规范，能够胜任简单的工艺流程设计，待今后工作中不断学习、积累经验，逐步完成复杂工艺流程的设计工作。

思考与练习题

1. 生产方法选择的原则？
2. 工艺流程设计的总步骤？
3. 工艺流程设计的原则？
4. 工艺流程设计的任务？
5. 工艺流程图图样有几种？
6. 绘制一张以 98%硫酸为原料，稀释生产 20kt/a 30%硫酸的物料流程图。
7. 绘制一张以 98%硫酸为原料，稀释生产 20kt/a 30%硫酸的管道及仪表流程图。

第4章

物料衡算与能量衡算

在本章你可以学到如下内容

- 物料衡算和能量衡算的目的
- 物料衡算方法
- 热量衡算方法

物料衡算和能量衡算是在工艺路线确定之后，开始工艺流程的设计并绘制出工艺流程草图后进行的，该项设计工作的展开意味着设计工作由定性阶段转入到定量阶段。因此，在进行计算之前，必须熟悉有关化工过程的基本原理、生产方法和工艺流程等，然后，才能以示意图的形式表示出整个化工过程的主要设备及全部进出物料，并选定所需的操作条件，再逐一进行计算。

物料衡算和能量衡算是进行化工工艺过程设计及技术经济评价的基本依据。通过对生产过程中整个或局部过程作详细的物料和能量的衡算，可计算出主、副产品的产量，原材料的消耗定额、“三废”排放量及组成、能源消耗量、产品产率等各项技术经济指标，从而定量地评述所选择的工艺路线、生产方法及工艺流程在经济上是否合理，技术上是否先进，为下阶段设计提供数据和依据。此外，对化工过程进行深入研究时，需要用数学形式定量而准确地表达理论和实验的结果，也就是说对所研究的系统建立数学模型，因此，物料衡算和能量衡算式为推导数学模型的基本方程。由此可见，物料衡算和能量衡算对化工过程开发、设计及操作的改进都具有重要意义。

4.1 物料衡算

物料衡算是确定化工生产过程中物料比例和物料转变的定量关系的过程，是化工工艺计算中最基本、最重要的内容之一。在化学工程中，设计或改造工艺流程和设备，了解和控制生产操作过程，核算生产过程的经济效益，确定主副产品的产率，确定原材料消耗定额，确定生产过程的损耗量，便于技术人员对现有的工艺过程进行分析，选择最有效的工艺路线，确定设备容量、数量及主要尺寸，对设备进行最佳设计以及确定最佳操作条件等都要进行物料衡算。毫不夸张地说，一切化学工程的开发与放大都是以物料衡算为基础的。

4.1.1 物料衡算的概念及分类

在化工过程中，物料平衡是指在单位时间内进入系统（体系）的全部物料质量必定等于离开该系统（体系）的全部物料质量再加上损失掉的与积累起来的物料质量。对物料平衡进行计算称为物料衡算。物料平衡的理论依据是质量守恒定律，即在一个孤立体系中不论物质发生任何变化（不包括核反应）它的质量始终保持不变。

通常物料衡算有两种情况，一是对已有的生产设备或过程利用实测的数据，计算出另一些不能直接测定的物料量，俗称生产查定，用此计算结果，对生产情况进行分析，做出判断，提出改进措施；二是设计一种新的设备或过程，由物料衡算求出进出各设备的物料量、组成等，然后结合能量衡算，确定设备的工艺尺寸及整个工艺流程。

物料衡算按操作方式则可分为间歇操作、连续操作以及半连续操作等三类物料衡算；或者将其分为稳定状态操作和不稳定状态操作两类衡算。如按衡算范围划分，可分为单元操作过程（或单个设备）和全流程的两类物料衡算。化工设计进行的物料衡算是先做单元操作过程（或单个设备）的物料衡算，然后将各个过程汇总得到整个流程的物料衡算，进而完成物料流程图。

4.1.2 物料平衡方程

物料衡算是研究某一个体系内进、出物料质量及组成的变化。所谓体系是指物料衡算的范围，它可以根据实际需要人为地选定。体系可以是一个设备或几个设备，也可以是一个单元操作过程或整个化工过程。进行物料衡算时，必须首先确定衡算的范围。

根据质量守恒定律，对某一个体系内质量流动及变化的情况用数学式描述物料平衡关系则为物料平衡方程。其基本表达式为：

$$\sum F_0 = \sum D + A + \sum B \tag{4.1}$$

式中 F_0——输入体系的物料质量；

D——离开体系的物料质量；

A——体系内积累的物料质量；

B——过程损失的物料质量（如跑、冒、滴、漏）。

式(4.1) 为物料平衡的普遍式，可以对体系的总物料进行衡算，也可以对体系内的任一组分或任一元素进行衡算，如果体系内发生化学反应，则对任一组分或任一元素作衡算时，必须把反应消耗或生成的质量也考虑在内。所以式（4.1）成为：

$$FX_{if} \pm X_i = DX_{id} + AX_{ia} + BX_{ib} \tag{4.2}$$

式中 X_i——反应过程生成或消耗的 i 组分的量，反应生成 i 组分时则取“+”号，反应消耗 i 组分时则取“−”号；

X_{if}、X_{id}、X_{ia}、X_{ib}——i 组分在 F、D、A、B 中的分率。

如果体系内不积累物料，即连续稳定的操作过程，这样“积累的物料质量”A 等于零，所以式(4.1) 成为：

$$\sum F_0 = \sum D + \sum B \tag{4.3}$$

如果体系内没有化学反应，对任一个组分或任一种元素作衡算时，式(4.2) 中 $X_i = 0$，则

$$FX_{if} = DX_{id} + AX_{ia} + BX_{ib} \tag{4.4}$$

列物料平衡式时应特别注意下列事项。

① 物料平衡是指质量平衡，而不是体积或物质的量（mol）平衡。若体系内有化学反应，则衡算式中各项以摩尔/小时（mol/h）为单位时，必须考虑反应式中的化学计量系数，因为反应前后中的各元素原子数守恒。

② 对于无化学反应体系能列出独立物料平衡式的最多数目等于输入和输出的物流里的组分数。例如，当给定两种组分的输入输出的物料时，可以写出两个组分的物料平衡式和一个总质量平衡式，这三个平衡式中只有两个是独立的，而另一个是派生出来的。

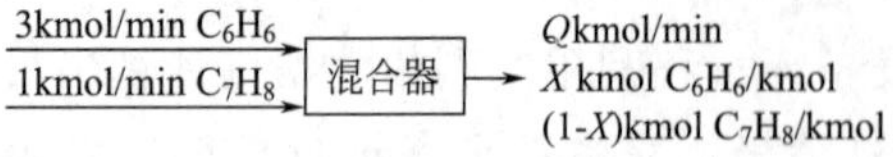

3kmol/min C_6H_6
1kmol/min C_7H_8
混合器
Qkmol/min
X kmol C_6H_6/kmol
(1-X)kmol C_7H_8/kmol

图 4.1 物料流程示意框图

③ 在写平衡方程时，要尽量使方程中所包含的未知数最少。

例如，在苯-甲苯混合器中，以 3kmol/min 苯和 1kmol/min 甲苯的速率混合。该过程如图 4.1 所示。

在这个体系中有两个与过程有关的未知数即 X 和 Q，因此需要列出两个方程才能计算。根据上述框图表示的体系可以写出三个物料平衡式：

总物料平衡 3kmol/min＋1kmol/min＝Q kmol/min

苯的平衡 3kmol/min＝Q kmol/min · Xkmol/kmol

甲苯的平衡 1kmol/min＝Q kmol/min · （1－X） kmol/kmol

在这三个方程中只要有其中两个就可解出上述的两个未知数。

总物料平衡式中只含一个未知数 Q，而组分平衡式中却含有 Q 和 X 两个未知数，因此只要用一个总物料平衡式和一个组分平衡式，就可方便地求解；如果用苯和甲苯两个组分的平衡式，则需要用同时包含两个未知数的方程求解，虽然最终答案相同，但求解过程却较复杂。

4.1.3 物料衡算的基本步骤

化工工艺流程是多种多样的，物料衡算的具体内容和计算方法可以有多种形式，有的计算过程十分简单，有的则十分复杂。为了有层次地、循序渐进地解决问题，在进行物料衡算时，必须遵循一定的设计规范，按一定的步骤和顺序进行，才能不走或少走弯路，且能避免误差，做到规范、迅速、准确，不延误设计工期。通常进行的物料衡算按下述步骤进行。

(1) 画出工艺流程示意图

进行物料衡算时，首先要绘制工艺流程示意图。绘制示意图时，要着重考虑物料的来龙去脉，对设备的外形、尺寸、比例等并不严格要求，对那些物料在其中既没有化学变化（或相变化）也没有损耗的过程（或设备）因不需要计算，故允许省略不画，但是与物料衡算有关的内容必须无一遗漏，所有物料管线不论主辅均须画出。图面表达的主要内容为：物料的流动及变化情况，注明物料的名称、数量、组成及流向；注明与计算有关的工艺条件，如相态、配比等都要标明在图上，不但已知的数据要标明在图上，那些待求的未知数也应当以恰当的符号（符号的使用要通俗规范）表示，并标在图上，以便分析，不易出现差错。

(2) 列出化学反应方程式

列出各个过程的主、副化学反应方程式和物理变化的依据，明确反应和变化前后的物料组成及各个组分之间的定量关系，这是为了便于分析过程的特点，为计算做好准备。

需要说明的是，当副反应很多时，对那些次要的且所占比重也很小的副反应可以略去，或将类型相近的若干副反应合并，以其中之一为代表，以简化计算，但这样处理所引起的误差必须在允许误差范围之内，而对于那些产生有害物质或明显影响产品质量的副反应，其量虽小，却不能随便略去，因为这是进行某些分离、精制设备设计和“三废”治理设计的重要依据。

(3) 确定计算任务

根据工艺流程示意图和化学反应方程式，分析物料经过每一过程、每一设备在数量、组成及物流走向所发生的变化，并分析数据资料，进一步明确已知项和待求的未知项，对于未知项，判断哪些是可以查到的，哪些是必须通过计算求出的，从而弄清计算任务，并针对过程的特点，选择适当的数学公式，力求计算方法简便，以节省计算时间。

(4) 收集数据资料

计算任务确定之后，要收集的数据和资料也就明确了。一般需要收集的数据和资料如下。

a. 生产规模和生产时间（即年生产时数）

生产规模一般在设计任务书中已明确，如年产多少吨的某产品，进行物料计算时可直接按规定的数字计算。如果是中间车间，应根据消耗定额确定生产规模，同时考虑物料在车间的回流情况。

生产时间即年工作时数，应根据全厂检修、车间检修、生产过程和设备特性考虑每年有效的生产时数，一般生产过程无特殊现象（如易堵、易波动等），设备能正常运转（没有严重的腐蚀现象）或者已在流程上设有必要的备用设备（运转的泵、风机都设有备用设备），且全厂的公用工程系统又能保障供应的装置，年工作时数可采用8000～8400h。

全厂（车间）检修时间较多的生产装置，年工作时数可采用8000h。目前，大型化工生产装置一般都采用8000h。

对于生产难以控制，易出不合格产品，或因堵、漏常常停产检修的生产装置，或者试验性车间，生产时数一般采用7200h，甚至更少。

应该指出的是，不仅各个车间或装置之间的年工作时数可以不同，就是在同一车间内的各个工序之间也可以采用不同的年工作时数。

b. 有关的定额、收率、转化率

其中消耗定额是指生产每吨合格产品需要的原料、辅助原料及试剂等的消耗量。消耗定额低说明原料利用得充分，反之，消耗定额高势必增加产品成本，加重“三废”治理的负担，所以说，消耗定额是反映生产技术水平的一项重要经济指标，同时也是进行物料衡算的基础数据之一。

收集这类数据应注意其可靠性和准确性，要认真了解其单位和基准，以免用时发生错误。

c. 原料、辅助材料、产品、中间产品的规格

进行物料衡算必须要有原材料及产品等组成及规格，该数据主要向有关生产厂家咨询或查阅有关产品的质量标准。

d. 与过程计算有关的物理化学常数

计算中用到很多物理化学常数，如密度、蒸气压、相平衡常数等，需要注意的是，在收集有关的数据资料时，应注意其准确性、可靠性和适用范围，这样，在一开始计算时就把有关的数据资料准备好，既可以提高工作效率，又可以减少差错发生率。

(5) 选择计算基准

在物料衡算过程中，衡算基准选择恰当，可以使计算简便，避免误差。

在一般的化工工艺计算中，根据过程特点，选择的基准大致如下。

a. 时间基准

对于连续生产，以一段时间间隔如：1s、1h、1天的投料量或生产的产品量为计算基

准，这种基准可直接联系到生产规模和设备设计计算。对间歇生产，一般以一釜或一批料的生产周期，作为计算基准。如年产 20000t 96%的浓硝酸，年操作时数为 7200h，则每小时的产量为 2.78t。即可以 2.78t/h 的硝酸产量为计算基准。

b. 质量基准

当系统介质为固体或液体时，一般以质量为计算基准。如以煤、石油、矿石为原料的化工生产过程，一般采用一定量的原料，例如 1kg、1000kg 的原料等作为计算基准。

c. 体积基准

对气体物料进行计算时，一般选体积作为计算基准。一般用标准体积，即把操作条件下的体积换算为标准状态下的体积，这样不仅与温度、压力变化没有关系，而且可以直接换算为物质的量。

选定计算基准，通常可以从年产量出发，由此算出原料年需要量和中间产品、“三废”的年产量。如果中间步骤较多，或者年产量数值较大时，计算起来很不方便，从前往后计算比较简单，不过这样计算出来的产量往往与产品的生产量不一致。为了使计算简便，可以先按 100kg（或 100kmol、或 10 标准体积、或其他方便的数量）进行计算。算出产量后，和实际产量相比较，求出相差的倍数，以此倍数作为系数，分别乘以原来假设的量，即可得实际需要的原料量、中间产物和“三废”生成量。

经验表明，选用恰当的基准可使计算过程简化，一般有化学变化的过程宜用质量作基准，而没有化学变化的过程常采用质量或物质的量，还应指明的是，计算过程中，必须把各个量的单位统一为同一单位制，并且在计算过程中保持前后一致，可避免出现差错。

在化工工艺计算中，除了要掌握计算方法和计算技巧外，正确并灵活地运用单位也是十分必要的，单位应用的原则非常简单，即“属于不同量纲的单位，不能进行加、减、乘、除等数学运算，相同量纲而不同单位要运算时，需先将其转换成相同的单位，才能进行加、减、乘、除的运算”。

(6) 建立物料平衡方程，展开计算

在上述工作的基础上，利用化学反应的关联关系、化学工程的有关理论、物料衡算方程等，列出数学关联式，关联式的数目应等于未知项的数目。当条件不充分导致关联式数目不够时，常采用试差法求解，这时，可以编制合理的程序，利用计算机进行简捷、快速的计算。

(7) 整理并校核计算结果

在工艺计算过程中，每一步都要认真计算并认真校核，以便及时发现差错，以免差错延续，造成大量计算工作返工。当计算全部完成后，对计算结果进行认真整理，并列成表格即物料衡算表（见表 4.1）。表中的计量单位可采用 kg/h，也可以用 kmol/h 或 m^3/h 等，要视具体情况而定。

表 4.1 物料衡算一览表

组 分	进料(输入)		出料(输出)	
	进料/(kg/h 或 kmol/h)	质量(或摩尔)分数/%	出料/(kg/h 或 kmol/h)	质量(或摩尔)分数/%
合计				

通过物料衡算表可以直接检查计算是否准确，分析结果组成是否合理，并易于发现设计上（生产上）存在的问题，从而判断其合理性，提出改进方案。物料衡算表可使其他校、审人员一目了然，大大提高工作效率。

(8) 绘制物料流程图、填写正式物料衡算表

根据物料衡算结果正式绘制物料流程图，并填写正式的物料衡算表。物料流程图（表）是物料衡算结果的一种简单而清楚的表示方法，它最大的优点是查阅方便，并能清楚地表示出物料在流程中的位置、变化结果和相互比例关系。物料流程图（表）一般作为设计成果编入正式设计文件。

至此，物料衡算工作基本完成，但需要强调的是，在物料衡算工作完成之后，应充分应用计算结果对全流程和其中的每一生产步骤及每一设备，从技术经济的角度进行分析评价，看其生产能力、效率是否符合预期的要求，物料损耗是否合理，并分析工艺条件确定得是否合适等。借助物料衡算结果，还可以发现流程设计中存在的问题，从而使工艺流程设计得更趋完善。

4.1.4 计算举例

【例 4.1】 甲醇制造甲醛的反应过程为：

$$CH_3OH+\frac{1}{2}O_2 \rightleftharpoons HCHO+H_2O$$

反应物及生成物均为气态，若使用 50% 的过量空气，且甲醇的转化率为 75%，试计算反应后气体混合物的摩尔组成。

解：画出流程示意图，如图 4.2 所示。

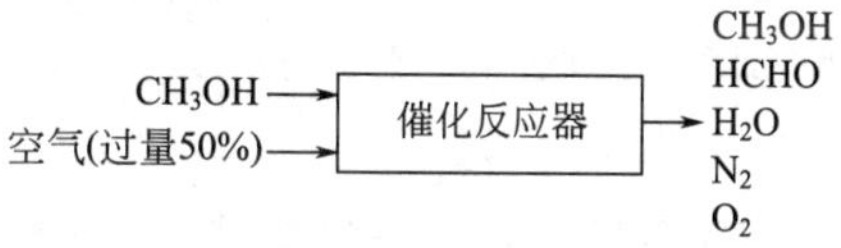

CH_3OH → 催化反应器 → CH_3OH、HCHO、H_2O、N_2、O_2

空气(过量50%) → 催化反应器

图 4.2 流程示意

基准：1mol CH_3OH

根据反应方程式，

O_2(需要)＝0.5mol

O_2(输入)＝1.5×0.5＝0.75mol

N_2(输入)＝N_2(输出)＝0.75×(79/21)＝2.82mol

CH_3OH 为限制反应物

$$反应的\ CH_3OH=0.75\times1=0.75mol$$

因此

$$HCHO(输出)=0.75mol$$

$$CH_3OH(输出)=1-0.75=0.25mol$$

$$O_2(输出)=0.75-0.75\times0.5=0.375mol$$

$$H_2O(输出)=0.75mol$$

计算结果如表 4.2 所示。

表 4.2 反应后气体混合物的组成

组分	CH_3OH	HCHO	H_2O	O_2	N_2	总计
物质的量/mol	0.250	0.750	0.750	0.375	2.820	4.945
摩尔分数/%	5.0	15.2	15.2	7.6	57.0	100.0

【例 4.2】 乙烯直接水合制乙醇过程的物料衡算。

解：(1) 流程示意图（见图 4.3）

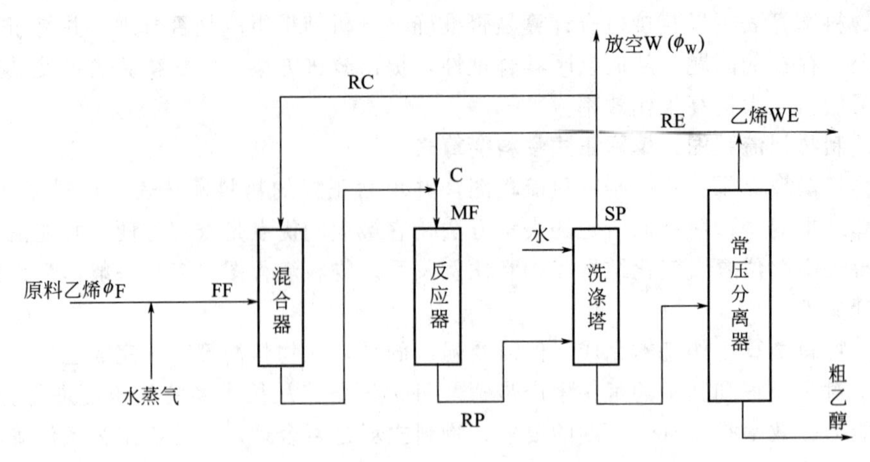

图 4.3 乙烯直接水合制乙醇流程示意

(2) 乙烯直接水合制乙醇的反应方程式

主反应：
$$C_2H_4 + H_2O \longrightarrow C_2H_4OH$$

副反应：
$$2C_2H_4 + H_2O \longrightarrow (C_2H_5)_2O$$
$$nC_2H_4 \longrightarrow \text{聚合物}$$
$$C_2H_4 + H_2O \longrightarrow CH_3CHO + H_2$$

(3) 确定计算任务

通过对该系统进行物料衡算，求出循环物流组成、循环量、放空气体量、C_2H_4 总转化率和乙醇的总收率，生成 1t 乙醇的乙烯消耗定额（乙醇水溶液蒸馏时损失乙醇 2%）。

(4) 基础数据

原料乙烯组成（体积分数）：乙烯 96%，惰性物 4%。

进入反应器的混合气组成（干基，体积分数）：C_2H_4 85%，惰性物 13.98%，H_2 1.02%。

原料乙烯与水蒸气的摩尔比为 1∶0.6。

乙烯单程转化率（摩尔）：5%（其中生成乙醇占 95%，生成乙醚、聚合物各占 2%，生成乙醛占 1%）；

洗涤过程产物气中 C_2H_4 溶解 5%；

常压分离出的乙烯 5%进入循环气体中，95%作别用。

(5) 确定计算基准

以 100mol 干燥混合气为计算基准。

(6) 展开计算

条件中已经给出进入反应器的混合气体的组成及转化率，所以以反应器为衡算体系，由前向后推算。

① MF 处混合气（反应器入口）各组分

C_2H_4 85mol；惰性物 13.98mol；H_2 1.02mol

② 反应器出口各组分量

经过反应器转化的乙烯为 85×5%＝4.25mol，其中

生成乙醇　　4.25×95%＝4.04mol

生成乙醚　　4.25×2%×0.5＝0.04mol

生成聚合物　　4.25×2%=0.085mol

生成乙醛　　4.25×1%=0.04mol

生成氢气　　4.25×1%=0.04mol

出口氢气总量　　1.02+0.04=1.06mol

未反应的乙烯　　85×(1−5%)=80.75mol

惰性组分量　　13.98mol

③ SP 处（洗涤塔出口）气体各组分量

未溶解的乙烯量　　80.75×95%=76.71mol

SP 处气体各组分量　　76.71+13.98+1.06=91.75mol

SP 处气体组成（摩尔分数）　C_2H_4 83.6%；惰性物 15.24%；H_2 1.16%

④ RE 处循环的纯乙烯量（即溶解乙烯的 5%）

溶解乙烯量　　80.75×5%=4.04mol

纯乙烯循环量　　4.04×5%=0.20mol

⑤ WE 处乙烯量　　4.04−0.20=3.84mol

⑥ RC 处循环气体各组分量

设洗涤塔出口放空气体量为 ϕ_W(mol)，新鲜原料气加入量为 ϕ_F(mol)。

则 RC 处循环气体各组分

乙烯　　$76.71-\phi_W\times 83.6\%$

惰性组分　　$13.98-\phi_W\times 15.24\%$

氢气　　$1.06-\phi_W\times 1.16\%$

结点 C 处平衡　　RC+RE+FF=MF

乙烯平衡　　$76.71-\phi_W\times 83.6\%+0.20+\phi_F\times 96\%=85$

惰性组分平衡　　$13.98-\phi_W\times 15.24\%+\phi_F\times 4\%=13.98$

联立解以上两式得　$\phi_W=2.87$mol，$\phi_F=10.93$mol

W 处放空气体各组分量：乙烯 2.4mol；惰性组分 0.44mol；氢气 0.03mol

RC 处循环气体各组分量：乙烯 74.31mol；惰性组分 13.54mol；氢气 1.03mol

总合为：88.88mol

⑦ 总循环量（RE+RC）　　88.88+0.20=89.08mol

⑧ 加入水蒸气量　　0.6×10.93=6.56mol

⑨ 乙烯转化率

原料气中乙烯量：10.93×96%=10.49mol

放空乙烯+溶解乙烯的 95%：2.4+3.84=6.24mol

乙烯转化率：[(10.49−6.24)/10.49]×100%=40.5%

⑩ 乙醇的总收率　40.5%×95%=38.5%

⑪ 消耗定额生产每吨乙醇消耗乙烯量（标准状态）

$$[1000/(1-2\%)]\times(1/46)\times(1/38.5\%)\times(1/96\%)\times 22.4=1344\text{m}^3$$

4.2 能量衡算

化工生产过程的实质是原料在严格控制的操作条件下（如流量、浓度、温度、压力等），经历各种化学变化和物理变化，最终成为产品的过程。物料从一个体系进入另一个体系，在发生质量传递的同时也伴随着能量的消耗、释放和转化。物料质量变化的数量关系可从物料衡算中求得，能量的变化数量关系则可从能量衡算（根据能量守恒定律，利用能量传递和转化的规则，用以确定能量比例和能量转变的定量关系的过程称为能量衡算）中求得。

在化工生产中，有些过程需消耗巨大的能量，如反应、蒸发、干燥、蒸馏等；而另一些过程则可释放大量能量，如燃烧、放热化学反应过程等。为了使生产保持在适宜的工艺条件下进行，必须掌握物料带入或带出体系的能量，控制能量的供给速率和放热速率，为此，需要对各生产体系进行能量衡算。能量衡算和物料衡算一样，对于生产工艺条件的确定，设备的设计是不可缺少的一种化工基本计算。

4.2.1 能量衡算的目的

对于新设计的生产车间，能量衡算的主要目的是确定设备的热负荷。根据设备的热负荷的大小、所处理物料的性质及工艺要求再选择传热面的型式、计算传热面积、确定设备的主要工艺尺寸。确定传热所需要的加热剂或冷却剂的用量及伴有热效应的温升情况。

对于已投产的生产车间，进行能量衡算是为了更加合理能量利用，以最大限度降低单位产品的能耗。化工生产的能量消耗很大，能量消耗费用是化工产品的主要成本之一，衡量化工产品的能量消耗水平的指标是能耗，即制造单位质量（或单位体积）产品能量消耗费用。能耗大小不仅与生产的工艺路线有关，也与生产管理的水平有关，所以能耗也是衡量化工生产技术水平的主要指标之一。而能量衡算可为提高能量的利用率，降低能耗提供主要依据。

4.2.2 能量衡算可以解决的问题

在化工设计、化工生产中，通过能量衡算可以解决以下问题。

① 确定物料输送机械（泵、压缩机等）和其他操作机械（搅拌、过滤、粉碎等）所需要的功率，以便于确定输送设备的大小、尺寸及型号；

② 确定各单元操作过程（蒸发、蒸馏、冷凝、冷却等）所需要的热量或冷量，及其传递速率；计算换热设备的工艺尺寸；确定加热剂或冷却剂的消耗量，为其他专业如供汽、供冷、供水专业提供设条件；

③ 化学反应常伴有热效应，导致体系的温度上升或下降，为此需确定为保持一定反应温度所需的移出或加入的热传递速率，为反应器的设计及选型提供依据；

④ 为充分利用余热，提高能量利用率，降低能耗提供重要依据，使过程的总能耗降低到最低程度；

⑤ 最终确定总需求能量和能量的费用，并用来确定这个过程在经济上的可行性。

4.2.3 能量平衡方程

根据能量守恒定律，任何均相体系在 Δt 时间内的能量平衡关系，用文字表述如下：

体系在 $t+\Delta t$ 时的能量	$-$	体系在 t 时的能量	$=$	在 Δt 内通过边界进入体系的能量	$-$	在 Δt 内通过边界离开体系的能量	$+$	体系在 Δt 内产生的能量

显然，上式左边两项为体系在 Δt 内积累的能量。体系在 Δt 内产生的能量是指体系内因核分裂或辐射所释放的能量，化工生产中一般不涉及核反应，故该项为零。由于化学反应所引起的体系能量变化为物质内能的变化所致，故不作为体系产生的能量考虑，所以上式可简化为：体系积累的能量＝进入体系的能量－离开体系的能量。

若以U_1、K_1、Z_1分别表示体系初态的内能、动能和位能，以U_2、K_2、Z_2分别表示体系终态的内能、动能和位能，以Q表示体系从环境吸收的热量，以W表示环境对体系所做的功，则该体系从初态到终态，单位质量的总能量平衡关系为：

$$(U_2+K_2+Z_2)-(U_1+K_1+Z_1)=Q-W \tag{4.5}$$

$$\Delta U-\Delta K-\Delta Z=Q-W \tag{4.6}$$

设

$$E_2=U_2+K_2+Z_2; \quad E_1=U_1+K_1+Z_1$$

则

$$\Delta E=Q-W$$

这是热力学第一定律的数学表达式，它指出：体系的能量总变化（ΔE）等于体系所吸收的热减去环境对体系所做的功。此式称为普遍能量平衡方程，它适用于任何均相体系，但应指出的是热和功只在能量传递过程中出现，不是状态函数。

由于化工过程能基的流动比较复杂，往往几种不同形式的能量同时在一个体系中出现。在作能量衡算之前，必须对体系作分析，以弄清可能存在的能量形式。分析的基本程序如下：

① 确定研究的范围，即确定体系与环境；

② 找出体系中存在的能量形式；

③ 按照能量守恒与转化原理，建立能量平衡方程。

4.2.4 热量衡算

热量衡算是能量衡算的一种，在能量衡算中占主要地位。进行热量衡算有两种情况：一种是对单元设备做热量衡算，当各个单元设备之间没有热量交换时，只需对个别设备做计算；另一种是整个过程的热量衡算，当各个工序或单元操作之间有热量交换时，必须做全过程的热量衡算。

(1) 热量衡算方程

热量衡算的理论依据是热力学第一定律。以能量守恒表达的方程式：

$$\sum Q_{入}=\sum Q_{出}+\sum Q_{损} \tag{4.7}$$

即

$$输入=输出+损失$$

式中 $\sum Q_{入}$——输入设备热量的总和；

$\sum Q_{出}$——输出设备热量的总和；

$\sum Q_{损}$——损失热量的总和。

对于单元设备的热量衡算，热平衡方程可写成如下形式：

$$Q_1+Q_2+Q_3=Q_4+Q_5+Q_6 \tag{4.8}$$

式中 Q_1——各股物料带入设备的热量，kJ；

Q_2——由加热剂或冷却剂传递给设备和物料的热量，kJ；

Q_3——过程的各种热效应，如反应热、溶解热等，kJ；

Q_4——各股物料带出设备的热量，kJ；

Q_5——消耗在加热设备上的热量，kJ；

Q_6——设备向外界环境散失的热量，kJ。

将式(4.8)按式(4.7)整理得：

$$\sum Q_{入}=Q_1+Q_2+Q_3$$

$$\sum Q_{出}=Q_4+Q_5$$

$$\sum Q_{损}=Q_6$$

在此，需要说明的是：式(4.8) 中除了 Q_1、Q_4 是正值以外，其他各项都有正、负两种情形，如传热介质有加热剂和冷却剂，热效应有吸热和放热，消耗在设备上的热有热量和冷量，设备向环境散热有热量损失和冷量损失。因此要根据具体情况进行具体分析，判断清楚再进行计算。计算时对于一些量小、比率小的热量可以略去不计，以简化计算，如式中的 Q_5 一般可忽略。

(2) 热量衡算的一般步骤

热量衡算是在物料衡算的基础上进行的，通过热量衡算，可以算出设备的有效热负荷，再由热负荷确定加热剂或冷却剂的用量、设备的传热面积等。一般计算步骤如下。

① 绘制以单位时间为基准的物料流程图，确定热量平衡范围。

② 在物料流程图上标明已知温度、压力、相态等已知条件。

③ 选定计算基准温度。由于手册、文献上查到的热力学数据大多数是 273K 或 298K 的数据，故选此温度为基准温度，计算比较方便，计算时相态的确定也是很重要的。

④ 根据物料的变化和流向，列出热量衡算式，然后用数学方法求解未知值。

⑤ 整理并校核计算结果，列出热量平衡表。

(3) 进行热量衡算需要注意的几点

① 热量衡算时要先根据物料的变化和走向，认真分析热量间的关系，然后根据热量守恒定律列出热量关系式。由于传热介质有加热剂和冷却剂，热效应有吸热和放热，热量损失有热量损失和冷量损失，因此，关系式中的热量数值有正、负之分，计算时应认真分析。

② 要弄清楚过程中出现的热量形式，以便搜集有关的物性数据，如热效应有反应热、溶解热、结晶热等。通常，显热采用比热容计算，而潜热采用汽化热计算，但都可以采用焓值计算，一般焓值计算法相对简单一些。

③ 计算结果是否正确适用，关键在于数据的正确性和可靠性，因此必须认真查找、分析、筛选，必要时可进行实际测定。

④ 间歇操作设备，其传热量 Q 随时间而变化，因此要用不均衡系数将设备的热负荷由 kJ/台换算为 kJ/h。不均衡系数一般根据经验选取。其换算公式为：

$$Q(\text{kJ/h})=(Q_2\times\text{不均衡系数})/(\text{h/台}) \tag{4.9}$$

计算公式中的热负荷为全过程中热负荷最大阶段的热负荷。

⑤ 根据热量衡算可以算出传热设备的传热面积，如果传热设备选用定型设备，该设备传热面积要稍大于工艺计算得出的传热面积。

(4) 系统热量平衡计算

系统热量平衡是对一个换热系统、一个车间或全厂（或联合企业）的热量平衡。其依据的基本原理仍然是能量守恒定律，即进入系统的热量等于出系统的热量和损失热量之和。

系统热量平衡的作用：①通过对整个系统能量平衡的计算求出能量的综合利用率。由此来检验流程设计时提出的能量回收方案是否合理，按工艺流程图检查重要的能量损失是否都考虑到了回收利用，有无不必要的交叉换热，核对原设计的能量回收装置是否符合工艺过程的要求。②通过各设备加热（冷却）利用量计算，把各设备的水、电、汽（气）、燃料的用量进行汇总，求出每吨产品的动力消耗定额如表 4.3 所示，即每小时、每昼夜的最大用量以及年消耗量等。

动力消耗包括自来水（一次水）、循环水（二次水）、冷冻盐水、蒸汽、电、石油气、重油、氮气、压缩空气等。动力消耗量根据设备计算的能量平衡部分及操作时间求出。消耗量的日平均值是以一年中平均每日消耗量计，小时平均值则以日平均值为准。每昼夜与每小时最大消耗量是以其平均值乘上消耗系数求取，消耗系数须根据实际情况确定。动力规格指蒸汽的压力、冷冻盐水的进出口温度等。

表 4.3　动力消耗定额

序号	动力名称	规格	每吨产品消耗定额	每小时消耗量		每昼夜消耗量		每年消耗	备　注
				最大	平均	最大	平均		
1	2	3	4	5	6	7	8	9	10

系统热量平衡计算的步骤与上述的热量衡算计算步骤基本相同。

4.2.5　计算举例

【例 4.3】 某化工厂计划利用废气的废热，进入废热锅炉的废气温度为 450℃，出口废气的温度为 260℃，进入锅炉的水温为 25℃，产生的饱和水蒸气温度为 233.7℃、3.0MPa，(绝压)，废气的平均摩尔热容为 32.5kJ/(kmol·℃)，试计算每 100kmol 的废气可产生的水蒸气量?

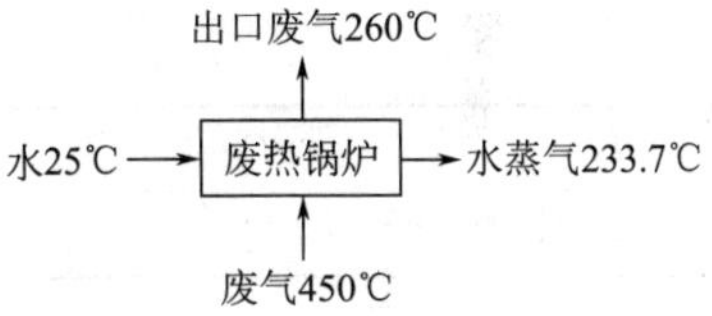

解：流程示意如图 4.4 所示。

计算基准：100kmol 的废气。

锅炉的能量平衡为：

废气的热量损失＝将水加热以产生水蒸气所获得的热量

即　　$(mC_{P,M}\Delta t)_{废气}=W(h_g-h_l)$

其中，W 为所产生的蒸汽的质量，因此

$$100\times32.5\times(450-260)=W(2798.9-104.6)$$

$$W=229\text{kg}$$

所产生的水蒸气质量为 229kg/100mol 废气。

图 4.4　流程示意

【例 4.4】 甲烷气与 20%过量空气混合，在 25℃、0.1MPa 下进入燃烧炉中燃烧，若燃烧完全，其产物所能达到的最高温度为多少?

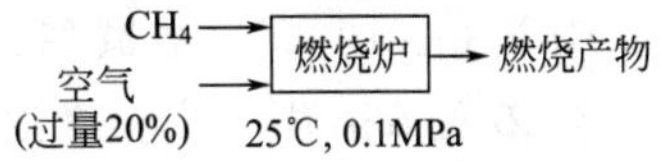

解：流程示意如图 4.5 所示。

反应方程式为：

$$CH_4+2O_2\longrightarrow CO_2(g)+2H_2O(g)$$

图 4.5　流程示意

(1) 物料衡算

取 1molCH_4 为基准，则进料中 O_2 量为：1×2×(1+0.2)=2.4mol

进料中 N_2 量：2.4×0.79/0.21=9.03mol

出料中 CO_2 量：1mol

出料中 H_2O 量：2mol

出料中 O_2 量：2.4−2=0.4mol

出料中 N_2 量：9.03mol

(2) 能量衡算

为计算出口气体的最高温度，设在绝热条件下进行燃烧反应。设基准温度为 25℃，因进料甲烷与空气的温度也为 25℃，所以料气带入的热量为 0。燃烧反应的反应热，由手册查

得生成热如下：$CO_2-393.51kJ/mol$；$H_2O-241.83kJ/mol$；$CH_4-74.85kJ/mol$

$$\Delta H_r=(-393.51)+2\times(-241.83)-(-74.85)=-802.32kJ/mol$$

$$Q_r=(-\Delta H_r)=802.32kJ$$

燃烧后气体带走的热量为

$$Q_2=\sum(n_jC_{pj})\Delta T=(C_{p,CO_2}+2C_{p,H_2O}+0.4C_{p,O_2}+9.03C_{p,N_2})(T-298)$$

由手册查得 CO_2、$H_2O(g)$、O_2、N_2 的比热容，并代入上式，得到：

$$Q_2=(343.04+0.13T-27.174\times10^{-8}T^2)(T-298)$$

即 $$(343.04+0.13T-27.174\times10^{-8}T^2)(T-298)=802320$$

用试差法求得最高温度为：

$$T=1900+[(802320-788090)/(841373-788090)]\times100=1927K$$

【例 4.5】 试完成日产 30t 轻质碳酸钙项目的物料及热量衡算。原料组成如表 4.4、表 4.5 所示。

表 4.4 碳酸钙原料石灰石规格

成分	$CaCO_3$	$MgCO_3$	SiO_2	Fe_2O_3	Mn	H_2O
含量/%	>97	≤1.2	<0.5	<0.3	<0.0045	≤0.5

表 4.5 焦炭成分表

成分	C	H_2O	S	灰分	其他(挥发分)
含量/%	80	3	0.5	12	4.5

计算说明：轻质碳酸钙的生产过程，主要由石灰石煅烧工序、石灰消化工序、碳化工序及后处理工序组成，那么应按照流程顺序分别对每个工序进行物料及热量衡算，然后再汇总成图或表。因各个工序的算法一样，所以下面仅列举日产 30t 轻质碳酸钙项目的石灰石煅烧工序的物料及热量衡算。

解：

(1) 物料衡算

a. 计算标准

日产 30t(100%) 碳酸钙；300 天生产工作日。各生产工序的收率如下。

① 石灰石煅烧工序。考虑石灰石过烧和生烧因素，取石灰石转化率为 95%，石灰石中 $CaCO_3$ 含量≥97%，计算中按 97%考虑，另外在筛选工艺中生石灰经振动筛，在筛去渣屑、煤灰过程中也损耗了 $CaCO_3$，损耗量取 3%，故该工序总收率应为 97%×95%×97%=89.39%。

② 石灰消化工序。收率为 93%，损耗在消化机和旋液分离器中，消化机中少量石灰乳随同大块渣石一起排除，旋液分离器中少量石灰乳随尚未消化好的粒子由旋液分离器底部排除。

③ 碳化工序。收率为 99.9%。

④ 后处理工序。离心脱水，随液过滤带去约 1%～2%的碳酸钙，但这部分返回消化机中，回收使用，考虑该部分收率为 99.9%。

回转窑干燥收率为 99.8%。

筛分、包装等操作收率为 99.8%。

后处理收率为 99.9%×99.8%×99.8%=99.5%。

故碳酸钙生产总收率为

$$\eta=89.39\%\times93\%\times99.9\%\times99.5\%=82.63\%$$

按每天生产 30t $CaCO_3$ 计，亦即生产 300kmol/d 或 12.5kmol/h 碳酸钙，根据总收率所需原料石灰石量应为

$$G=N/\eta=12.5/82.63\%=15.13\text{kmol/h}=1513\text{kg/h}$$

本计算系根据上述假定进行。

b. 石灰石煅烧物料衡算

按 30t/d 计，即 12.5kmol/h(100%) $CaCO_3$，石灰窑进料如下。

① 石灰石：12.5/0.8263=15.13kmol/h=1513kg/h

其中：			
	$CaCO_3$	0.970	1467.61kg/h
	$MgCO_3$	0.012	18.16kg/h
	H_2O	0.005	7.57kg/h
	Fe、Mn、Al 等杂质	0.013	19.66kg/h
		1.000	1513.00kg/h

② 焦炭：按石灰石投料量 8%计算，则焦炭量

$$1513\times0.08=121.04\text{kg/h}$$

其中：			
	含碳	80%计	96.83kg/h
	水分	3%	3.63kg/h
	灰分	12%	14.52kg/h
	挥发分	4.5%	5.45kg/h
	硫	0.5%	0.61kg/h
		100%	121.04kg/h

③ 空气量确定：空气过剩系数取 $\alpha=1.10$，按此系数所得到的窑气一般为还原性气体。这种气体对净化系统的腐蚀情况可以得到很大的缓和。

Ⅰ对于焦炭燃烧耗氧量见下面反应方程式

$$C+O_2 \longrightarrow CO_2$$

$$S+O_2 \longrightarrow SO_2$$

炭燃烧时需氧量：96.83÷12×32=258.21kg/h

硫燃烧时需氧量：0.61÷32×32=0.61kg/h

Ⅱ挥发分燃烧耗氧（挥发分用烃 C_5H_{12} 表示）

$$C_5H_{12}+8O_2 \longrightarrow 5CO_2+6H_2O$$

按上式计算 5.45kg/h 挥发分需氧量为 19.38kg/h，生成

CO_2 量：16.65kg/h

H_2O 量：8.19kg/h

总需氧量为：(258.21+0.61+19.38)×1.10=306.02kg/h

相应氮气量为：306.02×(76.7/23.3)=1007.37kg/h

空气量：L=306.02+1007.37=1313.39kg/h

石灰窑出料如下。

① 产出生石灰

Ⅰ CaO 量根据反应方程式 $CaCO_3 \longrightarrow CaO+CO_2$

CaO 量为：15.13×0.97×0.95×56=780.76kg/h

Ⅱ未反应的 $CaCO_3$ 量：15.13×0.97×0.05×100=73.38kg/h

Ⅲ MgO 量根据反应方程式 $MgCO_3 \longrightarrow MgO + CO_2$

MgO 量为：18.16÷84×40=8.65kg/h

Ⅳ杂质（包括石灰石之杂质和焦炭之灰分）：19.66+14.52=34.18kg/h

生石灰出料量：G=780.76+73.38+8.65+34.18=896.97kg/h

② 产生窑气

Ⅰ生成 CO_2 量

根据

$$CaCO_3 \longrightarrow CaO + CO_2$$

$$MgCO_3 \longrightarrow MgO + CO_2$$

$$CO_2 + C \longrightarrow 2CO$$

计算结果：

由碳酸钙分解产生的 CO_2 量：1513÷100×0.97×0.95×44=613.46kg/h

由碳酸镁分解产生的 CO_2 量：18.16÷84×44=9.51kg/h

根据经验 CO 含量约为窑气量的 1.7%左右来反算，得 CO 量为 35kg/h。

则耗 CO_2 量：35÷(2×28)×44=27.50kg/h

耗 C 量：35÷(2×28)×12=7.50kg/h

由 $C + O_2 \longrightarrow CO_2$ 式可得 CO_2 量：(96.83－7.50)÷12×44=327.54kg/h

生成 CO_2 共计

$$\Sigma CO_2 = 613.46 + 9.51 + 327.54 - 27.50 + 16.65 = 939.66\text{kg/h}$$

换算成标准体积　　V=939.66/1.977=475.30m^3/h

Ⅱ生成 SO_2 量

根据 $S + O_2 \longrightarrow SO_2$ 式生成 SO_2 量：0.61÷32×64－1.22kg/h

换算为标准体积　　V=1.22÷2.9=0.42m^3/h

Ⅲ不反应的氮气量：1007.37kg/h

$$V = 1007.37 \div 1.251 = 805.25\text{m}^3/\text{h}$$

Ⅳ剩余氧气量：306.02－238.21－0.61－19.38=47.82kg/h

$$V = 47.82 \div 1.429 = 33.46\text{m}^3/\text{h}$$

Ⅴ水蒸气量：7.57+3.63+8.19=19.39kg/h

$$V = 19.39 \div 0.804 = 24.13\text{m}^3/\text{h}$$

Ⅵ生成 CO 量：35kg/h

$$V = 35 \div 1.25 = 28\text{m}^3/\text{h}$$

窑气组成见表 4.6。

表 4.6　窑气组成

组成	CO_2	N_2	O_2	CO	Σ
W/(kg/h)	939.66	1007.37	47.82	35.00	2029.85
质量分数/%	46.29	49.63	2.36	1.72	100.00

石灰经振动筛并人工剔去杂质，该步收率为 97%，且要求经筛选生石灰占总量 90%左右。

则生石灰为：

CaO 780.76×0.97＝757.34kg/h

占 90%

杂质 757.34×10/90＝84.15kg/h

占 10%

合计为：841.49kg/h

筛去物：

CaO 为 780.76－757.34＝23.42kg/h

杂质（包括 $CaCO_3$、MgO 等）为 73.38＋8.65＋34.18－84.15＝32.06kg/h

经过以上计算得到的石灰石煅烧工序物料衡算框图如图 4.6 所示。

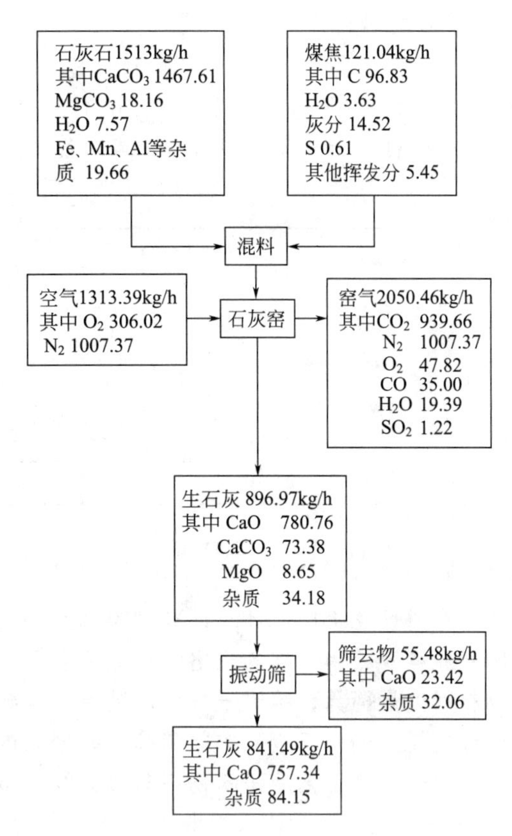

图 4.6 石灰石煅烧工序物料衡算框图

(2) 热量衡算

因篇幅有限，在此仅对石灰窑煅烧热量衡算进行介绍，其他设备的热量衡算不再赘述，请参考《碳酸钙的生产与应用》一书。

① 输入热量 Q_1

假设物料石灰石和焦炭以及空气都是 0℃输入，因此输入石灰窑热量只考虑焦炭的发热量，根据物料衡算

$G_{焦}$＝121.04kg/h，焦炭热值 29475kJ/kg

Q_1＝121.04×29475＝3.568×10^6kJ/h

② 输出热量 Q_2

Ⅰ石灰石分解所需热量 q_1

根据反应方程式：$CaCO_3 \longrightarrow CaO + CO_2 - 177.94$kJ/mol

q_1＝15.13×0.97×177.9×1000＝2.611×10^6kJ/h

Ⅱ生石灰于 60℃卸料带出热量 q_2

生石灰比热容取 C＝0.84kJ/(kg·℃)

$$q_2 = 896.97 \times 0.84 \times 60 = 0.452 \times 10^5 \text{kJ/h}$$

Ⅲ干窑气于 150℃时带走热量 q_3

在 150℃时，混合气体的平均热容 $C_{平} = \sum C_i \times i\%$（省略 SO_2 和杂质）

$$C_{平} = C_{CO_2} \times CO_2\% + C_{N_2} \times N_2\% + C_{O_2} \times O_2\% + C_{CO} \times CO\%$$

$$= 0.26 \times 0.4629 + 0.26 \times 0.4963 + 0.25 \times 0.0236 + 0.24 \times 0.0172$$

$$= 0.26\text{kcal/(kg·℃)} = 1.089\text{kJ/(kg·℃)}$$

$$q_3 = G_{气} C_{平} t$$

$$q_3 = 2050.46 \times 1.089 \times 150 = 0.335 \times 10^6 \text{kJ/h}$$

Ⅳ水分带出热量 q_4

水分由石灰石带进 7.57kg/h，由焦炭带入 3.63kg/h（本计算未考虑空气带入水分以及燃烧过程产生的少量水分）。

$$G_{水} = 7.57 + 3.63 = 11.20\text{kg/h}$$

由 150℃水蒸气带走热量 $q_4 = G(i + Ct)$

$$q_4 = 11.20 \times (597.3 + 0.47 \times 150) \times 4.1868 = 0.31 \times 10^5 \text{kJ/h}$$

Ⅴ石灰窑热损失 q_5

$$q_5=Q_1-(q_1+q_2+q_3+q_4)$$

$$q_5=3.568\times10^6-(2.611\times10^6+0.452\times10^5+0.335\times10^6+0.31\times10^5)=0.546\times10^6\ \text{kJ/h}$$

③ 经过以上计算得到的石灰石煅烧工序热量衡算如表 4.7 所示。

表 4.7 石灰窑热量衡算

输入/(kJ/h)	输出/(kJ/h)
燃料燃烧 3.568×10^6	1. 石灰石分解 $q_1=2.611\times10^6$ 2. 排除生石灰 $q_2=0.452\times10^5$ 3. 干窑气带出 $q_3=0.335\times10^6$ 4. 水汽带出 $q_4=0.31\times10^5$ 5. 热损失 $q_5=0.546\times10^6$
$Q_1=3.568\times10^6$	$Q_2=3.568\times10^6$

本章小结

在进行化工厂设计时，要按照确定的设计基础（工厂、装置规模、工艺流程、原料、辅助原料及公用工程的规格、产品及主要副产品的规格、厂区的自然条件等）进行装置的物料和能量衡算，给出一个生产装置所需要的原料和公用工程、所产生的产品和副产品、向环境排放的“三废”的数量等，并据此进行全厂的物料、燃料及公用工程平衡计算。

对于整个工艺流程的物料衡算，经验步骤是：

① 根据生产规模、总收率、产品主含量、原料组成等数据，计算出每小时需要处理的原料量；

② 由原料的输入按流程顺序一步一步进行展开计算，上步的计算结果作为下步的输入。单个装置的物料衡算按 4.1.3 节中所讲的计算步骤进行。注意对原材料的其他比较重要组分也要随主成分一起进行物料衡算，特别是会影响产品质量、环境污染等组分一定要进行物料衡算，为环境评价提供可靠的依据；

③ 将装置的物料和能量衡算的结果以工艺物料流程图（PFD）及物流表的形式给出，用于全厂物料、燃料及公用工程平衡计算及单元设备的计算。

思考与练习题

1. 物料衡算的依据及步骤是什么？

2. 热量衡算的依据及步骤是什么？

3. 以 98% 工业硫酸为原料，稀释生产 30% 的硫酸，生产规模为 20kt/a，年生产天数为 300 天，试完成其物料衡算。

第5章

设备的工艺设计与选型

在本章你可以学到如下内容

- 化工设备是如何分类的
- 化工设备工艺设计的主要工作和方法
- 化工设备材料的选用
- 常用设备的工艺设计和选型
- 设备一览表内容

化工设备的工艺设计与选型是在物料衡算和热量衡算的基础上进行的，其目的是决定工艺设备的类型、规格、主要尺寸和台数，为车间布置设计、施工图设计及非工艺设计项目提供足够的设计数据。

整个化工工程设计是以可行性开发研究为设计依据，而工程设计的核心是化工工艺流程设计，有了工艺流程设计，虽然整个化工过程的大局已定，但还是一种概念，只有将化工工艺流程逐个落实下来，每一环节落到具体的设备、机械，并对设备的大小、形状、型号、材质、要求做一个定量的准确的描述，这个化工工艺流程才算是一个可以施工的“蓝图”。因此，从这个意义上说，化工设备的选型和工艺设计是化工工程设计的主体，是工艺流程概念的正确体现，是整个化工生产赖以实现的主体工程。化工生产系统实际上是由不同用途、不同类型、结构各异的化工设备按工艺要求组合而成的工业装置。由于化工过程的多样性，设备类型也非常多，所以，实现同一工艺要求，不但可以选用不同的单元操作方式，也可以选用不同类型的设备。

化工设备从总体上分为两类，一类称定型设备或标准设备，这些是由一些加工厂成批成系列生产的设备，通俗地说，就是可以买到的现成的设备，如泵、反应釜、换热器、大型贮罐等；另一类称非定型设备或非标准设备，是指规格和材质都不定型的、需要专门设计的特殊设备，如小的贮槽、塔器等。

定型设备或标准设备都有一定的产品说明书，有各种规格牌号，有不同的生产厂家，设计任务是根据工艺要求，确定设备型号及规格或标准图号。

非定型设备是化工生产中大量存在的设备，它甚至是化工生产的一种特色，需要根据工艺条件，设计并专门加工制成设备。随着国家化工标准的推进，本来属于非定型设备的一些化工装置，也逐步走向系列化、定型化，有的虽未全部统一，但可能有一些标准的图纸，如换热器、塔和塔节、各种旋风分离器、贮槽、计量罐等的标准图纸和型式，随着化学工业的发展，设备的标准化程度将越来越大。所以在设计非定型设备时，应尽量采用已经标准化的图纸。

化工设备工艺设计，对于定型设备或标准设备来说通过工艺计算及圆整后选定设备的规格型号或标准图号；对于非标设备来说就是通过化工计算、工艺操作条件，提出型式、材料、尺寸和其他一些工艺要求，由化工设备专业进行工程机械加工设计，由有关机械或设备加工厂制造。

5.1 化工设备的工艺设计与选型原则

(1) 合理性

即设备必须满足工艺要求，与工艺流程、生产规模、工艺操作条件及工艺控制水平相适应，所选择的设备要确保产品质量达标并能降低劳动强度，提高劳动生产率，改善环境保护。

工艺设备的型式、牌号多种多样，实现某一化工单元过程，可能有多种（台）设备，要求设备要运行可靠。作为工业生产，不允许把不成熟或未经生产考验的设备用于设计。在设备的许可范围内，能够最大限度地保证工艺的合理和优化并运转可靠。

(2) 先进性

在可靠基础上再考虑设备的先进性，要便于连续化和自动化生产，转化率、收得率、效率要尽可能达到高的先进水平，在运转过程中，波动范围小，保证运行质量可靠，操作上方便易行，有一定的弹性，维修容易，备件易于加工等。

(3) 安全性

设备的选型和工艺设计（制造）要求安全可靠、操作稳定、无事故隐患，对工艺和建筑、地基、厂房等无苛刻要求，工人在操作时劳动强度小，尽量避免高温高压高空作业，尽量不用有毒有害的设备附件、附料，创造良好工作环境和无污染。

(4) 经济性

设备的选择力求做到技术上先进，经济上合理。尽量采用国产设备，节省设备投资。选用的设备要易于加工、维修、更新，没有特殊的维护要求，减少运行费用，便于购置等。

总之，设备工艺设计和选用的原则是一个统一、综合的原则，不能只知其一、不知其二。要全面贯彻先进、适用、高效、安全、可靠、经济俭省的原则，审慎地研究，认真地设计。

5.2 化工设备工艺设计的主要工作和方法

设备的工艺设计是化工工程设计中一项责任重大、技术要求高、需要具有丰富理论知识和实际生产经验的设计工作。其主要设计工作内容如下。

① 结合工艺流程设计确定化工单元操作所用设备的类型。例如，工艺流程中液固物料的分离是采用过滤机还是离心机；液体混合物的各组分分离是用萃取方法还是蒸馏方法；实现气固相催化反应，是选择固定床反应器还是流化床反应器等。

② 根据工艺操作条件（温度、压力、介质的性质等）和对设备的工艺要求确定设备的材质。这项工作有时是与设备设计人员共同完成的。

③ 通过工艺流程设计、物料衡算、能量衡算、设备的工艺计算确定设备的工艺设计参数。不同类型设备的主要工艺设计参数如下。

- 换热器：热负荷，换热面积，冷、热载体的种类，冷、热流体的流量，温度和压力。
- 泵：流量，扬程，轴功率，允许吸上高度。
- 风机：风量和风压。
- 吸收塔：气体的流量、组成、压力和温度，吸收剂种类、流量、温度和压力，塔径、塔体的材质、塔板的材质、塔板的类型和板数（对板式塔），填料种类、规格、填料总高度、每段填料的高度和段数（对填料塔）。
- 蒸馏塔：进料物料，塔顶产品、塔釜产品的流量、组成和温度，塔的操作压力、塔径、塔体的材质、塔板的材质、塔板类型和板数（对板式塔），填料种类、规格、填料总高度、每段填料高度和段数（对填料塔），加料口位置、塔顶冷凝器的热负荷及冷却介质的种类、流量、温度和压力，再沸器的热负荷及加热介质的种类、流量、温度和压力、灵敏板位置。
- 反应器：反应器的类型，进、出口物料的流量、组成、温度和压力，催化剂的种类、规格、数量和性能参数，反应器内换热装置的形式、热负荷及热载体的种类、数量、压力和温度，反应器的主要尺寸、换热式固定床催化反应器的温度、浓度沿床层的轴向（对大直径床还包括径向）分布，冷激式多段绝热固定床反应器的冷激气用量、组成和温度。

④ 确定标准设备或定型设备的型号（牌号）、规格和台数。标准设备中，泵、风机、电动机、压缩机、减速机、起重运输机械等是多种行业广泛采用的设备，这种类型设备有众多的生产厂家，型号也很多，可选择的范围很大。另外一些是化工行业常用的标准设备，它们有冷冻机、除尘设备、过滤机、离心机和搅拌器等。标准设备可以从国家机电产品目录或样本中查到，其中所列的设备规格、型号、基本性能参数和生产厂家等多项内容供设计人员在选择设备时参照。

⑤ 对已有标准图纸的设备，确定标准图的图号和型号。随着中国化工设备标准化的推进，有些本来属于非定型设备的化工装置，也有了一些标准的图纸，有些还有了定点生产厂家。这些设备包括换热器系列、容器系列、搪玻璃设备系列，以及圆泡罩、F_1 型浮阀和浮阀塔塔盘系列等，它们已经有了国家标准。还有一些虽未列入国家标准，但已有标准施工图和相应的生产厂家，例如国家医药管理局上海医药设计院（现中国石化集团上海工程有限公司）设计的发酵罐系列和立式薄壁常压容器系列。对已有标准图纸的设备，设计人员只需根据工艺需要确定标准图图号和型号，不必自己设计。

随着化学工业的发展，设备的标准化程度将越来越高，所以在设计非定型设备时应尽量采用已经标准化的图纸，以减少非定型设备施工图的设计工作量。

⑥ 对非标设备来说，应向化工设备专业设计人员提供设计条件和设备草图，明确设备的类型、材质、基本设计参数等。提出对设备的维修、安装要求，支撑要求及其他要求（如防爆口、人孔、手孔、卸料口、液位计接口等）。

⑦ 编制工艺设备一览表。在初步设计阶段，根据设备工艺设计的结果编制工艺设备一览表，可按非定型设备和定型工艺设备两类编制。初步设计阶段的工艺设备一览表作为设计说明书的组成部分提供给有关部门进行设计审查。

施工图设计阶段的工艺设备一览表是施工图设计阶段的主要设计成品之一。在施工图设计阶段，由于非标设备的施工图纸已经完成，工艺设备一览表必须填写得十分准确和足够详尽，以便订货加工。

⑧ 在工艺设备的施工图纸完成后，要同化工设备的专业设计人员进行图纸会签。

5.3 化工设备的材料和选材原则

5.3.1 化工设备使用材料分类概况

一般分类如下：

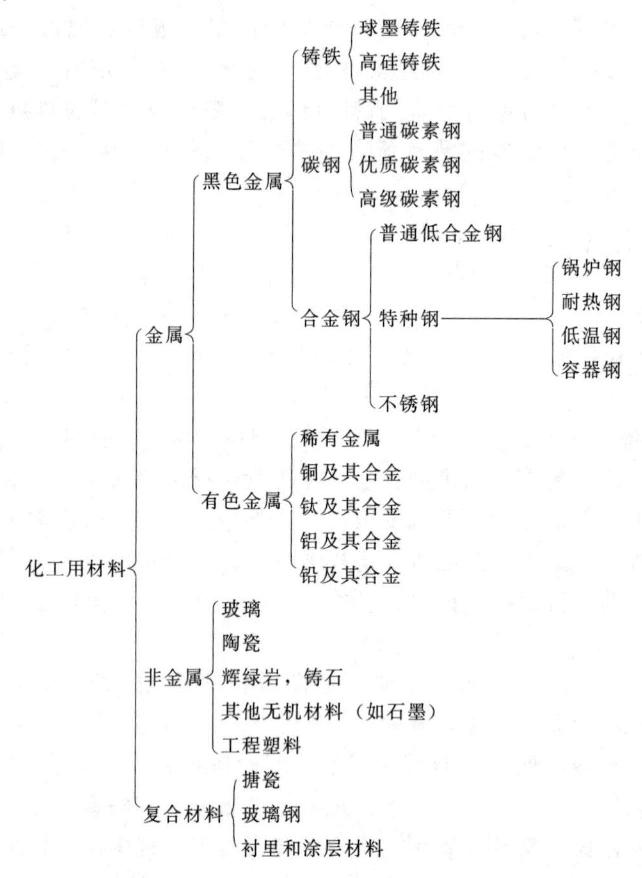

5.3.2 材料选用的一般原则

材料的选用与设备的选型设计原则类似，首先要满足工艺及设备的要求，然后还要考虑技术上先进、安全、可靠，经济俭省。

(1) 满足工艺及设备要求

这是选材最基本的依据，根据工艺条件和操作条件（如温度、压力、介质、环境等），在机械强度、耐腐蚀和耐溶剂等性能上优先考虑，选用具有足够的强度和塑性、韧性，能耐受介质腐蚀的材料。

(2) 材质可靠，使用安全

设备是化工反应的载体，是生产成败的场所，也是最应当注意安全和运行可靠的地方。因此，选用材料要做到万无一失、安全第一。当然，化工设备有国家规定的设计使用年限，在选材料时，还应考虑到有使用寿命的保证。

(3) 易于加工，保证性能不受加工影响

化工设备总是由材料加工而成的，有些材料在加工过程中，可能导致一些性能恶化，有些材料加工困难等，都不是选材的首选或主要对象，因为材料性能在加工中的变化是不能控制的，而不易加工的材料势必影响造价。

(4) 材料立足于当地市场，立足于国内、立足于资源

化工设备使用材料用量一般不大，在尽量采用先进材料的同时，应立足于当地和国内市场。我国有相当丰富的资源，又有十分丰富的、占世界绝对储藏量的稀土元素，有一些特殊的金属如钨、锑。一些金属可能储量不丰富，选材时在保证质量的前提下，尽量采用我国资源丰富的材料，不仅可以节省投资，也促进了我国相关工业的开发和发展。

(5) 综合经济指标核算

材料选择之后，要制造成设备，其费用不仅是材料费用一项，还包括运输费、加工费、维护费，以及将来备品、备件、设备维修的费用等，综合地从经济上衡量和测算，应立足于选用价廉物美的材料。

在《化工工艺设计手册》、《机械设计手册》以及一些材料的专著、国家标准中可以找到各种材料的牌号、代号，在《腐蚀数据手册》以及一般的化工工艺设计手册上可以查到材料的耐腐蚀性能，针对设计的介质选用不同的材料。

5.4 泵的设计与选型

5.4.1 泵的类型和特点

泵是化工厂最常用的液体输送设备，也是一种“古老”的设备，早期的泵由于其结构简单、运行可靠而备受人们重视，随着石油和化学工业的发展，泵的型式随之不断进步，出现了许多性能特异——大型、小型、高速、自动化、特殊化的泵，但仍然具有构造简单、便于维修、易于排除故障、造价低、可以批量生产等优越性。

泵的类型很多，分类也不尽统一。按泵作用于液体的原理可将泵分为叶片式和容积式两大类。叶片式泵是由泵内的叶片在旋转时产生的离心力作用将液体吸入和压出。容积式泵是由泵的活塞或转子在往复或旋转运动中产生挤压作用将液体吸入和压出。叶片式泵又因泵内叶片结构形式不同分为离心泵（屏蔽泵、管道泵、自吸泵、无堵塞泵）、轴流泵和旋涡泵。容积式泵分为往复泵（活塞泵、柱塞泵、隔膜泵、计量泵）和转子泵（齿轮泵、螺杆泵、滑片泵、罗茨泵、蠕动泵、液环泵）。

泵也常按其使用的用途来命名，如水泵、油泵、泥浆泵、砂泵、耐腐蚀泵、冷凝液泵等。也有以泵的结构特点命名的，如悬臂水泵、齿轮油泵、螺杆泵、液下泵、立式泵、卧式泵等。图 5.1 所示为离心泵和液下泵的外形图。

(1) 泵的技术指标

泵的技术指标包括型号、扬程、流量、必需汽蚀余量、功率与效率等。

① 型号　目前，我国对于泵的命名尚未有统一的规定，但在国内大多数的泵产品已逐渐采用英文字母来代表泵的名称，如泵型号：IS80-65-160。IS 表示泵的型号代号（单级单吸清水离心泵），吸入口直径为 80mm，排出口直径为 65mm，叶轮名义直径为 160mm。不同类型泵的型号均可从泵的产品样本中查到。

(a) 离心泵

(b) 液下泵

图 5.1 离心泵和液下泵的外形图

② 扬程　它是单位质量的液体通过泵获得的有效能量，单位为 m。由于泵可以输送多种液体，各种液体的密度和黏度不同，为了使扬程有一个统一的衡量标准，泵的生产厂家在泵的技术指标中所指明的一般都是清水扬程，即介质为清水，密度为 $1000kg/m^3$，黏度为 1mPa·s，无固体杂质时的值。此外少数专用泵如硫酸泵、熔盐泵等，扬程单位注明为 m 酸柱或 m 熔盐柱。

③ 流量　泵在单位时间内抽吸或排送液体的体积数称为流量，其单位以 m^3/h 或 L/s 表示。叶片式泵如离心泵，流量与扬程有关，这种关系是离心泵的一个重要特性，称为离心泵的特性曲线。泵的操作流量指泵的扬程流量特性曲线与管网系统所需的扬程、流量曲线相交处的流量值。容积式泵流量与扬程无关，几乎为常数。

④ 必需汽蚀余量　为使泵在工作时不产生汽蚀现象，泵进口处必须具有超过输送温度下液体的汽化压力的能量，使泵在工作时不产生汽蚀现象所必须具有的富余能量称为必需汽蚀余量或简称汽蚀余量，单位为 m。

⑤ 功率与效率　有效功率指单位时间内泵对液体所做的功；轴功率指原动机传给泵的功率；效率指泵的有效功率与轴功率之比。泵样本中所给出的功率与效率都为清水试验所得。

离心泵适用于流量大、扬程低的液体输送，液体的运动黏度小于 $65\times10^3 m^2/s$，液体中气体体积分数低于 5%，固体颗粒含量在 3%以下。

(2) 化工生产常用泵

① 清水泵　清水泵是过流部件为铸铁，供输送温度不高于 80℃的清水或物理、化学性质类似于清水的液体，适用于工业与城市排水及农田灌溉等。最普通的清水泵是单级单吸式，如果要求高压头，可采用多级离心泵；如要求的流量很大，可采用双吸式离心泵。

② 油泵　用于输送石油产品的泵称为油泵。由于油品易燃易爆，因此油泵应具有良好的密封性能。热油泵在轴承和轴封处设置冷却装置，运转时可通冷水冷却。

③ 耐腐蚀泵　当输送酸、碱和浓氨水等腐蚀性液体时，与腐蚀性液体接触的泵部件必须用耐腐蚀材料制造。如 FS 型氟合金塑料耐腐蚀离心泵适用于－80～180℃条件下，长期输送任意浓度的各种酸、碱、盐、有机溶剂、化学试剂及其他多种化学介质，严禁输送快速结晶及含有硬的固体颗粒的介质。该泵的过介部分采用氟合金塑料，经高温烧结模压加工而成。

④ 液下泵　液下泵泵体沉浸在储罐液体中，叶轮装于转轴末端，使滚动轴承远离液体，上部构件不受输送介质腐蚀。由于泵体沉浸在液体中，只要液面高于泵体，即可无需灌泵而启动。输送时，泄露液通过中心管上的泄漏孔回流到储罐内，是输送不易结晶、温度不高于 100℃的各种腐蚀介质的理想设备。其缺点是效率不高。根据输送介质的不同，泵的过流部

分材质有铸铁、不锈钢合金、玻璃钢、增强聚丙烯、氟塑料等可供选择。

⑤ 屏蔽泵　是一种无泄漏泵，它的叶轮和电机连为一个整体并密封在同一泵壳内，不需要轴封，所以称为无密封泵。在化工生产中常输送易燃、易爆、剧毒及具有放射性的液体，其缺点也是效率较低。

⑥ 隔膜泵　系借弹性薄膜将活柱与被输送的液体隔开，当输送腐蚀性液体或悬浮液时，可不使活柱和缸体受到损伤。隔膜系采用耐腐蚀橡皮或弹性金属薄片制成，当活柱做往复运动时，迫使隔膜交替地向两边弯曲，将液体吸入和排出。

⑦ 计量泵　能够输送流量恒定的液体或按比例输送几种液体。计量泵的基本构造与往复泵相同，但设有一套可以准确而方便地调节活塞行程的机构。隔膜式计量泵可用来定量输送剧毒、易燃、易爆和腐蚀性液体。

⑧ 齿轮泵　是一种正位移泵，泵壳中有一对相互啮合的齿轮，将泵内空间分成互不相通的吸入腔和排出腔。齿轮旋转时，封闭在齿穴和泵壳间的液体被强行压出。齿轮泵的体积流量较小，但可产生较高的压头。化工厂中大多用来输送黏度在 300cSt[1] 以下的各种油类，但不宜输送腐蚀性的，含硬质颗粒的液体以及高度挥发性、低闪点的液体。

⑨ 螺杆泵　属于内啮合的密闭式泵，为转子式容积泵。按螺杆的数目，可分为单螺杆、双螺杆、三螺杆、五螺杆泵。单螺杆泵是靠螺杆在具有内螺纹泵壳中偏心转动，将液体沿轴向推进，最后由排出口排出；多螺杆泵则依靠螺杆间相互啮合的容积变化来输送液体。螺杆泵输送扬程高，效率较齿轮泵高，运转时无噪声、无振动、体积流量均匀，特别适用于高黏度液体的输送，例如 G 型单螺杆泵广泛应用于原油、污油、矿浆、泥浆等的输送。

⑩ 旋涡泵　是一种叶片式泵（也称涡流泵），由星形叶轮和有环形流道的泵壳组成，依靠离心力作用输送液体，但与离心泵的工作原理不同。适用于功率小、扬程高（5～250m）、体积流量小（0.1～11L/s）、夹带气体的体积分数大于 0.05 的场合。

⑪ 轴流泵　利用高速旋转的螺旋桨将液体推进而达到输送目的。适用于大体积流量，低扬程。

表 5.1 列出了各种类型泵的特点。

表 5.1　泵的类型与特点

指标	叶片式			容积式	
	离心式	轴流式	旋涡式	活塞式	转子式
液体排出状态	流率均匀			有脉冲	流率均匀
液体品质	均一液体(或含固体液体)	均一液体	均一液体	均一液体	均一液体
允许吸上真空高度/m	4～8	—	2.5～7	4～5	4～5
扬程(或排出压力)	范围大 10～600m(多级)	低 2～20m	较高，单级可达100m 以上	范围大，排出压力高，排出压力 0.3～60MPa	
体积流量/(m^3/h)	范围大5～30000	大约 6000	较小 0.4～20	范围较大 1～600	
流量与扬程关系	流量减小，扬程增大；反之流量增大，扬程降低		同离心式，但增率和降率较大(即曲线较陡)	流量增减排出压力不变，压力增减流量近似为定值(电动机恒速)	

[1] 1cSt＝$10^{-6}m^2/s$。

续表

指标	叶片式			容积式	
	离心式	轴流式	旋涡式	活塞式	转子式
构造特点	转速高,体积小,运转平稳,基础小,设备维修较易		与离心式基本相同,但叶轮较离心式叶片结构简单,制造成本低	转速低,能力小,设备外形庞大,基础大,与电动机连接复杂	同离心式泵
流量与轴功率关系	依泵比转速而定,当流量减少,轴功率减小	依泵比转速而定,当流量减少,轴功率增加	流量减少,轴功率增加	当排出压力定值时,流量减少,轴功率减小	

5.4.2 选泵的原则

(1) 基本泵型和泵的材料

一般选择化工泵，都是先决定型式再确定尺寸。选择泵的基本型式这一工作，甚至于要提早到工艺流程设计阶段，在设计工艺流程时，对选用的泵的型式应大体确定。进入初步设计阶段时，综合已经汇总和衡算出的工艺参数，确定泵的基本型式。

确定和选择使用的泵的基本型式，要从被输送物料的基本性质出发，如物料的温度、黏度、挥发性、毒性、化学腐蚀性、溶解性和物料是否均一等。此外，还应考虑到生产的工艺过程和动力、环境等条件，如是否长期连续运转、扬程和流量的波动和基本范围、动力来源、厂房层次高低等因素。

均一的液体几乎可选用任何泵型；悬浮液则宜选用泥浆泵、隔膜泵；夹带或溶解气体时应选用容积式泵；黏度大的液体、胶体或膏糊料可用往复泵，最好选用齿轮泵、螺杆泵；输送易燃易爆液体可用蒸汽往复泵；被输送液体与工作液体（如水）互溶而生产工艺又不允许其混合时则不能选用喷射泵；流量大而扬程高的宜选往复泵；流量大而扬程不高时应选用离心泵；输送具有腐蚀性的介质，选用耐腐蚀的泵体材料或衬里的耐腐蚀泵；输送昂贵液体、剧毒或具有放射性的液体选用完全不泄漏、无轴封的屏蔽泵。此外，有些地方必须使用液下泵，有些场合要用计量泵等。

有电源时选用电动泵，无电源但有蒸汽供应时可选用蒸汽往复泵，卧式往复泵占地稍大，立式泵占地较小。车间要求防爆时，应选用蒸汽驱动的泵或具有防爆性能的泵，喷射泵需要水、汽作动力，有相应的装置，选用时应充分注意，有时还采用手摇泵等。

输送介质的温度对泵的材质有不同的要求，一般在低温下（－40～－20℃）宜选用铸钢和低温材料的泵，在高温下（200～400℃）宜选用高温铸钢材料，通常温度在－20～200℃范围内，一般铸铁材料即可通用。

耐腐蚀泵的材料很多，如石墨、石墨内衬、玻璃、搪瓷、陶瓷、玻璃钢（环氧或酚醛树脂作基材）、不锈钢、高硅铁、青铜、铅、钛、聚氯乙烯、聚四氟乙烯等。聚乙烯、合成橡胶等常作泵的内衬。随着工业技术的进步，各类化工耐腐蚀泵还将不断更新问世。

实际上，在选择泵的型式时，往往不大可能各方面都满足要求，一般是抓住主要矛盾，以满足工艺要求为主要目标。例如输送盐酸，防腐是主要矛盾；输送氢氰酸、二甲酚之类的，毒性是主要矛盾。选泵型式时有没有电源动力、流量扬程等都要服从上述主要矛盾加以解决。此外，在选泵型式时，应立足于国内，优先选用国内产品，还要考虑资源和货源、备品充足，利于维修，价格合理等因素，这也是在选型时要注意的事项。

(2) 扬程和流量

在泵的选用设计中，可以通过计算算出工程上所要求的流量和扬程，这当然是选泵的具体型号、规格、尺寸的依据，但计算出来的数据是理论计算值，通常还要在流量上考虑工艺配套问题，此设备和彼设备间生产能力的平衡，工艺上原料的变换，以及产品更换等影响因素，考虑发展和适应不同要求等因素，总工艺方案一般均要求装置有一定的富裕能力。在选泵时，应按设计要求达到的能力确定泵的流量，并使之与其他设备能力协调平衡。另一方面，泵流量的确定也应考虑适应不同原料或不同产品要求等因素，所以在确定泵的流量时，应该综合考虑下列两点：

① 装置的富余能力及装置内各设备能力的协调平衡；

② 工艺过程影响流量变化的范围。

工艺设计给出泵的流量一般包括正常、最小、最大三种流量，最大流量已考虑了上述多种因素，因此选泵时通常可直接采用最大流量。

泵的扬程还应当考虑到工艺设备和管道的复杂性，压力降的计算可靠程度与实际工作中的差距，需要留有余地，所以，常常选用计算数据的1.05～1.1倍，如有工厂的实际生产数据，应尽可能采用。在工艺操作中，有时会有一些特殊情况，如结垢、积炭，造成系统中压力降波动较大。在设计计算时，不仅要使选定的扬程满足过程在正常条件下的需要，还要顾及到可能出现的特殊情况的需要，使泵在某些特殊情况下也能运转。当然，还有其他一些因素制约，不能只知其一，不知其二。

(3) 有效汽蚀余量和安装高度

被输送的液体，在不同温度下有各自的饱和蒸气压。液体在泵操作条件下，当低压部分在静压力下小于液体该温度下的饱和蒸气压时，液体就会汽化，液流中产生空穴，使泵的性能下降，甚至破坏操作状态，直至损坏，这就是汽蚀现象。

为避免汽蚀现象，就必须使泵的入口端（研究表明，最低压力产生在泵的入口附近）的压头高于物料输送状态下的饱和蒸气压，高出的值称为“需要汽蚀余量”或“净正吸入压头”（NPSH），NPSH一般又分为泵必需的NPSH（有时写成NPSHR）和正常操作时装置和设备（系统）的有效NPSH，有效汽蚀余量（有效NPSH，有时写成NPSHA）通常最大可选用泵的“需要汽蚀余量”的1.3～1.4倍，系数称为安全系数。

(4) 泵的台数和备用率

一般情况下只设一台泵，在特殊情况下也可采用两台泵同时操作，但不论如何安排，输送物料的本单元中，不宜于采用多于三台泵（至多两台操作，一台备用）。两台泵并联操作时，由于泵的个体差异，有时变得不易操作和控制，所以，只有万不得已，方采用两台泵并联。下列情况可考虑采用两台泵：

① 流程很大而一台泵不能满足要求；

② 大型泵，需要一台操作并备用一台时，可选用两台较小的泵操作，而备用一台，可使备用泵变小，最终节省费用；

③ 某些大型泵，可采用流量为其70%的两台小泵并联操作，可以不设备用泵；

④ 某些特大泵，启动电流很大，为防止对电力系统造成影响，可考虑改用两台较小的泵，以免电流波动过大。

泵的备用情况，往往根据工艺要求，是否长期运转，泵在运转中的可靠性、备用泵的价格、工艺物料的特性、泵的维修难易程度和一般维修周期、操作岗位等诸多因素综合考虑，很难规定一个通行的原则。

一般说来，输送泥浆或含有固体颗粒及其他杂质的泵、一些关键工序上的小型泵；应有备用泵；对于一些重要工序上的泵，如炉前进料泵、计量泵、塔的输料泵、塔的回流泵、高温操作条件及其他苛刻条件下使用的泵、某些要求较高的产品出料泵，也应设有备用泵。备用率一般取100%，而其他连续操作的泵，可考虑备用率50%左右，对于大型的连续化流程，可适当提高泵的备用率。而对于间歇操作，泵的维修简易，操作很成熟的以及特别昂贵而操作有经验的情况下，常常不考虑备用泵。

5.4.3 选泵的工作方法和基本程序

(1) 列出选泵的岗位和介质的基础数据

① 介质名称和特性，如介质的密度、黏度、重度、毒性、腐蚀性、沸点、蒸气压、溶液浓度等；

② 介质的特殊性能，如价格昂贵程度、含固体颗粒与否、固体颗粒的粒度、颗粒的性能、固体含量等，介质中是否含有气体，气体的体积含量等数据；

③ 操作条件，如温度、压力、正常流量、最小和最大流量等；

④ 泵的工作位置情况，如泵的工作环境温度、湿度、海拔高度、管道的大小及长度、进口液面至泵的中心线距离、排液口至设备液面距离等。

(2) 确定选泵的流量和扬程

① 流量的确定和计算　工艺条件中如已有系统可能出现的最大流量，选泵时以最大流量为基础，如果数据是正常流量，则应根据工艺情况可能出现的波动、开车和停车的需要等，在正常流量的基础上乘以一个安全系数，一般可取这个系数为1.1～1.2，特殊情况下，还可以再加大。

流量通常都必须换算成体积流量，因为泵生产厂家的产品样本中的数据是体积流量。

② 扬程的确定和计算　首先计算出所需要的扬程，即用来克服两端容器的位能差，两端容器上静压力差，两端全系统的管道、管件和装置的阻力损失以及两端（进口和出口）的速度差引起的动能差别。泵的扬程用伯努利方程计算，将泵和进出口设备作一个系统研究，以物料进口和出口容器的液面为基准，根据下式就可很方便地算出泵的扬程。

$$H=(Z_2-Z_1)+\frac{p_2-p_1}{\gamma}+(\sum h_2+\sum h_1)+\frac{c_2^2}{2g}$$

式中　Z_1——吸入侧最底液面至泵轴线垂直高度。如果泵安装在吸入液面的下方（称为灌注），Z_1 为负值；

Z_2——排出侧最高液面至泵轴线垂直高度；

p_2，p_1——排出侧和吸入侧容器内液面压力；

γ——液体重力密度；

$\sum h_1$，$\sum h_2$——排出侧和吸入侧系统阻力损失；

c_2——排出口液面液体流速。

对于一般输送液体$\frac{c_2^2}{2g}$值很小，常忽略或纳入$\sum h$ 损失中计算。

计算出的 H 不能作为选泵的依据，一般要放大5%～10%，即

$$H_{选用}=(1.05\sim1.1)H$$

(3) 选择泵的类型，确定具体型号

依据上述两项得出的选泵数据和工作条件、工艺特点，依照选泵的原则，选择泵的类

型、材质和具体型号，由远而近、由粗而细、由一般到具体、由总类到个体型号一步一步地进行，最终选出一种具体型号的泵，其基本步骤如下。

① 确定泵的类型　化工泵的类型很多，常见的离心泵、往复泵、转子泵、涡旋泵、混流泵等都有一定的性能范围，有大体适应的流量和扬程使用区域，结合前述的选泵原则，考虑物料的物理化学性质，先确定选用泵的类型。

② 选泵的系列和过流部件的材料及密封　选定了泵的类型之后，属于这种类型的泵还有很多系列，还要根据介质的性质（物理性质和化学性质）和操作条件（温度、压力）确定选用哪一系列泵。如已选择泵的类型为离心泵，则应根据设计条件进一步确定选用哪一系列泵，是选用水泵，还是其他系列泵，如油泵、耐腐蚀泵、特殊性能的泵或泥浆泵系列等。另外要考虑是选择耐高温还是耐低温的泵，是选择单级泵还是多级泵，是选择单吸式还是双吸式，是卧式还是立式等。

泵的过流部件的材料和轴的密封，要综合材料耐蚀和运转性能、密封条件等因素，合理地选用，以保证泵的稳定运转和延长使用寿命。

- 浓硫酸一般选用碳钢材料或衬氟泵；
- 盐酸选用塑料泵或衬胶泵；
- 硝酸选用不锈钢材料的泵；
- 碱选用不锈钢或碳钢的泵。

③ 选择泵的具体型号　根据通行的泵的产品样本和说明书，根据前述计算和确定的泵的最大流量和选用时确定的扬程（计算扬程放大5%～10%），选择泵的具体型号。

选择具体型号时，要注意熟悉各类型泵用各种符号表示的意义，一般在泵的产品样本和说明书中有交代。

(4) 换算泵的性能

对于输送水或类似于水的泵，将工艺上正常的工作状况对照泵的样本或产品目录上该类泵的性能表或性能曲线，看正常工作点是否落在该泵的高效区，如校核后发现性能不符，就应当重新选择泵的具体型号。

输送高黏度液体，应将泵的输水性能指标换算成输送黏液的性能指标，并与之对照校核。有关公式在《化学工程手册》中可查到。

根据输送物料的特性，泵的性能曲线（H-Q 性能曲线）有可选择性，如一般输送到高位槽的泵，希望流量变化大时而扬程变化很小，即选用 H-Q 曲线比较平坦，不希望曲线出现驼峰形等。

(5) 确定泵的几何安装高度

根据泵的样本上规定的允许吸上真空高度或允许汽蚀余量，核对泵的安装几何高度，使泵在给定条件下不发生汽蚀。

(6) 确定泵的台数和备用率

其选用原则，如前所述。

(7) 校核泵的轴功率

泵样本上给定的功率和效率都是用水试验得出来的，当输送介质不是清水时，应考虑物料的重力密度和黏度等对泵的流量、扬程性能的影响。利用化学工程有关公式，计算校正后的 Q、H 和 η，求出泵的轴功率。

(8) 确定冷却水或加热蒸汽的耗用量

根据所选泵型号和工艺操作情况，在泵的特性说明书或有关泵的表格中找到冷却水或蒸汽的耗用量。

(9) 选用电动机（略）

(10) 填写选泵规格表

将所选泵类加以汇总，列成泵的设备总表，以作为泵订货的依据。

5.4.4 工业装置对泵的要求

(1) 必须满足流量、扬程、压力、温度、气蚀余量等工艺参数的要求

(2) 必须满足介质特性的要求。

① 对输送易燃、易爆、有毒或贵重介质的泵，要求轴封可靠或采用无泄漏泵，如屏蔽泵、磁力驱动泵、隔膜泵等。

② 对于输送腐蚀性介质的泵，要求过流部件采用耐腐蚀材料。

③ 对于输送含固体颗粒介质的泵，要求过流部件采用耐磨材料，必要时轴封应采用清洁液体冲洗。

(3) 必须满足现场的安装要求

① 对安装在有腐蚀性气体存在场合的泵，要求采取防大气腐蚀的措施。

② 对安装在室外环境温度低于−20℃以下的泵，要求考虑泵的冷脆现象，采用耐低温材料。

③ 对安装在爆炸区域的泵，应根据爆炸区域等级，采用防爆电机。

④ 对于要求每年一次大检修的工厂，泵的连续运转周期一般不应小于 8000h

5.4.5 选泵的经验

输送清水一般选铸铁或碳钢卧式离心泵，密封填料选填料密封，向锅炉供水选多级离心泵；输送浓硫酸为防止泄露伤人一般选浓硫酸专用碳钢液下泵或衬氟磁力泵；输送稀硫酸可选衬氟、机械密封卧式离心泵或磁力泵；一般酸性液体选不锈钢、衬氟、衬胶或塑料卧式离心泵，密封一般选用机械密封；碱液等腐蚀性不大的流体选用不锈钢或碳钢泵；流体中含有一定的固体颗粒物的物料一般选用耐磨的液下泵；输送油要选用油泵，黏度大的油要选用齿轮油泵；输送黏度大、含固量高的物料一般选螺杆泵，向压滤机加压浆状物料标配为螺杆泵。

泵的流量、扬程，气蚀余量及使用条件要满足使用要求，需要连续运转不能停车的工序，要设计备用泵。

5.5 气体输送及压缩设备的设计与选型

气体输送、压缩设备按出口压力和用途可分为以下五类。

① 通风机　简称为风机，压力在 0.115MPa 以下，压缩比为 1～1.15。通风机又可分为轴流风机和离心风机。通风机使用较普遍，主要用于通风、产品干燥等过程。

② 鼓风机　压力为 0.115～0.4MPa，压缩比小于 4。鼓风机又可分为罗茨（旋转）鼓风机和离心鼓风机。一般用于生产中要求相当压力的原料气的压缩、液体物料的压送、固体物料的气流输送等。

③ 压缩机　压力在 0.4MPa 以上，压缩比大于 4。压缩机又可分为活塞式、离心式、螺杆式和往复式。主要用于工艺气体、气动仪表用气、压料过滤及吹扫管道等方面。

④ 制冷机　压力及压缩比与压缩机相同，可分为活塞式、离心式、螺杆式、溴化锂吸收式及氨吸收式等几种。主要用于为低温生产系统提供冷量。

⑤ 真空泵　用于减压，出口极限压力接近0MPa，其压缩比由真空度决定。

下面主要介绍通风机、鼓风机、压缩机和真空泵四类气体输送、压缩设备的性能及选择步骤。

(1) 通风机

工业上常用的通风机有轴流式和离心式两类。轴流式通风机排送量大，但所产生的风压甚小，一般只用来通风换气，而不用来输送气体。化工生产中，轴流式通风机在空冷器和冷却水塔的通风方面的应用很广泛。

离心式通风机的结构与离心泵相似，包括蜗壳叶轮、电机和底座三部分。离心式通风机根据所产生的压头大小可分为：

① 低压离心通风机，其风压小于或等于1kPa；

② 中压离心通风机，其风压为1～3kPa；

③ 高压离心通风机，其风压为3～15kPa。

离心式通风机的主要参数和离心泵差不多，主要包括风量、风压、功率和效率。通风机在出厂前，必须通过试验测定其特性曲线，试验介质为压强101.3kPa、温度20℃的空气（密度$\rho=1.2kg/m^3$）。因此选用通风机时，如所输送的气体密度与试验介质相差较大，应将实际所需风压换算成试验状况下的风压。

离心通风机的选择步骤如下。

① 了解整个工程工况装置的用途、管道布置、装机位置、被输送气体性质（如清洁空气、烟气、含尘空气或易燃易爆气体）等。

② 根据伯努利方程，计算输送系统所需的实际风压，考虑计算中的误差及漏风等未见因素而加上一个附加值，并换算成试验条件下的风压Δp_0。

③ 根据所输送气体的性质与风压范围，确定风机类型。若输送的是清洁空气，或与空气性质相近的气体，可选用一般类型的离心通风机，常用的有4-72型、8-18型和9-27型。

④ 把实际风量Q(以风机进口状态计）乘一安全因数，即加上一个附加值，并换算成试验条件下的风量Q_0，若实际风量Q大于试验条件下的风量Q_0，常以Q代替Q_0，把大于值作为富裕量。

⑤ 按试验条件下的风量Q_0和风压Δp_0，从风机的产品样本或产品目录中的特性曲线或性能表中选择合适的机号。

⑥ 根据风机安装位置，确定风机旋转方向和出风口的角度。

⑦ 若所输送气体的密度大于$1.2kg/m^3$时，则须核算轴功率。

(2) 鼓风机

化工厂中常用的鼓风机有旋转式和离心式两种，罗茨鼓风机是旋转式鼓风机中应用最广的一种。罗茨鼓风机的工作原理与齿轮泵极为相似，因转子端部与机壳、转子与转子之间缝隙很小，当转子作旋转运动时，可将机壳与转子之间的气体强行排出，两转子的旋转方向相反，可将气体从一侧吸入，从另一侧排出。罗茨鼓风机的风量与风机转速成正比，而与出口压强无关。罗茨鼓风机的风量为2～500m^3/min，出口压强不超过81kPa（表压），出口压强太高，则泄漏量增加，效率降低。罗茨鼓风机工作时，温度不能超过85℃，否则易因转子受热膨胀而发生卡住现象。罗茨鼓风机的出口应安装稳压气柜与安全阀，流量用旁路调节，出口阀不可完全关闭。

离心鼓风机与离心通风机的工作原理相同，由于单级通风机不可能产生很高的风压（一般不超过 50kPa 表压），故压头较高的离心鼓风机都是多级的，与多级离心泵类似。多级离心鼓风机的出口压强一般不超过 0.3MPa(表压)，因压缩比不大，不需要冷却装置，各级叶轮尺寸基本相等。

离心鼓风机的选用方法与离心通风机相同。

(3) 压缩机

按工作原理，压缩机可分为两类：一类是容积式压缩机；另一类是速度式压缩机。按结构形式还可将压缩机分为活塞式压缩机和离心式压缩机。

在容积式压缩机中，气体压力的提高是由于压缩机中气体体积被缩小，使单位体积内空气分子的密度增加而形成的。在速度式压缩机中，空气的压力是由空气分子的速度转化而来，即先使空气分子得到一个很高的速度，然后在固定元件中使一部分速度能进一步转化为气体的压力能。用作压缩空气的压缩机，在中小流量时使用最广泛的是活塞式空气压缩机，在大流量时则采用离心式空气压缩机，选型时要对压缩机进行工艺计算。

下面介绍几种常用的压缩机。

① 活塞式（空气）压缩机

a. 中小型活塞式压缩机的类型　中小型活塞式空气压缩机根据其结构形式，一般常用的有：L 形、V 形、W 形及卧式、立式、对称平衡式等；水冷式、空冷式，单级、两级或多级。

b. 型号及技术指标　压缩机的主要技术性能指标有排气量、排气压力、进出口气体温度、冷却水用量、功率等。

- 型号　以活塞式空气压缩机 4M12-45/210 型为例。型号的含义为 4 列，M 型，12×10^4N 活塞力，额定排气量为 $45m^3/min$，额定排气表压为 210×10^5Pa。
- 排气量　压缩机的排气量是指单位时间内压缩机最后一级排出的空气换算到第一级进气条件时的气体容积值，排气量常用的单位为 m^3/min。压缩机的理论排气量为压缩机在单位时间内的活塞行程容积。由于压缩机的进气条件不同，使压缩机实际供气量发生变化，工艺设计者常需要计算出压缩机在指定操作状况下，即标准状况下（进气压力为 0.1MPa，温度为 0℃）的干基空气（扣除空气中水分的含量）的供气能力。
- 轴功率　空气压缩机的轴功率（不包括因冷却所需的水泵或风扇的功率），一般可由产品样本或说明书中直接查得，并按制造厂配用的原动机选取。
- 排气温度　油润滑空气压缩机的排气温度一般规定不超过 160℃，移动式空气压缩机不超过 180℃，无油润滑空气压缩机排气温度一般限定在 180℃以下。压缩机的排气温度取决于进气温度、压缩比及压缩过程指数。

② 离心式（空气）压缩机

离心式压缩机工作时，主轴带动叶轮旋转，空气自轴向进入，并以很高的速度被离心力甩出叶轮，进入流通面积逐渐扩大的扩压器中，使气体的速度降低而压力提高，接着又被第二级吸入，通过第二级进一步提高压力，依此类推，一直达到额定压力。

③ 螺杆式（空气）压缩机

螺杆式压缩机是依靠两个螺旋形转子相互啮合而进行气体压缩的。在汽缸中平行放置两个高速回转、按一定传动比相互啮合的螺旋形转子，形成进气、压缩和排气过程。

螺杆式压缩机与往复式压缩机一样，同属于容积型压缩机，就其运动形式而言，压缩机的转子与离心式压缩机一样作高速运动，所以螺杆式压缩机兼有活塞式压缩机与离心式压缩机的特点：

a. 螺杆式压缩机没有往复运动部件，不存在不平衡惯性力，所以螺杆式压缩机的设备基础要求低；

b. 螺杆式压缩机具有强制输气的特点，即排气几乎不受排气压力的影响；

c. 螺杆式压缩机在较宽的工作范围内仍能保持较高的效率，没有离心式压缩机在小排气量时喘振和大排气量时扼流的现象。

螺杆式压缩机适用于中低压及中小排气量，如干式螺杆压缩机，排气量范围为 3～500m^3/min；排气压力＜1.0MPa；喷油螺杆压缩机，排气量范围为 5～100m^3/min；排气压力＜1.7MPa。

压缩机的选择

一般来说，压缩机是装置中功率较大、电耗较高、投资较多的设备。工艺设计者可根据操作工况所需的压力、流量和运转状态（间歇或连续）选择所需的压缩机类型。

① 压缩机的选用原则

a. 选择压缩机时，通常根据要求的排气量、进排气温度、压力及流体的性质等重要参数来决定。

b. 各种压缩机常用气量、压力范围：

活塞式空气压缩机单机容量通常小于或等于 100m^3/min，排压为 0.1～32MPa；

螺杆式空气压缩机单机容量通常为 50～250m^3/min，排压为 0.1～2.0MPa；

离心式空气压缩机单机容量通常大于 100m^3/min，排压为 0.1～0.6MPa。

c. 确定空压机（空气压缩机）时，重要因素之一是考虑空气的含湿量。确定空压机的吸气温度时，应考虑四季中最高、最低和正常温度条件，以便计算标准状态下的干空气量。

d. 选用离心式压缩机时，须考虑如下因素（其他类型压缩机也可参考）：吸气量（或排气量）和吸气状态，这取决于用户要求及现场的气象条件；排气状态、压力、温度，由用户要求决定；冷却水水温、水压、水质的要求；压缩机的详细结构、轴封及填料由制造厂提供详细资料；驱动机，由制造厂提供规格明细表；控制系统，制造厂提供超压、超速、压力过低、轴承温度过高和润滑系统等停车和报警系统图；压缩机和驱动机轴承的压力润滑系统，包括油泵、油槽、油冷却器等规格；附件，主要有仪表、备用品、专用工具等。

② 离心式压缩机的型号选择

a. 利用图表选型　国内外生产厂家为便于用户选型，把标准系列产品绘制出选型用曲线图，根据曲线图进行型号的选择和功率计算。

b. 估算法选型　估算法应计算的数据有气体常数、绝热指数、压缩系数，进口气体的实际流量、总压缩比、压缩总温升、总能量头、级数、转速、轴功率、段数。

选择离心式压缩机应以进口流量和能量头的关系为依据，以上估算的性能参数在生产厂家定型产品的范围内，即可直接订购。

③ 活塞式压缩机的型号选择

a. 一般原则　压缩机的选型可分为压缩机的技术参数选择与结构参数选择，前者包括技术参数对所在化工工艺流程的适用性和技术参数本身的先进性，从而决定压缩机在流程中的适用性，后者包括压缩机的结构形式、使用性能以及变工况适应性等方面的比较选择，从而将影响压缩机所在流程的经济性。因此，压缩机选择应该是适用、经济、安全可靠，利于维修。

- 工艺方面的要求：介质要求，可否泄漏，能否被润滑油污染，排气温度有无限制，排气量，压缩机进出口压力。

● 气体物性要求与安全：压缩的气体是否易燃、易爆或有无腐蚀性；压缩过程如有液化，应注意凝液的分离和排除，同时在结构上要有一些修改；排气温度限制，对压缩的介质在较高的温度下会分解，此时应对排气温度加以限制；泄漏量限制，对有毒气体应限制其泄漏量。

b. 选型基本数据

● 气体性质和吸气状态，如吸气温度、吸气压力、相对湿度；

● 生产规模或流程需要的总供气量；

● 流程需要的排气压力；

● 排气温度。

c. 化工特殊介质使用压缩机的选择　对氧气、氢气、氯气、氨气、石油气、二氧化碳、一氧化碳、乙炔等气体的压缩，对压缩机的要求可参阅有关专著。

(4) 真空泵

真空泵是用来维持工艺系统要求的真空状态。真空泵的主要技术指标如下。

① 真空度　一般有以下几种表示方法。

以绝对压力 p 表示，单位为 kPa；以真空度 p_v 表示，单位为 kPa，则有：

$$p_v(\mathrm{kPa})=101.325-p(\mathrm{kPa})$$

② 抽气速率（S）　指在单位时间内，真空泵吸入的气体体积，即吸入压力和温度下的体积流量，单位是 m^3/h、m^3/min；真空泵的抽气速率与吸入压力有关，吸入压力愈高，抽气速率愈大。

③ 极限真空　指真空泵抽气时能达到的稳定最低压力值。极限真空也称最大真空度。

④ 抽气时间（t）　指以抽气速率 S 从初始压力抽到终了压力所耗费的时间，单位为 min。

化工中常用的真空泵有如下几种类型。

① 往复式真空泵　往复式真空泵的构造和原理与往复式压缩机基本相同，但真空泵的压缩比较高，例如，95%的真空度时，压缩比约为 20，所抽吸气体的压强很小，故真空泵的余隙容积必须更小，排出和吸入阀门必须更加轻巧、灵活。

往复式真空泵所排送的气体不应含有液体，如气体中含有大量蒸气，必须把可凝性气体设法除掉（一般采用冷凝）之后再进入泵内，即它属于干式真空泵。

② 水环真空泵　简称水环泵，其工作时，由于叶轮旋转产生的离心力的作用，将泵内水甩至壳壁形成水环，此水环具有密封作用，使叶片间的空隙形成许多大小不同的密封室，叶轮的旋转使密封室由小变大形成真空，将气体从吸入口吸入，然后密封室由大变小，气体由压出口排出。水环真空泵最高真空度可达 85%。为维持泵内液封，水环泵运转时要不断地充水。

③ 液环真空泵　简称液环泵，又称纳氏泵，外壳呈椭圆形，其内装有叶轮，当叶轮旋转时，液体在离心力作用下被甩向四周，沿壁形成椭圆形液环。和水环泵一样，工作腔也是由一些大小不同的密封室组成的，液环泵的工作腔有两个，由泵壳的椭圆形状形成。由于叶轮的旋转运动，每个工作腔内的密封室逐渐由小变大，从吸入口吸进气体，然后由大变小，将气体强行排出。此外所输送的气体不与泵壳直接接触，所以，只要叶轮采用耐腐蚀材料制造，液环泵也可用于腐蚀性气体的抽吸。

④ 旋片真空泵　简称旋片泵，是旋转式真空泵，当带有两个旋片的偏心转子旋转时，旋片在弹簧及离心力的作用下，紧贴泵体内壁滑动，吸气工作室扩大，被抽气体通过吸气口

进入吸气工作室，当旋片转至垂直位置时，吸气完毕，此时吸入的气体被隔离，转子继续旋转，被隔离的气体被压缩后压强升高，当压强超过排气阀的压强时，气体从泵排气口排出。因此，转子每旋转一周，有两次吸气、排气过程。

旋片泵的主要部分浸没于真空油中，为的是密封各部件的间隙，充填有害的余隙和得到润滑。旋片真空泵适用于抽除干燥或含有少量可凝性蒸气的气体，不适用于抽除含尘和对润滑油起化学作用的气体。

⑤ 喷射真空泵　简称喷射泵，利用高速流体射流时压强能向动能转换而造成真空，将气体吸入到泵内，并在混合室通过碰撞、混合以提高吸入气体的机械能，气体和工作流体一并排出泵外。喷射泵的工作流体可以是水蒸气也可以是水，前者称为蒸汽喷射泵，后者称为水喷射泵。

单级蒸汽喷射泵仅能达到90%的真空度，为获得更高的真空度可采用多级蒸汽喷射泵。喷射真空泵的优点是工作压强范围广，抽气量大，结构简单，适应性强（可抽吸含有灰尘以及腐蚀性、易燃、易爆的气体等），其缺点是工作效率很低。

5.6 换热器的设计与选型

化工生产中传热过程十分普遍，传热设备在化工厂占有极为重要的地位。物料的加热、冷却、蒸发、冷凝、蒸馏等都需要通过换热器进行热交换，换热器是应用最广泛的设备之一，大部分换热器已经标准化、系列化。下面重点介绍标准换热器的选用方法，关于非标准换热器的设计，请查阅有关换热器设计的专业书籍。

5.6.1 换热器的分类

(1) 按工艺功能分类

① 冷却器　它是冷却工艺物流的设备。一般冷却剂多采用水，若冷却温度低时，可采用氨或者氟利昂为冷却剂。

② 加热器　它是加热工艺物流的设备。一般多采用水蒸气作为加热介质，当温度要求高时可采用导热油、熔盐等作为加热介质。

③ 再沸器　用于蒸馏塔底蒸发物料的设备。其中热虹吸式再沸器是被蒸发的物料依靠液头压差自然循环蒸发；动力循环式再沸器，被蒸发物流是用泵进行循环蒸发。

④ 冷凝器　它是用于蒸馏塔顶物流的冷凝或者反应器的冷凝循环回流的设备。冷凝器可用于多组分的冷凝，当最终冷凝温度高于混合组分的泡点时，仍有一部分组分未冷凝，采用冷凝器可达到再一次分离的目的。另一种为含有惰性气体的多组分的冷凝，排出的气体含有惰性气体和未冷凝组分。全凝器，多组分冷凝器的最终冷凝温度等于或低于混合组分的泡点，所有组分全部冷凝。

⑤ 蒸发器　专门用于蒸发溶液中的水分或者溶剂的设备。

⑥ 过热器　对饱和蒸汽再加热升温的设备。

⑦ 废热锅炉　从工艺的高温物流或者废气中回收其热量而发生蒸汽的设备。

⑧ 换热器　两种不同温位的工艺物流相互进行显热交换能量的设备。

(2) 按传热方式和结构分类

根据热量传递方法不同，换热器可以分间壁式、直接式和蓄热式。

间壁式换热器是化工生产中采用最多的一种，温度不同的两种流体隔着液体流过的器壁（管壁）传热，两种液体互不接触，这种传热办法最适合于化工生产。因此，这种类型换热器使用十分广泛，型式多样，适用于化工生产的几乎各种条件和场合。

直接接触式换热器，是两种（冷和热）流体进入换热器后，直接接触传递热量，传热效率高，但使用受到限制，只适用于允许这两种流体混合的场合，如喷射冷凝器等。

蓄热式换热器，是一个充满蓄热体的空间（蓄热室）温度不同的两种流体先后交替地通过蓄热室，实现间接传热。

由于化工生产中绝大多数使用的是间壁式传热，因此以此类换热器为选用设计的主要对象。间壁式换热器根据间壁的形状，又可分为管壁传热的管壳式换热器和板壁传热的板式换热器，或称为紧凑式换热器。

管壳式换热器是使用得较早的换热器，通常将小直径管用管板组成管束，流体在管内流动，管束外再加一个外壳，另一种流体在管间流动，这样组成一个管壳式换热器。其结构简单、制造方便，选用和适用的材料很广泛，处理能力大，清洗方便，适应性强，可以在高温高压下使用，生产制造和操作都有较成熟的经验，型式也有所更新改进，这种换热器使用一直十分普遍。根据管束和外壳的形状不同，又可以分为固定管板、浮头管束、U 形管束、填料函管束以及套管（杯）式、蛇管式等。

板式或称紧凑式换热器的传热间壁是由平板冲压成的各型沟槽、波纹状、伞状以及卷成螺旋状。这是一种新出现的换热器，其传热面积大、效率高，金属耗用量节省但不能在较高压力下操作。在许多使用场合，板式换热器正在逐步取代原有的管壳式换热器。

由于换热设备应用广泛，所以，国家现在已将多种换热器，包括管壳式和板式换热器采用标准的图纸、系列化生产。各型号标准图纸亦可到有关设计院购买，化工机械厂有的已有系列标准的各式换热器供应，为化工选型设计提供很多方便。已经形成标准系列的换热器有：列管式固定管板换热器，立式热虹吸式再沸器，浮头式换热器和冷凝器系列，U 形管式换热器系列，薄管板列管式换热器系列，不可拆式螺旋板换热器系列，BR0.1 型波纹板式换热器，FP-G 型复波伞板换热器和几种石墨换热器系列。随着换热器产品的开发和发展，新的标准系列会不断形成。

各类间壁式换热器的分类与特性见表 5.2 所示。

表 5.2　间壁式换热器的分类与特性

分类	名 称	特　　性	相对费用	耗用金属量 /(kg/m²)
管壳式	固定管板式	使用广泛，已系列化，壳程不易清洗，当管壳两物流温差＞60℃时应设置膨胀节，最大使用温差不应＞120℃	1.0	30
	浮头式	壳程易清洗，管壳两物料温差可＞120℃，内垫片易渗漏	1.22	46
	填料函式	优缺点同浮头式，造价高，不宜制造大直径设备	1.28	
	U 形管式	制造、安装方便，造价较低，管程耐高压，但结构不紧凑，管子不易更换和不易机械清洗	1.01	
板式	板翅式	紧凑、效率高，可多股物料同时热交换，使用温度＜150℃		16
	螺旋板式	制造简单、紧凑，可用于带颗粒物料，温位利用好，不易检修		50

续表

分类	名称	特性	相对费用	耗用金属量/(kg/m^2)
板式	伞板式	制造简单，紧凑，成本低，易清洗，使用压力<1.18×10^6Pa，使用温度<150℃	0.6	16
	波纹板式	紧凑，效率高，易清洗，使用温度<150℃，使用压力<1.47×10^6Pa		
管式	空冷器	投资和操作费用一般较水冷低，维修容易，但受周围空气温度影响大	0.8～1.8	
	套管式	制造方便、不易堵塞，耗金属多，使用面积不宜>20m^2	0.8～1.4	150
	喷淋管式	制造方便，可用海水冷却，造价较套管式低，对周围环境有水雾腐蚀	0.8～1.1	60
	箱管式	制造简单，占地面积大，一般作为出料冷却	0.5～0.7	100
液膜式	升降膜式	接触时间短、效率高，无内压降，浓缩比≤5		
	刮板薄膜式	接触时间短，适于高黏度、易结垢物料，浓缩比为11～20		
	离心薄膜式	受热时间短、清洗方便，效率高，浓缩比≤15		
其他形式	板壳式	结构紧凑、传热好、成本低、压降小，较难制造		24
	热管	高导热性和导温性，热流密度大，制造要求高		

5.6.2 换热器设计的一般原则

(1) 基本要求

选用的换热器首要满足工艺及操作条件要求。在工艺条件下长期运转，安全可靠，不泄漏，维修清洗方便，满足工艺要求的传热面积，尽量有较高的传热效率，流体阻力尽量小，并且满足工艺布置的安装尺寸等。

(2) 介质流程

介质走管程还是走壳程，应根据介质的性质及工艺要求，进行综合选择。以下是常用的介质流程安排。

① 腐蚀性介质宜走管程，可以降低对外壳材质的要求；

② 毒性介质走管程，泄漏的概率小；

③ 易结垢的介质走管程，便于清洗和清扫；

④ 压力较高的介质走管程，以减小对壳体机械强度的要求；

⑤ 温度高的介质走管程，可以改变材质，满足介质要求。

此外，由于流体在壳程内容易达到湍流（$Re \geqslant 100$ 即可，而在管内流动 $Re \geqslant 10000$ 才是湍流）因而主张黏度较大、流量小的介质选在壳程，可提高传热系数。从压降考虑，也是雷诺数小的走壳程有利。

(3) 终端温差

换热器的终端温差通常由工艺过程的需要而定，但在确定温差时，应考虑到对换热器的经济性和传热效率的影响。在工艺过程设计时，应使换热器在较佳范围内操作，一般认为理想终端温差如下。

① 热端的温差，应在20℃以上；

② 用水或其他冷却介质冷却时，冷端温差可以小一些，但不要低于5℃；

③ 当用冷却剂冷凝工艺流体时，冷却剂的进口温度应当高于工艺流体中最高凝点组分的凝点5℃以上；

④ 空冷器的最小温差应大于 20℃；

⑤ 冷凝含有惰性气体的流体时，冷却剂出口温度至少比冷凝组分的露点低 5℃。

(4) 流速

流速提高，流体湍流程度增加，可以提高传热效率，有利于冲刷污垢和沉积，但流速过大，磨损严重，甚至造成设备振动，影响操作和使用寿命，能量消耗亦将增加。因此，主张有一个恰当的流速，根据经验，一般主张流体流速范围如下。

流体在直管内常见适宜流速：		壳程内的常见适宜流速：	
冷却水（淡水）	0.7～3.5m/s	水及水溶液	0.5～1.5m/s
冷却用海水	0.7～2.5m/s	低黏度油类	0.4～1.0m/s
低黏度油类	0.8～1.8m/s	高黏度油类	0.3～0.8m/s
高黏度油类	0.5～1.5m/s	油类蒸气	3.0～6.0m/s
油类蒸气	5.0～15.0m/s	气液混合流体	0.5～3.0m/s
气液混合流体	2.0～6.0m/s		

(5) 压力降

压力降一般考虑随操作压力不同而有一个大致的范围。压力降的影响因素较多，但通常希望换热器的压力降在下述参考范围内或附近。

操作压力 p	压力降 Δp	操作压力 p	压力降 Δp
真空（0～0.1MPa 绝压）	$\Delta p=p/10$	1.0～3.0	$\Delta p=0.035\sim0.18$
0～0.07（MPa 表压下同）	$\Delta p=p/2$	3.0～8.0	$\Delta p=0.07\sim0.25$
0.07～1.0	$\Delta p=0.035$（MPa 下同）		

(6) 传热系数

传热面两侧的对流传热系数 α_1、α_2 如相差很大时，α 值较小的一侧将成为控制传热效果的主要因素，设计换热器时，应尽量增大 α 较小这一侧的对流传热系数，最好能使两侧的 α 值大体相等。计算传热面积时，常以 α 小的一侧为准。

增加 α 值的方法有：

① 缩小通道截面积，以增大流速；

② 增设挡板或促进产生湍流的插入物；

③ 管壁上加翅片，提高湍流程度也增大了传热面积；

④ 糙化传热表面，用沟槽或多孔表面，对于冷凝、沸腾等有相变化的传热过程来说，可获得大的膜系数。

(7) 污垢系数

换热器使用中会在壁面产生污垢，这是常见的事，在设计换热器时应予认真考虑。由于目前对污垢造成的热阻尚无可靠的公式，不能进行定量计算，在设计时要慎重考虑流速和壁温的影响。选用过大的安全系数，有时会适得其反，传热面积的安全系数过大，将会出现流速下降，自然的“去垢”作用减弱，污垢反会增加。有时在设计时，考虑到有污垢的最不利条件，但新开工时却无污垢，造成过热情况，有时更有利于真的结垢，所以不可不慎。应在设计时，从工艺上降低污垢系数，如改进水质，消除死区，增加流速，防止局部过热等。

(8) 标准设计和换热器的标准系列

尽量选用标准设计和换热器的标准系列。有时可以将标准系列的换热器少数部件作适当变动，避免使用特殊的机械规格。这样可以提高工程的工作效率，缩短施工周期，降低工程投资，对投产后维修、更换都有利。

5.6.3 管壳式换热器的设计及选用程序

(1) 汇总设计数据、分析设计任务

根据工艺衡算和工艺物料的要求、特性，掌握物料流量、温度、压力和介质的化学性质、物性参数等（可以从有关设计手册中查得），还要掌握物料衡算和热量衡算得出的有关设备的负荷、流程中的位置、与流程中其他设备的关系等数据。根据换热设备的负荷和它在流程中的作用，明确设计任务。

(2) 设计换热流程

换热器的位置，在工艺流程设计中已得到确定，在具体设计换热时，应将换热的工艺流程仔细探讨，以利于充分利用热量，充分利用热源。

① 要设计换热流程时，应考虑到换热和发生蒸汽的关系，有时应采用余热锅炉，充分利用流程中的热量。

② 换热中把冷却和预热相结合，如有的物料要预热，有的物料要冷却，将二者巧妙结合，可以节省热量。

③ 安排换热顺序，有些换热场所，可以采用二次换热，即不是将物料一次换热（冷却）而是先将热介质降低到一定的温度，再一次与另一介质换热，以充分利用热量。

④ 合理使用冷介质，化工厂常使用的冷介质一般是水、冷冻盐水和要求预热的冷物料，一般应尽量减少冷冻盐水的使用场合，或减少冷冻盐水的换热负荷。

⑤ 合理安排管程和壳程的介质，以利于传热、减少压力损失、节约材料、安全运行、方便维修为原则。具体情况具体分析，力求达到最佳选择。

(3) 选择换热器的材质

根据介质的腐蚀性能和其他有关性能，按照操作压力、温度，材料规格和制造价格，综合选择。除了碳钢（低合金钢）材料外，常见的有不锈钢，低温用钢（低于－20℃），有色金属如铜、铅。非金属作换热器具有很强的耐腐蚀性能，常见的耐腐蚀换热器材料有玻璃、搪瓷、聚四氟乙烯、陶瓷和石墨，其中应用最多的是石墨换热器，国家已有多种系列，近年来聚四氟乙烯换热器也得到重视。此外，一些稀有金属如钛、钽、锆等也被人们重视，虽然价格昂贵，但其性能特殊，如钽能耐除氢氟酸和发烟硫酸以外的一切酸和碱。钛的资源丰富，强度好，质轻，对海水、含氯水、湿氯气、金属氯化物等都有很高的耐蚀性能，是不锈钢无法比拟的，虽然价格高，但用材少，造价也未必昂贵。

(4) 选择换热器类型

根据热负荷和选用的换热器材料，选定某一种类型。

(5) 确定换热器中介质的流向

根据热载体的性质、换热任务和换热器的结构，决定采用并流、逆流、错流、折流等。

(6) 确定和计算平均温差 Δt_m

确定终端温差，根据化学工程有关公式，算出平均温差。

(7) 计算热负荷 Q、流体传热系数 α

可用粗略估计的方法，估算管内和管间流体的传热系数 α_1、α_2。

(8) 估计污垢热阻系数 R，并初算出总传热系数 K

这在有关书籍中已详细叙述，现在有各种工艺算图，将公式和经验汇集在一起，可以方便地求取 K。

在许多设计工作中，K 常常取有一些经验值，作为粗算或试算的依据，许多手册书籍中都罗列出各种条件下的 K 的经验值，但经验值所列的数据范围较宽，作为试算，并应与 K 值的计算公式结果参照比较。

(9) 算出总传热面积 A

总传热面积 A 为表示 K 的基准传热面积，但通常实际选用的面积比计算结果要适当放大。

(10) 调整温度差，再次计算传热面积

在工艺的允许范围内，调整介质的进出口温度，或者考虑到生产的特殊情况，重新计算 Δt_m，并重新计算 A 值。

(11) 选用系列换热器的某一个型号

根据两次或三次改变温度算出的传热面积 A，并考虑 10%～25% 的安全系数裕度，确定换热器的选用传热面积 A。根据国家标准系列换热器型号，选择符合工艺要求和车间布置（立或卧式、长度）的换热器，并确定设备的台件数。

(12) 验算换热器的压力降

一般利用工艺算图或由摩擦系数通过公式计算，如果核算的压力降不在工艺允许范围之内，应重选设备。

(13) 试算

如果不是选用系列换热器，则在计算出总传热面积时，按下列顺序反复试算。

① 根据上述程序计算传热面积 A 或者简化计算，取一个 K 的经验值，计算出热负荷 Q 和平均温差 Δt_m 之后，算出一个试算的传热面积 A'。

② 确定换热器基本尺寸和管长、管数。根据上条试算出的传热面积 A'，确定换热管的规格和每根管的管长（有通用标准和手册可查），由 A' 算出管数。

根据需要的管子数目，确定排列方法，从而可以确定实际的管数，按照实际管数可以计算出有效传热面积和管程、壳程的流体流速。

③ 计算设备的管程、壳程流体的对流传热系数。

④ 确定污垢热阻系数，根据经验选取。

⑤ 计算该设备的传热系数。此时不再使用经验数据，而是用如下公式计算。

$$K=\frac{1}{\frac{1}{\alpha_1}+R_{t1}+\frac{\Delta X_w}{\lambda_w}\times\frac{A_1}{A_m}+R_{t2}\frac{A_1}{A_2}+\frac{A_1}{A_2\alpha_2}}$$

式中 R_{t1}、R_{t2}——管外、管内污垢热阻；

ΔX_w——管壁厚度；

λ_w——管壁热导率；

A_1、A_2、A_m——管外、管内传热面积和平均传热面积，$A_m=(A_1+A_2)/2$。

⑥ 求实际所需传热面积。用计算出的 K 和热负荷 Q、平均温差 Δt_m 计算传热面积 $A_{计}$，并在工艺设计允许范围内改变温度重新计算 Δt_m 和 $A_{计}$。

⑦ 核对传热面积。将初步确定的换热器的实际传热面积与 $A_{计}$ 相比，实际传热面积比计算值大 10%～25%方为可靠，如若不然，则要重新确定换热器尺寸、管数，直到计算结果满意为止。

⑧ 确定换热器各部尺寸、验算压力降。如果压力降不符合工艺允许范围，亦应重新试确定，反复选择计算，直到完全合适时为止。

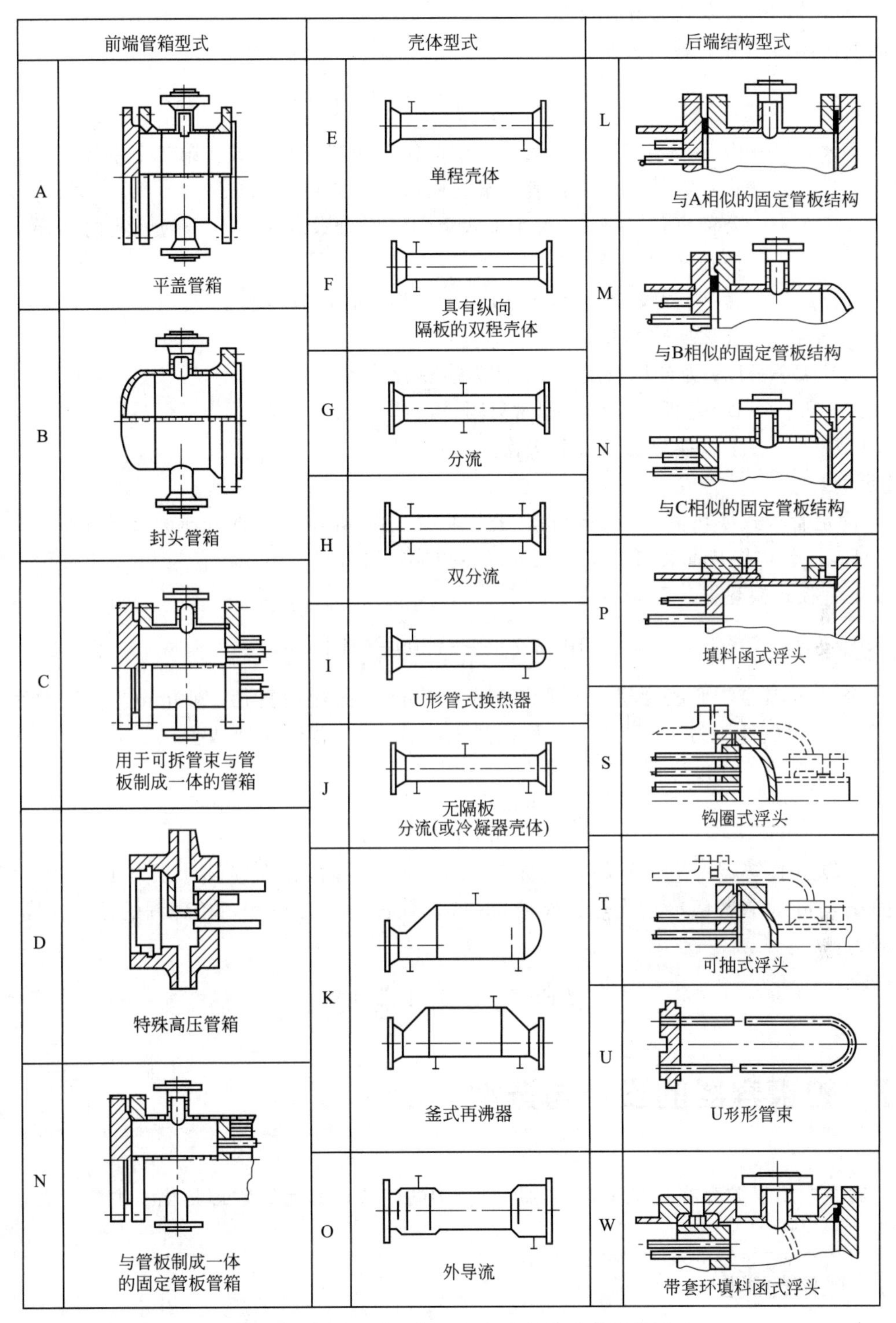

前端管箱型式
壳体型式
后端结构型式
A
平盖管箱
B
封头管箱
C
用于可拆管束与管板制成一体的管箱
D
特殊高压管箱
N
与管板制成一体的固定管板管箱
E
单程壳体
F
具有纵向隔板的双程壳体
G
分流
H
双分流
I
U形管式换热器
J
无隔板分流(或冷凝器壳体)
K
釜式再沸器
O
外导流
L
与A相似的固定管板结构
M
与B相似的固定管板结构
N
与C相似的固定管板结构
P
填料函式浮头
S
钩圈式浮头
T
可抽式浮头
U
U形形管束
W
带套环填料函式浮头

图 5.2 管壳式换热器主要组合部件分类及代号

⑨ 画出换热器设备草图。工艺设计人员画出换热器设备草图，再由设备机械设计工程师完成换热器的详细部件设计。

在设计换热器时，应当尽量选用标准换热器形式。根据“管壳式换热器”（GB 151—1999）规定，标准换热器形式为：固定管板式、浮头式、U 形管式和填料函式。这些换热器的主要部件的分类及代号见图 5.2。

标准换热器型号的表示方法：

$$\times\times\times DN\text{-}\frac{p_t}{p_s}\text{-}A\text{-}\frac{LN}{d}\text{-}\frac{N_t}{N_s}\text{ I（或 II）}$$

其中 ×××——由三个字母组成，第一个字母代表前端管箱形式；第二个字母代表壳体形式；第三个字母代表后端结构形式，详见图 5.2；

DN——公称直径，mm，对于釜式重沸器用分数表示，分子为管箱内直径，分母为圆筒内直径；

p_t/p_s——管/壳程设计压力，MPa，压力相等时，只写 p_t；

A——公称换热面积，m^2；

LN/d——LN 为公称长度，m；d 为换热管外径，mm；

N_t/N_s——管/壳程数，单壳程时只写 N_t；

Ⅰ（或Ⅱ）——Ⅰ级换热器（或Ⅱ级换热器）。

【示例】

① 固定管板式换热器　封头管箱，公称直径 700mm，设计管程压力 2.5MPa，壳程压力 1.6MPa，公称换热面积 200m^2，较高级冷拔换热管外径 25mm，管长 9m，4 管程，单壳程的固定管板式换热器。其型号为：

$$\text{BEM }700\text{-}\frac{2.5}{1.6}\text{-}200\text{-}\frac{9}{25}\text{-}4\text{ I}$$

② 釜式再沸器　平盖管箱，管箱内直径 600mm，圆筒内直径 1200mm，管程设计压力 2.5MPa，壳程设计压力 1.0MPa，公称换热面积 90m^2，普通级冷拔换热管外径 25mm，管长 6m，2 管程的釜式再沸器。其型号为：

$$\text{AKT }\frac{600}{1200}\text{-}\frac{2.5}{1.0}\text{-}90\text{-}\frac{6}{25}\text{-}2\text{ II}$$

③ 浮头式换热器　平盖管箱，公称直径 500mm，管程和壳程设计压力 1.6MPa，公称换热面积 54m^2，较高级冷拔换热管外径 25mm，管长 6m，4 管程，单壳程的浮头式换热器。其型号为：

$$\text{AES }500\text{-}1.6\text{-}54\text{-}\frac{6}{25}\text{-}4\text{ I}$$

5.7 贮罐容器的设计与选型

贮罐主要用于贮存在化工生产中的原料、中间体或产品等，贮罐是化工生产中最为常见的设备。

5.7.1 贮罐的类型

贮罐容器的设计要根据所贮存物料的性质、使用目的、运输条件、现场安装条件、安全可靠程度和经济性等原则选用其材质和大体型式。

贮罐根据形状来划分，有方形贮罐、圆筒形贮罐、球形贮罐和特殊形贮罐（如椭圆形、半椭圆形）。每种型式又按封头形式不同分为若干种，常见的封头有平板、锥形、球形、碟形、椭圆形等，有些容器如气柜、浮顶式贮罐，其顶部（封头）是可以升降浮动的。

贮罐按制造的材质分为钢、有色金属和非金属材质。常见的有普通碳钢、低合金钢、不锈钢、搪瓷、陶瓷、铝合金、聚氯乙烯、聚乙烯和环氧玻璃钢、酚醛玻璃钢等。

贮罐按用途又可以分为贮存容器和计量、回流、中间周转、缓冲、混合等工艺容器。

5.7.2 贮罐系列

我国已有许多化工贮罐实现了系列化和标准化，可根据工艺要求，选用已经标准化的产品。图 5.3 所示为化工常用的贮罐。

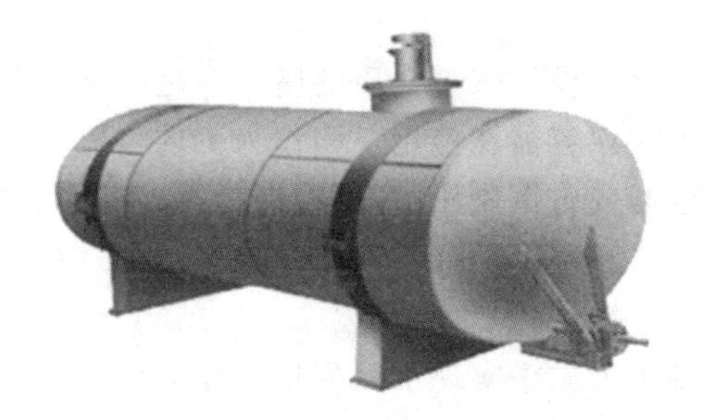

图 5.3 化工常用的贮罐

(1) 立式贮罐

① 平底平盖系列（HG 5-1572—85）；

② 平底锥顶系列（HG 5-1574—85）；

③ 90°无折边锥形底平盖系列（HG 5-1575—85）；

④ 立式球形封头系列（HG 5-1578—85）；

⑤ 90°折边锥形底、椭圆形盖系列（HG 5-1577—85）；

⑥ 立式椭圆形封头系列（HG 5-1579—85）。

以上系列适用于常压，贮存非易燃易爆、非剧毒的化工液体。技术参数为容积（m^3），公称直径（mm）×筒体高度（mm）。

(2) 卧式贮罐

① 卧式无折边球形封头系列，用于 $p \leqslant 0.07$MPa，贮存非易燃易爆、非剧毒的化工液体。

② 卧式有折边椭圆形封头系列（HG 5-1580—85），用于 $p=0.25 \sim 4.0$MPa，贮存化工液体。

(3) 立式圆筒形固定顶贮罐系列（HG 21502.1—92）

适用于贮存石油、石油产品及化工产品。用于设计压力－0.5～2kPa，设计温度－19～150℃，公称容积 100～30000m^3，公称直径 5200～44000mm。

(4) 立式圆筒形内浮顶贮罐系列（HG 21502.2—92）

适用于贮存易挥发的石油、石油产品及化工产品。用于设计压力为常压，设计温度－19～80℃，公称容积 100～30000m^3，公称直径 4500～44000mm。

(5) 球罐系列

适用于贮存石油化工气体、石油产品、化工原料、公用气体等。占地面积小，贮存容积大。设计压力 4MPa 以下，公称容积 50～10000m^3。结构有橘瓣型和混合型及三带至七带球罐。

(6) 低压湿式气柜系列（HG 21549—92）

适用于化工、石油化工气体的贮存、缓冲、稳压、混合等气柜的设计。设计压力

4000Pa以下，公称容积50～10000m^3。按导轨形式分为螺旋气柜、外导架直升式气柜、无外导架直升式气柜。按活动塔节数分为单塔节气柜、多塔节气柜。

5.7.3 贮罐设计的一般程序

(1) 汇集工艺设计数据

经过物料和热量衡算，确定贮罐中将贮存物料的温度、压力，最大使用压力，最高使用温度，最低使用温度，介质的腐蚀性，毒性，蒸气压，介质进出量，贮罐的工艺方案等。

(2) 选择容器材料

从工艺要求来决定材料的适用与否，对于化工设计来说介质的腐蚀性是一个十分重要的参数。通常许多非金属贮罐，一般只作单纯的贮存容器在使用，而作为工艺容器时，有时温度压力等不允许，所以必要时，应选用搪瓷容器或由钢制压力容器衬胶、衬瓷、衬聚四氟乙烯等加以解决。

(3) 容器型式的选用

详细原则已如前述，此外，我国已有许多化工贮罐实现了系列化和标准化，在贮罐型式选用时，应尽量参照，选择已经标准化的产品。

(4) 容积计算

容积计算是贮罐工艺设计和尺寸设计的核心，它随容器的用途而异。

① 单纯用于贮存原料和成品的贮罐　这类贮罐的体积与需要贮存的物料关系十分明显，原料的贮存有全厂性的原料库房贮存和车间工段性的原料贮存，如化工厂常用的酸碱库，外购的浓硫酸、液碱每次运进的量较大，有专门的仓库贮存，贮罐总容量是考虑两次运进量再加10%～20%的裕度。当然还要根据运输条件和消耗情况，一般主张至少有一个月的耗用量贮存。车间的贮罐一般考虑至少半个月的用量贮存，因为车间的成本核算常常是逐月进行的，一般贮量不主张超过一个月。

成品的贮罐一般是指液体和固体，固体的成品贮罐使用较少，常常都及时包装，只有中间性贮罐。液体的产品贮罐一般设计至少有一周的产品产量，有时根据物料的出路，如厂内使用，视下工段（车间）的耗量，可以贮存一个月以上或贮存量可以达到下一工段使用的两个月的数量。如果是厂的终端产量，贮罐作为待包装贮罐，存量可以适当小一些，最多可以考虑半个月的产量，因为终端产品应及时包装进入成品库房，或成品大贮罐，安排放在罐区。

气柜常常作为中间贮存气体使用的，一般可以设计得稍大些，可以达两天或略多时间的产量，因为气柜不宜旷日持久贮存，当下一工段停止使用时，这一产气工序应考虑停车。

液体贮罐的装载系数，通常可达80%，这样可以计量出原料产品的最大贮存量。

② 中间贮罐　当物料、产品、中间产品的主要贮罐距工艺设施较远，或者作为原料或中间体间歇或中断供应时调节之用，有些中间贮罐是待测试检验，以确定去向的贮罐，如多组分精馏过程中确定产品合格与否的中间性贮罐，有些贮罐是工艺流程中切换使用，或以备翻罐挪转用的中间罐等。

这一类贮罐有时称“昼夜罐”，即是考虑一昼夜的产量或发生量的贮存罐。具体情况亦不能一概而论，有时则不只一天甚至达一周的贮量。

③ 计量罐、回流罐　计量罐的容积一般考虑少到10min、15min，多到2h或4h产量的贮存，计量罐装载系数一般只考虑60%～70%，因为计量罐的刻度一般在罐的直筒部分，使用度常为满量程的80%～85%。

回流罐一般考虑5～10min左右的液体保有量，作冷凝器液封之用。

④ 缓冲罐、汽化罐等　缓冲罐的目的是使气体有一定数量的积累，使之压力比较稳定，从而保证工艺流程中流量操作的稳定，因此往往体积较大，常常是下游使用设备 5～10min 的用量，有时可以超过 15min 的用量，以备紧急时，有充裕的时间处理故障、调节流程或关停机器。

某些物料在恒定温度下，以汽液平衡的状态出现在贮罐中，而在工艺过程中使用其蒸气，则这类罐称为汽化罐（可加热，也可不加热），其物料汽化空间常常是贮罐总容积的一半。汽化空间的容量大小常常根据物料汽化速度来估计，一般要求汽化空间足够下游设备 3min 以上的使用量，至少在 2min 左右。

⑤ 混合、拼料罐　化工产品有一些是要随间歇生产而略有波动变化的，如某些物料的固含量、黏度、pH 值、色度或分子量等可能在某个范围内波动，为使产物质量划一，或减少出厂检验的批号分歧，在产品包装前将若干批加以拼混，俗称“混批”，混批罐的大小，根据工艺条件而定，考虑若干批的产量，装载系数约 70%（用气体鼓泡或搅拌混合）。

⑥ 包装罐等　包装罐一般可视同于中间贮罐，原则上是昼夜罐，对于需要及时包装的贮罐、定期清洗的贮罐，容积可考虑偏小。

总之，贮罐的容积要根据物料的工艺条件和工艺要求、贮存条件等决定其有效容积。有效容积占贮罐的总体积数为装载系数，不同场合下，考虑装载系数不一样，一般在 60%～80%左右，某些场合（如汽化空间）可低至 50%或更少，有时可以高至 85%，固体包装罐或在固体贮罐中装有充压、吹扫等装置的，其装载系数应偏低。如此，可以确定出容器的设计体积。

(5) 确定贮罐基本尺寸

根据前几项的设计原则，已经选择了贮罐材料，确定了基本型式（即卧式、立式及封头型式等），并计算了设计容积，现在则应根据物料密度，卧式或立式的基本要求，安装场地的大小，确定贮罐的大体直径。贮罐直径的大小，要根据国家规定的设备的零部件即筒体与封头的规范，确定一个尺寸，据此计算贮罐的长度，核实长径比，如长径比太大（即偏长）、太小（即偏圆），应重新调整，直到大体满意，外形美观实用，贮罐大小与其他设备般配，整体美观，并与工作场所的尺寸相适应。

(6) 选择标准型号

国家关于各类容器有通用设计图系列，根据计算初步确定的直径和长度、容积，在有关手册中查出与之符合或基本相符的规格。有的手册中还注明通用设计图的供货供图单位，可以向有关单位购买复印标准图，这样既省时间，又可以充分保证设计质量。即使从标准系列中找不到符合的规格，亦可根据相近的结构规格在尺寸上重新设计。

(7) 开口和支座

容器的管口和方位，如果选用标准图系列则其管口及方位都是固定的，工艺设计人员在选择标准图纸之后，要设计并核对设备的管口，考虑管口的用途及其大小尺寸，管口的方位和相对位置的高低，通常在设备上考虑进料、出料、温度、压力（真空）、放空、液面计、排液、放净以及人孔、手孔、吊装等，并留有一定数目的备用孔，当然不主张贮罐上开口太多。如标准图纸的开孔及管口方位不符合工艺要求而又必须重新设计时，可以利用标准系列型号在订货时加以说明并附有管口方位图。

容器的支承方式和支承座的方位在标准图系列上也是固定的，如位置和形式有变更要求，则在利用标准图订货时加以说明，并附有草图。

(8) 绘制设备草图（条件图），标注尺寸，提出设计条件和订货要求

贮罐容器的工艺设计成果是选用标准图系列的有关复印图纸，作为订货的要求，应在标准图的基础上，提出管口方位、支座等的局部修改和要求，并附有图纸。

如标准图不能满足工艺要求，应重新设计，由工艺设计人员绘制设备草图。所谓草图，并不是徒手潦草绘制的意思，而应该绘制设备容器的外形轮廓，标注一切有关尺寸，包括容器接管口的规格，并填写“设计条件表”，再由设备专业的工程师设计可供加工用的、正式的非标准设备蓝图。

5.8 塔设备的设计与选型

塔器是气-液、液-液间进行传热、传质分离的主要设备，在化工、制药和轻工业中，应用十分广泛，塔器甚至成为化工装置的一种标志。在气体吸收、液体精馏（蒸馏）、萃取、吸附、增湿、离子交换等过程都离不开塔器，对于某些工艺来说，塔器甚至就是关键设备。

随着时代的发展，出现了各种各样型式的塔，而且还不断有新的塔型出现。虽然塔型众多，但根据塔内部结构，通常将塔大体分为板式塔和填料塔两大类。

5.8.1 板式塔

板式塔是在塔内装有多层塔板（盘），传热传质过程基本上在每层塔板上进行，塔板的形状、塔板结构或塔板上气液两相的表现，就成了命名这些塔的依据，诸如筛板塔、栅板塔、舌形板塔、斜孔板塔、波纹板塔、泡罩塔、浮阀塔、喷射板塔、波纹穿流板塔、浮动喷射板塔等。下面简单介绍一下几种常用的板式塔性能。

(1) 浮阀塔

生产能力大，弹性大，分离效率高，雾沫夹带少，液面梯度较小，结构较简单，是新发展的一种塔。目前很多专家正力图对此改进提高，不断有新的浮阀类型出现。

(2) 泡罩塔

泡罩塔是工业上使用最早的一种板式塔，气-液接触有充分的保证，操作弹性大，但其分离效率不高，金属耗量大且加工较复杂，应用逐渐减少。

(3) 筛板塔

筛板塔是一种有降液管、板形结构最简单的板式塔，孔径一般为4～8mm，制造方便，处理量较大，清洗、更换、修理均较容易，但操作范围较小，适用于清洁的物料，以免堵塞。

(4) 波纹穿流板塔

波纹穿流板塔是一种新型板式塔，气-液两相在板上穿流通过，没有降液管，加工简便，生产能力大，雾沫夹带小，压降小，除污容易且不易堵塞，甚至在除尘、中和、洗涤等方面应用更为广泛。

5.8.2 填料塔

填料塔是一个圆筒塔体，塔内装载一层或多层填料，气相由下而上、液相由上而下接触，传热和传质主要在填料表面上进行，因此，填料的选择是填料塔的关键。

填料的种类很多，许多研究者还在不断地试图改进填料，填料塔的命名也以填料名称为依据，如金属鲍尔环填料塔、波网填料塔。常用的填料有拉西环填料、鲍尔环填料、矩鞍形填料、阶梯形填料、波纹填料、波网（丝网）填料、螺旋环填料、十字环填料等。

有些特殊操作型的塔，如乳化塔、湍球塔等，因为塔内实际上是一些填料，所以一般也属于填料塔范围。

填料塔制造方便，结构简单，便于采用耐腐蚀材料，特别适用于塔径较小的情况，使用金属材料省，一次投料较少，塔高相对较低。20 世纪 70 年代之前，有人主张使用板式塔，逐渐淘汰填料塔，后来，新型填料不断涌现，操作方法也有所改进，填料塔仍然取得很好的经济效益，在精馏和吸收过程中，仍占有不可取代的地位，特别是小型塔和介质具有腐蚀性等情况，其优势更为明显。

板式塔和填料塔各有其优点与适用性，现将二者比较对照，见表 5.3。

表 5.3　板式塔与填料塔对比

序号	填　料　塔	板　式　塔
1	ϕ800mm 以下，造价一般比板式塔低，直径大则造价高	ϕ600mm 以下时，安装较困难
2	用小填料时，小塔的效率高，塔较低；直径增大，效率下降，所需填料高度急增	效率较稳定，大塔板效率比小塔板有所提高
3	空塔速度(生产能力)低	空塔速度高
4	大塔检修费用大，劳动量大	检修清理比填料塔容易
5	压降小，对阻力要求小的场合较适用(例如，真空操作)	压降比填料塔大
6	对液相喷淋量有一定要求	气液比的适应范围大
7	内部结构简单，便于非金属材料制作，可用于腐蚀较严重场合	多数不便于非金属材料制作
8	持液量小	持液量大

在设计中选择塔型，必须综合考虑各种因素，并遵循以下基本原则。

① 要满足工艺要求，分离效率高。工艺上要分离的液体有很多特殊要求，如沸点低、形成共沸物、挥发度接近、有腐蚀性、有污垢物等。所以对塔型要慎加选择。

② 生产能力要大，有足够的操作弹性。随着化工装置大型化，塔的生产能力要求尽量地大，而根据化工生产的经验，工艺流程中经常“瓶颈”工段往往是精馏，很多精馏塔设计中考虑诸如造价、结构或压降、分离效率等因素较多，而常常未将塔的操作弹性放在重要位置，从而造成投产后塔设备不大适应工艺条件和生产能力的较大波动。

③ 运转可靠性高，操作、维修方便，少出故障，就是说，不希望塔过于“娇气”。

④ 结构简单，加工方便，造价较低。经验证明，结构繁琐复杂的塔未必是理想的塔器，现在许多高效塔都趋于简化。

⑤ 塔压降小。对于较高的塔来说，压降小的意义更为明显。

通常选择塔型未必能满足所有的原则，应抓住主要矛盾，最大限度满足工艺要求。现将常用的塔板性能指标列于表 5.4 中，以便比较选择。表中提供的数据，仅供参考，因为对于某一种塔板来说，还有研究人员在不断研究开发和改进，不可一概而论。

表 5.4　各类塔板性能比较

指　　标		溢　流　式									穿流式		
		F形浮阀	十字架形浮阀	条形浮阀	筛板[1]	舌形板	浮动喷射塔板	圆形泡罩	条形泡罩	S形泡罩	栅板	筛孔板	波纹板
液体和气体负荷	高	4	4	4	4	4	4	2	1	3	4	4	4
	低	5	5	5	2	3	3	3	3	3	2	3	3

续表

指　　标	溢　流　式									穿流式		
	F形浮阀	十字架形浮阀	条形浮阀	筛板①	古形板	浮动喷射塔板	圆形泡罩	条形泡罩	S形泡罩	栅板	筛孔板	波纹板
弹性(稳定操作范围)	5	5	5	3	3	4	4	3	4	1	1	2
压力降	2	3	3	3	2	4	0	0	0	4	3	3
雾沫夹带量	3	3	4	3	4	3	1	1	2	4	4	4
分离效率	5	5	4	4	3	3	4	3	4	4	4	4
单位设备体积的处理量	4	4	4	4	4	4	2	1	3	4	4	4
制造费用	3	3	4	4	4	3	2	1	3	5	5	3
材料消耗	4	4	4	4	5	4	2	2	3	5	5	4
安装和拆修	4	3	4	4	4	3	1	1	3	5	5	3
维修	3	3	3	3	3	3	2	1	3	5	5	4
污垢物料对操作的影响	2	3	2	1	2	3	1	0	0	2	4	4

① 所给筛板塔指标与一些研究结果有出入。

注：0—不好；1—尚可；2—合适；3—较满意；4—很好；5—最好。

5.9 反应器的设计与选型

化学反应器是将反应物通过化学反应转化为产物的装置，是化工生产及相关工业生产的关键设备。由于化学反应种类繁多、机理各异，因此，为了适应不同反应的需要，化学反应器的类型和结构也必然差异很大。反应器的性能优良与否，不仅直接影响化学反应本身，而且影响原料的预处理和产物的分离，因而，反应器设计过程中需要考虑的工艺和工程因素应该是多方面的。

反应器设计的主要任务首先是选择反应器的型式和操作方法，然后根据反应和物料的特点，计算所需的加料速度、操作条件（温度、压力、组成等）及反应器体积，并以此确定反应器主要构件的尺寸，同时还应考虑经济的合理性和环境保护等方面的要求。

5.9.1 反应器分类与选型

由于化学反器过程复杂，从早期到近年来都有许多经典的或新型的反应器用于反应过程，有的反应器是定型化的，有的尚未定型化，有的反应器随着反应条件、体系和介质的不同而千差万别，尽管它们也许属于同一类型。因而化学反应器的类型很多，分类的方式也很多，尚没有一个妥善的分类方法把各类反应器包罗得那么透彻。下面是几种常用的反应器的分类方法。

(1) 按操作是否连续划分

- 非稳定操作
  - 间歇式反应器
  - 半间歇式反应器
- 稳定操作——连续反应器

(2) 按反应器形状来划分

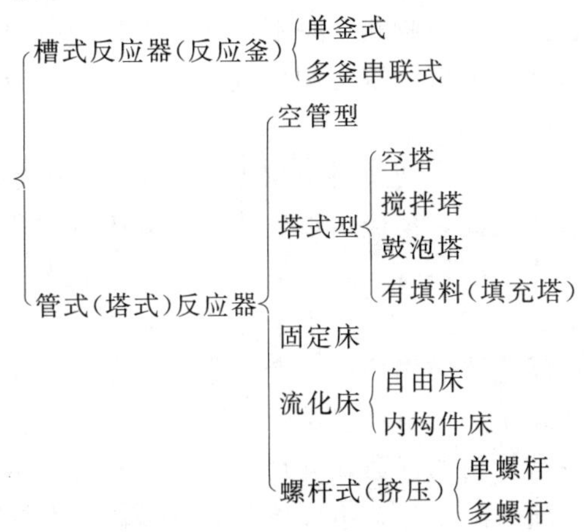

(3) 按反应物相态划分

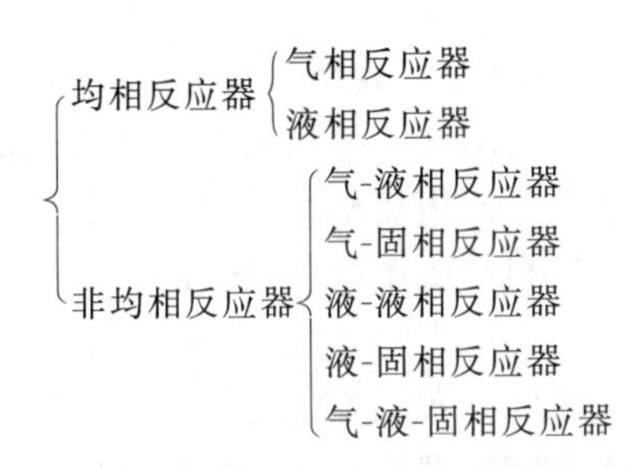

(4) 按热处理方法划分

等温反应器
非等温反应器

反应器的分类主要按反应器的形状来划分。目前大多数反应器在工程设计上已经成熟，有不少反应器已经定型化、系列化和标准化，可供设计选用。

反应器的设计研究是涉及化学反应热力学、动力学、化工传递、工程控制、机械工程、反应工程和经济研究等多学科综合应用的技术科学。学科还很年轻，新型反应器还可能出现，因此工艺设计人员在反应器的选型和设计上，既有困难又有希望和机遇，既觉得无章可循又有起码的原则，既要依靠经验和实践又可能采用数学方法和电子计算机，使之充分体现其科学性。现将常见的几种反应器略述如下。

(1) 釜式反应器（反应釜）

这种反应器通用性很大，造价不高，用途最广。它可以连续操作，也可以间歇操作，连续操作时，还可以多个釜串联反应，停留时间可以有效地控制。国家已有 K 型和 F 型两类反应釜列成标准。K 型是有上盖的釜，形状偏于“矮胖型”（长径比较小）。F 型没有上盖，形状则偏于“瘦长型”（长径比较大），材质有碳钢、不锈钢、搪玻璃等几种。高压反应器、真空反应器和常减压反应器、低压常压反应器都已系列化生产，供货充足，选型方便。有些化工机械厂家接受修改图纸进行加工，化工设计人员可以提出个别的特殊要求，在系列反应釜的基础上，加以改进。

系列反应釜的传热面积和搅拌形式基本上都是既定的，在选型设计时，如不能选用系列化产品应当提出设备设计条件，依修改型进行加工。

釜式反应器比较灵活通用，在间歇操作时，只要设计好搅拌，可以使釜温均一，浓度均匀，反应时间可以长、可以短，可以常压、加压、减压操作，范围较大，而且反应结束后，出料容易，釜的清洗方便，其机械设计亦十分成熟。

釜式反应器可用于串联操作，使物料从一端流入，在另一端出料，形成连续流动。多釜串联时，可以认为形成活塞流，反应物浓度和反应速度恒定，反应还可以分段进行控制。

（2）管式反应器

近年来此种反应器在化工生产中使用越来越多，而且越来越趋向大型化和连续化。它的特点是传热面积大，传热系数较高，反应可以连续化，流体流动快，物料停留时间短，经过一定的控制手段，可以使管式反应器有一定的温度梯度和浓度梯度。根据不同的化学反应，可以有直径和长度千差万别的型式。此外，由于管式反应器直径较小（相对于反应釜）因而能耐高温、高压。由于管式反应器结构简单，产品稳定，它的应用范围越来越广。

管式反应器可以用于连续生产，也可以用于间歇操作，反应物不返混，管长和管径是反应器的主要指标，反应时间是管长的函数，管径决定于物料的流量，反应物浓度在管长轴线上，浓度呈梯度分布，但不随时间变化，不像单釜间歇操作时那样。

（3）固定床反应器

此种反应器主要应用于气-固相反应，其结构简单，操作稳定，便于控制，易于实现连续化。床型可以是多种多样，易于大型化，可以根据流体流动的特点，设计和规划床的内部结构和内构件排布，是近代化学工业使用较早又较普遍的反应器。它可以设计较大的传热面积，可以有较高的气体流速，传热和传质系数可以较高。加热的方式比较灵活，可以有较高的反应温度。

但是，固定床反应器床层的温度分布不容易均匀，由于固相粒子不动，床层导热性不太好，因此对于放热量较大的反应，应在设计时增大传热面积，及时移走反应热，但相应地减小了有效空间，这是这类床型的缺点，尽管后起的流化床在传热上有很多优点，远优于固定床，但由于固定床结构简单，操作方便，停留时间较长且易于控制，加上化工工程的习惯，因此固定床仍不能完全被流化床所取代。

（4）流化床反应器

流化床的特点是细的或粗的固体粒子在床内不是静止不动，而是在高速流体的作用下，被扰动悬浮起来，剧烈运动，固体的运动形态，接近于可以流动的流体，故称流化床。由于物料在床内如沸腾的液体（被很多气泡悬浮），因此又称沸腾床。使固体流态化的介质，当然也可以是液体，所以流化床越来越被化工工程师重视，适用于气-固和液-固相反应。

流化床反应器的最大优点是传热面积大，传热系数高，传热效果好。流态化较好的流化床，其床内各点温度相差不会超过5℃，可以防止局部过热。流化床的进料、出料、排废渣都可以用气流流化的方式进行，易于实现连续化，亦易于实现自动化生产和控制，生产能力较大，在气相-气相反应物（固相催化）、气相-固相反应物、气相-液相反应物（固相催化）、液相-液相反应物（固相催化）以及液相-固相反应物体系中越来越普遍地被应用。

由于流化床体系内物料返混严重，粒子磨损严重，通常要有粒子回收和集尘的装置，另外存在床型和构件比较复杂、操作技术要求高以及造价较高等问题，在选用时要充分注意到。

介于流化床和固定床之间的还有搅拌床（气-固相反应）、移动床、喷动床、转炉、回转窑炉（离心力场反应器）等。还有许多新型的和改进的反应器型式，在这里不再一一列举，请查阅有关书籍。

化工生产的复杂和多样，使反应器的选择问题常常困扰着工艺设计人员，通常是根据经验选用某些反应器，而要对反应器进行改进或突破当前的一些习惯，选用或设计一种新的反应器，有时并不那么容易，必须通过大量的小试和中试，甚至于在半工业化规模上进行较长期的考察、性能测试、操作比较等，才能有所突破。

反应器的选择经验一般是：液-液相反应或气-液相反应一般选用反应釜，尽量选用标准系列的反应器，搅拌的形式根据工艺操作需要进行选型设计，以使充分接触；某些液-固相反应或气-液-固相反应也常常选用反应釜；许多工艺条件并不苛刻的反应器，绝大多数是选用反应釜，万不得已，也有不采用系列标准的，则要另行设计。反应釜的使用，有时超出了“反应”过程这个概念，如在化工生产中，某些溶解、水解、浓缩、结晶、萃取、洗涤、混合混料过程，也选用系列标准反应釜，主要是因为它带搅拌，可以加热和冷却，而且是系列化生产的不需要设计，可以直接购买。对于气相反应，也可以选用加压的反应釜或管式反应器。对于生产规模不是很大的情况下，有时就用釜式反应器，对于气相反应规模较大，而反应的热效应（吸热或放热）又很大的情况下，常采用管式反应器。对于气-固相反应经常采用的是固定床、带有搅拌形式的塔床、回转床和流化床，根据反应的动力学和热效应，一般在物料放热比较大，或停留时间短，不怕返混的情况下，主张使用流化床。许多原先生产中使用固定床的可以使用流化床，不过要调整一下工艺参数，流化床生产能力大，易于进料出料，易于自动控制，在设计选型时，能够用流化床的应尽量采用先进技术，但要经过论证和生产（中试）检验。

5.9.2 反应器的设计要点

设计反应器时，应首先对反应作全面的、较深刻的了解，比如反应的动力学方程或反应的动力学因素、温度、浓度、停留时间和粒度、纯度、压力等对反应的影响，催化剂的寿命、失活周期和催化剂失活的原因、催化剂的耐磨性以及回收再生的方案、原料中杂质的影响、副反应产生的条件、副反应的种类、反应特点、反应或产物有无爆炸危险、爆炸极限如何、反应物和产物的物性、反应热效应、反应器传热面积和对反应温度的分布要求、多相反应时各相的分散特征、气-固相反应时粒子的回床和回收以及开车的装置、停车的装置、操作控制方法等，尽可能掌握和熟悉反应的特性，方可在考虑问题时能够瞻前顾后，不至于顾此失彼。

在反应器设计时，除了通常说的要符合“合理、先进、安全、经济”的原则，在落实到具体问题时，要考虑下列设计要点。

(1) 保证物料转化率和反应时间

这是反应器工艺设计的关键条件，物料反应的转化率有动力学因素，也有控制因素，一般在工艺物料衡算时，已研究确定。设计者常常根据反应特点、生产实践和中试及工厂数据，确定一个转化率的经验值，而反应的充分和必要时间也是由研究和经验所确定的。设计人员根据物料的转化率和必要的反应时间，可以在选择反应器型式时，作为重要依据，选型以后，并依据这些数据计算反应器的有效容积和确定长径比例及其他基本尺寸，决定设备的台件数。

(2) 满足物料和反应的热传递要求

化学反应往往都有热效应，有些反应要及时移出反应热，有些反应要保证加热的量，因此在设计反应器时，一个重要的问题是要保证有足够的传热面积，并有一套能适应所设计传热方式的有关装置，此外，在设计反应器时还要有温度测定控制的一套系统。

(3) 设计适当的搅拌器和类似作用的机构

物料在反应器内接触应当满足工艺规定的要求，使物料在湍流状态下，有利于传热、传质过程的实现。对于釜式反应器来说，往往依靠搅拌器来实现物料流动和接触的要求，对于管式反应器来说，往往有外加动力调节物料的流量和流速。搅拌器的型式很多，在设计反应釜时，当作为一个重要的环节来对待。

(4) 注意材质选用和机械加工要求

反应釜的材质选用通常都是根据工艺介质的反应和化学性能要求，如反应物料和产物有腐蚀性，或在反应产物中防止铁离子渗入，或要求无锈、十分洁净，或要考虑反应器在清洗时可能碰到腐蚀性介质等，此外，选择材质与反应器的反应温度有关联，与反应粒子的摩擦程度、磨损消耗等因素有关。不锈钢、耐热锅炉钢、低合金钢和一些特种钢是常用的制造反应器的材料。为了防腐和洁净，可选用搪玻璃衬里等材料，有时为了适应反应的金属催化剂，可以选用含这种物质（金属、过渡金属）的材料作反应器，可收到一举两得之功。例如F_{22}[CH(Cl)F_2]裂解以 Ni 作催化剂，可以设计一种镍管裂解反应器。材料的选择与反应器加热方法有一定关系，如有些材料不适用于烟道气加热，有些材料不适合于电感应加热，某些材料不宜经受冷热冲击等，都要仔细认真地加以考虑。

5.9.3 釜式反应器的结构和设计

5.9.3.1 釜式反应器结构

典型釜式反应器结构如图 5.4 所示，其主要由以下部件组成。

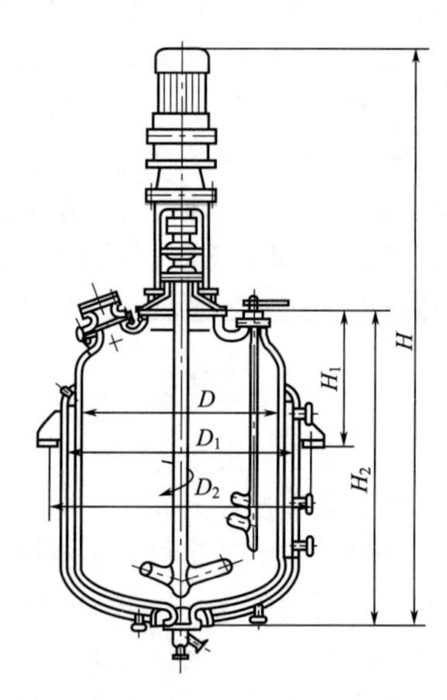

图 5.4 釜式反应器结构

(1) 釜体及封头

提供足够的反应体积以保证反应物达到规定转化率所需的时间，并且要有足够的强度、刚度和稳定性及耐腐蚀能力以保证运行可靠。

(2) 换热装置

有效地输入或移出热量，以保证反应过程在适宜的温度下进行。

(3) 搅拌器

使各种反应物、催化剂等均匀混合，充分接触，强化釜内传热与传质。

(4) 轴密封装置

用来防止釜体与搅拌轴之间的泄漏。

(5) 工艺接管

为满足工艺要求，设备上开有各种加料口、出料口、视镜、人孔及测温孔等，其大小和安装位置均由工艺条件定。

5.9.3.2 釜式反应器的选型设计步骤

(1) 确定反应釜操作方式

根据工艺流程的特点，确定反应釜是连续操作还是间歇操作。

(2) 汇总设计基础数据

工艺计算依据，如生产能力、反应时间、温度、装料系数、物料膨胀比例、投料比、转化率、投料变化情况以及物料和反应产物的物性数据等。

(3) 计算反应釜体积

① 对于连续反应釜来说，根据工艺设计规定的生产能力，确定全年的工作时数，就能很方便地算出每小时反应釜需要处理（或生产）的物料量（V_h），如果已经确定了设备的台数，根据物料的平均停留时间（τ）就可以算出每台釜处理物料的体积，其计算公式如下。

$$V_p=\frac{V_h\tau}{m_p}$$

式中 V_p——每台釜的物料体积；

V_h——每小时要求处理的物料体积；

τ——平均反应停留时间；

m_p——实际生产反应中操作的台数。

在选用反应釜时，一般把选用的台数与实际操作的台数之间，用一个“设备备用系数”n关联：

$$m=m_p n$$

式中 m——设计选用反应釜台数；

n——设备备用系数，通常1.05～1.3，实际操作的釜数越多，备用系数可以偏小，反之，则应偏大。

由物料体积V_p计算釜的体积V_a，要由装载系数φ加以关联：

$$V_a=\frac{V_p}{\varphi}$$

式中 φ——物料装载系数（装料系数），在液相反应时，通常取$\varphi=0.75$～0.8，对于有气相参与的反应或易起泡的反应，$\varphi=0.4$～0.5，此值亦不能视为教条，应视具体情况而定。

② 间歇反应。间歇反应釜的投料量根据物料衡算计算得到，从工艺设计要求的年产量决定日投料量（V_o），再从每釜反应所用的时间（包括辅助时间等）$\tau_{釜}$算出24h内釜反应的周期数（α），公式如下：

$$\alpha=\frac{24}{\tau_{釜}}$$

每釜处理的物料体积V_p

$$V_p=\frac{V_o}{\alpha m_p}$$

式中　α——每昼夜反应釜周期数；

V_0——日夜（24h）投料体积。

每釜实际体积 V_a

$$V_a=\frac{V_p}{\varphi}$$

式中　φ——装料系数，对于间歇釜的装料系数，可以比连续釜再适当放宽一些，取上限或略大。

(4) 确定反应釜体积和台数

根据上述计算的反应釜“实际体积”和反应釜台（件）数 $m(m=m_p n)$ 都只是理论计算值，还应根据理论数值加以圆整化。

对于选用系列产品的反应釜来说，即根据系列规定的反应釜体积系列（如 500L、1000L、1500L 等）加以圆整选用，连同设备台数 m，一并确定。例如计算出：$V_a=1.25m^3$，$m=3.45$，则可以选用 $1.5m^3$(1500L) 反应釜 3 台，或 1000L 反应釜 5 台，2000L 反应釜 3 台，5000L 反应釜 1 台等。反应釜的选用还要根据工艺条件和反应热效应、搅拌性能等，综合确定。一般说，反应釜体积越小，相对传热面积越大，搅拌效果越好，但停留时间未必符合要求，物料返混严重等，主要的有待于传热核算。

如作为非标设备设计反应釜，则还要决定长径比以后再校算，但可以初步确定为一个尺寸，即将直径确定到一个国家规定的容器系列尺寸中。

(5) 反应釜直径和筒体高度、封头确定

设反应釜直径为 D，筒高为 H，则长径比 γ 为

$$\gamma=\frac{H}{D}$$

对于反应釜设计来说，不但要确定釜的容积还要确定釜的长径比 γ，一般取 $\gamma=1\sim3$，根据工艺条件和工艺经验，不同反应有各自特点的长径比。

γ 接近于 1，釜型属于矮胖型，通常的系列 K 型反应釜取这个值，这种反应釜单位体积内消耗的钢材最少，液体比表面大，适用于间歇反应。

γ 增大，釜向瘦长型趋近。当 $\gamma=3$ 时，就是常见的半塔式反应釜（生物化学工程中常采用此类）。此类釜单位体积（釜容）内传热面积增大，γ 越大，传热比面积越大，可以减少返混，对于有气体参加的反应较为有利，停留时间较长，但加工困难，材料耗费较高，此外，搅拌支承也有一定的难度。

总之，γ 根据工艺条件和经验大体选定之后，先将釜的直径 D 确定下来（圆整结果），再确定封头型式，查阅有关机械手册，并查出封头体积（下封头）$V_{封头}$。

$$V=\frac{\pi}{4}D^2H+V_{封头}$$

如果 V 不合适，可重新假定直径（圆整）再试算直到满意为止。

(6) 传热面积计算和核校

反应釜最常见的冷却（加热）形式是夹套，它制造简单，不影响釜内物流的流型，但传热面积小，传热系数也不大。釜的长径比直接影响传热面积，如果计算传热面积足够（不能以夹套全部面积计算，只能以投料高度计算），就认为前面所确定的长径比合适或所选用的系列设备合适，否则就要调整尺寸。

传热面积计算公式和方法同一般传热体系，不再赘述。

如计算传热面积不够，则可能应在釜内设置盘管、列管、回形管以增大传热面积，但这样釜内构件的增加，将影响物流。易粘壁、结垢或有结晶沉淀产生的反应通常不主张设置内冷却（或传热）器冷却的办法。

总之，传热面积的校核是进一步确定反应釜型式和尺寸的因素，经过校算之后，才能最终确定釜型和容积直径及其他基本尺寸。

（7）搅拌器设计

釜用搅拌器的型式有桨式、涡轮式、推进式、框式、锚式、螺杆式及螺带式等。选择时，首先根据搅拌器型式与釜内物料容积及黏度的关系进行大致的选择，如图 5.5 和表 5.5 所示进行确定，也可以查有关标准系列手册确定。搅拌器的材质可根据物料的腐蚀性、黏度及转速等确定。

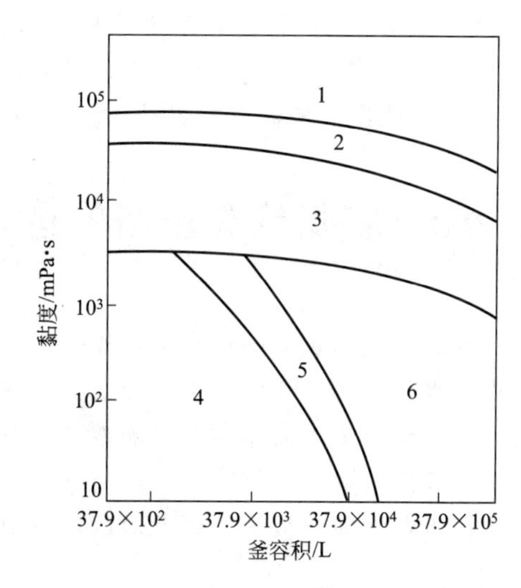

图 5.5　黏度、釜容积与搅拌器型式关系

1—桨式改进型式；2—桨式；3—涡轮式；4—推进式（1750r/min）；5—推进式（1150r/min）；6—推进式（4200r/min）

确定搅拌器尺寸及转速 n；计算搅拌器轴功率；计算搅拌器实际消耗功率；计算搅拌器的电机功率；计算搅拌轴直径。

（8）管口和开孔设计，确定其他设施

夹套开孔和釜底釜盖开孔，根据工艺要求有进出料口有关仪器仪表接口、手孔、人孔、备用口等，注意操作方位。

（9）轴密封装置

防止反应釜的跑、冒、滴、漏，特别是防止有毒害、易燃介质的泄漏，选择合理的密封装置非常重要。密封装置主要有如下两种。

① 填料密封。优点是结构简单，填料拆装方便，造价低，但使用寿命短，密封可靠性差。

表 5.5　搅拌器型式选用参数

操作类别	控制因素	适用搅拌型式	D_i/D	H_1/D_i
调和（低黏度均相液体混合）	容积循环速率（液体循环流量）	推进式、涡轮式，要求不高时用桨式	推进式:3～4 涡轮式:3～6 桨式:1.25～2	不限
分散（非均相液体混合）	液滴大小（分散度）、容积循环速率	涡轮式	3～3.5	0.5～1
固体悬浮（固体颗粒与液体混合）	容积循环速率、湍流强度	按固体大小，相对密度及含量决定用桨式、推进式或涡轮式	推进式:2.5～3.5 桨式、涡轮式:2～3.2	0.5～1
气体吸收	剪切作用、高速率	涡轮式	2.5～4	1～4
传热	容积循环速率、流经传热面的湍流程度	桨式、推进式、涡轮式	桨式:1.25～2 推进式:3～4 涡轮式:3～4	0.5～2
高黏度液体的搅拌	容积循环速率、低速率	涡轮式、锚式、框式、螺杆式、螺带式、桨式	涡轮式:1.5～2.5 桨式:1.25 左右	0.5～1
结晶	容积循环速率、剪切作用、低速率	按控制因素用涡轮式、桨式或改进型式	涡轮式:2～3.2	1～2

注：D_i—搅拌容器内径；D—搅拌器直径；H_1—搅拌容器内液体的装填高度。

② 机械密封。优点是密封可靠（其泄漏量仅为填料密封的1%），使用寿命长，适用范围广、功率消耗少，但其造价高，安装精度要求高。

(10) 画出反应器工艺设计草图（条件图），**或选出型号**（略）

5.10 液固分离设备的选型

液固分离是重要的化工单元操作，液固分离的方法主要有：①浮选，在悬浮液中鼓入空气将疏水性的固体颗粒（加入浮选剂，疏水性）粘附在气泡上而与液体分离的方法；②重力沉降，借助于重力的作用使固液混合物分离的过程；③离心沉降，在离心力作用下使用机械沉降的分离过程；④过滤，利用过滤介质将固液进行分离的过程。其中以离心沉降和过滤的方法在工业上应用较多，因此对固液分离设备的选用，应以此为重点。

5.10.1 离心机

离心机有数十种，各有其特点，除液-固分离外，部分离心机也可用于液-液两相的分离，所以首先确定分离应用的场合，然后根据物性及对产品的要求决定选用离心机的形式。

液-液系统的分离可用沉降式离心机，分离条件是两液相之间的密度差。因液体中常含有乳浊层，故宜用能够产生高离心力的管式高速离心机或碟式分离机。

常用的离心机有过滤式、沉降式、高速分离、台式、生物冷冻和旁滤式六种类型，前三类又以出料方式、结构特点等因素分成多种形式，因此离心机的型号也相当繁杂。

(1) 过滤式离心机

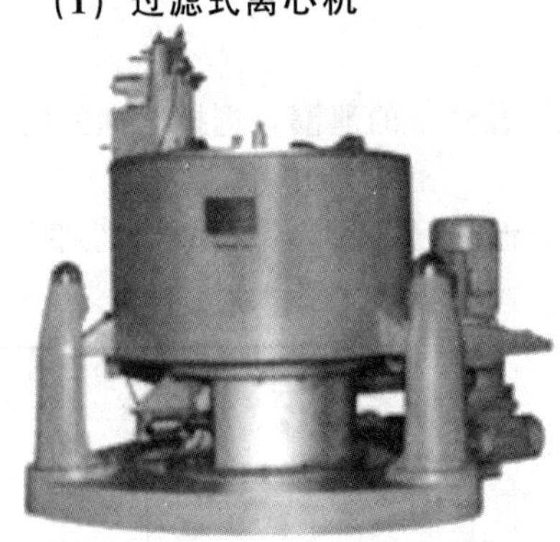

图5.6 三足刮刀下卸料离心机外形

按过滤式离心机的卸料过程或方式分为：间歇卸料、连续卸料和活塞推料。

① 间歇卸料式过滤离心机　主要有三足式离心机、上悬式离心机和卧式刮刀卸料离心机等机型。

三足式离心机具有结构简单、运行平稳、操作方便、过滤时间可随意掌握、滤渣能充分洗涤、固体颗粒不易破坏等优点，广泛应用于化工、轻工、制药、食品、纺织等工业部门的间歇操作，分离含固相颗粒≥0.01mm的悬浮液，如粒状、结晶状或纤维状物料的分离。

主要型号：SS型为上部出料，SX型为下部出料，SG型为刮刀下部出料，如图5.6所示；SCZ型为抽吸自动出料，ST、SD型为提袋式，SXZ、SGZ型为自动出料。

型号标志如下：

SX 800 N - 附加标记

制造厂机型代号——SX；数字表示转鼓内径——800

其中，附加代号为N（不锈钢）、G（碳钢）、XJ（衬橡胶）、NB（防爆）、H（防振机座）、I（钛）、NC（双速）、A（改型序号）。

上悬式离心机是一种按过滤循环规律间歇操作的离心机，主要型号有XZ型（重力卸料）、XJ型（刮刀卸料）、XR型（专供碳酸钙分离）等。上悬式离心机适用于分离含中等颗粒（0.1～1mm）和细颗粒（0.01～0.1mm）固相的悬浮液，如砂糖、葡萄糖、盐类以及聚氯乙烯树脂等。

卧式刮刀卸料离心机主要型号有 WG 型（垂直刮刀）、K 型（旋转刮刀）、WHG 型（虹吸式）、GKF 型（密闭防爆型）、GKD 型（生产淀粉专用）等。这类离心机转鼓壁无孔，不需要过滤介质。转鼓直径为 300～1200mm，分离因数最大达 1800，最大处理量可达 $18m^3/h$ 悬浮液。一般用于处理固体颗粒尺寸为 5～40μm、固液相密度差大于 $0.05g/cm^3$ 和固体密度小于 10%的悬浮液。我国刮刀卸料离心机标准规定：转鼓直径 450～2000mm，工作容积 15～1100L，转鼓转速 350～3350r/min，分离因数 140～2830。

② 活塞推料式过滤离心机　具有自动连续操作，分离因数较高，单机处理量大，结构紧凑，铣制板网阻力小，转鼓不易积料等特点。推料次数可根据不同的物料进行调节，推料活塞级数越多，对悬浮液的适应性越大，分离效果越好。它适用于固相颗粒≥0.25mm、固含量≥30%的结晶状或纤维状物料的悬浮液，大量应用在碳酸氢铵、硫酸铵、尿素等化肥及制盐等工业部门。

主要型号有 WH 型（卧式单级）（图 5.7）、WH2 型（卧式双级）、HR 型（双级柱形转鼓）、P 型（双级转口型）等。单级卧式活塞推料离心机转鼓长度 152～760mm，转鼓直径 152～1400mm，分离因数 300～1000。

③ 连续卸料式过滤离心机　有锥篮离心机、螺旋卸料过滤离心机两种。

锥篮离心机无论是立式还是卧式，都是依靠离心力卸料的。立式用于分离含固相颗粒≥0.25mm 、易过滤结晶的悬浮液，如制糖、制盐及碳酸氢铵生产；卧式用于分离固相颗粒在 0.1～3mm 范围内易过滤但不允许破碎的、浓度在 50%～60%的悬浮液，如硫酸铵、碳酸氢铵等。主要型号有：IL 型（立式卸料），WI 型（卧式卸料）。

螺旋卸料过滤离心机主要型号有 LLC 型立式、LWL 型卧式，其生产能力大，固相脱水程度高，能耗低及重量轻，密闭性能良好，适用于含固体颗粒为 0.01～0.06mm 的悬浮液。固体密度应大于液相密度，且为不易堵塞滤网的结晶状或短纤维状物料等。适用于芒硝、硫酸钠、硫酸铜、羧甲基纤维素等结晶状的固液分离。

(2) 沉降式离心机

按结构形式有卧式螺旋沉降（WL 型、LW 型、LWF 型、LWB 型）和带过滤段的卧式螺旋沉降（TCL 型、TC 型）两种。

沉降式离心机可连续操作，也可处理液-液-固三相混合物。螺旋沉降离心机的最大分离因数可达 6000，分离性能较好，对进料浓度变化不敏感，操作温度可在－100～300℃，操作压力一般为常压，密闭型可从真空至 1.0MPa，适于处理 $0.4～60m^3/h$、固体颗粒2～5μm、固相密度差大于 $0.5g/cm^3$ 、固相容积浓度 1%～50%的悬浮液。图 5.8 所示为卧式螺旋卸料沉降离心机外形。

图 5.7　单级卧式活塞推料离心机

图 5.8　卧式螺旋卸料沉降离心机外形

(3) 高速分离机

高速分离机利用转鼓高速旋转产生强大离心力使被处理的混合液和悬浮液分别达到澄清、分离、浓缩的目的。高速分离机广泛用于食品、制药、化工、纺织、机械等工业部门的液-液、液-固、液-液-固分离。如用于油水分离，金霉素、青霉素分离，啤酒、果汁、乳品、油类的澄清，酵母和胶乳的浓缩等。

高速分离机按结构分有碟式、室式和管式三种。碟式分离机是通过多层碟片把液体分成细薄层强化分离效果，其转鼓内为多层碟片，分离因数可达3000～10000，最大处理量可达300m³/h，适于处理固相颗粒直径0.1～100μm、固相容积浓度小于25%的悬浮液。

室式分离机为多层套筒，相当于把管式分离机分为多段相套，只用于澄清，且只能人工排渣。适用于处理固体颗粒大于0.1μm、固相容积浓度小于5%的悬浮液，处理量为2.5～10m³/h。

管式分离机分离因数高达15000～65000，处理量为0.1～4m³/h，适于处理固相颗粒直径0.1～100μm、液固密度差大于0.01g/m³、固相容积浓度小于1%的难分离悬浮液和乳浊液。

5.10.2 过滤机

(1) 压滤机

压滤机广泛用于化工、石油、染料、制药、轻工、冶金、纺织和食品等工业部门的各种悬浮液的固液分离。压滤机主要可分为两大类：板框式压滤机和箱式压滤机。

BAS、BAJ、BA、BMS、BMJ、BM、BMZ、XM、XMZ型等各类压滤机均为加压间歇操作的过滤设备。在压力下，以过滤方式通过滤布及滤渣层，分离由固体颗粒和液体所组成的各类悬浮液。各种压紧方式和不同形式的压滤机对滤渣都有可洗和不可洗之分。

① 板框式压滤机　主要由尾板、滤框、滤板、头板、主梁和压紧装置等组成。两根主梁把尾板和压紧装置连在一起构成机架。机架上靠近压紧装置端放置头板，在头板与尾板之间依次交替排列着滤板和滤框，滤框间夹着滤布。压滤机滤板尺寸范围为100mm×100mm～2000mm×2000mm，滤板厚度为25～60mm。操作压力：一般金属材料制作的矩形板1～0.5MPa，特殊金属材料制作的矩形板7MPa，硬聚丙烯制作的矩形板40℃、0.4MPa。板框式压滤机，具有结构简单，生产能力弹性大，能够在高压力下操作，滤饼中含液量较一般过滤机低的特点。

② 箱式压滤机（见图5.9）　操作压力高，适用于难过滤物料。自动箱式压滤机由压滤机主机、液压油泵机组、自动控制阀（液压和气压）、滤布振动器和自动控制柜组成。压滤机尚需有贮液槽、进料泵、卸料盘和压缩空气气源等附属装置。间歇操作液压全自动压滤机，由电器装置实现程序控制，操作顺序为：加料—过滤—干燥（吹风）—卸料—加料。需全自动操作时，只需按启动电钮，操作过程即可顺序重复进行，亦可由手动按电钮来完成各工序的操作。

(2) 转鼓真空过滤机

G型转鼓真空过滤机（见图5.10）为外滤面刮刀卸料，适用于分离含0.01～1mm易过滤颗粒且不太稀薄的悬浮液，不适用于过滤胶质或黏性太大的悬浮液，其过滤面积为2～50m²，转鼓直径为1～3.35m。选用G型转鼓真空过滤机应具备以下条件：

① 悬浮液中固相沉降速度，在4min过滤时间内所获得的滤饼厚度大于5mm；

② 固相相对密度不太大，粒度不太粗，固相沉降速度每秒不超过12mm，即固相在搅

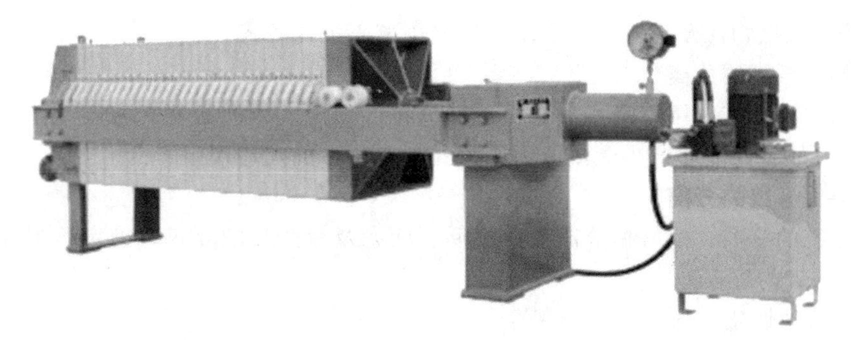

图 5.9 箱式压滤机外形

拌器作用下不得有大量沉降；

③ 在操作真空度下转鼓中悬浮液的过滤温度不能超过其汽化温度；

④ 过滤液内允许剩有少量固相颗粒；

⑤ 过滤液量大，并要求连续操作的场合。

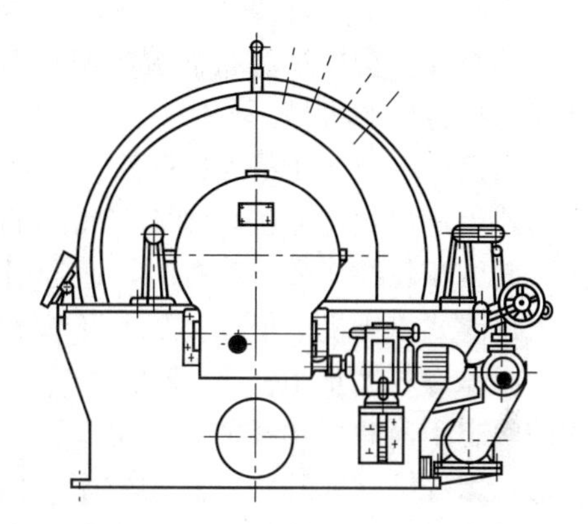

图 5.10 G-5 型转鼓真空过滤机结构示意

(3) 盘式过滤机

目前国内有三种形式盘式过滤机，其结构差异较大。

① PF 型盘式过滤机 该机是连续真空过滤设备，用于萃取磷酸生产中料浆的过滤，使磷酸与磷石膏分离，也可用于冶金、轻工、国防等部门。

② FT 型列盘式全封闭、自动过滤机 该系列产品主要用于制药行业的药液过滤，能彻底分离除去絮状物。清渣时，设备不解体自动甩渣，无环境污染，可提高收率，降低过滤成本。

③ PNl40-3.66/7 型盘式过滤机 该产品无真空设备，适用于纸浆浆料浓缩及白水回收。日产 70～80t（干浆），滤盘直径 3.66m。

(4) 带式过滤机

国内常用的带式过滤机有 DI 型、DY 型两类。

① DI 型移动真空带式过滤机 是一种新颖、高效、连续固液分离设备。其特点是，机型可全自动连续运转，机型可以灵活组合。过滤面积为 0.6～35m^2，带宽为 0.46～3m。

② DY 型带式压滤机 是一种高效、连续运行的加压式固液分离设备。主要特点是连续运行、无级调速，滤带自动纠偏、自动冲洗，带有自动保护装置。

③ SL 型水平加压过滤机 适用于压力小于 0.3MPa、过滤温度低于 120℃、黏度为 1Pa·s、含固体量在 60%以下的中性和碱性悬浮液，即树脂、清漆、果汁、饮料、石油等。间歇式操作，结构紧凑，具有全密闭过滤、污染小、效率高、澄清度好（滤液中的固体粒径可小于 15μm）、消耗低、残液可全部回收、滤板能够完全清洗、性能稳定、操作可靠等优良性能。

④ QL 型自动清洗过滤机 适用于油漆、颜料、乳胶、丙烯酸、聚醋酸乙烯以及各种化工产品的杂质的过滤。过滤过程全封闭，自动清洗及连续过滤，生产效率高。

5.10.3 离心机的选型

离心机的型式有数十种，各有其特点，选型的基本原则是首先确定属液-液分离还是液-

固分离，然后根据物性及对产品的要求决定选用离心机的型式。

(1) 液-液系统的分离

液-液系统的分离可用沉降式离心机。分离条件是两液相间必须有密度差。因液体中常含有乳浊层，故宜用能够产生高离心力的管式高速离心机或碟式分离机。

(2) 液-固系统的分离

液-固系统的分离，要根据分离液的性质、状态及对产品的要求，确定用沉降式或过滤式离心机或两者的组合型式。

a. 以原液的性质、状态为选择基准

悬浮液中的液体和固体之间可以是密度大致相同或不同的，如果有固体的密度大于液体的密度时，可选用沉降式离心机；如果有固体颗粒小，沉降分离也困难，且固体易堵塞滤布，甚至固体会通过滤布而流失而得不到澄清的滤液，所以还必须根据颗粒大小和粒度分布情况选择适当的机型。

当固体颗粒在 1μm 以下时，一般宜用具有大离心力的沉降式离心机，如管式高速离心机。若用过滤式离心机，则不仅得不到澄清的滤液，且固体损失也大。

固体颗粒在 10μm 左右时，适合用沉降式离心机。当在生产过程中滤液可以循环时，也可用过滤式离心机。但固体颗粒不宜太小，以免固体损失增大。

固体颗粒大于 100μm 或更大时，无论沉降式离心机或过滤式离心机都可采用。另外固体的状态不同时，选择的型式也不同。结晶质物料用过滤式离心机效率高；但当滤饼是可压缩的，像纤维状或胶状，过滤效率就低，以沉降式离心机为宜。

过滤过程中，如原液的黏度及温度的变化均适用于各种离心机时，则高压力的原液适宜选用沉降式离心机。1MPa 以下的原液可选用碟式分离机、螺旋卸料式离心机。

固体浓度大时，滤渣量也大。管式高速离心机、碟式分离机等不适宜处理固体浓度大的原液；自动出渣离心机既可适应黏稠物料的过滤又可自动分出滤渣。

原液中常含有杂质，选择离心机时也应考虑。

b. 以产品要求为选择基准

对分离产品的要求，包括分离液的澄清度、分离固体的脱水率、洗涤程度，分离固体的破损、分级和原液的浓缩度等，是离心机选型时的重要依据之一。

用于固体颗粒分级，宜用沉降式离心机。通过调整沉降式离心机的转速、供料量、供料方式等方法，可使固体按所要求的粒度分级。

要求获得干燥滤渣的，宜用过滤式离心机。如固体颗粒可压缩，则用沉降式离心机更为合适。

要求洗净滤渣的，宜用过滤式离心机或转鼓式过滤机。处理结晶液并要求不破坏结晶时，不宜用螺旋型离心脱水机。

通常原液量大而固体含量少时，适宜用喷嘴卸料型碟式分离机将原液浓缩。当要求高浓缩度时，宜用自动卸料型碟式分离机。

除上述选型基准外，还必须同时考虑经济性、材料以及安全装置等因素。

图 5.11 所示为各种离心机沉降设备的性能范围，可供粗略选定沉降离心机类型之用，它是按 $\Delta\rho=\rho_s-\rho_l=1\text{g/cm}^3$ 和黏度 $\mu=1\text{Pa}\cdot\text{s}$ 作出的，如需分离的悬浮液的性质与之不符，可按下式进行换算：

$$\frac{d_1}{d_2}=\sqrt{\frac{\mu_1\Delta\rho_2}{\mu_2\Delta\rho_1}}$$

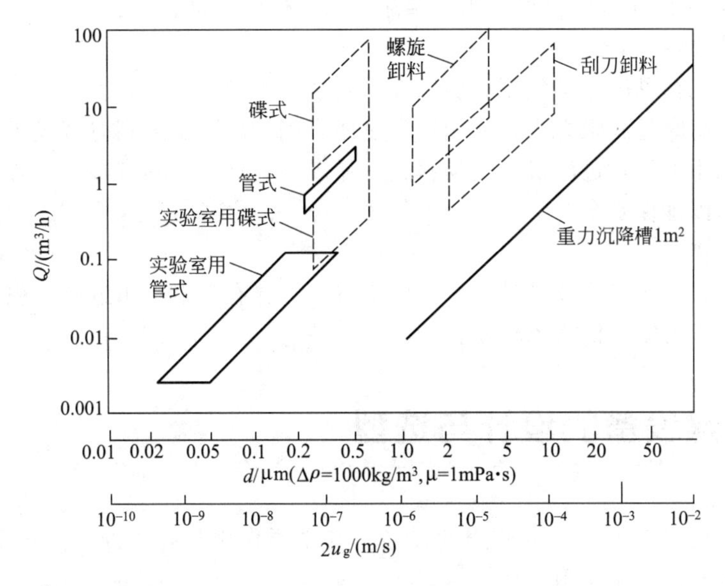

图 5.11 各种离心机沉降设备的性能范围

5.10.4 过滤机的选型

过滤机选型主要根据滤浆的过滤特性、滤浆的物性及生产规模等因素综合考虑。

(1) 滤浆的过滤特性

滤浆按滤饼的形成速度、滤饼孔隙率、滤浆中固体颗粒的沉降速度和滤浆的固相浓度分为五大类：过滤性良好的滤浆、过滤性中等的滤浆、过滤性差的滤浆、稀薄滤浆及极稀薄滤浆，这五种滤浆的过滤特性及适用机型分述如下。

① 过滤性良好的滤浆　在数秒钟之内能形成 50mm 以上厚度滤饼的滤浆。滤浆的固体颗粒沉降速度快，依靠转鼓过滤机滤浆槽里的搅拌器也不能使之保持悬浮状态。在大规模处理这类滤浆时，可采用内部给料式或顶部给料式转鼓真空过滤机。对于小规模生产，可采用间歇水平型加压过滤机。

② 过滤性中等的滤浆　在 30s 内能形成 50mm 厚滤饼的滤浆。在大规模过滤这类滤浆时，采用有格式转鼓真空过滤机最经济。如滤饼要洗涤，应用水平移动带式过滤机，不洗涤的，用垂直回转圆盘过滤机。生产规模小的，采用间歇加压过滤机，如板框压滤机等。

③ 过滤性差的滤浆　在真空绝压 35kPa（相当于 500mmHg 真空度）下，5min 之内最多能形成 3mm 厚滤饼的滤浆，固相浓度为 1%～10%（体积分数）。这类滤浆由于沉降速度慢，宜用有格式转鼓真空过滤机、垂直回转圆盘真空过滤机。生产规模小时，用间歇加压过滤机，如板框压滤机等。

④ 稀薄滤浆　固相浓度在 5%（体积分数）以下，虽能形成滤饼，但形成速度非常低，在 1mm/min 以下。大规模生产时，宜采用预涂层过滤机或过滤面较大的间歇加压过滤机。规模小时，可采用叶滤机。

⑤ 极稀薄滤浆　其含固率低于 0.1%（体积分数），一般不能形成滤饼的滤浆，属于澄清范畴。这类滤浆在澄清时，需根据滤液的黏度和颗粒的大小而确定选用何种过滤机。当颗粒尺寸大于 5μm 时，可采用水平盘型加压过滤机。滤液黏度低时，可用预涂层过滤机。滤液黏度低，而且颗粒尺寸又小于 5μm 时，应采用带有预涂层的间歇加压过滤机。当滤液黏

度高，颗粒尺寸小于5μm时，可采用有预涂层的板框压滤机。

(2) 滤浆的物性

滤浆的物性包括黏度、蒸气压、腐蚀性、溶解度和颗粒直径等。

滤浆的黏度高时过滤阻力大，采用加压过滤有利。滤浆温度高时蒸气压高，不宜采用真空过滤机，应采用加压式过滤机。当物料具有易爆性、挥发性和有毒时，宜采用密闭性好的加压式过滤机，以确保安全。

(3) 生产规模

大规模生产时应选用连续式过滤机，以节省人力并有效地利用过滤面积。小规模生产时采用间歇式过滤机为宜，价格也较便宜。

5.11 干燥设备的设计与选型

干燥设备也是化工生产中常使用的设备，其主要作用是除去原料、产品中的水分或溶剂，以便于运输、贮存和使用。

由于工业上被干燥物料种类繁多，物性差别也很大，因此干燥设备的类型也是多种多样。干燥设备之间主要不同是：干燥装置的组成单元不同、供热方式不同、干燥器内的空气与物料的运动动方式不同等。由于干燥设备结构差别很大，故至今还没有一个统一的分类，目前对干燥设备大致分类如下。

① 按操作方式分为连续式和间歇式。

② 按热量供给方式分为传导、对流、介电和红外线式。

传导供热的干燥器有箱式真空、搅拌式、带式真空、滚筒式、间歇加热回转式等。

对流供热的干燥器有箱式、穿流循环、流化床、喷雾干燥、气流式、直接加热回转式、穿流循环、通气竖井式移动床等。

介电供热的干燥器有微波、高频干燥器。

红外线供热的干燥器有辐射器。

③ 按湿物料进入干燥器的形状可分为片状、纤维状、结晶颗粒状、硬的糊状物、预成型糊状物、淤泥、悬浮液、溶液等。

④ 按附加特征的适应性分为危险性物料、热敏性物料和特殊形状产品等。

5.11.1 常用干燥器

(1) 箱式（间歇式）干燥器

箱式干燥器是古老的、应用广泛的干燥器，有平行流式箱式干燥器、穿流式箱式干燥器、真空箱式干燥器、热风循环烘箱四种。

① 平行流式箱式干燥器　箱内设有风扇、空气加热器、热风整流板及进出风口。料盘置于小车上，小车可方便地推进推出，盘中物料填装厚度为20～30mm，平行流风速一般为0.5～3m/s。蒸发强度一般为0.12～1.5kgH_2O/(h·m^2) 盘表面积。

② 穿流式箱式干燥器　与平行流式不同之处在于料盘底部为金属网（孔板）结构。导风板强制热气流均匀地穿过堆积的料层，其风速在0.6～1.2m/s，料层高50～70mm。对于特别疏松的物料，可填装高度达300～800m，其干燥速度为平行流式的3～10倍，蒸发强度为24kgH_2O/(h·m^2) 盘表面积。

③ 真空箱式干燥器　传热方式大多用间接加热、辐射加热、红外加热或感应加热等。间接加热是将热水或蒸汽通入加热夹板，再通过传导加热物料，箱体密闭在减压状态下工作，热源和物料表面之间传热系数 $K=12\sim17\mathrm{W/(m^2\cdot K)}$。

④ 热风循环烘箱　是一种可装拆的箱体设备，分为CT型（离心风机）、CT-C型（轴流风机）系列。它是利用蒸汽和电为热源，通过加热器加热，使大量热风在箱内进行热风循环，经过不断补充新风进入箱体，然后不断从排湿口排除湿热空气，使箱内物料的水分逐渐减少。图5.12所示为热风循环烘箱外形。

图5.12　热风循环烘箱外形

(2) 带式干燥器

带式干燥器是物料移动型干燥器，可分为平行流和穿气流两类，目前穿气流式使用较多，其干燥速率是平行流式的2～4倍，主要用于片状、块状、粒状物料干燥。由于物料不受振动和冲击，故适用于不允许破碎的颗粒状或成形产品。

带式干燥器按带的层数分为单层带式、复合型、多层带式（多至7层）；按通风方向分为向下通风型、向上通风型、复合型；按排气方式分为逆流排气式、并流排气式、单独排气式。

(3) 喷雾干燥器

喷雾干燥是一种使液体物料经过雾化，进入热的干燥介质后转变成粉状或颗粒状固体的工艺过程。在处理液态物料的干燥设备中，喷雾干燥有其特殊的优点。首先，其干燥速度迅速，因被雾化的液滴一般为10～200μm，其表面积非常大，在高温气流中，瞬间即可完成95%以上的水分蒸发量，完成全部干燥的时间仅需5～30s；其次，在恒速干燥段，液滴的温度接近于使用的高温空气的湿球温度（例如在热空气为180℃，约为45℃），物料不会因为高温空气影响其产品质量，故而热敏性物料、生物制品和药物制品，基本上能接近真空下干燥的标准。此外，其生产过程较简单，操作控制方便，容易实现自动化，但由于使用空气量大，干燥容积也必须很大，故其容积传热系数较低，为58～116$\mathrm{W/(m^2\cdot ℃)}$。图5.13所示为喷雾干燥器设备示意图。

根据喷嘴的形式将喷雾干燥分为压力式喷雾干燥、离心式喷雾干燥和气流式喷雾干燥；根据热空气的流向与雾化器喷雾流向的并、逆、混，喷雾干燥又可分为垂直逆流喷嘴雾化、垂直下降并流喷嘴雾化、垂直上喷并流喷嘴雾化、垂直上喷逆流喷嘴雾化、垂直下降并流离心圆盘雾化、水平并流喷嘴雾化。

(4) 气流干燥器

气流干燥器主要由空气加热器、加料器、干燥管、旋风分离器、风机等设备组成。气流干燥的特点如下：

① 由于空气的高速搅动，减少了传质阻力，同时干燥时物料颗粒小、比表面积大，因此瞬间即得到干燥的粉末状产品；

② 干燥时间短，为0.5s至几秒，适应于热敏性物料的干燥；

③ 设备简单，占地面积小，易于建造和维修；

④ 处理能力大，热效率高，可达60%；

⑤ 干燥过程易实现自动化和连续生产，操作成本较低；

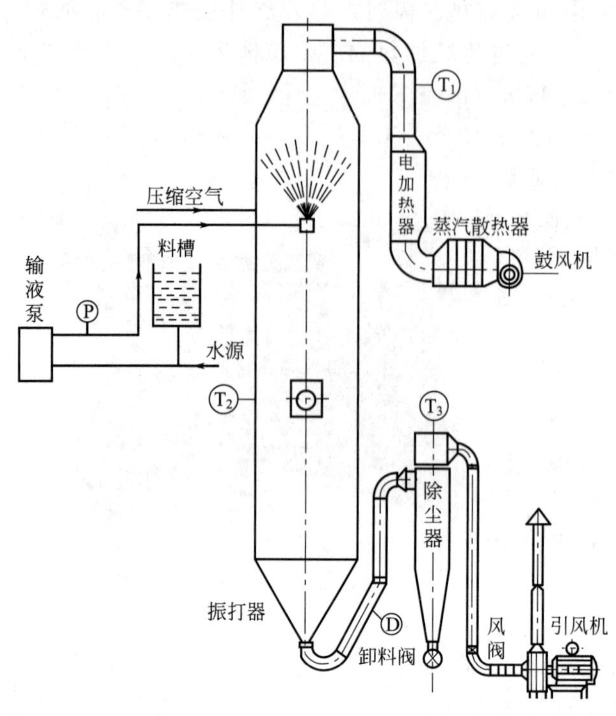

图 5.13 喷雾干燥设备示意图

⑥ 系统阻力大，动力循环大，气速高，设备磨损大；

⑦ 对含结合水的物料效率显著降低。

气流干燥器可根据湿物料加入方式分为直接加入型、带分散器型和带粉碎机型三种；根据气流管型分为直管型、脉冲型、倒锥型、套管型、旋风型。

气流干燥器一般运行参数如下：操作温度 500～600℃，排风温度 80～120℃，产品物料温度 60～90℃，不会造成过热，干燥时间 0.5～2s，管内气速 10～30m/s，容积传热膜系数 2320～7000W/(m^2・K)，全系统气阻压降约 3.43kPa。

(5) 流化床干燥器

a. 流化床干燥器的特点

① 传热效果好。由于物料的干燥介质接触面积大，同时物料在床内不断地进行激烈搅拌，传热效果良好，热容量系数大，可达 2320～6960W/(m^2・K)。

② 温度分布均匀。由于流化床内温度分布均匀，避免了产品的任何局部过热，特别适用于某些热敏物料干燥。

③ 操作灵活。在同一设备内可以进行连续操作，也可以进行间歇操作。

④ 停留时间可调节。物料在干燥器内的停留时间，可以按需要进行调整，所以对产品含水量有波动的情况更适宜。

⑤ 投资少。干燥装置本身不包括机械运动部件，装置投资费用低廉，维修工作量小。

b. 流化床干燥器类型

按操作条件分为连续式、间歇式；按设备结构可分为一般流化型（包括卧式、立式多层式等）、搅拌流化型、振动流化型、脉冲流化型、媒体流化型（即惰性粒子流化床）等。

c. JZL 型振动流化床干燥（冷却）器

振动流化床是在普通流化床上实施振动而成的，JZL 型振动流化床干燥（冷却）器是目前国内最大系列产品，是由上海化工研究院化学工程装备研究所设计开发的产品。该装置通过振动流态化，使流化比较困难的团状、块状、膏糊状及热塑性物料均可获得满意的产品。它通过调整振动参数（频率、振幅），控制停留时间。由于机械振动的加入，使得流化速度降低，因此动力消耗低，物料表面不易损伤，可用于易碎物料的干燥与冷却。

(6) SK 系列旋转闪蒸干燥器

旋转闪蒸干燥器是一种能将膏糊状、滤饼状物料直接干燥成粉粒状的连续干燥设备。如图 5.14 所示，它能把膏糊状物料在 10～400s 内迅速干燥成粉粒产品。它占地小，投资省。干燥强度高达 400～960kgH_2O/(m^2・h・℃)，热容量系数可达到 2300～7000W/(m^2・K)。

旋转闪蒸干燥器是由若干设备组合起来的一套机组，包括混合加料器、干燥室、搅拌

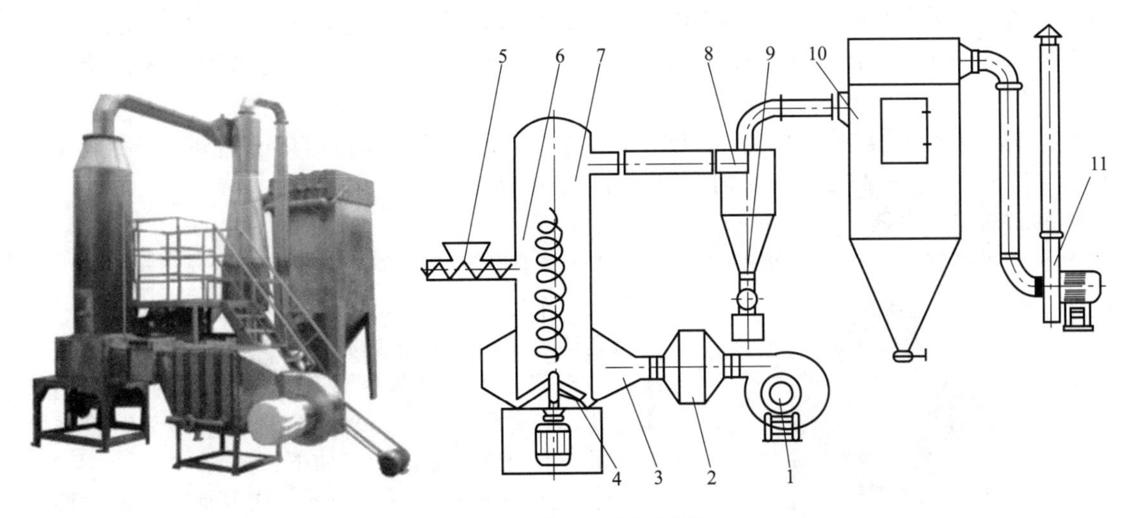

图 5.14 旋转闪蒸干燥器

1—鼓风机；2—加热器；3—空气分配器；4—搅拌机；5—混合加料器；6—干燥室；
7—分级器；8—旋风分离器；9—星形卸料器；10—布袋除尘器；11—引风机

器、加热器（或热风炉）、鼓风机、旋风分离器、布袋除尘器、引风机。

(7) 立式通风移动床干燥器

在立式通风移动床干燥器中物料借自重以移动床方式下降，与上升的通过床层热风接触而进行干燥，用于大量地连续干燥、可自由流动而含水分较少的颗粒状物料，其主要干燥物料是 2mm 以上颗粒，例如玉米、麦粒、谷物、尼龙、聚酯切片以及焦炭、煤等的大量干燥。

移动床干燥器的特点是：适合大生产量连续操作，结构简单，操作容易，运转稳定，功耗小，床层压降约为 98～980Pa，占地面积小，可以很方便地通过调节出料速度来调节物料的停留时间。

(8) 回转干燥器

这是一种适宜于处理量大、含水分较少的颗粒状物料的干燥器。其主体为略带倾斜，并能回转的圆筒体，湿物料由一端加入，经过圆筒内部，与通过筒内的热风或加热壁面有效地接触而被干燥。

a. 直接或间接加热式回转圆筒干燥器

这种回转圆筒干燥器的运转可靠，操作弹性大，适应性强，其技术指标为：直径 ϕ0.4～3.0m，最大可达 5m；长度 2～30m，最大可达 150m 以上；L/D 为 6～10；处理物料含水量范围 3%～50%；干品含水量<0.5%；停留时间 5～1120min；气流速度 0.3～1.0m/s（颗粒略大的达 2.2m/s）；容积传热系数 115～350W/($m^2 \cdot K$)；流向有逆流和并流；进气温度为 300℃时，热效率为 30%，进气温度为 500℃时，热效率为 50%～70%。回转圆筒干燥器的外形如图 5.15 所示。

图 5.15 回转圆筒干燥器外形

b. 穿流式回转干燥器

穿流式回转干燥器又称通风回转干燥器，按热风吹入方式分为端面吹入型和侧面吹入型两种。穿流式回转干燥器特点是其容积传热系数为平行流回转干燥器的1.5～5倍，达到350～1750W/(m^2·K)；干燥时间较短为10～30min，物料破损较少；物料留存率较大，为20%～25%（平行流回转干燥器约8%～13%）；操作稳定、可靠、方便。对干品水分要求很低的塑料颗粒干燥至0.02%，也有实例。它可以通过延长滞留时间来达到，对高含水率（达70%～75%）的高分子凝聚剂，同样可以有效地进行干燥。

(9) 真空干燥器

真空干燥器有搅拌型圆筒干燥器、耙式真空干燥器、双锥回转真空干燥器几种形式。

图5.16 双锥回转真空干燥器

真空干燥器的辅助设备有：真空泵、冷凝器、粉尘捕集器，用热载体加热时应有热载体加热器。这些设备的形式、大小应根据装置的各种条件，即容量、真空度、各种温度、各种时间、速率和有无蒸汽回收等确定。真空干燥器的特点如下：

① 适用热敏性物料的干燥，能以低温干燥对温度不稳定或热敏性的物料；

② 适用在空气中易氧化物料的干燥，尤其适用于易受空气中氧气氧化或有燃烧危险的物料，并可对所含溶剂进行回收；

③ 尤其适宜灭菌、防污染的医药制品的干燥；

④ 热效率高，能以较低的温度，获得较高的干燥速率，具有较高的热效率，并且能将物料干燥到很低水分，所以可用于低含水率物料的第二级干燥器。

双锥回转真空干燥器规格以容积计为6～5000L，干燥速度快，受热均匀，比传统烘箱可提高干燥速度3～5倍，其内部结构简单，故清扫容易，物料充填率高，可达30%～50%，对于干燥后容积有很大变化的物料，其充填率可达65%。双锥回转真空干燥器的外形如图5.16所示。

(10) 滚筒干燥器

滚筒干燥器的特点如下：

① 热效率70%～90%；

② 干燥速率大，筒壁上湿料膜的传热与传质过程由里向外，方向一致，温度梯度较大，使料膜表面保持较高的蒸发强度，一般可达30～70kgH_2O/(m^2·h)；

③ 干燥时间短，故适合热敏性物料；

④ 操作简便，质量稳定，节省劳动力，如果物料量很少，也可以处理。

滚筒干燥器的一般技术参数：

传热速度为520～700W/(m^2·K)；

干燥时间5～60s；

筒体转速N=4～6r/min（对稀薄液体N=10～20r/min）；

液膜厚度0.3～5mm；

干燥速度15～30kgH_2O/(h·m^2)；

温差Δt=40～50℃；

功率（P/m^2）为0.44～0.52kW/m^2；

热效率η=70%～90%。

5.11.2 干燥设备的选型原则

干燥设备的操作性能必须适应被干燥物料的特性，满足干燥产品的质量要求，符合安全、环境和节能要求，因此，干燥器的选型要从被干燥物料的特性、产品质量要求等方面着手。

(1) 与干燥操作有关的物料特性

① 物料形态。被干燥的湿物料除液体状、泥浆状外，尚有卫生瓷器、高压绝缘陶瓷、木材以及粉状、片状、纤维状、长带状等各种形态的物料，物料形态是考虑干燥器类型的一大前提。

② 物料的物理性能。通常包括密度、堆积密度、含水率、粒度分布状况、熔点、软化点、黏附性、融变性等。

③ 物料的热敏性能。这是考虑干燥过程中物料温度的上限，也是确定热风（热源）温度的先决条件，物料受热后出现的变质、分解、氧化等现象，都是直接影响产品质量的大问题。

④ 物料与水分结合状态。几种形态相同的不同物料，它们的干燥特性却差异很大，这主要是由于物料内部保存的水分的性质有结合水和非结合水之分的缘故，反之，若同一物料，形态改变，则其干燥特性也会有很大变化，从而决定物料在干燥器中的停留时间，这就对选型提出了要求。

(2) 对产品品质的要求

① 产品外观形态，如染料、乳制品及化工中间体，要求产品呈空心颗粒，可以防止粉尘飞扬，改善操作环境，同时在水中可以速溶，分散性好。

② 产品终点水分的含量和干燥均匀性。

③ 产品品质及卫生规格，如用于食品的香味保存和医药产品的灭菌处理等特殊要求。

(3) 使用者所处地理环境及能源状况的考虑

选型时要考虑地理环境、建设场地及环保要求，若干燥产品的排风中含有毒粉尘或恶臭等，从环保出发要考虑到后处理的可能性和必要性；能源状况，这是影响到投资规模及操作成本的首要问题，这也是选型不可忽视的问题。

(4) 其他

物料特殊性，如毒性、流变性、表面易结壳硬化或收缩开裂等性能，必须按实际情况进行特殊处理。还应考虑产品的商品价值状况，被干燥物料预处理，即被干燥物料的机械预脱水的手段及初含水率的波动状况等。

5.12 其他设备和机械的选型

5.12.1 起重机械

许多起重机械，都是间歇使用的，与流程的关系不大，化工生产中经常使用一些简单的手动或电动的起重装置，常见的有手拉葫芦和电动葫芦。在选型时，根据工艺流程安排，根据起重的最大负荷和起重高度来选型。

其他重型起重机械，大体如此。

5.12.2 运输机械

(1) 车式运输机械

运输机械有各种手动、电动机械，型式有叉式车、手推车等。在选型时，要根据工艺要求设计最大起重量（载重量）、起升高度、行驶速度、爬坡度、倾角、转弯半径和它的自重、价格等综合衡量选取。

(2) 各式输送机

化工生产中一些小颗粒粉尘状物料和滤饼、破碎料、废渣的输送，在流程中有时设计一些自动或半自动化的输送机，如提升机，运输机等。

这类机械的选型，应根据物料的粒度、硬度、重量、温度、堆积密度、湿度、含有腐蚀性物料与否，输送的连续性，稳定性要求等工艺参数选择合适的材料（输送带材料，介质材料等）和恰当的型号。

5.12.3 加料和计量设备

在干燥设备、粉碎筛分设备和一些气固相反应的设备上，都需要设计有一定工艺要求的加料和加料计量装置。常见的固相物料加料器有旋转式加料器（星形加料），螺旋给料器，摆动式给料器和电磁控制的给料器。在加料装置选型时要注意物料特性，有时还应当用样品做试验，使得加料设备做到：能定量给料，运行可靠，稳定，不破坏物料的形状和性能，结构简单，外形小，功耗低，不漏料，不漏气，计量较精确，操作方便等。事实上，很多固相物料的加料机械尚不尽如人意。

总之其他设备和机械的选型程序与步骤同设备的工艺设计一样，首先要明确设计任务，了解工艺条件，确定设计参数；其次，要选择一个适用的类型；第三，要根据工艺条件进行必要的计算，选择一个具体的型号，对于非标设备就是确定具体尺寸。

5.13 汇编设备一览表

当所有设备选型和设计计算结束后，将装置内所有化工工艺设备（机器）和化工工艺有关的辅助设备（机器）汇编在设备一览表中，如表 5.6 所示。对非标设备要绘制工艺条件图，图上要注明主要工艺尺寸、明细栏，管口表、技术特性表、技术要求等。

表 5.6 设备一览表

<table>
<tr><td colspan="4" rowspan="3">××设计单位名称</td><td>工程名称</td><td></td><td colspan="2" rowspan="3">综合设备一览表</td><td>编制</td><td></td><td colspan="3">年 月 日</td><td colspan="2">工程号</td><td colspan="2"></td></tr>
<tr><td>设计项目</td><td></td><td>校对</td><td></td><td colspan="3">年 月 日</td><td colspan="2">库号</td><td colspan="2"></td></tr>
<tr><td>设计阶段</td><td></td><td>审校</td><td></td><td colspan="3">年 月 日</td><td colspan="2">第 页</td><td colspan="2">共 页</td></tr>
<tr><td rowspan="2">序号</td><td rowspan="2">设备分类</td><td rowspan="2">流程图位号</td><td rowspan="2">设备名称</td><td rowspan="2">主要规格型号材料</td><td rowspan="2">面积/m²或容积/m³</td><td rowspan="2">附件</td><td rowspan="2">数量</td><td rowspan="2">单重/kg</td><td rowspan="2">单价/元</td><td rowspan="2">图纸图号或标准图号</td><td rowspan="2">设计或复用</td><td colspan="2">保温</td><td rowspan="2">安装图号</td><td rowspan="2">制造厂</td><td rowspan="2">备注</td></tr>
<tr><td>材料</td><td>厚度</td></tr>
<tr><td></td><td></td><td></td><td></td><td></td><td></td><td></td><td></td><td></td><td></td><td></td><td></td><td></td><td></td><td></td><td></td><td></td></tr>
<tr><td></td><td></td><td></td><td></td><td></td><td></td><td></td><td></td><td></td><td></td><td></td><td></td><td></td><td></td><td></td><td></td><td></td></tr>
<tr><td></td><td></td><td></td><td></td><td></td><td></td><td></td><td></td><td></td><td></td><td></td><td></td><td></td><td></td><td></td><td></td><td></td></tr>
<tr><td></td><td></td><td></td><td></td><td></td><td></td><td></td><td></td><td></td><td></td><td></td><td></td><td></td><td></td><td></td><td></td><td></td></tr>
<tr><td></td><td></td><td></td><td></td><td></td><td></td><td></td><td></td><td></td><td></td><td></td><td></td><td></td><td></td><td></td><td></td><td></td></tr>
<tr><td></td><td></td><td></td><td></td><td></td><td></td><td></td><td></td><td></td><td></td><td></td><td></td><td></td><td></td><td></td><td></td><td></td></tr>
<tr><td></td><td></td><td></td><td></td><td></td><td></td><td></td><td></td><td></td><td></td><td></td><td></td><td></td><td></td><td></td><td></td><td></td></tr>
<tr><td></td><td></td><td></td><td></td><td></td><td></td><td></td><td></td><td></td><td></td><td></td><td></td><td></td><td></td><td></td><td></td><td></td></tr>
<tr><td></td><td></td><td></td><td></td><td></td><td></td><td></td><td></td><td></td><td></td><td></td><td></td><td></td><td></td><td></td><td></td><td></td></tr>
<tr><td></td><td></td><td></td><td></td><td></td><td></td><td></td><td></td><td></td><td></td><td></td><td></td><td></td><td></td><td></td><td></td><td></td></tr>
<tr><td></td><td></td><td></td><td></td><td></td><td></td><td></td><td></td><td></td><td></td><td></td><td></td><td></td><td></td><td></td><td></td><td></td></tr>
<tr><td></td><td></td><td></td><td></td><td></td><td></td><td></td><td></td><td></td><td></td><td></td><td></td><td></td><td></td><td></td><td></td><td></td></tr>
</table>

本章小结

化工设备从总体上分为两类：一类称为标准设备或定型设备，是成批成系列生产的设备，可以直接采购；另一类称为非标准设备或非定型设备，是需要专门设计和制造的特殊设备。标准设备有产品目录或样本手册，有各种规格牌号和不同生产厂家。工艺设计的任务是根据工艺要求，计算并选择某种型号，以便订货。非标准设备也是化工生产中大量存在的设备，它甚至是化工生产的一种特色。非标准设备工艺设计就是根据工艺要求，通过工艺计算，提出型式、材料、尺寸和其他一些要求。再由过程装备与控制专业技术人员进行机械设计，由有关工厂制造。在设计非标准设备时，应尽量采用已经标准化的图纸。

设备选型的基本原则是：最好选择已在类似工厂长时间使用、成熟稳定、被大家认可的设备，选择国内外声誉较好的设备制造厂家；在选型过程中尽量多与生产厂家沟通，不确定的设备要到使用单位调研，向有经验的专家讨教，绝对不允许不负责地随意选择一台设备。总之，要综合考虑合理性、先进性、安全性、经济性的原则，审慎地研究，认真地设计。

思考与练习题

1. 化工设备是如何分类的？
2. 设备设计与选型的原则？
3. 设备材料选用的原则？
4. 选泵的原则？
5. 贮罐是如何分类的？
6. 欲用循环水将流量为 $65m^3/h$ 的粗苯液体从 78℃ 冷却到 35℃，循环水的初温为 28℃，试选用适宜的列管式换热器。

第6章

车间布置设计

在本章你可以学到如下内容

- 车间布置设计的方法和步骤
- 车间的整体布置设计要求
- 设备布置设计要求
- 常用设备的布置示例
- 设备布置图的绘制要求及方法

在初步设计工艺流程图与设备选型完成之后，就可以开始进行车间厂房（包括构筑物）和车间设备布置设计工作。布置设计的主要任务是对厂房的平、立面结构，内部要求，生产设备，电气仪表设施等按生产流程的要求，在空间上进行组合、布置，使布局既满足生产工艺、操作、维修、安装等要求，又经济实用、占地少，整齐美观。

车间布置是设计工作中很重要的一环，车间布置设计是否合理，事关重大，它将直接影响整个项目的总投资及操作、安装、检修是否方便，甚至还会影响整个车间的安全、管理以及车间的各项技术经济指标的完成情况，如厂房布局过小，会影响日后的安装、操作、检修等工作，严重时会导致生产事故的发生，厂房间距如不符合有关防火的规定，会导致车间不能开工生产；反之厂房布局过于宽敞，会增加厂房的占地面积、建筑面积和安装管道的用材等，这将会增加整个项目的建设投资。因此，在进行布置设计时，要全盘统筹考虑，合理安排布局，才能完成既符合生产要求，又经济合理的布置设计。下面将分别介绍车间布置设计的内容、方法、步骤及车间布置图的绘制。

6.1 车间布置设计的内容及原则方法

车间布置设计包括车间各工段、各设施在车间厂地范围内的布置和车间设备（包括电气、仪表等设施）在车间中的布置两部分，前者称车间厂房布置设计，后者称车间设备布置设计，二者总称车间布置设计。

车间布置设计是在设计进行到一定阶段后才开始进行的，只有具备了一定的条件即有了一定的设计依据后才着手进行车间布置设计。

6.1.1 车间布置设计的依据

在进行车间布置设计前，首先需要完成和熟悉下述各项准备工作。

① 要有厂区总平面布置图，并且在总图上已经明确规定了本车间所处的具体位置和区划。

② 已掌握本车间与其他各生产车间、辅助生产车间、生活设施以及本车间与车间内外的道路、铁路、码头、输电、消防等的关系。了解有关防火、防雷、防爆、防毒和卫生等常用的设计规范和规定。

③ 熟悉本车间的生产工艺并已设计完成管道及仪表流程图；熟悉有关产品的物性数据、原材料和主、副产品的贮存、运输方式和特殊要求；三废的数量及处理方法。

④ 熟悉本车间各种设备的特点、要求及日后的安装、检修、操作所需空间、位置。根据设备的操作情况和工艺要求，决定设备装置是否露天布置，是否需要检修场地，是否经常更换等。

⑤ 了解与本车间工艺有关的试验、配电、控制仪表等其他专业和办公、生活设施方面的要求。

⑥ 具有车间设备一览表和车间定员表。

⑦ 了解公用系统耗用量及建厂地形和气象资料。

6.1.2 车间布置设计的内容

车间布置设计主要包括车间厂房布置设计和车间设备布置设计两部分内容。

(1) 车间厂房的整体布置设计

在进行厂房的整体布置设计时，首先要推敲并确定车间设施的基本组成部分，防止遗漏不全，车间的组成一般包括以下三个部分。

① 生产部门：包括原料工段、生产工段、成品工段、回收工段（包括三废处理）、控制室等。

② 辅助部门：压缩空气、真空泵房、水处理系统、变电配电室、通风空调室、机修室、仪修室、电修室、车间化验室、仓库等。

③ 生活部门：包括车间办公室、更衣室、浴室、休息室、厕所等。

当车间的基本部分确定之后，按照车间设备布置的情况，确定车间厂房的结构型式、跨度、长度、层高及厂房的总高度和它们之间的相互关系、相对位置；确定车间有关场地、道路的位置和大小，以此给土建专业提供一次设计条件。

(2) 车间设备布置设计

车间设备布置设计就是确定各个设备在车间范围内平面与车间立面上的准确的、具体的位置，同时确定场地与建、构筑物的尺寸；安排工艺管道、电气仪表管线、采暖通风管线的位置。

(3) 绘制车间布置图

将以上设计结果，规范地绘制在图纸上形成车间布置图。当车间设备比较少或车间设备在空间上相对高度相差不大时，一般只绘制设备平面布置图（包括车间厂房和车间设备布置），在平面布置图上按规定注明其底面或支承面的高度；当车间设备比较多且在空间上有较大差别，平面布置上表述过于繁杂时，要绘制设备立面图或局部剖视图，局部剖视图以表达设备在立面上布置清楚为原则。

6.1.3 车间布置设计的原则

① 从经济和压降观点出发，设备布置应顺从工艺流程，但若与安全、维修和施工有矛

盾时，允许有所调整。

② 车间布置设计要适应总图布置要求，与其他车间、公用工程系统、运输系统组成有机体，力求紧凑、联系方便、缩短输送管道，达到节省管材费用及运行费用。

③ 根据地形、主导方向等条件进行设备布置，有效地利用车间建筑面积（包括空间）和土地（尽量采用露天布置及构筑物能合并者尽量合并）。

④ 最大限度地满足工艺生产包括设备维修要求，了解其他专业对本车间的布置要求。

⑤ 经济效果要好。车间平面布置设计应简洁、紧凑，以达到最小的占地面积；车间立面设计应尽量将高大的设备布置在室外，如不能布置在室外的尽量单独处理，诸如利用天窗的空间，或将设备穿过屋顶采用部分露天化处理等，尽量降低厂房的高度，以减少建设费用，降低生产成本。

⑥ 便于生产管理，安装、操作、检修方便。在车间布置设计时，除考虑各个生产工段外，对生产辅助用房如车间配电室、机修间、化验室等和生活办公用房，如车间办公室、更衣室等，都要合理安排，相互协调，以便于生产管理；设备布置设计的同时，要考虑到日后的施工安装、操作和检修，要尽量创造良好的工作环境，给操作人员留有必要的操作空间和安全距离，如经常联系的设备要尽量靠近，以便于操作；需要经常检修、更换的设备附近要留有一定的检修空间和设备搬运宽度。

⑦ 要符合有关的布置规范和国家有关的法规，妥善处理防火、防爆、防毒、防腐等问题。有毒、有腐蚀性介质的设备应分别集中布置，并设有围堰，保证生产安全；还要符合建筑规范和要求；厂房的大小高度、形制等要符合建筑规范。设置安全通道，人流和货流尽量不要交错。

⑧ 要留有发展余地。为便于将来扩建或增建，设计中要留有发展余地。另外留有适当的空间，可补救设计中可能出现的不足，如当生产规模不够时，有增加设备的空间。

6.1.4 车间布置设计的方法和步骤

(1) 准备资料

① 管道及仪表流程图　它表示了由原料到产品的整个生产过程、所有设备的前后、上下关系，主要的设备结构特征，由此可以确定设备的布置顺序及设备的大体位置。

② 设备一览表　它表示了设备的规格、尺寸、数量、特点及布置要求，结合工艺流程图可以估算设备的占地面积和空间高度，以确定车间厂房的面积与高度。

③ 总图与规划设计资料　它表明了整个工程的场地与道路情况、外管管道的位置、污水排放位置及有关车间的位置，由此可以从物料的输送关系及各个车间的相互关系来确定车间内各个工段的位置；结合工艺要求和操作情况就能确定装置是露天布置还是室内布置。

④ 有关的规范和标准　布置设计必须严格按照国家有关的规范与标准进行，如防火规范规定了有关易燃易爆设备之间的最小设计距离。安全卫生规范亦有明确规定，不得随便。

(2) 确定各工段的布置形式

① 室外布置　在化工车间布置设计中，应优先考虑室外布置形式，只要有可能尽量采用露天布置、半露天布置或框架式布置。目前，大多数化工厂都已经普遍这样布置，无论是有机化工厂，诸如石油化工厂和合成树脂厂，还是无机化工厂，诸如合成氨厂和硝酸厂，大部分设备布置在室外露天的或敞开式的多层框架上，部分设备布置在室内或设顶棚，如泵、压缩机、包装设备等。

室外布置的优点是：建筑投资少，用地面积省，有利于安装和检修，也有利于通风、防火、防爆；其最大的缺点是受气候影响大，操作条件差，自控要求条件高。生产中一般不需要经常操作的或可用自动化仪表控制的设备，如塔、冷凝器、成品贮罐、气柜等通常都布置于室外，需要大气调节温度、湿度的设备，如凉水塔、空气冷却器等也都布置于室外。

② 室内布置　一般小规模的间歇操作和操作较频繁的设备常布置在室内，这类车间常将生产设备、生产辅助设备和生活、行政、控制、化验设施等布置在一座或几座厂房里。室内布置的优点是：受气候影响小，劳动条件好，但投资较大。

(3) 确定厂房布置和设备布置方案

车间厂房布置方法不同可以产生不同的效果、厂房的外形尺寸与全厂的管网、外线，本车间的管廊、管网等都有很大关系，详见5.2节所述。因此在着手布置设备之前，必须率先确定厂房布置的方案，确定厂房的外形、尺寸和分布，剩下的就是在已确定的厂房（场地）内安置设备了。

设备布置的方案一般采用按流程布置和同类设备集中布置的方案，通常都是将这两种方法穿插使用，即在总体上是按流程布置，如精馏装置多塔流程，通常是按其流程顺序布置塔器的，但塔的各个回流泵、输送泵，又可能是集中布置的，而不一定绝对按流程“塔—泵—接受器—塔—泵—接受器—”等这样排布，很多情况下，塔一起布置，而泵又集中布置，甚至于泵与其他操作工序中的泵一起集中布置等。但不管怎么说，至少在宏观上，设备的布置一般都是按流程布置的，这是实践证明了的管路不致重复往返、缩短管路、物料流动顺畅、维修方便、利于管理和工人操作、减少失误、节省投资和省地的优化方案。

在按流程布置时，要注意车间内的交通、运输和人行通道以及维修场地与空间的安排。如流程中的设备要牵涉到投料，有些地方要有其他设备运动或有人行过道、消防过道、安全通道等。有些设备如反应釜的搅拌轴、浮头式冷凝器的内部构件，在维修时，要吊出或抽出，必须留有空间和空地，这些在方案确定时就要考虑到，某些检修场地甚至要在图上标出。

(4) 绘制车间布置草图

在布置设计开始之前，工艺设计人员一方面要对准备的资料尤其是对工艺流程、所有设备的尺寸、结构及要求了解透彻，同时要有立体概念；另一方面可先与非工艺专业特别是土建专业设计人员进一步研究，完善布置设计构思。

在初步进行布置设计时，一般是按照流程式布置，即将设备按流程的顺序依次进行布置。这样可以避免管道重复往返，缩短管道总长，既节约投资，又节省地方。

在绘制车间布置草图时，工艺设计人员先初步划分一下生产设施、辅助生产设施和生活办公设施的位置，确定厂房宽度和柱距，初步估算厂房面积，然后将所有设备根据设备布置的原则绘制在图面上，再逐个计算每个设备所需的辅助场地和空间，以及其他设施所需的场地和空间，同时要考虑柱子、楼梯、通道等所需的场地和空间，考虑周全后，对布置进行反复推敲、精心琢磨、合理调整，完成设备布置草图的绘制工作。

由于车间布置设计比较复杂，对于一些流程比较复杂的车间，通常要按比例进行多个方案布置，并广泛征求各个专业的意见，同时做出几个布置设计方案进行比较，广泛征求领导、专家、建设单位的意见，最后选择最为经济合理的方案作为车间布置草图。

(5) 绘制车间设备布置图

车间平面布置草图完成后，厂房的跨度、高度、柱子、楼梯的位置以及各个设备的位置等基本上都定下来后，剩下的工作就是进一步修改、完善，绘制规范的车间设备布置图。

6.2 车间的整体布置设计

车间的整体布局主要根据生产规模、生产特点、厂区面积、厂区地形以及地质条件而定，采用集中式和分散式两种布置。凡生产规模较小，车间中各工段联系频繁，生产特点无显著差异时，在符合建筑设计防火规范及工业企业设计卫生标准的前提下，结合建厂地点的具体情况，可将车间的生产、辅助、生活部门集中布置在一幢厂房内。医药、农药、一般化工的生产车间都是属于集中式布置。凡生产规模较大，车间内各工段的生产特点有显著差异，需要严格分开或者厂区平坦地形的地面较少时，厂房多数采用分散式布置。大型化工厂如石油化工，一般生产规模较大，生产特点是易燃易爆，或有明火设备如工业炉等，这时厂房的安排宜采用分散式布置，即把原料处理、成品包装、生产工段、回收工段、控制室以及特殊设备独立设置，分散为许多单体。

车间整体布置要尽量考虑露天化布置，因为露天化布置对建筑等方面带来如下好处。

① 节省大量建筑面积，节省基建投资；

② 节约土建施工工程量，加快基建进度；

③ 将具有火灾及爆炸危险的设备露天化，就可以降低厂房的防火防爆等级，因而降低厂房造价；

④ 有利于化工生产的防火防爆和防毒；

⑤ 厂房的扩建、改建具有较大的灵活性。

凡属下列几种情形者，可适当考虑使设备露天布置。

① 生产中不需要经常看管的设备、辅助设备，对气候影响较小的设备，如吸收塔、气柜、不冻液体贮罐、大型贮罐、高位水槽等；

② 需要大气来调节温度、湿度的设备，如凉水塔、冷却塔等；

③ 不需要人工操作，高度自动化的设备；

④ 气候温暖、无酷暑或严寒的地区。

车间整体平面布置设计，可选用以下几种布置方案。

(1) 直通管廊长条布置

该布置适用于小型车间（装置）。外部管道可由管廊的一端或两端进出，贮罐区与工艺区用管廊连接起来，流程通畅。在管廊两侧布置贮罐与设备比单面布置占地面积小，管廊长度短，节省流体输送动力。该布置如图 6.1 所示。

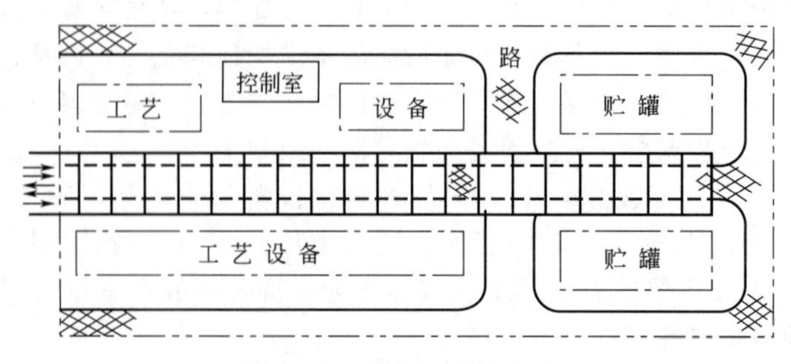

图 6.1 直通管廊长条布置

(2) L形、T形管廊布置

L形、T形的管廊布置（图6.2）适合于较复杂车间，管道可由两个或三个方向进出车间。

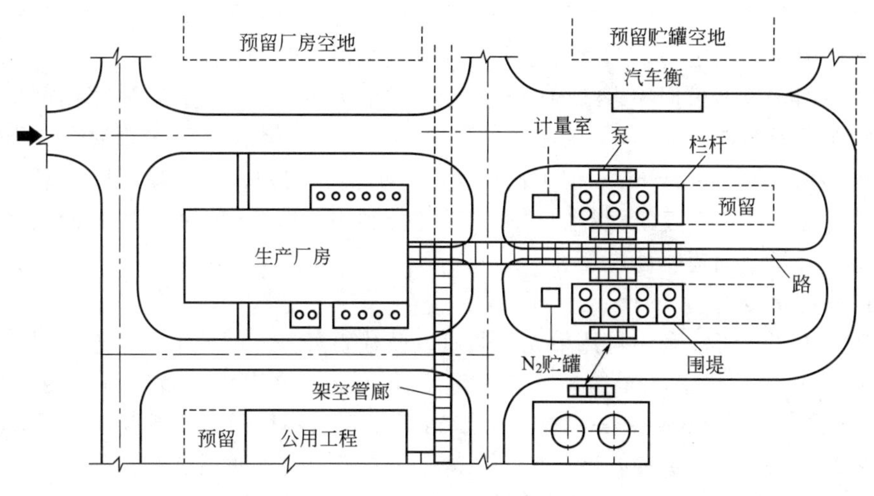

图6.2 化工车间L形、T形管廊布置

中间贮罐布置在设备或厂房附近，原料、成品贮罐分类集中在贮罐区。易燃物料贮罐外设围堤以防止液体泄漏蔓延，为操作安全，泵布置在围堤外。槽车卸料泵靠近道路布置，贮罐的出料泵靠近管廊既方便又节约管道。

厂房与各分区的周围都应通行道路，道路布置成环网状，除方便检修外也利于消防安全。管廊与道路重叠，在架空管廊下（或边）布置道路既节约用地又方便安装维修。

(3) 复杂车间平面布置

对于复杂车间的布置，可采用直通形、T形和L形的组合，组合的原则是经济合理、美观实用。

总之，车间的整体布置，必须根据车间外部和车间内部条件，全面考虑车间各厂房、露天场地和各建筑物的相对位置和布局，综合各种设计条件，不断进行讨论，完善设计，才能得到一个比较理想的布置方案。

6.2.1 厂房的平面布置

(1) 厂房平面布置

化工厂房平面型式的选择原则是，在满足生产工艺要求下尽量力求简单，力争美化，同时要按照建筑规范要求。一般情况，厂房型式越简单，越有利于设计、施工，而且厂房造价越低，设备布置的弹性越大；反之，厂房型式越复杂，造价越高，而且不利于采光、通风和散热等。当然，厂房型式的特点并不是一成不变的，所以，在进行厂房布置设计时，工艺人员和建筑设计人员要密切配合，全面考虑、进行多方案比较，设计出合理的厂房的平面布置。

在化工设计中采用的厂房型式一般有长方形、L形、T形和Π形。长方形一般作为优先考虑的布置形式，适用于中小型车间。其优点是便于总平面图的布置，节约用地，有利于今后的发展，有利于设备布置和物料工艺流程连续化，缩短管线，易于安排交通和安全出入口，有较多可供自然采光和通风的墙面，但有时由于厂房总长度较长，在总图布置有困难时，为了适应地形的要求或者生产的需要也有采用L形、T形或Π形的，但此时应充分考虑采光、通风、交通和立面等各方面的因素。

(2) 厂房的柱网布置

柱子的纵向和横向定位轴线垂直相交，在平面上排列所构成的网络线，称为柱网。柱网是用来表示厂房跨度和柱距的。柱网的大小，是根据生产所需要的面积、设备布置要求和技术经济比较等因素来确定的，同时要尽可能符合建筑模数制的要求。

厂房的柱网布置，根据厂房结构而定，生产类别为甲、乙类生产，宜采用框架结构，采用的柱网间距一般为 6m，也可采用 9m、12m；丙、丁、戊类生产可采用混合结构或内框架结构，间距采用 4m、5m 或 6m。但不论框架结构或混合结构，在一幢厂房中不宜采用多种柱距，柱距要尽可能符合建筑模数的要求，以充分利用建筑结构上的标准预制构件，节约建筑设计与施工力量，加速基建进度。

(3) 厂房的宽度

生产厂房为了尽可能利用自然采光和通风以及建筑经济上的要求，一般单层厂房宽度不宜超过 30m，多层不宜超过 24m。厂房宽度应采用 3m 的倍数，如厂房常用宽度有 9m、12m、14.4m、15m、18m 和 21m，也有用 24m 的。厂房中柱子布置既要便于设备排列和工人操作，又要有利于交通运输，因此单层厂房常为单跨，即跨度等于厂房宽度，厂房内没有柱子。多层厂房若跨度为 9m，厂房中间如不立柱子，所用的梁要很大，不经济，一般较经济厂房的常用柱间跨度，控制在 6m 左右，例如 12m、14.4m、15m、18m、21m 宽度的厂房，常分别布置成 6-6、6-2.4-6、6-3-6、6-6-6 形式。其中 6-2.4-6 表示三跨，柱之间间距（跨度）分别为 6m、2.4m、6m，中间的 2.4m 是内走廊的宽度，如图 6.3（b）所示。

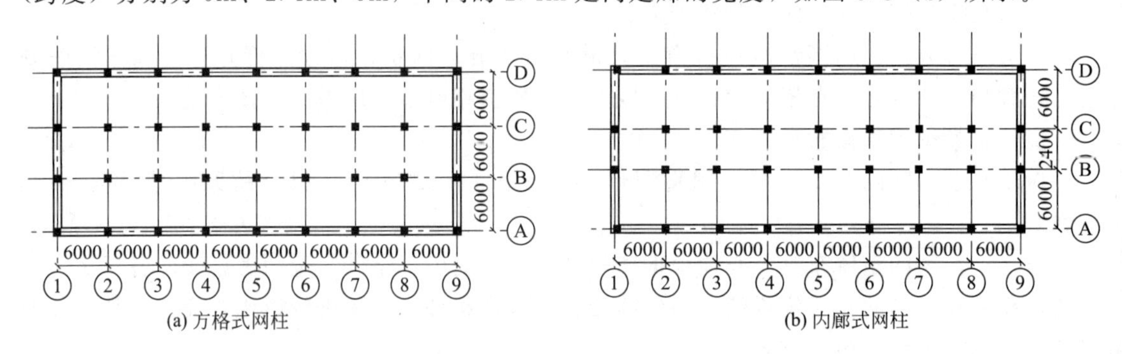

图 6.3 多层厂房网柱示意

一般车间的短边（即宽度）常为 2～3 跨，长边（即长度）则根据生产规模及工艺要求决定。

为了组织车间运输及人流、设备的进出、车间发生事故时安全疏散等，设计中应合理地布置门。按开关的方式分，有开关门、推拉门、弹簧门、升降门和折叠门等。按用途分，有普通门、车间大门、防火门及疏散用门等。常用门规格为：单扇门 1000mm×2100mm，厂房大门 3000mm×3000mm、3300mm×3600mm。防火门向外开，其他一般向内开。

在进行车间布置时，要考虑厂房安全出入口，一般不应少于两个。如车间面积小，生产人数少，可设一个（具体数值详见建筑设计防火规范）。

楼梯是多层房屋中垂直方向的通道，因此，设计车间时应合理地安排楼梯的位置。按使用的性质可分为主要楼梯、辅助楼梯和消防楼梯。考虑到人的上下及物件通过的要求，楼梯的宽度一般为 1.2m～2.2m。楼梯的坡度一般为 30°，楼梯踏步高度为 150～180mm，踏步宽为 270～320mm，在同一楼梯上踏步的高度及宽度应相同，否则容易使人摔倒。

一般承重墙的厚度是240mm（一砖厚）、370mm（一砖半厚），较厚的用490mm（两砖厚）。防火墙是把生产部分与引火部分隔离。防火墙常用砖、混凝土或钢筋混凝土等制造。防爆墙的材料可用砖或钢筋混凝土制成，防爆砖墙用厚370mm或240mm的配筋砖墙和200mm以上的钢筋混凝土墙。

6.2.2 厂房的立面布置

厂房的高度和层数，主要取决于工艺设备布置要求。厂房立面布置要充分利用空间，每层高度取决于设备的高低，厂房的高度和层数主要取决于生产设备的高度，除了设备本身的高度外，还应考虑设备附件对空间高度的需要，如安装在设备上的仪表、管道、阀门等的需要；以及设备安装、检修时对空间高度的需要；有时，还要考虑设备内检修物的高度对空间高度的需要，如带搅拌设备的搅拌器取出需要的高度。最后，以其中的最高高度加上至屋顶结构的高度决定厂房的高度。在设计有高温或可能有毒气体泄漏的厂房时，应适当增加厂房的高度，以利于通风散热。

一般框架或混合结构的多层厂房，层高多采用5m、6m，最低不得低于4.5m，每层高度尽量相同，不宜变化过多。装配式厂房层高采用300mm的模数。在有高温及有毒气体的厂房中，要适当加高建筑物的层高或设置避风式气楼（即天窗），以利于自然通风、采光散热。气楼中可布置多段蒸汽喷射泵、高位槽、冷凝器等，以充分利用厂房空间。

有爆炸危险车间宜采用单层，厂房内设置多层操作台以满足工艺设备位差的要求。如必须设在多层厂房内，则应布置在厂房顶层。如整个厂房均有爆炸危险，则在每层楼板上设置一定面积的泄爆孔。这类厂房还应设置必要的轻质面和外墙及门窗的泄压面积。泄压面积与厂房体积的比值一般采用0.05～0.1m^2/m^3。泄压面积应布置合理，并应靠近爆炸部位，不应面对人员集中的地方和主要交通道路。车间内防爆区与非防爆区（生活、辅助及控制室等）间应设防火墙分隔。如两个区域需要互通时，中间应设防爆门斗。有爆炸危险车间的楼梯间宜采用封闭式。

6.2.3 厂房的建筑结构

工业厂房有单层和多层。常用结构的型式有两种，即排架结构和框架结构。钢筋混凝土排架结构是由屋面梁或屋架、柱和基础所组成，柱与屋架铰接，而与基础刚接。这种结构是目前单层厂房结构的基本形式，跨度可超过30m，高度可达20～30m或更大，吊车吨位可达150t或更大。

框架结构是由横梁和立柱所组成。在多层房屋中，它们形成多层多跨框架。框架可以是等跨的或不等跨的，层高相等或不相等的。框架可分为现浇式、装配式及装配整体式三种。所谓装配整体式框架，即是将预制构件就位后再连成整体的框架，由于它兼有现浇式与装配式框架的一些优点，所以应用最为广泛。

若按承重结构的材料，厂房结构可分为如下几种。

(1) 混合结构

用砖柱承重、钢筋混凝土屋架或木屋架或轻钢屋架。砖混结构一般用于小厂的厂房建筑或一般的储藏、运输等建筑中。

(2) 钢筋混凝土结构

全部承重构件都用钢筋混凝土制成。这种结构在化工工厂应用十分普遍，一般主要车间都采用这类结构。

(3) 钢结构

厂房的柱、梁和屋架都是由各种形状的型钢组合连接而成的结构物，主要用于大跨度建筑和高层建筑。由于施工快，外部美观，拆装方便，目前应用非常广泛。

6.2.4 车间厂房布置设计时须注意的问题

为了使厂房设计合理、紧凑，对以下问题应予以注意。

① 厂房设计首先应满足生产工艺的要求，顺应生产工艺的顺序，使工艺流程在厂房布置的水平方向上和垂直方向上基本连续，以便使由原料变成成品的路线最短，占地最少，投资最低。

② 厂房设计时应考虑到重型设备或震动性设备如：压缩机、大型离心机等，尽量布置在底层，在必须布置在楼上时，应布置在梁上。

③ 操作平台应尽量统一设计，以免平台较多时，平台支柱零乱繁杂，厂房内构筑物过多，影响设备的布置，占用过多的面积。

④ 厂房的进出口、通道、楼梯位置要安排好，大门宽度要比最大设备宽出 0.2m 以上，当设备太高、太宽时，可与土建专业协商，预留安装孔解决，当需要有运输设备进出厂房时，厂房必须有一个门的宽度比满载的运输设备宽 0.5m，高 0.4m 以上。

⑤ 注意安全，楼层、平台要有安全出口。

6.3 设备布置设计

车间设备布置设计就是确定各个设备在车间平面上和立面上的准确、具体的位置，这是车间布置设计的核心，也是车间厂房布置设计的依据。

设备布置因生产规模、设备特点等不同有室内布置、室内和露天联合布置以及露天化布置几种。

中小型化工厂常采用室内布置，尤其是气温较低的地区，而一般生产规模较大的化工厂多采用联合布置和露天化布置。生产中一般不经常操作或可用自动化仪表控制的设备，如塔设备、换热设备、液体原料贮罐、成品贮罐、气柜等均可布置在室外，需由大气调节温度的设备，如空冷器、凉水塔等也都是露天布置。

设备露天布置有下列优点：可以节约建筑面积，节省基建投资；可节约土建施工工程量，加快基建进度；有火灾及爆炸危险性的设备，露天布置可降低厂房耐火等级，降低厂房造价；有利于化工生产的防火、防爆和防毒（对毒性较大或剧毒的化工生产除外）；厂房的扩建、改建具有较大的灵活性。

不允许有显著温度变化，不能受大气影响的一些设备。如某些反应罐，各种机械传动设备、装有精度很高仪表等应布置在室内。除此之外，在设备布置设计中应考虑以下几个方面。

6.3.1 生产工艺对设备布置的要求

设备布置应该遵循工艺流程的前后、上下、左右顺序，确保工艺流程在设备上体现出连续性，使由原料到产品的路线最短，并且最为合理。其具体布置要求如下。

① 在布置设备时一定要满足工艺流程顺序，要保证水平方向和垂直方向的连续性。设

备布置一般按流程式布置，使由原料到产品的工艺路线最短，投资也最小。对于有压差的设备，应充分利用高位差布置，以节省动力设备及费用。在不影响流程顺序的原则下，将较高设备尽量集中布置，充分利用空间，简化厂房体形。通常把计量槽、高位槽布置在最高层，主要设备如反应器等布置在中层、贮槽等布置在底层，这样既可利用位差进出物料，又可减少楼面的荷重，降低造价。但在保证垂直方向连续性的同时，应注意在多层厂房中要避免操作人员在生产过程中过多地往返于楼层之间。

② 凡属相同的几套设备或同类型的设备或操作性质相似的有关设备，应尽可能布置在一起，这样可以统一管理，集中操作，还可减少备用设备即互为备用。如塔体集中布置在塔架上，热交换器、泵成组布置在一起等。

③ 设备布置时除了要考虑设备本身所占的地位外，必须有足够的操作、通行及检修需要的位置。

④ 要考虑相同设备或相似设备互换使用的可能性，设备排列要整齐，避免过松过紧。

⑤ 设备布置的同时应考虑到管道布置空间、管架和操作阀门的位置，设备管口方位的布置要结合配管，力求设备间的管道走向合理，距离最短，无管道相互交叉现象，并有利于操作。

⑥ 车间内要留有堆放原料、成品和包装材料的空地（能堆放一批或一天的量），以及必要的运输通道且尽可能地避免固体物料的交叉运输。

⑦ 要考虑传动设备要安装安全防护装置的位置。

⑧ 要考虑防火、防爆、防毒及控制噪声的要求，对噪声大的设备宜采用封闭式隔间等。

⑨ 根据生产发展的需要与可能，适当预留扩建余地。

⑩ 设备之间距离的确定主要取决于设备和管道的安装、检修、安全生产以及节约投资等因素。间距过大会增加建筑面积，延长管道而增加投资；间距过小会导致操作、安装和检修的困难，甚至发生安全事故。设备之间或设备与墙之间的净间距大小，尚无统一规定，在设计时可参考表 6.1 的数据。

表 6.1 车间布置设计的有关尺寸和设备之间的安全距离

序号	项　　目	尺　寸/m
1	泵与泵的间距	不小于 0.7
2	泵列与泵列间的距离	不小于 2.0
3	泵与墙之间的净距	不小于 1.2
4	回转机械离墙距离	不小于 0.8～1.0
5	回转机械彼此间的距离	不小于 0.8～1.2
6	往复运动机械的运动部分与墙面的距离	不小于 1.5
7	被吊车吊动的物件与设备最高点的距离	不小于 0.4
8	贮槽与贮槽间的距离	不小于 0.4～0.6
9	计量槽与计量槽间的距离	不小于 0.4～0.6
10	换热器与换热器间的距离	不小于 1.0
11	塔与塔间的距离	1.0～2.0
12	反应罐盖上传动装置离天花板距离(如搅拌轴拆装有困难时，距离还须加大)	不小于 0.8
13	通道、操作台通行部分的最小净空	不小于 2.0～2.5
14	操作台梯子的坡度(特殊时可作成 60°)	一般不超过 45°

续表

序号	项　　目	尺　寸/m
15	一人操作时设备与墙面的距离	不小于1.0
16	一人操作并有人通过时两设备间的净距	不小于1.2
17	一人操作并有小车通过时两设备间的距离	不小于1.9
18	工艺设备与道路间的距离	不小于1.0
19	平台到水平人孔的高度	0.6～1.5
20	人行道、狭通道、楼梯、人孔周围的操作台宽	0.75
21	换热器管箱与封盖端间的距离,室外/室内	1.2/0.6
22	管束抽出的最小距离(室外)	管束长+0.6
23	离心机周围通道	不小于1.5
24	过滤机周围通道	1.0～1.8
25	反应罐底部与人行通道距离	不小于1.8～2.0
26	反应罐卸料口至离心机的距离	不小于1.0～1.5
27	控制室、开关室与炉子之间距离	15
28	产生可燃性气体的设备和炉子间距离	不小于8.0
29	工艺设备和道路间距离	不小于1.0
30	不常通行的地方,净高不小于	1.9

6.3.2 安全及卫生对设备布置的要求

① 车间内建筑物、构筑物、设备的防火间距一定要达到工厂防火规定的要求。凡火灾危险性为甲、乙类生产的厂房，在通风上必须保证厂房中易燃气体或粉尘的浓度不超过允许极限。

② 有爆炸危险的设备最好露天布置，室内布置要加强通风，防止易燃易爆物质聚集，有爆炸危险的设备宜与其他设备分开布置，布置在单层厂房及厂房或场地的外围，有利于防爆泄压和消防，并有防爆设施，如防爆墙等。

③ 处理酸、碱等腐蚀性介质的设备应尽量集中布置在建筑物的底层，不宜布置在楼上和地下室，而且设备周围要设有防腐围堰。

④ 有毒、有粉尘和有气体腐蚀的设备，应各自相对集中布置并加强通风设施和防腐、防毒措施。

⑤ 设备布置尽量采用露天布置或半露天框架式布置形式，以减少占地面积和建筑投资。比较安全而又间歇操作和操作频繁的设备一般可以布置在室内。

⑥ 要为工人操作创造良好的采光条件，布置设备时尽可能做到工人背光操作，高大设备避免靠窗布置，以免影响采光。

⑦ 要最有效地利用自然对流通风，车间南北向不宜隔断。放热量大，有毒害性气体或粉尘的工段，如不能露天布置时需要有机械送排风装置或采取其他措施，以满足卫生标准的要求。

⑧ 装置内应有安全通道、消防车通道、安全直梯等。

6.3.3 操作条件对设备布置的要求

设备布置应该为操作人员创造一个良好的操作条件。主要包括操作和检修通道、合理的设备间距和净空高度、必要的平台、楼梯和安全出入口，尽可能地减少对操作人员的污染和噪声等。

控制室是操作人员的核心，应位于主要操作区附近，但要注意安全防震、污染、噪声等。设备布置应避免妨碍门窗开启、通风和采光。

设备布置时应注意所需的最小间距，图 6.4 所示为工人操作设备时所需要的最小间距的范例。

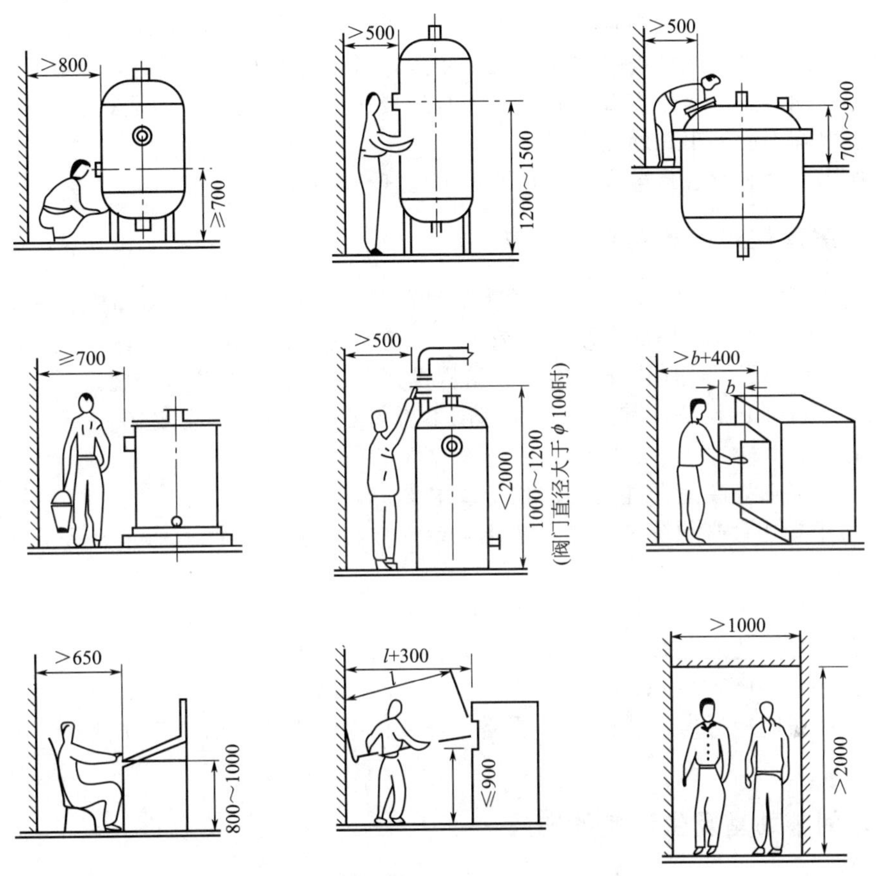

图 6.4 操作设备所需的最小间距范例

表示墙壁或邻近设备的最外缘表面，图中单位为 mm

6.3.4 设备安装及检修对设备布置的要求

设备的安装、检修和拆卸是化工厂比较突出的问题，这是由于化工厂设备种类多，化学腐蚀性大，需要经常进行维护检修，甚至更换设备，因此在车间布置时，必须考虑到设备的安装、检修和拆卸的可能性，必须考虑到设备安装、检修及拆卸的方式方法等一系列问题。

① 要根据设备大小及结构，考虑设备安装、检修及拆卸所需要的空间和面积。

② 要考虑设备能顺利进出车间，经常搬动的设备应在设备附近设置大门或安装孔，大门宽度比最大设备宽 0.5m，不经常检修的设备，可在墙上设置安装孔。

③ 通过楼层的设备，楼面上要设置吊装孔。厂房比较短时，吊装孔设在靠山墙的一端，厂房长度超过 36m 时，则吊装孔应设在厂房中央。

多层楼面的吊装孔应在同一平面位置。在底层吊装孔附近要有大门使需要吊装的设备由此进出，吊装孔不宜开得过大（一般控制在 2.7m 以内，对于外形尺寸特别大的设备的吊装，可采用安装墙或安装门）。

④ 必须考虑设备检修、拆卸以及运送物料所需要的起重运输设备、运送场地及预装吊钩等。

良好的通道设计是保证安装维修及操作正常运转的必要条件，通道布置与工艺设备的布置具有同等重要的意义。在布置设计的各个阶段，通道的布置设计都是重要内容之一。

排列成行的设备间至少一侧要留有通道，大的室内设备在底层要留有移出通道，并接近大门布置，主管架一般布置在通道的上方，以供工艺、仪表、公用工程、通风等管道共同使用，下水道、地下管道及电缆等也常沿通道布置，所以要求通道要直而简单地形成方格。在操作通道上要能看到各操作点及观察点，而且还要很方便地到达这些地点。设备的零部件、接管及仪表等均不应突出到通道上来。

通道作为安全和紧急疏散设施，长通道不允许一端封闭。

6.3.5 厂房建筑对设备布置的要求

① 凡是笨重设备或运转时会产生很大振动的设备，如压缩机、离心机、真空泵、粉碎机等应该尽可能布置在厂房的底层，以减少厂房楼面的荷载和振动。由于工艺要求或者其他原因不能布置在底层时，应由土建专业在结构设计上采取有效的防震措施。

② 有剧烈振动的设备，其操作台和基础不得与建筑物的柱、墙连在一起，以免影响建筑物的安全。

③ 布置设备时，要避开建筑物的柱子及主梁。

④ 厂房中操作台必须统一考虑，防止平台支柱林立重复，既有碍于整齐美观又影响生产操作及检修。

⑤ 设备不应布置在建筑物的沉降缝或伸缩缝处。

⑥ 设备应尽可能避免布置在窗前，以免影响采光和开窗，如必需布置在窗前时，设备与墙间的净距应大于 600mm。

⑦ 设备布置时应考虑设备的运输线路，安装、检修方式，以决定安装孔、吊钩及设备间距等。

6.3.6 车间辅助室及生活室的布置

车间除了生产工段外，尚有自动控制室、机器动力间、变电和配电室，通风采暖及除尘用室、机修间、材料库等辅助房间。必须对这些房间作出合理的安排，在安排时应与非工艺设计人员取得联系，然后统筹考虑。

生产规模较小的车间，多数是将辅助室、生活室集中布置在车间中的一个区域内，如图 6.5 所示。

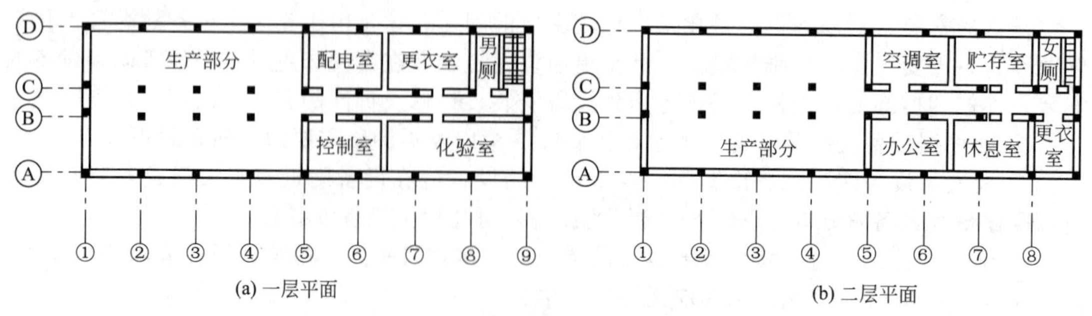

图 6.5 辅助室和生活室布置

辅助房间也有布置在厂房中间的，譬如配电室安排在用电负荷中心，空调室布置在需要空调的房间附近，但这些房间一般都布置在厂房北面房间。

生活室中的办公室、化验室、休息室等宜布置在南面，以充分利用太阳能采暖，更衣室、厕所、浴室等可布置在厂房北面房间。

生产规模较大时，辅助室和生活室可根据需要布置在有关的单体建筑物内。

有毒的或者对卫生方面有特殊要求的工段必须设置专用的浴室。

6.3.7 车间布置要整齐美观

在满足上述基本要求的前提下，装置的外观则依靠设计人员的精心布置，装置的外观往往给参观者留下深刻印象。外观整齐可减少操作人员的误操作，为操作人员建立良好的情绪提供基本条件，为了外观整齐在设备布置形式上应注意如下几个方面。

① 成排布置的塔，人孔方位应一致，最好朝向通路，人孔的标高尽可能整齐，以便设置联合平台；

② 泵群应排列整齐，例如以泵出口中心线取齐；

③ 换热器群应排列整齐，推荐以管箱接管中心线取齐；

④ 所有容器或贮罐，在基本符合物流顺序的前提下，尽量以直径大小分组排列，通常容器上的配管应横平竖直，不应有歪斜偏置。

6.3.8 建筑要求

设备的布置方案最终决定了厂房的布置，厂房的跨度和高度尽量合乎建筑模数的要求，当二者发生矛盾时，就需要工艺人员适当地调整设备布置方案，尽量符合建筑要求。

总之，一个优良的工艺设备布置应做到合理安排，简洁紧凑，整齐美观，操作方便，利于维修，节约投资，符合规范。

6.4 常用设备的布置

在化工设计中，设备的形式千差万别，多种多样，但有些设备差不多每个设计中都能涉及，有些设备甚至经常是成组出现，而设备的布置基本上决定着化工厂房的平面和立面形式，所以，常见设备的布置尤为重要。

6.4.1 反应器

反应器的形式很多，可按类似的设备进行布置。如塔式反应器可按塔类设备来布置；固定床催化反应器与容器设备相似，可按容器类设备布置。

(1) 釜式反应器

釜式反应器通常是间歇操作，布置时要考虑便于加料和出料，液体物料通常是经高位槽计量后依靠位差加入釜中，固体物料大多是用吊车从人孔或加料口加入釜内，因此人孔或加料口离地面、楼面或操作平台面的高度以800mm为宜。常见的小型釜式反应器布置如图6.6所示。

① 反应器周围的空间、操作平台的宽度、与建筑物间的距离取决于操作和维修通道的要求、反应器周围设备（如换热器、冷凝器、泵和管道）的大小和布置、反应器基础及建筑物基础的大小、内部构件以及减速机与电动机检修时移动和放置空间的大小。

② 中小型的间歇反应器或操作频繁的反应器常布置在室内，用耳架支承在建（构）筑

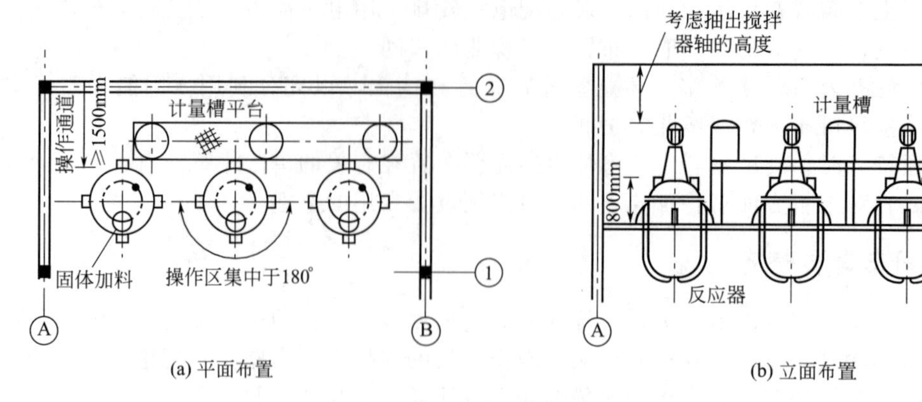

图 6.6　釜式反应器布置示意

物上或操作台的梁上。架设反应器的设备孔常常设计成方形，设备由孔中吊上，旋转 45°方向后，使设备的罐耳落在梁上支撑，再用螺栓找平固定，设备孔的剩余面积可铺上安全钢板或箅子板，管道可由此穿过；设备也可先由吊装孔吊上楼面后，然后落进设备孔中，此时，设备孔也可做成圆形，空隙要比罐耳下部突出物的最大尺寸大 0.1～0.3m。

对大型的搅拌釜式反应器，由于重量大，又有震动和噪声，常单独布置在框架或室外，用支脚直接支撑在地面上；有时也布置在室内的底层，但布置设计时必须注意将其基础与建筑物的基础分开，以免将噪声和震动传给建筑物；其布置形式如图 6.7 所示。图 6.7(a) 所示为反应器安装在室内或框架内，反应器的基础与建筑物的基础要分开，以免将振动和噪声传递给建筑物。图 6.7(b) 所示为反应器吊在室外的钢架上。图 6.7(c) 所示为将反应器用支脚直接支撑在室外的基础上。

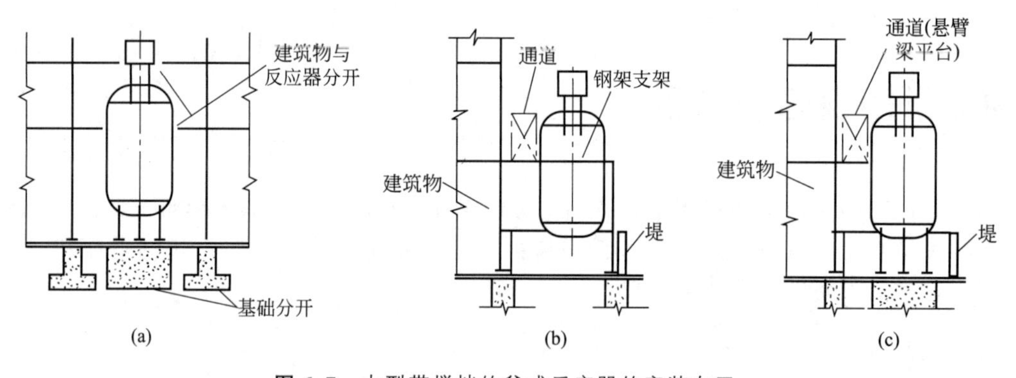

图 6.7　大型带搅拌的釜式反应器的安装布置

③ 多台反应器在布置时尽量排成一条线，反应器之间的距离可根据设备的大小、辅助设备和管道情况而定，管道、阀门等应尽可能布置于反应器的一侧，便于操作。

④ 带搅拌的反应器，其上部应设安装和检修用的起吊装置或吊钩，设备顶端与建筑物顶间必须留出足够的距离，以便抽出搅拌器。

⑤ 跨楼板布置的反应器，要设置出料阀门操作台；反应物黏度大，或含有固体物料的反应器要考虑疏通堵塞和管道清洗等问题。

⑥ 物料从反应器底部出料口自流进入离心机要有 1～1.5m 距离；底部不设出料口，有人通过时，底部离基准面最小距离为 1.8m；搅拌器安装在设备底部时设备底部应留出抽取搅拌器的空间，净空高度不小于搅拌器轴的长度。

⑦ 对于处理易燃易爆介质的反应器，或反应激烈易出事故的反应器，布置时要考虑足

够的安全措施，以免发生事故。

(2) 连续反应器

① 连续反应器有单台式和多台串联式，见图 6.8。其布置注意事项除釜式反应器所列要求外，由于进料出料都是连续的，因此在多台串联时必须特别注意物料进出口间的压差和流体流动的阻力损失，即

$$H\gamma > (p_1 - p_2) + \sum R$$

式中 H——设备之间液位差，m；

γ——反应物重力密度，kgf/m^3；

p_1、p_2——反应器 1、2 的操作压力，kgf/m^2；

$\sum R$——反应物料流动阻力损失总和。

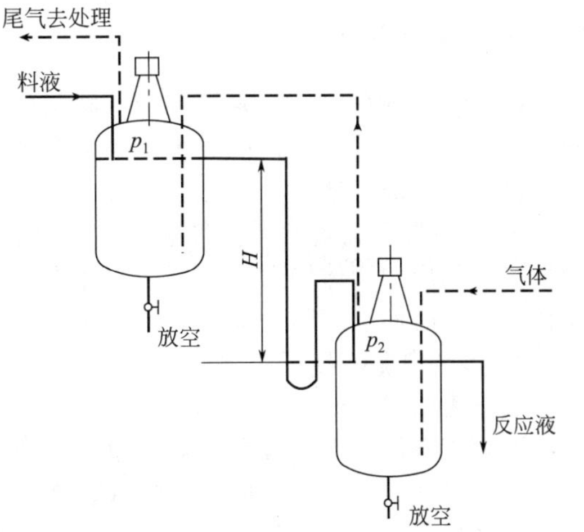

图 6.8 多台连续反应器串联布置

② 如果出料用加压泵循环时，除反应器为加压操作外，反应器必须有足够的位差，以满足加压泵正吸入压头的需要。

③ 多台串联反应器可并排排列或排成一圈。

(3) 固定床反应器

① 催化剂可以由反应器的顶部加入或用真空抽入，装料口离操作台 800mm 左右，超过 800mm 时要设置工作平台。

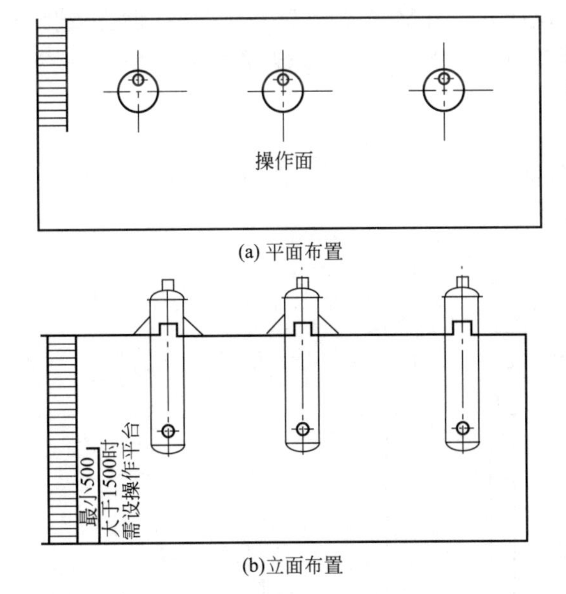

图 6.9 催化反应器布置示意

② 反应器上部要留出足够净空，供检修或吊装催化剂篮筐用；在反应器顶部可设单轨吊车或吊柱。

③ 催化剂如从反应器底部（或侧面出料口）卸料时，应根据催化剂接受设备的高度，留有足够的净空，如图 6.9 所示。当底部离地面大于 1.5m 时，应设置操作平台，底部离地面最小距离不得小于 500mm。

④ 多台反应器应布置在一条中心线上，周围留有放置催化剂盛器与必要的检修场地。

⑤ 操作阀门与取样口应尽量集中在一侧，并与加料口不在同一侧，以免相互干扰。

(4) 流化床反应器

① 布置要求基本与固定床反应器相同，此外，应同时考虑与其相配的流体输送设备、附属设备的布置位置。设备间的距离在满足管线连接安装要求下，应尽可能缩短。

② 催化剂进出反应器的角度，应能使得固体物料流动通畅，有时还应保持足够的料封。

③ 对于体积大、反应压力较高的反应器，应该采用坚固的结构支承。

④ 反应器支座（或裙座）应有足够的散热长度，使支座与建筑物或地面的接触面上的温度不致过高。反应器支座或支耳与钢筋混凝土构件和基础接触的温度不得超过 100℃，钢结构上不宜超过 150℃，否则应作隔热处理。

6.4.2 混合设备

混合器可处理固体、浆液或液体物料的混合。把固体混合到液体中去，属于液体混合器的范畴，把液体混入固体中属于固体混合器的范畴。

(1) 液体混合器

① 液体混合器通常是内部装有立式或倾斜式或卧式搅拌器的设备，上部有液体或固体加料口及相应的固体输送设备，所以布置时必须考虑搅拌器的平稳及由于固体物料和两种不同物料加入时而引起的振动，还要处理好固体物料的进出问题。

② 多台串联连接混合器应该使混合器液面有足够的位差，保持物流畅通。

(2) 固体混合器

固体混合器有螺旋式混合器、单转子或双转子混合器，以及行星式混合器等。这类混合器的物料是从混合器顶部或一端加入，产品从中部或底部排出。进、出料输送机可以布置成任何水平角度，输送机与混合器之间用溜槽衔接，溜槽要保持一定角度以保证物流畅通。

用气流输送物料时，在混合器上需装旋风分离器。

回转式混合器为转动设备，布置时应考虑安装检修所需要的空间。

出料口与地面之间应该留有设置物料接受器的足够净空。出料方式采用输送机传送时，其布置要求有足够的操作、检修与安装的空间。

带碾轮的混合器一般比较沉重，通常布置在厂房底层。

(3) 浆料混合器

此类混合器一般是带有慢速搅拌器的槽，搅拌方式有桨式或耙式，还有搓揉混合器及密闭式混炼器等处理更黏性物料，这类混合器都必须有坚固的基础，最好布置在底层。

6.4.3 蒸发设备

① 蒸发器及其附属设备（包括加热器、气液分离器、冷凝器、盐析器、真空泵及料液输送泵等）应成组布置（见图 6.10）。

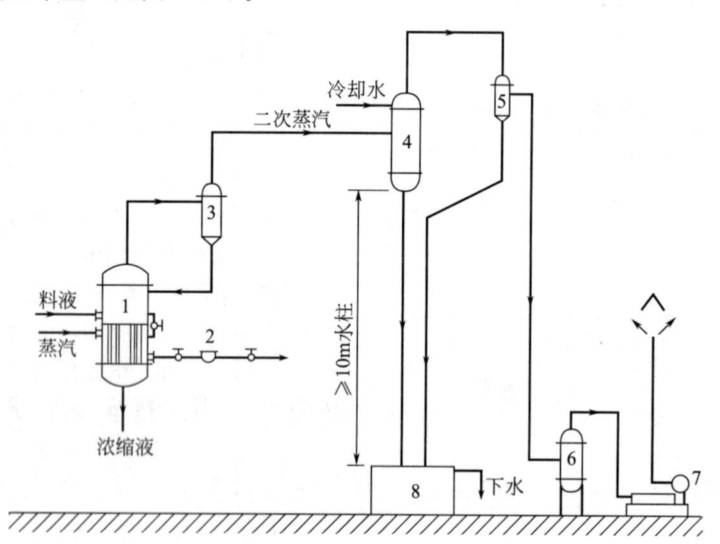

图 6.10 蒸发器的成组布置示意

1—蒸发器；2—蒸汽阱；3,5—分离器；4—混合冷凝器；6—缓冲罐；7—真空泵；8—水箱

② 多台蒸发器可成一直线布置也可成组布置。

③ 蒸发器的视镜、仪表和取样点应相对集中。

④ 考虑蒸发器内（外）加热器的检修清洗或更换加热管，需设置能安装起吊设备的设施。

⑤ 通常蒸发器之间蒸汽管道的管径较大，在满足管路安装、检修工作要求下，应尽量缩小蒸发器之间的距离。

⑥ 蒸发器的最小安装高度决定于料液输送泵的净正吸入高度。

⑦ 混合冷凝器的布置高度应保持气压柱大于10m（水柱）高度（冷凝器底至水池中水面的垂直高度），气压柱管道应垂直，若需倾斜，其角度不得大于45°。

⑧ 容易溅漏的蒸发器，在设备周围地面上要砌设围堰，便于料液集中处理，地面需铺砌瓷砖或作适当处理。

⑨ 蒸发器布置在室内时，散热量较大，在建筑上应采取措施，加强自然通风或设置通风设施。

⑩ 有固体结晶析出的蒸发器还需考虑固体出料及输送。

6.4.4 结晶器

① 结晶通常是在搅拌下进行，因此布置结晶器时要考虑搅拌器的安装、检修及操作所需要的空间和场地。

② 结晶器进料是浆状液，出料是固体状，布置时要很好地考虑设备间的位差及距离，所有管道必须有足够的坡度。

③ 所有设备及管道需有冲洗及排净的可能。

④ 结晶器通常都布置在室内，人孔或加料口高度最好不超过1～1.2m，如果超过必需设置操作台。

6.4.5 容器

容器按安装形式可以分为立式和卧式；按用途可以分为原料贮罐、中间贮罐和成品贮罐。贮罐的布置特点如下。

① 立式贮罐布置时，按罐外壁取齐，卧式贮罐按封头切线对齐。

② 在室外布置易挥发液体贮罐时，应设置喷淋冷却设施。

③ 液位计、进出料接管、仪表尽量集中于贮罐的一侧，另一侧供通道与检修用。

④ 罐与罐之间的距离，除应遵守“建筑设计防火规范”GB 50016—2006中的有关规定外，在没有阀门或仪表时，容器之间的通道应不小于750mm，有阀门或仪表时，应保证操作通道净宽不小于1m。在有限长度内均匀布置多个贮罐时，如保证前述间距有困难，则可把两个贮罐作为一组紧靠在一起布置，缩小其间间距而加大与另一组或另一个贮罐的间距，以便于操作、安装与检修。

⑤ 易燃、可燃液体贮罐周围应按规定设置防火堤，贮存腐蚀性物料罐区的地坪应作防腐蚀处理。

⑥ 立式贮罐安装高度应根据接管需要及输送泵的净正吸入压头的要求决定。卧式贮罐安装高度除按上述条件确定外，对多台不同大小的贮罐，其底部宜布置在同一标高上。

⑦ 立式贮罐的人孔若设置在罐侧，其离地高度应不大于800mm，若设置在罐顶，应设检修平台，多个贮罐设联合检修平台，单只贮罐设直爬梯上下。

⑧ 有搅拌器的贮罐，必要时需设置能安装修理搅拌器的起吊设施。

⑨ 中间贮罐一般按流程顺序，布置在与之有关的设备附近，以缩短流程、节省管道长度和占地面积，对于盛有有毒、易燃、易爆物料的中间贮罐，则尽量集中布置，并采取必要的防护措施。对于原料和成品贮罐，一般集中布置在贮罐区，视其特点决定是靠

近与之有关的厂房还是远离厂房，一般原料和产品贮罐也尽量靠近与之有关的厂房，以缩短流程和物料输送管道，缩短输送时间和减小管道摩擦阻力，并可降低费用；对于盛有有毒、易燃、易爆的原料、成品的贮罐，则集中布置在远离厂房的贮罐区，并采取必要的防护措施。

容器一般按系列图选用，其支脚、接管条件由布置设计决定，其外形尺寸可根据布置条件的要求加以调整，或在初选时就按布置要求加以考虑。一般长度直径相同的容器有利于成组布置和设置共用操作平台和共同支承。图 6.11 所示为容器的常用支承布置安装方式。

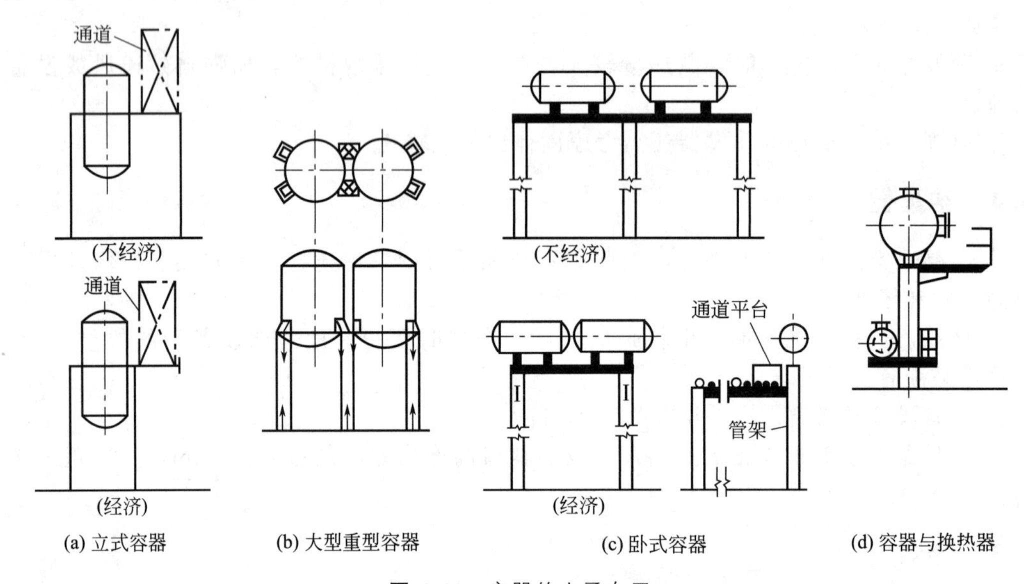

图 6.11 容器的支承布置

① 立式容器常用罐耳支承在框架或楼板上，布置方式如图 6.11(a) 所示，下图比上图经济合理，它减少了承重横梁的跨度，钢架的尺寸可以减小，降低钢架的投资。

② 大型、重型容器，如图 6.11(b) 所示，常常直接支承在钢筋混凝土的支柱上，比吊在楼板或框架上要经济得多。

③ 卧式容器用支脚支座支承在框架上或楼面上布置，如图 6.11(c) 所示，下图比上图经济，一跨支承比两跨支承既可以减少一根横梁，又可以改善横梁及柱的受力状态，还可以节约布置空间。

④ 图 6.11(d) 所示为容器与换热器合用一组合支架的布置形式。

6.4.6 加热炉

① 在生产装置内，加热炉应集中布置在一端或一侧，位于主导风向的上风地带，以避免装置可能泄漏的可燃气体或蒸汽被加热炉的明火引爆而发生事故。

② 加热炉周围要设置可靠的消防设施和一定的消防空间，以保证发生火灾时能进行消防作业和疏散人员。

③ 加热炉要有适当的防火防爆措施，如防爆门等。防爆门必须避开平台、操作地带及其他设备，确保人身安全。

④ 加热炉与建筑物、罐区和各类生产单元或设备等的防火距离见《建筑设计防火规范》和《炼油化工企业设计防火规定》。

⑤ 加热炉外壁至道路边缘最小净距为 3m。

⑥ 箱式加热炉一侧必须有抽出炉管的空间，所需的空地长度通常是管长再加上 2m，如图 6.12 所示。

⑦ 加热炉看火孔（门）距操作平台的高度一般为 1.3～1.4m，最大 1.5m。

⑧ 加热炉炉底的安装高度，要考虑底部烧嘴的配管及检修所需净空，一般为 2.1～2.2m，最小为 2m。

⑨ 两个立式加热炉外壁之间的最小距离通常为 3m，但必须校核平台和加热炉基础的间距以免碰撞。

⑩ 多台加热炉应尽可能成排布置，可设置联合平台并可合用一个烟囱。

⑪ 为了检修和更换炉管，加热炉侧应留有移动式吊车的通道。

⑫ 炉前要有足够的操作面积、渣场、燃料堆场都要合理布置。

⑬ 加热炉附近 12m 内所有地下排水沟、水井、管沟都必须密封，以防可燃气体及蒸气在沟内聚积而引起火灾。

⑭ 加热炉平台的最小宽度为 900mm，以保证看火孔（门）前有足够的通道。

⑮ 加热炉的烟囱设置除了要满足工业炉的要求外还要符合国家有关环保方面的要求。

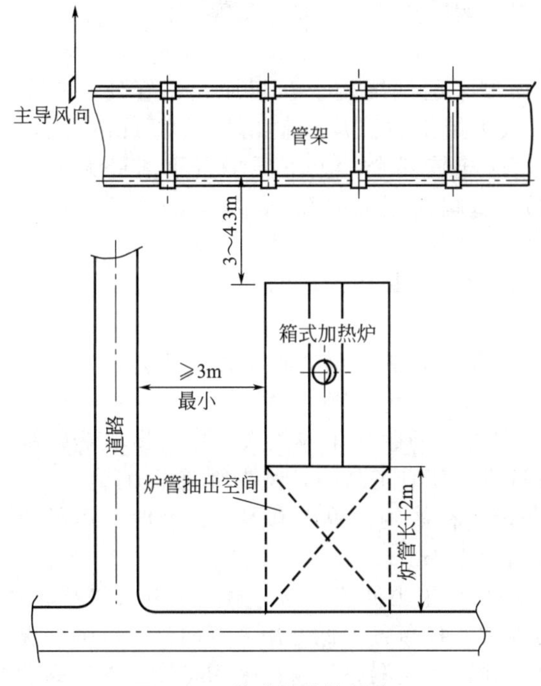

图 6.12 箱式加热炉的布置

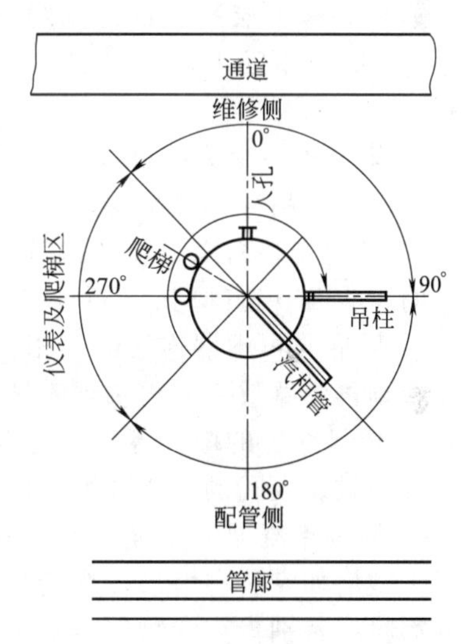

图 6.13 塔的维修侧和配管侧布置

6.4.7 塔类设备

① 布置塔时，应以塔为中心把与塔有关的设备如中间槽、冷凝器、回流泵、进料泵等就近布置，尽量做到流程顺、管线短、占地少、操作维修方便。

② 根据生产需要，塔有配管侧和维修侧，配管侧应靠近管廊，而维修侧则布置在有人孔并靠近通道和吊装空地之处；爬梯宜位于两者之间，常与仪表协调布置，如图 6.13 所示。

③ 大型塔类设备常采用室外露天布置，以裙座支撑于地面基础上。

④ ϕ1m 以下的塔设备不能靠自身重量单独直立安装，需依附于建筑物或构筑物上，可布置在室内，靠楼板支承，也可布置在框架中或沿建筑物外沿进行布置。

⑤ 在满足工艺要求的前提下，塔类设备既可单独布置，也可集中布置。

● 单独布置：一般单塔和特别高大的塔采用单独布置，利用塔身设操作平台，供进出人孔、操作、维修之用，平台的高度根据人孔的高度和配管的情况来定。

● 成排布置：多个塔可按流程成排布置，其附属设备的框架及接管安排于一侧，另一侧供安装塔的空间用，也可根据具体条件布置，并尽可能处于一条中心线上，即将几个塔的中心连成一条线，并将高度相近的塔相邻布置，通过适当调节安装高度和操作点的位置（如适当改变塔裙高度、内部管道布置或在工艺条件允许的情况下适当改变塔板间距），就可做联合平台，既方便操作，又节省投资。采用联合平台时必须允许各塔有不同的热膨胀，联合平台由分别安装在各塔塔身上的平台组成，通过平台间的铰链或预留缝隙来满足不同的伸长量，以免拉坏平台。相邻塔间的中心距一般为塔直径的 3～4 倍，一般塔与塔的净距约为 2m。塔群与管廊或塔群与框架的净距离约为 1.5m。如果希望布置紧凑，则以塔的基础与管廊或管架的地下基础不碰为原则。

● 成组布置：数量不多，然而大小、结构相似的塔可以成组布置，并可做联合平台，如果塔的高度不同时，一般只将第一层操作平台取齐，其他各层可不予以考虑。

⑥ 单塔或塔群常布置在设备区外侧或单独框架。为便于安装施工、配管和维修，塔的操作面常对着道路，配管对着管廊。塔顶设起吊装置，用于吊装塔盘等零部件。填料塔常在装料孔的上空设吊装梁，以供吊装填料之用。

⑦ 塔上设置公用平台，互相联结既便于操作又起到结构上互相加强的好处。平台应与框架相通，平台宽度原则上不小于 1.2m，最下层平台高度应高出地面 2.1m 以上，以确保通行。最上层平台最好围绕整个塔设置，这样较安全。上下层平台距离最大为 8m，超过 8m 应设中间平台，二层平台间设直爬梯，直爬梯距地面 2.5m 以上的梯子应设保护围栏。

⑧ 塔身上每个人孔处需设置操作平台，以便检修塔板用。塔的四周要有巡回通道。大塔塔顶需设置吊柱，以吊起或悬挂人孔盖。

⑨ 塔的安装高度必须考虑塔釜泵的净正吸入压头，热虹吸式再沸器的吸入压头，自然流出的压头及管道阀门、控制仪表等的压头损失。

⑩ 塔底与再沸器连接的气相管中心与再沸器管板的距离不应太大，以免造成热虹吸不好而影响再沸器效率，再沸器安装，应尽量靠近塔，使管道最短，减少管道阻力降。

⑪ 成排布置的塔，各塔人孔方位宜一致并位于检修侧，单塔有多个人孔时，尽量使人孔方位一致。人孔的中心高度一般距平台面不高于 1.5m。

⑫ 塔顶冷凝器回流罐，中小型生产都置于塔顶靠重力回流，这样蒸气上升管管线较短。对于大型塔如安装在塔顶，会增加结构设计的困难，宜布置于低处用泵打回流。有强烈腐蚀性的物料及特别贵重的物料，为了解决泵的腐蚀问题和泄漏，不得已采用将冷凝器架高的办法而省去回流泵，这是特例。

⑬ 确定塔的管口方位时，要首先确定人孔的方位及位置，然后根据塔盘位置，明确奇数板和偶数板的降液管位置，再从上到下依次确定各管口的位置和方位，回流管口应设在距离降液板最远的位置。

⑭ 塔采用塔压或重力出料，应由塔内压力和被连接设备的压力来定，同时应结合受器的高度、液体的重度和管路的阻力进行必要的水力计算。用泵出料时，塔底标高由泵的净正吸入压头和吸入管道压力降来决定，应考虑泵的吸入压头和釜液在输送条件下的蒸气压以免发生汽蚀。从塔底抽出接近一沸点的液体管道上设置孔板等流量计时，为了防止流量计前液体的闪蒸，塔必须安装得高一些，以保持管道中有一定的静压头。

⑮ 立式热虹吸再沸器除有过大或重量太重须设立独立支架安装外，一般从塔上直接接出托架支承，釜式再沸器一般支架安装。

⑯ 一个塔有两台再沸器时，应对称安装，使其处于同一中心线上，并留出切换操作的余地。一个塔需要两台或三台以上的立式再沸器时，其位置应考虑便于操作和配管，可将再沸器入口管和蒸汽出口管的支管汇总后再与塔连接。

下面是部分塔的布置实例，供设计时参考。

① 图 6.14 所示为一组小直径的塔和框架联合布置的例图。由于塔径小，一般靠近框架或在框架内布置，便于设导向支架以增加塔的稳定性。B 塔布置在框架的外侧，有利于塔顶冷凝器的安装和维修，并可利用框架设置再沸器支架。D 塔是分节塔，布置在框架内，在塔上方设置吊梁，便于检修和安装。除框架楼面外，根据需要在塔顶和塔底增设了操作平台。

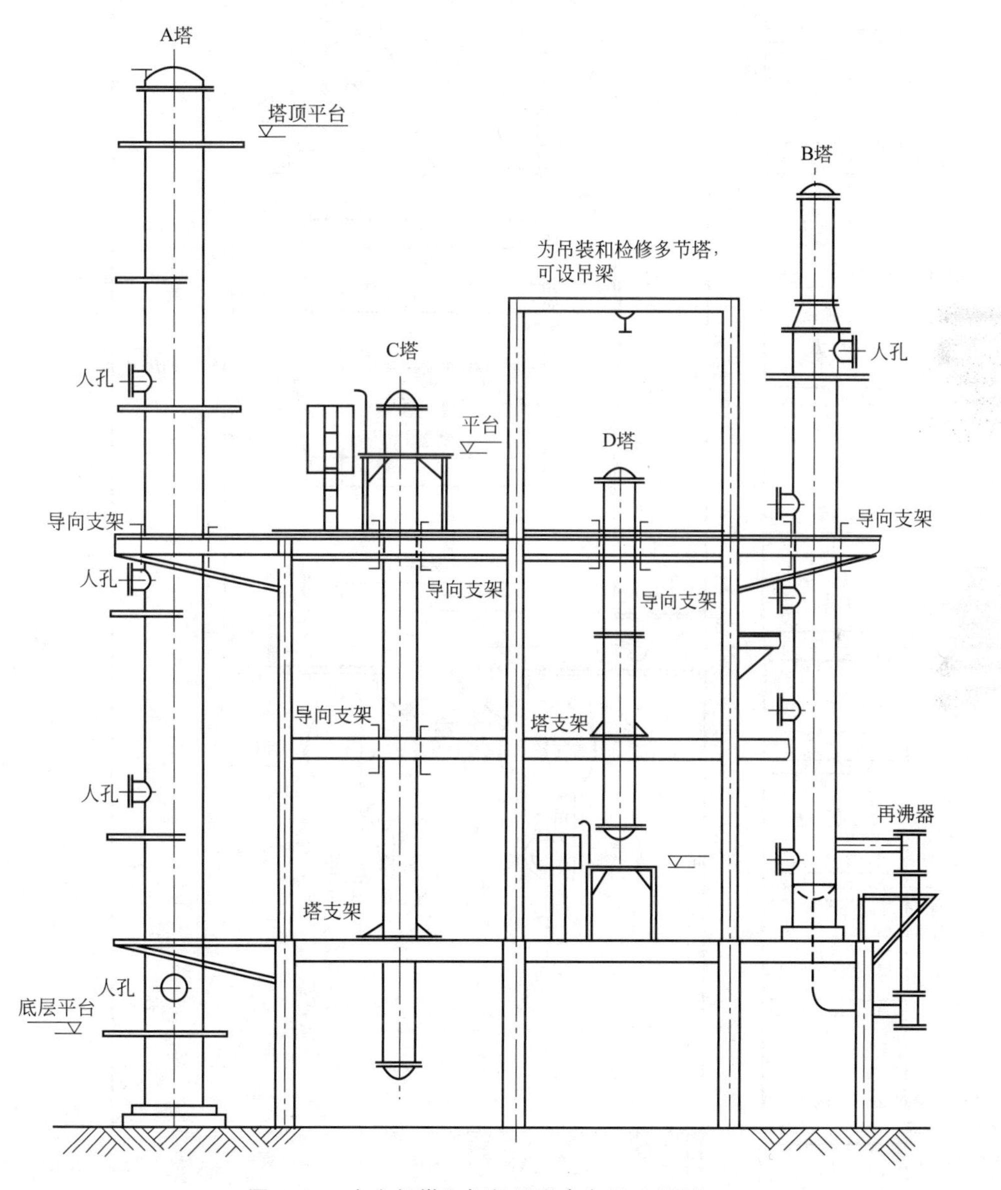

图 6.14 小直径塔和框架的联合布置（立面）

② 成组的塔和框架联合布置，见图 6.15 及图 6.16，框架与塔均布置在管廊的一侧，A、B 塔和 C、D 塔为两组塔，分别布置在框架的南北两侧，每组塔外壁取齐布置，并留有

检修空地，框架东侧留有供吊车进出的通道，以便吊装框架上的设备。塔平台与相邻框架平台相连，便于操作与维修。图中列举了再沸器的两种支承方式。

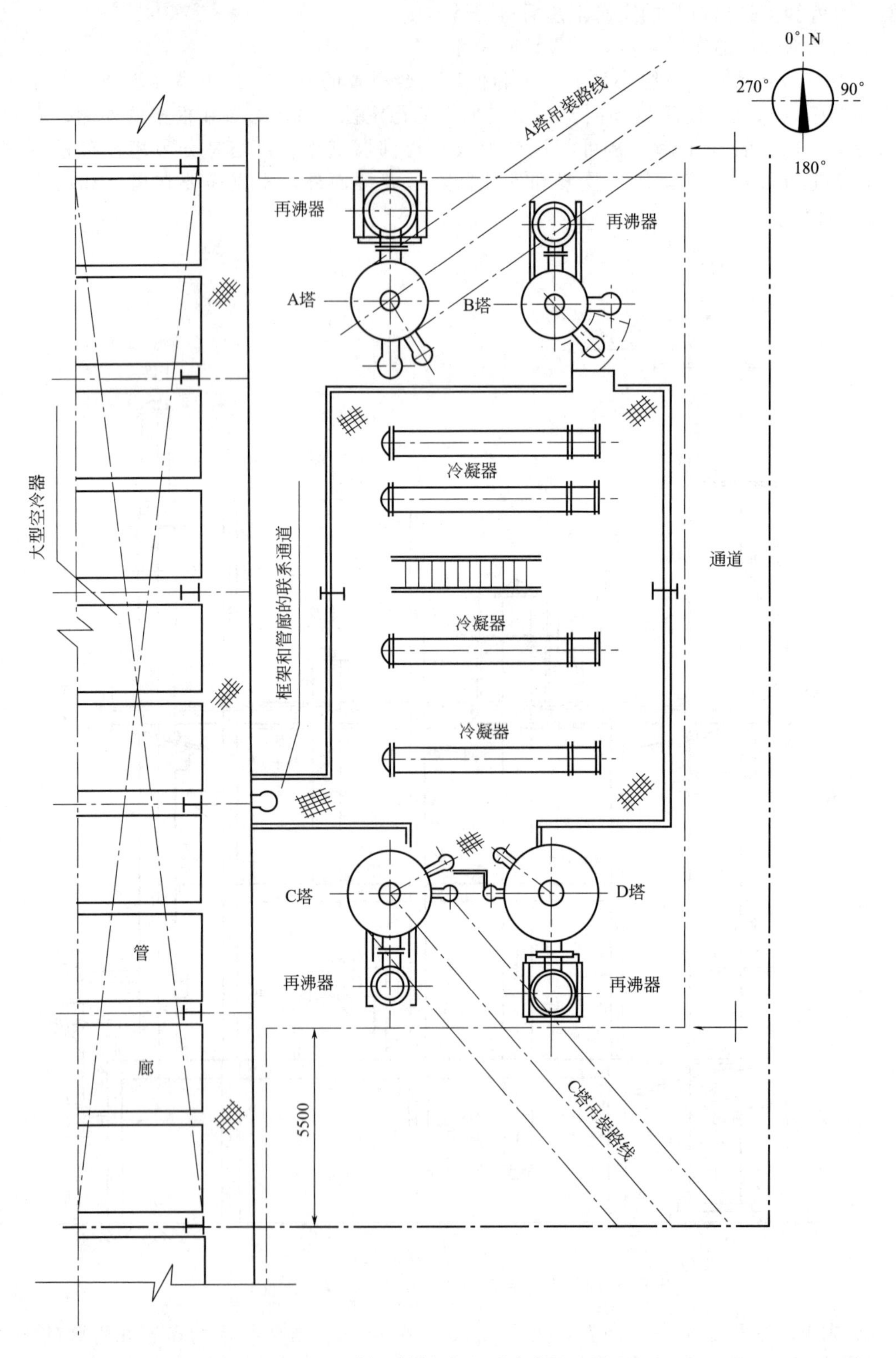

图 6.15　成组的塔与框架联合布置（平面）

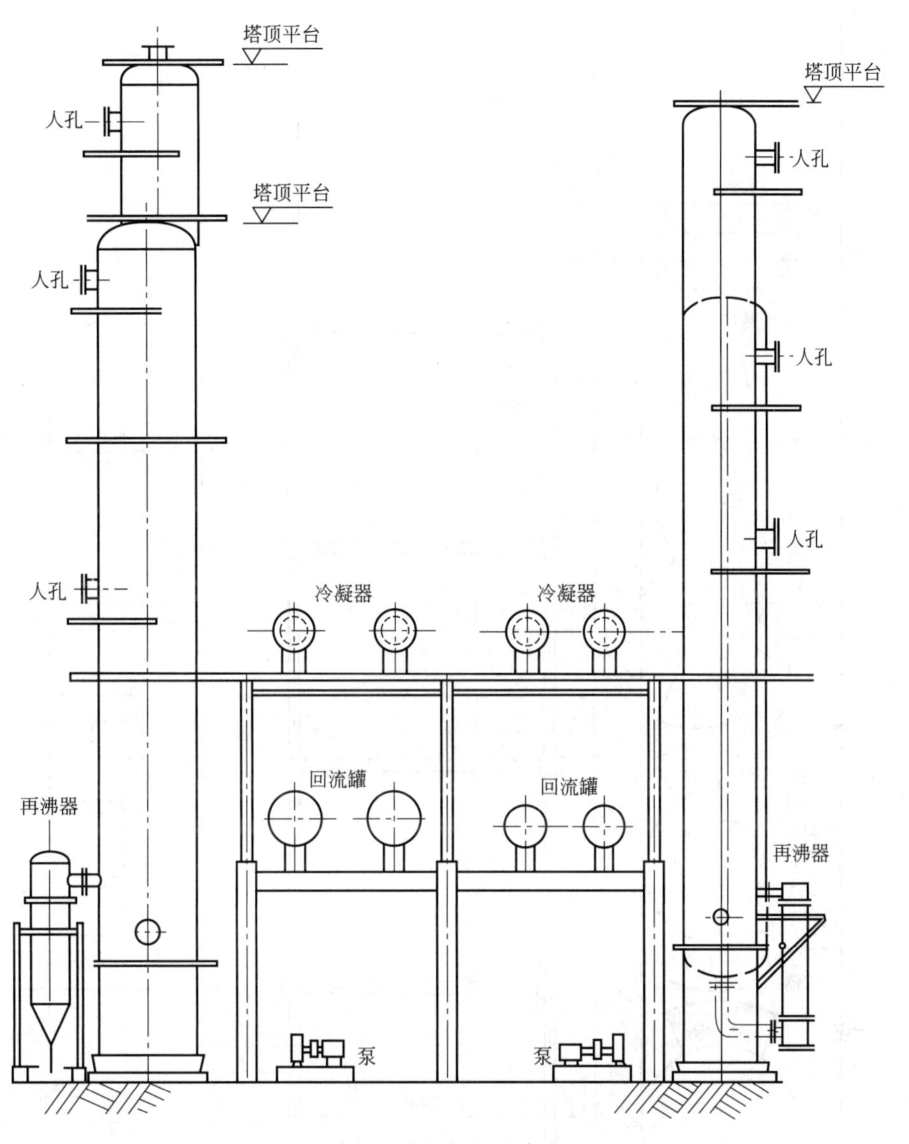

图 6.16 成组的塔与框架联合布置（立面）

③ 成组的塔和框架分开布置，见图 6.17 及图 6.18，塔组与框架之间设置管廊。四个塔按塔外壁成一条直线成排布置，塔的回流泵、进料泵布置在管廊下靠近塔一侧。塔顶冷凝器和回流罐等布置在框架上，联系管道可利用管廊或管廊顶部加设支架支承。图中表示了再沸器的三种支承方式。

6.4.8 换热器

换热器是化工生产中使用最多的设备之一，特别是列管式换热器和再沸器尤其用得多。布置设计主要任务就是把它们布置于适当的地方，确定支座、安装结构和管口方位等，使其符合生产工艺的要求，并使换热器与其连接的设备间的配管合理。如果布置确有不便，可以在不影响工艺要求的前提下，适当调整换热器的尺寸和型式，如原来设计的换热器太长时，可以换成粗、短的换热器，以适应布置空间的要求。将卧式换热器换成立式换热器可以节约面积，或将立式换热器换成卧式换热器可以降低设备、管道的安装高度，设计布置时可根据具体情况各取其长。一般从传热的角度考虑，细而长的换热器换热效果更好一些，但占地

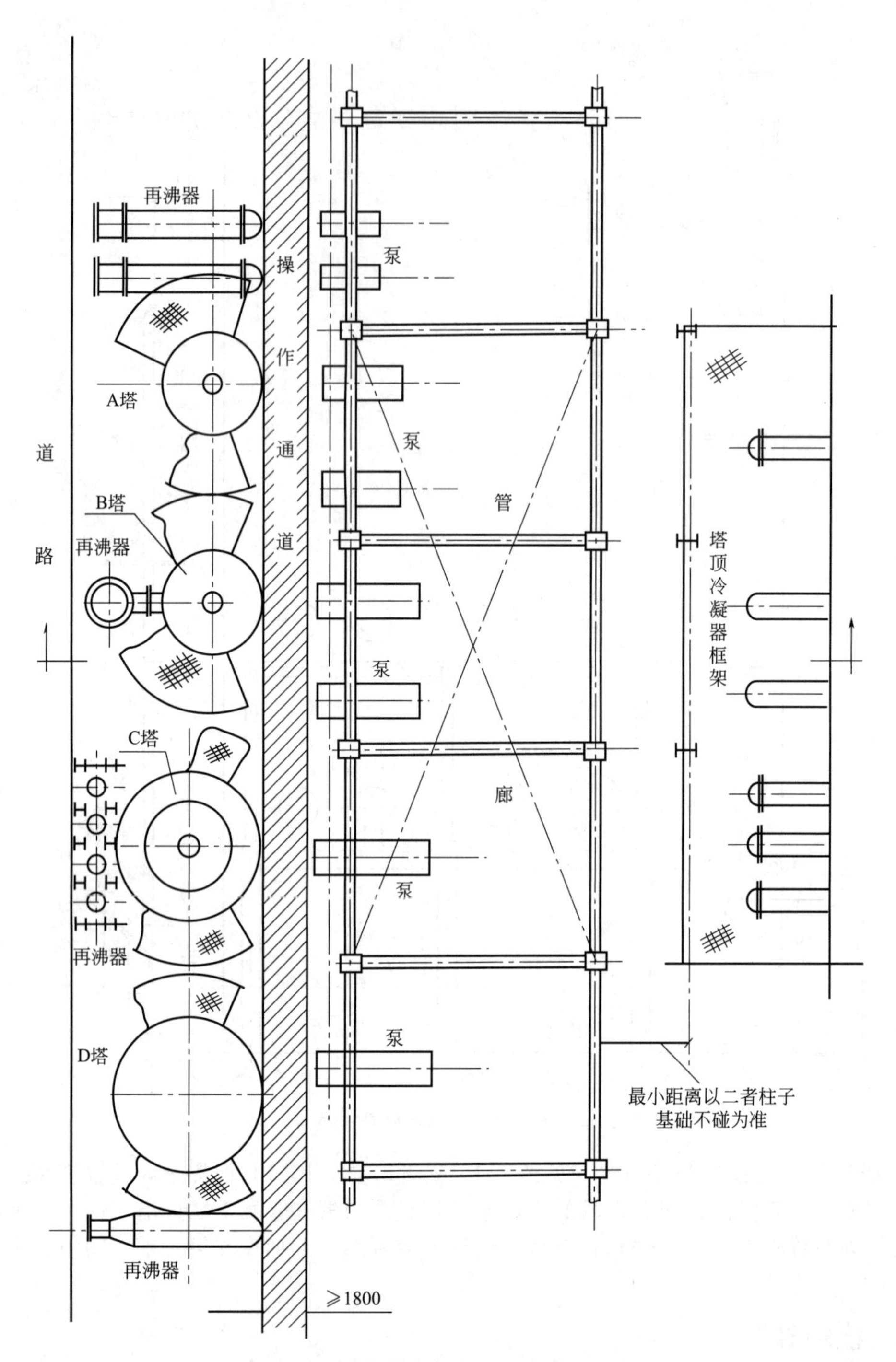

图 6.17 成组塔与框架分开布置（平面）

略大。

附设换热器的布置，一般是取决于与之有联系的设备，以顺应流程、缩短管道长度为原则。如塔的换热器、再沸器和冷凝器都应布置在塔的附近；塔的回流冷凝器除要靠近塔布置外，还要尽量靠近回流罐和回流泵。从塔釜（或容器）经换热器抽出液体时，换热器要尽量靠近塔釜（或容器），使泵的吸入管道最短，以改善吸入条件。下面是简要的换热器布置原则和要求。

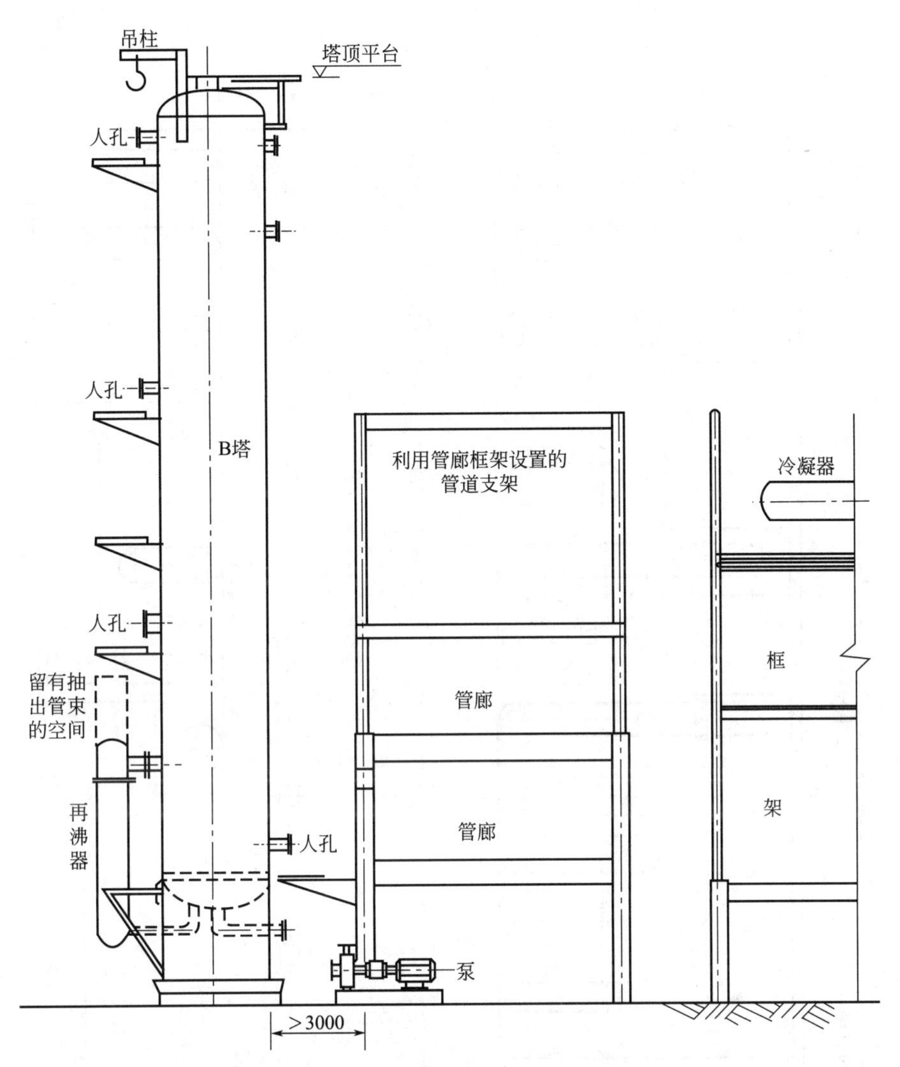

图 6.18 成组塔与框架分开布置（立面）

① 独立换热器的布置，特别是大型换热器应尽量安排在室外，以节约厂房。

② 布置时要考虑换热器抽管束或检修所需的场地（包括空间）和设施。当检修时，汽车吊不能接近换热器时，应设吊车梁、地面轨道或其他检修用设施。

③ 换热器管束抽出端可布置在检修通道侧，如图 6.19 所示。

④ 换热器可以单独布置也可以成组布置，成组布置可以节约空间，而且整齐美观。对多台换热器，通常是按流程成组安装，多组换热器应排列成行，并使管箱管口处于同一垂直面上。对于卧式换热器，无论是串联的、非串联的、相同的或不同的都可以重叠布置（尽量避免直径较大的两个以上换热器叠放在一起布置），但最多不宜超过三层，既节约面积，又可以合用上下水管，但不应有维修困难，要留有抽出管束的位置和空间，为便于抽出管束，上层换热器不能太高，一般管壳顶高不大于 3.6m 为宜，将进出口管改成弯管可降低安装高度（见图 6.20）。

⑤ 操作温度高于物料自燃点的换热器上方如无楼板或平台隔开，不应布置其他设备。

⑥ 换热器与换热器，换热器与其他设备之间至少要留出 1m 水平距离，位置受限制时，最少也不得小于 0.6m。

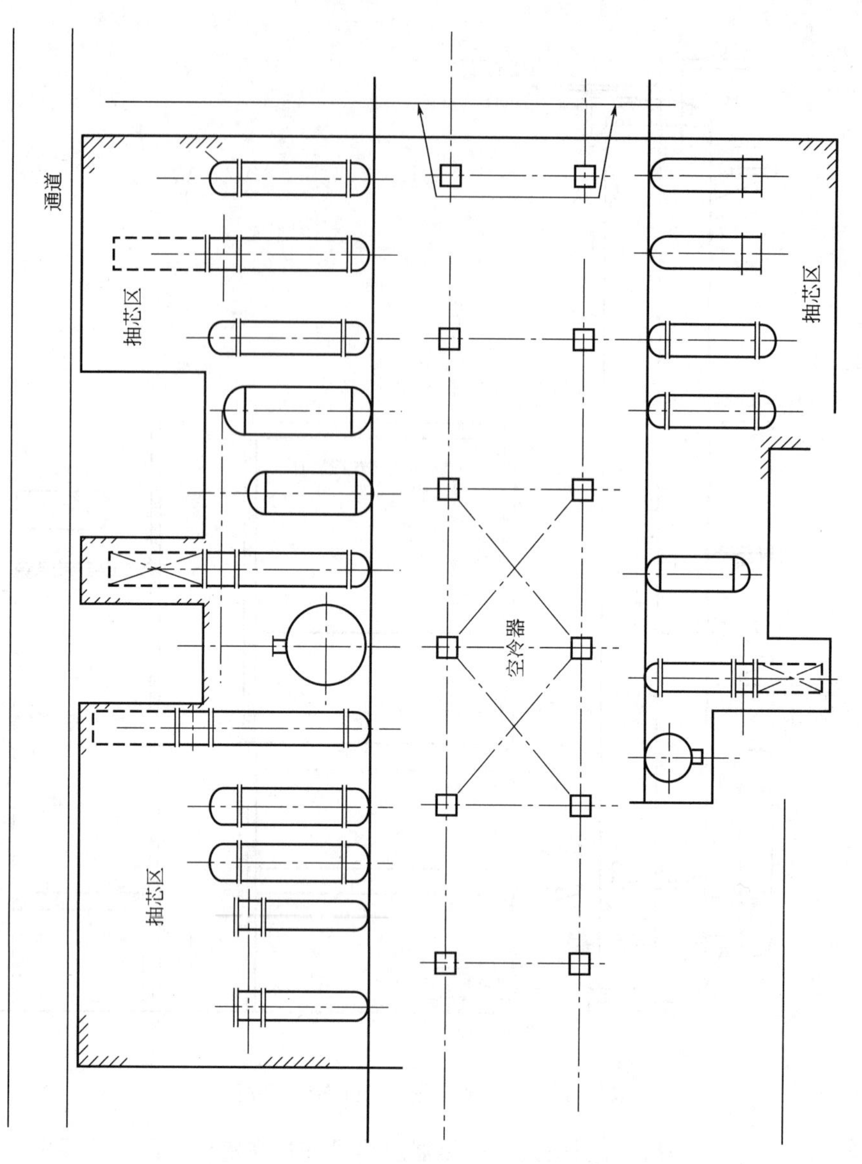

图 6.19 地面上成组布置的换热器

尺寸要求见：化工装置设备布置设计工程规定（HG 20546.2—92）

⑦ 卧式换热器布置时应避免换热器中心线正对管架或框架柱子的中心线，以利于换热器管程的污垢清理及更换单根管子。在管廊两侧成组换热器的布置，要求所有换热器封头与管廊柱之间的距离几乎一样。图 6.21 所示为根据换热器的管程管口取齐的布置方式。

⑧ 卧式换热器的安装高度应保证其底部连接管道的最低点净空不小于 150mm。

⑨ 立式换热器顶部如有液相中的小排气阀时，操作人员应能够接近它。如不易接近，则应设置直梯。

⑩ 立式浮头式换热器布置在框架平台上时，其上方应有抽管束的空间。

⑪ 位于立式设备附近的换热器，其间应有 1m 的通道。

⑫ 立式换热器、尾气冷凝器的布置可参照容器的布置；再沸器的布置可参照塔的布置。

⑬ 对于有保温层的换热器，其相关的间距值，应是指保温后外壳的净距。

⑭ 换热器的介质为气体并在操作过程中有冷凝液生成时，换热器的出口管一般应为无

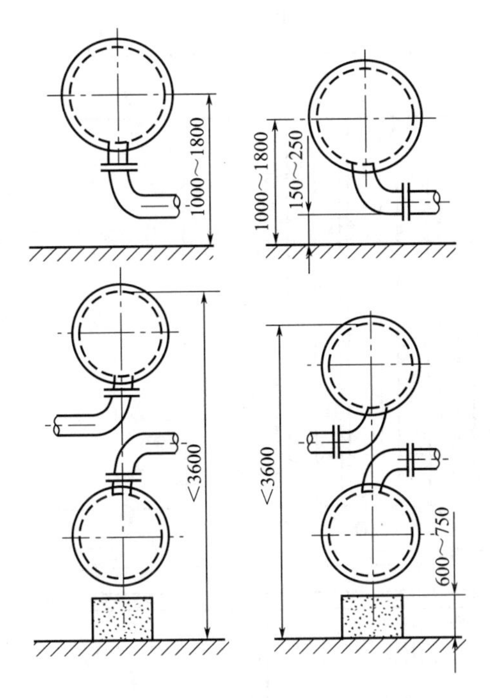

图 6.20 换热器的安装高度

袋形管，并使冷凝液自流入受槽内。此时，换热器的标高与受槽有关，设备布置时要核对好。

⑮ 换热器布置高度要满足工艺配管的要求，并适当留有余地。

6.4.9 泵、风机等运转设备

(1) 泵

① 泵可采用敞开、半敞开与室内布置。年极端最低温度在－38℃以下的地区，宜采用室内布置。其他地区可根据雨雪量和风沙情况等采用敞开或半敞开布置。输送高温介质的热油泵和输送易燃易爆的或有害（如氨等）介质的泵，要求布置在通风的环境，一般宜采用敞开或半敞开布置。泵往往布置在室内底层或集中布置在泵房，小功率（7kW 以下）的泵可布置在楼板上或框架上。不经常操作的泵可露天布置，但需设防雨罩保护电机，所有配电及仪表设施均应采用户外式的，寒冷地区要考虑防冻措施。

② 泵通常采用集中或分散布置。集中布置是将泵集中在泵房或露天、半露天的管廊下或者框架下，呈单排或双排布置方式，如图 6.22 所示。对于工艺流程中塔类设备较多时，常将泵集中布置在管廊下面，在寒冷地区则集中在泵房内。大中型车间用泵数量较多，有可能集中布置的，应该尽量集中布置。分散布置是按工艺流程将泵直接布置在塔或容器附近。当泵的数量较少，或工艺有特殊要求，或因安全方面等原因，可采用分散布置。小型车间生产用泵尽量布置在靠近供料设备，以保证泵有良好的吸入条件。

③ 泵的布置首先要考虑方便操作与检修，其次是注意整齐美观。由于泵的型号、特性、外形不一，难于布置得十分整齐。因此，泵群在集中布置时，一般采用下列两种布置方式，其一，泵的排出口取齐，并列布置，使泵的出口管整齐，也便于操作，这是泵的典型布置方式；其二，当泵的排出口不能取齐时，则可采用泵的一端基础取齐。这种布置方式便于设置排污管或排污沟。

④ 集中布置的泵应排列成一直线，泵的头部集中一侧，也可背靠背地排成两排，电机端对齐，正对道路，如图 6.23 所示。泵的排列次序由与之相关的设备位置和管道布置所决定。

⑤ 泵与泵之间的距离视泵的大小而定，一般不小于 0.7m，双排泵之间的距离一般不小于 2m，泵与墙之间的距离一般不小于 1.2m，以便于通行。当布置受限时，也可两台泵共用一个基础。图 6.24 所示为常用 IS 型泵安装检修所需要的间距。

⑥ 成排布置的泵，其配管与阀门应排成一条直线，管路避免跨越泵和电动机。

⑦ 泵应布置在高出地面 150mm 的基础上。多台泵置于同一基础上时，基础必须有坡度以便泄漏物流出，基础四周要考虑排液沟及冲洗用的排水沟。

⑧ 室内布置泵常将泵沿墙布置，可节省面积，如果将工艺罐放在室外，管道穿过墙与泵相连，则空间更省，操作也很方便。

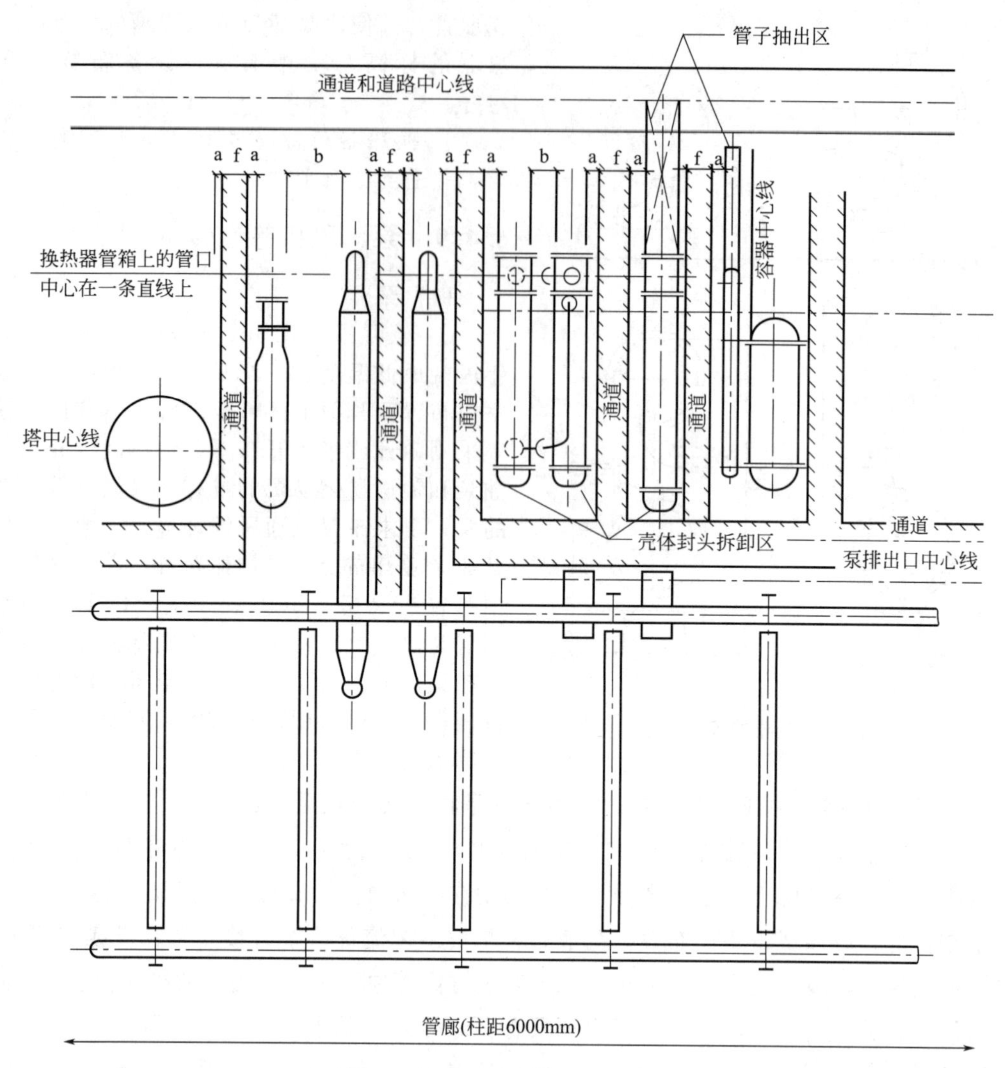

图 6.21 地面上换热器的布置

⑨ 泵的吸入口管线应尽可能短，以保证净正吸入压头的需要。

⑩ 泵需要经常检修，泵的周围应留有足够的空间。对于重量较大的泵和电机，应设检修用的起吊设备，建筑物与泵之间应有足够的高度供起吊用。

⑪ 相同介质的泵，应安排在一起。若介质为腐蚀介质，则必须设置一定的防护围堤，用防腐蚀材料铺砌。

(2) 风机

① 一般小型风机常布置在室外，以减少厂房内的噪声，但要设防雨罩保护电机，北方地区要考虑防冻措施；大型风机可布置在室内，也可布置在室外或半露天布置，布置在室内时，要设置必要的消声设备，如不能有效地控制噪声，通常将其布置在封闭的机房中，以减少噪声对周围的影响，用于鼓风机组的监控仪表可设在单独的或集中的控制室内。

② 风机的布置应考虑操作维修方便，并设置适当的吊装设备，布置时应注意进出口接管简捷，尽量避免风管弯曲和交叉，在转弯处应有较大的回转半径。

③ 大型风机的基础要考虑隔震，与建筑物的基础要分开，还要防止风管将震动传递到建筑物上。

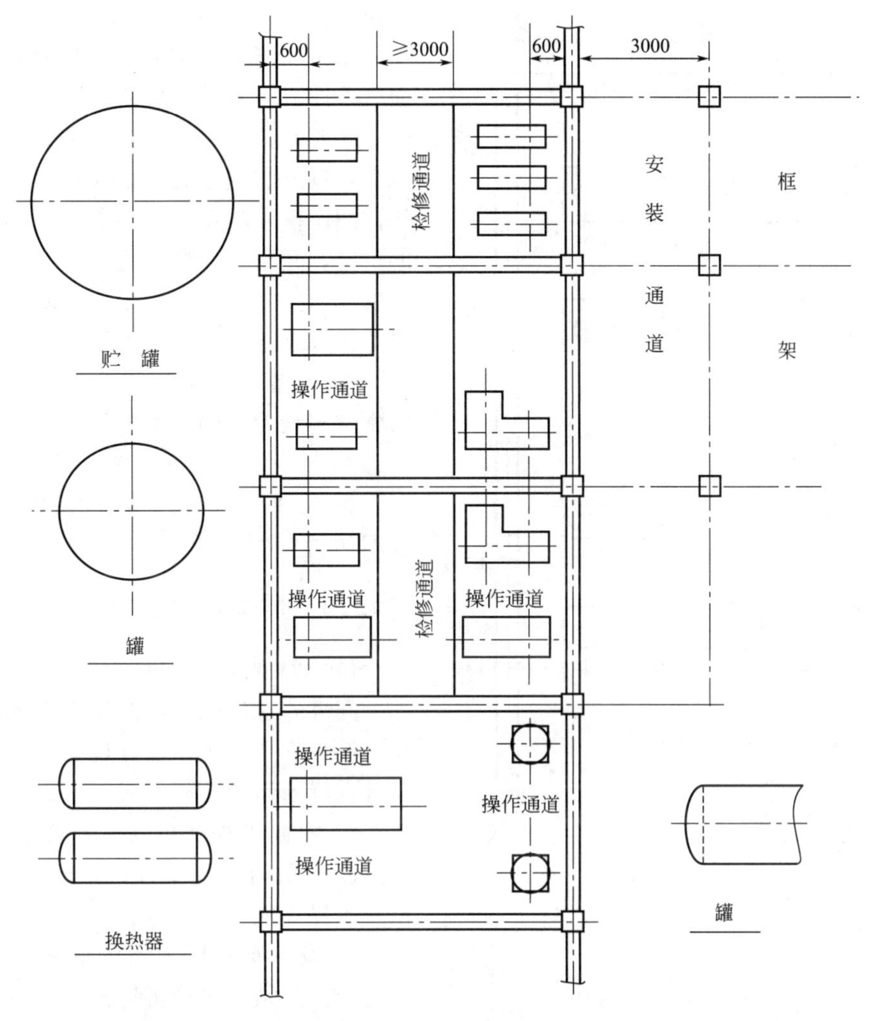

图 6.22 室外管廊下泵的布置

④ 鼓风机组的监控仪表宜设在单独的或集中的控制室内，控制室要有隔声设施和必要的通风设备。

⑤ 为了便于安装检修，鼓风机房需设置适当的吊装设备。

(3) 压缩机

① 压缩机常是装置中功率消耗最大的关键设备，所以在平面布置时应尽可能使压缩机靠近与它相连的主要工艺设备，压缩机的进出口管线应尽可能得短和直。

② 为了有利于压缩机的维护和检修，方便操作人员的巡回检测，压缩机通常布置在专用的压缩机厂房中，厂房内设有吊车装置。

③ 压缩机的基础应考虑隔振，并与厂房的基础脱开。

④ 中小型压缩机厂房一般采用单层厂房，压缩机基础直接放在地面上，稳定性较好。大型压缩机多采用双层厂房，分上、下两层布置，压缩机基础为框架高基础，主机操作面、指示仪表、阀门组布置在上层，辅机设备和管线布置在下层。

⑤ 多台压缩机布置一般是横向平列，机头都在同侧，便于接管和操作。布置的间距要满足主机和电动机的拆卸检修和其他各种要求，如主机卸除机壳取出叶轮或活塞抽芯等工作。压缩机和电动机的上部不允许布置管道。主要通道的宽度应根据最大部件的尺

寸决定。

⑥ 压缩机组散热量大，应有良好的自然通风条件，压缩机厂房的正面最好迎向夏季的主导风向。空气压缩机厂房为使空气压缩机吸入较清洁的空气，必须布置在散发有害气体的设备或散发灰尘场所的主导风向上方的位置，并与其保持一定的距离。处理易燃易爆气体压缩机的厂房，应有防爆的安全措施，如事故通风、事故照明、安全出入口等。

⑦ 大型压缩机厂房由于供电负荷大，通常都附设专用的变配电室，布置时须统一考虑。

离心式压缩机及往复式压缩机布置的示意图如图 6.25～图 6.28 所示。

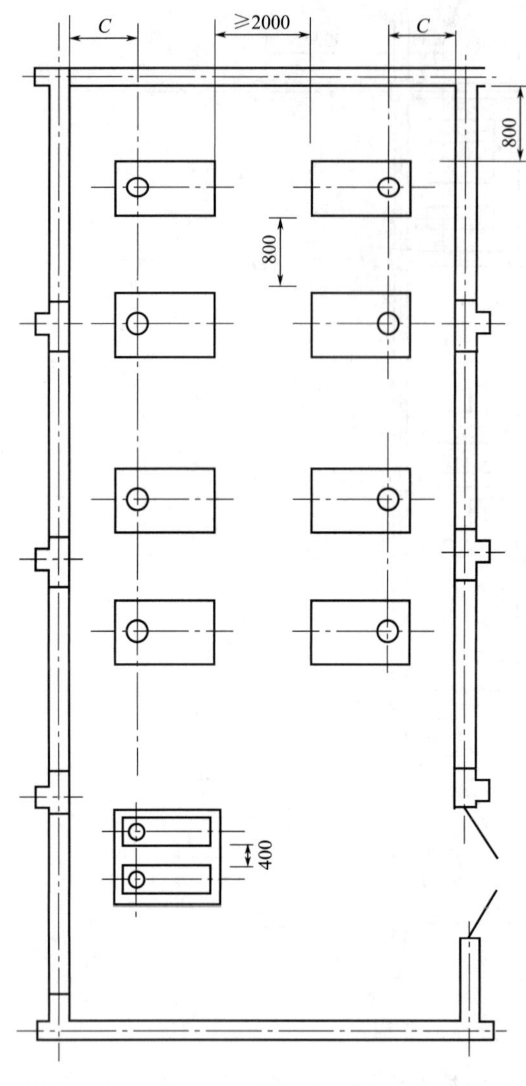

图 6.23 室内泵的布置

尺寸 C 按阀门布置情况定

6.4.10 过滤机

(1) 间歇式过滤机

间歇式过滤机通常在压力下或真空下操作，有板框压滤机、叶滤机、床层式过滤器及真空吸滤器等几种型式。

① 间歇式过滤机通常布置在室内，多台过滤机采用并列布置，以便过滤、清洗、出料等操作能交替进行。

② 设备布置所占用的面积，因出料方式而异。必须将过滤机拆开后才能取出滤饼的，以考虑操作方便为主，用压缩空气或其他方法可把滤饼取出的，则以考虑维修方便决定占用面积，一般在过滤机周围至少要留出一个过滤机宽度的空间。

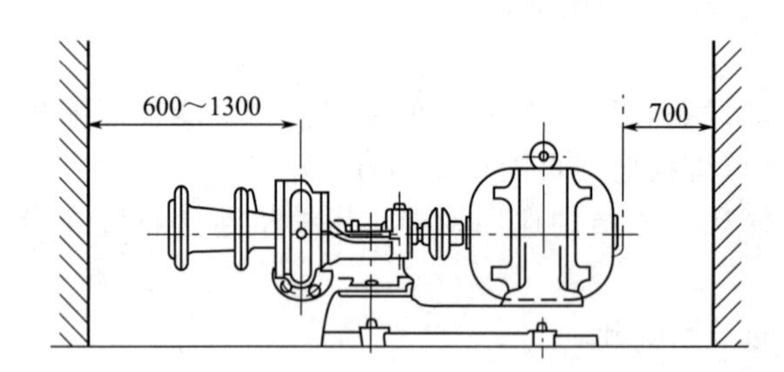

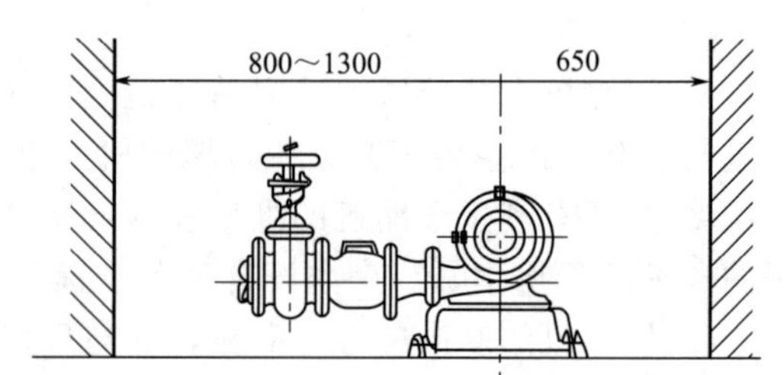

图 6.24 IS 型泵安装示意

用小车运送滤布、滤饼或滤板时，至少在其一侧留出 1.8m 净空位置。

③ 过滤机安装高度。一般是将过滤机安装在楼面上或操作平台上，而将滤饼卸在下一层楼面上或接受器里，也有直接卸在小推车中，装满后即运走。下料用的溜槽尺寸要大些，并且尽可能近于垂直以便下料通畅。

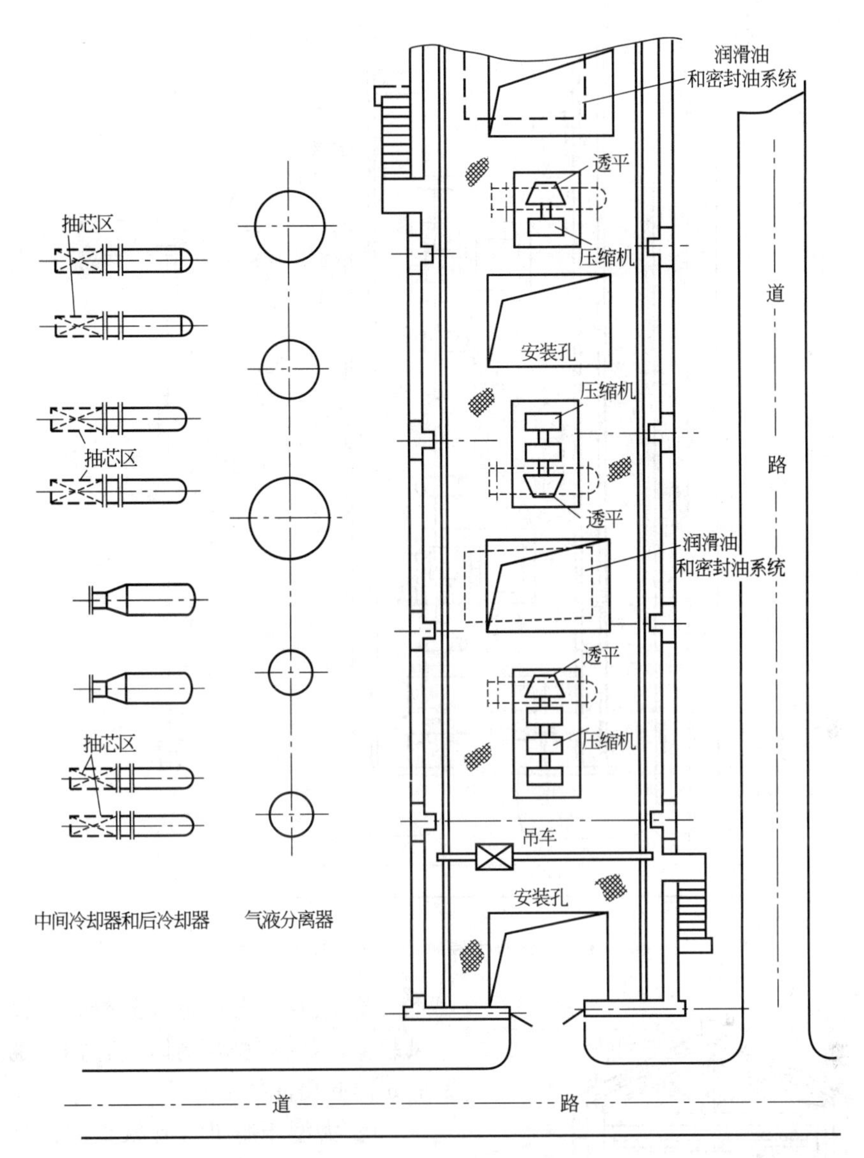

图 6.25 多台离心式压缩机平面布置示意

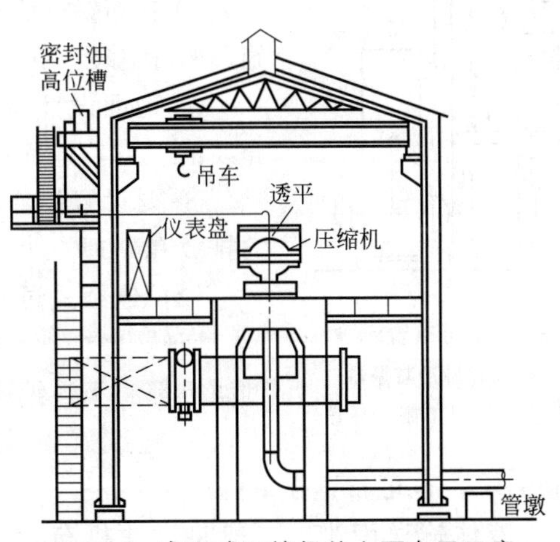

图 6.26 离心式压缩机的立面布置示意

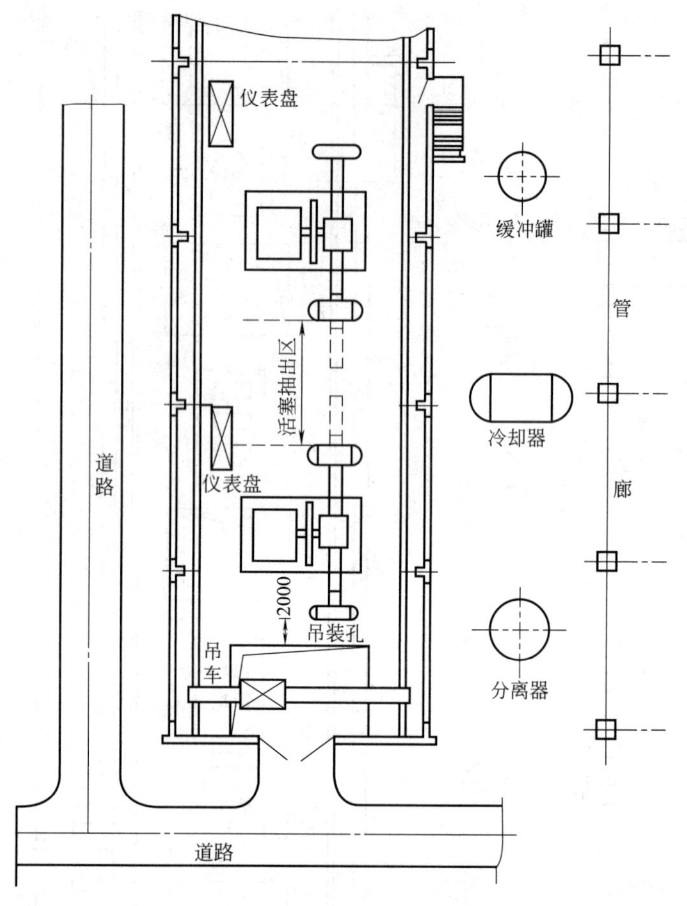

图 6.27 往复式压缩机的室内平面布置示意

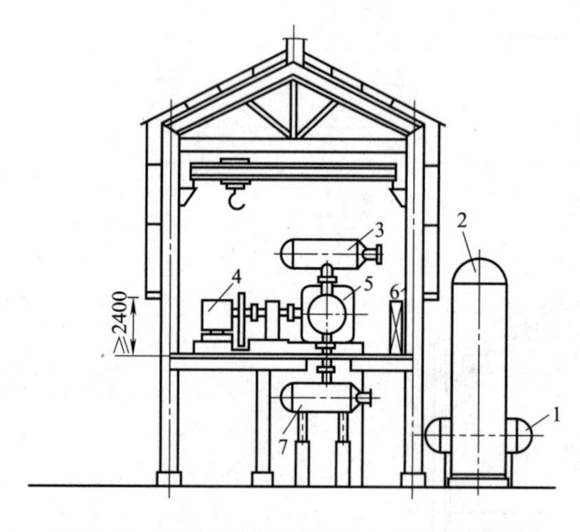

图 6.28 往复式压缩机的室内立面布置示意

1—冷却器；2—气液分离器；3—入口脉冲减振器；4—驱动机；5—压缩机；6—仪表盘；7—出口脉冲减振器

④ 滤液如果有毒或易燃，要设专门的通风装置（如排气罩、抽风机等），通风装置不应妨碍卸出滤饼的操作。

⑤ 大型压滤机（有较重的内件）要设置吊车梁。

⑥ 在布置过滤机的同时应考虑其他辅助设施，如真空泵、空气压缩机、水泵等的布置。

⑦ 地面设计应考虑冲洗排净，使用腐蚀介质的地方，地面应考虑防腐蚀措施。

⑧ 要设置滤布的清洗槽，并考虑清洗液的排放和处理。

(2) 连续式过滤机

回转真空过滤机、带式过滤机、链板式过滤机都属于连续式过滤机。

① 连续式过滤机可露天、半露天布置。如天气对浆液或滤饼有不利影响，也可布置在室内。

② 由于固体物料输送比液体输送困难，一般将过滤机布置在靠近固体物料的最终卸

出处。

③ 过滤机布置在进料槽的上部为宜，这样便于过滤机的排净，溢流物可以靠重力回流到进料槽。溢流管的管径要大，管道要考虑能够进行清洗。

④ 过滤机尽量安装在高处，如在二楼或操作平台上，便于固体物料的卸出。卸料溜槽也应宽而直，避免堵塞。

⑤ 过滤机四周要留出操作、清洗、检修的位置，其通道宽度不得小于 1m。

⑥ 过滤机的真空管道要采用大管径、短管线，以减少阻力。

⑦ 为了便于安装检修，厂房中要设置起吊设备。

(3) 离心机

① 离心机为转动设备，由于转鼓载荷不均匀会引起很大震动，所以一般均布置在厂房的底层，并且安装在坚固的基础上，基础与建筑物应完全脱开。小型离心机布置在楼板上时，需布置在梁上或在建筑设计上采取必要的措施。大型离心机需考虑减震措施。

② 离心机周围要有足够的操作和检修场地，通道宽度不得小于 1.5m。三足式离心机安装检修所需的间距见图 6.29。

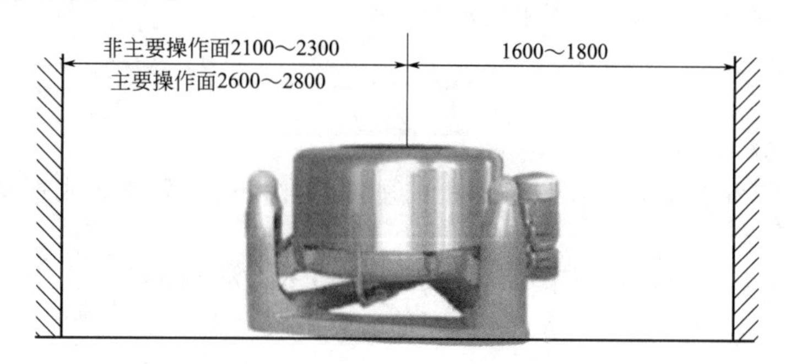

图 6.29 三足式离心机安装示意

③ 离心机的安装高度根据出料方式确定。底部卸料的离心机，要按照固体物料的输送方式确定所需要的空间。

④ 要设置供检修用的起吊梁。多台离心机可排列成一行，以减少梁的数量，离心机周围的配管，应不妨碍取出电动机和转鼓。

⑤ 离心机不应布置在有腐蚀的区域或管道下面。离心机的泄漏物应收集在有围堤的区域内，具有一定的坡度，使漏出物流向地沟，排入废液处理装置。

⑥ 离心机操作时，排出大量空气，当其含有有害气体或易燃易爆的蒸气时，在离心机上方要加装排气罩，必要时对排出的有害气体应作处理。

6.4.11 干燥器

(1) 喷雾干燥器、流化床干燥器

这类设备通常是用鼓风机将加热空气送入器内，与湿物料接触后，水分被蒸发并随热空气带走，所以布置好鼓风机和加料器是非常重要的。

① 鼓风机与加料器通常布置在一单独房间内，以免鼓风机噪声与加料器的高温影响车间环境。

② 喷雾干燥器与其附属设备（包括料液进料设备、成品出料包装设备、旋风分离器、布袋除尘器、加热器、风机等）成组布置。所有进出口风管，由于管径大，布置时要统一考虑。

③ 喷雾干燥器一般可半露天布置，若布置在室内需考虑防尘和防高温等措施。

④ 必须很好地安排使物料进出便利，减少固体物料堵塞。

(2) 回转干燥器

回转干燥器包括内回转式、转鼓式和回转窑炉等，它们的附属设备有加热器、进出料装置、旋风分离器等。

① 回转干燥器应单独布置，必减少对其他生产装置的影响。

② 要合理安排进出固体物料输送设备，以便防尘、防热和操作维护检修。

③ 回转干燥器通常布置在建筑物的底层，设备基础应与建筑物基础完全脱开。

(3) 箱式干燥器

① 设备前要留有足够的空地，用以堆放湿料、干料，进行倒盘、洗盘等操作，以及安排推送物料的通道。

② 要考虑通风、排风及降温措施。

6.4.12 气体净化设备

① 要考虑回收的固体物料能够靠重力自流，避免再次搬运。

② 湿式除尘设备要考虑排出含尘废水的处理。

6.4.13 运输设备

(1) 皮带输送机

① 皮带拉紧装置通常装在皮带输送机的尾部，常采用拉紧螺丝或重锤式拉紧装置来完成。

② 物料输送距离较长时，可采用两根或两根以上的皮带相接输送。

③ 每台皮带输送机应至少要有 0.6m 宽的通道。两台皮带输送机平行排列时，中间至少要有 0.75m 的通道。

(2) 气流输送设备

气流输送的配套设备有鼓风机、进出料装置、气流输送管、旋风分离器、袋式过滤器等，布置时要统一考虑。

气流输送管要根据物料特性选取合适的流化速度，速度太高，浪费能源，增加设备磨损；速度太低，物料输送不畅。气流输送管最好为垂直上升，垂直下降，倾斜布置时要很好地考虑物料的下沉问题，下沉管最好不要小于 45°。

6.4.14 罐区

罐区布置主要考虑的是安全问题。

① 全厂性集中布置的甲、乙、丙类液体罐区、装卸站、贮气罐应在厂区边缘，并需在明火或散发火花地点的侧风或下风向。其装卸站还应靠近铁路或道路。

② 甲、乙、丙类液体贮罐，宜露天布置；贮罐支架，需涂耐火保护层。

③ 按照防爆规范的要求，罐区应设置静电接地和防雷设施。

④ 装置内为生产操作需要的缓冲罐不宜大量贮存甲、乙、丙类液体。

⑤ 罐区四侧都要有可以连通的通道，罐区通道的宽度要考虑消防车能方便进出。

⑥ 贮罐应成排、成组排列。甲、乙、丙类液体贮罐应按物料类别和贮量分组布置，一组贮罐不应超过两行。

⑦ 易燃易爆液体贮罐四周要设防火堤或围堰，其容积大小按《石油化工企业防火设计规范》6.2 条款设计。

⑧ 甲、乙、丙类液体贮罐或贮罐组应设防火堤。罐区泵房一般设置在防火堤外，与贮罐的防火间距详见《石油化工企业防火设计规范》5.3.5 条款。

⑨ 危险品贮罐布置的间距详见《石油化工企业防火设计规范》。

⑩ 装卸栈台可布置在罐区一侧，但必须远离工艺装置，且需有足够有效的安全消防措施。

⑪ 罐区内要有安全出入口及事故出口，一旦发生火灾时便于人员撤离及处理事故。

⑫ 气体罐区。气体贮罐有常压及加压两种。常压贮罐有各种干式、湿式气柜，气柜压力略高出大气压几十毫米水柱（$1mmH_2O=9.80665Pa$）。加压贮罐有压力贮罐、钢瓶等。无论哪种贮罐都必须遵守有关规范及要求布置和使用，特别是易燃易爆气体更应严格执行。某些专门罐区如液化石油气站、氮氧站、液氯站等更应执行其专用的各项标准和规范。

6.4.15 控制室

① 控制室的布置应该有很好的视野，应设置在从各个角度都能看到装置的地方。

② 控制室应布置在装置的上风向，且距离生产装置各个部分都不太远的适宜地方。大型石油化工装置的控制室与装置内生产设备管廊、各种台架之间最好保持 15m 距离。

③ 仪表盘和控制箱通常都是成排布置。盘后要有安装及维修用的通道，通道宽度不小于 1m。仪表盘前应有 2～3m 的空间。

④ 所有进出口管道及电缆最好暗敷，使室内布置整齐美观。

⑤ 仪表盘上的仪表一般可分成三个区段布置。上区段距地面 1650mm 以上，这一部分可放置比较醒目的供扫视的仪表（如指示仪表、信号灯、闪光报警器等），中区段距地面 1000～1650mm，可放置需要经常监视的仪表（如控制仪表、记录仪表等），下区段距地面 800～1000mm，可放置操纵器类（如操纵板、切换器、开关、按钮等）。

⑥ 控制室内仪表盘应避免阳光直射，以免反射光影响操作。

⑦ 大型控制室因为装有大量仪表，为减少灰尘，最好采用机械通排风，以保持空气的清洁。墙面及地面也要便于清洗，以防止灰尘聚集。室内采光通常都采用天然采光与人工照明相结合，室内有时还设有辅助用室及生活用室。

控制室布置示意图如图 6.30 所示。

6.4.16 主管廊

大型装置的管道往返较多，为了便于安装及装置的整洁美观，通常都设集中管廊。

① 管廊的布置首先要考虑工艺流程，来去管道要做到最短最省，尽量减少交叉重复。

② 管廊宽度根据管道数量、管径大小、弱电仪表配管配线的数量确定。管道断面要精心布置，尽可能避免交叉换位。管廊上要预留一定余量，一般可留 20%的余量。

③ 管廊上的管道可布置为一层、二层或多层。多层管廊要考虑管道安装和维修人员的通道。

④ 多层管廊最好按管道类别安排。一般输送有腐蚀性介质的管道布置在下层，小口径气液管布置在中层，大口径气液管布置在上层。

⑤ 管廊上必须考虑热膨胀、凝液的排出和放空等设施。如果有阀门需要操作，还要设置操作平台。

⑥ 管廊一般均架空敷设，其高度（离地面净高度）一般要求为：横穿铁路时 6.7m，横穿厂内主干道时 6.0m，横穿厂内次干道时 4.5m，装置内管廊 3.5m，厂房内主管廊 2.5m。

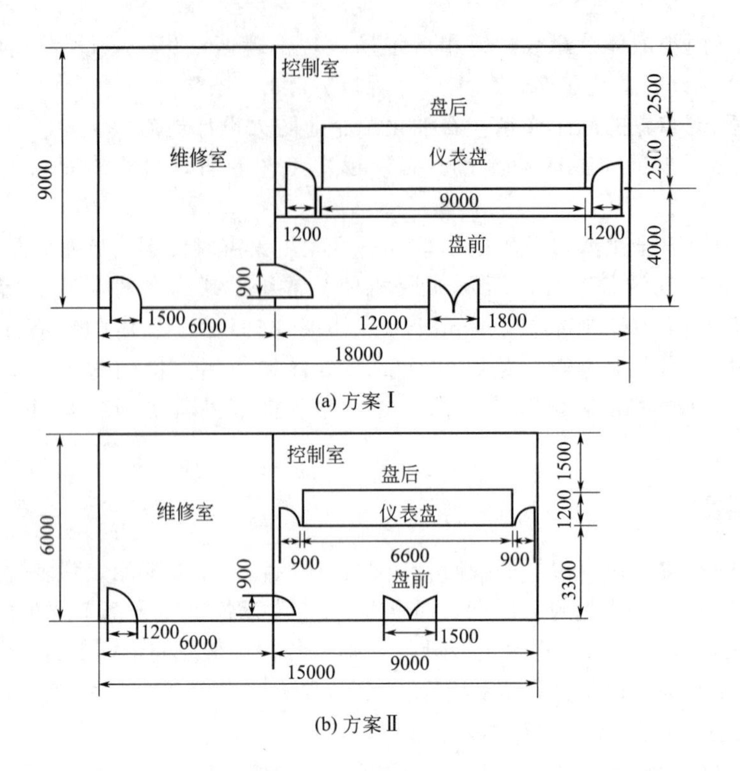

(a) 方案Ⅰ

(b) 方案Ⅱ

图 6.30 控制室布置示意

1. 当控制室与工艺设备布置在同一建筑物内时，控制室宜设置在操作比较频繁、控制点比较集中的楼层平面上。

2. 控制室应设置在上风向。

3. 控制室的地面振幅要小于 0.1mm，频率小于 25Hz（指连续周期性振动）。

4. 控制室地面标高要高于室外 0.6～0.8m（当控制室在底层时）。

5. 控制室一般应设吊顶，顶棚离地面 3.5m 左右，顶棚上面净空 1m 左右。

6. 控制室内最好采用空调，夏季温度 25～30℃，冬季温度 15～20℃，湿度50%～85%。

7. 对控制仪表的电磁波干扰源要小于 5Oe（1Oe=79.5775A/m）。

8. 控制室内噪声要小于 65dB

⑦ 管廊柱距视具体情况而定，一般在 4～15m 之间。

6.5 设备布置图的绘制

表示一个车间（装置）或一个工段（工序）的生产和辅助设备在厂房内外安装位置的图样称为设备布置图。设备布置图是在简化了的厂房建筑图上增加了设备布置内容，用来表示设备与建筑物、设备与设备之间的相对位置，并能直接指导设备的安装。设备布置图是化工设计、施工、设备安装、绘制管道布置图的重要技术文件。图 6.31 所示为一设备布置图的示例。

6.5.1 设备布置图的内容

① 一组视图　表达厂房建筑的基本结构和设备在厂房内的布置情况。

② 尺寸及标注　在图形中注写设备布置有关的定位尺寸和厂房的轴线编号、设备位号及说明等。

③ 安装方位（向）标　指示厂房和设备安装方向基准的图标。

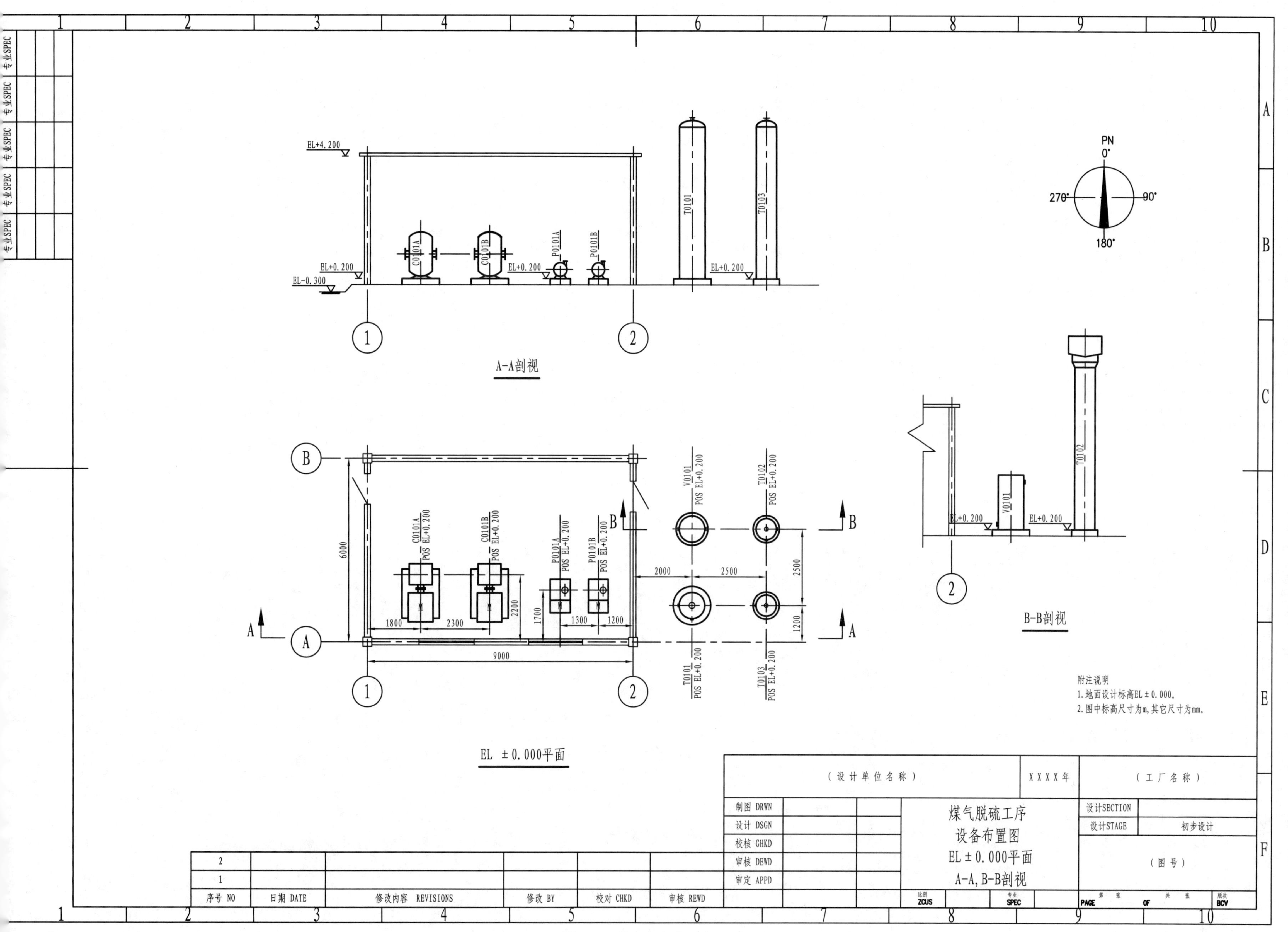

A-A剖视
EL ±0.000平面
B-B剖视
PN
附注说明
1. 地面设计标高EL±0.000。
2. 图中标高尺寸为m，其它尺寸为mm。
（设计单位名称）
XXXX年
（工厂名称）
煤气脱硫工序
设备布置图
EL±0.000平面
A-A，B-B剖视
设计SECTION
设计STAGE
初步设计
（图号）

图 6.31 设备布置图示例

④ 附注说明　即对设备安装有关的特殊要求的说明（图示清楚的情况下，可以省略）。

⑤ 修改栏及标题栏　注明图名、图号、比例、修改说明等。

有时还有设备一览表，表中写有设备位号、名称、规格等。

设备布置图与建筑图存在着相互依赖的关系，工艺人员首先根据生产过程绘制设备布置图初稿，对厂房建筑大小、内部分隔、跨度、层数、门窗位置大小以及设备安装有关的操作平台、预留孔洞等方面，向土建部门提出工艺要求，作为土建设计的依据。待厂房建筑设计完成后，工艺人员再根据厂房建筑图对设备布置图进行修改和补充，使其更为合理，这样定稿的设备布置图，作为设备安装和管道布置施工设计的依据。

建筑图也是按正投影原理绘制，图样表达了建筑内部和外部结构形状，按“建筑制图标准”（GB/T 50104—2010）规定，视图包括平面图、立面图、剖面图和详图等几种图样。

设备布置图实际上是简化了的建筑图加设备布置的内容。

6.5.2 设备布置图的绘制方法

（1）视图的一般要求

① 图幅　一般采用A1图幅，不宜加长加宽，特殊情况也可采用其他图幅。一组图形尽可能绘于同一张图纸上，也可分开绘在几张图纸上，但要求采用相同的幅面，以求整齐，利于装订及保存。

② 比例　绘图比例通常采用1∶100，根据设备布置的疏密情况，也可采用1∶50或1∶200。当对于大的装置需分段绘制设备布置图时，必须采用同一比例，比例大小均应在标题栏中注明。

③ 尺寸单位　设备布置图中标注的标高、坐标均以米为单位，且需精确到小数点后三位，至毫米为止。其余尺寸一律以毫米为单位，只注数字，不注单位。若采用其他单位标注尺寸时，应注明单位。

④ 图名　标题栏中的图名一般分成两行，上行写“××××设备布置图”，下行写“EL×××.×××平面”或“×—×剖视”等。

⑤ 编号　每张设备布置图均应单独编号。同一主项的设备布置图不得采用一个号，应加上“第×张，共×张”的编号方法。在标题栏中应注明本类图纸的总张数。

⑥ 标高的表示　标高的表示方法宜用“EL－××.×××”、“EL±0.000”、“EL＋××.×××”，对于“EL＋××.×××”可将“＋”省略表示为“EL××.×××”。

（2）图面安排及视图要求

设备布置图中视图的表达内容主要是两部分，一是建筑物及其构件；二是设备。一般要求如下。

① 设备布置图绘制平面图和剖视图。剖视图中应有一张表示装置整体的剖视图。对于较复杂的装置或有多层建筑、构筑物的装置，当用平面图表达不清楚时，可加绘制多张剖视图或局部剖视图。剖视图符号规定采用“A—A”、“B—B”等大写英文字母表示。

② 设备布置图一般以联合布置的装置或独立的主项为单元绘制，界区以粗双点划线表示，在界区外侧标注坐标，以界区左下角为基准点。基准点坐标为N、E（或N、W），同时注出其相当于在总图上的坐标X、Y数值。

③ 对于有多层建筑物、构筑物的装置，应依次分层绘制各层的设备布置平面图，各层平面图均是以上一层的楼板底面水平剖切所得的俯视图。如在同一张图纸上绘制若干层平面图时，应从最底层平面开始，在图中由下至上或由左至右按层次顺序排列，并应在相应图形下注明“EL×××.×××平面”或“×—×剖视”等字样。

④ 一般情况下，每层只需画一张平面图。当有局部操作平台时，主平面图可只画操作

平台以下的设备，而操作平台和在操作平台上面的设备应另画局部平面图。如果操作平台下面的设备很少，在不影响图面清晰的情况下，也可两者重叠绘制，将操作平台下面的设备画为虚线。

⑤ 当一台设备穿越多层建筑物、构筑物时，在每层平面图上均需画出设备的平面位置，并标注设备位号。

(3) 建筑物及构件的表示方法

在设备布置图中，建筑物及其构件均用实线画出，画法见附录5。常用的建筑结构构件的图例，如图6.32所示。

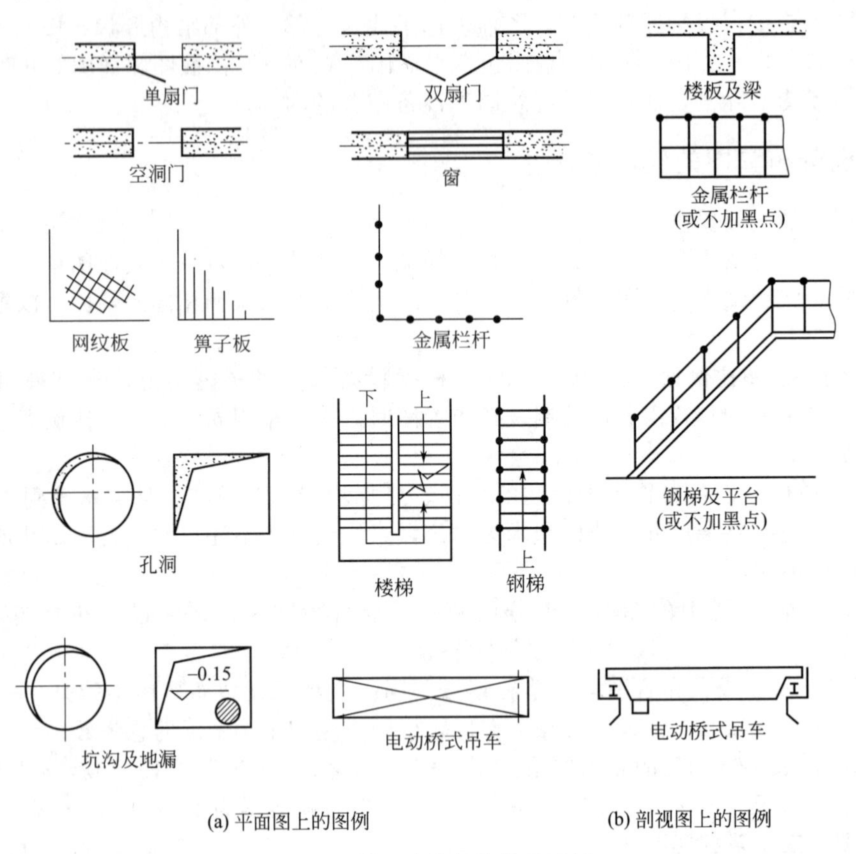

图6.32 常用建筑结构构件图例

① 在设备布置图上需按相应建筑图纸所示的位置，在平面图和剖视图上按比例和规定的图例画出门、窗、墙、柱、楼梯、操作台（应注平台的顶面标高）、下水箅子、吊轨、栏杆、安装孔、管廊架、管沟（应注沟底的标高）、明沟（应注沟底的标高）、散水坡、围堰、道路、通道以及设备基础等。

② 在设备布置图上还需按相应建筑图纸，对承重墙、柱子等结构，按建筑图要求用细点划线画出其相同的建筑定位轴线。标注室内外的地坪标高。

③ 与设备安装定位关系不大的门、窗等构件，一般在平面图上画出它们的位置、门的开启方向等，在其他视图上则可不予表示。

④ 在装置所在的建筑物内如有控制室、配电室、操作室、分析室、生活及辅助间，均应标注各自的名称。

(4) 设备的表示方法

① 定型设备一般用粗实线按比例画出其外形轮廓，被遮盖的设备轮廓一般不予画出。

设备的中心线用细点画线画出。当同一位号的设备多于3台时，在平面图上可以表示首尾两台设备的外形，中间的用粗实线画出其基础的矩形轮廓，或用双点划线的方框表示。在平面布置图上，动设备（如泵、压缩机、风机、过滤机等）可适当简化，只画出其基础所在位置，标注特征管口和驱动机的位置，如图6.33(a)所示，并在设备中心线的上方标注设备位号，下方标注支撑点的标高“POS EL＋××.×××”或主轴中心线的标高如“℄EL＋××.×××”。

② 非定型设备一般用粗实线，按比例采用简化画法画出其外形轮廓（根据设备总装图），包括操作台、梯子和支架（应注出支架图号）。非定型设备若没有绘管口方位图的设备，应用中实线画出其特征管口（如人孔、手孔、主要接管等），详细注明其相应的方位角，如图6.33（b）所示。卧式设备则应画出其特征管口或标注固定端支座。

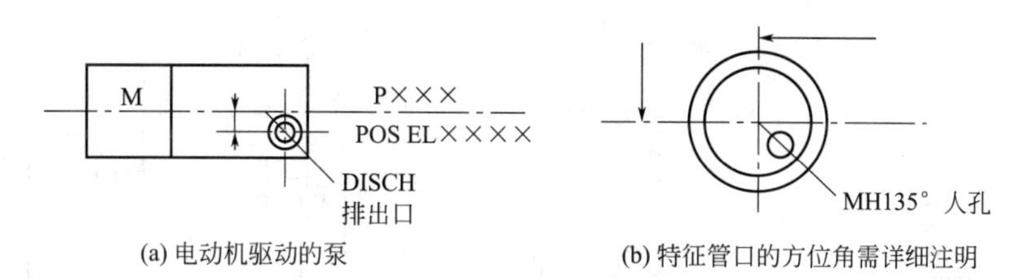

(a) 电动机驱动的泵

(b) 特征管口的方位角需详细注明

图6.33 设备简化表示方法

③ 设备布置图中的图例，均应符合HG 20519—2009的规定。无图例的设备可按实际外形简略画出。图6.34是常见静动设备画法图例。

④ 当设备穿过楼板被剖切时，每层平面图上均需画出设备的平面位置，在相应的平面图中设备的剖视图可按图6.35表示，图中楼板孔洞不必画阴影部分。在剖视图中设备的钢筋混凝土基础与设备的外形轮廓组合在一起时，可将其与设备一起画成粗实线。位于室外而又与厂房不连接的设备和支架、平台等，一般只需在底层平面图上予以表示。

⑤ 在设备平面布置图上，还应根据检修需要，用虚线表示预留的检修场地（如换热器管束用地），按比例画出，不标尺寸，如图6.36所示。

⑥ 剖视图中如沿剖视方向有几排设备，为使设备表示清楚可按需要不画后排设备。图样绘有两个以上剖视时，设备在各剖视图上一般只应出现一次，无特殊必要不予重复画出。

⑦ 在设备布置图中还需要表示出管廊、埋地管道、埋地电缆、排水沟和进出界区管线等。

⑧ 预留位置或第二期工程安装的设备，可在图中用细双点划线绘制。

(5) 设备布置图的标注

a. 厂房建筑物及构件的标注

标注内容：厂房建筑的长度、宽度总尺寸；柱、墙定位轴线的间距尺寸；为设备安装预留的孔、洞及沟、坑等定位尺寸；地面、楼板、平台、屋面的主要高度尺寸及设备安装定位的建筑物构件的高度尺寸。

标注方法：①厂房建筑物、构筑物的尺寸标注与建筑制图的要求相同，应以相应的定位轴线为基准，平面尺寸以毫米为单位，高度尺寸以米为单位，用标高表示；②一般采用建筑物的定位轴线和设备中心线的延长线作为尺寸界线；③尺寸线的起止点用箭头或45°的倾斜短线表示，在尺寸链最外侧的尺寸线需延长至相应尺寸界线外3～5mm，如图6.37所示；④尺寸数字一般应尽量标注在尺寸线上方的中间位置，当尺寸界线之间的距离较窄，无法在相应位置注写数字时，可将数字标注在相应尺寸界线的外侧，尺寸线的下方或采用引出方式标注在附近适当位置，如图6.37所示；⑤定位轴线的标注，建筑物、构筑物的轴线和柱网要按整个装置统一编号，在建筑物轴线一端画出直径8～10mm（视图纸比例而定）的细线

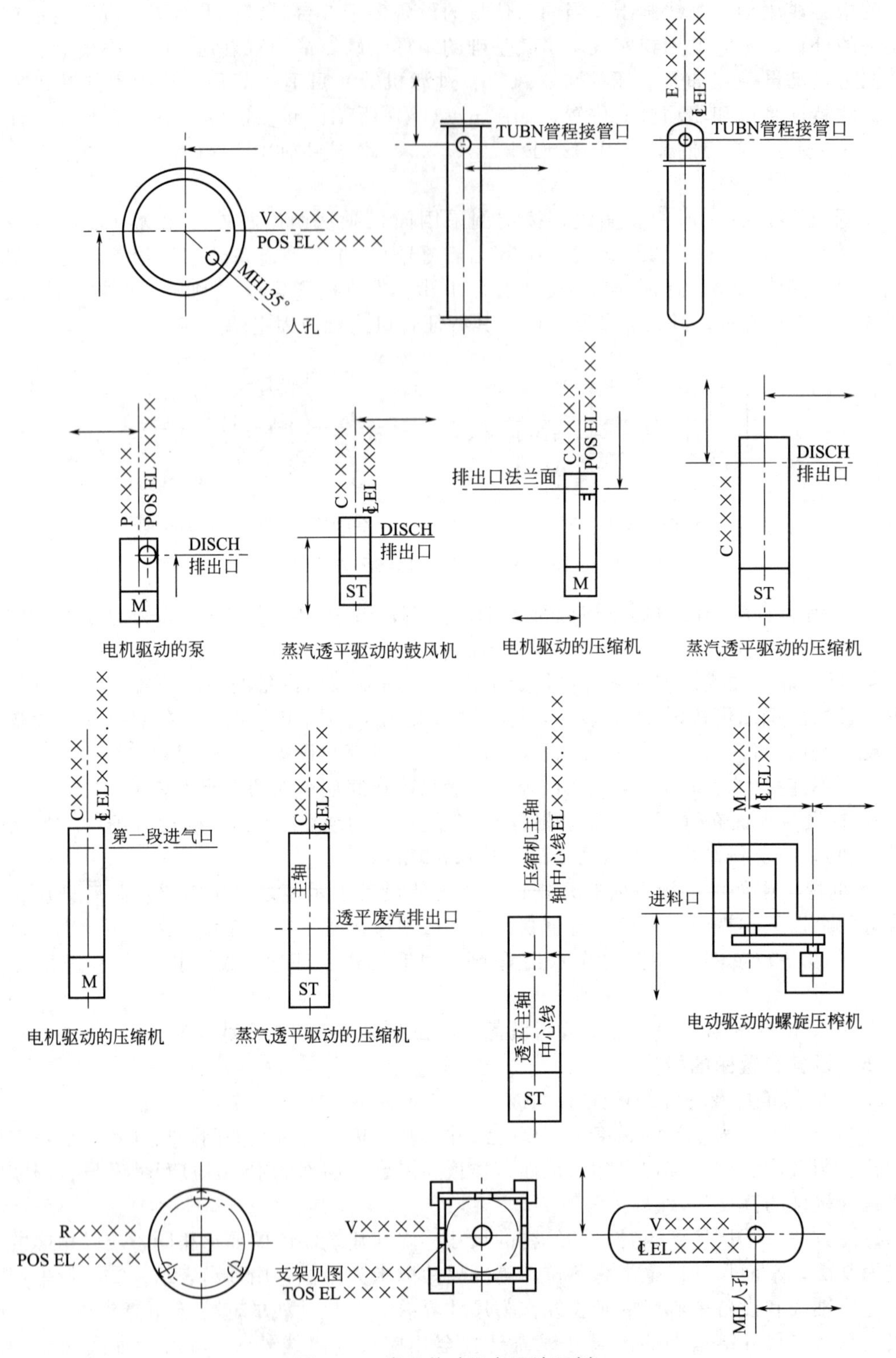

图 6.34　常见静动设备画法图例

圆，在水平方向上从左至右依次编号以 1、2、3、4…表示，纵向用大写英文字母 A、B、C…标注，自下而上顺序编号（其中 I、O、Z 三个字母不用）；⑥标高注法，标高一般以厂房内地面为基准，作为零点进行标注，零点标高标成“EL±0.000”，单位用米（不注）取

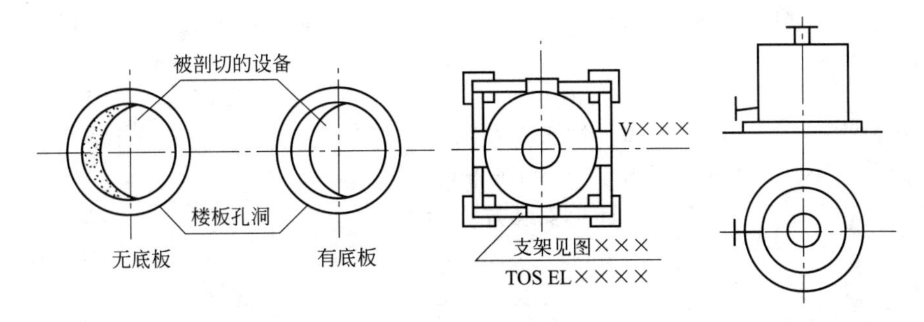

图 6.35 设备布置图中设备剖视图、俯视图的简化画法

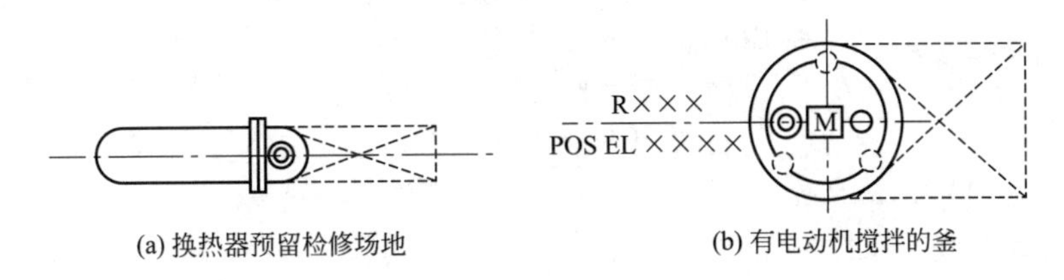

图 6.36 用虚线表示预留的检修场地

小数点后三位数字，厂房内外地面及框架、平台的平面和管沟底、水池底应注明标高。

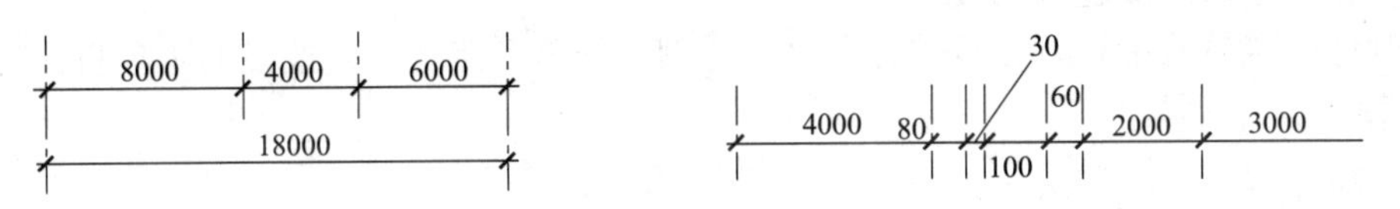

图 6.37 建筑物的尺寸标注

b. 设备的标注

① 平面布置图的尺寸标注　布置图中不注设备的定形尺寸，只注安装定位尺寸。平面图中应标出设备与建筑物及构件、设备与设备之间的定位尺寸，通常以建筑物定位轴线为基准，注出与设备中心线或设备支座中心线的距离，当某一设备定位后，可依此设备中心线为基准来标注邻近设备的定位尺寸。

卧式容器和换热器以设备中心线和靠近柱轴线一端的支座为基准；立式反应器、塔、槽、罐和换热器以设备中心线为基准；离心式泵、压缩机、鼓风机、蒸汽透平以中心线和出口管中心线为基准，往复式泵、活塞式压缩机以缸中心线和曲轴（或电动机轴）中心线为基准；板式换热器以中心线和某一出口法兰端面为基准；直接与主要设备有密切关系的附属设备，如再沸器、喷射器、冷凝器等，应以主要设备的中心线为基准进行标注。

对于没有中心线或不宜用中心线表示位置的设备。例如箱式加热炉、水箱冷却器及其他长方形容器等，可由其外形边线引出一条尺寸线，并注明尺寸。当设备中心线与基础中心线不一致时，布置图中应注明设备中心线与基础中心线的距离。

② 设备的标高　标高基准一般选择首层室内地面，基准标高为 EL±0.000。卧式换热器、槽、罐一般以中心线标高表示（℄ EL+××.×××，℄符号是 center line 的缩写，有的书写成 C.L，还有的书写成 Φ）。立式、板式换热器以支承点标高表示（POS EL+××.×××）；反应器、塔和立式槽、罐一般以支承点标高表示（POS EL+××.×××）。泵、压缩机以主轴中心线标高（℄ EL+××.×××）或以底盘面标高（即基础顶面标高）表示（POS EL+××.×××）。

③ 位号的标注　在设备中心线的上方标注设备位号，该位号与管道及仪表流程图的应

一致，下方标注支撑点的标高（POS EL＋××．×××）或主轴中心线标高（℄ EL＋××．×××）。

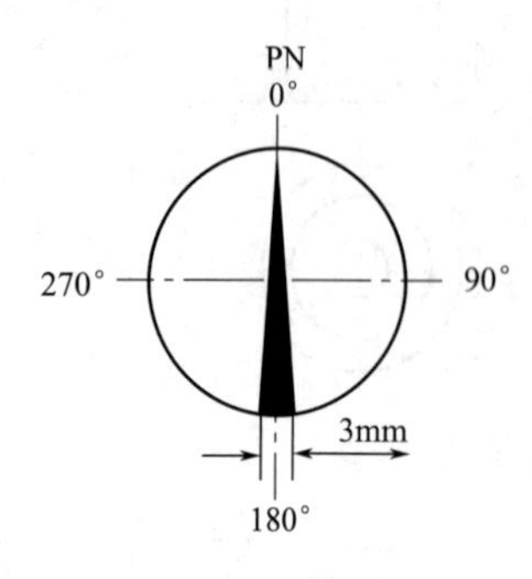

图 6.38　方位标图例

④ 其他标注　对于管廊、进出界区管线、埋地管道、埋地电缆、排水沟在图示处标注出来。对管廊、管架应注出架顶的标高（TOS EL＋××．×××）。

(6) 安装方位标

方位标亦称方向针，如图 6.38 所示图例，绘制在布置图的右上方，是表示设备安装方位基准的符号。方位标为细实线圆，直径 20mm，北向作为方位基准，符号 PN，注以 0°、90°、180°、270°等字样。通常在图上方位标应向上或向左。该方位标应与总图的设计方向一致。

(7) 图中附注

布置图上的说明与附注，一般包括下列内容。

① 剖视图见图号××××。

② 地面设计标高为 EL±0.000。

③ 本图尺寸除标高、坐标以米（m）计外，其余以毫米（mm）计。

附注写在标题栏正上方。

(8) 绘制填写标题栏、修改栏

绘制标题栏、修改栏，填写工程名称、比例、图号、版次、修改说明等项目，有关设计人员签字。

6.5.3　设备布置图的绘图步骤

化工设备布置图的绘制，当项目的主项设计界区范围较大，或工艺流程太长，设备较多时，往往需要分区绘制设备布置图，以便更详细、清楚地表达界区内设备的布置情况。化工设备布置图的绘图步骤如下。

① 选择用 CAD 软件进行绘制，首先选择或自己建立一个规范的车间布置图模板，最好拷贝一个正规设计院所做的电子图纸。设置好图层、线形、线宽，这样可以大大提高设计效率，同时绘制的图纸规范。

② 先绘制平面图。按总图要求，大致按建筑模数要求绘制厂房的建筑轮廓，然后按照前面所讲解的车间布置原则、要求及典型设备布置案例，按流程要求及各种因素将主要设备按 1∶1 比例，初步进行布置。

③ 对初步的设备布置进行修改完善。

④ 绘制其他所有设备，并对平面布置进行细致修改。

⑤ 根据平面图，绘制主剖视图，表达不清的，加绘其他剖视图。

⑥ 按计划的打印图号，将相应的标准图纸按出图比例放大，装入上述图形。

⑦ 按放大比例，设置标注比例及文字大小，完成所有的图形标注及文字标注。

⑧ 检查、校核，最后完成图样，示例如图 6.31 所示。

6.6　设备安装图

设备安装图是表达安装、固定设备的非定型支架、支座、操作平台及附属的栈桥、钢梯、传动等设备的结构、尺寸、条件的图样。该图样作为非定型支架、支座等的制造依据和

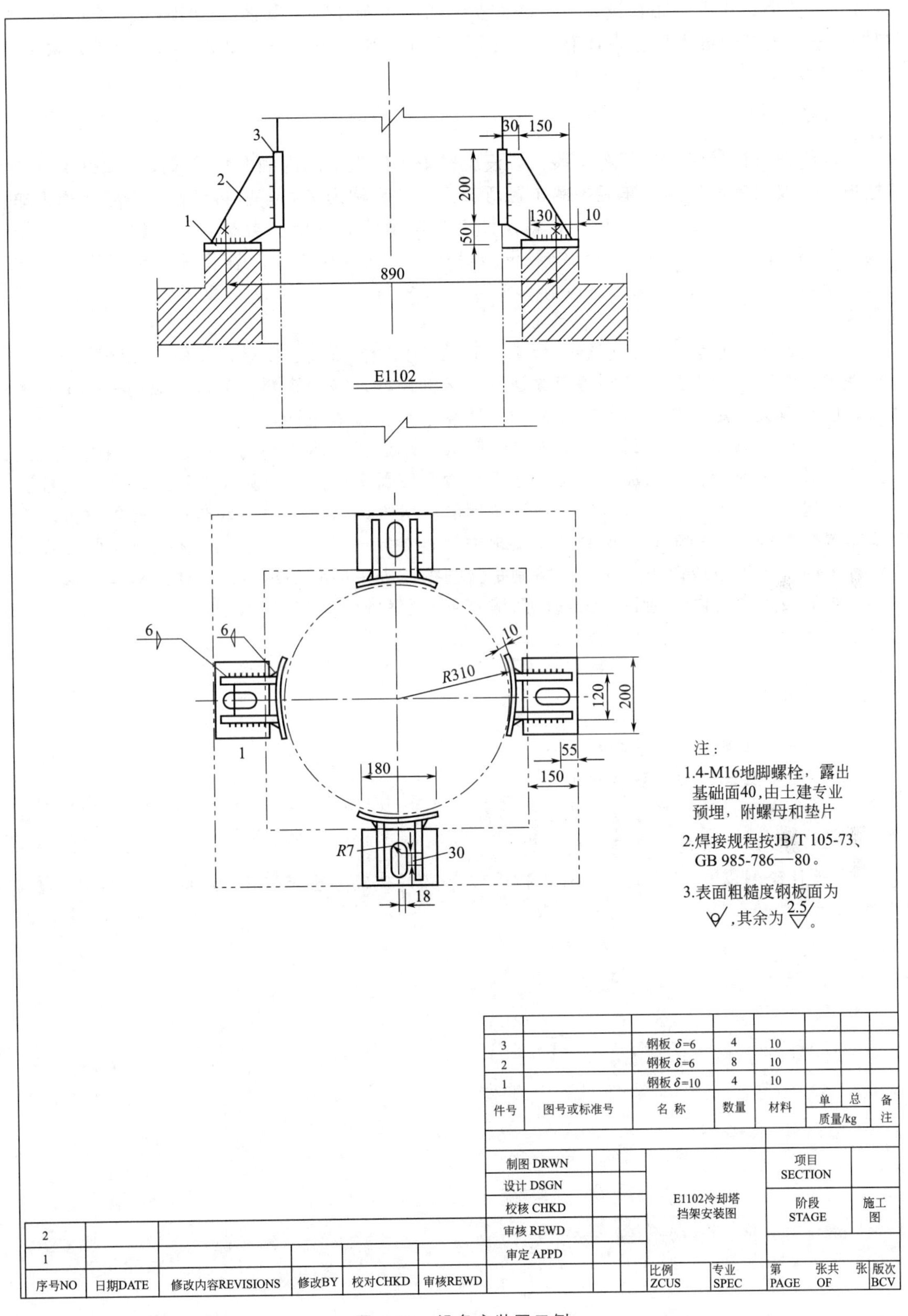

3
2
1
30
150
200
50
130
10
890
E1102
6
6
10
R310
120
200
1
55
150
180
R7
30
18
注：
1.4-M16地脚螺栓，露出基础面40，由土建专业预埋，附螺母和垫片
2.焊接规程按JB/T 105-73、GB 985-786—80。
3.表面粗糙度钢板面为 ，其余为 2.5 。
3 钢板 δ=6 4 10
2 钢板 δ=6 8 10
1 钢板 δ=10 4 10
件号 图号或标准号 名称 数量 材料 单 总 质量/kg 备注
制图 DRWN
设计 DSGN
校核 CHKD
审核 REWD
审定 APPD
E1102冷却塔挡架安装图
项目 SECTION
阶段 STAGE
施工图
2
1
序号NO 日期DATE 修改内容REVISIONS 修改BY 校对CHKD 审核REWD
比例 ZCUS
专业 SPEC
第 PAGE
张共 OF
张
版次 BCV

图 6.39 设备安装图示例

设备安装依据。在设备布置设计中，设备安装图要单独绘制，如图6.39所示。它包括一组视图、一个材料表和标题栏，还有一个说明或附注，用于编写技术要求或施工要求及采用的标准、规范等。

本章小结

车间布置设计包括车间各工段、各设施在车间厂地范围内的布置，以及车间设备（包括电气、仪表等设施）在车间中的布置两部分，前者称为车间厂房布置设计，后者称为车间设备布置设计，二者总称车间布置设计。布置设计的主要任务是对厂房的平、立面结构、内部要求、生产设备、电气仪表设施等按生产流程的要求，在空间上进行组合、布置，使布局既满足生产工艺、操作、维修、安装等要求，又经济实用、占地少，整齐美观。

在进行车间布置之前，必须充分掌握有关生产操作、设备安装、维修、清洁生产、环境保护、劳动安全卫生、消防等有关法规、条例规程、技术资料，参考类似规模的车间图纸，以及有关规定及基础资料，才能做到通盘考虑、精心设计。

在进行车间整体布置时，一定按建筑防火间距进行厂房之间的布置，按总图规划的道路考虑进出车间物流、人流的方位，按厂区管廊位置考虑接管位置及排液点，按建筑模数设计厂房长宽高尺寸，在适当位置设计合理的厂房大门，以厂房为基准进行设备布置。设备布置按本章所讲的车间布置原则及要求进行，绘制时执行HG/T 20519—2009标准或本设计院的制图规范或传统。在设计绘制每张图纸过程中要做到规范、严谨、科学，特别是施工图的设计更要做到细致、认真，严格审查，避免设计失误。

思考与练习题

1. 车间一般由哪几部分组成？
2. 车间布置设计的内容和原则？
3. 设备布置设计中应考虑哪几个方面？
4. 厂房宽度、长度、高度如何确定？
5. 设计绘制以98%硫酸为原料，稀释生产30%硫酸、生产规模20000t/a的车间设备布置图。

第7章

管道设计与布置

在本章你可以学到如下内容

- 化工管道、管件、阀门设计的基本知识及选用方法
- 管道布置设计的基本要求和一般原则
- 常用设备的管道布置示例
- 管道布置图的绘制要求及方法
- 管道轴测图的绘制要求及方法

管道是化工生产过程中不可缺少的组成部分，其主要作用是输送各种流体，如水、蒸汽及其他各种气体、液体物料都要通过管道输送。管道设计与管道布置设计（又称配管设计），是化工设计中一项非常重要又相当复杂的工作。正确而合理的管道设计与布置，对减少工程投资、节约钢材，安装、操作、维修方便，保证安全生产及车间整体的整齐美观等方面都起着非常重要的作用。据有关资料统计，管道布置设计工作量约占化工工艺设计工作总量的40%，管道安装工作量约占工程安装工作总量的35%，管道的费用约占工程总投资的20%，由此可见，它在设计中所处的地位，做好管道设计对化工工艺设计具有十分重要的意义。

7.1 管道设计与布置的内容

管道设计与布置的内容主要包括管道的设计计算和管道的布置设计两部分内容。管道的设计计算包括管径计算、管道压降计算、管道保温绝热工程、管道应力分析、热补偿计算、管件选择、管道支吊架计算等内容；管道布置设计主要内容是设计绘制表示管道在空间位置连接，阀件、管件及控制仪表安装情况的图样。具体内容如下。

① 选择管道材料。根据输送流体的化学性质、流动状态、温度、压力等因素，经济合理地选择管道的材料。

② 选择介质的流速。根据介质的性质、输送的状态、黏度、成分，以及与之相连接的设备、流量等，参照有关表格数据，选择合理、经济的介质流速。

③ 确定管径。根据输送介质的流量和流速，通过计算、查图或查表，确定合适的管径。

④ 确定管壁厚度。根据输送介质的压力及所选择的管道材料，确定管壁厚度。实际上在给出的管材表中，可供选择的管壁厚度有限，按照公称压力所选择的管壁厚度一般都可以满足管材的强度要求。在进行管道设计时，往往要选择几段介质压力较大，或管壁较薄的管

道，进行管道强度的校核，以检查所确定的管壁厚度是否符合要求。

⑤ 确定管道连接方式。管道与管道间，管道与设备间，管道与阀门间，设备与阀门间都存在着管道连接问题，有等径连接，也有不等径连接，可根据管材、管径、介质的压力、性质、用途、设备或管道的使用检修状态，确定连接方式。

⑥ 选阀门和管件。介质在管内输送过程中，有分、有合、转弯、变速等情况，为了保证工艺的要求及安全，还需要各种类型的阀门和管件。根据设备布置情况及工艺、安全的要求，选择合适的弯头、三通、异径管、法兰等管件和各种阀门。

⑦ 选管道的热补偿器。管道在安装和使用时往往存在有温差，冬季和夏季使用往往也有很大温差，为了消除热应力，首先要计算管道的受热膨胀长度，然后考虑消除热应力的方法：当热膨胀长度较小时可通过管道的转弯、支管、固定等方式自然补偿；当热膨胀长度较大时，应从波形、方形、弧形、套筒型等各种热补偿中选择合适的热补偿形式。

⑧ 绝热形式、绝热层厚度及保温材料的选择。根据管道输送介质的特性及工艺要求，选定绝热的方式：保温、加热保护或保冷。然后根据介质温度及周围环境状况，通过计算或查表确定管壁温度，进而由计算、查表或查图确定绝热层厚度。根据管道所处环境（振动、温度、腐蚀性）、管道的使用寿命、取材的方便及成本等因素，选择合适的保温材料及辅助材料。需要提及的是，应当计算出热力管道的热损失，以及向其他设计组提供资料。

⑨ 管道布置。首先根据生产流程，介质的性质和流向，相关设备的位置、环境、操作、安装、检修等情况，确定管道的敷设方式——明装或暗设；其次在管道布置时，在垂直面的排布和水平面的排布，管间距离，管与墙的距离，管道坡度，管道穿墙，穿楼板，管道与设备相接等各种情况，要符合有关规定。

⑩ 计算管道的阻力损失。根据管道的实际长度，管道相连设备的相对标高，管壁状态，管内介质的实际流速，以及介质所流经的管件、阀门等来计算管道的阻力损失，以便校核检查选泵、选设备、选管道等前述各步骤是否正确合理。当然计算管道的阻力损失，不必所有的管道全都计算，要选择几段典型管道进行计算。当出现问题时，或改变管径，或改变管件、阀门，或重选泵等输送设备或其他设备的能力。

⑪ 选择管架及固定方式。根据管道本身的强度、刚度、介质温度、工作压力、线膨胀系数、投入运行后的受力状态以及管道的根数、车间的梁柱墙壁楼板等土木建筑结构，选择合适的管架及固定方式。

⑫ 确定管架跨度。根据管道材质、输送的介质、管道的固定情况及所配管件等因素，计算管道的垂直荷重和所受的水平推力，然后根据强度条件或刚度条件确定管架的跨度。也可通过查表来确定管架的跨度。

⑬ 选定管道固定用具。根据管架类型，管道固定方式，选择管架附件，即管道固定用具。所选管架附件是标准件，可列出图号。是非标准件，需绘出制作图。

⑭ 绘制管道布置图。包括平、剖面配管图、管道轴测图、管架图和管件图等。

⑮ 编制管材、管件、阀门、管架及绝热材料的材料表及综合汇总表。

⑯ 选择管道的防腐蚀措施，选择合适的表面处理方法和涂料及涂层顺序，编制材料及工程量表。

⑰ 编制施工说明书。

7.2 管道及阀门的选用

管子、管件及阀门是化工生产不可缺少的配置。在管道设计中，根据使用要求需要正确选择管子、管件和阀门的类型、规格和材料等，这是管道设计中一项细致而重要的工作。现将管子、管件和阀门选择的有关知识介绍如下。

7.2.1 基本概念

(1) 公称直径

管子在使用时往往需要和法兰、管件或各类阀门相连接，为了用一尺寸来说明两个零件能够实现连接的条件，统一管道中管子、法兰、管件和阀门的规格，有利于设计、制造和维修，引入公称直径的概念。人们约定：凡是能够实现连接的管子与法兰、管子与管件或管子与阀门就规定这两个连接件具有相同的公称直径。

公称直径即不是管子的内径也不是管子的外径，而是管子的名义直径，它与实际管道的内径相近，但不一定相等，凡是同一公称直径的钢管，外径相等，而内径则因壁厚不同而异。公称直径以 *DN* 表示。

(2) 管道的公称压力

公称压力是指管道、管件和阀门在一定温度范围内（碳钢在 200℃以下，合金钢在 250℃以下）的最大允许工作压力。公称压力以 *PN* 表示。

公称压力一般分为 0.25、0.6、1.0、1.6、2.5、4.0、6.4、10.0、16.0、20.0、25.0、30.0MPa 共 12 个等级，一般 *PN* 0.25～1.6 称为低压，*PN* 1.6～6.4 称为中压，*PN* 6.4～30.0 称为高压。

7.2.2 管道

7.2.2.1 管道材料的选择

管道的材质有两大类，一是金属类，另一类是非金属类。金属类此类材质的特点耐温范围大、耐压力高，有一定耐腐蚀性，易加工，安装。非金属类材质的特点耐腐蚀性能好，品种多，资源丰富，缺点是耐热、耐压不高。

管道材料的选择主要根据工艺要求，如输送介质的温度、压力、性质（酸性、碱性、毒性、腐蚀性和可燃性等）、货源和价格等因素综合考虑决定。常用管子材料选用如表 7.1 所示。

表 7.1 常用管子材料

管子名称	标准号	管子规格/mm	常用材料	温度范围/℃	主要用途
铸铁管	GB 9439—2010	*DN*50～250	HT150,HT200,HT250	≤250	低压输送酸碱液体
中、低压用无缝钢管	GB 8163—1999	*DN*10～500	20、10	−20～475	输送各种流体
			16Mn	−20～475	
			09MnV	−70～200	

续表

管子名称	标准号	管子规格/mm	常用材料	温度范围/℃	主要用途
裂化用钢管	GB 9948—2006	DN10～500	12CrMo	≤540	用于炉管、热交换器管、管道
			15CrMo	≤560	
			1Cr2Mo	≤580	
			1Cr5Mo	≤600	
中、低压锅炉用无缝钢管	GB 3087—2008	外径 22～108	20、10	≤450	锅炉用过热蒸汽管、沸水管
化肥用高压无缝钢管	GB 6479—2013	外径 15～273	20G	−20～200	化肥生产用，输送合成氨原料气、氨、甲醇、尿素等
			16Mn	−40～200	
			10MoWVNb	−20～400	
			15CrMo	≤560	
			12Cr2Mo	≤580	
			1Cr5Mo	≤600	
不锈钢无缝钢管	GB/T 14976—2002	外径 6～159	0Cr13，1Cr13	0～400	输送强腐蚀性介质
			1Cr18Ni9Ti	−196～700	
			0Cr18Ni12Mo2Ti	−196～700	
			0Cr18Ni12Mo2Ti	−196～700	
低压流体输送用焊接钢管	GB 3091—2008（镀锌）GB/T 3092—2008	DN10～65	Q215A	0～140	输送水、压缩空气、煤气、蒸汽、冷凝水、采暖
			Q215AF，Q235AF		
			Q235A		
螺旋电焊钢管	SY 5036—2000 SY/T 5037—2012	DN200	Q235AF，Q235A	0～300	输送蒸汽、水、空气、油、油气
			16Mn	−20～450	
钢板卷管	自制加工	DN200～1800	Q235A	0～300	
			10、20	−40～450	
			20g	−40～470	
铜和铜合金挤制管	GB/T 1528—1997	外径 5～100	H62，H63（黄铜）HPb59-1	≤250（受压时，≤200）	用于机器和真空设备管道
铝和铝合金管	GB/T 6893—2010 GB/T 4437—2003	外径 18～120	L2，L3，L4 LF2，LF3，LF21	≤200（受压时，≤150）	输送脂肪酸、硫化氢等
铅和铅合金管	GB/T 1472—2005	外径 20～118	Pb3，PbSb4，PbSb6	≤200（受压时，≤140）	耐酸管道
玻璃钢管	HG/T 21633—1991	DN50～600			输送腐蚀性介质
增强聚丙烯管	HG 20539—1992	DN17～500	FRPP	120（压力<1.0MPa）	
硬聚氯乙烯管	GB/T 4219—2008	DN10～280	PVC		
耐酸陶瓷管	GB 8488—87				
高压排水胶管		DN76～203	橡胶		

(1) 温度

各种材料的耐温范围都是有限的，−40～350℃可用碳钢，−196～−40℃可用耐低温的合金钢、铜、铝及铝镁合金，温度高于350℃则用合金钢，如1Cr18Ni9Ti可用于650℃左右。

(2) 压力

压力低于9.8MPa(表压) 可用碳钢，9.8～31.4MPa(表压) 可用碳钢或低合金钢，压力＞31.4MPa(表压) 用高强度合金钢，如15MnV等。

(3) 介质性质

对强腐蚀物料，常用耐酸不锈钢，如1Cr18Ni9Ti等，但它们都很贵，供应也有困难，应尽量用其他钢种或非金属材料代替。特别要注意的是不锈钢并不是能耐任何介质的腐蚀，如1Cr18Ni9Ti盐酸就完全不耐蚀，而许多非金属材料却有突出的耐蚀性。

7.2.2.2 常用管道

(1) 钢管

钢管分有缝与无缝两类。有缝钢管由碳钢板卷焊制成，它们强度低、可靠性差，使用压力一般小于1MPa(表压)，只能用于压力较低和危险性小的介质，如上下水管、采暖系统、低压（＜1MPa）蒸汽、煤气和空气等。钢管分不镀锌（黑铁管）和镀锌钢管（白铁管)。按壁厚分普通钢管和加厚钢管。

无缝钢管由普通碳素钢、优质碳素钢、普通低合金结构钢和合金结构钢等的管坯热轧和冷拔（冷轧）而成，它们品质均匀，强度高，用于高压、高温或易燃、易爆和有毒物质的输送。它在化学工业中应用最为广泛。

(2) 有色金属管

有色金属管最常用的是铜、铅、铝或铝合金管，它们都是无缝管。

铜管适用于一般工业部门，主要用于作换热管、制氧机中的低温管道及机器和真空设备上的管道。

铝管亦可用作换热管，还可用于输送肪酸酸、浓硝酸、醋酸、硫的化合物及硫酸盐、二氧化碳，不能用于盐酸、碱液，特别是含氯离子的化合物。铝管最高使用温度为200℃，温度高于160℃时，不宜在压力下使用。

铅管常用于输送酸性介质管道，能输送15％～65％的硫酸，还可输送干的或湿的二氧化硫、60％氢氟酸、浓度小于80％的醋酸等介质，不宜用于输送硝酸、次氯酸及高锰酸盐等介质。铅管使用温度大于140℃时，不宜在压力下使用，最高使用温度为200℃。

(3) 非金属管

非金属管品种繁多，如硬聚氯乙烯管、软聚氯乙烯管、聚丙烯管、聚乙烯管、聚四氟乙烯管、搪玻璃管、耐酸酚醛塑料管、玻璃钢管、耐酸陶瓷管、不透性石墨管、胶管等。它们的性能和应用范围从有关书籍和手册中可找到，在此不再介绍。

7.2.2.3 管径及壁厚的计算与选取

(1) 管径

根据介质的流速计算管径。

a. 公式法

管径可用下式计算：

$$d=[V_s/(\pi w/4)]^{0.5} \tag{7.1}$$

式中 d——管道直径，m；

V_s——通过管道的流体流量，m^3/s；

w——通过管道的流体的常用速度，m/s。

管内常用流体的流速范围见表 7.2。

表 7.2 常用流体流速范围

介质	条件	流速/(m/s)
过热蒸汽	DN<100	20~40
	DN=100~200	30~50
	DN>200	40~60
饱和蒸汽	DN<100	15~30
	DN=100~200	25~35
	DN>200	30~40
低压气体($p_{绝}$<0.1MPa)	DN≤100	2~4
	DN=125~300	4~6
	DN=350~600	6~8
	DN=700~1200	8~12
气体	鼓风机吸入管	10~15
	鼓风机排出管	15~20
	压缩机吸入管	10~15
	压缩机排出管	
	$p_{绝}$<1.0MPa	8~10
	$p_{绝}$<1.0~10.0MPa	10~20
	往复真空泵	
	吸入管	13~16
	排出管	25~30
苯乙烯、氯乙烯		2
乙醚、苯、二硫化碳	安全许可值	<1

介质	条件	流速/(m/s)
甲醇、乙醇、汽油	安全许可值	<2~3
水及黏度相似液体	$p_{表}$0.1~0.3MPa	0.5~2
	$p_{表}$<1.0MPa	0.5~3
	压力回水	0.5~2
	无压回水	0.5~1.2
	往复泵吸入管	0.5~1.5
	往复泵排出管	1~2
	离心泵吸入管	1.5~2
	离心泵排出管	1.5~3
油及黏度大的液体	油及相似液体	0.5~2
	黏度 0.05Pa·s	
	DN≤25	0.5~0.9
	DN=50	0.7~1.0
	DN=100	1.0~1.6
	黏度 0.1Pa·s	
	DN≤25	0.3~0.6
	DN=50	0.5~0.7
	DN=100	0.7~1.0
	DN=200	1.2~1.6
	黏度 1.0Pa·s	
	DN≤25	0.1~0.2
	DN=50	0.16~0.25
	DN=100	0.25~0.35
	DN=200	0.35~0.55

b. 图表法

根据选定的流速查图 7.1，也可确定管子直径。当直径>500mm、流量>60000m^3/h 时，可用其他算图计算，详见有关手册及资料。

(2) 管壁厚度的选取

根据管子的工作压力、公称直径，查《化工工艺设计手册》的常用公称压力下管道壁厚选用表（表 4.2），可确定管壁厚度。表 7.3 为部分材料在公称压力下，管道的管壁后厚度表。

7.2.2.4 管道连接

管道连接的方法有焊接、螺纹连接、法兰连接、承插连接、卡套连接、卡箍连接等多种。下面扼要介绍几种最常见的管道连接方法。

(1) 焊接

焊接是化工厂中最常用的一种管道连接方法。特点是施工方便，焊接可靠不漏，成本低。凡是不需要拆装的地方，都应尽量采用焊接。所有压力管道如煤气、蒸汽、空气、真空管道等都应尽量采用。管径大于 32mm、厚度在 4mm 以上者采用电焊，管径在 32mm 以下、厚度在 3.5mm 以下者采用气焊。

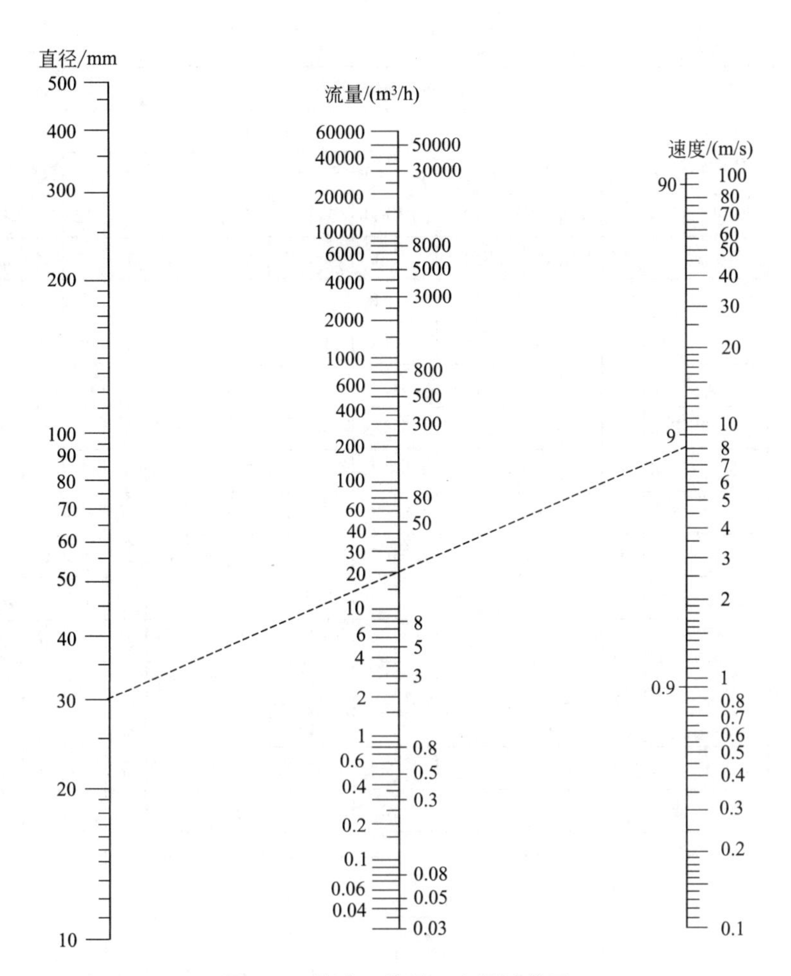

图 7.1 流速、流量、直径计算图

表 7.3 管道壁厚与公称压力对照表

1. 无缝不锈钢管壁厚

材　料	*PN* /MPa	*DN*/mm																			
		10	15	20	25	32	40	50	65	80	100	125	150	200	250	300	350	400	450	500	600
1Cr18Ni9Ti 含 Mo 不锈钢	≤1.0	2	2	2	2.5	2.5	2.5	2.5	2.5	2.5	3	3	3.5	3.5	3.5	4	4	4.5			
	1.6	2	2.5	2.5	2.5	2.5	2.5	3	3	3	3	3	3.5	3.5	4	4.5	5	5			
	2.5	2	2.5	2.5	2.5	2.5	2.5	3	3	3	3.5	3.5	4	4.5	5	6	6	7			
	4	2	2.5	2.5	2.5	2.5	2.5	3	3	3.5	4	4.5	5	6	7	8	9	10			
	6.4	2.5	2.5	2.5	3	3	3	3.5	4	4.5	5	6	7	8	10	11	13	14			
	4.0T	3	3.5	3.5	4	4	4	4.5													

2. 无缝碳钢管壁厚

材料	*PN* /MPa	*DN*/mm																			
		10	15	20	25	32	40	50	65	80	100	125	150	200	250	300	350	400	450	500	600
20 12CrMo 15CrMo 12Cr1MoV	≤1.6	2.5	3	3	3	3	3.5	3.5	4	4	4	4	4.5	5	6	7	7	8	8	8	9
	2.5	2.5	3	3	3	2	3.5	3.5	4	4	4	4	4.5	5	6	7	7	8	8	9	10
	4	2.5	3	3	3	3	3.5	3.5	4	4	4.5	5	5.5	7	8	9	10	11	12	13	15

2. 无缝碳钢管壁厚

材料	PN /MPa	DN/mm																			
		10	15	20	25	32	40	50	65	80	100	125	150	200	250	300	350	400	450	500	600
20 12CrMo 15CrMo 12Cr1MoV	6.4	3	3	3	3.5	3.5	3.5	4	4.5	5	6	7	8	9	11	12	14	16	17	19	22
	10	3	3.5	3.5	4	4.5	4.5	5	6	7	8	9	10	13	15	18	20	22			
	16	4	4.5	5	5	6	6	7	8	9	11	13	15	19	24	26	30	34			
	20	4	4.5	5	6	6	7	8	9	11	13	15	18	22	28	32	36				
	4.0T	3.5	4	4	4.5	5	5	5.5													
10 Cr5Mo	≤1.6	2.5	3	3	3	3	3.5	3.5	4	4.5	4	4	4.5	5.5	7	7	8	8	8	8	9
	2.5	2.5	3	3	3	3	3.5	3.5	4	4.5	4	5	4.5	5.5	7	7	8	9	9	10	12
	4	2.5	3	3	3	3	3.5	3.5	4	4.5	5	5.5	6	8	9	10	11	12	14	15	18
	6.4	3	3	3	3.5	4	4	4.5	5	5.5	7	8	9	11	13	14	16	18	20	22	26
	10	3	3.5	4	4	4.5	5	5.5	7	8	9	10	12	15	18	22	24	26			
	16	4	4.5	5	5	6	7	8	9	10	12	15	18	22	28	32	36	40			
	20	4	4.5	5	6	7	8	9	11	12	15	18	22	26	34	38					
	4.0T	3.5	4	4	4.5	5	5	5.5													
16Mn 15MnV	≤1.6	2.5	2.5	2.5	3	3	3	3	3.5	3.5	3.5	3.5	4	4.5	5	5.5	6	6	6	6	7
	2.5	2.5	2.5	2.5	3	3	3	3	3.5	3.5	3.5	3.5	4	4.5	5	5.5	6	7	7	8	9
	4	2.5	2.5	2.5	3	3	3	3	3.5	3.5	4	4.5	5	6	7	8	8	9	10	11	12
	6.4	2.5	3	3	3	3.5	3.5	3.5	4	4.5	5	6	7	8	9	11	12	13	14	16	18
	10	3	3	3.5	3.5	4	4	4.5	5	6	7	8	9	11	13	15	17	19			
	16	3.5	3.5	4	4.5	5	5	6	7	8	9	11	12	16	19	22	25	28			
	20	3.5	4	4.5	5	5.5	6	7	8	9	11	13	15	19	24	26	30				

3. 焊接钢管壁厚

材料	PN /MPa	DN/mm															
		200	250	300	350	400	450	500	600	700	800	900	1000	1100	1200	1400	1600
焊接碳钢管 (Q235A20)	0.25	5	5	5	5	5	5	5	6	6	6	6	6	6	7	7	7
	0.6	5	5	6	6	6	6	6	7	7	7	7	8	8	8	9	10
	1	5	5	6	6	6	7	7	8	8	9	9	10	11	11	12	
	1.6	6	6	7	7	8	8	9	10	11	12	13	14	15	16		
	2.5	7	8	9	9	10	11	12	13	15	16						
焊接不锈钢管	0.25	3	3	3	3	3.5	3.5	3.5	4	4	4	4.5	4.5				
	0.6	3	3	3.5	3.5	3.5	4	4	4.5	5	5	6	6				
	1	3.5	3.5	4	4.5	4.5	5	5.5	6	7	7	8					
	1.6	4	4.5	5	6	6	7	7	8	9	10						
	2.5	5	6	7	8	9	9	10	12	13	15						

(2) 螺纹连接

螺纹连接也是一种常用的管道连接方法。特点是连接简单，拆装方便，成本低，但连接的可靠性低，容易在螺纹处发生渗漏。一般适用于管径≤50mm(室内明敷上水管可采用

≤150mm）、工作压力低于1.0MPa、介质温度≤100℃的焊接钢管、镀锌焊接钢管、硬聚氯乙烯管与管道、管件、阀门相连接。在化工厂中一般只用于输送上下水、压缩空气等介质的管道，不宜用于易燃、易爆和有毒介质的管道。

(3) 法兰连接

这种连接方法在化工厂中应用极为广泛。优点是结合强度高，密封可靠，拆装方便；缺点是费用较高。一般适用于大管径、密封性要求高的管道连接，也适用于玻璃、塑料、阀件与管道或设备的连接。

法兰连接时，法兰的公称直径必须与连接的管道公称直径相同，其公称压力必须符合管内介质压力的要求外，尚要考虑温度的影响。凡是工艺上要求高的地方，如高真空、易燃、易爆及有毒的介质，不论其工作压力大小，法兰的公称压力有一最小限度，这个原则亦适用于管道的其他配件如阀等。

(4) 承插连接

承插连接适用于埋地或沿墙敷设的供排水管，如铸铁管、陶瓷管、石棉水泥管与管或管件、阀门的连接。一般采用石棉水泥、沥青玛琋脂、水泥砂浆等作为封口，工作压力≤29.4×10^{-2}MPa，介质温度≤60℃的场合。

(5) 卡箍连接

该连接适用于金属管插入非金属管（橡胶管及各种软塑料管），在插入口外，用金属箍箍紧，防止介质外漏，它适用于临时装置或要求经常拆洗的洁净管。采用凸缘式管口，管与管之间用O形密封圈，凸缘外用金属扎紧，拆装灵活。

7.2.3 常用阀门

阀门是用来控制各种管道及设备内流体的流量、流体的压力及保证生产安全运行的一种化工机械产品。阀门的品种较多，结构相差悬殊，材质各异，使用特性不同，因此需根据阀门在管道中作用及输送介质等条件，选用不同型式的阀门。

7.2.3.1 阀门选择依据

① 阀门功能　即根据工艺要求来确定阀门的功能。如：是开关用，还是调节流量用？若是开关，是否要求快速开关？

② 阀门尺寸　即根据流体的流量和允许的压力降决定阀门的大小。一般阀门阻力对整个管道系统影响不大时，阀门可取和管道相同的规格，而有的阀门流量和阻力降必须单独考虑，另行计算，如减压阀和安全阀等。

③ 阻力损失　各种阀门的阻力损失有时相差较大，可按工艺允许的压力损失选择。

④ 阀门的材质　主要由介质的温度、压力和特性决定。介质的温度、压力决定着阀门的温度、压力等级，介质的特性则决定着阀门材质的选择，如：是否有腐蚀性？是否含有固体颗粒？流动时是否会产生相态变化等。即使是同一结构的阀门，其阀体、压盖、阀芯和阀座等也可由不同的材料制造，选择时以经济耐用为原则。

7.2.3.2 常用阀门的特性和选用条件

(1) 闸阀

闸阀（图7.2）可按阀杆上螺纹位置分为明杆式和暗杆式两类，从闸板的结构特点又可分为楔式、平行式。

楔式闸阀的密封面与垂直中心成一角度，并大多制成单闸板，平行式闸阀的密封面与垂

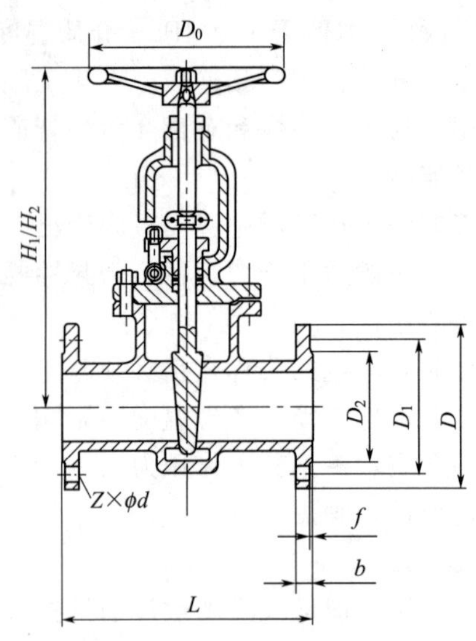

图 7.2 闸阀

直中心平行，并大多制成双闸板。

闸阀的密封性能较截止阀好，流体阻力小，具有一定的调节性能，明杆式尚可根据阀杆升降高低调节启闭程度，缺点是结构较截止阀复杂，密封面易磨损，不易修理。闸阀适于制成大口径的阀门，除适用于蒸汽、油品等介质外，还适用于黏度较大的介质，并适用于作放空阀和低真空系统阀门。

弹性闸阀不易在受热后被卡住，适用于蒸汽、高温油品及油气等介质及开关频繁的部位，不宜用于易结焦的介质。

楔式单闸板阀较弹性闸阀结构简单，在较高温下密封性能不如弹性或双闸板闸阀好，适用于易结焦的高温介质。

楔式闸阀中双闸板式密封性好，密封面磨损后易修理，其零件比其他型式多，适用于蒸汽、油品对密封面磨损较大的介质或开关频繁部位，不宜用于易结焦的介质。

(2) 截止阀

截止阀（图 7.3）与闸阀相比，其调节性能好，密封性能差，结构简单，制造维修方

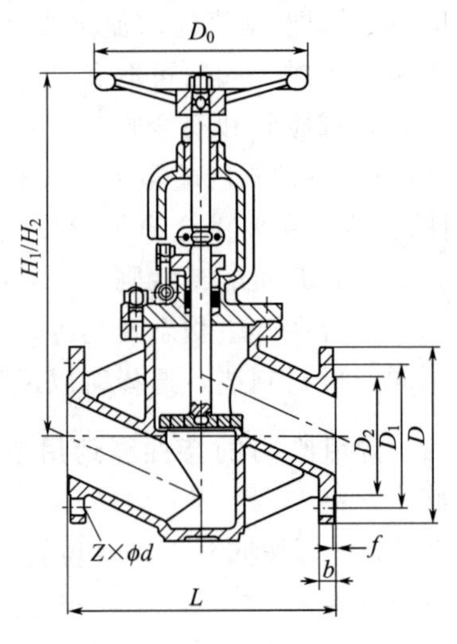

图 7.3 截止阀

便，流体阻力较大，价格便宜。适用于蒸汽等介质，不宜用于黏度大、含有颗粒、易沉淀的介质，也不宜作放空阀及低真空系统的阀门。

(3) 节流阀

节流阀（图 7.4）的外形尺寸小，重量轻，调节性能较盘形截止阀和针形阀好，但调节精度不高。由于流速较大，易冲蚀密封面，适用于温度较低、压力较高的介质以及需要调节流量和压力的部位，不适用于黏度大和含有固体颗粒的介质，不宜作隔断阀。

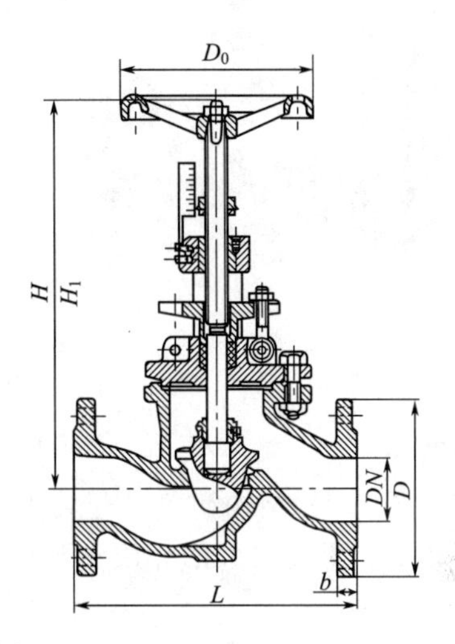

图 7.4 节流阀

(4) 止回阀

止回阀（图 7.5）的作用是限制介质的流动方向，介质不能倒流，但不能防止渗漏。止回阀按结构可分为升降式和旋启式两种。

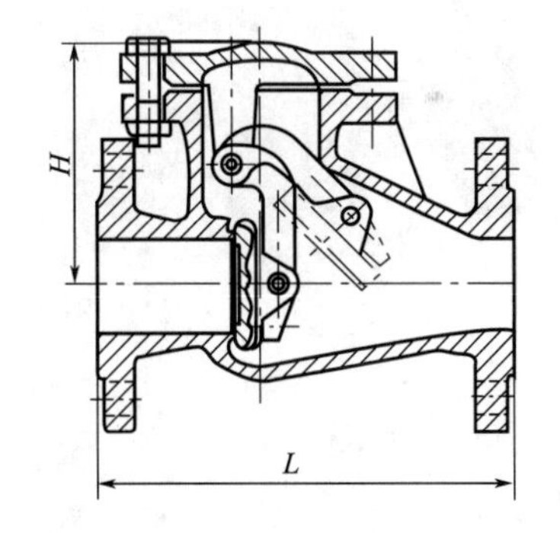

图 7.5 止回阀

升降式止回阀较旋启式止回阀的密封性好，流体阻力大。卧式的宜装在水平管线上，立式的应装在垂直管线上。

旋启式止回阀，不宜制成小口径阀门，它可装在水平、垂直或倾斜的管线上。如装在垂直管线上，介质流向应由下至上。

止回阀一般适用于清净介质，不宜用于含固体颗粒和黏度较大的介质。

(5) 球阀

球阀（图 7.6）是利用一个中心开孔的球体作阀芯，靠旋转球体控制阀的开启和关闭。球阀的结构简单，开关迅速、操作方便、体积小、重量轻、零部件少，流体阻力小，结构比闸阀、截止阀简单，密封面比旋塞阀易加工且不易擦伤。适用于低温、高压及黏度大的介质，不能作调节流量用。目前在不需要调节流量的场合下被大量选用。因密封材料尚未解决，不能用于温度较高的介质。

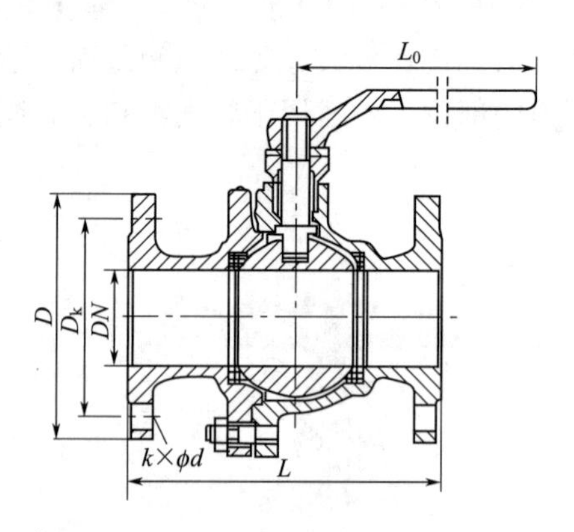

图 7.6　球阀

(6) 旋塞阀

旋塞阀（图 7.7）结构简单，开关迅速，操作方便，流体阻力小，零部件少，重量轻。适用于温度较低、黏度较大的介质和要求开关迅速的部位，一般不适用于蒸汽和温度较高的介质。

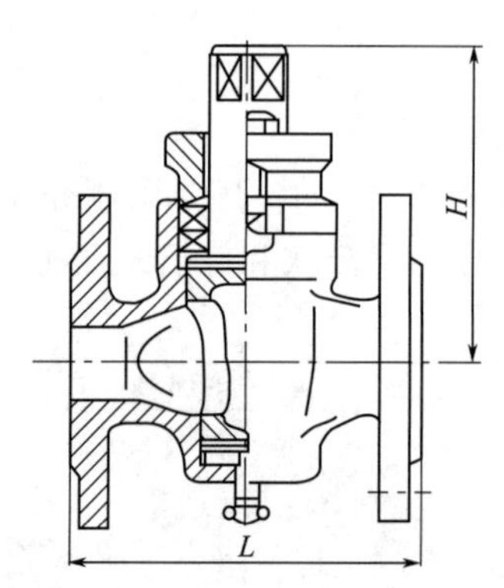

图 7.7　旋塞阀

(7) 蝶阀

蝶阀（图 7.8）与相同公称压力等级的平行式闸板阀比较，其尺寸小、重量轻、开闭迅速、具有一定的调节性能，适合制成较大口径阀门，它用于温度小于 80℃、压力小于 1.0MPa 的原油、油品及水等介质。

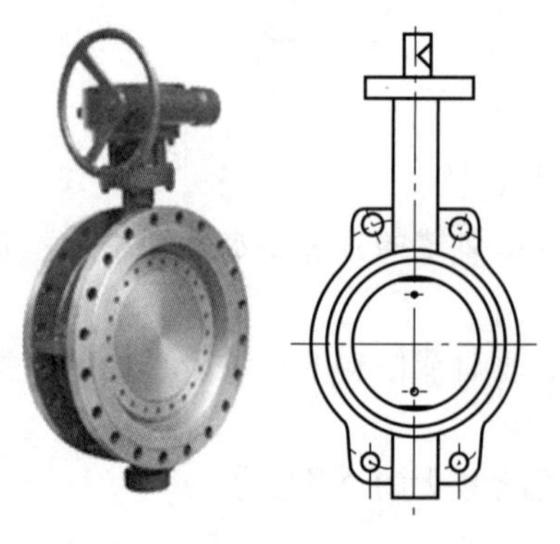

图 7.8　蝶阀

(8) 隔膜阀

隔膜阀（图 7.9）阀的启闭件是一块橡胶隔膜，夹于阀体与阀盖之间，隔膜中间突出部分固定在阀杆上，阀体内衬有橡胶，由于介质不进入阀盖内腔，因此，无需填料箱。隔膜阀结构简单，密封性能好，便于维修，流体阻力小，适用于温度小于 200℃，压力小于 1.0MPa 的油品、水、酸性介质和含悬浮物的介质，不适用于有机溶剂和强氧化剂的介质。

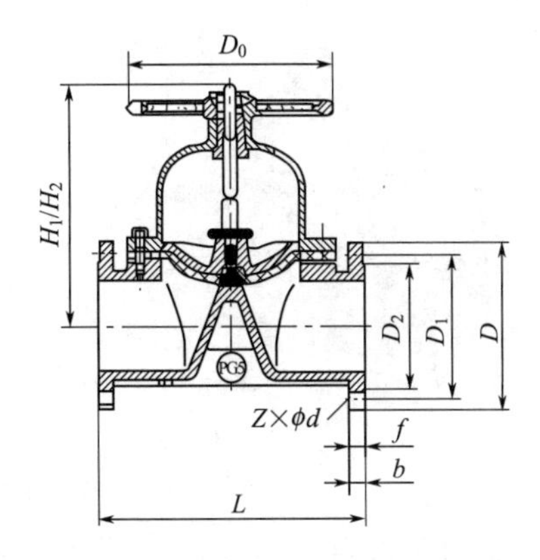

图 7.9 隔膜阀

(9) 减压阀

减压阀（图 7.10）是使流体通过阀瓣时产生阻力，造成压力损耗，来达到减低压力的目的。常用的减压阀有波纹管式、活塞式、先导薄膜式等，活塞式减压阀不能用于液体的减压，而且流体中不能含有固体颗粒，所以减压阀前要装管道过滤器。

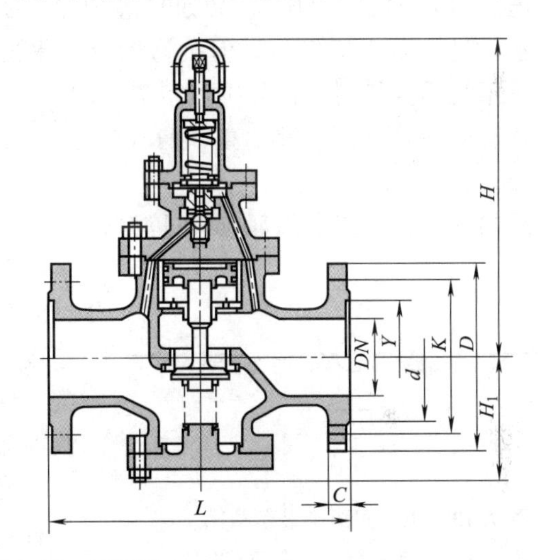

图 7.10 减压阀

(10) 安全阀

安全阀（图 7.11）在工作压力超过规定值时即自动开启使流体外泄，压力回复后即自动关闭，以保护设备和管道，使生产安全运行。

常用的弹簧式安全阀分为全启式和封闭式两类。介质允许直接排放到大气的可选用全启式；易燃、易爆和有毒的介质则应选用封闭式，将介质排放到总管中去。

(11) 疏水阀

疏水阀（图 7.12）的作用是自动排除设备或管道中的凝结水、空气及其他不凝性气体，又同时阻止蒸汽的逸出。凡是需要蒸汽加热的设备、蒸汽管

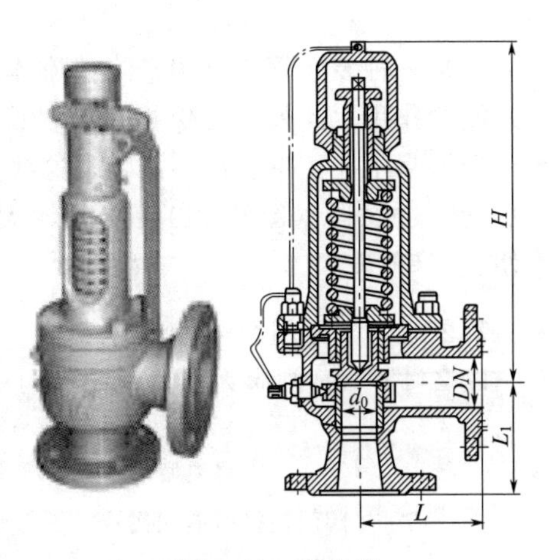

图 7.11 安全阀

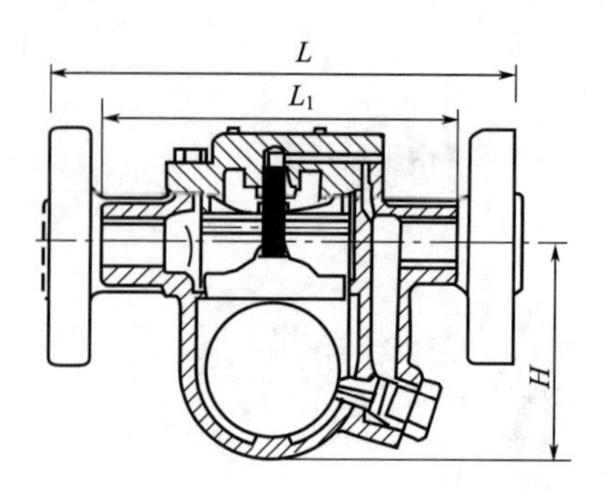

图 7.12　疏水阀

道等都应装疏水器，以保证工艺所需的温度和热量，使加热均匀，防止水击，达到节能的作用。

疏水阀的种类颇多，按其工作原理可分为热动力型、热静力型和机械型三种。例如热动力型疏水阀，优点是处理凝结水的灵敏度高，体积小，惯性也小，开关迅速，安装方位不受限制，工作可靠，工作压力大且不需要调整，所以应用广泛；缺点是允许背压度只有 50%，最低工作压力为 49kPa（表压）。又如热静力型（波纹管式）特点是结构简单，动作灵敏，能连续排水，过冷度 20℃左右，但抗污垢及抗水击性差。被广泛用于采暖系统的疏水，也可用作蒸汽系统排空气阀。再如机械型疏水阀，其中倒吊桶式有逐渐代替浮桶式趋势，与浮桶式相比，有体积较小，灵敏度高，漏气量小，工作可靠，允许背压度达 95%的优点，但必须水平安装。

疏水阀的安装：①疏水阀都应带过滤器，如果不带过滤器，应在阀前加装过滤器；②疏水阀前后要有切断阀，在疏水阀前装排污阀及过滤器，疏水阀后装视镜及止回阀；③内螺纹连接的疏水阀一定要在其连接管上安装活接头，便于检修、拆卸；④疏水阀组尽量靠近蒸汽加热设备，以提高工作效率、减少热量损失。但热静力型疏水阀应离开用汽设备 1m 远左右，该段管道不要保温。疏水阀组的安装如图 7.13 所示。

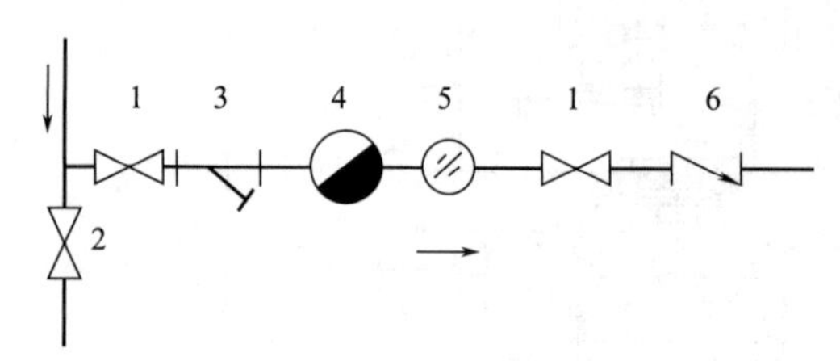

图 7.13　疏水阀组安装示意图

1—切断阀；2—排污阀；3—管道过滤器；4—疏水阀；5—视镜；6—止回阀

(12) 管道过滤器

这是一种装在管道上用来除去流体介质中固体渣物的阀件，具有保护疏水阀、提高疏水阀效能的作用；此外，对保护仪表、设备等也有一定作用。实践证明，尤其是蒸汽采暖系统，凝结水中往往带有很多渣物，这些渣物如不及时除去就会影响疏水阀的工作，如果装上 Y 形管道过滤器（图 7.14），情况就大不一样，而且 Y 形管道过滤器的安装和清理都很方便。

7.2.3.3　阀门型号和标志

以 Z41T-10P 闸阀为例，说明阀门型号的表示方法。

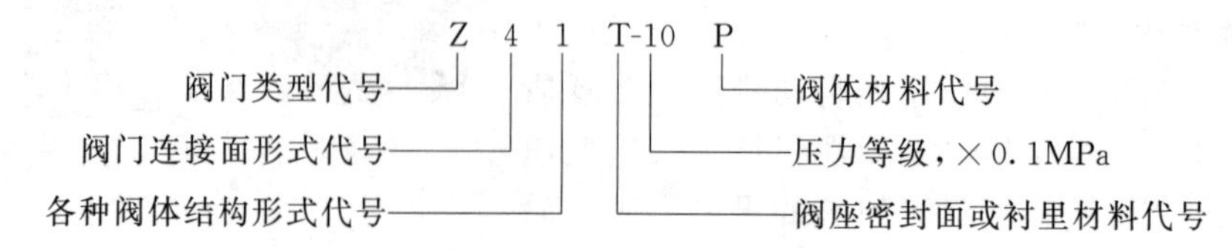

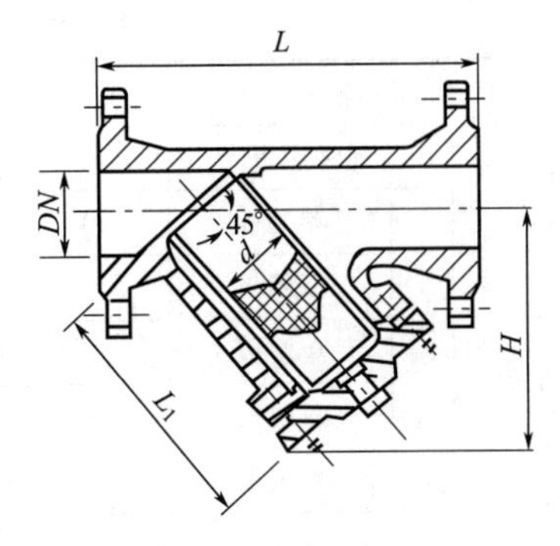

图 7.14 Y 形管道过滤器

① 阀门类型的表示（见表 7.4）。

表 7.4 阀门类型代号

阀门类型	代　号	阀门类型	代　号	阀门类型	代　号
闸阀	Z	蝶阀	D	安全阀	A
截止阀	J	隔膜阀	G	减压阀	Y
节流阀	L	旋塞阀	X	疏水阀	S
球阀	Q	止回阀和底阀	H	管夹阀	GJ

② 阀座密封面或衬里材料用字母代号表示（见表 7.5）。

表 7.5 阀座密封面或衬里材料代号

阀座密封面或衬里材料	代　号	阀座密封面或衬里材料	代　号
铜合金	T	渗氮钢	D
软橡胶	X	硬质合金	Y
尼龙塑料	N	衬胶	J
氟塑料	F	衬铅	Q
巴氏合金	B	搪玻璃	C
合金钢	H	渗硼钢	P

③ 阀体材料代号用字母表示（见表 7.6）。

表 7.6 阀体材料代号

阀 体 材 料	代　号	阀 体 材 料	代　号	阀 体 材 料	代　号
HT25-47	Z	H62	T	1Cr18Ni9Ti	P
KT30-6	K	ZG25 Ⅱ	C	Cr18Ni12Mo2Ti	R
QT40-15	Q	Cr_5Mo	I	12Cr1MoV	V

④ 阀门与管道连接形式代号用阿拉伯数字表示（见表 7.7）。

表 7.7 阀门与管道连接形式代号

连 接 形 式	代　号	连 接 形 式	代　号	连 接 形 式	代　号
内螺纹	1	焊接	6	卡套	9
外螺纹	2	对夹	7	两端不同	3
法兰	4	卡箍	8		

⑤ 阀门结构形式代号用阿拉伯数字表示（见表 7.8）。

表 7.8　阀门结构形式代号

阀门名称	结构形式			代号
闸阀	明杆楔式	弹性用板		0
		刚性	单闸板	1
			双闸板	2
	明杆平行式		单闸板	3
			双闸板	4
	暗杆楔式		单闸板	5
			双闸板	6
截止阀和节流阀	直通式	铸造		1
	角式			2
	直流式	锻造		3
	角式			4
	直流式			5
	平衡直流式			6
	平衡角式			7
球阀	浮动式	直通式		1
		L 形三通式		4
		T 形三通式		5
	固定	直通式		7
蝶阀	杠杆式	（铸造）		0
	垂直板式			1
	斜板式			3
隔膜阀	屋脊式	（锻造）		1
	截止式			3
	直流式			5
	闸板式			7

阀门名称	结构形式		代号
旋塞阀	填料	直通式	3
		T 形三通式	4
		四通式	5
	油封	直通式	7
		T 形三通式	8
疏水阀	浮球式		1
	钟形浮子式		5
	双金属片式		7
	脉冲式		8
	热动力式		9
止回阀和底阀	升降	浮球式	0
		多瓣式	1
		立式	2
	旋启	单瓣式	4
		多瓣式	5
		双瓣式	6
安全阀	弹簧封闭	带散热片全启式	0
		微启式	1
		全启式	2
		扳手全启式	4
	弹簧不封闭	扳手双弹簧微启式	3
		扳手微启式	7
		扳手全启式	8
		扳手微启式	5
	带控制机构全启式		6
	脉冲式		9

7.2.4　常用管件

在管系中改变走向、标高或改变管径以及由主管上引出支管等均需用管件。由于管系形状各异、简繁不等，因此管件的种类较多，有弯头、同心异径管、偏心异径管、三通、四通、管箍、活接头、管嘴、螺纹短接、管帽（封头）、堵头（丝堵）、内外丝等。

化工装置中多用无缝钢制管件和锻钢管件。一般有对焊连接管件、螺纹连接管件、承插焊连接管件和法兰连接管件四种连接形式。

管件的选择，主要是根据操作介质的性质、操作条件以及用途来确定管件的种类。一般以公称压力表示其等级，并按照其所在的管道的设计压力、温度来确定其压力-温度等级。

在化工管道上，最常用的管件有如下几种。

(1) 连接管件

① 管节（也叫轴节或内牙管）和外牙管　即螺丝在里边的称内牙管，螺丝在外边的称

外牙管，一般用于小口径的管道连接。外牙短管，一般称螺纹短节，连接阀门、弯头、三通等、管道内径缩小。内牙管常称管接头，代替焊接和法兰，可将管道接长。

② 活管节　多用于需要经常拆卸的管道连接，称“活接头”。

③ 管堵　用于需要经常检修和具特殊用途的管道堵塞。

④ 大小头　也叫异径管，用于改变管道直径。

⑤ 内外丝　称内外螺纹管接头，是连接异径管道的一个简便的管件。

(2) 导流管件

主要用于改变流体方向之用，如 45°、90°弯头，或其他角度的弯头，或回头弯。大口径管道还可以焊制“虾米弯”，即按需要焊制弯头的角度。根据管径的变化与否，还有不同尺寸异径弯头等。

(3) 分合流管件

主要作用是将流体分成几条流向或合并流体为同一流向，如三通、四通，还有异径三通、四通等。

(4) 管道附件

附属于管道上的各种物件如防雨帽、视镜、阻火器、过滤器、漏斗、汽水混合器、取样口、取样冷却器、阀门伸长杆等。

7.2.5 法兰、法兰盖、紧固件及垫片

(1) 法兰

法兰是管道与管道，管道与设备之间的连接元件。管道法兰按与管子的连接方式分成平焊、对焊、螺纹、承插焊和松套法兰等五种基本类型。法兰密封面有突面、光面、凹凸面、榫槽面和梯形槽面等。

管道法兰均按公称压力选用，法兰的压力-温度等级表示公称压力与在某温度下最大工作压力的关系。如果将工作压力等于公称压力时的温度定义为基准温度，不同的材料所选定的基准温度也往往不同。

管道法兰是管道系统中最广泛使用的一种可拆连接件，常用的管法兰除螺纹法兰外，其余均为焊接法兰。

(2) 法兰盖

法兰盖又称盲法兰，设备、机泵上不需接出管道的管嘴，一般用法兰盖封住，在管道上则用在管道端部与管道上的法兰相配合作封盖用。法兰盖的公称压力和密封面形式应与该管道所选用的法兰完全一致。

(3) 法兰紧固件——螺栓、螺母

法兰用螺栓、螺母的直径、长度和数量应符合法兰的要求，螺栓、螺母的种类和材质由管道等级表确定。

(4) 垫片

常用的法兰垫片有非金属垫片、半金属垫片和金属垫片。

7.3 管道压力降计算

流体在管道中流动时，遇到各种不同的阻力，造成压力损失，以致流体总压头减小。流

体在管道中流动时的总阻力 H，可分为直管阻力 H_1 和局部阻力 H_2。直管阻力是流体流经一定管径的直管时，由于摩擦而产生的阻力，它是伴随着流体流动同时出现的，又可称为沿程阻力。局部阻力是流体在流动中，由于管道的某些局部障碍（如管道中的管件、阀门、弯头、流量计及管子出入口等）所引起的。

由于流体在管道内流动会产生阻力，消耗一定的能量，造成压力的降低，尤其长距离输送时，压力的损失是较大的。由于在初步设计阶段不需进行管道设计，所以管道的阻力不能准确地计算，这样在设备（主要是泵类）的选型和车间布置（依靠介质自流的设备的竖向布置）时带有一定的盲目性。到施工图设计阶段，应当对某些重要管道或长管道进行压力降计算，目的是为了校核各类泵的选型、介质自流输送设备的标高确定或用以选择管径。管道压力降计算方法如下。

7.3.1 直管阻力 H_1 计算

$$\Delta p=\lambda \frac{l}{d}\times\frac{\gamma u^2}{2g} \tag{7.2}$$

或

$$H_1=\lambda \frac{l}{d}\times\frac{u^2}{2g} \tag{7.3}$$

式中 Δp——直管压力降，kPa；

H_1——直管阻力，m 流体柱；

λ——摩擦系数，是雷诺数与管壁粗糙度的函数，查化工过程与设备有关书籍；

l——管道总长度，m；

d——管道内径，m；

γ——流体重力密度，kgf/m^3（1kgf＝9.80665N）；

u——流体流速，m/s；

g——重力加速度，$9.81m/s^2$。

式（7.2）或式（7.3）为直管阻力计算的一般式，对于层流与湍流两种流动型态下的直管阻力计算都是适用的。

7.3.2 局部阻力 H_2 计算

局部阻力的计算，通常采用两种方法，一种是当量长度法，另一种是阻力系数法。

(1) 当量长度法

流体通过某一管件或阀门时，因局部阻力而造成的压力损失，相当于流体通过与其具有相同管径的若干米长度的直管的压力损失，这个直管长度称为当量长度，用符号 l_e 表示。这样计算局部阻力可转化为计算直管阻力，可将管道中的直管段长度与管件及阀门相等的当量长度合并在一起计算。如管道中直管长度为 l，各种局部阻力的当量长度之和为 $\sum l_e$，设流体的速度为 u，管径为 d，摩擦系数为 λ，则流体在管道中流动时的总阻力或总压力损失 H 为：

$$H=H_1+H_2=\lambda \frac{l}{d}\times\frac{u^2}{2g}+\lambda\frac{\sum l_e}{d}\times\frac{u^2}{2g}=\lambda\left(\frac{l+\sum l_e}{d}\right)\frac{u^2}{2g}\quad（\text{m 流体柱}） \tag{7.4}$$

各种管件、阀门及流量计的当量长度 l_e 的数值是由实验测定的，通常以管径的倍数表示，见表 7.9。

(2) 阻力系数法

流体通过某一管件或阀门的压头损失用流体在管道中的速度头（动压头）倍数来表示，这种计算局部阻力的方法，称为阻力系数法。计算公式如下。

$$h_1=\zeta\frac{u^2}{2g}\quad(\text{m 流体柱})\tag{7.5}$$

式中　h_1——因局部阻力而损失的压头，m 流体柱；

u——管道中流体速度，m/s；

g——重力加速度，m/s^2；

ζ——比例系数，称为阻力系数，由实验测定。

表 7.9　各种管件、阀门及流量计等以管径计的当量长度

名　　称	l_e/d	名　　称	l_e/d
45°标准弯头	15	角阀(标准式)(全开)	145
90°标准弯头	30～40	闸阀(全开)	7
90°方形弯头	60	$\left(\frac{3}{4}\text{开}\right)$	40
180°回弯头	50～75	$\left(\frac{1}{2}\text{开}\right)$	200
三通管，流向为(标准)		$\left(\frac{1}{4}\text{开}\right)$	800
	40	单向阀(摇板式)(全开)	135
		带有滤水器的底阀(全开)	420
		螺阀(6′[1]以上)(全开)	20
	60	吸入阀或盘形阀	70
		盘式流量计(水表)	400
		文氏流量计	12
	90	转子流量计	200～300
		由容器入管口	20
截止阀(即球心阀)(标准式)(全开)	300		

① 6′=6in，1in=0.0254m。

流体在管道中流动时克服各种局部阻力所引起的能量损失之和为：

$$H_2=\sum\zeta\frac{u^2}{2g}\quad(\text{m 流体柱})\tag{7.6}$$

式中　$\sum\zeta$——局部阻力系数之和。

湍流时流体通过各种管件及阀门的阻力系数，请参考表 7.10。

表 7.10　湍流时流体通过各种管件及阀门的阻力系数

名　　称	阻　力　系　数　ζ			
标准弯头	45° $\zeta=0.35$ 90° $\zeta=0.75$			
90°方形弯头	$\zeta=1.3$			
180°回弯头	$\zeta=1.5$			
标准三通管		当弯头用	当弯头用	
	$\zeta=0.4$	$\zeta=1.3$	$\zeta=1.5$	$\zeta=1.0$

续表

名称	阻力系数 ζ					
活管接	$\zeta=0.4$					
闸阀	全开		3/4开	1/2开	1/4开	
	0.17		0.9	4.5	24	
隔膜阀	全开		3/4开	1/2开	1/2开	
	2.3		2.6	4.3	21	
截止阀(标准式)(球心阀)	全开			1/2开		
	6.4			9.5		
旋塞	θ	5°	10°	20°	40°	60°
	ζ	0.05	0.29	1.56	17.3	206
蝶阀	θ	5°	10°	20°	40°	60°
	ζ	0.24	0.52	1.54	10.8	118
单向阀(止逆阀)	摇板式			球形式		
	$\zeta=2$			$\zeta=70$		
水表(盘形)	$\zeta=7$					
角阀90°	$\zeta=5$					
底阀	$\zeta=1.5$					
滤水器(或滤水网)	$\zeta=2$					

如将式(7.5)和式(7.4)进行比较，可得

$$\zeta=\lambda\left(\frac{\sum l_e}{d}\right) \tag{7.7}$$

式(7.7)说明当量长度法与阻力系数法的关系。

局部阻力计算时，所采用的当量长度或阻力系数的数据，由于管件及阀门的加工情况及压力损失的测量装置不同，甚至同一管件或阀门也不一致，因此各方面所发表的数值，用两种方法表示，往往对应不起来，加上工业生产上所用管件及阀门的数据不齐全，给计算带来许多困难。

在实际设计计算过程中，往往不采取将管道中一个个的管件或阀门的数据查齐全，然后加起来计算，而是根据多次实践中累积起来的经验来计算流体阻力。这里介绍一种估算阻力的方法，作为设计计算的参考。在实际设计中，通常采用当量长度法进行计算。例如，某一个输送系统的管道中，如直管的长度为l(m)，则在计算该系统的流体总阻力H时，取$(l+\sum l_e)$为l的1.3～2.0倍，即

$$(l+\sum l_e)=(1.3\sim2.0)l$$

在选取这个倍数时，须考虑到管道的长短、形状（直的或弯的）、管径的大小和管道中管件及阀门等的数目多少。一般管件数目较少，管道形状较直，即局部阻力所占比重较小，所取的倍数可偏低些。

在计算管道阻力或压力降时，应当考虑有15%的富裕量。

7.4 管道热补偿设计

化工管道一般是在常温下安装的，当输送高温或低温流体时，管子就会发生热胀冷缩。

如果在管道设计时不考虑合理的补偿，管道发生伸长或缩短时所产生的内应力，就会使管道和相连接的设备产生变形，甚至损坏。因此，必须根据管道的大小、长短和输送物料的温度进行化工管道设计。

7.4.1 管道的热变形与热应力计算

一根自由放置的长度为 l 的管子，因温度变化 Δt 而引起的伸长 ΔL 为：

$$\Delta L = l\alpha\Delta t \tag{7.8}$$

式中 α——管材的线膨胀系数，钢为 12×10^{-6}。

若管道两端固定，管道受到拉伸或压缩时，由温度变化而引起热应力，热应力 σ 产生的轴向推力 P 为：

$$P = \sigma A = E\alpha\Delta t A \tag{7.9}$$

式中 E——材料的弹性模数，钢为 2.1×10^{11} Pa；

A——管子截面积，m^2。

由上述公式可知，热应力和轴向推力与管道长度无关，所以不能因为管道短而忽视这个问题。

一般使用温度低于100℃和直径小于 $DN50$ 的管道可不进行热应力计算。直径大、直管段长、管壁厚的管道或大量引出支管的管道，要进行热应力计算，并采取相应的措施将其限定在许可值之内。

热力管道（直管道）可不装补偿器的最大尺寸，见表7.11。

表7.11 热力管道可不装补偿器的最大尺寸

热水/℃	60	70	80	90	95	100	110	120	130	140	143	151	158	164	170	175	179	183
蒸汽/kPa							50	100	180	270	300	400	500	600	700	800	900	1000
管长/m	65	57	50	45	42	40	37	32	30	27	27	27	25	25	24	24	24	24

7.4.2 管道热补偿设计

(1) 自然补偿

利用管道敷设时自然形成的转弯吸收热伸长量的称自然补偿，这个弯管段就称自然补偿器。在管道设计中，尽量利用这种最经济的自然补偿方式，仅当其不足以补偿热膨胀时，才采用其他补偿器。

① L形补偿　当管道有90°转弯时，称L形补偿，见图7.15(a)。使用的计算公式为：

$$L_1 = 1.1\sqrt{\frac{\Delta L_2 D_w}{300}} \tag{7.10}$$

式中 L_1——短臂长度，m；

ΔL_2——长臂（L_2）的膨胀长度，mm；

D_w——管子外径，mm。

在L形补偿器中，短臂固定支架的应力最大，长臂与短臂的长度越接近，其弹性越差，补偿能力也越差。

② Z形补偿　Z形补偿见图7.15(b)，Z形补偿器有两个基本计算公式：

$$\sigma = \frac{6\Delta L E D_w}{L^2(1+12K)} \tag{7.11}$$

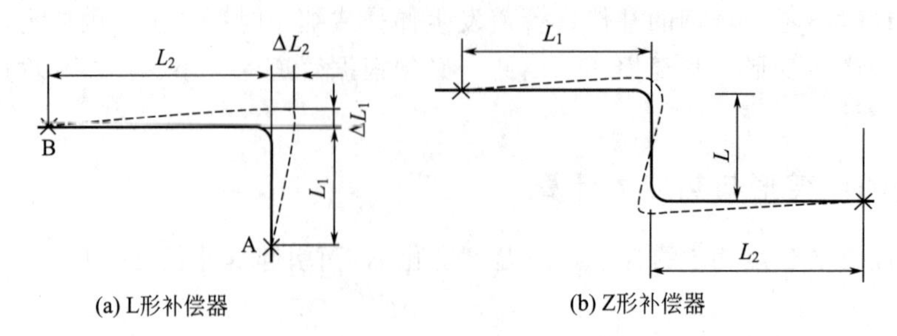

图 7.15 自然补偿器

式中 σ——管子弯曲许用应力，一般取 700×10^5 Pa；

ΔL——热膨胀长率，$\Delta L=\Delta L_1+\Delta L_2$；

E——材料的弹性模数，钢材 $E=2.1\times10^{11}$ Pa；

D_w——管子外径，cm；

L——垂直臂长度，cm；

K——短臂与垂直臂之比，$K=L_1/L$。

根据上式，可导出垂直臂长的计算公式：

$$L=\sqrt{\frac{6\Delta LED_w}{\sigma(1+12K)}} \tag{7.12}$$

在实际施工过程中，Z 形弯管的垂直臂长 L，往往根据实际情况确定，很少根据管道自然补偿的需要设计。因此当 L 值一定时，计算 K 值的公式为：

$$K=\frac{\Delta LED_w}{2\sigma L^2}-\frac{1}{12} \tag{7.13}$$

计算过程中，先假设 L_1 和 L_2 之和，以便计算出膨胀量 ΔL。当得出 K 值后，再计算短臂长度，即 $L_1=KL$。从假设的 L_1 与 L_2 之和中减去 L_1，便得出 L_2。

L 形与 Z 形补偿的设计也可以查有关算图。

(2) 补偿器补偿

当自然补偿还达不到要求时，可采用补偿器补偿。常用的补偿器有 π 型补偿器和波纹型

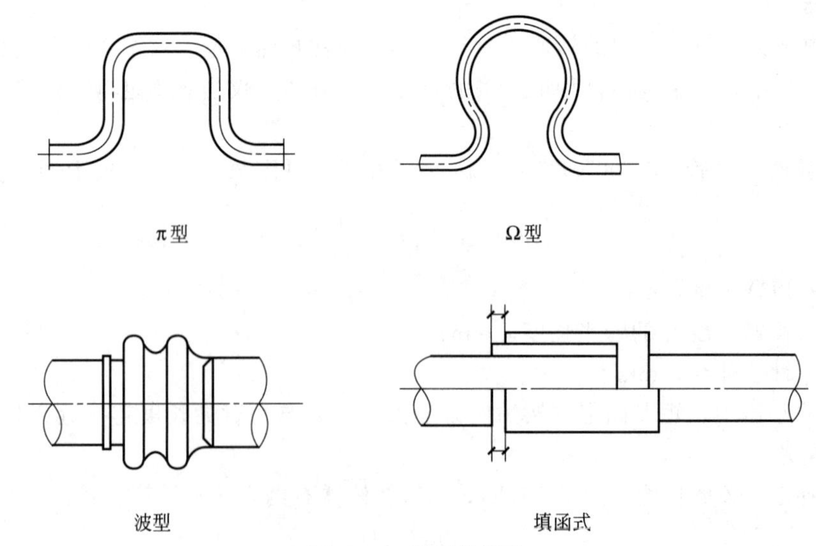

图 7.16 常用补偿器

补偿器两种形式。

如图 7.16 所示，由于 π 型和 Ω 型补偿器最为常用，制造方便，补偿能力大，所以在化工管道中使用较多，特别是在蒸汽管道中，采用更为普遍。波型补偿器一般用于管径大于 100mm，管长度不大于 20m 的气体或蒸汽管道。波形补偿器补偿能力小，一般为 3～6 个波节，每个波节只能补偿 10～15mm，适用于低压（0～2×10^5Pa）。波形补偿器体积小，安装方便，但补偿能力远不如 π 型补偿器，耐压低。填函式补偿器则主要用于铸铁管等脆性材质的管道，其主要缺点是填函处易损坏而泄漏，或者在管道弯曲时，会卡住而失去作用，故一般管道上很少使用。填函式补偿器可用于公称直径 80～300mm 的管道，补偿量为 50～300mm，其优点是结构简单，补偿量大。

7.5 管道的绝热设计

绝热是保温与保冷的统称，为了防止生产过程中设备和管道向周围环境散发或吸收热量而进行的绝热工程，已成为生产和建设过程中不可缺少的一项工程，有着重要的意义。

① 用绝热减少设备、管道及其附件的热（冷）量损失。

② 保证操作人员安全，改善劳动条件，防止烫伤和减少热量散发到操作区。

③ 在长距离输送介质时，用绝热来控制热量损失，以满足生产上所需要的温度。

④ 冬季，用保温来延缓或防止设备、管道内液体的冻结。

⑤ 当设备、管道内的介质温度低于周围空气露点温度时，采用绝热可防止设备、管道的表面结露。

⑥ 用耐火材料绝热可提高设备的防火等级。

⑦ 对工艺设备或炉窑采取绝热措施，不但可减少热量损失，而且可以提高生产能力。

7.5.1 绝热范围

(1) 具有下列情况之一的设备、管道及组成件（以下简称管道）**应予以绝热**

① 外表面温度大于 50℃，以及外表面温度小于或等于 50℃，但工艺需要保温的设备和管道。例如日光照射下的泵入口的液化石油气管道，精馏塔顶馏出线（塔至冷凝器的管道），塔顶回流管道以及经分液后的燃料气管道等宜保温。

② 介质凝固点或冰点高于环境温度（系指年平均温度）的设备和管道。例如凝固点约 30℃的原油，在年平均温度低于 30℃的地区的设备和管道；在寒冷或严寒地区，介质凝固点虽然不高，但介质内含水的设备和管道；在寒冷地区，可能不经常流动的水管道等。

③ 制冷系统中的冷设备、冷管道及其附件，需要减少冷介质及载冷介质的冷损失，以及需防止低温管道外壁表面结露者。

④ 因外界温度影响而产生冷凝液使管道腐蚀者。

(2) 具有下列情况之一的设备和管道可不保温

要求散热或必须裸露的设备和管道，要求及时发现泄漏的设备和管道法兰，内部有隔热、耐磨衬里的设备和管道，须经常监视或测量以防止发生损坏的部位，工艺生产中的排气、放空等不需要保温的设备和管道。

7.5.2 绝热结构

绝热结构是保温结构和保冷结构的统称，为减少散热损失，在设备或管道表面上覆盖的绝热材料，以绝热层和保护层为主体及其支承、固定的附件构成统一体，称为绝热结构。常规绝热结构如图 7.17 所示。

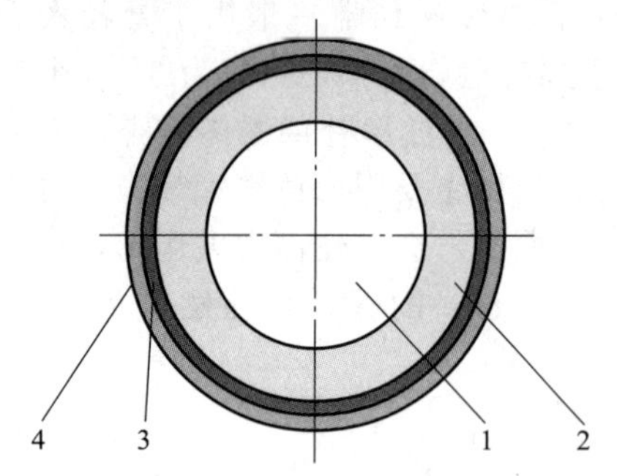

图 7.17 常规绝热结构

1—被绝热体；2—绝热层；
3—防潮层；4—保护层

(1) 绝热层

绝热层是利用保温材料的优良绝热性能，增加热阻，从而达到减少散热的目的，是绝热结构的主要组成部分。

(2) 防潮层

防潮层的作用是抗蒸汽渗透性好，防潮、防水力强。

(3) 保护层

保护层是利用保护层材料的强度、韧性和致密性等以保护保温层免受外力和雨水的侵袭，从而达到延长保温层的使用年限的目的，并使保温结构外形整洁、美观。

7.5.3 管道热力计算的基本任务

工程设计中管道热力计算的基本任务如下：

① 已知热力设备或管道保温结构的保温层厚度，计算其热损失；

② 根据允许的热损失，计算热力设备或管道的保温层厚度；

③ 已知保温结构的保温层厚度及热损失，计算保温层的表面温度；

④ 根据规定的保温结构的表面温度，计算保温结构的保温层厚度。

7.5.4 管道绝热计算

管道绝热保温的计算方法有多种，根据不同的要求有：经济厚度计算法，允许热损失下的保温厚度计算法，防结露、防烫伤保温厚度计算法，延迟介质冷冻保温厚度计算法，在液体允许的温度降下保温厚度计算法等，详见有关参考文献。下面仅介绍经济厚度计算法。

保温层经济厚度是指设备、管道采用保温结构后，年热损失值与保温工程投资费的年分摊率价值之和为最小值时的保温厚度。

外径 $D_0 \leqslant 1\text{m}$ 的管道、圆筒形设备的绝热层厚度计算公式：

$$D_1 \ln \frac{D_1}{D_0} = 3.795 \times 10^{-3} \sqrt{\frac{P_R \lambda t (T_0 - T_a)}{P_T S}} - \frac{2\lambda}{\alpha_s} \tag{7.14}$$

$$\delta = \frac{1}{2}(D_1 - D_0) \tag{7.15}$$

式中 D_0——管道或设备外径，m；

D_1——绝热层外径，m；

P_R——能价，元/10^6kJ，保温中，$P_R = P_H$，P_H 称“热价”；

P_T——绝热材料造价，元/m^3；

λ——绝热材料在平均温度下的热导率，W/(m·℃)；

α_s——绝热层（最）外表面向周围空气的放热系数，W/(m^2·℃)；

t——年运行时间，h(常年运行的按 8000h 计)；

T_0——管道或设备的外表面温度，℃；

δ——管道保温的经济厚度，mm；

T_a——环境温度，运行期间平均气温，℃；

S——绝热投资年分摊率，%。

$$S=[i(1+i)^n]/[(1+i)^n-1]$$

式中　i——年利率（复利率），%；

n——计息年数，年。

【例 7.1】 设一架空蒸汽管道，外径 $D_0=108\text{mm}$，蒸汽温度 $T_0=200℃$，当地环境温度 $T_a=20℃$，室外风速 $u=3\text{m/s}$，能价 $P_R=3.6$ 元$/10^6\text{kJ}$，投资计息年限数 $n=5$ 年，年利息 $i=10\%$（复利率），绝热材料造价 $P_T=640$ 元$/\text{m}^3$，选用岩棉管壳为保温材料。试计算管道需要的保温层厚度、热损失以及表面温度。

解：（1）热导率 λ

$$T_m=(200+20)/2=110℃$$

岩棉管壳密度$<200\text{kg/m}^3$，故

$$\lambda=0.044+0.00018(T_m-70)=0.0512\text{W/(m·℃)}$$

（2）总的表面传热膜系数 α_s

取 $\alpha_0=7$

$$\alpha_s=(\alpha_0+6u^{0.5})\times1.163=20.23\text{W/(m·℃)}$$

（3）保温工程投资偿还年分摊率

$$S=\frac{i(1+i)^n}{(1+i)^n-1}=\frac{0.1\times(1+0.1)^5}{(1+0.1)^5-1}=0.264$$

（4）保温层厚度

$$D_1\ln\frac{D_1}{D_0}=3.795\times10^{-3}\sqrt{\frac{P_R\lambda t(T_0-T_a)}{P_TS}}-\frac{2\lambda}{\alpha_s}$$

$$=3.795\times10^{-3}\times\sqrt{\frac{3.6\times0.0512\times8000\times(200-20)}{640\times0.264}}-\frac{2\times0.0512}{20.23}=0.1454$$

$$\delta=\frac{1}{2}(D_1-D_0)$$

由此得到 $D_1=214\text{mm}$，$D_0=108\text{mm}$，保温层厚度为 53mm，取 60mm。

7.6 化工管道的防腐与标志

7.6.1 管道防腐

化工管道输送的各种流体，多数是或多或少具有一定的腐蚀性的物料，即使是输送水、蒸汽、空气、油类的管道，有时也因与其他化工管道、设备相连，或因受周围环境的影响，而产生一定的腐蚀性。金属管道裸露在大气中，塑料管道在紫外线作用下，都会锈蚀或破坏，必须加以保护。当然，要防止化工管道被腐蚀，主要是依靠合理选择管道的材质来保证，但一般情况下，除合理选择管道的材质外，还大量采用各种防腐措施，以减少贵重材料的用量和损耗，节约投资。

常见的防腐措施有：管道内的衬里防腐、电化学防腐、使用防腐剂防腐等。管道外多以涂层防腐，以防环境介质的影响。在这些防腐措施中，管道外涂层防腐使用最广泛，而在涂层防腐中使用最多的是涂料防腐，其主要优点是：防腐效果好、施工简便、费用较低。

涂层防腐的关键是选择合适的涂料和认真细致的涂刷施工。一般涂料按其所起的作用，可分为底漆和面漆，先用底漆打底，再用面漆罩面。涂料的品种很多，常用的涂料如下。

(1) 一般防锈漆

① 硼钡酚醛防锈漆和铝粉硼钡酚醛防锈漆：它们是以偏硼酸钡为主的防锈颜料和酚醛树脂涂料等配制而成，成品为灰色，对钢铁表面有很强的附着力和优良的防锈能力，是新型的防锈漆。

② 铝粉铁红酚醛醇酸防锈漆：它是以铝粉、氧化铁红为主要防锈颜料和酚醛或醇酸树脂漆料等配制而成。成品为灰红色，对钢铁表面有很强的附着力和优良的防锈能力，是新型的防锈漆，在沿海地区已被广泛应用。

③ 云母氧化铁酚醛底漆：它是以云母氧化铁为防锈颜料和油基酚醛漆料配制而成。成品为红褐色，对钢铁表面有很强的附着力和优良的防锈能力，并适合沿海和潮湿地带使用，是新型的防锈漆。

④ 红丹防锈漆：对钢铁表面有很强的附着力和优良的防锈能力。虽然沿用已久，但在制漆过程及火工作业时易产生铅中毒，使用较少。

⑤ Y53-2 铁红油性防锈漆、F53-3 铁红酚醛防锈漆：附着力较强，但防锈性和耐磨性较差。

⑥ F53-2 灰酚醛防锈漆：防锈性较好，适用于涂刷钢铁表面。

(2) 油脂漆和天然树脂漆

油脂漆附着力好，耐气候性较强，可用于室外，但抗水性及抗化学腐蚀性较差，耐磨性差，仅作一般防护用漆。

天然树脂漆施工简便，成本低，但耐久性差，室外很快会失光、粉化、裂纹。

(3) 生漆和漆酚树脂漆

生漆是漆树分泌的汁液，为灰黄色黏稠液体，与空气接触后变黑。附着力强，有优良的耐久性、耐酸性、耐油性、耐溶剂性、耐磨性、抗水性，但不耐强碱和强氧化剂，黏度大，涂刷不便，毒性较大，易中毒，干燥时间较长，使用温度约 150℃。

漆酚树脂漆是生漆经脱水、缩聚后，用有机溶剂稀释而成，为深棕色，除保持生漆的化学稳定性、耐水性、耐磨性、使用期较长等优点外，还具有干燥快、毒性小、不变质、黏度小、与钢铁附着力强和施工方便等优点。特别是在潮湿环境中耐腐蚀性能强，适用于大面积快速施工，最高使用温度约为 200℃。

(4) 醇酸树脂漆

它有优良的户外耐久性和保色性，附着力、光泽、硬度、柔韧性也较好，但耐水性和耐碱性差，可用于室内外无腐蚀性气体侵蚀的管道的防护涂层。

(5) 酚醛树脂漆

它有良好的电绝缘性和耐油性，能耐 60％硫酸、盐酸、一定浓度的醋酸和磷酸、大多数盐类和有机溶剂的腐蚀，但不耐强氧化剂（如硝酸）和碱，与金属附着力较差，用于可烘烤的、有耐酸要求的管道外壁，其最高使用温度约为 120℃。

(6) 沥青漆

它有良好的耐水、耐化学腐蚀性，在常温下能耐氧化氮、二氧化硫、氨气、酸雾、氯气、氯乙醇、低浓度的无机盐、40%以下的碱、海水、土壤、盐类溶液、酸性气体等的腐蚀，但漆膜对阳光的稳定性较差，耐热温度为60℃。常用于管道、设备表面防止工业大气、土壤、水的腐蚀。沥青漆由于价格便宜，使用较多。

(7) 环氧树脂漆

它有良好的耐腐蚀性和耐磨性，与金属和非金属（除聚乙烯和聚氯乙烯等外）均有极好的附着力，但耐紫外线性差，故不宜在室外使用，使用温度极限为90～100℃。

(8) 有机硅漆

它是极好的耐高温涂料，有良好的耐氧化性、耐水性、耐化学腐蚀性，是耐高温、防腐蚀的重要涂料，使用温度可达500℃。

(9) 无机富锌漆

它是由锌粉和水玻璃为主配制而成，有良好的耐水、耐盐水、耐干湿交替的盐雾、耐油、耐溶剂、耐热性，涂层对多种石油产品、有机溶剂有良好的稳定性，它还耐汽油、车用汽油、乙醇、丙酮、醋酸乙酯等介质，而且施工简单、价格低廉，涂层本身不受大气条件和紫外线照射的影响，经大气中曝晒后，不仅不老化，而且更加坚牢。在400℃下长期使用，效果好。

(10) 乙烯树脂漆

多采用氯乙烯、醋酸乙烯（乙烯醇）共聚。它有耐化学腐蚀、耐酸、耐碱性，附着力比过氯乙烯漆好，但价格略贵，适用于大型化工机械、设备、贮槽、室内外仪表、仪器的防腐。

不同用途对涂料的选择见表7.12。

表7.12 不同用途对涂料的选择

涂料种类 用途	油性漆	酯胶漆	大漆	酚醛漆	沥青漆	醇酸漆	过氯乙烯漆	乙烯漆	环氧漆	聚氨酯漆	有机硅漆	无机富锌漆
一般防护	△	△				△						△
防化工大气			△		△		△					
耐酸			△	△	△		△	△		△		
耐碱			△		△		△	△	△	△		
耐盐类					△		△	△	△	△		
耐溶剂			△					△	△	△		△
耐油			△			△	△		△	△		△
耐水			△	△	△		△	△	△	△	△	△
耐热									△		△	△
耐磨				△				△	△	△		△
耐候性	△			△		△	△			△	△	△

7.6.2 管道标志

在化工厂中往往把管道外壁涂上各种颜色的油漆，一用来保护管道外壁不受环境腐蚀外，同时，也用来区别化工管道的类别，使人们醒目地知道管道中输送的是何种介质，这就是管道的标志。现管道涂色标志无统一规定，一般常用的管道涂色标志如表 7.13 所示。

表 7.13 常用管道涂色标志

介质名称	涂色	管道注字名称	注字颜色
工业水	绿	上水	白
井水	绿	井水	白
生活水	绿	生活水	白
过滤水	绿	过滤水	白
循环上水	绿	循环上水	白
循环下水	绿	循环下水	白
软化水	绿	软化水	白
清净下水	绿	净下水	白
热循环水(上)	暗红	热水(上)	白
热循环回水	暗红	热水(回)	白
消防水	绿	消防水	红
消防泡沫	红	消防泡沫	白
冷冻水(上)	淡绿	冷冻水	红
冷冻回水	淡绿	冷冻回水	红
冷冻盐水(上)	淡绿	冷冻盐水(上)	红
冷冻盐水(回)	淡绿	冷冻盐水(回)	红
低压蒸汽(绝)<1.3MPa	红	低压蒸汽	白
中压蒸汽(绝)1.3～4.0MPa	红	中压蒸汽	白
高压蒸汽(绝)4.0～12.0MPa	红	高压蒸汽	白
过热蒸汽	暗红	过热蒸汽	白
蒸汽回水冷凝液	暗红	蒸汽冷凝液(回)	绿
废弃的蒸汽冷凝液	暗红	蒸汽冷凝液(废)	黑

介质名称	涂色	管道注字名称	注字颜色
空气(工艺用压缩空气)	深蓝	压缩空气	白
仪表用空气	深蓝	仪表空气	白
氧气	天蓝	氧气	黑
氢气	深绿	氢气	红
氮(低压气)	黄色	低压氮	黑
氮(高压气)	黄色	高压氮	黑
仪表用氮	黄色	仪表用氮	黑
二氧化碳	黑	二氧化碳	黄
真空	白	真空	天蓝
氨气	黄	氨	黑
液氨	黄	液氨	黑
氨水	黄	氨水	绿
氯气	草绿	氯气	白
液氯	草绿	液氯	白
纯碱	粉红	纯碱	白
烧碱	深蓝	烧碱	白
盐酸	灰	盐酸	黄
硫酸	红	硫酸	白
硝酸	管本色	硝酸	蓝
醋酸	管本色	醋酸	绿
煤气等可燃气体	紫色	煤气(可燃气体)	白
可燃液体(油类)	银白	油类(可燃液体)	黑
物料管道	红	(按管道介质注字)	黄

7.7 管道布置设计

在完成车间设备布置后，车间内的设备只是单独、孤立的单体设备，只有通过工业管道的连接，组成完整连贯的生产工艺流程，才能生产出所需要的产品。管道布置设计的任务就是用管道把由车间布置固定下来的设备连接起来，使之形成一条完整连贯的生产工艺流程。管道布置设计是车间设计中的重要内容之一。车间管道布置合理、正确，管道运转就顺利通畅，设备运转也就顺畅，就能使整个车间各个工段，甚至整个工厂的生产操作卓有成效。因此，在车间布置设计中，设备布置与管道布置相辅相成，组成一个工艺流程的生产整体。

管道布置设计除了把设备与设备之间连接起来外，有些管道输送的介质有腐蚀性，有的容易沉积堵塞管道，有的含有有害气体，有的有冷凝液体产生。为了保证生产流程的通畅顺利，在管道的布置和安装设计中，要考虑和满足一定的特殊技术要求。因此，管道布置设计是一项比较繁杂的设计任务。

7.7.1 管道布置设计的内容

管道布置设计主要通过管道布置图的设计来体现设计思想，设计原则，指导具体的管道安装工作。因此，管道布置设计的内容，也就是管道布置图的内容。其主要设计内容如下。

① 绘制管道布置图（配管图），表示车间内管道空间位置的连接，阀件、管件及控制仪表安装情况的图样。

② 绘制蒸汽伴管系统布置图，表示车间内蒸汽分配管与冷凝液收集管系统平、立面布置的图样，对于较简单的系统也可与管道布置图画在一起。

③ 绘制管道轴测图，表示一个设备至另一个设备（或另一管道）间的一段管道及其阀件、管件及控制点具体配置情况的立体图样。

④ 绘制管架和特殊管件制造图。

⑤ 作材料表，包括管道安装材料表、管架材料表及综合材料表、设备支架材料表、保温防腐材料表。

⑥ 编写施工说明书，包括管道、管件图例和施工安装要求。

⑦ 做管道投资概算。

此外，在给设备专业提供设计条件时，如果没有确定管口方位，在管道布置设计基本完成之后，还需绘制设备管口方位图（见图 7.63），附在相应的设备制造图中，一起发送到设备制造厂。

7.7.2 管道布置设计的依据

管道布置设计是化工工程施工图设计的主要内容之一，必须在初步设计的基础上，具备一定条件后才能进行，一般应具备以下条件。

① 厂区总平面图；

② 管道及仪表流程图（即 P&ID 图）和公用工程系统流程图；

③ 设备布置图、设备基础图和支架图；

④ 设备装配图，定型设备样本；

⑤ 工程设计规范、规定及管路等级表；

⑥ 仪表变送器位置图及电气、仪表的电缆槽架条件；

⑦ 建（构）筑物平、立面图；

⑧ 仪表条件图；

⑨ 相关专业的条件。

7.7.3 管道布置设计的基本要求

① 符合 P&ID 以及工艺对配管的要求。

② 进出装置的管道应与外管道连接相吻合。

③ 孔板、流量计、压力表、温度计及变送器等仪表在管道上安装位置应符合工艺要求，并注上具体位置尺寸。

④ 管道与装置内的电缆、照明灯分区行走。

⑤ 管道不挡吊车轨及不穿吊装孔，不穿防爆墙。

⑥ 管道应沿墙、柱、梁敷设，并应避开门、窗。

⑦ 管道布置应保证安全生产和满足操作、维修、方便及人货道路畅通。

⑧ 操作阀高度以 800～1500mm 为妥。

⑨ 取样阀的设置高度应在 1000mm 左右，压力表、温度计设置在 1600mm 左右为妥。

⑩ 管道布置应整齐美观，横平竖直，纵横错开，成组成排布置。

7.7.4 管道布置设计的一般原则

① 管道应成列平行敷设，尽量走直线少拐弯（因作自然补偿、方便安装、检修、操作除外），少交叉以减少管架的数量，节省管架材料并做到整齐美观便于施工。

整个装置（车间）的管道，纵向与横向的标高应错开，一般情况下改变方向同时改变标高。

② 设备间的管道连接，应尽可能的短而直，尤其用合金钢的管道和工艺要求压降小的管道，如泵的进口管道。加热炉的出口管道、真空管道等，又要有一定的柔性，以减少人工补偿和由热胀位移所产生的力和力矩。

③ 当管道改变标高或走向时，尽量做到“步步高”或“步步低”，避免管道形成积聚气体的“气袋”或积聚液体的“液袋”和“盲肠”，如不可避免时应于高点设放空（气）阀，低点设放净（液）阀，如图7.18所示。

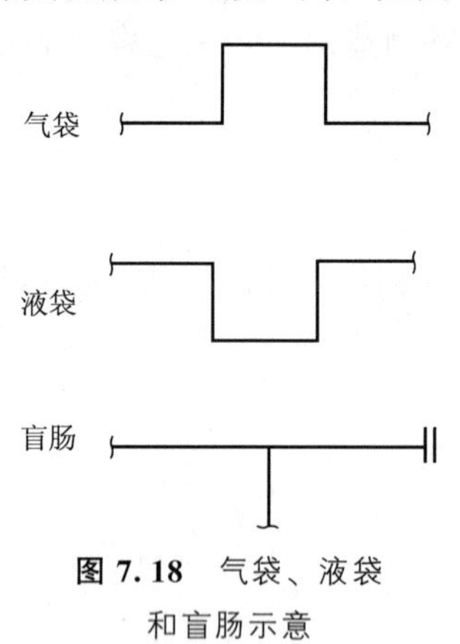

图7.18 气袋、液袋和盲肠示意

④ 不得在人行通道和机泵上方设置法兰，以免法兰渗漏时介质落于人身上而发生工伤事故。输送腐蚀介质的管道上的法兰应设安全防护罩。

⑤ 易燃易爆介质的管道，不得敷设在生活间、楼梯间和走廊等处。

⑥ 管道布置不应挡门、窗，应避免通过电动机、配电盘、仪表盘的上空，在有吊车的情况下，管道布置应不妨碍吊车工作。

⑦ 气体或蒸汽管道应从主管上部引出支管，以减少冷凝液的携带，管道要有坡向、以免管内或设备内积液。

⑧ 由于管法兰处易泄漏，故管道除与法兰连接的设备、阀门、特殊管件连接处必须采用法兰连接外，其他均应采用对焊连接（$DN \leqslant 40$mm用承插焊连接或卡套连接）。

公用系统管道$PN \leqslant 0.8$MPa，$DN \geqslant 50$mm的管道除法兰连接阀门和设备接口处采用法兰连接外，其他均采用对焊连接（包括焊接钢管）。但对镀锌焊接管除特别要求外，不允许用焊接；$DN < 50$mm允许用螺纹连接（若阀门为法兰时除外），但在阀与设备连接之间，必须要加活接头以便检修。

⑨ 不保温、不保冷的常温管道除有坡度要求外，一般不设管托；金属或非金属衬管道，一般不用焊接管托而用卡箍型管托。对较长的直管要使用导向支架，以控制热胀时可能发生的横向位移。为避免管托与管子焊接处的应力集中，大口径和薄壁管常用鞍座，以利管壁上应力分布均匀，鞍座也可用于管道移动时可能发生旋转之处，以阻管道旋转。

管托高度应能满足保温、保冷后，有50mm外露的要求。

⑩ 采用成型无缝管件（弯头、异径管、三通）时，不宜直接与平焊法兰焊接（可与对焊法兰直接焊接），其间要加一段直管，直管长度一般不小于其公称直径，最小不得低于100mm。

⑪ 管道敷设应有坡度，以免管内或设备内积液，坡度方向一般为顺介质流动方向，但也有与介质流动方向相反的情况，如氨压缩机的吸入管道应有$\geqslant 0.005$的逆向坡度，坡向蒸发器；其排气管道应有0.01～0.02的顺向坡度，坡向油分离器。管道坡度一般为1/100～5/1000。输送黏度大的物料管，坡度要求大些，可至1/100。含固体结晶的物料管道坡度可

至 5/100 左右。埋地管道及敷设在地沟中的管道，在停止生产时，其积存物料不考虑放尽者，可不考虑敷设坡度。有关物料管道的坡度列于表 7.14 中。

表 7.14　物料管道坡度

物　料	坡　度	物　料	坡　度	物　料	坡　度
蒸汽	5/1000	真空	3/1000	压缩空气,氮气	4/1000
清水	3/1000	蒸汽冷凝水	3/1000	一般气体及易流动液体	5/1000
生产废水	1/1000	冷冻水及冷冻回水	3/1000		

⑫ 除满足正常生产要求外，管道布置应能适应开停车和事故处理的需要，要设有为开工送料、循环和停工时卸料、抽空、扫线、放空以及不合格产品的运输线路，管道应能适应操作变化，避免繁琐，防止浪费。

⑬ 在蒸汽主管和长距离管线的适当地点应分别设置带疏水器的放水口及膨胀器。

为了安全起见，尽量不要把高压蒸汽直接引入低压蒸汽系统，如果必要，应装减压阀并在低压系统上装安全阀。长距离输送蒸汽或其他热物料的管道，应考虑热补偿，防止因产生热应力，造成事故。

⑭ 真空管线应尽量缩短，避免过多的曲折，使阻力小，达到更大的真空度，还应避免用截止阀，因其阻力大，影响系统的真空度。

⑮ 管道应尽可能沿墙面铺设，或固定在墙上的管架上。为便于安装、检修和防止变形后挤压，管道之间、管道与墙壁之间应保持一定的距离，以能容纳管件、阀门及方便维修为原则。平行管道间最突出物间的距离不能小于 50～80mm，管道最突出部分距墙壁、管架边和柱边不能小于 100mm。表 7.15 和表 7.16 分别列出了法兰对齐时和法兰相错时的低压管道间距。

表 7.15　法兰对齐时的低压管道间距　　单位：mm

DN	25	40	50	80	100	150	200	250
25	250							
40	270	280						
50	280	290	300					
80	300	320	330	350				
100	320	330	340	360	375			
150	350	370	380	400	410	450		
200	400	420	430	450	460	500	550	
250	430	440	450	480	490	530	580	600

表 7.16　法兰相错时的低压管道间距　　单位：mm

DN		*C*	25	40	50	70	80	100	125	150	200	250	300
25	*A*	110	120										
	B	130	200										
40	*A*	120	140	150									
	B	140	210	230									
50	*A*	130	150	150	160								
	B	150	220	230	240								
70	*A*	140	160	160	170	180							
	B	170	230	240	250	260							
80	*A*	150	170	170	180	190	200						
	B	170	240	250	260	270	280						
100	*A*	160	180	180	190	200	210	220					
	B	190	250	260	270	280	290	300					

续表

DN		C	25	40	50	70	80	100	125	150	200	250	300
125	A	170	190	200	210	220	230	240	250				
	B	210	260	280	290	300	310	320	330				
150	A	190	210	210	220	230	240	250	260	280			
	B	230	280	300	300	300	320	330	340	360			
200	A	220	230	240	250	250	270	280	290	300	300		
	B	260	310	320	330	330	350	360	370	390	420		
250	A	250	270	270	280	280	300	310	320	340	360	390	
	B	290	340	350	360	360	380	390	410	420	450	480	
300	A	280	290	300	310	310	330	340	350	360	390	410	440
	B	320	370	380	390	390	410	420	440	450	480	510	540

注：1. A、B分别为不保温管间和保温管间的间距。

2. C为管中心到墙面或管架边缘的距离。

3. 保温管与不保温管间的间距为 (A+B)/2。

4. 螺纹连接管道的间距按表中数减去20mm。

⑯ 流量元件（孔板、喷嘴及文氏管）所在的管道后要有足够长的直管段，以保证准确测量。液面计要装在液面波动小的地方，并要装在操作控制阀时能看得见的地方。温度元件在设备与管道上的安装位置，要与流程一致，并保证一定的插入深度和外部安装检修空间。

⑰ 在设备、管道上设置取样点时应慎重，选择便于操作、取出样品有代表性、真实的位置。取样阀启闭频繁，易损坏，因此取样管上一般装有两个阀。

⑱ 不锈钢管不得与普通碳钢制的管架直接接触，要采用胶垫隔离等措施，以免产生因电位差造成腐蚀核心。

⑲ 在人员通行处，管道底部的净高不宜小于2.2m；通行大型检修机械或车辆时，管道底部净高不应小于4.5m，跨越铁路上方的管道，其距轨顶的净高不应小于5.5m。

⑳ 埋地管道应在冻土层以下，穿越道路或受荷地区要采取保护措施，输送易燃易爆介质的埋地管道不宜穿越电缆沟。

㉑ 距离较近的两设备间，管道一般不应直连接，因垫片不易配准，故难以紧密连接。设备之一未与建筑物固定或有波纹伸缩器的情况除外，一般采用45°或90°弯接，如图7.19所示。

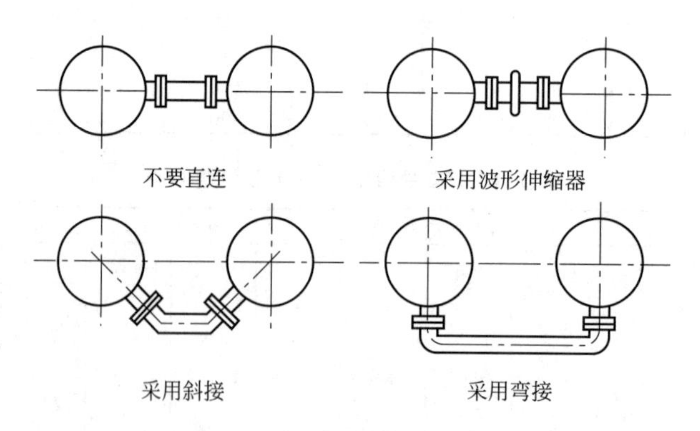

图7.19 距离较近两设备的管道连接

㉒ 为防止管道在工作中产生振动、变形及损坏，必须根据管道的具体特点，合理确定其支承与固定结构。管道与阀门的重量，不要考虑支撑在设备上（尤其是铝制设备、非金属材料设备、硅铁泵等）。

㉓ 管道布置时应考虑电缆、照明、仪表、采暖通风等非工艺管道。

㉔ 阀门要布置在便于操作的部位，操作频繁的阀门应按操作顺序排列。容易开错且会引起重大事故的阀门，相互间距要拉开，并涂刷不同颜色。

㉕ 管道在穿墙和楼板时，应在墙面和楼板上预埋一个直径大的套管，让管道从套管中穿过，防止管道移动或振动时对墙面或楼板造成损坏。套管应高出楼板、平台表面 50mm。

㉖ 为了防止介质在管内流动产生静电聚集而发生危险，易燃、易爆介质的管道应采取接地措施，以保证安全生产。

㉗ 玻璃管等脆性材料管道的外面最好用塑料薄膜包裹，避免管道破裂时溅出液体，发生意外。

7.7.5 管道敷设方式

管道敷设方式可以分为架空敷设和地下敷设两大类。

(1) 架空敷设

架空敷设是化工装置管道敷设的主要方式，它具有便于施工、操作、检查、维修以及较为经济的特点。管道的架空敷设主要有下列几种类型。

a. 管道成排地集中敷设在管廊、管架或管墩上。这些管道主要是连接两个或多个距离较远的设备之间的管道、进出装置的工艺管道以及公用工程管道。管廊规模大，联系的设备数量多，因此管廊宽度可以达到 10m 甚至 10m 以上，可以在管廊下方布置泵和其他设备，上方布置空气冷却器。

管墩敷设实际上是一种低的管架敷设，其特点是在管道的下方不考虑通行。这种低管架可以是混凝土构架或混凝土和钢的混合构架，也可以是枕式的混凝土墩，但应用较少。

b. 管道敷设在支吊架上，这些支吊架通常生根于建筑物、构筑物以及设备外壁和设备平台上，所以这些管道总是沿着建筑物和构筑物的墙、柱、梁、基础、楼板、平台以及设备(如各种容器) 外壁敷设。沿地面敷设的管道，其支架则生根于小混凝土墩上或放置在铺砌面上。

c. 某些特殊管道，如有色金属、玻璃、搪玻璃、塑料等管道，由于其低的强度和高的脆性，因此在支承上要给予特别的考虑。例如将其敷设在以型钢组合成的槽架上，必要时应加以软质材料衬垫等。

(2) 地下敷设

地下敷设可以分为埋地敷设和管沟敷设两种。

a. 埋地敷设。为了防止冰冻和节约投资，水总管、下水管和煤气总管等多采用埋地敷设，埋地敷设的优点是，经济，节约了地上的空间；缺点是，如腐蚀，检查和维修困难，在车行道处有时需特别处理以承受大的载荷，低点排液不便以及易凝物料固在管内时处理困难等。因此只有在不可能架空敷设时，才予以采用。埋地敷设的管道最好是输送无腐蚀性或腐蚀性轻微的介质，常温或温度不高的、不易凝固的、不含固体、不易自聚的介质，无隔热层的液体和气体介质管道。例如设备或管道的低点自流排液管或排液汇集管；无法架空的泵吸入管；安装在地面的冷却器的冷却水管，泵的冷却水、封油、冲洗油管等架空敷设困难时，也可埋地敷设。

埋地敷设布置设计的原则是：①水管必须埋在当地的冰冻线以下，以免冻裂管道；当埋设陶瓷管时，因其性脆，应埋在地面 0.5m 以下；②埋地管道不得在厂房下面通过，以便日后检修，确实无法避免时，应设法敷设在暗沟里；③在埋地管道上需要安装阀门、管件、仪表时，应设窨井或放置于适宜的小屋内，便于日后的操作、维护和检修；④埋地管道靠近或跨越埋地动力电缆时，要敷设在电缆的下面，输送热流体的管道，离电缆越远越好；⑤供消火栓用的埋地水管，总管应环状敷设，以使总管各处的压力均匀；⑥埋地管道应根据当地土壤的腐蚀情况，采用相应的防腐措施。

b. 管沟敷设。在没有聚集易燃气体或流体被冻结的危险时，可采用敞开式或加盖式的管沟敷设。管沟可以分为地下式和半地下式两种，前者整个沟体包括沟盖都在地面以下，后者的沟壁和沟盖有一部分露出在地面以上。管沟内通常设有支架和排水地漏，除阀井外，一般管沟不考虑人的通行。与埋地敷设相比，管沟敷设提供了较方便的检查维修条件，同时可以敷设有隔热层的、温度高的、输送易凝介质或有腐蚀性介质的管道，这是比埋地敷设更优越的地方。

管沟敷设布置设计的原则是：①管沟应尽量沿通道布置，以便管沟能在道路以下通过，而不改变标高；②管沟敷设的管道应支撑在管架上，管道应采用相应的防腐措施；③管沟的坡度应不小于2/1000，特殊情况下可为1/1000，在管沟的低处应设排水口，以免管沟积水；④同时有多条管道需布置在同一管沟时，最好采用单层平面布置，需采用多层布置时，应把经常拆卸和清理的管道布置在顶层；⑤管沟的最小宽度为600mm，管道伸出物与沟壁间的最小净距为100mm，与沟底最高点的最小净距为0.050m；⑥管沟敷设热力管道时，应考虑管道热补偿设计。

管道的布置应方便检修及更换管道组件，为保证安全运行，沟内应有排水设施。对于地下水位高且沟内易于积水的地区，地沟及管道又无可靠的防水措施时，不宜将管道布置在管沟内。

沟内过道净宽不宜小于0.7m，净高不宜小于1.8m。对于长的管沟应设安全出入口，每隔100m应设有人孔及直梯，必要时设安装孔。避免将管沟平行布置在主通道的下面。

7.8 常用设备的管道布置

7.8.1 泵的管道布置

① 离心泵进口管线应尽量缩短，尽量少拐弯，并避免突然缩小管径，以降低介质流动的压力降，改善泵的吸入条件。

② 离心泵进口管线应尽量避免“气袋”而导致离心泵抽空，若不能避免时，需在“气袋”顶加 *DN*15～20 放气阀。

③ 离心泵进口管线若在水平管段上变径，需采用偏心大小头，管顶取平，以避免形成气袋。在图7.20所示的几种安装方法中，右侧为正确。

④ 蒸汽往复泵、计量泵、非金属泵的吸入口须设过滤器，避免杂物进入泵内。

⑤ 泵的进出口管线和阀门的重量不得压在泵体上，应在靠近泵的管段上装设恰当的支吊架，尽可能做到泵移走时不加临时支架。

⑥ 备用泵的设置应根据装置的具体条件考虑，一般为每两台操作泵设置一台备用泵。间歇操作或损坏时对生产影响不大的泵，一般不用备用泵。下列情况不得共用备用泵：

- 输送流体的规格要求很严格，如混入微量其他物料将影响产品质量者；
- 两台泵分别用于输送轻油和高温热油，而热油的温度超过轻油的气化温度者；

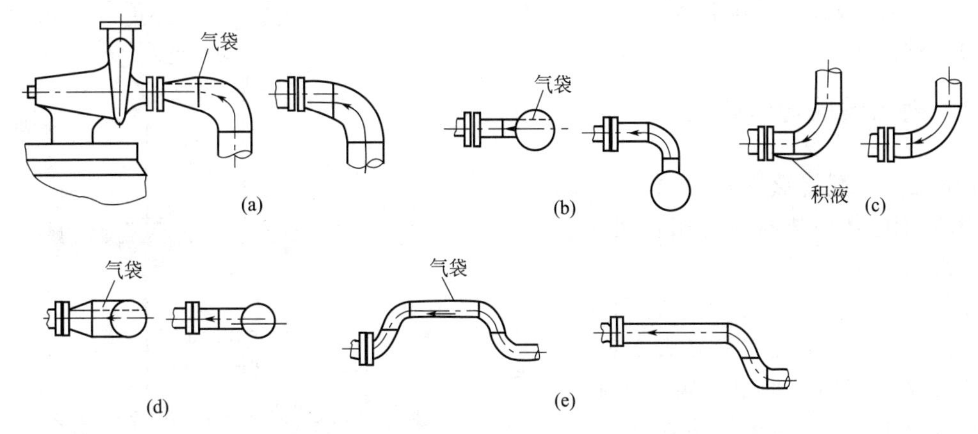

图 7.20 离心泵入口弯管和异径管的布置

- 泵规格相差悬殊，合用备用泵的操作时很不经济者。

⑦ 吸入管道要有约 2/100 的坡度，当泵比料液来源处低时坡向泵，当泵比料液来源处高时则相反。

⑧ 泵的排出管上一般设止回阀，防止泵停时物料倒冲。止回阀应设在切断阀之前，停车后将切断阀关闭，以免止回阀阀板长期受压损坏。

⑨ 泵的安装标高要保证足够的吸入压头。

⑩ 悬臂式离心泵的吸入口配管应考虑拆卸叶轮的空间。

⑪ 容积式泵（往复泵、旋涡泵、齿轮泵等），当流量减小时容积式泵的压力急剧上升，因此不能在容积式泵的出口管道上直接安装节流装置来调节流量，通常采用旁路调节或改变转速，改变冲程大小来调节的流程。图 7.21 所示为旋涡泵常用的流量调节的流程，此流程亦适用于其他容积式泵。容积式泵一般在排出管上（切断阀前）设安全阀（齿轮泵一般随带安全阀），防止因超压发生事故，安全阀排出管与吸入管连通。

⑫ 蒸汽往复泵的排汽管应少拐弯，不设阀门，在可能积聚冷凝水的部位设排放管，放空量大的还要装设消声器，乏气应排至户外适宜地点，进汽管应在进汽阀前设冷凝水排放管，防止水击汽缸。

⑬ 尽可能将入口阀门布置在垂直管道上。

⑭ 在泵的出口处应安装压力表，应安装在泵出口与第一个切断阀之间的管道上且便于观察其工作压力；泵体与泵的切断阀前后的管线都应设置放净阀。图 7.22 所示为带自动调节流量的离心泵配管示意图。

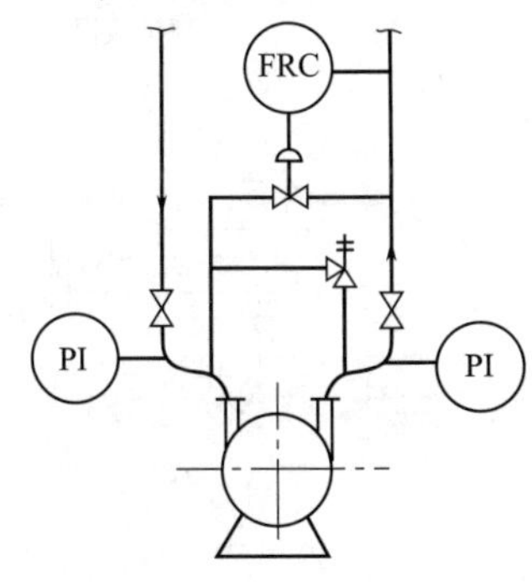

图 7.21 容积式泵配管示意

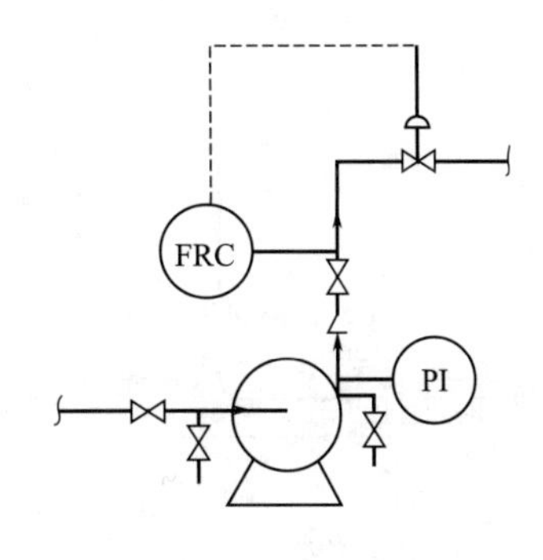

图 7.22 离心泵配管示意

图7.23所示为离心泵的配管图，虚线表示另一种接法。

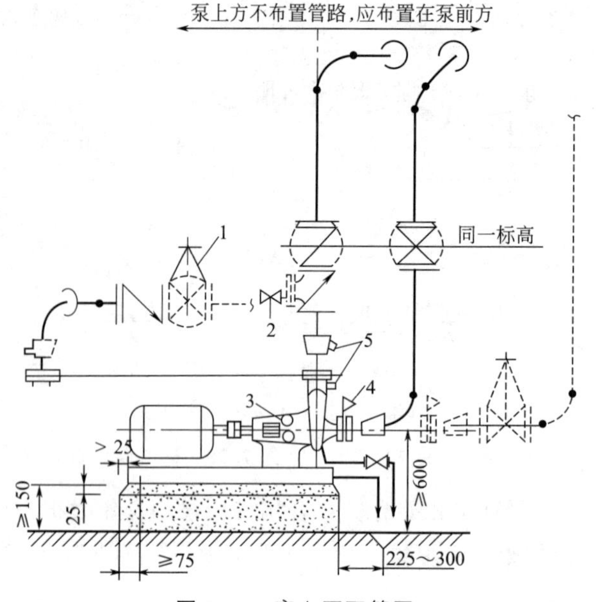

图7.23 离心泵配管图

1—阀杆方向可水平或垂直；2—排液阀装在止回阀盖上；3—泵的密封液与冲洗液口；4—临时过滤器；5—压力表管口

7.8.2 换热器的管道布置

7.8.2.1 配管原则和要求

① 配管应使换热器内气相空间无积液，液相空间无气阻。

② 换热器的配管要满足工艺和操作的要求。同时还应便于检修和安装。管道不应妨碍管箱端抽出管束和拆卸换热器端盖法兰，并留出足够空间。

③ 管壳式换热器的工艺管道布置应注意冷热物流的流向，一般被加热介质（冷流）应由下而上，被冷凝或被冷却介质（热流）应由上而下；换热器管道的布置应方便操作和不妨碍设备的检修，并为此创造必要的条件；管道布置不应影响设备的抽芯（管束或内管）；管道和阀门的布置，不应妨碍设备的法兰和阀门自身法兰的拆卸或安装。

④ 对于几台并联的换热器，为了使流量分配均匀，管道宜对称布置。但支管有流量调节装置时可除外。

⑤ 合适的流动方向和管道布置能简化和改善管道布置的质量，节约管件，便于安装。图7.24(a)、(c)、(e) 所示为习惯流向的布置，在该图所示的场合是不合理的；图7.24(b)、(d)、(f) 则是改变了流动方向的合理布置。图7.24(a) 改成 (b) 简化了塔到冷凝器的大口径管道，节约了两个弯头和相应的管道。图7.24(c) 改成 (d) 消除了泵吸入管道上的气袋，节约了四个弯头、一个排液阀和一个放空阀，缩短了管道，同时也大大改善了吸入

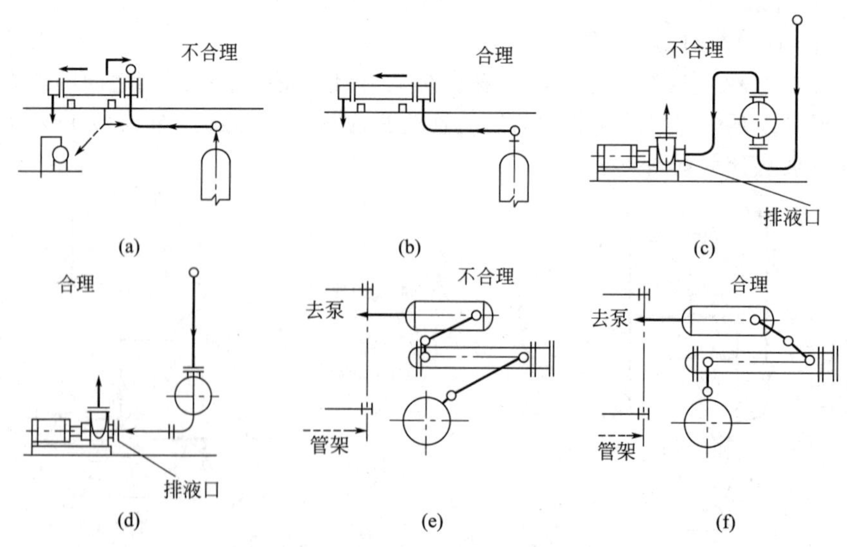

图7.24 流体流动方向与管道布置

条件。图 7.24(e) 改成 (f) 缩短了管道，使流体的流动方向更为合理。

7.8.2.2 换热器的管道布置

(1) 平面配管

换热器一般布置成管箱对着道路，顶盖对着管廊，便于抽出管箱，如图 7.25 所示。配管时，首先留出换热器的两端和法兰周围的安装与维修空间，在这个空间内不能有任何障碍物（如管道、管件等）。图 7.25 所示的是对直径 0.6m 左右的换热器而言。要力争管道短，操作、维修方便。在管廊上右转弯的管道布置在换热器的右侧，从换热器底部引出的管子也在右侧转弯向上。从管廊的总管引来的公用工程管道（如蒸汽管），则布置在任何一侧都不会增加管道长度。换热器与邻近设备间可用管道直接架空相连，换热器管箱上的冷却水进口排齐，并布置在冷却水地下总管的上方（图 7.26），回水管布置在冷却水总管的旁边。

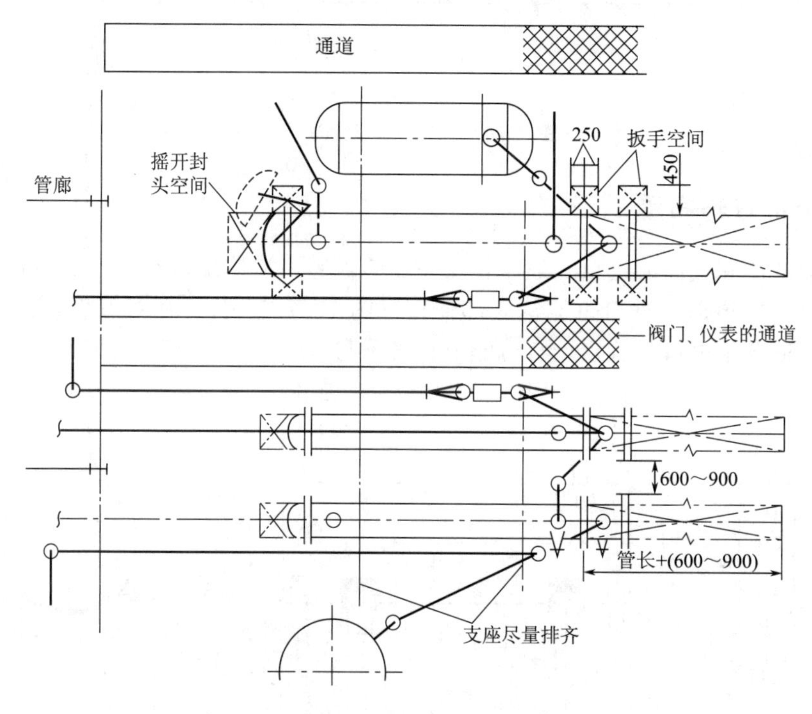

图 7.25 换热器的平面配管

阀门、自动调节阀、仪表等沿操作通道靠近换热器布置，使操作人员能立在通道上操作。为便于拆卸管箱，管箱上下的连接管要及早转弯，并设一短弯管。

(2) 立面配管

管道在标高上分几个层次，每层相隔 0.5～0.8m，最低一层要满足净高要求。与管廊连接的管道标高比管廊低 0.5～0.8m，管廊下泵的出口、高度比管廊低的设备和换热器的接管也采用这个标高或再下一层。为防止凝液进入换热器，蒸汽支管常从总管上方引出，若蒸汽总管最低处装有疏水器则也可以从下方引出。

孔板法兰通常装在架空的水平管道上，在它的前后要保持一段直管，孔板要布置在用梯子容易达到的地方。带变送器的孔板和自动调节阀最好装在离地面 0.75m 高的地方。其他仪表也要布置在易观测、易维修的地方。

换热器的接管应有合适的支架，不能让管道重量都压在换热器管口上，热应力也要妥善解决。

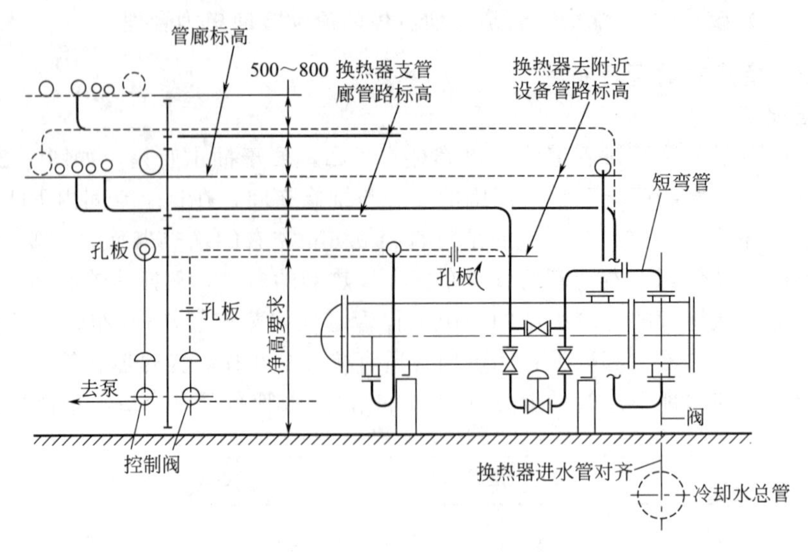

图 7.26 换热器的立面配管

7.8.3 容器的管道布置

卧式容器液体和气体的进口一般布置在一端的顶部，液体出口在另一端的底部，蒸汽出口则在液体出口的顶部。进口也能从底部伸入（图 7.27 左图），在对着管口的地方设防冲板，这种布置适合于大口径管道，有时能节约管子与管件。

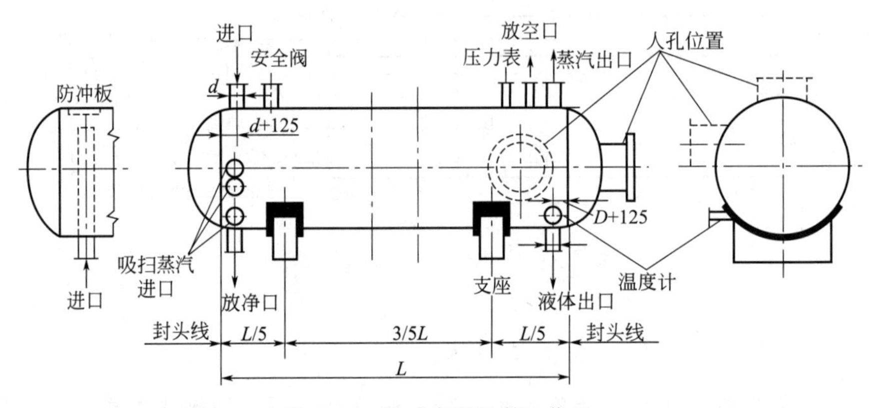

图 7.27 卧式容器的管口位置

放空管在一端的顶部，放净口在另一端的底部，同时使容器向放净口端倾斜。若容器水平安装，则放净口可放在易于操作的任何位置或出料管上。如果人孔设在顶部，放空口则设在人孔盖上部。

安全阀可放在顶部任何地方，最好放在有阀的管道附近，这可以和阀共用平台和通道。当安全阀的出口排入密闭管道系统时，应避免积液，并满足安全阀出口管道顺介质流向成45°向下与密闭总管顶部相接，且无袋形。

吹扫蒸汽进口在排气口另一端的侧面，可以切线方向进入，使蒸汽在罐内回转前进。

进、出口分布在容器的两端，若进出料引起的液面波动不大，则液面计的位置不受限制，否则应放在容器的中部。压力表则装在顶部气相部位，在地面上或操作平台上看得见的地方。温度计装在底部的液相部位，从侧面水平插入，通常与出口在同一断面上，对着通道或平台。

人孔可布置在顶上、侧面或封头中心，以侧面较为方便；但在框架上支承时占用面积大，故以布置顶上为宜。人孔中心高出地面 3.6m 以上时应设操作平台。

支座以布置在离封头 $L/5$ 处为宜，可依实际情况而定。

接口要靠近相连的设备，如排出口应近泵入口，工艺、公用工程和安全阀接管尽可能组合起来，并对着管架。

卧式容器的管口大多数在一条线上，各种阀门也都直接装在管口上，如图 7.28 所示。所以管口间的距离要便于这些阀的操作。此外，管道布置还与容器在操作台（地面）上安装高度有关。

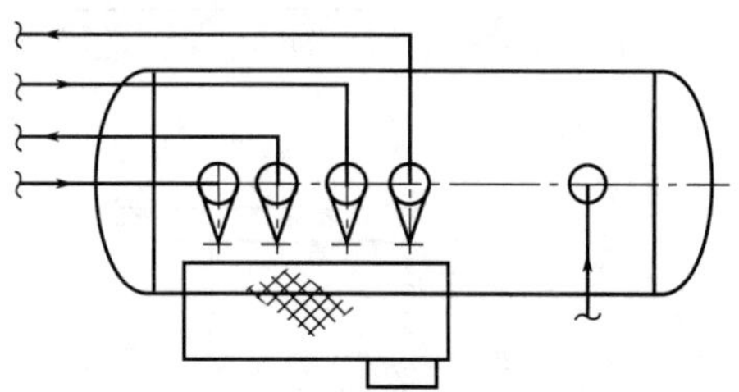

图 7.28 卧式容器的管道布置

容器底部离台面高则出料管阀门装在台面上，在台面上操作；若距离低则装在台面下，将阀杆接长，伸到台面上进行操作。

立式容器（反应器）管口方位不受内件的影响，完全取决于管道布置的需要。一般划分为操作区与配管区两部分，如图 7.29 所示。加料口、视镜和温度计等常需操作及观察的管口布置在操作区，人孔可布置在顶部，也可布置在筒身，排出口布置在底部。高大的立式容器在操作区要设置操作平台。

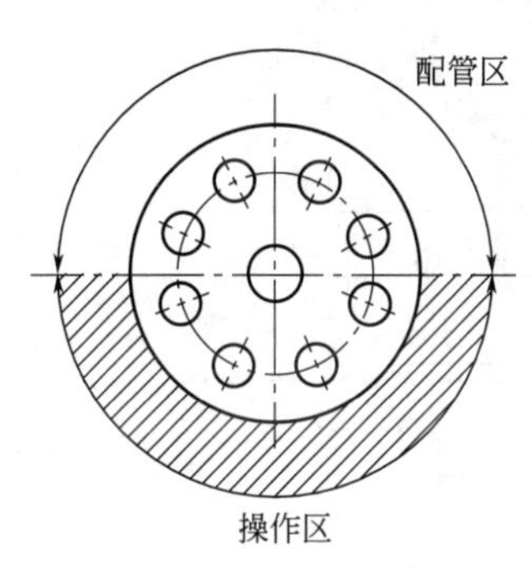

图 7.29 立式容器的管口方位

立式容器（或反应器）一般成排布置，因此，把操作相同的管道一起布置在相应容器的相应位置可避免操作有误，因而，也比较安全。例如，两个容器成排布置时，管口应对称布置。三个以上容器成排布置时，将各管口布置在设备的相同位置。视镜布置在容器的进出口附近，高度要便于观察。当有搅拌装置时，管道不能妨碍其拆装和维修。

图 7.30 所示为立式容器的管道连接简图，其中图（a）距离较近的两设备间不能直接安装，应采用 45°或 90°弯接。图（b）进料管设在设备前部，适用于能站在地面上操作的设备。图（c）出料管沿墙敷设，设备间距要大一些，以便能进入操作，离墙距离则可小一些，以节省占地面积。图（d）出料管在设备前引出，设备间距和设备离墙距离都可小一些，出料管通过阀门后立即引至地下，走地沟或埋地敷设。图（e）出料管在底部中心引出，适用于底部离地较高和直径不大的设备，管道短，占地面积小。图（f）进料管对称布置，适合有操作台操作的设备。

7.8.4 塔的管道布置

7.8.4.1 配管原则

① 应按“化工装置管道布置设计工程规定”（HG/T 20549.2—1998）中第 1.1.2 条所述的设计原则进行管道布置设计。

② 塔上的接管应位于靠管廊一侧，人孔布置在靠检修一侧。

③ 当塔的出口管与泵连接时，塔的标高应按泵的净吸入压头确定。

7.8.4.2 配管要求

塔的布置通常分成操作区与配管区两部分，操作区原则是进行运转操作和维修，包括登

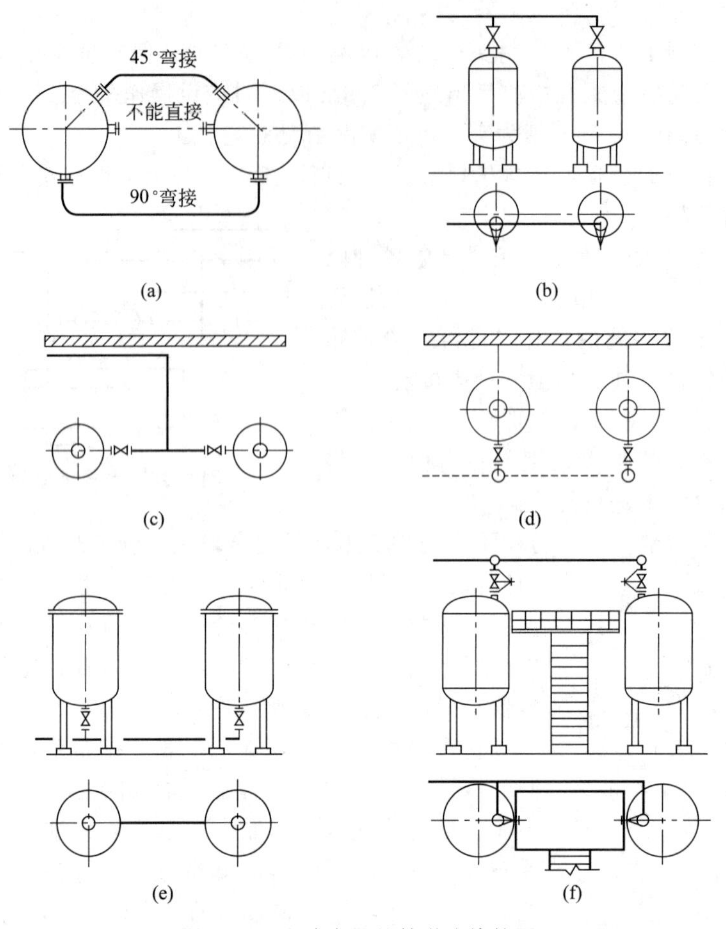

图 7.30 立式容器的管道连接简图

塔的梯子、人孔、操作阀门、仪表、安全阀、塔顶上吊柱和操作平台等，操作区一般面对道路；配管区设置管道连接的管口，一般位于管廊一侧，是连接管廊、泵等设备管道的区域。

① 塔内部的工艺要求往往比外部配管更严格，塔内部零件的位置常常决定塔的管口、仪表和平台的位置。一般由机械设计人员决定与塔内结构有关的每一个管口高度，而由配管设计人员定出工艺和公用工程管口的方位，以适应配管设计的需要。

② 人孔应设在安全、方便的操作区，常将一个塔的几个人孔设在一条垂线上，并对着道路。人（手）孔的位置受塔内结构的影响，不能设在塔盘的降液管或密封盘处，应设在图7.31(a) 所示的 b 或 c 的扇形区内，人孔中心离操作平台 0.5～1.5m。填料塔在每段填料的上下设手孔或人孔 [图 7.31(b)]。人孔吊柱的方位，与梯子的设置应统一布置；在事故时，人孔盖顺利关闭的方向与疏散的方向应一致，使之不受阻挡。

③ 接再沸器出液口可在角度 $2\times a$ 的扇形区内变动 [图 7.31(c)]，取决于出液口直径和出料斗宽度。再沸器返回管或塔底蒸汽进口中的流体都是高速进入的，为了保持液封板的密封，气体不能对着液封板，最好与它平行。

④ 因回流管口不需切断阀，所以可以设在配管区 180°的地方。

⑤ 在不同塔板位置上有多个进料管时，要在支管上设切断阀，所以应布置在操作区的边上。

⑥ 蒸汽可从塔的顶部向上引出，也可以用内部弯管从塔顶中心引向侧面 [图 7.31

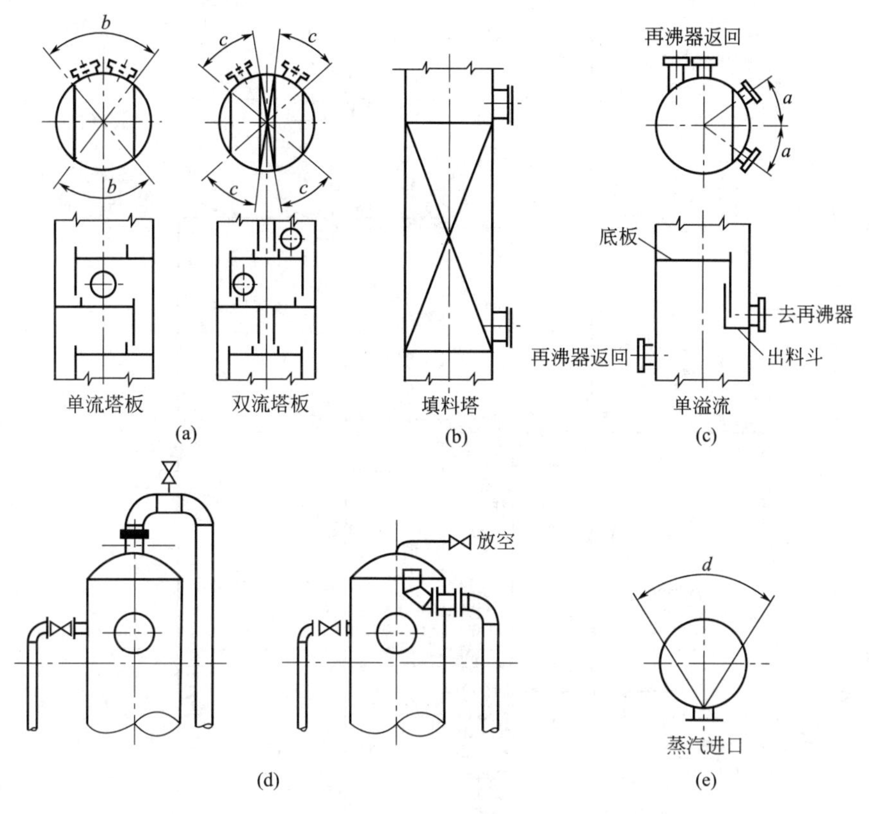

图 7.31 塔的管道布置

(d)]。后者使蒸汽出口的管口靠近顶部人孔的操作平台，塔顶放空管也可接近平台，这种布置可省去塔顶通往盲板、仪表和放空管的小平台。

⑦ 液面计接口可通过根部阀与液面计直接连接，也可通过根部阀与液面计连通管连接。不得把液面计接口布置在进料口的对面，除非进料口有内挡板保护。不能布置在下对着蒸汽进口的位置［图 7.31(e)］角度 d 的扇形区，必须布置在这个位置时要加防冲挡板。下侧管口应从塔身引出，而不能从出料管上引出。与塔直连的外浮筒式液位控制接管应加挡板。液面计、液位控制浮筒、报警等装置常位于塔平台内或局部平台端部，以便维修。

⑧ 压力计接口应布置在塔的气相区内，使压力计读数不受液位压头的影响。

⑨ 取样口和测温口的布置：气相取样口和测温口应避开塔板降液槽的气相区；液相取样口和测温口应设在降液管区域的塔板持液层内；对于易结晶的液相取样管应坡向塔板。

⑩ 沿塔布置的主管应尽量靠近塔，穿过平台处管道保温层不得与平台内圈构件相碰，也不应与其他平台的梁相碰。

⑪ 排放至大气的安全阀宜安装在塔顶部人孔下的第一层平台上，以便于支承出口管和用塔顶吊柱吊装安全阀。

7.8.4.3 塔的配管

塔的配管比较复杂，它涉及的设备多，空间范围大，管道数量多，而且管径大，要求严格，所以在配管前应对流程图作一个总体规划，如图 7.32 所示。要考虑主要管道的走向及布置要求，仪表和调节阀的位置，平台的设置及设备的布置要求等，这项工作也可结合设备布置考虑。

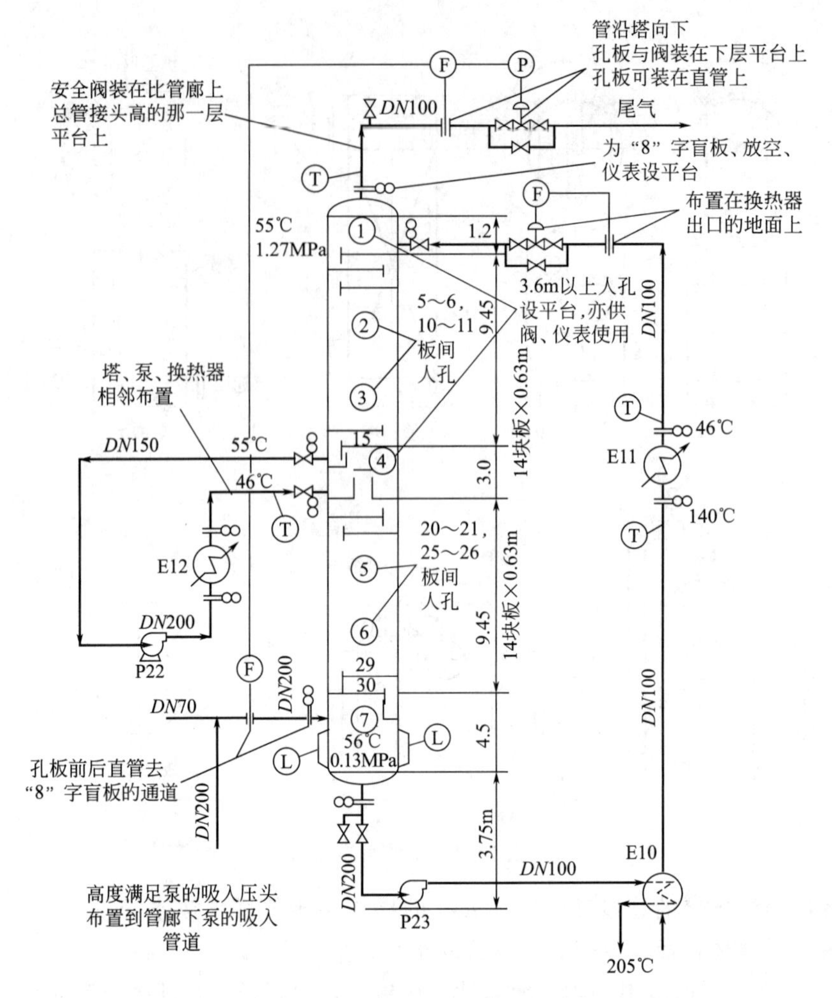

图 7.32　流程图上规划塔的配管

(1) 塔的平面配管

塔的管道、管口、人孔、平台支架和梯子的布置可参考图 7.33 的方案。一般说这种布

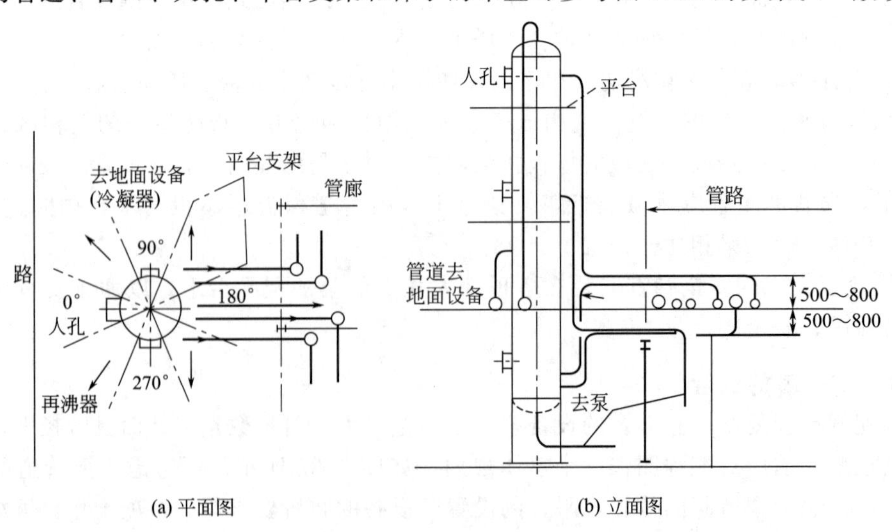

图 7.33　塔的配管示意

置形式是比较好的。

配管的第一步是确定人孔方向，最好是所有人孔都在同一方向，面对着主要通道。排列的人孔将占整个塔的一个扇形区，这个扇形区不应被任何管道所占有。梯子布置在90°与270°两个扇形区中，此区亦不能安排管道。

管道应避免交叉与绕走。在管廊上左转弯的布置在塔的左边；右转弯的布置在塔的右边，这些管道的各自扇形区在梯子和180°之间，180°的扇形区对没有阀门和仪表的管道是有利的。与地面上设备相连的管道的扇形区设在梯子和人孔两侧。

配管从塔顶开始，大口径的塔顶蒸汽管在转弯后即沿塔壁垂直下降，既美观，效果又好。余下的空间依次向下布置可避免返工。用来保护塔的安全阀通常与塔顶管道相连接。排出气体通入大气的安全阀应布置在塔的最高平台上。向排放总管排放的安全阀安装在排放总管上面的最低的那层平台上，使安全阀排出管道最短。

(2) 塔的立面配管

塔的立面配管的基本特点、人孔、平台和管道走向，参考图7.33(b)及图7.34所示。

管口标高是由工艺要求决定的，人孔标高由维修要求决定。为便于安装支架，管道在离开管口后应立即向上或向下转弯，并尽可能地接近塔身。管道转成水平高度，决定于管廊高度。如果管道直接通往地面上的设备，方向近于同管廊平行，则标高取与管架相同。

再沸器的管道高度由塔的出入口决定，它们的方位要考虑热应力的影响。再沸器管道和塔顶蒸汽管道要尽可能直，以减少阻力。从塔到管廊的管高标高要低于或高于管廊标高0.5～0.8m，视管口是低于或高于管架而定。塔至泵（或低于管廊的设备）的管道标高，取低于管廊标高0.5～0.8m。

塔受热情况复杂，塔与管道的直管长度大，热变形也大，所以在塔的配管时必须妥善处理热膨胀问题。塔顶管道（如蒸汽管、回流管等）都是热变形较大的沿塔下降的长直管，质量很大。为了防止管口受力过大，一般都在靠近管口处设固定支架（支架常焊在塔身上），在固定支架以下相隔4.5～11m(*DN*25～300）设导向支架。热变形用自然热补偿吸收，即由较长的水平管吸收（形成二臂都很长的L形自然补偿器）。

7.8.5 管廊上的管道布置

敷设在管廊上的管道种类有：工艺物料管道、辅助管道、公用工程管道。

管廊上进出装置的管道方位和标高应与相邻装置或全厂性管廊相协调。

① 大直径管道宜靠近管廊柱子布置，小直径、气体管道、公用物料管道宜布置在管廊中间；需要热补偿的管道布置在管廊一侧，便于集中设置门型补偿器。

② 一般设备的平面布置都是在管廊的两侧按工艺流程顺序布置的，因此与管廊左侧设备联系的管道布置在管廊的左侧，而与右侧设备联系的管道布置在管廊的右侧。管廊的中部宜布置公用工程管道。

③ 对于双层管廊，通常气体管道、热的管道宜布置在上层，液体的、冷的、液化石油气、化学药剂及其他有腐蚀性介质的管道及非金属管道宜布置在下层，但腐蚀性介质管道不应布置在电动机正上方。公用工程管道中的蒸汽、压缩空气、瓦斯及其他工艺气体管道布置在上层，其余的公用工程管道可以布置在上层或下层。介质操作温度≥250℃的管道宜布置在上层，布置在下层的介质操作温度≥250℃的管道可布置在外侧，但不应与液化烃管道相邻。低温介质管道、液化烃管道和其他应避免受热的管道不应布置在热介质管道正上方或与热介质管道相邻布置。液化烃和腐蚀性介质管道宜布置在下层。工艺管道应根据两端所连接

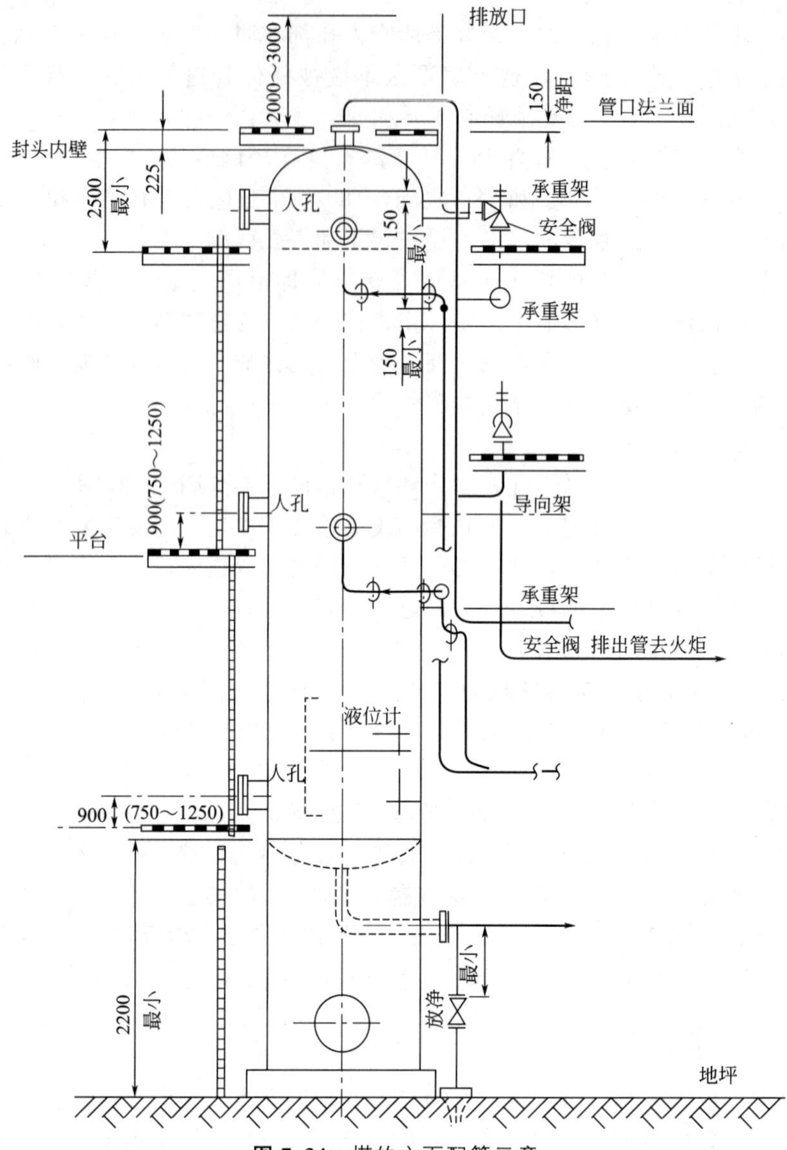

图 7.34 塔的立面配管示意

的设备管口的标高可布置在上层或下层，以便做到“步步高”或“步步低”。

④ 在支管根部设有切断阀的蒸汽、热载体油等公用工程管道，其位置应便于设置阀门操作平台。对于单侧布置设备的管廊，这些管道宜靠近有设备的那一侧布置。

⑤ 低温冷冻管道，液化石油气管道和其他应避免受热的管道不宜布置在热管道的上方或紧靠不保温的热管道。

⑥ 个别大直径管道进入管廊改变标高有困难时可以平拐进入，此时该管道应布置在管廊的边缘。

⑦ 管廊在进出装置处通常集中有较多的阀门，应设置操作平台，平台宜位于管道的上方。对于双层的管廊，在装置边界处应尽可能将双层合并成单层以便布置平台。必要时沿管廊走向也应设操作检修通道。

⑧ 集中布置的阀门应错位布置，以保证管道布置紧凑。

⑨ 由总管引出的支管上的阀门应尽量靠近总管布置，并装在水平管道上。

⑩ 沿管廊两侧柱子的外侧，通常布置调节阀组、伴热蒸汽分配站、凝结水收集站及取样冷却器、过滤器等小型设备。

⑪ 在管廊的横梁附近设置排液管时，应使排液管包括隔热层在热膨胀位移时不至于与梁相碰。

⑫ 对于隔热管道，应设管托支承。对于奥氏体不锈钢裸管，宜在支点处的管道底部焊与管道材质相同的弧形垫板。

⑬ 在布置管廊的管道时，要同仪表专业协商为仪表槽架留好位置。当装置内的电缆槽架架空敷设时，也要同电气专业协商并为电缆槽架留好位置。

⑭ 当泵布置在管廊下方且泵的进出口管嘴在管廊内时，双层管廊的下层应留有供管道上下穿越所需的间隙。

7.8.6 其他管道布置

(1) 放空

管道系统中的高点或低点应根据操作或检修的要求，设置放空或放净。水压试验所需设置的放空或放净，可只设丝堵。

氢气管道不易，设置放空或放净。浆液管道不宜设置放空。

放空管直径（mm）：当主管 $DN<150$ 时，采用 $DN20$；主管 $DN150\sim200$ 时，采用 $DN25$；主管 $DN>200$ 时，采用 $DN40$。

所有放空管上的阀应尽量靠近主管。

(2) 取样

① 取样口应设在操作方便、取样有代表性的地方。气体取样在水平敷设的管道时，取样口应从管顶引出，在垂直敷设的管道时，可设任意侧。对连续进出物料的塔或容器，当体积较大时，取样往往不能及时反映当时情况，取样点最好不装在这些设备上面，而应尽量装在物料经常流动的管道上。

② 取样阀开关比较频繁时，容易损坏，因此取样管上一般装有两个阀，其中靠近设备和管道的阀为切断阀，经常处于开启状态；另一阀为取样阀，只在取样时开启，平时关闭。不经常取样的点，只需装一个阀。

③ 取样阀宜选用 $DN10$ 或 $DN15$ 的针形阀，对于黏稠物料或易结晶物料，可按其性质选用带冲洗的取样专用阀门或三通旋塞阀，必要时设置伴热。

④ 高温介质取样要设置取样冷却器。但减压后为常温的气体管道，可不设取样冷却器。取样冷却器的配管应便于冷却器的清理。应设有漏斗将水排入下水道，如图 7.35(a) 所示。对人体有害的气体取样应在冷却器后增加放空管，如图 7.35(b) 所示。

(3) 双阀的设置

在需要严格切断设备或管道时可设置双阀，但应尽量少用，特别在采用合金钢阀或 $DN>150$mm的钢阀上，更应慎重考虑。

在工业锅炉的排污管道上，一般设置双阀。锅炉采用间断排污时，每 8h 开关 3～4 次，阀门在压力、温度的作用下启闭频繁，容易泄漏，而该阀严重泄漏时会造成锅炉停车。因此，设置双阀以保证锅炉能长期正常运转。

在某些间歇的化工生产中，当反应进行时如果再漏进某种介质有可能引起爆炸、着火或严重的质量事故，则应在该介质的管道上设置双阀，并在两阀间的连接管道上设置放空阀。

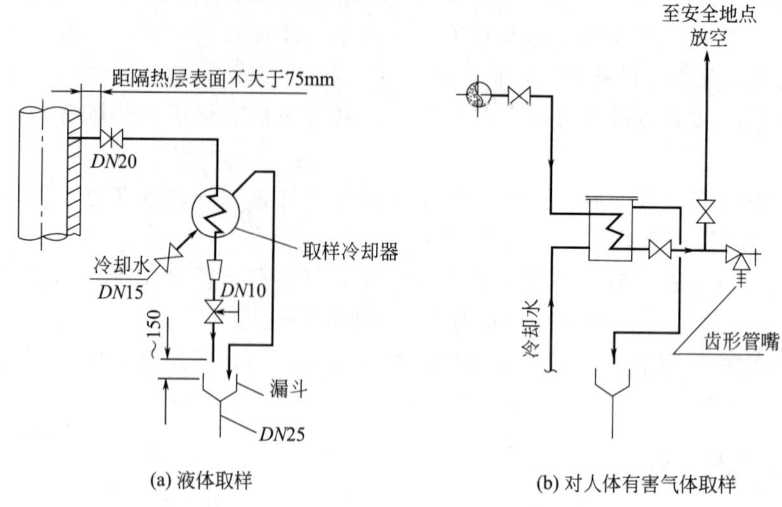

图 7.35 高温介质用冷却器取样示意

7.9 管道布置图的绘制

管道布置图系根据管道及仪表流程图、设备平立面布置图、机泵设备图纸及有关管线安装设计规定进行设计。管道布置图主要用于表达车间或装置内管道的空间位置、尺寸规格，以及与机器、设备的连接关系。管道布置图也称配管图，是管道布置设计的主要文件，也是管道施工安装的依据。

管道布置图应完整地表达车间（装置）的全部管道、阀门、管线上的仪表控制点、部分管件、设备的简单形状和建构筑物轮廓等内容；应绘制出管道平面布置图及必要的立面视图和向视图，其数量以能满足施工要求，不致发生误解为限；画出全部管子、支架、吊架并进行编号；图上应注明全部阀门及特殊管件的型号、规格等。管道布置图的示例见图 7.52。

7.9.1 管道布置图的内容

① 一组视图。按正投影法绘制，包括平面图和剖视图，用以表达整个车间（装置）的设备、建筑物的简单轮廓以及管道、管件、阀门、仪表控制点等的布置安装情况。

② 尺寸和标注。注出管道及有关管件、阀门、仪表控制点等的平面位置尺寸和标高，并标注建筑轴线编号、设备位号、管段序号、控制点代号等相关文字。

③ 管口表。

④ 安装方位标。表示管道安装的方位基准。

⑤ 标题栏及修改栏。

7.9.2 管道布置图的绘制要求

7.9.2.1 一般规定

① 图幅：尽量采用 A1，较简单的也可采用 A2，较复杂的可采用 A0，同区的图宜采用同一种图幅，图幅不宜加长加宽。

② 比例：常用比例为1∶50，也可以用1∶25或1∶30，但同区或各分层的平面图，应采用同一比例。

③ 尺寸单位管道布置图中标注的标高、坐标以m为单位，小数点后取三位数，至mm为止；其余尺寸一律以mm为单位，只注数字，不注单位。管子公称通径一律用mm表示。

④ 地面设计标高为EL±0.000。

⑤ 图名：标题栏中的图名一般分成两行书写，上行写“管道布置图”，下行写“EL××.×××平面”或“A—A、B—B……剖视等”。

⑥ 尺寸线始末应标绘箭头或打杠。不按比例画图的尺寸应在其下面画一道横线（轴测图除外）。

⑦ 尺寸应写在尺寸线的上方中间，并且平行于尺寸线。

7.9.2.2 图面安排及视图要求

① 管道布置图应按设备布置图或按分区索引图所划分的区域（以小区为基本单位）绘制。区域分界线用粗双点划线表示，在区域分界线的外侧标注分界线的代号、坐标和与此图标高相同的相邻部分的管道布置图图号，如图7.36所示。

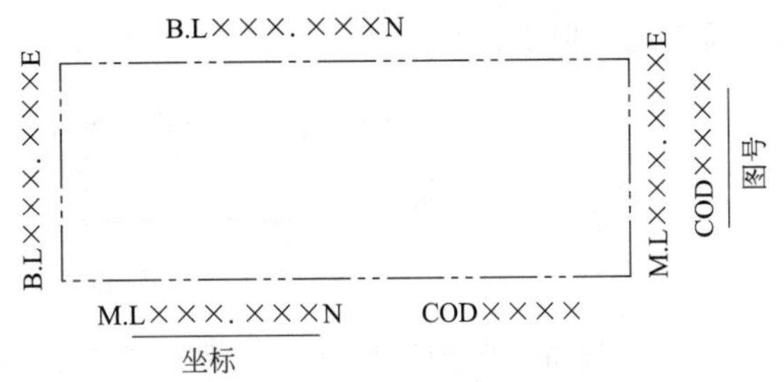

图7.36 区域分界线的表示方法

B.L—表示装置边界；M.L—表示接续线；COD—表示接续图

② 管道布置图以平面图为主，当平面图中局部表示不够清楚时，可绘制剖视图或轴测图来表达。剖视图和轴测图可画在管道平面布置图边界线以外的空白处（不允许在平面布置图边界线以内空白处再绘制小的剖视图或轴测图），也可绘制在单独的图纸上。绘制剖视图时要按比例画，可根据需要标注尺寸。轴测图可不按比例，但应标注尺寸，且相对尺寸正确。剖视符号规定用“A—A、B—B……”等编号表示，在同一小区内编号不应重复。平面图上要表示出所剖截面的剖切位置、方向及编号，必要时标注网格号。

③ 对于多层建筑物、构筑物的管道布置平面图，应按层次绘制，若在同一张图纸上绘制多层平面图，应从最低层起，在图纸上由下至上或由左至右的顺序排列，并在图下标注“EL±0.000平面”或“EL××.×××平面”。

7.9.2.3 图示方法

管道布置图中视图表达内容主要是三部分，一是建筑物及其构件，二是设备，三是管道，现分别讨论如下。

(1) 建（构）筑物的图示

① 其表达要求和画法基本上与设备布置图相同。建（构）筑物应按比例，根据设备布置图用细点划线、细实线画出厂房的定位轴线和柱、梁、楼板、门、窗、楼梯、平台、安装孔、管沟、箅子板、散水坡、管廊架、围堰、通道、栏杆、梯子和安全护圈等。与管道安装布置无关的内容，可适当简化。应表达的内容与要求如下。

② 按比例用细点划线表示就地仪表盘、电气盘的外轮廓及电气、仪表电缆槽或托架、电缆沟，但不必标注尺寸，避免与管道相碰。

③ 标注各生产车间（分区）、生活间、辅助间的名称等。

(2) 设备的图示

设备在管道布置图中不是主要表达内容，只需以细实线绘制。对设备的图示具体要求如下。

① 按比例以设备布置图所确定的位置和大致相同的图形，用细点划线画出设备的中心线，以细实线画出设备的简略外形和基础。对于简单的定型设备可画其简单外形。泵、鼓风机等，有时可只画出设备基础和电动机位置。

② 用细实线表示吊车梁、吊杆、吊钩和起重机操作室。

③ 按比例画出卧式设备的支撑底座，并标注固定支座的位置，支座下如为混凝土基础时，应按比例画出基础的大小，不需标注尺寸。

④ 对于立式容器还应表示出裙座人孔的位置及标记符号。

⑤ 对于工业炉，凡是与炉子和其平台有关的柱子及炉子外壳和总管联箱的外形、风道、烟道等均应表示出。

⑥ 用双点划线按比例表示出重型或超限设备的“吊装区”或“检修区”和换热器抽芯的预留空地。但不标注尺寸，如图 7.37 所示。

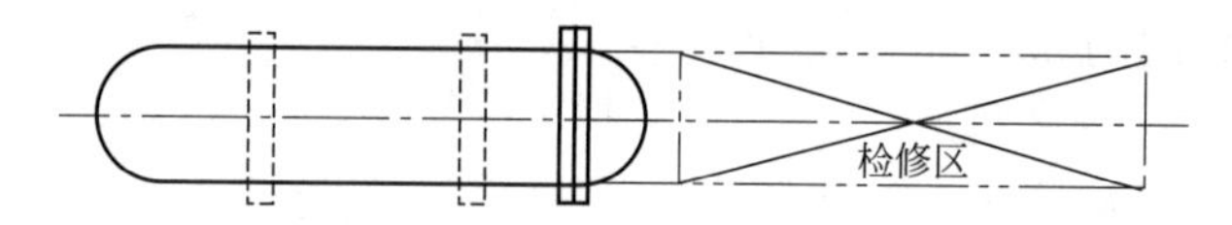

图 7.37 设备检修或抽芯示意图

⑦ 对于设备自带的液位计、液面报警器、排气、排液、取样点、测温点、测压点等按管道及仪表流程图中给定的符号画出，其中某项有管道及阀门应画出，不必标注尺寸。

(3) 管道的图示

在管道布置图中，公称直径（*DN*）大于和等于 400mm 或 16in 的管道，采用双线表示；公称直径小于和等于 350mm 或 14in 的管道，采用单线表示。如果图中大口径的管道不多时，则公称直径大于和等于 250mm 或 10in 的管道采用双线表示；小于和等于 200mm 或 8in 者用单线表示。单线用粗实线（或粗虚线），双线用中粗实线（或中粗虚线）。管道的图示如图 7.38，图示要求如下。

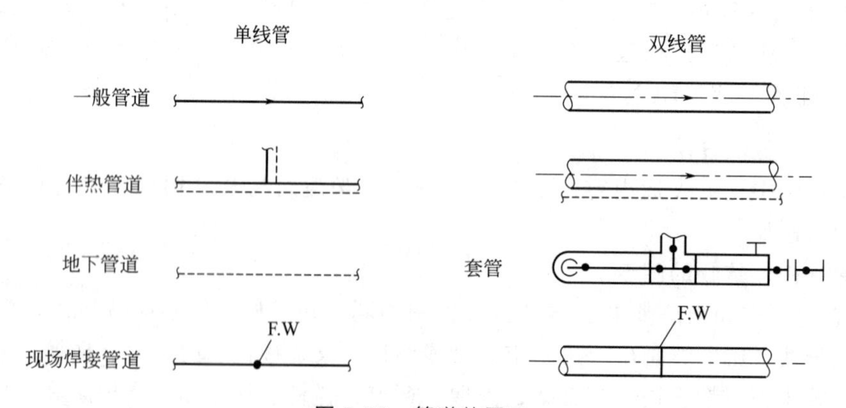

图 7.38 管道的图示

① 应根据工艺流程图，在适当的位置用箭头表示出相应的物流方向，双线管道箭头画在管道的中心轴线上。

② 用细实线按 HG/T 20519—2009 规定的图例（见附录 4），按比例画出双线管道及管

道上的阀门、管件（包括弯头、三通、法兰、异径管、软管接头等管道连接件）、管道附件和特殊管件等。管件及阀门等的主要结构参数见附录8。

③ 管道公称直径≤200mm或8in的弯头，可用直角表示，双线管用圆弧弯头表示。

④ 管道连接方式的图示如图7.39。由于化工生产企业的管道连接方式较为固定，一般工艺管道大都属法兰连接，高压管线采用焊接，陶瓷管、铸铁管、水泥管采用承插连接，上下水管采用螺纹连接，所以无特殊必要时管道连接方式往往在图上不表示，而用文字在有关资料中加以说明。

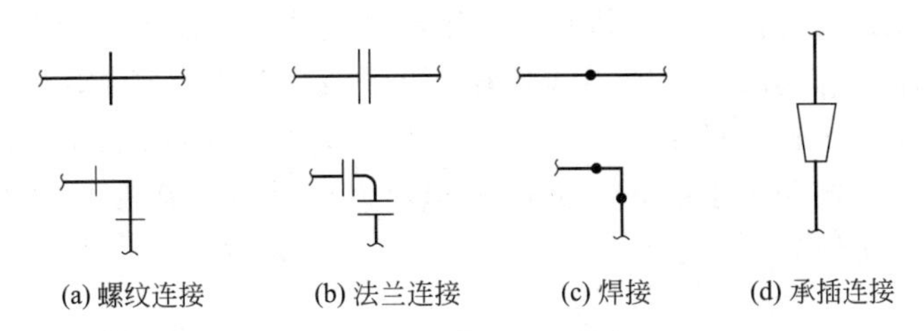

图7.39 管道连接方式的图示

⑤ 管道转折的画法。向下90°弯折的管道，画法如图7.40(a)所示；向上弯折90°的管道，画法如图7.40(b)所示；大于90°角的弯折管道，画法如图7.40(c)所示。

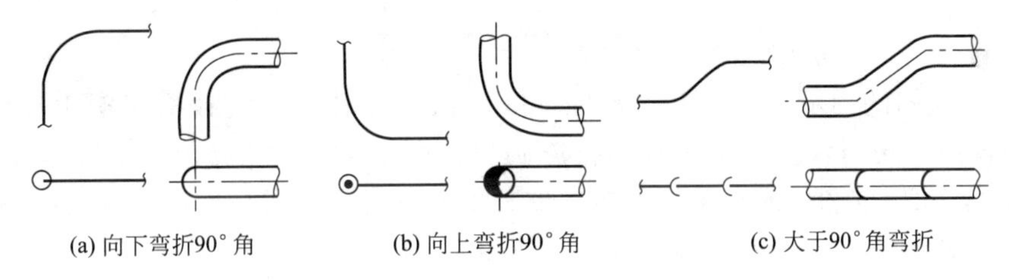

图7.40 管道转折的画法

⑥ 当管道投影重叠时，应将上面（或前面）管道的投影断裂表示，下面（或后面）管道的投影则画至重影处稍留间隙断开，也可在管道投影断开处注上a、a和b、b等小写字母或管道代号，以便区别，如图7.41(a)所示。如管道转折后投影发生重叠，则下面管子画至重影处稍留间隙断开，如图7.41(b)所示。

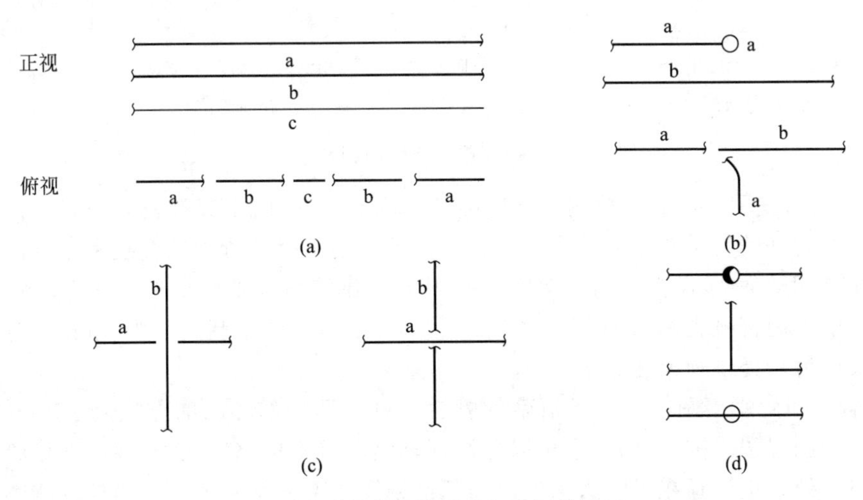

图7.41 管道投影重叠与交叉的图示

⑦ 当管道交叉与投影重合时，其画法可以把下面被遮盖部分的投影断开，也可以把上面管道的投影断裂表示，如图 7.41(c) 所示。若遇到管道需要分出支路，一般采用三通等管件连接。垂直管道在上时，管口用一带月牙形剖面符号的细线圆表示；垂直管道在下时，用一细线圆表示即可。其简化画法，如图 7.41(d) 所示。

⑧ 对工艺上要求安装的分析取样接口，需画至根部阀（位置最低的阀门），并标注相应符号，如图 7.42(a) 所示，图中长方框尺寸为 18mm×5mm。放空管、排液管的图示如图 7.42(b)、(c) 所示。所有管道的最高点应设放空，最低点应设排液管。对于液体高点的放空、排液应装阀门及螺纹管帽，而气体管道的排液也应装阀门及螺纹管帽。用于压力试验的放空管仅装螺纹管帽。排液阀门的尺寸应不小于以下值：公称直径 $DN\leqslant40$mm 的管道，排液阀门 $DN\geqslant15$mm；公称直径 $DN\geqslant50$mm 的管道，排液阀门 $DN\geqslant20$mm；公称直径 $DN\geqslant250$mm的管道，排液阀门 $DN\geqslant25$mm。但易燃、易爆、有毒的气体放空前，必须先经安全处理后，方可实施放空。

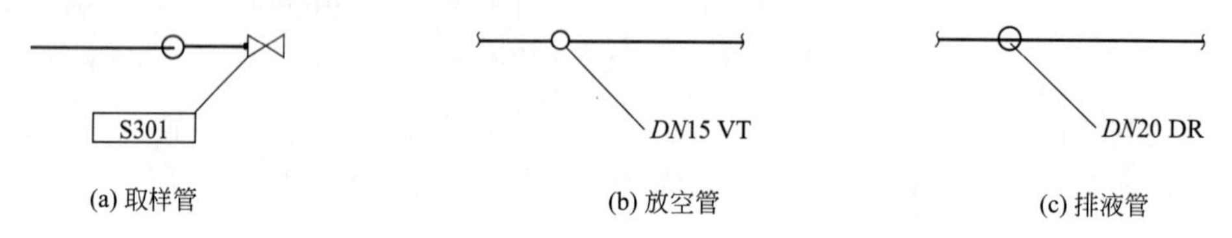

图 7.42 取样管、放空管、排液管的图示

⑨ 管件、阀门的图示。管道上的管件、阀门以正投影原理大致按比例用细实线画出，对于常用的管件、阀门，通常不按真实投影画出，而按 HG/T 20549—2009 规定的图例绘制，见附录 4，无标准图例时可采用简单图形画出外形轮廓。同心异径管接头和偏心异径管接头的画法如图 7.43(a) 所示。阀门画法，如图 7.43(b) 所示。

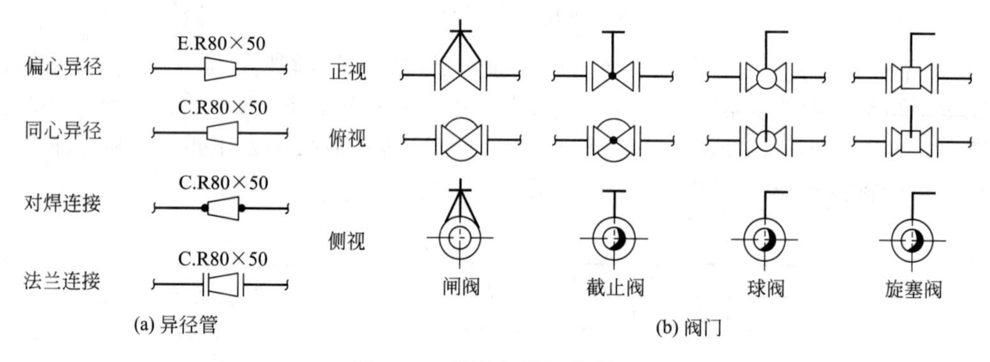

图 7.43 管件与阀门的图示

⑩ 在管道布置图上仪表与检测元件用细实线画 $\phi10$mm 的小圆圈表示，圈内按仪表管道流程图中检测元件的符号和编号填写，并在检测元件的平面位置用细实线和小圆圈连接。

⑪ 管道常用各种形式的标准管架安装并固定在建筑物（或特定支架）上，管架的位置只需在平面图上用符号表示出来，其画法如图 7.44 所示，图中圆直径为 5mm。对于非标准的特殊管架应另行提供管架图。

⑫ 在管道布置平面图中表示不清楚的管道，可采用局部详图的方式表示。该详图可以是局部放大的剖视图（按比例），也可以是局部轴测图（不按比例）。局部详图可绘制在图边界线外的空白处，也可画在另一张图上。局部剖视图用剖视符号表示，局部轴测图用标识符号表示，如图 7.45 所示。

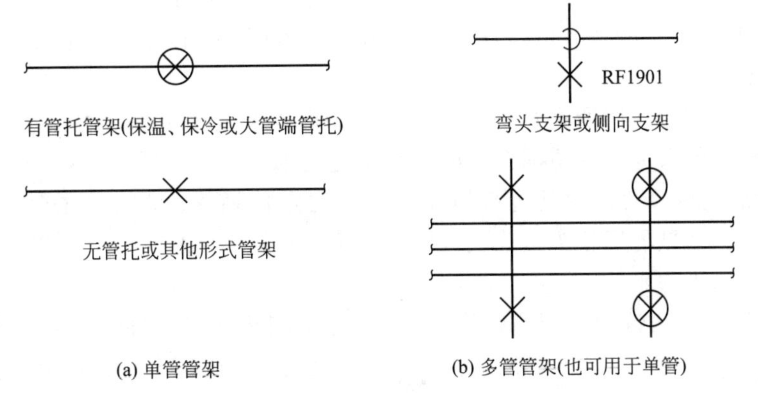

(a) 单管管架　　(b) 多管管架(也可用于单管)

图 7.44　管架图示

7.9.2.4　管道布置图的标注

(1) 建（构）筑物的标注

建筑物在管道布置图中常被用作管道布置的定位基准，因此，在各视图中均应注出建筑物定位轴线的编号及各定位轴线的间距尺寸，标注方式与设备布置图相同。

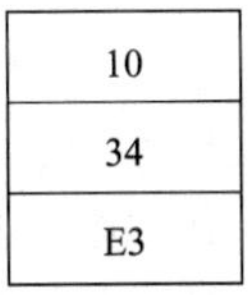

标注建（构）筑物地面、楼面、平台面，以及吊车的标高。

标注电缆托架，电缆沟，仪表电缆槽、架的宽度和底面标高以及就地电气、仪表控制盘的定位尺寸。

标注吊车梁定位尺寸、梁底标高、荷载或起重能力。

对管廊应标注柱距尺寸及各层顶面标高。

10
34
E3

图 7.45　详图标识

10—详图编号；34—详图所在图的图纸尾号；E3—详图所在图的网格号

方框尺寸为 12mm×5mm；字高 3mm

(2) 设备的标注

① 按设备布置图，标注所有设备的定位尺寸、基础面标高；对于卧式设备还需注出设备支架位置尺寸；对泵、压缩机、透平机及其他机械设备应按产品样本提供的图纸标注管口定位尺寸（或角度）、底盘底面标高或中心线标高。

② 按设备图用 5mm×5mm 的小方形框，标注与设备图相同的管口（包括需要标示的仪表接口和备用管口）符号、管口方位（或角度）、底部或顶部管口法兰标高、侧面管口的中心线标高和斜接管口的工作点标高等，如图 7.46 所示。

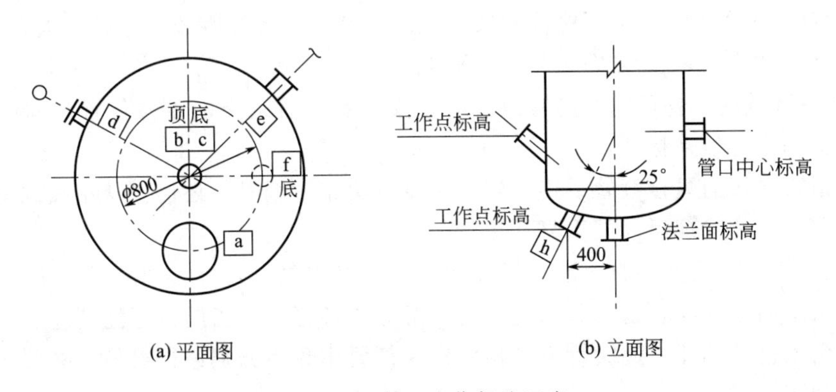

(a) 平面图　　(b) 立面图

图 7.46　管口方位标注示意

③ 在设备中心线的上方标注与工艺流程图一致的设备位号，下方标注设备支撑点的标

高（如 POS EL××.×××）或设备主轴中心线的标高（如℄ EL××.×××）或支架架顶标高（如 TOS EL××.×××）。剖视图上的设备位号可注在设备近侧或设备内。

（3）管道的标注

在管道布置图中应注出所有管道的定位尺寸、标高及管段编号，并以平面布置图为主，标注所有管道的定位尺寸。管道的标注应符合下述要求。

① 标注管道定位尺寸，均以建筑物或构筑物的定位轴线、设备中心线、设备支撑点、设备管口中心线、区域界线作为基准进行标注。平面布置图定位尺寸一律以毫米为单位，剖面图中的标高则以米为单位。

② 应按管道及仪表流程图相同的标注代号，在图中所有管道的上方标注介质代号、管道编号、公称直径、管道等级和绝热方式（有关规定见管道及仪表流程图的画法）、流向，在管道下方标注管道标高，以管道中心线为基准时，只需标注“EL×.×××”字样，如图 7.47(a) 所示；若以管底为基准时，则应在标注的管道标高前加注管底标高的代号“BOP”，如图 7.47(b) 所示。

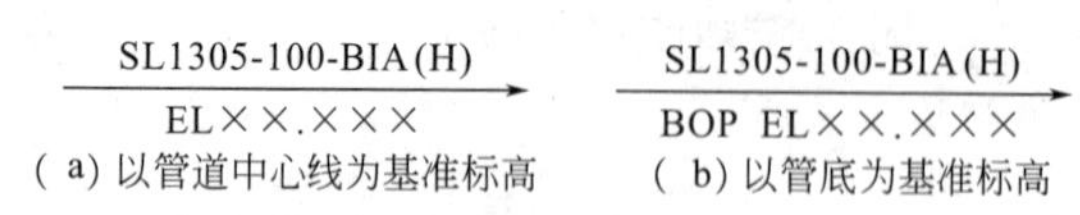

图 7.47 管道的标注

③ 对安装坡度有严格要求的管道，应在管道上方画出细线箭头指出坡向，并写上坡度数字和代号“i”。当管道倾斜时，应标注工作点的标高字样“WP EL×××.×××”，并把尺寸线指向可以定位的地方，如图 7.48 所示。

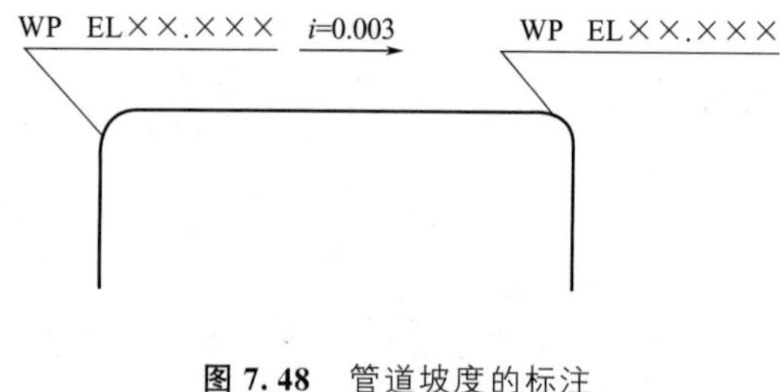

图 7.48 管道坡度的标注

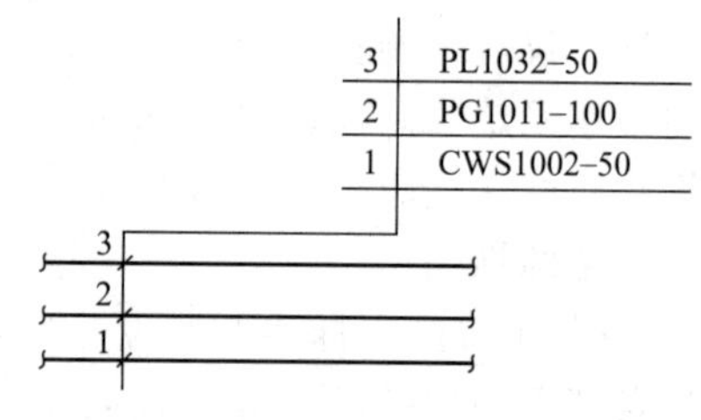

图 7.49 管道号的引出标注

④ 异径管应标注前后端管子的公称直径，如“DN80/50”或“DN80×50”。水平管道的异径管应以大端定位，螺纹管件或承插焊管件可以任一端定位。

⑤ 非 90°的弯管和非 90°的支管连接，应标注角度。

⑥ 在管道布置图上，一般不标注管段的长度尺寸，只标注管子、管件、阀门、过滤器、限流孔板等元件的中心定位或以一端法兰面定位。

⑦ 在同一区域内，管道的方向有改变时，支管和在管道上的管件位置尺寸应按设备管口或邻近管道的中心线来标注。

当有管道跨区域通过接续管线连接到另一张管道布置图时，还需要从接续线上定位，只有在这一情况下，才发现尺寸的重复。

⑧ 为了避免在间隔很小的管道之间标注管道号和标高而缩小字样的书写尺寸，允许用附加线在图纸空白处标注管道号和标高，此线可穿越各管道并指向被标注的管道，也可以几条管道一起引出进行标注，此时管道与相应标注都要用数字分别进行编号，必要时指引线还可以转折，如图 7.49 所示。

⑨ 带有角度的偏置管和支管，只在水平方向标注线性尺寸，不标注角度尺寸。

⑩ 有特殊要求的管道定位尺寸及标高，如液封高度、不得有袋形弯的管道标高等应标

注相应尺寸、文字或符号。

⑪ 标注仪表控制点的符号及定位尺寸。对于安全阀、疏水阀、分析取样点、特殊管件有标记时，应在 ϕ10mm 圆内标注它们的符号。

⑫ 按比例画出人孔、楼面开孔、吊柱（其中用双细实线表示吊柱的长度，用点划线表示吊柱活动范围），不需标注定位尺寸。

⑬ 当管道材料与等级有变化时，均应按管道及仪表流程图的标示在图中逐一标注。

(4) 管架的标注

在管道布置图中，需标注管架号及定位尺寸，水平向管道的支架标注定位尺寸，垂直向管道的支架标注支架顶面或支承面（如平台面、楼板面、梁顶面）的标高。管架编号标注在图中管架符号的附近，或引出标注。

每个管架都有一个独立的管架号。管架的编号由五个部分组成，管架的区号，通常用一位数字表示，管道布置图的尾号也以一位数字表示，而管架序号的编写从“01”号开始，以两位数字表示。管架的编号应按管架类别与生根部位的结构分别编排，如图 7.50 所示。

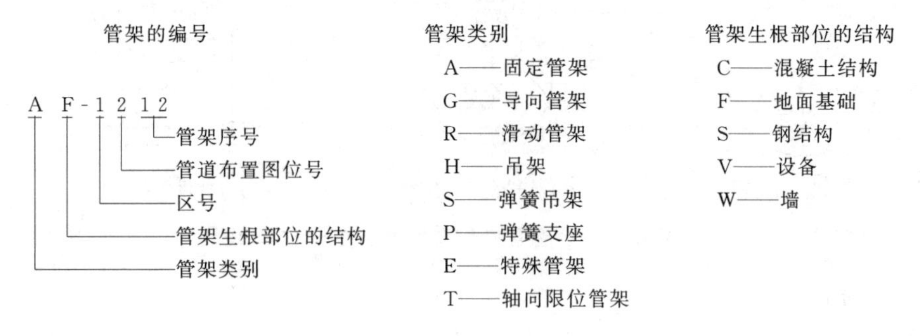

图 7.50 管架的编号方式

管廊及外管上的通用型托架，仅标注导向管架和固定管架的编号，凡未注编号，仅绘制了管架图例者均为滑动管托。管廊及外管上的通用型托架编号均省去区号和布置图尾号，余下两位数字的序号表示的是：GS-01 在钢结构上的无管托导向管架；GS-11 在钢结构上的有管托导向管架；AS-01 在钢结构上的无管托固定管架；AS-11 在钢结构上的有管托固定管架。

非通用型支架或托架类以外的标准管架，或加高、加长的管托仍需标注区号和布置图尾号。在管道布置图中标注管架编号时，应注意与管架表中填写的编号保持一致。

7.9.2.5 其他

(1) 管口表

管口表在管道布置图的右上角，填写该管道布置图中设备管口。管口表的格式见表 7.17。

管口符号应与本布置图中设备上标注的符号一致。密封面型式同垫片密封代号；RF—突面；MF—凹凸面；TG—榫槽面；FF—全平面。法兰标准号中可不写年号。长度一般为设备的轴向中心线至管口端面的距离，如图 7.51 中的“*L*”所示。管口的水平角度按方位标为基准标注，管口垂直角度最大为 180°，即向上规定为 0°，向下为 180°，水平管口为 90°，凡是在管口表中能注明管口方位的，平面图上可不标注管口方位。各管口的坐标指管口端面的坐标，均以该图的基准点为基准标注。

表 7.17　管口表

设备位号	管口符号	公称直径 DN/mm	公称压力 PN/MPa	密封面形式	连接法兰标准号	长度/mm	标高/m	方位水平角/(°)
T1304	a	65	1.0	RF	HG20592		4.100	
	b	100	1.0	RF	HG20592	400	3.800	180
	c	50	1.0	RF	HG20592	400	1.700	
V1301	a	50	1.0	RF	HG20592		1.700	180
	b	65	1.0	RF	HG20592	800	0.400	135
	c	65	1.0	RF	HG20592		1.700	120
	d	50	1.0	RF	HG20592		1.700	270

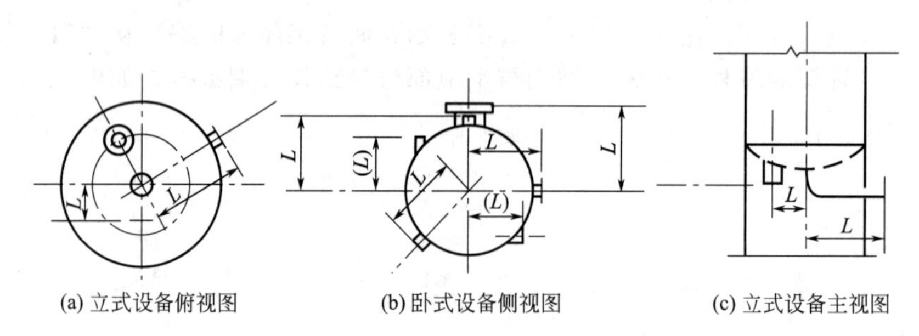

(a) 立式设备俯视图　(b) 卧式设备侧视图　(c) 立式设备主视图

图 7.51　设备管口长度的表示方法

(2) 安装方位标

在底层平面所在图纸右上角，应画出与设备布置图方位基准一致的方位标，以用作管道布置安装时定位的基准。

(3) 标题栏和修改栏

注写图名、图号、比例、设计阶段等。

7.9.3　管道布置图的绘制

管道布置图的绘制是以管道及仪表流程图、设备布置图、化工设备图，以及土建、自动控制、电气仪表等相关专业图样和技术资料作为依据，对所需管道做出适合工艺操作要求的合理布置与设计后所绘制的，在施工图设计阶段进行。其绘制步骤与设备布置图大体相似。

(1) 概括了解

① 了解厂房大小、层次高低与建筑物、构筑物的结构。

② 了解设备名称、数量与管口方位以及在厂房内的布置情况。

③ 了解管道与管道以及管道与设备之间的连接关系和物流走向。

④ 了解车间内与管道布置相关的自动控制、电气仪表等的分布情况。

(2) 管道平面布置图的绘制

① 用 CAD 软件进行绘制，首先选择或建立一个规范的管道布置图模板，最好拷贝一个正规设计院所做的电子图纸，设置好图层、线形、线宽，这样可以大大提高设计效率，同时绘制的图纸更规范。

② 确定管道布置图的分区范围与边界位置，将界区内的车间设备布置平面图（按 1∶1 绘制），全部拷贝过来，文字及标注要根据出图比例进行调整，设备轮廓线重新设置为细

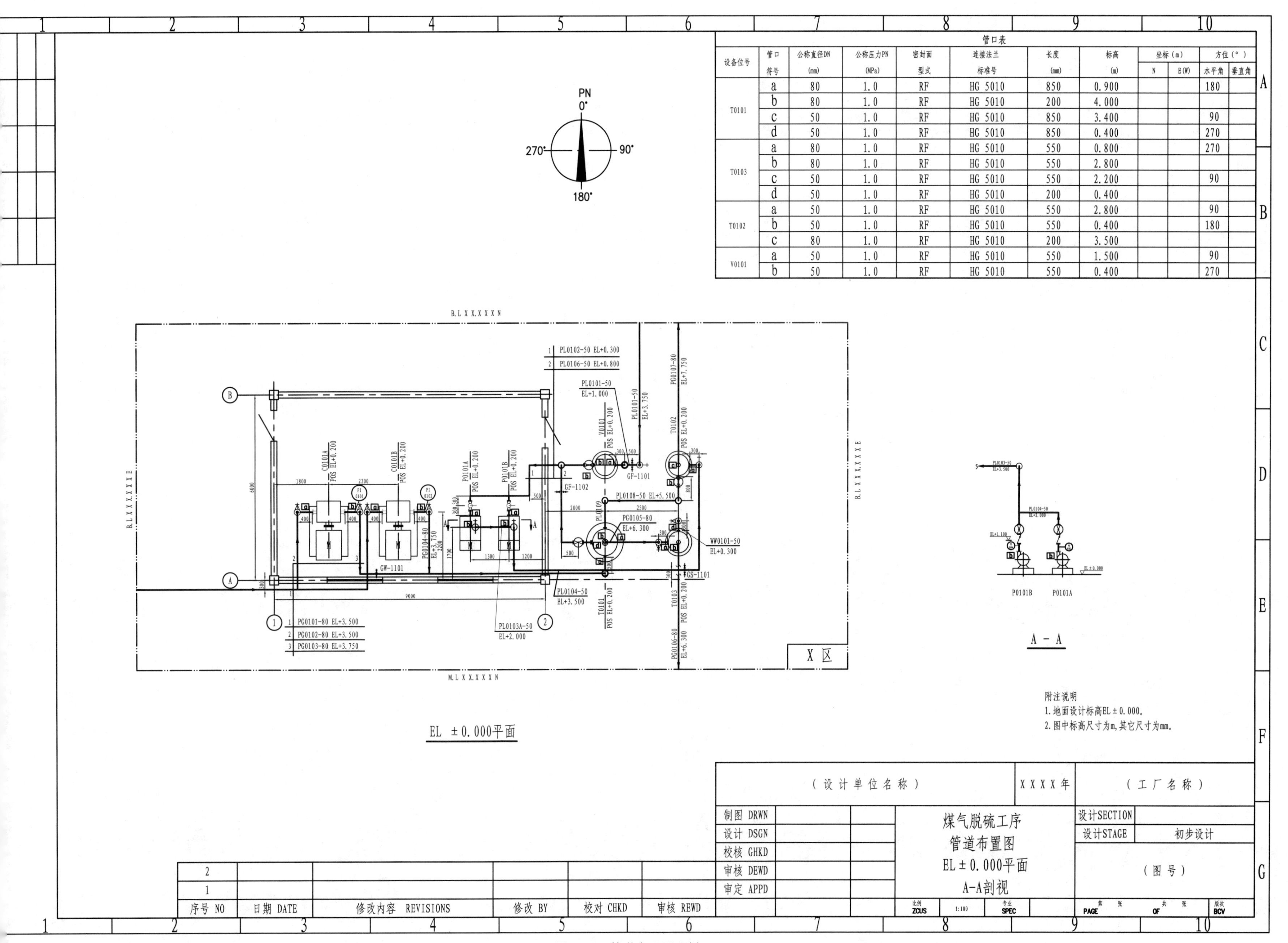

管口表
设备位号 管口符号 公称直径DN(mm) 公称压力PN(MPa) 密封面型式 连接法兰标准号 长度(mm) 标高(m) 坐标(m) N E(W) 方位(°) 水平角 垂直角
T0101 a 80 1.0 RF HG 5010 850 0.900 180
b 80 1.0 RF HG 5010 200 4.000
c 50 1.0 RF HG 5010 850 3.400 90
d 50 1.0 RF HG 5010 850 0.400 270
T0103 a 80 1.0 RF HG 5010 550 0.800 270
b 80 1.0 RF HG 5010 550 2.800
c 50 1.0 RF HG 5010 550 2.200 90
d 50 1.0 RF HG 5010 200 0.400
T0102 a 50 1.0 RF HG 5010 550 2.800 90
b 50 1.0 RF HG 5010 550 0.400 180
c 80 1.0 RF HG 5010 200 3.500
V0101 a 50 1.0 RF HG 5010 550 1.500 90
b 50 1.0 RF HG 5010 550 0.400 270
PN
0°
90°
180°
270°
B.L X X.X X X N
M.L X X.X X X N
B.L X X.X X X E
PL0102-50 EL+0.300
PL0106-50 EL+0.800
PL0101-50 EL+1.000
PL0101-50 EL+3.750
PG0107-80 EL+7.750
PL0108-50 EL+5.500
PG0105-80 EL+6.300
WW0101-50 EL+0.300
GF-1101
GF-1102
GW-1101
GS-1101
PL0104-50 EL+3.500
PL0103A-50 EL+2.000
PG0106-80 EL+6.300
PG0101-80 EL+3.500
PG0102-80 EL+3.500
PG0103-80 EL+3.750
C0101A POS EL+0.200
C0101B POS EL+0.200
P0101A POS EL+0.200
P0101B POS EL+0.200
V0101 POS EL+0.200
T0101 POS EL+0.200
T0102 POS EL+0.200
T0103 POS EL+0.200
PG0104-80 EL+3.750
X 区
EL ±0.000平面
P0101B
P0101A
A - A
附注说明
1. 地面设计标高EL±0.000。
2. 图中标高尺寸为m,其它尺寸为mm。
（设计单位名称）
XXXX年
（工厂名称）
制图 DRWN
设计 DSGN
校核 GHKD
审核 DEWD
审定 APPD
煤气脱硫工序
管道布置图
EL±0.000平面
A-A剖视
设计SECTION
设计STAGE 初步设计
（图号）
序号 NO
日期 DATE
修改内容 REVISIONS
修改 BY
校对 CHKD
审核 REWD
比例 ZCUS 1:100
专业 SPEC
第 张 PAGE
共 张 OF
版次 BCV

图 7.52 管道布置图示例

实线。

③ 在管道层，用粗实线按流程循序，先绘制主要管道。绘制时主要考虑生产工艺需要，符合前述讲的管道布置要求及原则，流程顺畅，操作方便，管道支承点等。在主要管道布置满意后，再逐步绘制辅助管道。

④ 绘制阀门、法兰、管件、仪表、管架。

⑤ 按出图比例放大所需的图框，将所绘制的图形装入大小合适的图框中，绘制管口表及标题栏。

⑥ 设置标注比例及文字字号，完成尺寸标注及文字标注。

⑦ 绘制方位标，注写必要的说明，填写标题栏。

⑧ 绘制剖视图。

⑨ 根据平面图绘制主剖视图，表达不清的，加绘其他剖视图。

⑩ 检查、校核，最后完成图样，示例如图 7.52 所示，据此二维图，用 AutoCAD Plant 3D 软件制作的三维图如图 7.53 所示。

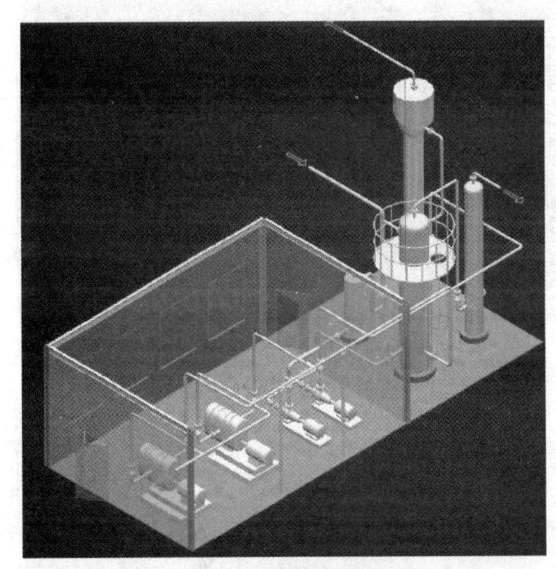

(a) 西南等轴测视图

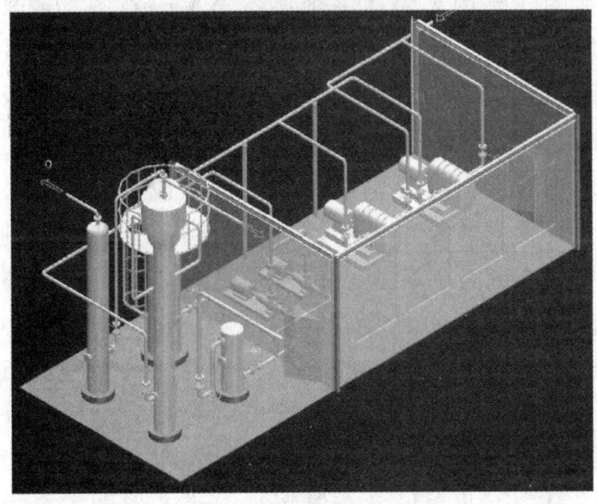

(b) 东北等轴测视图

图 7.53

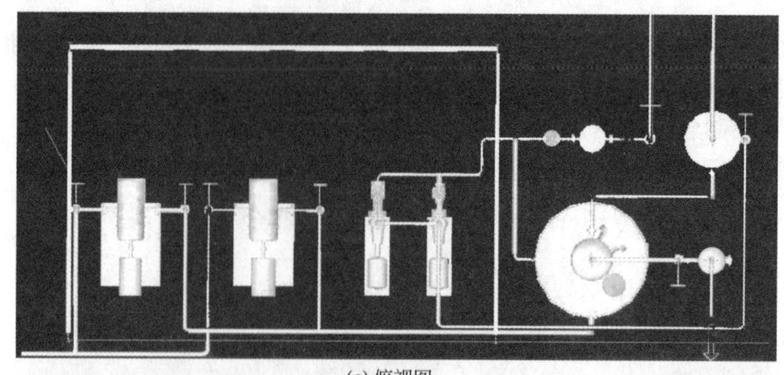

(c) 俯视图

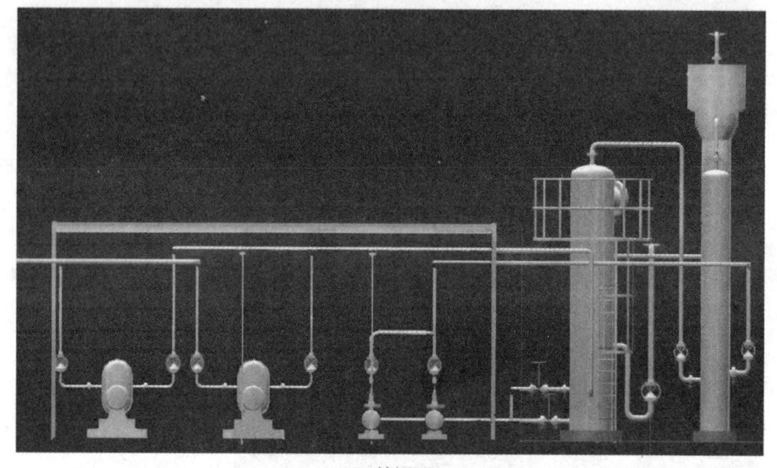

(d) 前视图

图 7.53　三维效果图示例

7.10　管道轴测图

管道轴测图也叫管段图、空视图，是用来表达一个设备至另一设备、或某区间一段管道的空间走向，以及管道上所附管件、阀门、仪表控制点等具体安装布置情况的立体图样。这种管道轴测图是按轴测投影原理绘制的，图样立体感强，便于识读，有利于管段的预制和安装施工，如图 7.53 所示。但这种图样由于要求表达的内容十分详细，所能表达的范围较小，仅限于一段管道，它反映的只是个别局部。若要了解整套装置（或整个车间）设备与管道安装布置的全貌，还需要有反映整套装置（或整个车间）设备与管道安装布置的全貌的管道平面布置图、立面剖视图或设计模型与之配合。模型设计就是把整套装置（或整个车间）的所有化工设备和建（构）筑物，根据工艺设计的要求与计算结果，按一定比例（通常采用 1∶20 或 1∶50）做成实物模型装配起来，再配置相应的管道模型的一种新型施工方案设计的方法。设计模型除能提供整套装置（或整个车间）设备与管道安装布置的全貌外，还可直观地反映装置设备、管道与建（构）筑物之间的各种复杂装配关系，可以避免发生在图纸上不易发觉的管道相碰等布置不合理的情况，因此，设备布置图、管道布置图配合模型设计（特别是大、中型工程项目）的施工图设计方法，将是今后发展的必然趋势。

7.10.1 管道轴测图要求的图示内容

管道轴测图的图幅为A3，宜使用带材料表的专用图纸绘制。其图示内容如下。

① 图形。按正等轴测投影原理绘制的管道及其所附管件、阀门等的图形与符号。

② 尺寸及标注。管道编号、管道所连设备的位号以及管口序号和安装尺寸等。

③ 方向标。

④ 技术要求。预制管段处理、试压等要求。

⑤ 材料表。预制管段所需的材料名称、尺寸、规格、数量等。

⑥ 标题栏。

7.10.2 管道轴测图的图示方法

管道轴测图一般采用正等测投影绘制，可不按比例，根据具体情况定，但位置要合理整齐，图面要均匀美观，即各种阀门、管件的大小及在管道中的位置、相对比例要协调，如图7.54所示。管道的走向需根据方向标的规定安排，该方向标与管道布置图上的方向标的北向应当保持一致。在一般情况下，$DN \leqslant 50$mm的中、低压碳钢管道和$DN \leqslant 20$mm的中、低压不锈钢管道以及$DN \leqslant 6$mm的高压管道可不绘制管道轴测图。若同一管道有两种管径，或带有控制阀组、排液管、放空管、取样管等管件的，应随大管绘制相连的小管。当管道布置图中对某些管件的安装位置无法表达清楚，或带有扩大的孔板直管段时，也应另行绘制管道轴测图，对于不绘制管道轴测图的管道，应按HG 20519—2009所规定的格式编写管段表，格式如表7.20所示。管道轴测图应在专用的三角形坐标纸上绘制，图中常附有材料表，以便对管道轴测图中的管子、各种管件和其他标准件给出详细的选用参数。

(1) 管段的图示

① 管道一律用粗实线单线绘制，并在适当的位置画出表示物料流向的箭头，但管道长度不一定按比例绘制，可根据具体情况而定，但应使图面的布置合理、匀称。管道号和管径注在管道的上方，水平向管道的标高“EL”注在管道下方，不需注管道号和管径仅需注标高时，标高可注在管道下方或上方。

② 管段与设备相接时，设备一般只画出其管口与中心线（不需画外形），可不画设备中心线。管段与其他管道相接时，其他管道也应画出中心线（见图7.54）。

③ 管道轴测图中需表示出管子与管件、阀门的连接方式。

④ 在管道轴测图中的弯管，应画成圆角，并标注弯曲半径。标准弯头，$R \leqslant 1.5D$的无缝或冲压弯头可画成直角，并标注焊缝。

⑤ 管段中一些与坐标轴不平行的斜管，可用细实线的矩形框（或长方体）来标注管道的二维或三维坐标，以表示该管子所在的空间位置，如图7.54所示。

⑥ 管道连接方式的图示与管道布置图相同。

⑦ 在碳钢管道的轴测图中不得包括合金钢或要进行冲击试验的碳钢管段。反之也一样。相同材料的短支管、管件和阀门，即使它们的管道号和总管不同，凡直接连接在总管上的，均应在总管所在的轴测图中画出，而对于那些长的并多次改变走向的支管，则应单独绘制管道轴测图。

⑧ 管道从一个区到另一个区，在交界处以细点划线画出分界线，并在线外侧注出延续部分所在管道布置平面图的图号（不是轴测图图号），如图7.55所示。若管道需横穿主项边界，边界线应以细点划线画出，并在其外侧标注“B. L”字样，如图7.55所示。

管段号	起止点		管道等级	设计压力/MPa	设计温度/℃	管子			法兰						垫片(*PN*、*DN*同法兰)				螺柱、螺母						隔热与防腐		试压介质
	起点	终点				名称及规格	材料	数量	*PN*	*DN*	密封形式	材料	数量	标准号或图号	代号	厚度	密封代号	数量	螺柱材料	螺母材料	所连接法兰 *PN*	所连接法兰 *DN*	连接套数	特殊长度	隔热代号	是否防腐	

	管段号	名称及规格	材料	数量	标准号或图号
阀门					
管件					

	管段号	件号	名称及规格	材料	数量	标准号或图号
特殊件						

管段号	应力消除	清洗	对焊坡口形式	检验等级	所在管道布置图图号

		工程名称：	
制图		设计项目：	
设计			
校核	年	区号	版次

图 7.54 管道轴测图示例

⑨ 比较复杂的管道，应分成两张或两张以上的轴测图绘制，通常以支管连接点、法兰、焊缝为分界点，在界外的管道延续部分可用虚线画出一小段，并标注管道号、管径及轴测图图号，但不要注多余的重复数据，避免在今后的修改过程中发生错误。如是同一管道在同区内跨越两张布置图而其轴测图又绘制在一起时，可在图中用一细点划线画出交接点，分别在线的两侧均标注相应布置图的图号，但不给定位尺寸，如图 7.55 所示。

⑩ 要表示出管道穿过的墙、楼板、屋顶、平台。对于墙要注出它与管道的关系尺寸；对于楼板、屋顶、平台，则注出它们各自的标高，如图 7.56 表示。

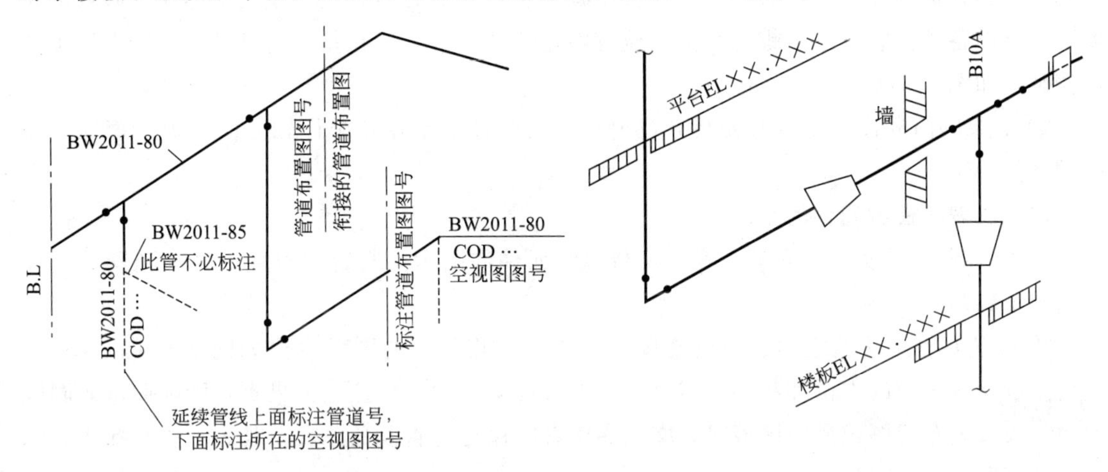

图 7.55 跨区、跨图与延续管道的图示　　**图 7.56** 管段穿越楼板、平台和墙面的图示

⑪ 在管道轴测图中应表示出在工艺流程图和其他补充要求的全部管道等级的分界点，并在分界点的两侧标注管道等级。异径管需分两张空视图图示时，异径管应画在大管径的空视图中，在小管径的空视图中以虚线表示该异径管。

⑫ 在管道上的偏心异径管，需标注异径管两端管道的中心线标高“EL”，也可标注“FOB”或“FOT”等字样，如图 7.57(a) 所示。在管道不同隔热要求的分界处，需用细点划线给出隔热分界，并在分界线两侧标注各自不同的隔热要求。一般情况下，对于气体管道如果是不隔热与隔热管道相连，应选择最靠近隔热管道的阀门或设备（或其他附件）处作为分界点，而不隔热与隔热的液体管道相连时，应选择距离热管道 1000mm 或第一个阀门处两者中的最近处作为分界，如图 7.57(b) 所示。

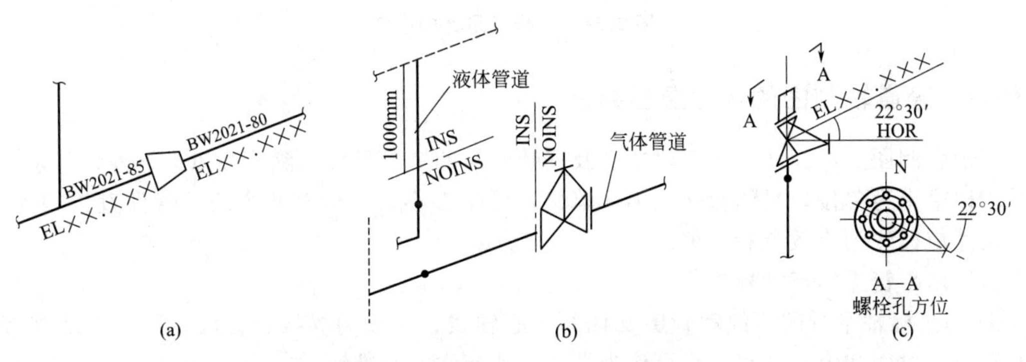

图 7.57 螺栓孔方位与特殊管件的表示

⑬ 若轴测图甲的管子与轴测图乙的阀门相接，在轴测图甲中可用虚线表示阀门，而阀门的手轮和阀杆可不必表示。如果阀门的连接法兰有安装方位要求，或阀杆不是在正坐标轴

方向，还必须在轴测图甲、轴测图乙中均标注阀杆的方位。

(2) 管件、法兰和阀门的图示

① 管件（弯头、三通除外）、法兰和阀门的图示，都应按大致比例以细实线按规定的图例画出，并应画出阀杆与手轮。在管道轴测图中，阀门手轮画一与管道平行的短线表示，阀杆中心按设计方向画出。法兰均以短线表示，平行于 X 轴管道上的法兰应与 Z 轴平行，平行于 Y 轴与 Z 轴管道上的法兰，均应与 X 轴平行。所有用法兰、螺纹、承插焊和对焊连接的阀门的阀杆应标注其安装方位，若阀杆不是在正坐标轴方向，还必须明确标注出阀杆的角度。如果设备外接管口法兰螺栓孔的方位有特定安装要求，应在相应的管道空视图中详细表示清楚，如图 7.57(c) 所示。

② 如果阀门的连接法兰有安装方位要求，或阀杆不是在正坐标轴方向，则必须标注阀杆的方位。

(3) 仪表与检测元件的图示

① 压力表、温度表、流量计等仪表与检测元件的图示，与管道布置图要求相同，按标准图例绘制。

② 安装在管道法兰之间的孔板流量计（或限流孔板）的图示方法如图 7.58(a) 所示。孔板流量计测压管的方位和相应所需直管段的长度均应加以标注。如果直管段延伸进入同区的另一张管道布置图或另一区域时，必须在两者间保持直管段的总长，其表示法与标注如图 7.58(b) 所示。

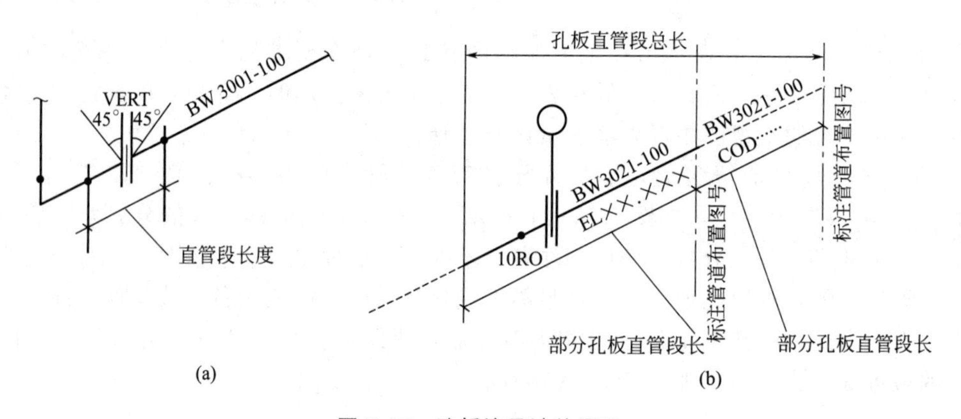

图 7.58 孔板流量计的图示

7.10.3 管道轴测图的尺寸及其标注

管道轴测图上应标注满足管段预制及安装所需的全部尺寸。除标高以米计外，其余所有尺寸均以毫米为单位，只注数字，不注单位，可略去小数。若有几个高压管件直接相连时，其总尺寸应标注到小数点后一位。

(1) 水平管道的尺寸标注

① 与坐标轴平行的管线和管廊支柱的中心轴线、主项边界线、分区界线，以及连接设备的管口密封面和中心轴线，均可作为管道尺寸标注的基准线。

② 标注的尺寸线应与管道平行，尺寸界线应为垂直线。

③ 从所定基准线到等径支管、管道改变走向处、图形的接续分界线等处的尺寸。所选

基准点应与管道布置图中的一致，以便于校核。

④ 从最邻近的基准线到各个独立的管道元件如孔板法兰、异径管、拆卸用法兰和仪表接口、不等径支管的尺寸标注如图 7.59 所示，不允许标注封闭尺寸。

⑤ 对倾斜 45°的偏置管，应标注偏置角度和一个偏移尺寸；非 45°的平面偏置管，应标注两个偏移尺寸而不注偏置角度；对三维立体的偏置管，则需画出三个坐标轴组成的六面体，并标注三维方向的尺寸或标高，以方便视图。若偏置管跨过分区界线时，在邻区应用虚线表示偏置管的延续部分，直至第一次改变走向处或管口为止，以便注出偏置管的完整尺寸，如图 7.60 所示。

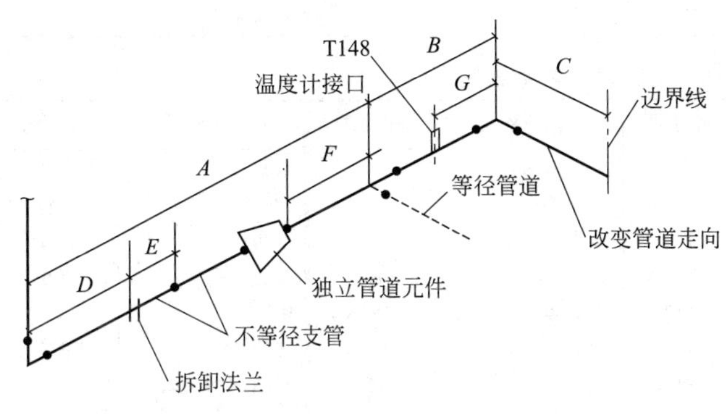

图 7.59 管道轴测图尺寸界线的划分

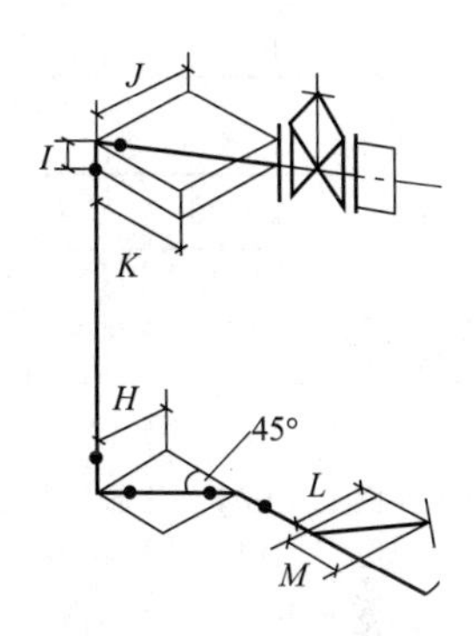

图 7.60 偏置管的尺寸标注

⑥ 为标注管道尺寸的需要，应画出相关的设备中心线（不必画外形），并标注设备位号。与标注管道尺寸无关的设备，可不必画出中心线。

⑦ 标注管道尺寸应注意细节尺寸，如垫片厚度等，不可漏注，以免影响管段预制的准确程度。对于不能准确计算其长度，或由于土建施工、设备安装可能带来较大误差的部分管段尺寸，可注出其参考尺寸，并在尺寸数字前面加注“～”符号，以便与其他尺寸区别，待施工时实测修正。

⑧ 安装在管道上的法兰接头，若只有一个垫片（无论哪种类型），其厚度可不予标注。若需安装多个垫片，或有较高定位要求，需单独标注垫片厚度。

（2）垂直管道的尺寸标注

① 垂直管道一般不标注长度尺寸，而以水平管道的标高“EL”直接标注在相应管道线的下面。

② 安装在垂直管道（或水平管道）上的法兰、孔板、“8”字形盲板（8 字盲板），均需标注包括垫片在内的总厚度尺寸。

（3）管件、阀门的尺寸标注

① 应标注从基准线到阀门或管件法兰端面的距离尺寸。

② 标准阀门和管件的位置是由管件与管件，或管道与管件直接相接的尺寸所决定的，一般不标注它们的定位尺寸，如果涉及管道或支管的位置时应予标注。而对某些调节阀和管道过滤器、分离器等特殊管件，需标注它们两端法兰面之间的尺寸。

③ 螺纹与承插焊连接的阀门，在水平管道上应标注到阀门的中心线，在垂直管道上应标注阀门中心线的标高。

④ 所有短半径无缝弯头、管帽、螺纹法兰、螺纹短管、管接头、堵头与活接头等，必须用规定的缩写词在空视图中加以标注，常用缩写词见表 7.18 和表 7.19。

表 7.18 常用管件名称缩写

管件名称	缩写词	管件名称	缩写词	管件名称	缩写词	管件名称	缩写词
盲板	BLD	管接头	CPLG	异径管	RED	长半径弯头	LRE
堵头	P	弯头	ELL	偏心异径管	F. R.	螺纹短管	TN
管帽	C	活接头	UN	同心异径管	C. R.	螺纹法兰	TF
短管	NIP	法兰	FLG	异径短管	SN	无缝弯头	S. E
三通	T	孔板	ORF	软管接头	HC	总管	HDR
管接头	CPLG	限流孔板	RO	管口	NOZ	垫片	GSKT
吊架	H	导向	G	支架滑动架	RS	定向限位架	DS
控制阀	CONT. V	蝶阀	BV	闸阀	GV	截止阀	GL. V
旋塞阀	PV	针形阀	NV	止回阀	CV	安全泄气阀	SV

表 7.19 常用术语名称缩写

专用名词	缩写词	专用名词	缩写词	专用名词	缩写词	专用名词	缩写词
大约,近似	APPROX	尺寸	DIM	公称直径	DN	公称压力	PN
公称孔径	NB	楼面	FL	底平面	FOP	顶面平	FOT
管件直连	FTF	现场焊	F. M	地面	G. L	管顶	TOP
隔热	INS	不隔热	NO INS	标高,立面	EL	管底	BOP
管道布置平面图	PAP	轴测图	ISO	支撑点	POS	中心线	℄
管道仪表流程图	PID	接续图	COD	常开	N. O	突面	RF
装置边界内侧	IS. B. L	装置区边界	BL	常闭	N. C	凹凸	MF
支架顶面	TOS	法兰面	FLG. F	接续线	M. L.	榫槽	TG

7.11 管架图与管件图

7.11.1 管架图

在管道布置图中采用的管架有两类，即标准管架和非标准管架，无论采用哪一种，均需要提供管架的施工图样。标准管架可套用标准管架图，特殊管架可依据 HG20519.16—92 的要求绘制，其绘制方法与机械制图基本相同。图面上除要求绘制管架的结构总图外，还需编制相应的材料表。

管架的结构总图应完整地表达管架的详细结构与尺寸，以供管架的制造和安装使用。每一种管架都应单独绘制图纸，不同结构的管架图不得分区绘制在同一张图纸上，以便施工时分开使用。图面上表达管架结构的轮廓线以粗实线表示，被支撑的管道以细实线表示。管架图一般采用 A3 或 A4 图幅，比例一般采用 1∶10 或 1∶20，图面上常采用主视图和俯视图结合表达其详细结构，编制明细表说明所需的各种配件，在标题栏中还应标注该管架的代号，必要时，应标注技术要求和施工要求以及采用的相关标准与规范，如图 7.61 所示。

7.11.2 管件图

标准管件一般不需要单独绘制图纸，在管道布置平面图编制相应材料表加以说明即可。非标准的特殊管件，应单独绘制详细的结构图，并要求一种管件绘制一张图纸以供制造和安装使用，图面要求和管架图基本相同，在附注中应说明管件所需的数量、安装的位置和所在图号，以及加工制作的技术要求和所采用的相关标准与规范，如图 7.62 所示。

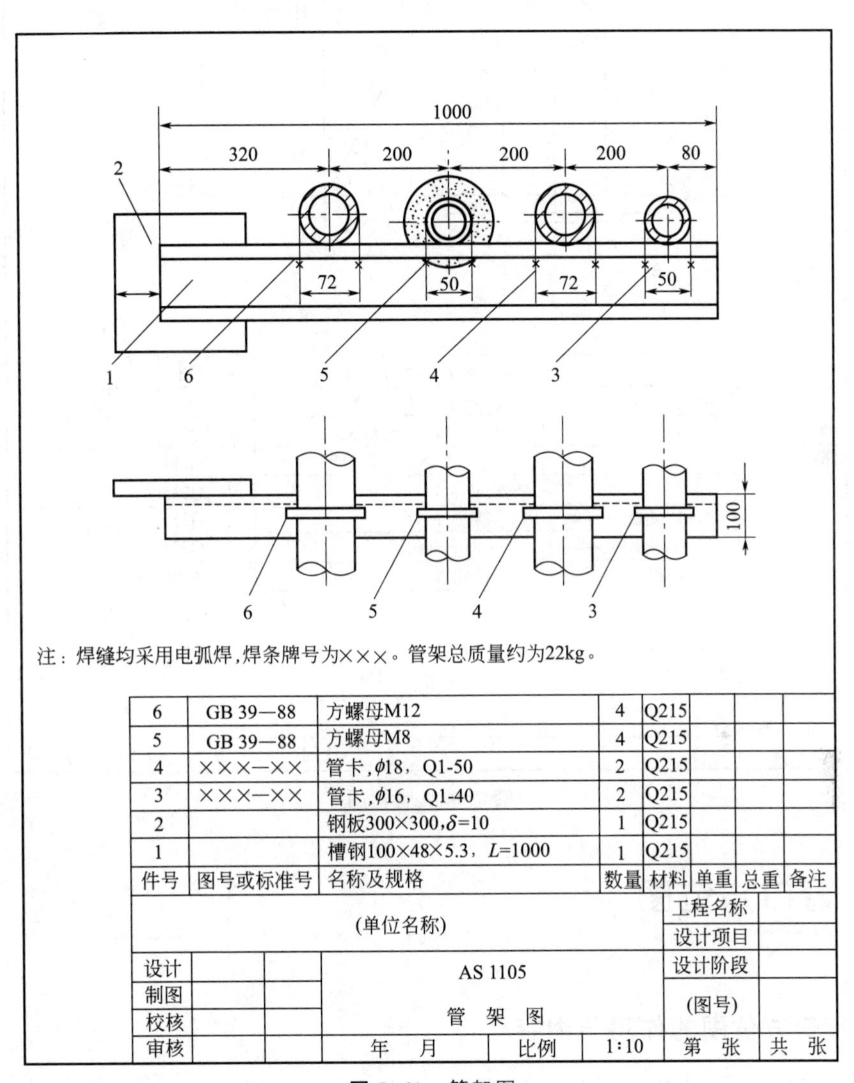

注：焊缝均采用电弧焊,焊条牌号为×××。管架总质量约为22kg。

件号	图号或标准号	名称及规格	数量	材料	单重	总重	备注
6	GB 39—88	方螺母M12	4	Q215			
5	GB 39—88	方螺母M8	4	Q215			
4	×××—××	管卡,ϕ18，Q1-50	2	Q215			
3	×××—××	管卡,ϕ16，Q1-40	2	Q215			
2		钢板300×300,δ=10	1	Q215			
1		槽钢100×48×5.3，L=1000	1	Q215			

(单位名称)				工程名称	
				设计项目	
设计			AS 1105 管 架 图	设计阶段	
制图				(图号)	
校核					
审核			年 月 | 比例 | 1:10	第 张	共 张

图 7.61 管架图

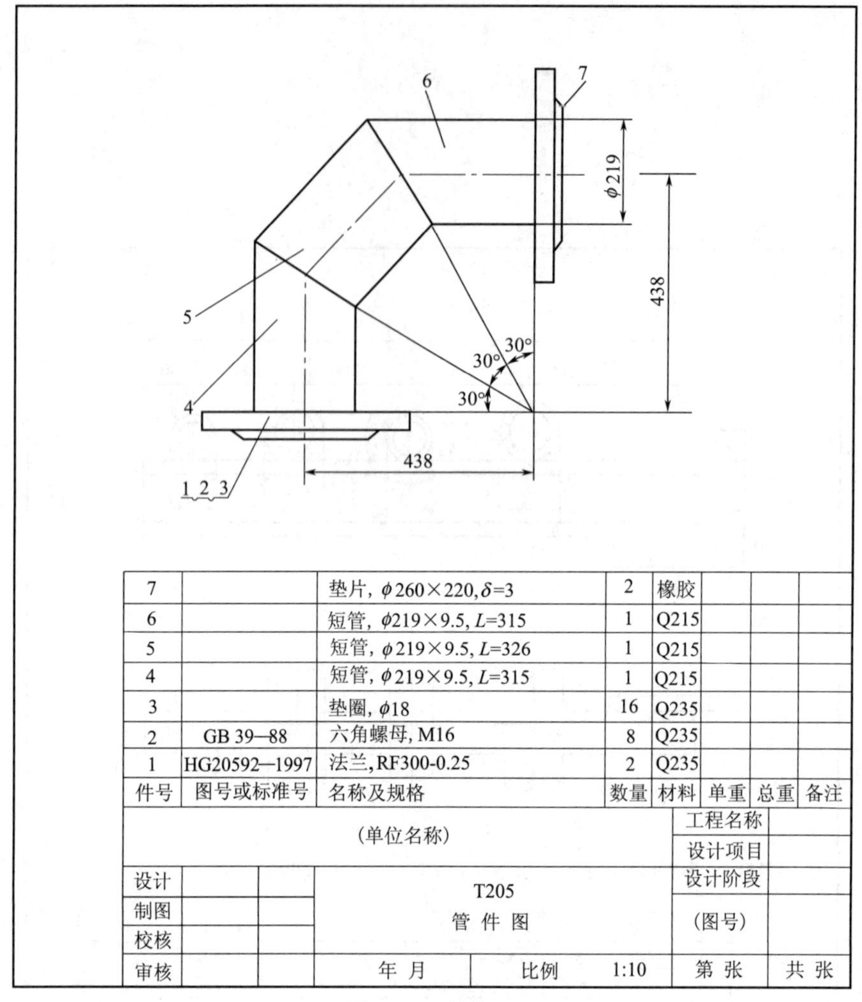

7		垫片，$\phi 260\times220,\delta=3$	2	橡胶			
6		短管，$\phi 219\times9.5, L=315$	1	Q215			
5		短管，$\phi 219\times9.5, L=326$	1	Q215			
4		短管，$\phi 219\times9.5, L=315$	1	Q215			
3		垫圈，$\phi 18$	16	Q235			
2	GB 39—88	六角螺母，M16	8	Q235			
1	HG20592—1997	法兰，RF300-0.25	2	Q235			
件号	图号或标准号	名称及规格	数量	材料	单重	总重	备注

图 7.62 管件图

7.12 管口方位图

7.12.1 管口方位图的作用与内容

管口方位图是制造设备时确定各管口方位、支座及地脚螺栓等相对位置的图样，也是安装设备时确定安装方位的依据。非定型设备应绘制管口方位图，宜采用 4 号图幅。图 7.63 是一设备的管口方位图，从图中可看出管口方位图应包括以下内容。

① 视图。表示设备上各管口的方位情况。

② 尺寸和标注。标明各管口以及管口的方位情况。

③ 方向标。

④ 管口符号及管口表。

⑤ 必要的说明。

⑥ 标题栏。

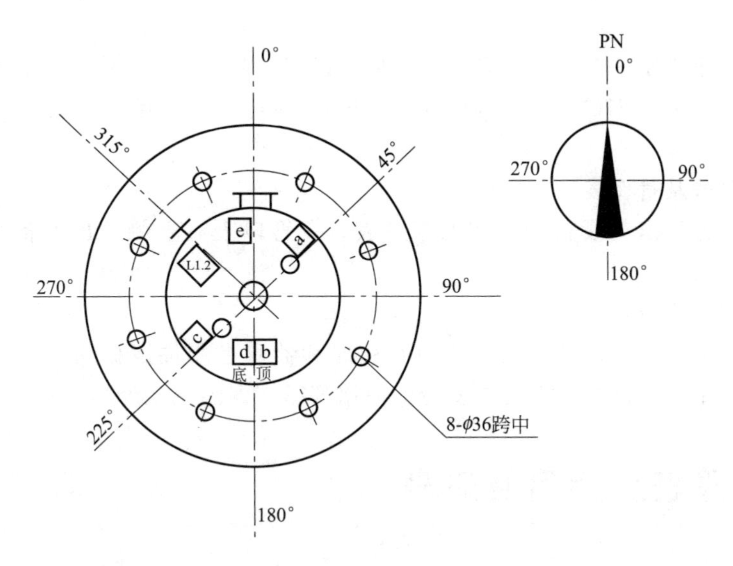

说明：1. 应在裙座或器身上用油漆标明0°的位置，以便现场安装时识别方位用。

2. 铭牌支架的高度应能使铭牌露在保温层之外。

设备装配图图号××××

管口符号	公称通径	标准及连接形式	用途或名称	管口符号	公称通径	标准及连接形式	用途或名称
c	25	GB 9115.10 88,RF *PN* 2.5	压力计口	L1.2	32	GB 9115.10 88,RF *PN* 2.5	进料口
b	80	GB 9115.10 88,RF *PN* 2.5	气体出口	e	500	GB 9115.10 88,RF *PN* 2.5	人孔
a	25	GB 9115.10 88,RF *PN* 2.5	温度计口	d	32	GB 9115.10 88,RF *PN* 2.5	液体出口

			工程名称：	199 年	区号	
			设计项目：	专 业		
编制			T ×××× ××××塔 管 口 方 位 图			
校核						
审核				第 页	共 页	版

图 7.63 设备管口方位图示例

7.12.2 管口方位图的画法

(1) 视图

管口方位图只简单画出一个能反映设备管口方位的视图（立式设备采用俯视图，卧式设备采用左视图或右视图）。每一个非定型设备一般绘制一张管口方位图。对于多层设备且管口较多时，则应分层画出管口方位图。

用细点划线和粗实线画出设备的中心线及设备轮廓外形；用细点划线和粗实线画出各管口、罐耳（吊柱）、支腿（或支耳）、设备铭牌、塔裙座底部加强筋及裙座上人孔、地脚螺栓孔的位置。

(2) 尺寸标注

在图上按顺时针方向标出各管口及相关零部件的安装方位角；各管口用小写英文字母加方框（5mm×5mm）按顺序编写管口符号。

(3) 方向标

在图纸右上角绘制一个方向标，注明北向“PN”，在PN向上标出0°，其他三个方向也标出角度：90°，180°，270°。方向标的北向“PN”应与设备布置图的北向“PN”一致。画法如前。

(4) 管口符号及管口表

在标题栏上方列出与设备图一致的管口表。在管口表右上侧注出设备装配图图号，如“设备装配图图号”××××××。

(5) 必要的说明

在管口方位图上应加两点说明：①应在裙座和器身上用油漆标明0°的位置，以便现场安装时识别方位用；②铭牌支架的高度应能使铭牌露在保温层之外。

7.13 管段表及综合材料表

施工图管道布置完成后，要进行材料的统计工作。材料统计是工程设计的最后一项工作，这项工作是十分重要的，因为施工单位就是按照设计单位所作的材料统计表去采购、备料的。材料统计的准确与否直接影响到工程施工时材料能否够用、材料是否过于浪费、建设费用是否超资。

工艺专业的材料统计工作主要有：管段表、管道支吊架材料一览表、管道及设备油漆、保温材料一览表、设备地脚螺栓一览表、综合材料一览表。

上述两种表格是在工艺管道特性表的基础上编制的，在该表中包括了管道代号，介质、管段起止点以及物料操作状态等参数，介质的起、终点需填写出相关的设备位号、管道号、装置或主项的中文名称。

(1) 管段表

① 管段表包括每一管段所使用的管子、法兰、垫片、螺栓、管件及阀门等材料的规格及数量。管段表的格式如表7.20所示。

② 管段表的编制顺序应按工艺管线一览表的管号顺序，先工艺管线后辅助管线。

③ 蒸汽伴热管及其凝结水支管，吹扫用管等应填写在所属工艺管线后面。

④ 消防、吹扫用胶管可写在辅助管线的后面，依次逐项填写清楚。

⑤ 如管段表中的项目不能满足要求时，则该项可视为特殊件，填在特殊件一栏内。

⑥ 管道上法兰所用的螺柱一律采用双头螺柱，螺母的个数应是螺柱个数的两倍，因此表中没有表示螺母的个数。

⑦ 对于大中型装置可以酌情分区编制管段表，在表中不加备用量，不计单重，仅写出数量。

(2) 综合材料表

综合材料表是工艺专业根据管段表归纳整理汇总的一览表，填表内容见表7.21所示。综合材料表按三大类编制：①管道材料；②支架及金属结构材料；③隔热、隔声及防腐材料。

管道材料编排顺序：①管子填写顺序——不锈钢、有色金属、合金钢、碳钢、铸铁、非金属等；②阀门填写顺序——闸阀、截止阀、节流阀、旋塞阀、球阀、蝶阀、止回阀、柱塞阀、隔膜阀、角阀、其他阀类；③管件填写顺序——弯头、异径管、三通、四通、接头、支

表 7.20 管段表

管段号	起止点		管道等级	设计压力/MPa	设计温度/℃	管子			法兰						垫片(*PN*,*DN* 同法兰)				螺柱及螺母					
	起点	终点				名称及规格	材料	数量	*PN*	*DN*	密封形式	材料	数量	标准号或图号	代号	厚度	密封代号	数量	螺柱规格	螺柱材料	螺柱个数	螺柱标准号	螺母材料	螺母标准号

管段号	阀门				管件				特殊件					施工技术要求				隔热及防腐		试压介质	所在管道布置图图号
	名称与规格	材料	数量	标准号或图号	名称及规格	材料	数量	标准号或图号	件号	名称及规格	材料	数量	标准号或图号	应力消除	清洗	坡口形式	检验等级	隔热代号	是否防腐		

	编制			管段表	工程名称：	
	校核				设计项目：	
年	审核				专业	第 页 共 页

注：本表实际图幅应为 A3。

管台、堵头、盲板、其他非标准管件；④法兰填写顺序——平焊、对焊、凹凸面、榫面、焊环、翻边、盲板、孔板法兰等。相同材料的编排：先按公称压力从小到大排列，相同压力等级的则按通径从小到大排列。

综合材料表说明：①材料量应在管段表数量的基础上增加一个系数，一般系数取，管子3%～20%，管件3%～15%，螺栓、螺母30%，阀门0～15%；②材料数量计量单位，如m、m^2、或kg等，均应采用法定计量单位。

表7.21 综合材料一览表

序号	材料名称及规格	材料规格	标准编号或图号	材料（或性能等级）	单位	数量	质量/kg		备注
							单	总	

	编制			综合材料表	工程名称	
	校核				设计项目	
	审核				第　页	共　页

本章小结

管道设计与布置的内容主要包括管道的设计计算和管道的布置设计两部分内容。管道的设计计算包括管径计算、管道保温绝热工程、热补偿计算、阀门、管件、管道支吊架的选择。管道布置设计主要内容是按工艺、生产、操作、维修、设计规范完成所有车间管道在空间的布置，设计的成果以管道布置图纸呈现出来。施工阶段的图纸深度应达到施工需要，即根据设计图纸，安装单位能够将工业装置建立起来。

在管道布置时要严格按照管道布置原则及要求进行，严格执行HG/T 20519—2009标准；通盘考虑、精心设计，不仅做到能够满足工艺、生产、操作、维修、安装、安全、卫生的需要，还要做到流程顺畅、经济实用，整齐美观。

在设计绘制每张图纸过程中要做到规范、严谨、科学，特别是施工图的设计更要做到细致、认真，严格审查，避免设计失误。

思考与练习题

1. 管道布置设计的基本要求是什么？
2. 管道布置时为什么要进行热补偿及保温？

3. 管道的常用连接方式有哪些？其特点是什么？

4. 解释 Z41H-16P 阀门型号的涵义？

5. 管道敷设方式有哪几种？

6. 设计绘制以 98%硫酸为原料，稀释生产 30%硫酸、生产规模 20000t/a 的车间管道布置图。

第8章

向非工艺专业提供的设计条件

在本章你可以学到如下内容

- 工艺专业如何向土建专业提供设计条件
- 工艺专业如何向设备专业提供设计条件
- 工艺专业如何向电气专业提供设计条件
- 工艺专业如何向给排水及暖通专业提供设计条件
- 工艺专业如何向供热及制冷专业提供设计条件

每个化工车间的设计除了化工工艺专业人员参加并自始至终起着组织领导、协调作用外，还需要其他非工艺人员进行配合。根据项目的大小、规模及复杂程度，与工艺人员相配合的非工艺人员专业的数目也应酌情改变，一般而言，非工艺设计项目一般包括以下几项。

① 建筑设计；

② 设备的机械设计；

③ 电气设计（动力电、照明电、弱电、避雷）；

④ 自动控制设计；

⑤ 卫生工程设计（上下水道、采暖、通风、排风、空气调节工程）。

由于化工工艺专业的设计人员不可能进行全部设计工作，必须依靠其他专业的设计人员进行非工艺设计，因此，在设计过程中，事前要向其他专业设计人员交代任务、提供设计条件。在设计过程中，要随时将变更的设计条件、某些专业设计人员的设计结果及时通知有关的专业人员，提供新的设计条件，以作为其他专业开展工作的依据。事后进行汇总，并向各专业人员进行会签工作。工艺设计人员必须善于进行设计过程的组织协调工作，以保证工程项目的设计能够按计划进度保质保量地完成。总之，在设计过程中，化工工艺专业设计人员始终起着龙头作用。

8.1 土建设计条件

土建设计包括全厂所有建筑物、构筑物（框架、平台、设备基础、爬梯等）的设计。

8.1.1 化工建筑基本知识

化工厂的建筑形式有三种：封闭式厂房、敞开式厂房和露天框架。趋势是向敞开式厂房和露天框架发展。

(1) 建筑构件

组成建筑物的构件有地基、基础、墙、柱、梁、楼板、屋顶、楼梯、门和窗户等。

① 地基　指建筑物的地下土壤部分，它的作用是支承建筑物的重量。为保证建筑物正常、持久使用，地基必须具有足够的强度和稳定性，为此在地基强度不够时，采取换土法、桩基法、水泥灌浆法等进行人工加固。此外，还要考虑土壤的冻胀和地下水位的影响。

② 基础　是建筑物或设备支架的下部结构，埋在地面以下，它的作用是支承建筑物和设备，并将它们的载荷传到地基上去。基础的材料有砖、毛石、混凝土、钢筋混凝土等。设备的基础材料常用混凝土或钢筋混凝土。基础的型式、材料和构造取决于建筑物的结构形式、载荷大小、地质条件、材料供应和施工条件等因素，它的几何尺寸由计算而得。

③ 墙　一般分为承重墙、填充墙、防火防爆墙等。承重墙是承受屋顶楼板等上部载荷，并传递给基础的墙，常用砖砌体作材料，墙的厚度取决于强度和保温的要求，一般有一砖厚(240mm)、一砖半厚（370mm）、两砖厚（490mm）三种；填充墙不承重，仅起围护、保温、隔声等作用，常用空心砖或轻质混凝土等轻质材料制成；防火防爆墙是把危险区同一般生产部分隔开的墙，它应有独立的基础，常采用370mm砖墙或200mm的钢筋混凝土墙，这类墙上不准随意开设门窗等孔洞。

④ 门、窗和楼梯　门在正常时的作用是人员流通，物质和设备输送，在特殊情况时的作用是安全疏散，因此，厂房的门一般不少于2个，门宽不宜小于0.9m，并且门要向外开。窗户供采光、通风和泄压用，为便于泄压，窗户应向外开。楼梯是多层厂房垂直方向的通道，为保证内部交通方便和安全疏散，多层厂房应设置2个楼梯，宽度不宜小于1.1m，坡度一般为30°，最大不超过38°。

其他建筑物构件如梁、柱、楼板、地面、屋顶以及建筑物的变形缝都有一定规定和要求。

(2) 厂房结构尺寸

工业建筑模数制是按大多数工业建筑的情况，把工业建筑平立面布置的有关尺寸统一规定成一套相应的基数，而设计各种工业建筑时，有关尺寸必须是相应基数的倍数，这样有利于设计标准化、构件工厂预制化和机械化施工。

模数制的主要内容有：基本模数为100mm；门、窗、洞口和墙板的尺寸，在墙的水平和垂直方向均为300mm的倍数；厂房的柱距采用6m或6m的倍数；多层厂房的层高为0.3m的倍数。

厂房的经济结构尺寸：单层厂房跨度≤18m时，采用3m的倍数；跨度>18m时，采用6m的倍数，常用的跨度为6m和18m，柱间距为6m和12m。

多层框架式厂房常用方格式柱网（6m×6m)。层高最低≥3.2m，净高≥2.5m，常用3.9m、4.2m、4.8m、6.0m。

辅助建筑开间（宽）一般为3.3m或3.6m；进深一般为5.4m、6.0m、7.2m。

(3) 化工建筑的特殊要求

根据化工生产的特点，对化工建筑提出的特殊要求是耐火、抗爆泄压与防腐蚀。在化工生产建筑设计中，要按照生产的火灾危险性不同，选择合适的建筑物耐火等级、厂房的防爆距离和防爆措施等，应严格执行国家制定的建筑设计防火规范。

根据《建筑设计防火规范》的规定，生产的火灾危险性分类及举例见表8.1和表8.2，建筑物构建的燃烧性能和耐火极限见表8.3，厂房的耐火等级、层数和占地面积见表8.4。一般石油化工厂均属于甲、乙类生产，应采用一、二级耐火建筑，即由钢筋混凝土楼盖、屋盖和砌体墙等组成。对腐蚀性介质要采取防腐措施，如在有气体介质腐蚀情况下，对门、窗、梁、柱要涂刷防腐涂料；配电室、仪表室、生活室、办公室等均不得设在腐蚀性设备的底层。

表 8.1 生产的火灾危险性分类

生产类别	火灾危险性特征
甲	使用或产生下列物质的生产： 1. 闪点小于 28℃的液体； 2. 爆炸下限小于 10%的气体； 3. 常温下能自行分解或在空气中氧化即能导致迅速自燃或爆炸的物质； 4. 常温下受到水或空气中水蒸气的作用，能产生可燃气体并引起燃烧或爆炸的物质； 5. 遇酸、受热、撞击、摩擦、催化以及遇有机物或硫黄等易燃的无机物，极易引起燃烧或爆炸的强氧化剂； 6. 受撞击、摩擦或与氧化剂、有机物接触时能引起燃烧或爆炸的物质； 7. 在密闭设备内操作温度大于等于物质本身自燃点的生产
乙	使用或产生下列物质的生产： 1. 闪点大于等于 28℃，但小于 60℃的液体； 2. 爆炸下限大于等于 10%的气体； 3. 不属于甲类的氧化剂； 4. 不属于甲类的化学易燃危险固体； 5. 助燃气体； 6. 能与空气形成爆炸性混合物的浮游状态的粉尘、纤维、闪点大于等于 60℃的液体雾滴
丙	使用或产生下列物质的生产： 1. 闪点大于等于 60℃的液体； 2. 可燃固体
丁	具有下列情况的生产： 1. 对非燃烧物质进行加工，并在高热或熔化状态下经常产生辐射热、火花或火焰的生产； 2. 利用气体、液体、固体作为燃料或将气体、液体进行燃烧作其他用的各种生产； 3. 常温下使用或加工难燃烧物质的生产
戊	常温下使用或加工非燃烧物质的生产

注：1. 在生产过程中，如使用或产生易燃、可燃物质的量较少，不足以构成爆炸或火灾危险时，可以按实际情况确定其火灾危险性的类别。

2. 一座厂房内或其防火墙间有不同性质的生产时，其分类应按火灾危险性较大的部分确定，但火灾危险性大的部分占本层面积的比例小于 5%(丁、戊类生产厂房中的油漆工段小于 10%)，且发生事故时不足以蔓延到其他部位，或采取防火措施能防止火灾蔓延时，可按火灾危险性较小的部分确定。

表 8.2 生产的火灾危险性分类举例

生产类别	举例
甲	1. 闪点<28℃的油品和有机溶剂的提炼、回收或洗涤部位及其泵房，橡胶制品的涂胶和胶浆部位，二硫化碳的粗馏、精馏工段及其应用部位，青霉素提炼部位，原料药厂的非纳西汀车间的烃化、回收及电感精馏部位，皂素车间的抽提、结晶及过滤部位，冰片精制部位，农药厂乐果厂房、敌敌畏的合成厂房，磺化法糖精厂房、氯乙醇厂房，环氧乙烷、环氧丙烷工段，苯酚厂房的磺化、蒸馏部位、焦化厂吡啶工段，胶片厂片基厂房，汽油加铅室，甲醇、乙醇、丙酮、丁酮、异丙醇、醋酸乙酯、苯等的合成或精制厂房，集成电路工厂的化学清洗间(使用闪点<28℃的液体)，植物油加工厂的浸出厂房 2. 乙炔站，氢气站，石油气体分馏(或分离)厂房，氯乙烯厂房，乙烯聚合厂房，天然气、石油伴生气、矿井气、水煤气或焦炉煤气的净化(如脱硫)厂房压缩机室及鼓风机室，液化石油气罐瓶间，丁二烯及其聚合厂房，醋酸乙烯厂房，电解水或电解食盐厂房，环己酮厂房，乙基苯和苯乙烯厂房，化肥厂的氢氮气压缩厂房，半导体材料厂使用氢气的拉晶间，硅烷热分解室 3. 硝化棉厂房及其应用部位，赛璐珞厂房，黄磷制备厂房及其应用部位，三乙基铝厂房，染化厂某些能自行分解的重氮化合物生产部位，甲胺厂房，丙烯腈厂房 4. 金属钠、钾加工厂房及其应用部位，聚乙烯厂房的一氯二乙基铝部位、三氯化磷厂房，多晶硅车间三氯氢硅部位，五氧化磷厂房 5. 氯酸钠、氯酸钾厂房及其应用部位，过氧化氢厂房，过氧化钠、过氧化钾厂房，次氯酸钙厂房 6. 赤磷制备厂房及其应用部位，五硫化二磷厂房及其应用部位 7. 洗涤剂厂房石蜡裂解部位，冰醋酸裂解厂房

续表

生产类别	举例
乙	1. 闪点≥28℃至<60℃的油品和有机溶剂的提炼、回收、洗涤部位及其泵房，松节油或松香蒸馏厂房及其应用部位，醋酸酐精馏厂房，己内酰胺厂房，甲酚厂房，氯丙醇厂房，樟脑油提取部位，环氧氯丙烷厂房，松针油精制部位，煤油罐桶间 2. 一氧化碳压缩机室及净化部位，发生炉煤气或鼓风炉煤气净化部位，氨压缩机房 3. 发烟硫酸或发烟硝酸浓缩部位，高锰酸钾厂房，重铬酸钠(红钒钠)厂房 4. 樟脑或松香提炼厂房，硫黄回收厂房，焦化厂精萘厂房 5. 氧气站、空分厂房 6. 铝粉或镁粉厂房，金属制品抛光部位，煤粉厂房、面粉厂的碾磨部位，活性炭制造及再生厂房，谷物筒仓工作塔，亚麻厂的除尘器和过滤器室
丙	1. 闪点≥60℃的油品和有机液体的提炼、回收工段及其抽送泵房，香料厂的松油醇部位和乙酸松油脂部位，苯甲酸厂房，苯乙酮厂房，焦化厂焦油厂房，甘油、桐油的制备厂房，油浸变压器室，机器油或变压油罐桶间，柴油罐桶间，润滑油再生部位，配电室(每台装油量>60kg 的设备)，沥青加工厂房，植物油加工厂的精炼部位 2. 煤、焦炭、油母页岩的筛分、转运工段和栈桥或储仓，木工厂房，竹、藤加工厂房，橡胶制品的压延、成型和硫化厂房，针织品厂房，纺织、印染、化纤生产的干燥部位，服装加工厂房，棉花加工和打包厂房，造纸厂备料、干燥厂房，印染厂成品厂房，麻纺厂粗加工厂房，谷物加工房，卷烟厂的切丝、卷制、包装厂房，印刷厂的印刷厂房，毛涤厂选毛厂房，电视机、收音机装配厂房，显像管厂装配工段烧枪间，磁带装配厂房，集成电路工厂的氧化扩散间、光刻间，泡沫塑料厂的发泡、成型、印片压花部位，饲料加工厂房
丁	1. 金属冶炼、锻造、铆焊、热轧、铸造、热处理厂房 2. 锅炉房，玻璃原料熔化厂房，灯丝烧拉部位，保温瓶胆厂房，陶瓷制品的烘干、烧成厂房，蒸汽机车库，石灰焙烧厂房，电石炉部位，耐火材料烧成部位，转炉厂房，硫酸车间焙烧部位，电极煅烧工段配电室(每台装油量≤60kg 的设备) 3. 铝塑材料的加工厂房，酚醛泡沫塑料的加工厂房，印染厂的漂炼部位，化纤厂后加工润湿部位
戊	制砖车间，石棉加工车间，卷扬机室，不燃液体的泵房和阀门室，不燃液体的净化处理工段，金属(镁合金除外)冷加工车间，电动车库，钙镁磷肥车间(焙烧炉除外)，造纸厂或化学纤维厂的浆粕蒸煮工段，仪表、器械或车辆装配车间，氟利昂厂房，水泥厂的轮窑厂房，加气混凝土厂的材料准备、构件制作厂房

表 8.3 建筑物构建的燃烧性能和耐火极限

构件名称		耐火等级/h			
		一级	二级	三级	四级
墙	防火墙	非燃烧体 4.00	非燃烧体 4.00	非燃烧体 4.00	非燃烧体 4.00
	承重外墙、楼梯间的墙、电梯井的墙	非燃烧体 3.00	非燃烧体 2.50	非燃烧体 2.50	难燃烧体 0.50
	非承重外墙、疏散走道两侧的隔墙	非燃烧体 1.00	非燃烧体 1.00	非燃烧体 0.50	难燃烧体 0.25
	房间隔墙	非燃烧体 0.75	非燃烧体 0.50	非燃烧体 0.50	难燃烧体 0.25
柱	支承多层的柱	非燃烧体 3.00	非燃烧体 2.50	非燃烧体 2.50	难燃烧体 0.50
	支承单层的柱	非燃烧体 2.50	非燃烧体 2.50	非燃烧体 2.00	燃烧体
梁		非燃烧体 2.00	非燃烧体 1.50	非燃烧体 1.00	难燃烧体 0.50

续表

构件名称	耐火等级/h			
	一级	二级	三级	四级
楼板	非燃烧体 1.50	非燃烧体 1.00	非燃烧体 0.50	难燃烧体 0.25
屋顶承重构件	非燃烧体 1.50	非燃烧体 0.50	燃烧体	燃烧体
疏散楼梯	非燃烧体 1.50	非燃烧体 1.00	非燃烧体 1.00	燃烧体
吊顶	非燃烧体 1.25	难燃烧体 0.25	难燃烧体 0.15	燃烧体

表 8.4　厂房的耐火等级、层数和占地面积

生产类别	耐火等级	厂房最多允许层数	防火分区最大允许占地面积/m^2			
			单层厂房	多层厂房	高层厂房	厂房的地下室和半地下室
甲	一级 二级	除生产必选采用多层者外,宜采用单层	4000 3000	3000 2000	— —	— —
乙	一级 二级	不限 6	5000 4000	4000 3000	2000 1500	— —
丙	一级 二级 三级	不限 不限 2	不限 8000 3000	6000 4000 2000	3000 2000 —	500 500 —
丁	一、二级 三级 四级	不限 3 1	不限 4000 1000	不限 2000 —	4000 — —	1000 — —
戊	一、二级 三级 四级	不限 3 1	不限 5000 1500	不限 3000 —	6000 — —	1000 — —

注：1. 防火分区间应用防火墙分隔。一、二级耐火等级的单层厂房（甲类厂房除外）如面积超过本表规定，设置防火墙有困难时，可用防火水幕带或防火卷帘加水幕分隔。

2. 一级耐火等级的多层及二级耐火等级的单层、多层纺织厂房（麻纺厂除外）可按本表的规定增加 50%，但上述的厂房原棉开包、清花车间均应设防火墙分隔。

3. 一、二级耐火等级的单层、多层造纸生产联合厂房，其防火分区最大允许占地面积可按本表的规定增加 1.5 倍。

4. 甲、乙、丙类厂房装有自动灭火设备时，防火分区最大允许占地面积可按本表的规定增加一倍；丁、戊类厂房装设自动灭火设备时，其占地面积不限。局部设置时，增加面积可按该局部面积的一倍计算。

5. 一、二级耐火等级的谷物筒仓工作塔，且每层人数不超过 2 个时，最多允许层数可不受本表限制。

8.1.2　工艺专业向土建设计提供的条件

在车间设计过程中，化工工艺专业人员向土建专业设计人员提供设计所必需的条件，一般分两次集中提出。一次在管道及仪表流程图和设备布置图基本完成和各专业布局布置方案基本落实后提出。另一次在土建专业设计人员提供建筑及结构设计基本完成，化工工艺专业人员据此绘出管道布置图后提交。

(1) 一次条件

一次条件中必须向土建介绍工艺生产过程、物料特性、物料运入、输出和管路关系情况，防火、防爆、防腐、防毒等要求（其中职业性接触毒物危害程度分级及其行业举例见表 8.5 和表 8.6，车间卫生特征分级见表 8.7)，设备布置布局，厂房与工艺的关系和要求，厂房内设备吊装要求等。具体书面条件包括以下几项。

表 8.5　职业性接触毒物危害程度分级依据

指标		分级			
		Ⅰ(极度危害)	Ⅱ(高度危害)	Ⅲ(中度危害)	Ⅳ(轻度危害)
急性毒性	吸入 LC_{50}/(mg/m^3)	＜200	200～2000	2000～20000	＞20000
	经皮 LD_{50}/(mg/kg)	＜100	100～500	500～2500	＞2500
	经口 LD_{50}/(mg/kg)	＜25	25～500	500～5000	＞5000
急性中毒发病状况		生产中易发生中毒,后果严重	生产中可发生中毒,愈后良好	偶可发生中毒	迄今未见急性中毒,但有急性影响
慢性中毒患病状况		患病率高(≥5%)	患病率较高(＜5%)或症状发生率高(≥20%)	偶有中毒病例发生或症状发生率较高(≥10%)	无慢性中毒而有慢性影响
慢性中毒后果		脱离接触后,继续进展或不能治愈	脱离接触后,可基本治愈	脱离接触后可恢复,不致严重后果	脱离接触后,自行恢复,无不良后果
致癌性		人体致癌物	可疑人体致癌物	实验动物致癌物	无致癌性
最高容许浓度/(mg/m^3)		＜0.1	0.1～1.0	1.0～10	＞10

注：LC_{50}—试验动物半数致死浓度；LD_{50}—试验动物半数致死剂量。

表 8.6　职业性接触毒物危害程度分级及其行业举例

级别	毒物名称	行业举例
Ⅰ级(极度危害)	汞及其化合物	汞冶炼,汞齐法生产氯碱
	苯	含苯胶黏剂的生产和使用(制皮鞋)
	砷及其无机化合物	砷矿开采和冶炼,含砷金属矿(铜、锡)的开采和冶炼
	氯乙烯	聚氯乙烯树脂生产
	铬酸盐、重铬酸盐	铬酸盐和重铬酸盐生产
	黄磷	黄磷生产
	铍及其化合物	铍冶炼、铍化合物的制造
	对硫磷	生产及储运
	羰基镍	羰基镍制造
	八氟异丁烯	二氟一氯甲烷裂解及其残液处理
	氯甲醚	双氯甲醚、一氯甲醚生产、离子交换树脂制造
	锰及其无机化合物	锰矿开采和冶炼、锰铁和锰钢冶炼、高锰焊条制造
	氰化物	氰化钠制造、有机玻璃制造
Ⅱ级(高度危害)	三硝基甲苯	三硝基甲苯制造和军火加工生产
	铅及其化合物	铅的冶炼、蓄电池制造
	二硫化碳	二硫化碳制造、黏胶纤维制造
	氯	液氯烧碱生产、食盐电解
	丙烯腈	丙烯腈制造、聚丙烯腈制造
	四氯化碳	四氯化碳制造
	硫化氢	硫化燃料的制造

续表

级　别	毒物名称	行业举例
Ⅱ级(高度危害)	甲醛	酚醛和尿醛树脂生产
	苯胺	苯胺生产
	氟化氢	电解铝、氢氟酸制造
	五氯酚及其钠盐	五氯酚、五氯酚钠生产
	镉及其化合物	镉冶炼、镉化合物的生产
	敌百虫	敌百虫生产、储运
	氯丙烯	环氧氯丙烷制造、丙烯磺酸钠生产
	钒及其化合物	钒铁矿开采和冶炼
	溴甲烷	溴甲烷生产
	硫酸二甲酯	硫酸二甲酯的制造、储运
	金属镍	镍矿的开采和冶炼
	甲苯二异氰酸酯	聚氨酯塑料生产
	环氧氯丙烷	环氧氯丙烷生产
	砷化氢	含砷有色金属矿的冶炼
	敌敌畏	敌敌畏生产、储运
	光气	光气制造
	氯丁二烯	氯丁二烯制造、聚合
	一氧化碳	煤气制造、高炉炼铁、炼焦
	硝基苯	硝基苯生产
Ⅲ级(中度危害)	苯乙烯	苯乙烯制造、玻璃钢制造
	甲醇	甲醇生产
	硝酸	硝酸制造、储运
	硫酸	硫酸制造、储运
	盐酸	盐酸制造、储运
	甲苯	甲苯制造
	二甲苯	喷漆
	三氯乙烯	三氯乙烯制造、金属清洗
	二甲基甲酰胺	二甲基甲酰胺制造、顺丁橡胶的合成
	六氟丙烯	六氟丙烯制造
	苯酚	苯酚树脂生产、苯酚生产
	氮氧化物	硝酸制造
Ⅳ级(轻度危害)	溶剂汽油	橡胶制品(轮胎、胶鞋等)生产
	丙酮	丙酮生产
	氢氧化钠	烧碱生产、造纸
	四氟乙烯	聚全氟乙丙烯生产
	氨	氨制造、氮肥生产

表 8.7 车间卫生特征分级

卫生特征	1级	2级	3级	4级
有毒物质	极易经皮肤吸收引起中毒的剧毒物质（如有机磷、三硝基甲苯、四乙基铅等）	易经皮肤吸收或有恶臭的物质。或高毒物质（如丙烯腈、吡啶、苯酚等）	其他毒物	不接触有害物质或粉尘，不污染或轻度污染身体（如仪表、金属冷加工、机械加工等）
粉尘		严重污染全身或对皮肤有刺激的粉尘（如炭黑、玻璃棉等）	一般粉尘（棉尘）	
其他	处理传染性材料、动物原料（如皮毛等）	高温作业、井下作业	重作业	

① 提供工艺流程图及简述。

② 提供设备布置平、剖面布置图，并在图中加入对土建有要求的各项说明及附图，其中包括：车间或工段的区域划分，防火、防爆、防腐和卫生等级；门和楼梯的位置，安装孔、防爆孔的位置、大小尺寸；操作台的位置、大小尺寸及其上面的设备位号、位置；吊装梁、吊车梁、吊钩的位置，梁底标高及起重能力；各层楼板上各个区域的安装荷重、堆料位置及荷重，主要设备的安装方式及安装路线（楼板安装荷重：一般生活室为 250kg/cm^2，生产厂房为 400kg/cm^2、600kg/cm^2、800kg/cm^2、1000kg/cm^2）；设备位号、位置及其他建筑物的关系尺寸和设备的支承方式；有毒、有腐蚀性等物料的放空管路与建筑物的关系尺寸、标高等；楼板上所有设备基础的位置、尺寸和支承点；悬挂或放在楼板上超过 1t 的管道及阀门的重量及位置；悬挂在楼板上或穿过楼板的设备和楼板的开孔尺寸，楼板上孔径≥500mm 的穿孔位置及尺寸；对影响建筑物结构的强振动设备应提出必要的设计条件。

③ 人员表。列出车间中各类人员的设计定员、各班人数、工作特点、生活福利要求、男女比例等，以此配置相应的生活行政设施。

④ 设备重量表列出设备位号、规格、总重和分项重量（自重、物料重、保温层重、充水重）。

(2) 二次条件

包括预埋件、开孔条件、设备基础、地脚螺栓条件图、全部管架基础和管沟等。

① 提出所有设备（包括室外设备）的基础位置尺寸，基础螺栓孔位置和大小、预埋螺栓和预埋钢板的规格、位置及伸出地面长度等要求。

② 在梁、柱和墙上的管架支承方式、荷重及所有预埋件的规格和位置。

③ 所有的管沟位置、尺寸、深度、坡度、预埋支架及对沟盖材料、下水箅子等要求。

④ 管架、管沟及基础条件。

⑤ 各层楼板及地坪上的上下水箅子的位置、尺寸。

⑥ 在楼板上管径＜500mm 的穿孔位置及尺寸。

⑦ 在墙上管径＞200mm 和长方孔大于 200mm×100mm 的穿管预留孔位置及尺寸。

8.2 非定型设备设计条件

在化工设计过程中，一般由化工工艺人员经过设备工艺计算和选型后向化工机械专业人员下达非定型设备条件，再由化工机械设计人员根据工艺设计人员提供的非定型设备条件表，选择设备的结构材料，进行强度、刚度等计算，确定壁厚及腐蚀余量，确定零部件的结构尺寸，确定设备的施工要求，最后作出设备施工图，由工艺人员及化工机械设计人员进行审核和会签后，提交设备制造厂加工。

非定型设备条件，由设备条件图和条件表两部分组成，如图 8.1 和表 8.8 所示。

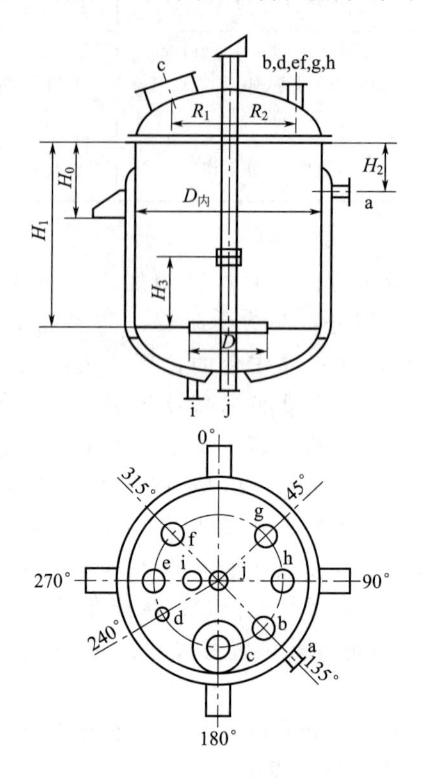

图 8.1 非定型设备条件图

表 8.8 非定型设备条件表

项目		设备内	夹套内	管内	管间
操作压力(表压)/MPa					
操作温度/℃					
物料	名称				
	特性				
设备材料及衬里					
全容积/m³			换热面积/m²		
装料系数			过滤面积/m²		
搅拌形式			保温材料及厚度/mm		
搅拌转速/(r/min)			塔板数或填料高度/mm		
密封要求			板间距/mm		
电动机型号及功率					
安装方式及环境					
检修要求					
本设备选用参考资料					

续表

其他要求							
符号	公称直径	连接方式	用途	符号	公称直径	连接方式	用途
编制			（设计单位名称）			工程名称	
校核						主项名称	
审核			设备结构条件图表			流程图位号	

① 对已有标准系列的设备，如换热器、罐等若基本符合要求，则只要在工艺设备一览表中列出所选设备的系列图号，并由工艺及设备负责人将其编进非定型设备图纸目录中即可。

② 若在提交设备条件时，管道布置尚未确定，则某些设备的管口方位和罐耳、支脚位置留待编制管口方位时解决。

③ 管口方位图。管道布置完成后，编制管口方位图。

8.3 变配电及电气设计条件

电气工程包括变电配电（变配电）、动力、照明、避雷、弱电等，它与每个化工生产车间都有密切关系。现分别讨论如下。

8.3.1 变配电

车间用电由工厂变电所或电网直接供电，小型车间输入电压为380V，大型车间输入电压有6000V和3000V两种，车间用电负荷分三级。

① 一级负荷　设备要求连续运转，突然停电造成着火、爆炸或重大设备损毁，人身伤亡和巨大经济损失，此时应有两个独立电源供电，以保证工艺生产不停电。

② 二级负荷　突然停电将产生大量废品、大量原料报废、大减产或可能发生重大设备事故，但采取措施可减免者。此时，允许一条线供电，但必须分成两根电缆并接上单独的隔离开关。

③ 三级负荷　除一、二级外都算三级，它允许供电系统因故障而停电。

对于一、二级负荷，车间变电所所用的变压器一般应采用两台或两台以上的变压器。而对于三级负荷，车间变电所所用的变压器，除非负荷过大，在一台变压器不能满足要求或不经济的情况外，一般均可采用一台变压器。

化工生产的许多工序是连续的，一旦电源中断，生产秩序被打乱，有的中间产品将报废，一些设备和管道将堵塞，清洗极为困难，恢复正常生产需要较长时间，在经济上造成损失甚至重大事故。所以，当化工厂的生产能力很大时，突然停电会造成重大经济损失，对这些工序，需要考虑按一级用电负荷设计。其他工序或车间按二级或三级考虑。

8.3.2 电气设计条件

电气设计条件一般分为三个方面：一是设备用电部分；二是照明、避雷部分；三是弱电部分。

(1) 设备用电部分

① 设备布置图。图上应标明电动设备位置及进线方向，就地的控制按钮位置以及一些特殊要求，如联锁、切断等；用电设备一览表见表8.9。

表8.9 用电设备一览表

序号	流程位号	设备名称	介质名称	环境介质	负荷等级	数量		正反转要求	控制连锁要求	计算轴功率/kW
						常用	备用			

电动设备							操作情况		备注
型号	防爆标志	容量/kW	相数	电压/V	成套或单机供应	立式或卧式	年工作小时数	连续或间断	

② 电加热条件表。在有电加热要求时提出，主要包括加热温度、控制精度、热量及操作情况。

③ 其他用电量。如机修、化验室以及检修电源等。

④ 环境特性表。包括环境的范围、特性（温度、相对湿度、介质）和防爆、防雷等级。

(2) 照明、避雷部分

在工艺设备布置中应标明灯具位置，包括一般照明和特殊照明，如事故照明、低压照明检修照明等。提出照明地区的面积及体积，所要求的照明亮度、数量及具体要求等。

提出防爆、避雷等级及要求。

(3) 弱电部分

在工艺设备布置中应标明需要安装弱电设备的位置，如火警信号、行政电话、扬声器等。提出需要警卫讯号及生产联系讯号的要求。

(4) 其他部分

① 凡可能产生静电的设备和管道系统，工艺专业应提出静电接地要求。所有有爆炸危险的工艺设备和管道均需提出接地要求。

② 为便于操作和安全生产，应提出现场开关的位置，联系灯、指示灯、报警灯及电铃等的设置位置和安装要求等。

③ 提出安装电钟，电扇的具体要求。

上述各项要求可用书面、表格或图纸形式提出。

8.4 自动控制设计条件

化工厂连续化、自动化水平较高，生产中采用自动控制技术较多。因此，设计现代化的化工厂，工艺设计更需与自控专业密切配合。为使自控专业了解工艺设计的意图，以便开展工作，化工工艺设计人员应向仪表及自控专业人员提供如下设计条件。

① 提出拟建项目的自控水平。

② 提出各工段或操作岗位的控制点及温度、压力、数量等控制指标，控制方式（就地或集中控制）以及自控调节系统的种类（指示、记录、累积、报警），控制点数量与控制范围，作为自控专业选择仪表及确定控制室面积的依据。自控设计条件如表8.10所示。

表8.10 自控设计条件

序号	仪表名称	物料名称及组分	物料或混合物密度/(kg/m^3)	自动分析			温度/℃
				黏度	密度	pH值	

序号	压力/MPa	流量/(m^3/h)或液面/m			指示、遥控记录，调节或累计	控制情况			管道及设备规格	备注
		最大	正常	最小		就地集中	控制室	就地		

③ 提出调节阀计算数据表，包括受控介质的名称、化学成分、流量控制范围、有关物理性质和化学性质及所连接的管材、管径等。

④ 提供设备布置图及需自控仪表控制的具体位置和现场控制箱设置的位置。

⑤ 提供管道及仪表流程图，并作必要解释和说明，最后由自控专业根据工艺要求补绘完善控制点，共同完成管道及仪表流程图。

⑥ 提出开、停车时对自控仪表的特殊要求。

⑦ 提供车间公用工程总耗量的计量条件，以便自控专业在进入车间的蒸汽、水、压缩空气、氮气等主管上考虑设置一定数量指示和累积控制仪表，便于车间投产后进行独立的经济核算。

⑧ 提供环境特性表。

8.5 给排水及暖通条件

供水、排水、采暖、通风、排风等项目，不像建筑工程那样与每个化工生产车间都有密切关系。有些化工生产车间每项都有，但有些化工生产车间不一定每项都有，如在不采暖地区就没有采暖这一项，如果化工生产车间没有产生污染介质或有害气体，那么就不一定通风排风了。

8.5.1 供水设计条件

化工生产用水量大，水质要求严，而且不同类型化工厂对水质、水量的要求不尽相同。化工生产用水种类繁多，有过滤水、软水、冷却水、冷冻水、冷盐水、脱盐水等，所以化工厂供水任务很大。

① 生产用水　提供工艺设备布置图并标明用水设备名称；最大和平均用水量；用水种类、水温、规格、水压；用水情况（连续或间断）及进口标高、位置等。

② 生活消防用水　提供工艺设备布置图并标明厕所、淋浴室、洗涤间、消防用水点等

位置；用水总人数和高峰用水量；提供生产特性要求及消防用水的要求；采用的消防种类。

③ 化验分析用水　要提供按设备平面布置图标明的化验分析点、用水种类与条件。

8.5.2 排水设计条件

化工生产过程中，有大量清洁废水和污水排出，有酸性污水、碱性污水、油剂废水、循环冷却排水、生活污水和含有各种有害物质的污水等。工艺设计人员要根据工艺计算，提出排水的特性、组成（包括正常生产时和事故状态时）、排放量（包括正常排放置和事故排放量）、平均排放量和最大排放量等。

① 生产排水　提供工艺设备布置图并标明排水设备名称和排水点、排水条件，如排水量、排水压力、水温和成分、排水方式、连续或间断排水、间断排水间隔时间、采用的处理方式、排水口位置及标高等。

② 生活排水　提供设备布置图并标明厕所、沐浴室、洗涤间位置，总人数、使用沐浴总人数、最大班使用沐浴人数，排水情况，方式、处理与否、排水口位置及标高。

供排水条件可按表 8.11 列表。

表 8.11　供排水条件

序号	车间编号	车间名称	主要设备名称	水的主要用途	用水(排水)量/(m^3/h)				水质(污水)技术数据		需水(排水)量		管子		备注
					经常		最大		水温/℃	物理化学成分	进口、出口压力/MPa	连续或间断	管材	管径	
					1期	2期	1期	2期							

8.5.3 采暖通风设计条件

采暖通风设计在化工设计中不一定都存在，主要取决于化工设计项目的要求。如果需要，工艺专业应提供下列设计条件。

① 工艺流程图，图中标明需采暖通风的设备和地域；

② 设备一览表；

③ 提出采暖方式是集中采暖，还是分散采暖；

④ 列出采暖设计条件，包括生产类别、工作制度（班数，最大班人数），对温度和湿度及有无防尘要求等；

⑤ 采用的通风方式（自然通风或机械排风），设备的散热量，产生的有毒物质的名称、数量和产生的粉尘情况。

采暖通风条件可按表 8.12 填写。

表 8.12　采暖通风条件

序号	车间	防爆等级	生产类别	工作班数	每班操作人员	要求室温/℃		要求湿度/%		设备发热情况		
										发热设备		同时运转电机总功率/kW
						冬	夏	冬	夏	表面积/m^2	表面温度/℃	
1	2	3	4	5	6	7	8	9	10	11	12	13

续表

散出有害气体或灰尘		散湿量/(kg/h)	事故排风设备位号	其他要求		备注
名称	量/(kg/h)			正负压要求/Pa	洁净级别	
14	15	16	17	18	19	20

8.6 供热及冷冻设计条件

8.6.1 供热系统条件

化工生产中往往需要大量热量，这些热量可以通过电加热传递，也可由导热油或其他介质传递，更多情况下是利用蒸汽的冷凝热。对于使用蒸汽的化工生产装置，工艺专业应提供下述设计条件。

① 供汽方式　间断供汽，还是连续供汽。

② 管道及仪表流程图　标明供汽工段和设备。

③ 设备布置平面图　标明接管地点、管材和管径等。

④ 供汽的工艺条件　包括热负荷、压力、温度、流量、废蒸汽或冷凝液的回收利用要求等。

⑤ 供热及工艺外管条件表　按工艺管、动力管、工艺用水管等顺序填写。

8.6.2 冷冻系统条件

低温化工操作过程是利用载冷剂（冷媒）来保持设备的低温条件，对于此类生产过程，工艺专业应提供下列条件。

① 管道及仪表流程图、设备布置图，冷冻条件（见表 8.13）。

表 8.13　冷冻条件

序号	车间或工段名称	冷冻量			用冷情况		冷冻介质						备　注
		最大	正常	最小	连续或间歇	年操作小时数	名称	温度/℃		压力/Pa		最大流量/(t/h)	
								进入	返回	进入	返回		
1	2	3	4	5	6	7	8	9	10	11	12	13	14

② 操作温度、冷冻量及冷冻负荷调节范围。

③ 冷冻方式及载冷剂要求。

④ 最大、最小冷冻时间，在发生故障时停止供冷对生产的影响。

上述工艺专业向各有关专业所提条件与要求，是有关专业开展设计工作的依据，但并不是完全机械的从属关系。对某个专业上的特殊要求，有时工艺要在保证正常生产的前提下尽量满足。显然，处理好各专业间的关系，必须加强各专业的相互了解，发扬实事求是、团结协作的精神，共同做好设计工作。与工艺专业相关的部分条件表的名称列于表8.14。

表8.14 与工艺专业相关的部分条件表名称

序号	名称	序号	名称
1	建构筑物特征条件表	26	设备及机泵荷载条件表
2	货物及排渣运输条件表	27	采暖通风及空调条件表
3	超限设备条件表	28	局部通风条件表
4	危险场所划分条件表	29	外管条件表
5	电加热条件表	30	冷冻条件表
6	用电设备条件表	31	压缩气体条件表
7	弱电设备条件表	32	化验分析条件表
8	仪表条件表	33	产品单位成本表
9	调节阀条件表	34	设备基础条件表
10	大型动力设备土建条件表	35	消防条件表
11	流量条件表	36	安全和工业卫生状况表
12	节流装置安装要求条件表	37	照明条件表
13	调节阀安装条件图	38	循环冷却水工况表
14	液位计安装条件表	39	管道条件表
15	温度计扩大管条件表	40	粉体工程条件表
16	管道上取压口条件表	41	管壳式换热器条件表
17	车间人员生活用水条件表	42	防雷条件表
18	用水及排水条件表	43	热力设计条件表
19	软水及脱盐水条件表	44	料仓(斗)设计条件表
20	副产蒸汽数据表	45	离心泵条件表
21	工艺余热数据表	46	板式换热器条件表
22	汽动机泵特性数据表	47	塔类条件表
23	工艺蒸汽负荷及参数表	48	贮槽、反应器、搅拌器条件表
24	凝结水回收数据表	49	其他设备条件表
25	“三废”排放条件表	50	机修车间(工段)条件表

本章小结

一个完整的化工设计除了化工工艺设计外，还需要非工艺专业的密切配合与通力协作才能最后完成。化工设计中非工艺专业的设计一般有：①建筑设计；②设备的机械设计；③电气设计；④自动控制设计；⑤卫生工程设计。这些非工艺专业的设计应由相应专业人员根据工艺专业提供的条件来完成。

本章主要讲授了工艺专业如何提供土建设计条件、非定型设备设计条件、电气设计条件、自动控制设计条件、卫生工程设计条件。

思考与练习题

1. 非工艺设计项目一般包括哪些？

2. 工艺设计人员如何向各专业提供设计条件？

3. 向土建专业设计人员提供几次设计条件？为什么要分阶段提供条件？其内容是什么？

4. 非工艺专业与工艺专业的关系？

5. 根据“以98%硫酸为原料，稀释生产30%硫酸、生产规模20000t/a的车间设备布置图”，试向土建专业提供第一次条件。

6. 根据“以98%硫酸为原料，稀释生产30%硫酸、生产规模20000t/a的车间管道布置图”，试向土建专业提供第二次条件。

第9章

设计概算和技术经济

在本章你可以学到如下内容

- 设计概算任务
- 概算费用的分类
- 设计概算的编制方法
- 建设投资、生产成本计算方法
- 经济评价方法

9.1 设计概算

化工设计除应具备技术上的先进性和可行性外，还应具备经济上的合理性。设计概算（以下简称概算）是编制设计项目全部建设过程所需费用的一项工作，它的任务就是在初步设计阶段对拟建装置从筹建到竣工交付使用所需全部费用进行计算，并编制设计概算的相关文件。概算是整个设计中一项不可缺少的重要组成部分，是国家控制基本建设投资、编制基本建设计划、考核建设成本的依据，是有关部门和金融机构进行拨款、贷款和评价投资效果的依据，也是建设单位签订总承包合同、进行工程造价管理及编制招标标底和招标标价的依据。通过概算可以清晰地看出工厂或车间的设计在经济上是否合理，并便于与同类企业尤其是先进企业进行比较分析，综合评价所设计装置的经济效果和所设计方案的技术经济特点。

编制工程项目的概预算是一项非常细致而重要的工作，概预算编制得过大，会浪费财力、物力人力，而概预算编制得过小，又会给建设单位增加投资难度，影响工程进度，严重时甚至会使整个工程半途而废，这就需要设计人员认真、仔细地做好概预算工作。概算的编制应坚持严格控制投资、提高投资回报率的原则，积极采取事前控制，原则上不得突破可研报告范围及批复的投资额。

工程设计单位在初步设计阶段编制概算，施工阶段由施工单位编制预算，施工结束后由建设单位进行决算。

9.1.1 概算的内容

概算主要包括下列内容。

(1) 单位工程概算

单位工程概算是计算一个独立车间或装置（即单项工程）中每个专业工程所需工程费用

的文件。单位工程是单项工程的组成部分，单位工程是指具有单独设计、可以独立组织施工、但不能独立发挥生产能力或使用效益的工程，如某个拟建大型综合化工企业中的一个生产车间（或装置）就包括土建工程、供排水工程、采暖通风工程、工艺设备及安装工程、工艺管道工程、电气设备及安装工程等单位工程。单位工程概算又分为建筑工程概算和设备及安装工程概算两类。

(2) 单项工程综合概算

单项工程是指建成后能独立发挥生产能力和经济效益的工程项目。单项工程综合概算是计算一个单项工程（车间或装置）所需建设费用的综合性文件。单项工程综合概算由单项工程内各个专业的单位工程概算汇总编制而成，是编制总概算工程费用的组成部分和依据。

(3) 总概算

总概算是指一个独立厂（或分厂）从筹建、建设安装、到竣工验收交付使用前所需的全部建设资金。概算内容包括各单项工程概算内容的汇总、其他费用计算等。总概算应编制总概算表和概算说明书，进行投资分析。

9.1.2 概算费用的分类

(1) 设备购置费

包括工艺设备（主要生产、辅助生产及公用工程项目的设备）、电气设备（电动、变电配电、电讯设备）、自控设备（各种计量仪器仪表、控制设备及电子计算机等）、生产工具、器具及家具等的购置费。

(2) 安装工程费

指完成装置的各项安装工程所需的费用，包括主要生产、辅助生产、公用工程项目的工艺设备的安装、各种管道的安装、电动、变电配电、电讯等电气设备安装；计量仪器、仪表等自控设备安装费用。

设备内部填充（不包括催化剂）、内衬、设备保温、防腐以及附属设备的平台、栏杆等工艺金属结构的材料及其安装费也列入安装工程费。

(3) 建筑工程费

建筑工程费包括下列主要内容。

① 一般土建工程　包括生产厂房、辅助厂房、库房、生活福利房屋、设备基础、操作平台、烟囱、各种地沟、栈桥、管架、铁路专用线、码头、道路、围墙、冷却塔、水池以及防洪等的建设费用。

② 大型土石方和场地平整及建筑工程的大型临时设施费。

③ 特殊构筑工程　包括气柜、原料罐、油罐（原料及油罐区或室外大型原料罐及油罐），裂解炉及特殊工业炉工程。

④ 室内供排水及采暖通风工程　包括暖风设备及安装、卫生设施、管道煤气、供排水及暖风管道和保温等建设费用。

⑤ 电气照明及避雷工程　包括生产厂房、辅助厂房、库房、生活福利房的照明和厂区照明，以及建筑物、构筑物的避雷等建设费用。

⑥ 主要生产、辅助生产、公用工程等车间内外部管道、阀门以及管道保温、防腐的材料及安装费。

⑦ 电动、变配电、电讯、自控、输电线路、通讯网路等安装工程的电缆、电线、管线、保温等材料及其安装费。

(4) 其他基本建设费用

除上述费用以外的有关费用，如建设单位管理费、生产工人培训费、基本建设试车费、办公及生活用具购置费、建筑场地准备费（如土地征用及补偿费、居民迁移费、建筑场地清理费等）、大型临时设施费及施工机构转移费、设备间接费等。

概算项目按工程性质也可以分为工程费用、其他费用和预备费三种。

(1) 工程费用

① 主要生产项目费用　包括生产车间、原料的贮存、产品的包装和贮存，以及为生产装置服务的工程如空分、冷冻、集中控制室、工艺外管等项目的费用。

② 辅助生产项目费用　包括机修、电修、仪修、中心实验室、空压站、设备材料库等项目的费用。

③ 公用工程费用　包括供排水工程（水站、泵房、冷却塔、水塔、水池等）、供电及电信工程（全厂的变电所、配电所、电话站、广播站、输电和通信线路等）、供汽工程（全厂的锅炉房、供热站、外管等）、总图运输工程（全厂的大门、道路、公路、铁路、码头、围墙、绿化、运输车辆及船舶等）、厂区外管工程等项目的费用。

④ 服务性工程费用　包括厂部办公室、门卫、食堂、医务室、浴室、汽车库、消防车库、厂内厕所等项目的费用。

⑤ 生活福利工程费用　包括宿舍、住宅、食堂、幼儿园、托儿所、职工学校以及相应的公用设施如供电、供排水、厕所、商店等项目的费用。

⑥ 厂外工程费用　包括水源工程、远距离输水管道、热电站、公路、铁路、厂外供电线路等工程的费用。

(2) 其他费用

其他费用项目不是固定不变的，可根据建设项目的具体情况增减，一般包括以下项目的费用。

① 施工单位管理费　包括施工管理费、劳保支出、施工单位法定利润、技术装备费、临时设施费、施工机械迁移费、冬雨季施工费、夜间施工增加费。

② 建设单位费用　包括建设单位管理费用、生产工人进厂及培训费、试车费、生产工具、器具及家具的购置费、办公及生活用具购置费、土地征用及迁移补偿费、绿化费、不可预见工程费等。

③ 勘察、设计和试验研究费　包括勘察费、设计前期工作费、设计费；其他费用，如工程可行性研究费、设计模型费、样品、样机购置和科学研究试验费等。

其他费用又可分为固定资产其他费用、无形资产其他费用和递延资产费用。

① 固定资产　指使用期限超过一年，单位价值在规定标准以上，并且在使用过程中保持原有实物形态的劳动资料，包括房屋及建筑物、机器、设备、运输设备以及其他与经营活动有关的设备、工具、器具等。固定资产其他费用包括土地征用费、建设单位管理费、临时设施费、工程造价咨询费、可行性研究费、工程设计费、地质勘察费、环境影响评价费、劳动安全卫生评价费、职业病危害与评价费、地震评价费、顾问支持费、进口设备材料国内检验费、施工队伍调遣费、锅炉及压力容器安装检验费、超限设备运输特殊措施费、工程保险费、国内设备监造费、研究试验费等。

② 无形资产　指企业长期使用但是没有实物形态的资产，包括专利权、商标权、土地使用权、非专利技术、商誉等。无形资产通常以取得该项资产的实际成本为原值。无形资产其他费用包括工艺包费用、国内专利技术费、引进专利或专有技术费、技术服务费、软件

费等。

③ 递延资产　指不能全部计入当年损益，应当在以后年度内分期摊销的费用，主要指开办费。递延资产费用包括生产人员准备费、办公及生活家具购置费。

(3) 预备费

预备费是指在概算中难以预料的工程的费用，包括基本预备费和工程造价调整预备费。

9.1.3 概算的编制依据

(1) 相关法规、文件

概算编制应遵守国家和所在地区的相关法规以及拟建项目的主管部门批文、立项文件、各类合同、协议。

(2) 设计说明书和图纸

要求按照说明书及图纸的内容，逐项计算、编制，不能任意漏项。

(3) 设备价格资料

定型设备的设备原价按市场现行产品最新出厂价格计算，各类定型设备的出厂价格可根据产品样本或向厂家询价确定；非定型设备可按同类设备估价，设备购置费按设备原价加上设备运杂费估算，设备运杂费率见表 9.1。

表 9.1　设备运杂费率

序　号	建　厂　所　在　地　区	费　率%
1	辽宁、吉林、河北、北京、天津、山西、上海、江苏、浙江、山东、安徽	6.5～7
2	河南、陕西、湖北、江西、黑龙江、广东、四川、福建	7.5～8
3	内蒙古、甘肃、宁夏、广西、海南	8.5～9
4	贵州、云南、青海、新疆	10～11

(4) 概算指标（概算定额）

以《化工建设概算定额》(HG 20238—2003）规定的概算指标为依据，不足部分可按各有关公司和建厂所在省、市、自治区的概算指标进行编制。

如果查不到指标，可采用结构相同（或相似）、参数相同（或相似）的设备或材料指标，或与制造厂家商定指标，或按类似的工程的预算参考计算。概算价格水平应按编制年度水平控制。

9.1.4 概算的编制办法

工程项目设计概算分单位工程概算、单项工程综合概算、其他工程费用概算及总概算四个部分。工程项目的概算均由规定的表格和文字组成，文字只是说明编制的依据和表格不能表达的内容。

它们的编制顺序是先编制单位工程概算，然后编制单项工程综合概算，最后编制总概算。

(1) 单位工程概算

单位工程概算是综合概算和总概算的基础，在这一阶段要完成大量的调查研究工作和计算工作，所以编制好单位工程概算是做好概算工作的关键。

单位工程概算应按独立建筑物（构筑物）或生产车间（工段）为单位进行编制，包括工艺设备（定型、非定型设备及安装）、电气设备（电动、变配电、通讯设备及安装）、自控设备（各种计器仪表、控制设备及安装）、管路（车间内外部管道、阀门及保温、防腐、刷油等）、土建工程等。单位工程概算由直接工程费、间接费、计划利润和税金组成。单位工程概算又分为建筑工程费和设备及安装工程费两大类。

① 建筑工程费　根据主要建筑物设计工程量，按建筑工程概算指标或定额进行编制，包括直接工程费、间接费计划利润和税金。建筑工程的单位工程概算采用表 9.2 的格式编制。

表 9.2　单位工程概算

价格依据	名称及规格	单　位	数　量	单价/元		总价/元	
				合计	其中工资	合计	其中工资

审核　　　　　　核对　　　　　　　　编制　　　　　　　　　　年　月　日

② 设备及安装工程费　这一概算包括设备购置费概算和安装工程费概算两个内容。其中设备购置费由设备原价和运杂费组成；安装工程费又由设备安装费和材料及其安装费组成，按照概算指标和预算定额编制。设备及安装工程费采用表 9.3 的格式编制。

表 9.3　设备及安装工程费

序号	编制依据	设备及安装工程名称	单位	数量	质量/t		概算价值/元					
					单位质量	总质量	单　价			总　价		
							设备	安装工程		设备	安装工程	
								合计	其中工资		合计	其中工资
1	2	3	4	5	6	7	8	9	10	11	12	13

审核　　　　　　核对　　　　　　　　编制　　　　　　　　　　年　月　日

单项工程综合概算是以其所辖的建筑工程概算表和设备安装概算表为基础汇总编制的。当建设项目只有一个单项工程时，单项工程综合概算（实为总概算）还应包括工程建设其他费用、含建设期贷款利息、预备费和固定资产投资方向调节税的概算。

(2) 综合概算

综合概算是在单位工程概算的基础上，以单项工程为单位进行编制的。它是工程总概算的基础，是编制总概算的依据。

根据建设项目中所包含的单项工程的个数的不同，单项工程综合概算的内容也不相同。一个建设项目一般包括主要生产项目、辅助生产项目、公用工程、服务性工程、生活福利性工程、厂外工程等多个单项工程。综合概算是将各车间（单位工程）按上述项目划分，分别填在表 9.4 综合概算的第 2 栏中，然后，把各车间的单位工程概算表中的设备费、安装费、管道及土建的各项费用，按工艺、电气、自控、土建、供排水、照明、避雷、采暖、通风等各项分类汇总在综合概算表中。

(3) 其他工程费用概算

其他工程费用概算是指一切未包括在单项工程概算内，但又与整个建设工程有关的工程和费用的概算。这些工程费用在建设项目中不易分摊时，一般不分摊到各个单位工程。它是根据设计文件及国家、地方和主管部门规定的取费标准单独进行编制。

其他工程费用概算计算如下。

① 建设单位管理费　指建设单位为进行项目的筹备、建设、联合试运转、竣工验收、交付使用及后评估等管理工作所支付的费用，包括工作人员工资、工资附加费、差旅交通费、办公费、工具用具使用费、固定资产使用费、劳动保护费、招收工人费用和其他管理费用性质的开支。建设单位管理费计算方法有两种：一是按总概算第一部分价值的某一百分率计算，二是按人员定额及费用指标计算。

② 征用土地及迁移补偿费　指建设工程通过划拨或土地使用权出让方式取得土地使用权所需的费用。其中包括在征用土地上必须迁移的建筑物和居民的补偿费用；征用土地上已经种植的农作物和树木的补偿费用等，这些费用应按建设所在地的规定指标计算。

③ 工器具和备品备件购置费　指建设工程为生产准备要购置的不够固定资产标准的设备、仪器、器具、生产家具和备品备件的费用。应按国务院主管部门规定的费用指标计算。

表 9.4　综合概算

主项号	工程项目名称	概算价值/万元	单位工程概算价值/万元												
			工艺			电气			自控			土建	室内	照明	采暖
			设备	安装	管路	设备	安装	线路	设备	安装	线路	构筑物	供排水	避雷	避风
1	2	3	4	5	6	7	8	9	10	11	12	13	14	15	16
	一、主要生产项目														
	(一)××装置(或系统)														
	(二)××装置(或系统)														
	⋮														
	二、辅助生产项目														
	⋮														
	三、公用工程														
	(一)供排水														
	(二)供电及电讯														
	(三)供汽														
	(四)总图运输														
	四、服务性工程														
	五、生活福利工程														
	六、厂外工程														
	总计														

审核　　　　　核对　　　　　　　　编制　　　　　　　　　　年　月　日

注：填表说明

1. 各栏填写内容

第 1 栏填写设计主项（或单元代号）。

第 2 栏填写主项（或单元名称）。

第 4、5 栏填写主要生产项目、辅助生产项目和公用工程的供排水、供汽、总图运输以及相应的厂外工程的设备和设备安装费。

第 6 栏填写上述各项目的室内外管路及安装费。

第 7～16 栏分别填写电动、变配电、电讯、自控等设备和设备安装费及其内外部线路、厂区照明、土建、室内给排水、采暖通风等费用。

第 3 栏为第 4～16 栏之和。

2. 工程项目名称栏内一～六项每项均列合计数。总计为合计之和。第一项主要生产项目除列合计数外，其中各生产装置（或系统）还应分别列小数计。第三项公用工程中供排水、供电及电讯、供汽、总图运输均应分别列小计。

3. 本表金额以万元为单位，取两位小数。

④ 办公和生活用具购置费　指为保证新建项目正常生产和管理而需要的办公和生活用具的费用，可按新建项目所在地的规定指标计算。

⑤ 生产工人进厂和培训费　指为培训工人、技术人员和管理人员所支出的费用。可按设计规定的培训人员、数量、方法、时间和国务院主管部门规定的费用指标计算。

⑥ 基本建设试车费　一般不列。所需资金先由流动资金或银行贷款解决，再由试车产品相抵。新工艺、新产品可能发生亏损的，可列试车补差费。

⑦ 建设场地完工清理费　指工程完工后清理和垃圾外运需支付的费用。可按建筑安装工作量的0.1%计算，小范围的扩建、技术改造等外延内涵项目，可参照执行。

⑧ 施工企业的法定利润　指实行独立核算的国有施工企业的计划利润。可按建筑安装工作量和国家建设部、财政部规定的施工利润率计算。

⑨ 不可预见工程费　指在初步设计和概算中难以预料的工程费用。这部分费用一般按工程费用和其他工程费用的总计的5%计算。

(4) 总概算

总概算是反映建设项目全部建设费用的文件，它包括从筹建起到建设安装完成以及试车投产的全部建设费用。总概算是由综合概算和其他工程费用概算组成。一般采用表9.5的格式编制。初步设计说明书中的概算书，要以总概算的形式表示。总概算一般是按独立的或联合的企业进行编制，如果需要按一个装置（或系统）进行概算，可不经过综合概算直接进行总概算。总概算的内容如下。

表 9.5　总概算

序号	工程或费用名称	概算价值/万元					占总概算价值/%	技术经济指标		
		设备购置费	安装工程费	建筑工程费	其他基建费	合计		单位	数量	指标/元
1	2	3	4	5	6	7	8	9	10	11
	第一部分:工程费用									
	一、主要生产项目									
	(一)××装置(或系统)									
	⋮									
	二、辅助生产项目									
	三、公用工程									
	(一)供排水									
	(二)供电及电讯									
	⋮									
	小计									
	四、服务性工程									
	五、生活福利工程									
	六、厂外工程									
	合计									
	第二部分:其他费用									
	其他工程和费用									
	第一、二部分合计									
	未可预见的工程和费用									
	总概算价值									

审核　　　　　核对　　　　　　　　编制　　　　　　　　　　　年　月　日

注:填表说明

1. 各栏填写说明

第2栏按本表规定项目填写,除主要生产项目列出生产装置,集中控制室,工艺外管等项目外,其他不列细目。

第3栏填写综合概算表的第4、7、10栏之和及其他费用中的生产工具购置费。

第4栏填写综合概算表中的第5、8、11栏之和及其大型临时设施相应费用。

第5栏填写综合概算表中的第6、9、12～16栏之和及其他工程和费用中,大型土石方、场地平整,大型临时设施的相应费用。

第9、10栏填写生产规模或主要工程量。

第11栏等于7栏。

2. 本表金额以万元为单位,取两位小数。

① 编制说明　扼要说明工程概况，如生产品种、规模、设计内容、公用工程及厂外工程的主要情况。

② 资金来源及投资方式　是中央还是地方、企业投资或境外投资；是借贷、自筹还是中外合资等。

③ 设计范围及设计分工。

④ 编制依据　列出项目的相关批文、合同、协议、文件的名称、文号、单位及时间。

⑤ 概算编制的依据。

⑥ 材料用量估算　填写主要设备、建筑和安装三大材料用量估算表，可按表 9.6、表 9.7 的格式编制。

表 9.6　主要设备用量

项目	设备总台数	设备总质量/t	定型设备		非定型设备					
			台数	质量/t	台数	质量/t	其中			
							碳钢	不锈钢	铝	其他

注：本表根据设备一览表填列各车间（工段）的生产设备，一般通用设备填入定型设备栏，非定型设备除填列质量外，同时按材质填入质量。以上表中“项目”一栏按主要生产项目、辅助生产项目、公用工程等填写，其中主要生产项目按装置填写，其他不列细项。

表 9.7　主要建筑和安装三大材料用量

项目	木材用量/m^3	水泥用量/t	钢材用量/t					
			板材	其中不锈钢	管材	其中不锈钢	型材	其中不锈钢

注：可根据单位工程概算表中的材料统计数字填写。以上表中“项目”一栏按主要生产项目、辅助生产项目、公用工程等填写，其中主要生产项目按装置填写，其他不列细项。

⑦ 投资分析　分析各项投资比重，并与国内外同类工程比较，分析投资高低的原因。

⑧ 总概算表的编制　总概算表分工程费用和其他费用两大部分。如有“未可预见的工程费用”，一般按表中第一、第二部分总费用的 5%计算，详见表 9.5。

9.2 技术经济

技术经济是指生产技术方面的经济问题，即在一定的自然条件和经济条件下，采用什么样的生产技术在经济上比较合理，能取得最好的经济效果。技术经济分析需要对不同的技术政策、技术方案、技术措施进行经济效果的评价、论证和预测，力求达到技术上先进和经济上合理，为确定对发展生产最有利的技术提供科学依据和最佳方案。技术经济分析在化工建设过程中是一个具有战略性的步骤，是决定项目命运，保证项目建设顺利进行，提高项目经济效果的根本性措施。

现参照国外的估算方法，结合我国的情况分别介绍适合我国化工行业在可行性研究中估算项目建设投资、生产成本和经济评价的常用方法。

9.2.1 投资估算

9.2.1.1 国内工程项目建设投资估算

(1) 基本建设投资

按国内习惯，工程项目基建投资由下列三部分费用组成。

① 工程费用　包括主要生产项目、辅助生产项目、公用工程项目、服务性工程、生活福利和厂外工程的费用。

② 其他费用　主要包括征用土地费、青苗补助费、建设单位管理费、研究试验费、生产职工培训费、办公和生活用具购置费、勘探设计费、供电贴费、施工机构迁移费、联合试车费、涉外工程出国联系费等。

③ 不可预见费　有时也称预备费，为一般不能预见的有关工程及其费用的预备费。其费用一般按工程费用和其他费用之和的一定百分比计。

(2) 流动资金

企业进行生产和经营活动所必需的资金称之为流动资金。包括储备资金、生产资金和成品资金三部分。一般按几个月生产的总成本计。

(3) 建设期贷款利息

基建投资的贷款在建设期的利息，以资本化利息进入总投资。该部分利息不列入建设项目的设计概算，不计入投资规模，进入成本作为考核项目投资效益的一个因素。

(4) 总投资

$$总投资=基本建设投资+流动资金+建设期贷款利息$$

总投资作为考核基本建设项目投资效益的依据。

9.2.1.2 涉外工程项目建设投资估算

(1) 国外部分

① 硬件费　指设备、备品备件、材料、化学药品、催化剂、润滑油等费用。

② 软件费　指设计、技术资料、专利、商标、技术服务、技术秘密等费用。

(2) 国内部分

① 贸易从属费　一般包括国外运费、运输保险费、外贸手续费、银行手续费、关税、增值税等。

② 国内运杂费和国内保险费。

③ 国内安装费。

④ 其他费用　包括外国工程技术人员来华各项费用、出国人员各项费用，招待所家具及办公费等。

(3) 国内配套工程

与国内项目一样估算费用。

$$总投资=国外部分+国内部分+国内配套工程$$

9.2.1.3 工艺装置（工艺界区）建设投资估算

按国内习惯，主要生产装置费用只计算了装置的直接投资［即包括和生产操作有关的一切土建、设备、管道、仪器以及位于界区内的水、电、汽（气）供应以及界区内的所有管道、管件、阀门、防火设施及“三废”治理等］，而未包括装置的间接投资（如装置的专利费、设计费和技术服务费等），把装置的间接投资归结为“其他费用”。但国外的做法与国内有所不同，在与外商签订的合同中可以看出，间接投资也计入在装置的总价中。因此，在项目的可行性研究阶段，有时也要用到界区投资的估算，下面就常用的方法作一简单介绍。

（1）规模指数法

$$C_1=C_2\left(\frac{S_1}{S_2}\right)^n$$

式中 C_1——拟建工艺装置的界区建设投资；

C_2——已建成工艺装置的界区建设投资；

S_1——拟建工艺装置的建设规模；

S_2——已建成工艺装置的建设规模；

n——装置的规模指数。

装置的规模指数通常情况下取为0.6。当采用增加装置设备大小达到扩大生产规模时，$n=0.6\sim0.7$；当采用增加装置设备数量达到扩大生产规模时，$n=0.8\sim1.0$；对于试验性生产装置和高温高压的工业性生产装置，$n=0.3\sim0.5$，对生产规模扩大50倍以上的装置，用规模指数法计算误差较大，一般不用。

（2）价格指数法

$$C_1=C_2\times\frac{F_1}{F_2}$$

式中 C_1——拟建工艺装置的界区建设投资；

C_2——已建成工艺装置的界区建设投资；

F_1——拟建工艺装置建设时的价格指数（cost index）；

F_2——上述已建成工艺装置建设时的价格指数。

价格指数是根据各种机器设备的价格以及所需的安装材料和人工费加上一部分间接费，按一定百分比根据物价变动情况编制的指数。

过去我国物价波动范围不大，因此，没有价格指数这个概念。设备等费用的变动是主管部门根据材料费、加工费等变动情况若干年调整一次。国外化学工业中用的价格指数有：美国化学工程杂志编制的工厂价格指数（简称CE指数）、纳尔逊的炼厂建设指数和美国斯坦福国际咨询研究所编制的用于化工经济评价的价格指数。

（3）单价法

对于新开发技术的装置费用，是根据工艺过程设计编制的设备表来进行装置的建设投资估算。一个化工生产装备，是由化工单元设备如压缩机、风机、泵、容器、反应器、塔器、换热器、工业炉等组成。通常情况下，流程图包括的上述主要设备要占整个装置投资的一半以上，关于各种机器设备费的估算，是根据各类机器设备的价格数据，选择影响设备费用的主要关联因子，应用回归分析方法，求出设备费用与主要关联因子间的估算关联式而进行的。对流程图中包括的主要设备估算完成后，就可以估算整个装置的界区建设投资。

9.2.2 产品生产成本估算

产品生产成本是指工业企业用于生产某种产品所消耗的物化劳动和活劳动。是判定产品价格的重要依据之一，也是考核企业生产经营管理水平的一项综合性指标。产品生产成本包括如下项目。

（1）原材料费

原材料费包括原料及主要材料、辅助材料费用。

原材料费=消耗定额×该种材料价格

式中，材料价格系指材料的入库价。

入库价=采购价+运费+途耗+库耗

途耗指原材料采购后运进企业仓库前的运输途中的损耗，它和运输方式、原材料包装形式、运输管理水平等因素有关。库耗指企业所需原材料入库至出库间的损耗，库耗与企业管理水平有关。

(2) 燃料费

燃料费计算方法与原材料费相同。

(3) 动力费用

动力费用=消耗定额×动力单价

动力供应有外购和自产两种情况。动力外购指向外界购进动力供企业内部使用。如向本地区热电站购电力等，此时动力单价除提供的单价之外，还需增加本厂为该项动力而支出的一切费用。自产动力指厂内设水源地、自备电站、自设锅炉房（供蒸汽）、自设冷冻站、自设煤气站等，则各种动力均须按照成本估算的方法分别计算其单位车间成本，作为产品成本中动力的单价。

照明、电动机及一切操作设备的动力由电能供应，在电力输送过程中，部分的电能将转化为热能，一般情况下，电力的供应量为需要的1.1～1.25倍左右。电、水、蒸汽、燃料的成本，大略估计约占产品成本的10%～20%。

(4) 生产工人工资及附加费

生产工人指直接从事生产产品的操作工人。工资附加费是指根据国家规定按工资总额提留一定百分比的职工福利费部分，不包括在工资总额内。因此，生产工人工资估算出总额后，应再增加一定百分比的工资附加费。

$$\text{生产工人工资及附加费}=\frac{\text{某产品生产工人平均工资}+\text{附加费}}{\text{某产品年产量}}\times\text{某产品生产工人人数}$$

单位时间的工资随工厂性质及地区而异，一般的化工厂，工资占产品成本的1%～3%。

(5) 车间经费

车间经费为管理和组织车间生产而发生的费用。如车间管理人员和辅助人员的工资及工资附加费，办公费，照明费，车间固定资产折旧费，大、中、小修理费，低值易耗品费，劳动保护费，取暖费等。

工程项目在建设前期车间经费的估算一般以车间固定资产为基数，通常分车间固定资产折旧费，大、中、小修理费和车间管理费三部分计算。

$$\text{车间固定资产折旧费}=\frac{\text{计提折旧的车间固定资产原值}}{\text{产品年产量}}\times\text{折旧率}$$

$$\text{折旧率}=\frac{1}{\text{项目寿命年限}}\times 100\%$$

$$\text{大、中、小修理费}=\frac{\text{计提折旧的车间固定资产原值}}{\text{产品年产量}}\times\text{修理费率}$$

$$\text{车间管理费}=\frac{\text{计提折旧的车间固定资产原值}}{\text{产品年产量}}\times\text{车间管理费率}$$

车间经费=车间折旧费+大、中、小修理费+车间管理费

折旧包括实质性折旧和功能性折旧。前者是指资产的实体发生变化导致价值的减少，后者是指由于需求发生变化、居民点迁移、能力不足、企业关闭等。由于折旧是用价值的减少

来度量的，所以在计算折旧费时，要考虑二者来确定该项目及装置的服务寿命，由其服务寿命即可计算出折旧费。

(6) 联产、副产品费

化工生产中常有联产品、副产品与主产品按一定的分离系数产生出来。

联产品的成本计算多采用“系数法”。系数是折算各项实物产品为统一标准的比例数，如反映主产品和联产品的化学有效成分含量的比例、耗用原料比例、售价的比例、成本的比例等。可选择一项起主导作用的比例数作为制定系数的基础。

副产品费用通常可用副产品的固定价格乘以副产品的数量从整产品的成本中扣除。

(7) 企业管理费

企业管理费为企业管理和组织生产所发生的全厂性的各项费用。如企业管理部分人员的工资及附加费、办公费、研究试验费、差旅费、全厂性固定资产（除车间固定资产外）折旧费、维修费、福利设施折旧费、工会经费、流动资金利息支出和其他费用等。

一般估算的方法按商品、产品、车间总成本的比例分摊于产品成本中。企业内部的中间产品或半成品不计入企业管理费。

企业管理费＝车间成本×企业管理费率

车间成本＝原材料费＋燃料费＋动力费＋生产工人工资及附加费＋车间经费－联产、副产品费

(8) 销售费用

销售费用指销售产品支付的费用。包括广告费、推销费、销售管理费等。销售费用可用销售额的一定百分比来提取，也常用工厂成本的一定百分比来考虑。百分比的大小根据产品种类，市场供求关系等具体情况来确定。

销售费用＝产品销售额×销售费率

或　　销售费用＝工厂成本×销售费率

工厂成本＝车间成本＋企业管理费

以上（1）～（8）项相加，构成了产品的生产成本，通常称为工厂完全成本或销售成本。

9.2.3 经济评价

9.2.3.1 经济评价方法的分类

投资效果是技术方案经济评价的核心，是技术经济分析的主体。技术方案经济效果的计算和评价方案，主要是指投资效果的计算和评价方法。

投资效果的计算和评价方法很多，归纳起来，可分类如下。

① 按是否计算时间因素（资金的时间价值）分为静态分析法和动态分析法。

② 按求取的目标分为所得法和所费法。所得法是从收益大小比较不同方案的投资效果；所费法是从费用大小比较不同方案的投资效果。

按以上两个不同角度，将投资效果计算和评价的各种方法归纳分类见表9.8。

9.2.3.2 投资效果的静态分析法

(1) 投资回收期法

投资回收期法也叫返本期法或偿还年限法，是一种投资效果的简单分析法。它是将工程项目的投资支出与项目投产后每年的收益进行简单比较，以求得投资回收期或投资回收率。这种方法比较粗略，但简便易行，是我国实际工作中应用最广泛的一种静态分析方法。但它不反映时间因素，不如动态分析法精确。投资回收期法按其计算对象和计算方法的不同，又可分为以下几种：

投资回收期法
- 总投资回收期
  - 按达产年收益计算
  - 按累计收益计算
  - 按逐年收益贴现计算
- 追加投资回收期

表 9.8 投资效果计算和评价方法

求取目标 \ 评价方法 \ 时间因素		静 态	动 态	
			按各年经营费用计算	按逐年现金流量计算
所得法	投资回收期(τ)	总投资回收期法 追加投资回收期法 财务平衡法	逐年利润贴现偿还法 定额返本法	
	投资收益率(i)	简单投资收益率法 (ROI 法)	投资报酬率比较法	现金流量贴现法(IRR 法) 净现值法(NPV 法) 净现值率法(NPVR 法) 现值指数法
所费法	总费用(S)	总算法(静)	总算法(动) 现值比较法(PW 法)	
	年计算费用法(C)	年计算费用法	年成本比较法(AC 法) 年两项费用法	

a. 总投资回收期

总投资回收期是一个绝对的投资经济效果指标，有下列几种不同算法。

① 按达产年收益计算　达产年收益是指工程项目投产后，达到设计产量的第一个整年所获得的收益，用该收益额来计算回收该工程项目全部投资所需的年数。计算公式如下：

$$\text{投资回收期（年）}=\frac{\text{总投资}}{\text{年净利润}+\text{年折旧费}}$$

$$\text{年净利润}=\text{销售收入}-\text{销售成本}-\text{税金}$$

② 按累计收益计算　累计收益是指工程项目从正式投产之日起，累计提供的总收益额。投资回收期即为该收益额达到投资总额时所需的年数。

③ 按逐年收益贴现计算　这是考虑时间因素的一种投资回收期计算方法（但与动态分析法不完全相同）。由于利润是在投产后逐年获得的，应该折算为现值然后去补偿投资。计算公式如下：

$$\text{投资回收期}(\tau)=-\frac{\lg(1-K_{\mathrm{i}}/m)}{\lg(1+i)}$$

式中　K_{i}——年投资额；

m——年利润额与年折旧费之和；

i——年利率。

b. 追加投资回收期

这是一个相对的投资效果指标。追加投资回收期是指一个方案比另一个方案所追加的（多花费的）投资，用两个方案的年成本费用的节约额去补偿追加投资所需的年数。其计算公式如下：

$$\text{追加投资回收期 }\tau_{\mathrm{a}}=\frac{\Delta K(\text{投资差额})}{\Delta C(\text{年成本差额})}=\frac{K_1-K_2}{C_2-C_1}$$

式中　K_1，K_2——分别为甲、乙两方案的年投资额；

C_1，C_2——分别为甲、乙两方案的成本额。

所求得的追加投资回收期年数还必须与国家或部门所规定的标准投资回收期 τ_{n} 作比较

才能作出结论。假如所求得的 $\tau_a \leqslant \tau_n$，则投资大的方案是经济合理的，选取投资大的方案；反之，若 $\tau_a > \tau_n$，则应选取投资小的方案。

(2) 计算费用法

计算费用法也叫折算费用法，即对参与比较的各个方案的投资费用利用投资效果系数，折算成和经营费类似的费用，然后和经营费相加，得到计算费用值，以数值小者为优，据此决定方案的取舍。

计算费用法一般以年为计算周期，计算公式如下：

$$F = C + KE_n$$

式中　F——年计算费用；

C——年经营费（或年总成本）；

K——投资费用；

E_n——标准投资效果系数；

KE_n——代表技术方案由于占用了国家资金未能发挥相应的生产效益所引起的每年损失费用。

9.2.3.3 投资效果的动态分析法

上述静态分析法只考虑了投资回收，而没有考虑投资回收之后的情况，也就是没有考虑整个项目存在期间的投资经济效果。动态分析法兼顾了项目的经济使用年限和资金时间价值。动态分析计算方法很多，最常用的有：现金流量贴现法（IRR 法），净现值法（NPV 法），净现值率法（NPVR 法），年成本比较法（AC 法），现值比较法（PW 法）等。其中净现值法和现金流量贴现法是目前国内外应用最广泛的两种。下面分别予以介绍。

(1) 净现值法

净现值法（NPV 法）是指建设项目在整个服务年限内，各年所发生的净现金流量（即现金流入量和现金流出量的差额），按预定的标准投资收益率，逐年分别折算（即贴现）到基准年（即项目起始时间），所得各年净现金流量的现值（简称净现值 NPV），视其合计数的正负和大小决定方案优劣。净现值的计算公式如下：

$$\mathrm{NPV} = \sum_{t=1}^{n} C_t (1+i)^{-t}$$

式中　C_t——第 t 年的净现金流量；

t——年数（$t=1,2,\cdots,n$）；

i——年折现率（或标准投资收益率）；

n——工程项目的经济活动期。

净现值的计算结果可能出现以下三种情况。

NPV>0，表示投资不仅能得到符合预定的标准投资收益率的利益，而且还能得到正值差额的现值利益，则该项目为可取。

NPV<0，表示投资达不到预定的标准投资收益率的利益，则该项目不可取。

NPV=0，表示投资正好能得到预定的标准投资收益率的利益，则该项目也是可行的。

(2) 净现值率法

净现值率法（NPVR 法）是在净现值法的基础上发展起来的，可作为净现值法的一种补充方法。对两个或两个以上的建设方案进行比较时，仅计算所得净现值的大小，还不能判断哪一个方案好，因为各个方案的投资额可能不同。所以，还要通过净现值率（NPVR）的大小，来比较各方案的投资经济效果。净现值率法表示方案的净现值与投资现值的百分比，即单位投资产生的净现值。净现值率越高，说明方案的投资效果越好。计算公式如下：

$$净现值率(NPVR)=\frac{净现值(NPV)}{投资现值(PVI)}\times 100\%$$

(3) 现金流量贴现法

现金流量贴现法（discount cash flow method，简称 DCF 法）也称内部收益率法（即 IRR 法）或报酬率比较法。是指建设项目在使用期内所发生的现金流入量的现值累计数和现金流出量的现值累计数相等时的贴现率（即内部收益率），即净现值等于零时的贴现率。这个内部收益率反映了项目总投资支出的实际盈利率，再将此内部收益率与预定的标准投资收益率比较，视其差额大小，作出对项目投资效果优劣的判断。

内部收益率的计算方法如下。

① 先将项目使用期正常年份的年净现金流量除以项目的总投资额，所求得的比率作为第一个试算的贴现率。

② 以求得的试算贴现率计算项目的总净现值，如果总净现值为正值，说明该贴现率偏小，需要提高，如果是负值，说明该贴现率偏大，需要降低。

当找到按某一个贴现率所求得的净现值为正值，而按相邻的一个贴现率所求得的净现值为负值时，则表明内部收益率就在这两个贴现率之间。

③ 用线性插值法求得精确的内部收益率，公式如下：

$$IRR=i_1+\frac{NPV_1(i_2-i_1)}{|NPV_1|+|NPV_2|}$$

式中 IRR——内部收益率，%；

i_1——略低的折现率，%；

i_2——略高的折现率，%；

NPV_1——在低折现率 i_1 时总净现值（正数）；

NPV_2——在高折现率 i_2 时总净现值（负数）。

9.2.3.4 不确定性分析

在对项目的经济评价中，由于经济计算所采用的数据大部分来自预测或估计，其中必然包含某些不定因素和风险，为了使评价结果更符合实际，提高经济评价的可靠性，减少项目实施的风险，需要作盈亏分析和敏感性分析。分析这些不定因素的变化对工程项目投资经济效果的影响。

(1) 盈亏分析

盈亏分析或盈亏平衡点分析，是通过分析销售收入、可变成本、固定成本和盈利等四者之间的关系，求出当销售收入等于生产成本，即盈亏平衡时的产量，从而在售价、销售量和成本三个变量间找出最佳盈利方案。盈亏平衡点有以下三种表示方法。

① 以 BEP_1 表示盈亏平衡点的生产（销售）量时，计算公式为：

$$BEP_1=\frac{f}{P(1-T_r)-V}$$

式中 f——年总固定成本（包括基本折旧）；

P——单位产品价格；

T_r——产品销售税金；

V——单位产品可变成本。

BEP_1 值小，说明项目适应市场需求变化的能力大，抗风险能力强。

② 以 BEP_2 表示盈亏平衡点的总销售收入，则

$$BEP_2 = Y = PX$$

式中 Y——年总销售收入；

P——销售单价；

X——产品产量，即所求的盈亏平衡点的生产量。

③ 以 BEP_3 表示盈亏平衡点的生产能力利用率，则

$$BEP_3 = \frac{f}{r - V'}$$

式中 f——年总固定成本（包括基本折旧）；

r——达到计算能力时的销售收入（不包括销售税金）；

V'——年总可变成本。

某项目盈亏分析图如图 9.1 所示。

（2）敏感度分析

敏感度分析就是对项目的销售量、单价、成本等变化最敏感的因素进行变化程度的预测分析，对可能出现的最理想和最不理想情况下的最高和最低数值，作多种方案比较，从而确定较切合实际的指标来分析项目的投资经济效果，减少分析的误差，提高分析的可靠性。

敏感度分析的具体计算举例见表 9.9。

表 9.9 敏感度分析计算举例 单位：万元

序号	项 目	基本方案	销售价格		可变成本	固定成本	投资	产量
			－10％	＋10％	＋10％	＋10％	＋10％	－10％
1	销售收入	12500	11360	13750	12500	12500	12500	11360
2	总成本	9780	9780	9780	10430	10030	9858	9190
3	税金	1360	790	1985	1035	1235	1321	1085
4	年净利润	1360	790	1985	1035	1235	1321	1085
5	投资	10300	10300	10300	10300	10300	11330	10300
6	投资收益率/％	13.2	7.7	19.3	10.0	12.0	11.7	10.5
7	每增加 1％时		－0.55	＋0.61	－0.32	－0.12	－0.15	－0.27

由表 9.9 可见，该项目投资收益率受产品销售价格变化的影响最为敏感，当销售价格增减 1％时，内部收益率将增加 0.61％或减少 0.55％。其次是可变成本及产量的变化，对内

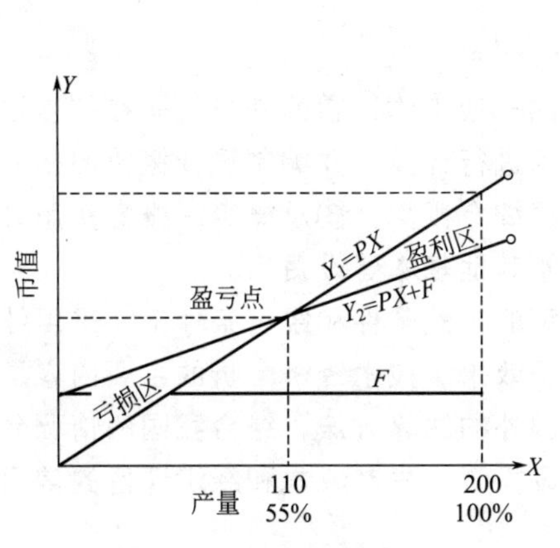

图 9.1 某项目的盈亏分析

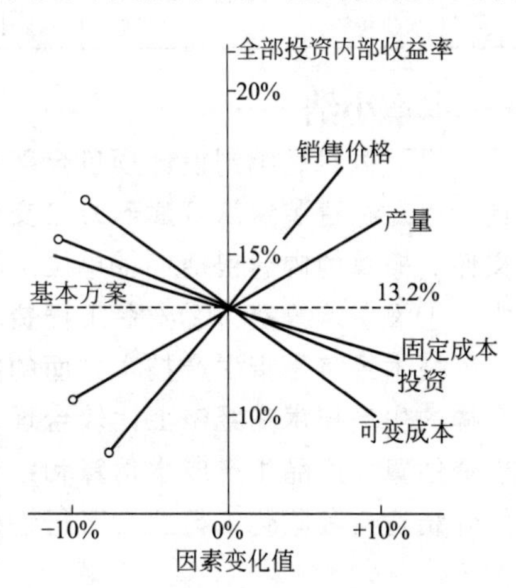

图 9.2 敏感度分析

部收益率的影响也相当大。投资及固定成本变化对内部收益率的敏感度较小。

敏感度分析如图 9.2 所示。

以上介绍了一些最常用的投资估算、成本估算及经济分析的方法，由于工程项目的性质、外界的条件、经济评价的目的和委托者的要求以及经济评价工作者的习惯都不相同，经济评价所包括的内容以及评价结果书面文件的编写形式和详略程度也互不相同。表 9.10 介绍了一个工程项目经济评价结果的书面文件格式仅供参考，需要说明的是这并不是一个标准或样板。

表 9.10　主要技术经济指标汇总

序号	指标名称	单位	数值	备注	序号	指标名称	单位	数值	备注
1	规模					①工程费用			
	①产品					②其他费用			
	②副产品					③不可预见费用			
2	年工作日				10	流动资金			
3	主要原料、燃料				11	资金来源			
	①					①国内贷款			
	②					②国外贷款			
4	公用工程实量					③自筹资金			
	①水				12	总产值			
	②电				13	年总成本			
	③蒸汽					①固定成本			
	④冷冻量					②可变成本			
5	建筑面积及占地面积				14	利润			
	①建筑面积					①年销售利润			
	②占地面积					②企业留利润			
6	年运输量				15	税金			
	①运入量					①产品销售税金			
	②运出量					②城市建设维护税等			
7	工厂定员				16	技术经济指标			
	①生产人员					①人年劳动生产率			
	②非生产人员					②投资回收期(静态)			
8	“三废”排出量					投资回收期(动态)			
	①废气					③投资收益率(静态)			
	②废水					内部收益率(动态)			
	③废渣					④净现值($i=$　%)			
9	基建投资					⑤净现值率($i=$　%)			

本章小结

设计概算是编制设计项目全部建设过程所需费用的一项工作，它的任务就是在初步设计阶段对拟建装置从筹建到竣工交付使用所需全部费用进行计算，并编制设计概算的相关文件。概算的内容包括：①单位工程概算；②单项工程综合概算；③总概算。概算费用分为：①设备购置费；②安装工程费；③建筑工程费；④其他基本建设费用。

技术经济是指生产技术方面的经济问题，即在一定的自然条件和经济条件下，采用什么样的生产技术在经济上比较合理，能取得最好的经济效果。技术经济分析的主要内容是投资估算，产品生产成本估算和经济评价。本章参照国外的估算方法，结合我国的情况分别介绍适合我国化工行业在可行性研究中估算项目建设投资、生产成本和经济评价的常用方法。

思考与练习题

1. 概算编制的依据是什么？都包括哪些内容？如何进行编制？

2. 对某一建设项目为什么要进行概算？

3. 投资估算内容是什么？如何进行投资估算？

4. 产品生产成本都包括哪些内容？如何进行成本估算？

5. 经济评价有哪些方法？什么是投资效果的静态分析和动态分析？为什么还要进行不确定性分析？

第10章 设计文件的编制

在本章你可以学到如下内容

- 初步设计阶段设计文件的编制内容及要求
- 施工图设计文件的编制内容及要求

化工厂设计的基本任务是将一个系统（一个工厂、一个车间或一套装置等）的基建任务以图纸、表格及必要的文字说明（说明书）的形式描绘出来，即把技术装备转化为工程语言，然后通过基本建设的方法把这个系统建设起来，并生产合格产品。这些图纸、表格及说明书的绘（编）制就是设计文件的编制。

设计文件是工程项目设计的最终成品，是组织施工的依据，由于设计阶段的不同，设计文件的编制内容和深度要求也不同。

10.1 初步设计阶段设计文件的编制

化工厂初步设计文件按设计专业分别编制，包括总论、技术经济、总图运输、化工工艺及系统、布置与配管、厂区外管、分析、设备、自动控制及仪表、供配电、土建、环保等。化工工艺及系统专业初步设计文件按装置分别编制，包括设计说明书和说明书的附表、附图。

10.1.1 设计说明书的编制内容

(1) 概述

设计原则，设计依据文件、车间概况及特点、生产规模、生产方法、流程特点及技术先进可靠性和经济合理性、主要技术资料和技术方案的决定，主要设备的选型原则等；说明车间组成、设计范围、车间布置的原则和特点等；说明生产制度，年操作日，连续和间歇生产情况以及生产班次等，“三废”治理与环境保护的措施与实际效果。

(2) 原材料、产品（包括中间产品）**及助剂的主要技术规格**

原材料、产品及助剂的主要技术规格按表10.1格式编制。

表 10.1 原材料、产品及助剂的主要技术规格

序 号	名 称	规 格	分析方法	国家标准	备 注
1	2	3	4	5	6

(3) 危险性物料主要物性

危险性物料系指决定车间（装置）区域或厂房防火、防爆等级，及操作环境中有害物质的浓度超过国家卫生标准而采取隔离、防护、置换（空气）等措施的主要物料。具体按表 10.2 格式编制。

(4) 生产流程简述

按生产工序叙述物料经过工艺设备的顺序及流向，写出主、副反应的反应方程式，主要操作控制指标，如温度、压力、流量、配比等。对间歇操作须说明操作周期、一次加料量及各阶段的控制指标，通常用工艺流程简图和物料平衡表表示。说明产品及原料的贮存、运输方式及有关安全措施和注意事项。

表 10.2 危险性物料的主要物性

序号	物料名称	相对分子质量	熔点/℃	沸点/℃	闪点/℃	燃点/℃	在空气中爆炸极限		国家标准	备注
							上限	下限		
1	2	3	4	5	6	7	8	9	10	11

(5) 主要设备的选择与计算

① 对车间（装置）有决定性影响的设备，如反应设备、传质设备和主要机泵的型式、能力、备用情况要加以说明，同时论证其技术可靠性和经济合理性，并推荐制造厂。

② 各主要设备应做必要的工艺计算，对机泵等定型设备要填写技术特性表，并将全部设备设计的结果填入“设备一览表”内，并推荐制造厂。

(6) 原材料、动力消耗定额及消耗量

原材料消耗定额（以每吨产品计）及消耗量按表 10.3 所示编制。

表 10.3 原材料消耗定额及消耗量

序号	名 称	规 格	单 位	消耗定额	消 耗 量		备 注
					每小时	每 年	
1	2	3	4	5	6	7	8

动力（水、电、汽、气）消耗定额（以每吨产品计）及消耗量按表 10.4 所示编制。

表 10.4 动力消耗定额及消耗量

序号	名 称	规 格	使用情况	单 位	消耗定额	消 耗 量		备 注
						正常	最大	
1	2	3	4	5	6	7	8	9

表 10.3、表 10.4 中消耗定额可按每吨 100%分析纯产品计或每吨工业产品计。

(7) 生产控制分析

生产控制分析的编制格式见表10.5所示。

表10.5 生产控制分析

序 号	取样地点	分析项目	分析方法	控制指标	分析次数	备 注
1	2	3	4	5	6	7

注：1. 取样地点系指在哪台设备（或管线）上取样。

2. 分析项目系指为使工艺生产正常运行而应控制的分析组分。

3. 分析方法只需简要标明所采用的分析方法即可（如重量法、滴定法、色谱法等）。

4. 控制指标系指所分析的项目应控制的上、下限范围。

5. 分析次数系指正常运转时，每小时或每班的次数，至于开车时的分析次数则可视情况的需要而定，并应用括号括出，同时在备注中加以说明。

(8) 车间或工段定员

车间或工段定员见表10.6。

表10.6 车间或工段定员

序号	名 称	生产工人		辅助工人		管理人员	操作班次	轮休人员	合 计
		每班定员	技术等级	每班定员	技术等级				
1	2	3	4	5	6	7	8	9	10
	车间(或工段)补缺人员								
	车间(或工段)合计								

(9) 主要节能措施

论述能源选择和利用的合理性，采用节能新技术、新工艺、新材料、新设备的情况及其节能效益。

(10) “三废”治理

说明排放物的性质、有害物质的组成与含量、数量、排出场所以及对环境的危害情况，提出“三废”治理措施及综合利用办法。“三废”排量及组成见表10.7。

表10.7 “三废”排量及组成

序号	排放物名称	温度/℃	压力/Pa	排出点	排放量			组成及含量	国家排放标准	处理意见	备注
					单位	正常	最大				
1	2	3	4	5	6	7	8	9	10	11	12

(11) 产品成本估算

车间成本主要从原材料费、动力消耗费、工资、车间经费以及副产品与其他回收费用进行估算。作为工厂成本则还需估算企业管理费。产品成本估算见表10.8。

(12) 自控部分

这一部分由自控专业按初步设计的要求进行编写，主要说明自控特点和控制水平确定的

表 10.8　产品成本估算

序号	名　称	单位	消耗定额	单价	成本	备　注
1	2	3	4	5	6	7
一	原材料费 合计					
二	动力费 水 电 合计					
三	工资 合计					定员××人
四	车间经费 1. 折旧费 2. 修理费 3. 管理费 合计					 按××年折旧 按折旧费××%计 按 1、2 项之和××%计
五	副产品及其他回收费 合计					
六	产品车间(装置)成本					

原则、环境特征及仪表选型、动力供应及存在的问题等。

(13) 概算

按概算编制的规定编制出车间的总概算书，并编入说明书的最后部分。

(14) 技术风险备忘录

说明造成技术风险的原因和存在的技术问题，说明所采用技术或专利可能导致对设计性能保证指标、原材料及公用工程消耗指标产生不利影响的情况，预计其后果。

(15) 存在问题及解决意见

说明设计中存在的主要问题，提出解决的办法和建议以及需要提请上级部门审批的重大技术方案问题。

10.1.2　设计说明书的附图和附表

(1) 流程图图例符号、缩写字母和说明（或首页图）

(2) 物料流程图和物料平衡表

(3) 管道及仪表流程图

(4) 设备布置图

(5) 主要设备设计总图

根据设计具体情况确定应做设备总图的主要设备，确定结构形式、材料选择、主要技术特性、操作条件等。

(6) 附表

设计说明书包括以上表 10.1～表 10.8 和设备一览表等附表。设备一览表按容器类、塔类、换热器类、泵类等分别分项编写，设备位号按流程顺序、分工序编写（见表 10.9～表 10.12）。初步设计的设备一览表亦可用施工图设计的一览表填写。

表 10.9　再沸器、换热器和冷却器（E）

序号	流程编号	名称	介　质		程数	温度/℃		压力(绝压)/MPa	流量/(kg/h)	平均温度差/℃	热负荷/(kJ/h)	传热系数/[kJ/(m²·h·℃)]	传热面积/m²		型式	挡板间距/mm	备注
						进	出						计算	采用			
1	2	3	4	5	6	7	8	9	10	11	12	13	14	15	16	17	18
			管内														
			管间														
			管内														
			管间														

表 10.10　塔（T）

序号	流程编号	名称	介质	操作温度/℃		塔顶压力(绝压)/MPa	回流比	气体负荷/(m³/h)	液体负荷/(m³/h)	允许空塔线速/(m/s)	降液管停留时间/s	塔径/mm		塔板型式	塔板间距或填料高度/mm		塔板数块		塔高/mm	备注
				塔顶	塔底							计算	实际		计算	实际	计算	实际		
1	2	3	4	5	6	7	8	9	10	11	12	13	14	15	16	17	18	19	20	21

表 10.11　反应器（R）

序号	流程编号	名称	台数台	型式	操作条件			体积流量/(m³/h)	空速(催化时)/(m³/m³)	催化装置量/m³	装料系数	线速度/(m/s)	停留时间/min	规　格		备注
					介质	温度/℃	压力(绝压)/MPa							内径×长度/mm×mm	容积/m³	
1	2	3	4	5	6	7	8	9	10	11	12	13	14	15	16	17

表 10.12　容器（V）

序号	流程编号	名称	台数台	型式	操作条件			体积流量/(m³/h)	装料系数	线速度/(m/s)	停留时间/min 或贮存时间/d	规　格		备注
					介质	温度/℃	压力(绝压)/MPa					内径×长度/mm×mm	容积/m³	
1	2	3	4	5	6	7	8	9	10	11	12	13	14	15

（7）图号及编排

各种图、表进行统一编排。编号的一般原则是：工程代号—设计阶段代号—主项代号—专业代号—专业内分类号—同类图纸序号。

10.2　施工图设计文件的编制

施工图设计是在初步设计经过审批后进行的，在施工图设计阶段所完成的设计文件主要是施工图纸。它是工程施工、安装的依据。施工图设计阶段的主要任务是：根据初步设计审批的意见，解决初步设计中待定的问题，并据此进行施工单位的施工组织设计、编制施工预算及如何进行施工等。施工图设计就是要进一步完善初步设计阶段的工艺流程图设计、设备布置图设计，并进一步完成管道布置图设计、管架设计及设备、管道的保温、防腐设计等。

施工图设计使整个工程设计更加具体化，在这期间，工艺设计人员不但要完成本专业的设计任务，还要和其他专业密切配合，及时向有关专业提供设计条件和提出设计要求，使其他专业也能和工艺专业同步开展设计。

10.2.1 施工图设计图纸目录

由于在施工图设计阶段工艺专业要完成大量的设计工作，编制大量的设计文件，工艺专业一般按照主项将设计文件编制图纸目录，最后编制工艺图纸总目录。

10.2.2 工艺专业施工图设计技术文件

(1) 工艺设计说明

工艺设计说明可根据需要按下列各项内容编写。

① 设计依据。说明施工图设计的任务来源和设计要求，包括施工图设计的委托书、任务书、合同、协议书等，初步设计的审批文件和修改文件以及其他有关设计依据。

② 设计范围。装置组成说明，对合作设计要说明负责设计的范围。

③ 工艺修改说明。说明对初步设计的修改变动情况。

④ 设备安装说明。说明主要及大型设备吊装情况，建筑预留孔，安装前设备可放位置情况等。

⑤ 设备的防腐、脱脂、除污的要求和设备外壁的防锈、涂色要求以及试压试漏和清洗要求等。

⑥ 设备安装需进一步落实的问题。

⑦ 管路安装说明。

⑧ 管路的防腐、涂色、脱脂和除污要求及管路的试压、试漏和清洗要求。

⑨ 管路安装需统一说明的问题。

⑩ 施工时应注意的安全问题和应采取的安全措施。

⑪ 设备和管路安装所采用的标准和其他说明事项。

⑫ 装置开、停车的原则说明。

(2) 管道及仪表流程图

管道及仪表流程图应表示出全部工艺设备和物料管线、阀门等，进出设备的辅助管线及工艺和自制仪表的图例、符号。

(3) 辅助管路系统图

辅助管路系统图应表示出系统的全部管路。一般在管道及仪表流程图左上方绘制，如果辅助管路系统复杂时，可以单独绘制。

(4) 首页图

按 HG 20519—2009 的规定，在工艺设计施工图中，将设计中所采用的部分规定以图、表的形式绘制成首页图，以便更好地了解和使用各设计文件。内容包括：管道及仪表流程图中采用的图例、符号、设备位号、物料代号和管道编号等；装置及主项的代号和编号；自控专业在工艺过程中所采用的检测和控制系统的图例、符号、代号等；其他有关的说明事项。图幅大小可根据内容而定，但不大于 A1。

(5) 分区索引图

(6) 设备布置图

设备布置图包括平面图与剖面图，其内容应表示出全部工艺设备的安装位置和安装标高以及建筑物、构筑物、操作台等。

(7) 设备一览表

根据设备订货分类要求，分别作出定型设备一览表、非定型设备一览表、机电设备一览表等，格式见表10.13～表10.15。

(8) 管道布置图

管道布置图包括管道布置平面图和剖面图，其内容表示出全部管道、管件和阀件，简单的设备轮廓线及建筑物、构筑物外形。

表10.13 定型工艺设备一览表

设计单位名称	工程名称		定型工艺设备表（泵类、压缩机、鼓风机类）	编制		年 月 日	库号	
	设计项目			校对		年 月 日		
	设计阶段			审核		年 月 日	第 页	共 页

序号	流程图位号	名称	型号	流量或排气量/(m^3/h)	扬程(水柱)/m	介质		温度/℃		压力/MPa			原动机型号	功率/kW	电压/V或蒸气压(表压)/MPa	数量	单位质量/kg	单价/元	备注
						名称	主要成分	入口	出口	单位	入口	出口							

表10.14 非定型工艺设备一览表

设计单位名称	工程名称		非定型工艺设备表	编制		年 月 日	库号	
	设计项目			校对		年 月 日		
	设计阶段			审核		年 月 日	第 页	共 页

序号	流程图位号	名称	主要规格	操作条件			材料	面积/m^2或容积/m^3	附件	数量	质量/kg	单价/元	复用或设计	图纸库号	保温		备注
				主要介质	温度/℃	压力/MPa									材料	厚度	

表10.15 机电设备一览表

设计单位名称	工程名称		机电设备表	编制			图号	
	设计项目			校对				
	设计阶段			审核			第 页	共 页

序号	流程图位号	名称	型号规格	技术条件	单位	数量	质量/t		价格/元		备注
							单位质量	总质量	单位	总价	

(9) 配管设计模型

作模型设计时，可用配管设计模型代替管道布置图。

(10) 管道轴测图及材料表

管道轴测图是用来表示一个设备至另一个设备（或另一管道）间一段管道的立体图样。可以手工绘制，也可以用计算机绘制，管道材料的相应内容可填入管道轴测图的附表中。

(11) 管架和非标准管件图

有特殊要求，结构复杂的焊制非标准管件和管架应按设备专业的制图规定绘制结构总图，列出材料表并填写重量，铸件根据需要还应绘制零件图。

在现场用型钢焊制的一般管架，只绘制结构总图，标注详细尺寸，可不绘制零件图。材料数量可直接在图上注明。

为了便于图纸复印，应尽量只绘一个管架或管件。

(12) 管架表

(13) 综合材料表

综合材料表应按管道安装材料及管架材料、设备支架材料、保温防腐材料三类材料进行编制，格式见表 10.16。

表 10.16 综合材料表

材料名称	规 格	单 位	数 量	材 料	标准或图号	备 注
1	2	3	4	5	6	7

(14) 管口方位图

管口方位图应表示出全部管口、吊钩、支脚及地脚螺栓的方位，并标注管口编号、管径和管道名称，对塔还要表示出地脚螺栓、吊柱、直爬梯和降液管的位置。

(15) 换热器条件图

10.2.3 设计文件归档

所有的设计文件、计算书等在施工图设计完成后，均应整理入库、归档。

本章小结

将项目设计过程中完成的有关图纸、表格及必要的文字说明（即设计说明书）等技术资料，按照相应设计规范进行整理、编制的过程就是设计文件的编制。在初步设计阶段编制的文件称为初步设计说明书；在施工图设计阶段编制的文件称为施工说明书。两个文件在内容上存在很大不同。前者文字说明、计算、表格较多；后者主要是施工所需要的图纸及必要的施工说明。

根据设计说明书及相应图纸、表格等编制的设计文件，是设计方提交给建设方的最终成品。设计文件不仅是工程施工、安装的依据，而且也是工程完工后进行日常生产管理和今后进行技术改造、技术升级的重要参照。

思考与练习题

1. 设计说明书主要内容是什么？
2. 如何编制设计说明书？

第11章

工厂选址及总布置设计

在本章你可以学到如下内容

- 工厂选址的指导方针和一般要求
- 厂址选择的程序
- 厂址选择报告的基本内容
- 工厂总平面设计内容及原则
- 总平面布置图内容

11.1 厂址选择

厂址选择就是根据国家、地区的发展规划和拟建化工项目的具体情况，通过考察和比选，合理确定项目的建设地区、建设地点和具体坐落位置。

厂址选择是基本建设前期工作的重要一环，是一项政策性、技术性很强的工作。厂址选择正确与否，不仅关系到建厂过程中能否以最省的投资费用，按质、按量、按期完成设计中所提出的各项指标，而且对投产后的经济效益、环境保护、发展远景和社会效益，都有着很重要的影响。厂址选择同国家、地区的工业布局和城市规划也有着密切的关系，厂址选择应体现国家、地区的长远发展需要。厂址选择对投产后工厂的生产管理工作，包括原材料和成品的产供销、动力设施的安装和维修、交通运输方式和费用、产品结构与质量及职工生活安排等方面，都有密切关系。因此，厂址选择是百年大计，决不可轻率处置，而应深思熟虑、严谨从事。

11.1.1 工厂选址的指导方针

（1）遵守国家法律、法规，贯彻执行国家方针、政策规定

诸如国家关于国土、森林、水、公路、文物保护、生态环境以及劳动、安全等法规。不允许在国家风景区，名胜保护区，古建筑、古迹、自然保护区，卫生防护地带，流行病、传染病区，以及重要军事基地、国防军事区域等范围和区域内选厂。

（2）符合城市规划和工业布局

不得违背国家和各地政府关于城市的近期和远景规划，工业布局上注意城乡结合、工农结合、大中小结合，符合安全环境保护要求，注意生产与生态的关系等。

（3）利于生产，便于生活

在满足工业生产条件的同时，要考虑职工的生活安排和设施，以及城镇的交通条件、农副牧产品和生活供应资源，把生活和生产同时考虑和兼顾。

(4) 节约投资、留有余地

在满足工艺要求前提下，节约用地，节省投资，力求施工便利，工程建设尽可能地快，并且为今后发展留有一定的余地。

11.1.2 工厂选址的一般要求

(1) 位置

厂址应靠城近路，有水（河流）有电。在城市规划的化工区域范围内，往往有现有的供电等动力系统，有较便利的交通条件。可以利用城镇和中心城市的教育、文化、游乐设施和银行、邮局、商店等，减少建设费用和运营费用。工厂的生活区尽量安排在中心城市和城镇，方便生活，并符合卫生要求。生活区和生产区的合理安排，在选厂时应同时注意。

(2) 地形

尽量少占农田，但又希望尽量平整，减少三通一平的工作量。厂址土方尽量少挖少填，排水良好，不淹不涝，地势一般要求高出50年不遇的洪水位。不希望处在窝风多雾湿地洼地，不希望处在无水源的干涸地带。

(3) 地质

选厂地区的地质情况应尽量收集资料，待批的厂址方案，最好应有钻探资料，必要时应在现场钻取岩心。选厂应避免在断层、裂带交汇区和地震烈度大于八度的地震区，避免滑坡泥石流、岩溶、崩塌、流沙等地段。由于化工建筑楼层较高，设备基础深厚，岩土的允许承载能力要能满足要求。地下水位最好要低于建筑基础，有些工厂要安排地下贮罐，更应注意地下水位以及水质、土质对材料的腐蚀性。对膨胀土、新堆黄土、软地基等尽量避免，防止增加地基基础的工程造价并使工程复杂化。

(4) 气象

要考虑高温、高寒、高湿、云雾、雷电、风沙、海潮、台风、日照、风压、风向、冻土层、积雪厚度、降水量等对生产的影响，对设备的影响，对建筑物设计造价的影响，使不良因素减至最少。

(5) 原材料及产成品运输

选厂要求尽量靠近质量可靠的原料资源地或原材料销售供应地，异地原料应保证供应方便，减少运输损失。原材料、产成品的运入运出要有存放方便的条件，尽量减少中转站的建设。

(6) 水、电、交通

厂址应靠近水源，保证供水充足，或邻近有大型工业用水厂或工业水输送管线。有江河河流常是化工厂选厂的参数之一，江河河流作为水源应满足水质、水量和不同季节的要求。化工厂的废水处理后通常排放于附近大江大河，处理后的废水排放，应不致影响到河流下游的生态环境。化工厂选厂应靠近动力资源，有可靠的供电网和输、供电系统，废热锅炉发电一般要与动力供电系统并网，供热和供电的条件尽量统筹合理。交通要与国家和当地的水、陆运输连接方便。设计中要求铁路专用线的要对比线路造价。

(7) 环境保护和安全卫生

化工厂的防火、防爆、防毒要求较高，与其他工厂企业之间、化工车间之间、装置之间要保持必要的安全距离；注意风向的影响不能造成不安全因素；有毒有害车间及毒害物品的贮运、生产应远离城镇居民区，要处于生活区的下风向；“三废”的综合治理和临时堆放场，要防止对生产、生活、周围环境、农田和兄弟单位产生影响。在选厂时还应考虑厂址附近其他企业可能产生的“三废”对本厂和产品的有害影响。

(8) 施工和协作条件

尽量考虑选厂当地有施工力量，建筑材料供应充足，有劳动力资源和一定的施工、设备组装、堆放场地。对于生产、生活、公用工程、文化福利设施、公安消防等方面尽量与当地或邻近企业或所在城市的商业、文化、服务、教育、幼托、卫生医疗、公安等部门协调，争取获得配套的社会服务设施。

(9) 生活区及其他

生活区要有良好的用地和卫生条件，生活与化工厂区应有防护地带，生产区和生活区要有良好的绿化条件以便综合规划安排。生活区处于工厂的上风向，使生活方便、工作顺利，靠近工厂又不相互干扰。生活区尽量与城市文化、娱乐、福利设施接轨，或配合城市发展，协调规划。

此外，厂址附近如有古墓葬群，选址应尽量避开或请示文物部门的意见。厂址还要注意与国家测量标志、电台、电视台、雷达、通讯、军事工程、重要建筑、机场、监狱等有关规定的安全距离相符，并有防护措施，对于有严重放射污染和有毒有害气体波及的范围内以及爆破危险区域等地域不能选厂。

11.2 厂址选择的程序

厂址选择是可行性研究的重要组成部分，大体可分为准备工作、现场勘查与编制报告三个阶段。

11.2.1 准备工作阶段

(1) 组织准备

由主管建厂的国家部门组织建设、设计（包括工艺、总图、给排水、供电、土建、技经等专业人员）、勘测（包括工程地质、水文地质、测量等专业人员）等单位有关人员组成选厂工作组。

(2) 技术准备

选厂工作人员在深入了解设计项目建议书内容和上级机关对建设的指示精神的基础上，拟定选厂工作计划，编制选厂各项指标及收集厂址资料提纲，包括厂区自然条件（指地形、地势、地质、水文、气象、地震等）、技术经济条件（如原材料、燃料、电热、给排水、交通、运输、场地面积、企业协作、“三废”治理、施工条件等）的资料提纲。例如：

① 厂址的地形图（比例是1/1000与1/2000）；

② 风玫瑰图和风级表；

③ 原料、燃料的来源及数量；

④ 水源水量及其水质情况；

⑤ 交通条件与年运输量（包括输入与输出量）；

⑥ 场地凸凹不平度与挖填土方量；

⑦ 工厂周围情况及协作条件等。

在收集资料基础上，进行初步分析研究，在地形图上绘制总平面方案图，试行初步选点。经过分析研究，从中优选一个方案图，作为下一步勘测目标。

11.2.2 现场勘查工作阶段

① 选厂工作组向厂址地区有关领导机关说明选厂工作计划，要求给予支持与协助，听取地区领导介绍厂址地区的政治、经济概况及可能作为几个厂点的具体情况。

② 进行现场踏测与勘探，摸清厂址、厂区的地形、地势、地质、水文、场地外形与面积等自然条件，绘制草测图等，同时摸清厂址环境情况、动力资源、交通运输、给排水、可供利用的公用、生活设施等技术经济条件，以使厂址条件具体落实。

11.2.3 编制厂址选择报告阶段

厂址选择报告阶段是厂址选择工作的结束阶段。在此阶段里，选厂工作组全体成员按工艺、总图、给排水、供电、供热、土建、结构、技经、地质、水文等13个专业类型，对前两阶段收集、勘测所实得的资料和技术数据进行系统整理，编写出厂址选择报告，供上级主管部门组织审批。

11.3 厂址方案比较

11.3.1 厂址方案比较的重要性

厂址选择是一项包括政策、经济、技术等方面因素的综合性的复杂工作，具有较高的原则性、广泛的技术性和鲜明的实践性。

要有比较才能加以选择。不比较就确定厂址的做法，必然引出后患，带来损失。实践证明，厂址选择的优劣直接影响工程设计质量、建设进度、投资费用大小和投产后经营管理条件。因此，厂址比较选择法是选厂工作人员必须首先要掌握的方法。国内外工程设计界长期研究有两种比较选择法：一是统计学法；二是方案比较法。

所谓统计学法，就是把厂址的诸项条件（不论是自然条件还是技术经济条件）当作影响因素，把要比较的厂址编号，然后对每一厂号厂址的每一个影响因素，逐一比较其优缺点，并打上等级分值，最后把诸因素比较的等级分值进行统计，得出最佳厂号的选择结论。这种比较方法，把诸影响因素看成独立变量，逐一比较，工作十分细致，但很繁琐。只有借助计算机技术处理数据，方可推广使用。

所谓方案比较法，就是以厂址自然条件为基础，以技术经济条件为主体，列出其中若干条件作为主要影响因素，形成厂址方案，然后对每一方案的优缺点进行比较，最后结合以往的选择厂址经验，得出最佳厂号的选择结论。这种方案比较法的理论依据是主要影响因素起主导作用和设计方法同实践经验相结合的原则，因而得出的结论较为可靠，做法上避免了繁琐而广为采用。

11.3.2 厂址方案比较的内容

选择1#、2#、3#三个厂址，采用方案比较法，抓住经济性与技术性两大系列，进行单项比较，得出单系列比较的初步结论，然后合二为一进行两系列综合比较，最后联系实践经验，得出厂址选择的结论。进行比较的内容详见表11.1与表11.2。

表 11.1　厂址技术性方案比较

序号	项目名称 \ 技术等级	1#			2#			3#		
		A	B	C	A	B	C	A	B	C
1	地理位置(靠近城镇?)									
2	面积、外形(面积大小? 矩形?)									
3	地势(海拔? 坡度?)									
4	地质(地耐力=? N/m^2,地下水位?)									
5	土方量(挖填平衡否?)									
6	建筑施工条件(方便? 困难?)									
7	建筑材料(就地取材? 有协作?)									
8	交通运输条件(陆路? 水路?)									
9	给水条件(有水源地? 深井水? 水质?)									
10	排水条件(有排放系统? 污水站?)									
11	热电供应(充足? 有协作关系?)									
12	环卫条件(邻近污染源? “三废”治理?)									
13	职工生活(有公共设施? 自建生活区?)									
小计	以上单项累积数									
总计	技术性比较级差									
结论	厂址技术性方案最佳,次之,最差									

注:A—良好等级;B—中等等级;C—劣差等级。

表 11.2　厂址经济性方案比较

序号	项目名称 \ 技术等级	1#			2#			3#		
		A	B	C	A	B	C	A	B	C
1	铁路专用线费用(线路、桥梁、涵洞)									
2	码头建筑费用									
3	公路建筑费用									
4	土地征用费用									
5	土方工程费用(挖方、填方、夯土、运土)									
6	建筑材料费用(钢筋、水泥、木石……)									
7	建筑厂房及设备基础费用									
8	住宅及文化设施建筑费用									
9	给水设施费用(水泵房、给水管线、水塔等)									
10	排水设备费用(排水管线、污水处理)									
11	供热设施(锅炉房、蒸汽管线)									
12	供电设施(变电器、配电设备、供电线路)									
13	临时建、构筑费用									
小计	基建费用									
1	运输费用(原料、材料、成品等)									
2	给排水									
3	汽耗量费用									
4	电耗量费用									
小计	经管费用									
	以上单项累积数									
总计	技术性比较级差									
结论	厂址经济性方案最佳,次之,最差									

注:A—低费用等级;B—中等费用等级;C—高费用等级。

11.4 厂址选择报告

11.4.1 厂址选择报告的基本内容

厂址选择报告是选厂工作的成果，其内容如下。

(1) 概述

① 说明选厂的目的与依据；

② 说明选厂工作组成员及其工作过程；

③ 说明厂址选择方案并论述推荐方案的优缺点及报请上级机关考虑的建议。

(2) 主要技术经济指标

依据所建工厂的类型、生产工艺技术特点及要求条件等，列出选择厂址应具有的主要技术经济指标。通常包括以下内容。

① 拟建工厂的产品方案、生产规模；

② 基本工艺流程，生产特点和装置构成；

③ 全厂占地面积（m^2），包括生产区、生活区面积等；

④ 全厂建筑面积（m^2），包括生产区、生活区、行管区面积；

⑤ 全厂职工人数控制数；

⑥ 用水量（t/h）、水质要求；

⑦ 用电量（包括全厂生产设备及动力设备的定额总需要量）(kW)；

⑧ 原材料、燃料耗用量（t/a）；

⑨ 运输量（包括运入及运出量）(t/a)；

⑩“三废”产生量、治理措施及其技术经济指标等。

(3) 厂址条件

说明所选厂址的自然条件及其具备的技术经济条件，并附有说明材料。通常包括以下内容。

① 地理位置及厂址环境。说明厂址所在地理图上的坐标、海拔高度，行政归属及名称；厂址近邻的距离与方位（包括城镇、河流、铁路、公路、工矿企业及公共设施等），并附上比例 1/50000 的地理位置图及厂址地形测量图。

② 厂址场地外形、地势及面积。说明可利用的场地、地势坡度及现场平整措施，附上总平面布置规划方案图。

③ 厂址地质与气象。说明土壤类型、地质结构、地下水位及厂址地区全年气象情况。

④ 土地征用及迁民情况。说明土地征用有关事项、居民迁居的措施等。

⑤ 交通运输条件。说明依据地区条件，提出公路、铁路、水路等可利用的运输方案及修建工程量。

⑥ 原材料、燃料情况。说明其产地、质量、价格及运输、贮存方式等。

⑦ 给排水方案。说明依据地区水文资料，提出对厂区给水取水方案及排水或污水处理排放的意见。

⑧ 供热供电条件。说明依据地区热电站能力及供给方式，提出所建厂必须采取的供热供电方式及协作关系问题。

⑨ 建筑材料供应条件。说明场地施工条件及建筑厂房的需要，提出建筑材料来源、价

格及运输方式问题，尤其就地取材的协作关系等。

⑩ 环保工程及公共设施。说明厂址的卫生环境和投产后对地区环境的影响，提出“三废”治理与综合利用方案及地区公共福利和协作关系的可利用条件等。

(4) 厂址方案比较

依据选择厂址的自然、技术经济条件，对几个拟定的厂址，首先进行技术经济方案比较，而后结合自然条件与以往选厂址实践经验，展开讨论，着重于基建费用与常年经营费用的比较，提出选定厂址的推荐意见及其中有关问题的建议。

11.4.2 有关附件资料

① 各试选厂址总平面布置方案草图（比例 1/2000）；
② 各试选厂址技术经济比较表及说明材料；
③ 各试选厂址地质水文勘探报告；
④ 水源地水文地质勘探报告；
⑤ 厂址环境资料及建厂对环境的影响报告；
⑥ 地震部门对厂址地区震烈度的鉴定书；
⑦ 各试选厂址地形图（比例 1/10000）及厂址地理位置图（比例 1/50000）；
⑧ 各试选厂址气象资料；
⑨ 各试选厂址的各类协议书，包括原料、材料、燃料、产品销售、交通运输、公共设施等。

11.5 工厂总平面设计

工厂总平面设计是在厂址选定之后进行的。化工厂总平面布置设计的基本任务是结合厂区的各种自然条件和外部条件，确定生产过程中各种对象（包括建筑物、构筑物、设备、道路、管线、绿化区域等）在厂区中的位置，将生产、运输、安全、卫生、管理各部门及车间进行统筹安排，以获得最合理的物料和人员的流动路线，创造协调而又合理的生产和生活环境，使全厂构成一个能高度发挥效益的生产整体。总平面设计又称为总图设计。

总图设计时要结合建厂地区的具体条件（如自然、气候、地形、地质、水文资料，以及厂内外运输、公共设施、厂区协作等），按照原料进厂到成品出厂的整个生产工艺过程，经济合理地布置厂区内的建、构筑物，搞好平面和竖向的关系，组织好厂内外交通运输等。工作中必须遵照国家的有关方针政策，充分利用厂址选择时提出的自然资源、运输、动力和水源等条件，结合地形、地质情况，厂区的卫生、防火的技术要求等因素，在充分做好调查研究的基础上进行分析综合，并须进行总图设计方案的比较，以达到工艺流程合理、总体布置紧凑、投资节省、用地节约、建成后能较快投产的目的。

总平面布置设计是否合理，不仅与建厂投资、生产管理、安全生产、降低成本直接相关，而且也会对工厂实行科学管理和文明生产带来重大影响。

11.5.1 工厂总平面设计内容

(1) 平面布置内容

先进行厂区划分，然后合理确定全厂建筑厂房、构筑物、道路、堆场、管路、管线及绿化美化设施等在厂区平面上的相对位置，使其适应生产工艺流程的要求，并满足生产管理的需要。

(2) 竖向布置设计

确定厂区建（构）筑物、道路、沟渠、管网的设计标高，使之相互协调并充分利用厂区自然地势地形，减少土石方挖填量，使运输方便和地面排水顺利。

(3) 运输设计

选择厂内外输送方式，分析厂内外输送量及厂内人流、物流的组织管理要求，据此进行厂内运输系统的设计。

(4) 管线综合设计

根据工艺、水、汽（气）、电等各类工程线路的专业特点，综合规定其地上或地下敷设的位置、占地宽度、标高及间距，使之布置经济、合理、整齐。

(5) 绿化设计

工厂绿化是保护自然界生态环境的重要措施，不仅可以美化环境，还可以提高设计质量，绿化设计本身也是重要的设计内容。

11.5.2 总平面布置原则及方法

为使化工厂运转正常，综合利用厂区的各种有利因素，总图的布置原则如下。

(1) 满足生产和运输的要求

① 平面布置应符合生产工艺流程的要求，相联系或相关的车间就近布置，以免迂回、交叉、往返。注意发挥主要设备的特点，将其布置在车间的主要位置。注意风向和粉尘、噪声污染的相互影响。避免生产流程的交叉往复，使物料的输送距离尽可能做到最短。

② 将使用蒸汽、压缩空气、冷冻等公用工程的车间，尽量相对集中布置，尤其耗量大的车间应尽量集中。供水、供热、供电、供汽及其他公用设施尽可能靠近负荷中心，使公用工程介质的运输距离最小。

③ 厂区内的道路应径直短捷。原料堆场、库房与使用车间之间的运输规划、成品入库、半成品送检、成品出厂以及操作工人的上下班、巡视路线等，应力求便捷、合理，防止人货混流、人车混流，避免事故的发生。货运量大，车辆往返频繁的设施宜靠近厂区边缘地段。

④ 厂区布置还要求厂容整齐，厂区环境优美，布置紧凑，用地节约。

(2) 满足安全和卫生要求

① 化工厂的防火防爆要求很严，应将产生明火的车间如锅炉、变电、机修以及各种工业炉的车间与散出可燃气体的车间尽量远离，有明火的车间常布置于厂区边缘或下风向，对于要求防火防爆的车间应有一定的安全距离。烟囱和一些可燃气体的拔风烟囱、拔风管要分开布置，有可能产生火星的烟囱安排于下风向或侧风向；对有腐蚀性介质散发、可能有酸雾产生的车间、有粉尘飘散的车间、有污水排放的车间应有防护措施并安排在下风向、下游或侧边等。

② 化工厂生产具有易燃、易爆和有毒有害等特点，厂区布置应严格遵守防火、卫生等安全规范、标准和有关规定，经常散发可燃气体的场所，如易燃液体罐区等，应远离各类明火源。

③ 火灾危险性较大的车间与其他车间的间距应按规定的安全距离设计。危险品库房、易燃品库房、腐蚀性库房应安排在人迹罕至和远离火源的地方。

④ 火灾、爆炸危险性较大和散发有毒害气体的车间、装置，应尽量采用露天或半敞开的布置形式。

⑤ 环境洁净要求较高的工厂应与污染源保持较大的距离。

(3) 满足有关的标准和规范

总平面布置图的设计应满足有关的标准和规范。常用的标准和规范有："建筑设计防火规范"（GB 50016—2006）；"工业企业总平面设计规范"（GB 50187—93）；"化工企业总图运输设计规范"（HG/T 20649—1998）；"炼油化工企业设计防火规定"；"石油化工企业设计防火规范"［GB 50160—1992(1999 年版)］；"厂矿道路设计规范"（GBJ 22—87）；"工业企业卫生防护距离标准"（GB 18083—2000）。

(4) 为施工安装创造条件

工厂布置应满足施工和安装的作业要求，特别是应考虑大型设备的吊装，厂内道路的路面结构和载荷标准等应满足施工安装的要求。

(5) 考虑工厂的发展要求

综合分析工厂和产品发展的可能性，在厂房布置上尽量紧凑、留有一定的余地。如工程分期进行，在布置时要考虑二期、三期工程与一期工程的衔接。

(6) 竖向布置的要求

竖向布置主要满足生产工艺布置和运输、装卸对高程的要求，设计标高应尽量与自然地形相适应，力求使场地的土石方工程量为最小。

(7) 厂区管网线路的布置

应尽可能使管线取直线，并不应敷设在铁路或道路下或紧挨其旁；管线集中设施应铺设在建筑物和道路之间。工程技术管网的布置及敷设方式等的合理设计对生产过程中的动力消耗以及投资具有重要意义。

(8) 布置建筑物、构筑物时应考虑日照方位和主导风向

建筑物尽可能坐北向南，防止日光直射，充分利用自然光和自然通风。对生产有害气体、粉尘车间应布置在厂区最小频率风向的上风侧，最小频率风向用风向频率玫瑰图（简称风玫瑰图）来表示。

(9) 工厂总平面图应有合理的建筑艺术观点

建筑物、构筑物与其周围地形应协调，外观轮廓及道路网平直整齐，同时还应考虑美化和绿化环境的设施，使工厂成为一个建筑艺术的整体。

工厂道路、沟渠、管线安排，尽量外形美化，车间道路和场地应有绿化地带，合理规划绿地和绿化面积。

11.5.3 工厂分区

小型工厂一般划分为生产区和办公生活区，大中型化工厂一般划分较详细，分为生产车间、辅助车间、辅助设施和办公生活设施。

① 生产车间　指从原料加工到成品产出的若干个车间，是主要的部分。

② 辅助车间　指机修、电气、仪表、土木修理车间，锅炉房，空分站，冷冻站，配电变电站，供水站，污水处理、循环水站等，还有中心化验室，试验研究室，计量室，质量检验科室等。

③ 辅助设施　各种库房，如成品库，原料库，酸碱库，溶剂库，杂品库，五金库，备品备件库，危险品库等；以及运输设施，消防设施，技术管线网，绿化设施，建筑小品，大门等。

④ 办公和生活设施　包括办公室，单身宿舍、食堂，开水房，招待所，倒班宿舍，浴

室，卫生间，洗手间等。

11.5.4 平面布置

总图设计主要进行化工厂平面布置，即按照工艺路线考虑生产车间或界区的布置，然后考虑公用工程（锅炉房、水泵房、变电所）及辅助车间（机修车间、化验室、消防环保、仓库等）和行政管理建筑物等的布置。在设计中，也可以根据交通运输（公路、铁路）、供电、给排水系统等这些现场条件来考虑工艺装置的位置。厂内服务设施（锅炉房、机修车间、办公室等）可以在工艺装置确定后，再确定它们的位置。最后考虑总图是否符合安全生产等原则，并与规定条文及标准要求进行对照检查，以验证总图设计的合理性。

(1) 道路布置

根据工厂占地总图，一般沿厂区周围及中心地域设置主要干道，由主干道将工厂区分为几片布置区域，安排布置车间和辅助设施，布置时“先主干，后分区”。

道路分车行道和人行道，其宽度及转弯半径一般都有设计规范，应遵照执行。主干道之间，设有次干道，勾通主干道和装置，主干道宽在15m以上，次干道宽度6m以上，便于消防车通过。主干道和次干道一般不允许出现死角和死胡同，而且不应影响地下隐蔽工程和消防工程的维修。装置与原料区由道路隔开。

排水沟一般沿主干道、次干道安排。

(2) 车间、设施、建（构）筑物布置

车间一般按大流程顺序排布，尽可能注意既满足工艺要求，又安全而且美观。锅炉房尽可能安排在厂区边缘，有利于运进燃料煤并设有堆场，同时锅炉房又应设置在使用蒸汽比较集中的几个车间附近，但应远离有火灾危险的车间。通常堆场是很脏且不美观的，所以煤、煤渣灰堆场应在锅炉房下风向。

库房的位置应当尽量靠近主干道，五金库房、原料库房等需要大运输量的应靠近厂外运输公路线，成品库房应考虑便于输出，而且安全卫生，给成品出厂带来方便。不同原料库房要防止干扰，注意安全。

维修车间一般布置在厂区边缘，视车间大小安排。机修一般单独布置，靠近干道，可通过载重汽车，靠近五金库房，由于振动和噪声影响，一般布置在侧风向。仪表和电气修理一般集中布置，可以不必在厂区边缘。土木修理车间一般原则同机修车间。

消防车库应设于主干道旁，一旦有事故便于出动，也便于能很快通往厂外干道。消防车库应有一定的开阔地。

循环水冷却装置，应设置在通风良好的开阔地带。如大型凉水塔，布置得当可使厂房错落有致，增加工厂宏度、气魄。为防止冬季结冰，冷却水装置应布置于主车间下风向。

办公楼、单身宿舍、食堂、保健等福利生活设施，一般布置在厂区大门边或大门外，常常使之处于生产区的上风向。

(3) 管线布置

通常管线采用平直敷设，与道路、建筑、管线之间互相平行，或成直角交叉，尽量减少交叉。管线交叉时的避让原则是：小管让大管；易弯的让难弯的；压力管让重力管；新管让旧管。管线与道路同时规划，应避开露天堆场、绿化地带和建筑物的扩建用地。跨越道路和敷设地下管沟线路，要相对集中，有毒有害、易燃易爆物料管道不主张埋地敷设，除上、下水管外，一般不允许安排在道路下面。

废液、废气和“三废”治理设备和管路，应防止发生事故，通常远离车间设置，且利于排放。

管线敷设应满足各有关规范、规程、规定的要求，管廊和管架的安排一般要留有余地。

(4) 建筑物之间的距离

工业建筑物之间的距离必须符合消防安全方面的要求，保持必要的防火距离，同时也需要满足工业卫生、采光、自然通风等方面的要求。

(5) 绿化布置

在不影响人流、车流、管道布置、交通运输、设备维修、排污、采光的前提下，规划和安排好工厂绿地，生产区道路绿化，车间、装置前区绿化，有些地方要设计浓厚的绿化隔离带，例如生产区与生活区之间，厂区与办公区、厂前区之间，工厂大门出入口都是绿化重点。凡是可以绿化之处，均应绿化。

绿化设计应与工厂总平面布置统一考虑，同时进行，并且与厂区的环境美化设计结合起来进行，并在厂前区有一定的绿化重点，为职工提供优雅的休息场所。在粉尘、有害气体排放可能性较严重的车间周围，设计绿化带也是十分必要的。选择一些抗污染、净化空气、过滤气体和粉尘的树种植物。工艺专业设计人员对绿化设计责无旁贷。

11.5.5 竖向布置

竖向布置的任务是确定全厂建（构）筑物、铁路、道路、装卸站台、码头和管道等的标高以合理地利用厂区的自然地形，使工程建设中土方工程量减少，并满足工厂排水要求。

(1) 基本任务

① 选择确定竖向布置方式，选择设计地面的形式；

② 确定全厂建（构）筑物、铁路、道路、装卸站台、码头和场地等的设计标高，与厂外运输线路相互衔接；

③ 确定工程场地的平整方案及场地排水方式，合理确定厂区场地内由于挖、填而必须建造的工程构筑物；

④ 进行工厂的土石方工程规划，计算土石方工程量，拟定土石方调配方案；

⑤ 注明建筑物设计地坪标高、站台、挡土墙护坡、台阶等顶面和底脚的设计标高，注明桥涵编号和出入口的沟底标高，道路、平交道、堆场、操场、边沟、排水明沟起终点及变坡点的设计标高，注明坡度及坡向。

(2) 竖向布置应考虑的问题

a. 布置方式

根据工厂场地设计的整平面之间连接或过渡方法的不同，竖向布置的方式可分为平坡式、阶梯式和混合式三种。

① 平坡式　整个厂区没有明显的标高差或台阶，即设计整平面之间的连接处的标高没有急剧变化或者标高变化不大的竖向处理方式称为平坡式竖向布置。这种布置对生产运输和管网敷设的条件较阶梯式好，适应于一般建筑密度较大，铁路、道路和管线较多，自然地形坡度小于 4/1000 的平坦地区或缓坡地带。采用平坡式布置时，平整后的坡度不宜小于 5/1000，以利于场地的排水。

② 阶梯式　整个工程场地划分为若干个台阶，台阶间连接处标高变化大或急剧变化，以陡坡或挡土墙相连接的布置方式称阶梯式布置，这种布置方式排水条件较好，运输和管网敷设条件较差，需设护坡或挡土墙，适用于在山区、丘陵地带的布置。

③ 混合式　在厂区竖向设计中，平坡式和阶梯式均兼有的设计方法称之为混合式，这

种方式多用于厂区面积比较大或厂区局部地形变化较大的工程场地设计中，在实际工作中多采用这种方法。

b. 标高的确定

合理确定车间、道路的标高，以适应交通运输和排水的要求。如机动区的道路，考虑到电瓶车的通行，道路坡度不超过 4/1000（局部最大不超过 6/1000）。

c. 场地排水

场地排水可分为两方面问题，一是防洪、排洪问题，即防止厂外洪水冲淹厂区；二是厂区排水问题，即将厂内地面水顺利排出厂外。

① 防洪、排洪问题　在山区建厂时，对山洪应特别给予重视。为了避免厂区洪水冲袭的危险，一般在洪水袭来的方面设置排洪沟，引导洪水排向厂区以外。在平原地带沿河建厂，要根据河流历年最高洪水位来确定场地标高，一般重要建筑物的地面要高出最高洪水位。因此需要填高或筑堤防洪。沿海边厂区场地，由于积水含有盐碱，不能流入老堤内污染水，故采取抽排堤外的方法。

② 厂区排水　厂区场地的明沟排水与暗管排水两种方式可根据地形、地质、竖向布置方式等因素进行选择。

(3) 土石方工程量

土石方工程量的计算是进行工厂土石方规划和组织土石方工程施工的依据，同时校核工厂竖向设计的合理性。因此也是各种竖向设计的主要内容。

土石方的计算方法有方格网计算法、断面计算法、局部分块计算法和整体计算（又称方格网综合近似计算）法四种。方格网计算法和局部分块计算法精度高，工作量大，断面计算法和方格网综合近似计算法误差较大，但计算简便，能较快得出结果，因此在土石方量计算中常采用前者，而在方案比较中，主要采用后者。

11.5.6　管廊布置

大型装置的管路往返较多，为了便于安装及装置的整洁美观，通常都设集中管廊。

① 管廊的布置首先要考虑工艺流程，来去管路要做到最短、最省，尽量减少交叉重复。管廊在装置中的位置以能联系尽量多的设备为宜。一般管廊布置在长方形装置并且平行于装置的长边，其两侧均布置设备，以节约占地面积，节省投资。图 11.1 所示为管廊布置的几种方案。

② 管廊宽度根据管道数量、管径大小、弱电仪表配管配线的数量确定。管廊断面要精心布置，尽可能避免交叉换位。管廊上一般可预留 20%的余量。

③ 管廊上的管道可布置为一层、二层或多层，多层管廊要考虑管道安装和维修人员通道。

④ 多层管廊最好按管道类别安排，一般输送有腐蚀性介质的管道布置在下层，小口径气液管布置在中层，大口径气液管布置在上层。

⑤ 管廊上必须考虑热膨胀、凝液排出和放空等设施，如果有阀门需要操作，还要设置操作平台。

⑥ 管廊一般均架空敷设，其最低高度（离地面净高度）一般要求为：横穿铁路时要求轨面以上 6.0m；横穿厂内主干道时 5.5m；横穿厂内次要道路时 4.5m，装置内管廊 3.5m，厂房内的主管廊 3.0m。

⑦ 管廊柱距视具体情况而定，一般在 4～15m 之间。

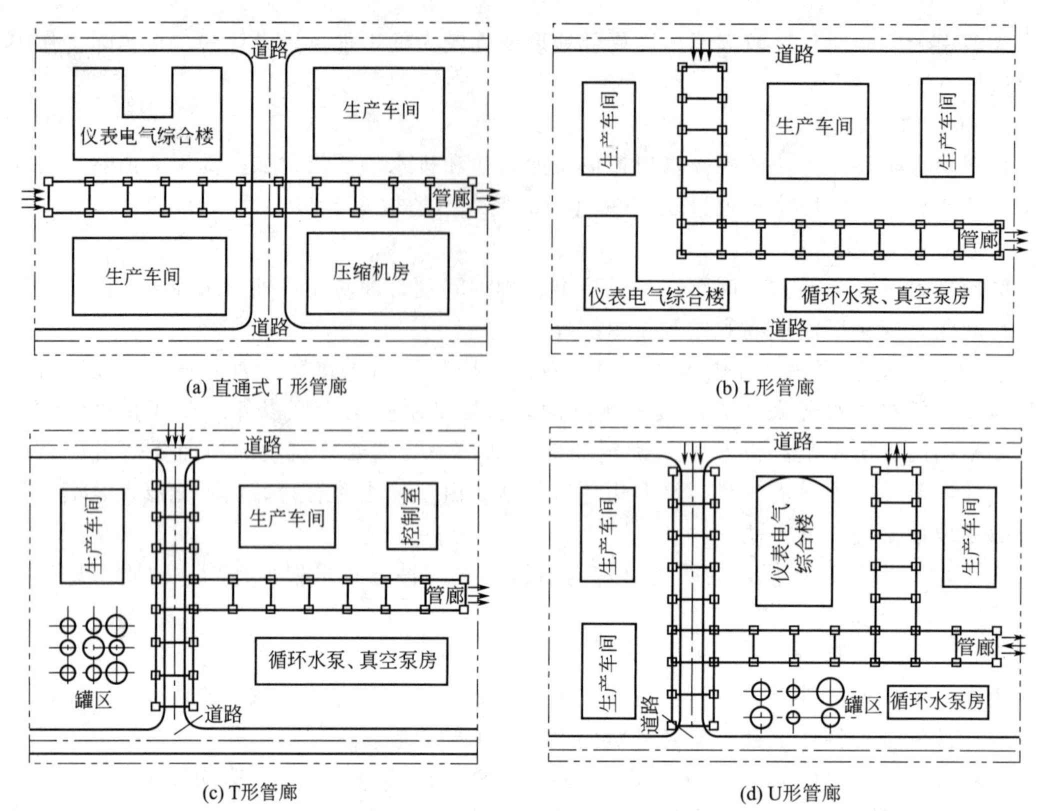

图 11.1 管廊布置的几种方案

⑧ 一般小型管廊结构形式为单根钢或钢筋混凝土结构，大型管廊为节约投资，一般采用钢筋混凝土框架结构，也有采用钢筋混凝土立柱上加钢梁，这样既便于施工和安装管道，又便于今后增加或修改管道。

11.6 总平面布置图内容

11.6.1 图纸内容

11.6.1.1 初步设计

(1) 设计说明书内容

① 设计依据：厂区地形坡度、绝对标高系统、地质构造和分层情况、水文情况等。

② 总图布置方案的确定：根据生产和使用性质、特点和工艺流程，说明总平面布置原则、功能分区和相互关系，并说明运输系统情况。对竖向布置、标高、防火、卫生、场地排水等亦应详细论述设计的决定等。

③ 厂内外运输方案的确定：提出周转运输、铁路运输等设计方案。

④ 估计土方平衡、改地造田、房屋拆除、砍伐树木等工程量。

⑤ 简述存在的主要问题。

(2) 图纸内容

a. 厂区位置图（1/2000～1/5000）（见图 11.2）

① 风玫瑰图，厂区附近各主要建筑和住宅区位置。

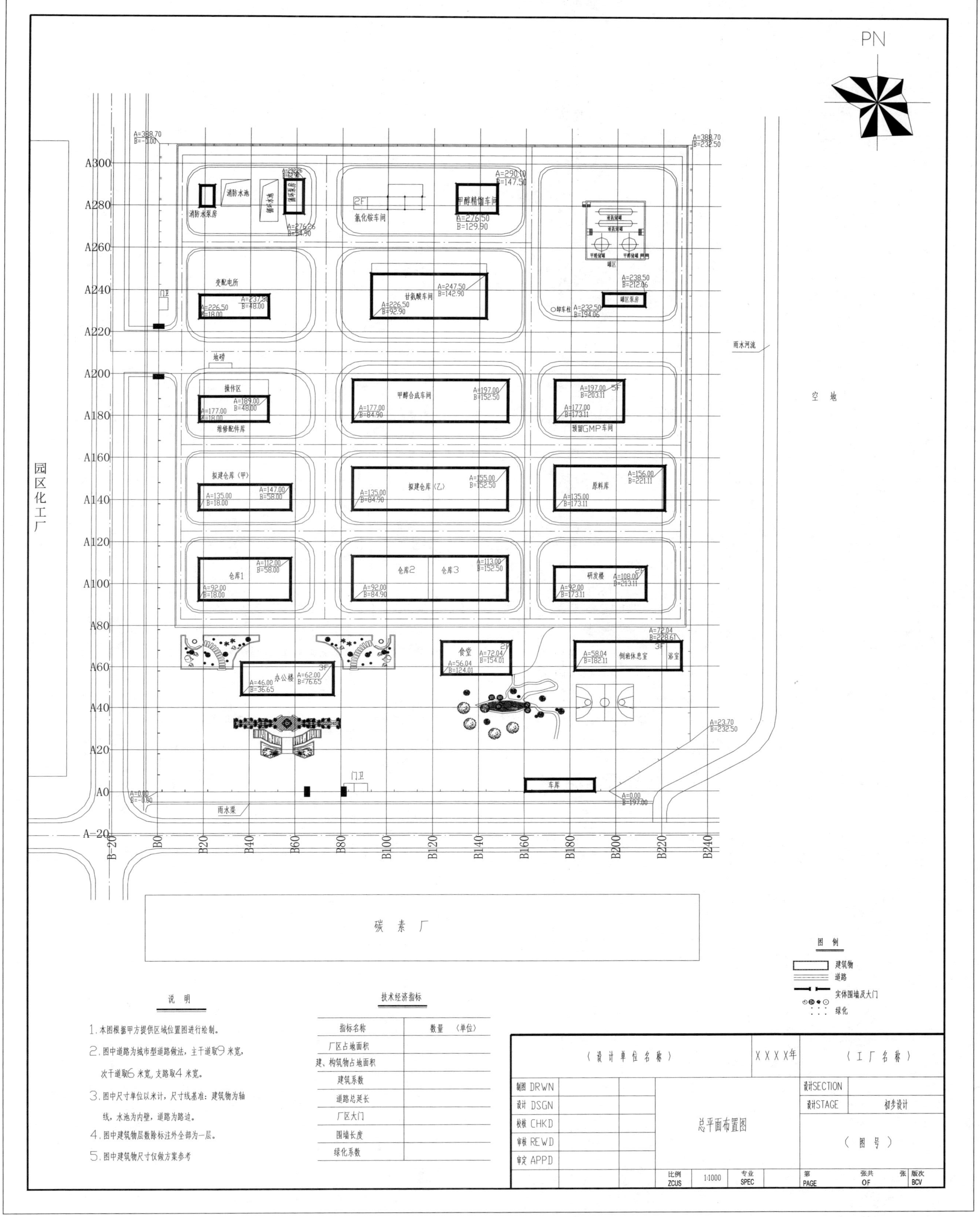
PN
园区化工厂
碳素厂
空地
雨水河流
雨水渠
消防水泵房
消防水池
循环水池
循环泵房
氯化铵车间
甲醇精馏车间
罐区
罐区泵房
卸车柱
变配电所
甘氨酸车间
地磅
门卫
操作区
维修配件库
甲醇合成车间
预留GMP车间
拟建仓库（甲）
拟建仓库（乙）
原料库
仓库1
仓库2
仓库3
研发楼
办公楼
食堂
倒班休息室
浴室
车库
图例
建筑物
道路
实体围墙及大门
绿化
说明
1.本图根据甲方提供区域位置图进行绘制。
2.图中道路为城市型道路做法，主干道取9米宽，次干道取6米宽，支路取4米宽。
3.图中尺寸单位以米计，尺寸线基准：建筑物为轴线，水池为内壁，道路为路边。
4.图中建筑物层数除标注外全部为一层。
5.图中建筑物尺寸仅做方案参考
技术经济指标
指标名称
数量（单位）
厂区占地面积
建、构筑物占地面积
建筑系数
道路总延长
厂区大门
围墙长度
绿化系数
（设计单位名称）
XXXX年
（工厂名称）
制图 DRWN
设计 DSGN
校核 CHKD
审核 REWD
审定 APPD
总平面布置图
设计SECTION
设计STAGE
初步设计
（图号）
比例 ZCUS
1:1000
专业 SPEC
第 PAGE
张共 OF
张
版次 BCV

图 11.2 某化工企业总平面布置图

② 等高线、城市坐标网，以相对坐标网表示时常须表示厂区转角坐标。

③ 原铁路线、车站、河流、道路及设计的运输线路及编组站（注意坐标高程系统的统一）。

④ 各主要管线方向和位置。

⑤ 与工厂有关的各项附属场地位置和其运输路线。

b. 总平面布置图（1/500、1/1000、1/2000）

① 等高线、坐标网。

② 风玫瑰图、建筑红线、厂区建筑坐标网。

③ 道路、铁路的平、剖面（纵横）布置图并注上设计标高及纵向坡度。

④ 所有建筑物、构筑物和堆场平面位置，名称，竖向布置、地面标高，层数及主要建筑物的坐标。常用图例见附录 6。

⑤ 主要技术经济指标。

11.6.1.2 施工图

(1) 总平面布置图（1/500～1/1000）

① 地形（地形等高线，风玫瑰图，原有建筑）、设计坐标网（注明与城市坐标网关系）。

② 建筑物、构筑物、露天堆场位置坐标，道路及地坪坐标、名称，建筑层数以及厂区转角坐标。

③ 道路、铁路线布置。平面、纵剖面、横剖面图，有水运时，尚需码头设计图纸。

④ 厂区四周及厂内分区围护设施，以及绿化布置。

⑤ 竖向规划、排水设施（如地形复杂须作出厂区剖面图，必要时，单独绘制竖向布置图）。

(2) 管线综合平面图（管线复杂的情况下才出图）

比例与总平面布置图同，局部剖面图 1/200～1/1000。

(3) 道路设计图（地形比较复杂的情况下才出图）

一般可只作道路剖面，画在总平面图上，厂外专用铁路、道路须另出整套施工图。

(4) 有关详图

如围墙、围墙大门等。

11.6.2 总平面设计主要技术经济指标

(1) 技术经济指标项目

厂区占地面积（m^2）；建筑物、构筑物、有固定装卸设备的堆场及露天堆场占地面积（m^2）；建筑系数（%）；标准轨铁路总延长（km）、窄轨铁路总延长（km）；道路总延长（km）；利用系数（%）；土方工程量（m^3）；绿地率（%）。

(2) 计算方法

① 厂区占地面积　指厂区围墙以内的用地面积（无围墙时，指厂区规定的界限）。

② 建筑物、构筑物占地面积　指厂区内全部建筑物、构筑物占地面积，一般按建筑物和构筑物的轴线框内占地面积计算。当局部地区的建筑物和构筑物小而密集时，可将其当成一座建筑物计算。

③ 有固定装卸设备的堆场及露天堆场的占地面积　指无盖的仓库和堆场（如露天栈桥、龙门吊堆场、矿石中和堆场）；露天堆场指各种原料、燃料、半成品等的堆存面积，它们的占地面积按堆场场地边缘线计算。

④ 建筑系数　指建（构）筑物系数、有固定装卸设备的露天堆场系数、露天堆场系数

之和，即厂区内的建（构）筑物、堆场占地面积之和与厂区占地面积之比。

⑤ 铁路总延长　均以线路总延长计算，不扣除道岔部分长度（贮矿槽栈桥、车间内部铁路不予计算），厂内线和厂外线分开计算。

⑥ 道路总延长　按厂区内可通行汽车的车行道中心线计算（包括回车场、车间行道，计算时扣除与道路中重合部分）。

⑦ 利用系数　指厂区内所有建筑物、构筑物、露天堆场、铁路、道路及回车场，地上、地下工程管线，建、构筑物散水坡占地面积之和与厂区占地面积之比。

• 铁路占地面积以铁路总延长乘以平均路基宽度计算；填方或挖方地段的铁路，以路堤底部或路堑顶部的实际宽度计算。

• 野外型道路包括车行道路及排水沟的占地面积。

⑧ 土方工程量　指厂区内粗平土方工程量的挖方和填方数量（厂内土方工程量应包括建、构筑物基槽的余土）。

11.6.3　实例

总平面布置是根据厂址占地面积、地形、地质、水、电、交通、有关气象资料及工艺要求，综合考虑、全面分析得出的。图 11.2 为国内某化工企业的总平面布置图。该装置布置方案有如下特点。

① 将厂区分为办公区、生活区、生产区、生产辅助区，这样分区布置便于生产管理、技术保密，有助于生产安全。

② 生产区集中布置在厂区中部，其西面紧临变电所，南临原料库和成品库。该布置从原料贮存到产品生产，都很好地满足了工艺要求，保证了短捷的生产作业线，使各种公用系统介质的输送距离最小。

③ 满足防火、卫生要求。该地区夏季主导风向为东南风，冬季主导风向为西北风，因此，按照污染程度从小到大将办公生活区、生产辅助区、生产区由南向北顺序布置，并使化工装置区与办公生活区有一段间距，能够满足防火、卫生要求。

④ 甲醇贮罐布置在厂区一角的罐区，罐区与四周建筑留有适当的防火间距，这样既安全又为将来工艺装置或罐区发展提供方便。罐区四侧有可以联通的通道，道路宽度可保证消防车进出方便。

⑤ 厂区道路通畅，物流顺畅短捷，运输方便。厂区设置两个大门，西门为货运门，南门为人流门，实行人货分流，尽量避免交叉。

⑥ 考虑了发展的需要，厂区东面为空地，为二期扩建预留了场地。

本章小结

本章主要内容分为两个部分：一是厂址选择；二是工厂总平面设计。关于厂址选择主要是掌握厂址选择的指导方针及一般要求，熟悉厂址选择程序，了解厂址选择报告的基本内容。对于初学者来讲，资历浅、缺乏实际经验，也就没有多大话语权来参与厂址的确定，一般由资深专家和建设方确定。本章学习的重点是总平面图的设计绘制。

总图设计的任务是结合厂区的具体条件，确定生产过程中各种对象在厂区中的位置，将生产、运输、安全、卫生、管理各部门及车间进行统筹安排，以获得最合理的物料和人员的流动路线，创造协调且合理的生产和生活环境，使全厂构成一个能高度发挥效益的生产整体。设计的结果由厂区总平面布置图来展示。

● 思考与练习题

1. 工厂选址指导方针及一般要求是什么？
2. 厂址选择报告基本内容包括哪些？
3. 工厂总平面设计内容及原则是什么？

第12章

计算机辅助化工设计

在本章你可以学到如下内容

- 化工设计中的常用软件
- 常用化工流程模拟软件的功能
- 典型化工装置及系统设计软件的功能
- 4D模型技术设备布置设计软件的功能
- 常用的计算机绘图软件

随着计算机科学、信息科学、网络技术、优化技术、专家系统和人工智能技术等高新技术的快速高速发展，计算机、工程工作站和各种计算机辅助设计软件在化工过程和设备设计中得到了普遍应用，计算机已成为化工设计的重要工具。众多强大的设计软件不仅为设计人员提供传统的设计产品方案，而且还可提供三维的数字化工厂模型，形象而方便地提供各方面的信息。计算机辅助化工过程设计正在改变化工过程设计的方法和观念，设计人员已深刻认识到计算机辅助设计的巨大潜力。

计算机辅助化工设计主要包括物性数据检索、计算机辅助过程设计、计算机辅助设计和计算机辅助工程设计等。通常大型设计软件自带数据库，数据库的主要功能：输出所有存储的物质及其物性数据；检索某一物质的物性数据及其来源；根据给定的某一物性的数值范围检索出满足该值的相应物质；面向程序调用数据库中的相关数据；物性数据估算等。

计算机辅助过程设计（CAPD）的基础是化工流程模拟，是化工过程设计的重要工具。用数学模型来描述由许多个单元过程组成的一个化工流程，在计算机上进行物料和能量衡算，完成各个单元过程设备的工艺尺寸及成本计算，称为化工流程模拟。它能完成物料和热量衡算、单元过程计算及流程方案的选择和优化，模拟计算结果生成管道及仪表流程图（process instrument diagram，P&ID），输出物料和热量平衡数据表及有关的文档资料。

计算机辅助设计（computer aided design，CAD）是按照P&ID图上的设计意图和有关设计标准、规范等要求，在CAD系统上建立化工装置的软模型，然后进行碰撞、缺漏检查和应力分析等，最后输出施工图纸、材料报表及有关的设计文件。

计算机辅助工程（computer aided engineering，CAE）是工程公司的计算机信息网络系统将各类应用及不同专业的设计软件一体化，并将设计、订货、采购、施工集成化，所有设计用的信息数据、标准规范、定型设计资料等设计用基础资料均存入不同数据库中供用户调用。施工现场的计算机系统与工程公司的计算机网络连通，实现资料共享，图纸资料信息远距离传送，建设现场按设计信息开工、备料，利用建好的三级软模型指导施工、安装、工程管理和试车。

进入 21 世纪以来，计算机辅助设计贯穿于化工设计全过程，诸如：化工技术文献资料的检索；工程项目规划方案评估，工程投资估算，投资项目盈利利率分析；化工物性数据的检索与推算，化工流程模拟与优化，工艺过程的物料衡算、热量衡算、设备计算，化工管道应力分析计算；物料流程图（PFD）和管道及仪表流程图（P&ID）的绘制，管路布置图与轴测图的绘制，各类化工设备的订货或制造图纸，仪表盘布置图和控制回路图；工艺设备、控制仪表、管路材料汇总表；各种设计文件的编制；设计单位的计划、财务、人事、资料管理等。国内外的化工设计，尤其是大型化工过程设计已进入以计算机辅助设计为主的阶段。作为现代化工专业的大学生，了解计算机辅助化工设计方面的知识是非常必要的。然而，因为计算机辅助化工设计涉及软件多、专业面广，本章仅概述在化工过程设计、化工装置设计和计算机辅助绘图中常用软件的相关知识，着重介绍化工工艺设计相关的过程模拟软件，有关软件的详细功能及使用方法请参考相关设计软件使用手册或专著。

12.1 化工设计软件概述

自 20 世纪 80 年代以来，随着计算机硬件、软件和数据库技术的进步，计算机辅助化工过程设计软件的开发和应用发展极为迅速，出现了大量的较为成功的模拟系统软件，如 ASPEN PLUS，PROCESS，DESIGN/2000，CHEMCAD 等。国内近十多年来也开始重视化工应用软件的开发和研究工作，从国外引进了 ASPEN 和 PROCESS 等软件，将这些软件应用于化工设计，显著提高了计算、绘图、编制文件、管理等方面的设计效率和水平。

12.1.1 化工设计软件主要作用

(1) 提高设计效率

利用计算机强大的运算能力显著提高单元操作计算和多组分体系平衡的计算效率。美国 UCC 公司的经验可节省整个工程项目总工时的 27%，FLUOR 公司的经验可节省 38%的时间。

(2) 提高设计水平，优化方案

繁杂的绘图工作由 CAD 系统按设计者意图快速准确地完成，可方便地通过多种设计方案的比较，而得到优化的设计方案，取得更好的投资效果。如在换热器设计中，可在满足热负荷、温差及压降等条件下做出多个方案，从中选取传热面小或投资最少的方案。在传热面积和管子参数确定后，还可以使管板布置优化，做到紧凑合理。

(3) 避免差错，保证质量

通过使用 CAD 系统，便于统一贯彻各项设计规范标准，各专业之间的设计条件及有关信息能正确迅速传递，在系统上能预防或减少出现差错，从而保证质量。三维 CAD 系统还能进行干扰碰撞检查，设计时可及时检查出有无碰撞的情况（如工艺管道与土建结构相碰撞等），便于立即修改设计，可以减少现场修改设计工作量（约减少 80%），节省安装材料费用，利于缩短施工周期。

12.1.2 常用化工设计软件

化工设计软件包括过程模拟软件、流程组织与合成软件、设备分析和模拟软件、热工专业软件、系统专业软件、安全环保专业软件、经济分析与评价软件、工艺装置设计软件等诸多类别，用计算机辅助化工设计改造传统的设计方式，不但可以增加效率，节约成本，而且也提高了设计质量。目前常用化工设计软件简介见表 12.1。

表 12.1　常用化工设计软件简介

软件分类	软件名称	应用范围	主　要　功　能
流程模拟软件	ASPEN PLUS	稳态流程模拟，也可以做一些动态模拟	物料平衡、热量平衡
	PRO/Ⅱ		
	HYSYS		
	ECCS(国产软件)		
	CHEMCAD		
	ASPEN DYNAMICS& CUSTOM MODELER	动态流程模拟	可以进行装置安全分析和预测、装置操作规律的研究、安全生产指导和调优、在线优化与先进控制等
	HYSYS DYNAMICS		
流程的组织与合成软件	PINCH 夹点分析软件	基于过程综合与集成的夹点技术的计算软件	应用工厂现场操作数据或 ASPEN PLUS 模拟计算的数据为输入，设计能耗最小、操作成本最低的化工厂和炼油厂过程流程
设备分析和模拟软件	FRI	塔器水力学计算软件	塔设计、校核计算等
	PFR	加热炉模拟软件	包括通用加热炉、烃蒸气转化炉、裂解炉等传热计算软件包
	ANSYS	非线性动态和静态有限元分析	包括计算流体功能
	SW6	钢制压力容器、管壳式换热器、塔设计计算软件	采用国标
	ASPEN B-JAC	管壳式换热器设计	符合 ASME、TEMA 标准
	VESSEL	容器设计、局部应力分析	符合 ASME 标准
热工专业软件	HTRI	换热器模拟、设计与校核计算软件	包括多种换热器设计、校核、模拟和机械设计计算软件包
	HTFS		
系统专业软件	SINET	工艺系统和设备尺寸选型计算及管网设计软件	设计管线和管网系统尺寸和工艺设备尺寸
	PIPENET	管路设计系统软件	解决管网内流场稳态和动态水力计算。并有专门针对消防系统设计开发的模拟软件
	PIPEPHASE	精确模拟稳态多相流程软件	应用于油气管路网络和管路系统
	Visual FLOW	泄压系统的模拟计算与设计	从简单的火炬泄压阀核算到设计最复杂的泄压系统
	INPLANT	管网水力学计算	严格稳态模拟程序用来设计，核算和分析装置管线
	ASPEN FlareNet	火炬管网稳态模拟计算	可以完成单一或多重火炬系统的稳态设计、计算以及消除瓶颈
安全环保专业软件	ADMS	大气扩散模拟软件	
	CADNA/A	环境噪声模拟软件	
	DNV SAFETI&LEAK	安全分析评估软件	SAFETI 是世界上著名的定量风险分析 QRA 的标准，LEAK 软件是收集完整的事故发生频率的专家系统与数据库，其计算结果提供给 SAFETI 进行风险分析

续表

软件分类	软件名称	应用范围	主要功能
经济分析与评价软件	ICARUS 2000	投资估算、预算和项目进度管理软件	包括工程与设备设计、工程经济、项目控制及管理的多功能软件，世界上知名的炼油和石化公司与工程设计公司都用此软件作为其成本计算、投资估算预算及报价的标准
	ICARUS Process EVALUATOR (IPE)		在可行性研究时即可使用，有与ASPEN PLUS、PRO/Ⅱ等大型工艺流程模拟软件的接口
	ICARUS Project Manager(IPM)		在详细设计初期使用，较适用于炼油厂和石化工厂的改造或较小的项目
经济分析与评价软件	ASPEN PIMS	过程工业用的经济计划软件包	采用线性规划(linear programming,LP)技术来优化生产作业计划优化、后勤及供应链管理、技术评价、工厂各单元规模估算及扩产研究等过程工业企业的运营计划
工艺装置设计软件	PDS	以装置为核心的集成化设计解决方案	能够应用于工艺、配管、仪表、结构、电气等专业，工程师在计算机上建立完整的材料、元件及设备数据库，建立整套装置的三维模型，自动生成平面图，抽取单管图和汇总材料，并可进行碰撞检查
	AUTOPLANT	专门为针对三维工厂设计系统的详细设计阶段提供的软件解决方案	紧密整合于项目数据库，直接和工艺流程与仪表设计系统共享工程资料。通过与全自动三维配管优化系统、全自动管路标注系统、实时漫游模拟系统、工厂知识管理系统等的相互补充，提供了针对工厂全生命周期的集成软件解决方案。系统包括三维管路设计模块Piping、三维设备建模Equipment、三维钢结构设计模块Structural、全自动单管图生成ISOGEN、智能化单管图设计模块Isometrics。通过与其他系统的集成，可以扩展系统的功能
	PDA(国产软件)	微机三维配管设计软件包	基本上包括了管路工程设计专业的所有功能，是唯一的国产商业化CAD软件，切合国情，性价比较好
	PDMS	能完成大型复杂的石化装置设计	用来完成设备布置、钢结构布置和设计、管路布置和设计、电缆槽架、采暖通风管路等方面的三维设计
	CASEARⅡ	管路静、动力应力分析计算	按照ANSI B31及其他主要规范，进行管系的静态(线性和非线性)和动态分析

12.2 化工流程模拟软件

在化工设计中，通常首先要确定装置的原则工艺流程（PFD），该流程对设计是非常重要的，它是后续设计的基础，是装置能否达到预期设计能力和产品质量的前提。在这个过程中，主要用到的计算机辅助设计工作是流程模拟，利用计算机强大的运算能力完成单元操作计算和多组分体系平衡计算，进行多种方案设计计算，选择最适宜的工艺流程。相比手工计算，用计算机进行流程模拟可以节约大量时间，在有限时间内提供更多可供选择的技术方案。

具体来说，化工流程模拟是根据化工过程的数据，如物料的压力、温度、流量、组成和有关的工艺操作条件、工艺规定、产品规格，以及一定的设备参数，如蒸馏塔的板数、进料位置等，采用适当的模拟软件，将一个由许多个单元过程组成的化工流程用数学模型描述，用计算机模拟（“再现”）实际或设计的生产过程，在计算机上通过改变各种有效条件得到所需要的结果。

12.2.1 化工流程模拟软件用途

化工流程模拟软件是化工过程合成、分析和优化最有用的工具，依靠流程模拟软件才可能得到技术先进合理、生产成本最低的化工装置设计。一个化工过程设计人员只有经过流程模拟的训练，才能对工程有更深刻的判断能力。具体地说，流程模拟软件有如下几种用途。

（1）合成流程

有经验的设计人员常用探试规则合成初始流程，根据不同的探试规则常能生成几个不同的流程方案，最终判断流程的优劣需要对几个方案全流程的物料、能量以及单元设备进行计算才能得出结论。没有流程模拟软件，要在一定时间内完成如此繁杂的工作是非常困难的，只能根据设计师的主观判断或少量方案的比较结果做出决策，多数情况下不能得到最优的流程。

（2）工艺参数优化

通过精确模拟装置操作，可预测操作参数、流程或设备改变对装置性能产生的影响，优化装置生产条件，如用流程模拟软件才能快速而全面地进行精馏塔参数优化、灵敏度分析或直接优化。也可对现有生产装置的运行情况进行严格的计算，根据计算结果提出可靠的调整方案，优化装置操作。现在很多装置都采用 DCS(数据控制系统）控制，通过流程模拟软件和 DCS 的接口，可以把实际装置运行的数据采集进来，进行在线的和离线的调优，国内已有实际运行案例。

（3）设计单元操作

流程模拟软件可以认为是一个具有各种单元设备的实验装置，能得到一定物流输入和过程条件下的输出。例如可以用闪蒸模块来研究泵的进口是否会抽空，减压阀或调节阀后液体是否会汽化，为保持所需要的相态所应有的温度和压力等；也可利用精馏模块来研究进料组成变化对塔顶、塔底产品组成的影响和应怎样调节工艺参数，为设计和操作分析提供定量的信息。

（4）参数灵敏度分析

设计所采用的数学模型参数和物性数据等有可能不够精确，在实际生产过程中操作条件有可能受到外界干扰而偏离设计值，因此一个可靠的、易控制的设计应研究这些不确定因素对过程的影响，以及采取什么措施才能保证操作平稳，满足产品的数量和质量指标，这就必须进行参数灵敏度分析。而流程模拟软件是进行参数灵敏度分析最有效和最精确的工具。

（5）参数拟合

高水平的流程模拟软件的数据库都有很强的参数拟合功能，即输入实验或生产数据，指定函数形式，模拟流程软件就能对函数中的各种系数进行回归计算。

总之，应用流程模拟软件，在过程开发阶段，可以评价和筛选各种生产路线和方案，减少甚至取消中试的工作量，节省过程开发的时间和费用；在过程设计阶段，可以有效地优化流程结构和工艺参数，提高设计成品的质量；在生产过程中，是工程技术人员进行科学管理的有力工具。流程模拟系统还可对经济效益、过程优化、环境评价进行全面的分析和精确评估，并可对化工过程的规划、研究和开发及技术可靠性做出分析。

因此，当代的化工工程师应当掌握流程模拟软件的基本原理和方法，用这个有效的工具提高工作的效率和价值。

12.2.2 稳态模拟和动态模拟

化工流程模拟分为稳态模拟和动态模拟，前者应用较多且技术较为成熟。在化工设计中，稳态模拟可用物料衡算确定工艺流程中各流股的物料流量、温度、压力和组成，针对某一化工流程建立适当的数学模型，并在约束条件下，用计算机进行求解，预测一个过程。在生产中，稳态模拟主要有三方面的作用：①为改进装置操作条件、降低操作费用、提高产品质量和实现优化运行提供依据；②指导装置开工，节省开工费用，缩短开工时间；③分析装置“瓶颈”，为设备检修与设备更换提供依据。

(1) 动态模拟

动态模拟主要研究系统动态特性，又称为动态仿真或非稳态仿真。动态仿真数学模型一般由线性或非线性微分方程组表达。仿真结果描述当系统受到扰动后，各变量随时间变化的响应过程。显然，仿真技术在工程设计中起着与稳态模拟互补且不可分割的特殊作用。

(2) 动态模拟技术的用途

动态模拟技术在工程设计中的应用有：工艺过程设计方案的开车可行性试验；工艺过程设计方案的停车可行性试验；工艺过程设计方案在各种扰动下的整体适应性和稳定性试验；系统自控方案可行性分析及试验；自控方案与工艺设计方案的协调性试验；连锁保护系统或自动开车系统设计方案在工艺过程中的可行性试验；DCS 组态方案可行性试验；工艺、自控技术改造方案的可行性分析。

(3) 动态模拟软件的发展

动态模拟的发展较稳态模拟略迟。在 20 世纪 80 年代，美国普度大学的 BOSS、英国剑桥大学的 QUASLIN、美国威士康星大学的 POLYRED、德国 BASF 公司的 CHEMSIM、Linde 公司的 OPTSIM 等推出众多动态模拟软件。然而，商品化、通用化较好的动态模拟软件还是出自专业化的化工过程模拟公司，如美国 ASPEN TECH 公司推出的著名通用动态模拟软件 SPEEDUP，美国 ABBSimcon 公司推出了 SIMCON 系统，并成功地将其应用于大型乙烯装置的动态模拟，在工业界有较大影响。20 世纪 90 年代中期，加拿大 Hyprotech 公司在其稳态模拟软件 HYSIM 的基础上，又推出了动态模拟软件 HYSYS。HYSYS 同时兼有稳态模拟和动态模拟的功能，用户可以很方便地应用。

在国外，动态模拟已经大量地应用于先进控制系统的设计，尤其是在著名的过程控制公司如美国 Set Point 公司和 DMC 公司（均于 1996 年为 ASPEN TECH 公司兼并）等，并取得了极大的经济效益。近年来，动态模拟技术在国内也得到了较为广泛的应用。

随着稳态模拟技术日趋成熟和动态模拟系统的不断发展，要求稳态模拟与动态模拟相结合。稳态模拟是动态模拟的起点，也是动态模拟的终点。二者结合在一起便于方便切换，相互利用，将使流程模拟技术的应用范围不断扩大、更加实用。如 ASPEN 公司的 HYSYS 流程模拟软件就已将二者合二为一，相信将来会有更多的软件走相互结合的道路。

12.2.3 常用化工流程模拟软件简介

随着流程模拟软件微机版的问世和 Windows 操作系统的出现，流程模拟软件的应用水平进入一个新阶段。据报道，国外已有20多家软件公司相继推出了在石油化工过程专用和通用的流程模拟软件60多种，推出石油化工优化软件30余种，应用领域涉及天然气加工、原油炼制，以及蒸馏和分馏、烷基化、催化重整、催化裂化、加氢、溶剂脱蜡、延迟焦化、硫回收、乙烯装置、合成氨、PET(聚酯)、苯乙烯和氯乙烯单体等生产装置。一些大公司推出了许多稳态过程模拟和部分动态模拟系统软件，陆续开发了许多专用的或有一定的通用性的模拟软件。

目前著名的微机版流程模拟软件主要有：美国ASPEN TECH公司的ASPEN PLUS和HYSYS、SimSci-Esscor公司的PRO/Ⅱ、Chemstations公司的CHEMCAD和WinSim Inc.公司的DESIGN Ⅱ，英国ICI（帝国化学公司）的FLOWPARCK Ⅱ、PSE公司的gPROMS，加拿大Virtual Materials Group的VMGSim等。

我国主要使用ASPEN PLUS、PRO/Ⅱ和CHEM CAD等流程模拟软件，且各石油化工设计单位进行了大量的二次开发工作，使程序更方便于设计。青岛化工学院也开发出我国第一个通用流程模拟软件ESSC。下面重点介绍ASPEN PLUS软件，其他软件则简要说明。

12.2.3.1 ASPEN PLUS

ASPEN PLUS是目前最为流行的大型通用稳态模拟系统之一，官方网站：http：//www.AspenTech.com。我国石化、化工系统是从1994年开始引进的ASPEN PLUS，已有几十个用户，以大型化工企业以及国家级科研单位为主，如大庆集团公司、燕化公司、国家电力公司西安热工研究院等。广泛应用于化工过程的研究开发、设计、生产过程的控制、优化及技术改造等方面，在模拟大型化工系统和电站系统中，该软件系统流程设计的优势得到了充分的验证。近年来，ASPEN PLUS被越来越多的国内用户所接受，正在流程模拟领域发挥巨大作用。

ASPEN PLUS提供了操作方便、灵活的用户界面——Model Manager，以交互式图形界面（GUI）来定义问题、控制计算和灵活地检查结果。用Data Browser（数据浏览器）可以直接选择不同的运行类型来实现ASPEN PLUS的主要功能。ASPEN PLUS流程模拟软件主要功能及运行方法如下。

(1) 基本流程模拟

Flowsheet是ASPEN PLUS最常用的运行类型，可以使用基本的工程关系式，如质量和能量平衡、相态和化学平衡以及反应动力学预测一个工艺过程。在ASPEN PLUS的运行环境中，只要给出合理的热力学数据、实际的操作条件和严格的平衡模型，就能够模拟实际装置现象，帮助设计更好方案和优化现有装置和流程，提高工程利润。

(2) 灵敏度分析

灵敏度分析功能在Data Browser页面下的Sensitivity Form表单中设定，其目的是测定某个变量对目标值的影响程度。分别定义分析变量（Sampled variables）和操纵变量（Manipulated variables)，设定操纵变量的变化范围，即可执行灵敏度分析。这一功能可以直观地发现哪一个变量对目标值起着关键性的作用。

(3) 设计规定

在灵敏度分析的基础上，当确定了一个关键因素，并且希望它对系统的影响达到一个所希望的精确值时，就可通过设计规定来实现。因而除了要设置分析变量和操纵变量外，还要设定出一个明确的希望值。ASPEN PLUS让以前繁琐的实验求证过程变得简单。设定设计规定后，必须迭代求解回路，此外带有再循环回路的模块本身也需要循环求解。

(4) 物性分析

在运行流程之前，物性分析功能帮助确定各组分的相态及物性是否同所选择的物性方法相适应。如果对某种物质的物理属性不是很清楚，可借助 ASPEN PLUS 强大的物性数据库来获得。

(5) 物性估计

如果所需的物性参数不在 ASPEN PLUS 数据库中，可以直接输入，用物性估计进行估算，或用数据回归从实验数据中获取。与物性分析一样，物性估计也有三种运行方式，其中单独使用时只需将运行类型设置为 Property Estimation 即可。

估计物性所必需的参数有：标准沸点温度（T_b）、相对分子质量（M_w）和分子结构。另外，由于估计选项设定的不同，还可能要对纯组分的常量参数、受温度影响的参数以及二元参数、UNIFAC 参数进行规定。

(6) 物性数据回归

使用物性数据回归功能，可用实验数据来确定 ASPEN PLUS 模拟计算所需的物性模拟参数。将物性模型参数与纯组分或多组分系统测量数据相匹配，进行拟合。可输入的实验物性数据有：汽液平衡数据、液液平衡数据、密度值、热容值、活度系数值等。

(7) FORTRAN 模块

ASPEN PLUS 可以编写外部用户 FORTRAN 子程序，在编译这些子程序后，模拟运行时会动态地链接它们。建立一个 FORTRAN 模块，首先应定义流程变量，然后输入 FORTRAN 语句，最后指定执行的时间，可以是在某个模块前或后，也可以在整个流程的开始处和末尾，这由用户自行定义。

12.2.3.2 PRO/Ⅱ

PRO/Ⅱ是美国 SimSci-Esscor 公司开发的化工流程模拟软件，是一个历史最久的通用性化工稳态流程模拟软件，官方网站：http：//www.simsci-esscor.com。SimSci 公司在烃加工行业的先进技术一直被公认为业界最高标准。1967 年 SimSci 公司开发了世界上第一个蒸馏模拟器 P05，1973 年推出流程图模拟器，1979 年又推出基于 PC 机的流程模拟软件 Process(即 PRO/Ⅱ的前身)，自此，PRO/Ⅱ得到长足的发展，客户遍布全球各地。PRO/Ⅱ软件 20 世纪 80 年代进入中国，已在北京炼油设计院（BDI)、中国石化北京工程公司（BPEC）等数十家单位使用，发挥出良好的效益。

PRO/Ⅱ流程模拟程序广泛地应用于化学过程的严格的质量和能量平衡，从油气分离到反应精馏，PRO/Ⅱ提供了最广泛的、最有效、最易于使用的模拟工具，广泛用于油气加工、炼油、化学、化工、工程和建筑、聚合物、精细化工和制药等行业。

SimSci 的计算模型已成为国际标准，国外不少企业已将 PRO/Ⅱ和 ASPEN PLUS 定为企业标准。产品的 Provision 图形用户界面（GUI)，提供了一个完全交互的、基于 Windows 的环境，无论是对于建立简单的，还是复杂的模型，它都是理想的环境。PRO/Ⅱ用户界面如图 12.1 所示。

PRO/Ⅱ有标准的 ODBC 通道，可同换热器计算软件或其他大型计算软件相连，还可与 Word、Excel、数据库相连，计算结果可在多种方式下输出。

在实用性上，PRO/Ⅱ要比其他同类软件更具优势，主要是该软件的开发思路就是针对炼油化工行业，SIMSCI 的计算模型已成为国际标准，公司拥有一批技术专家从事售后支持，可以解答用户所遇到的疑难问题。我国原使用 ASPEN 软件的单位，如 BPEC、BDI、中国寰球工程公司等认为 PRO/Ⅱ数据库中有不少经验数据（因而 PRO/Ⅱ被称为经验派），

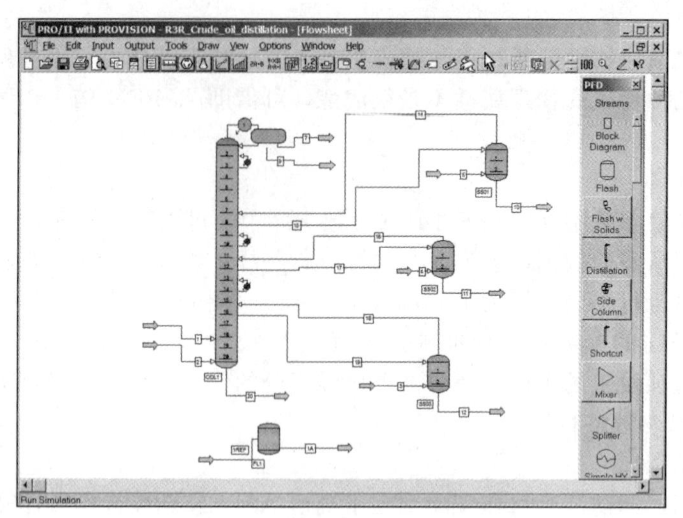

图 12.1 PRO/Ⅱ用户界面主窗口

使其更具有工程实用性。一些化工院和石化院正准备购买 PRO/Ⅱ软件。

12.2.3.3 CHEMCAD

CHEMCAD 是 Chemstations 公司开发的产品，始于 1984 年，是另外一个从 PC 机发展起来的流程模拟软件，一直以操作简单、界面友好而著称，官方网站：www.chemstations.net。CHEMCAD 具有图形用户界面，友好的图形人机对话界面使初学者很容易上手。通过 Windows 交互操作功能可使 CHEM CAD 和其他应用程序交互作用。使用者可以迅速而容易地在 CHEMCAD 和其他应用程序之间传送模拟数据，可以把过程模拟的效益大大扩展到工程工作的其他阶段。CHEMCAD 用户界面如图 12.2 所示。

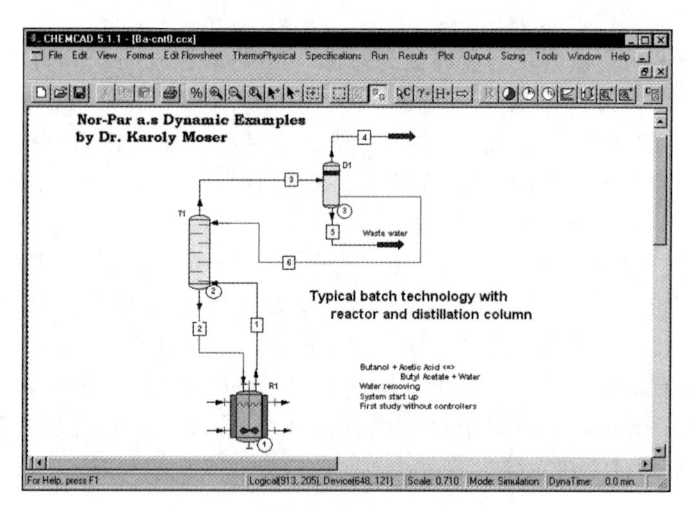

图 12.2 CHEMCAD 用户界面主窗口

CHEMCAD 是一个可广泛应用于化学和石油工业、炼油、油气加工等领域中的工艺过程的计算机模拟应用软件，是工程技术人员用来对连续、半连续或间歇操作单元进行物料平衡和能量平衡核算的有力工具。通过 CHEMCAD 可以在计算机上建立与现场装置吻合的数据模型，并通过运算模拟装置的稳态或动态运行，为工艺开发、工程设计以及优化操作提供理论指导。CHEMCAD 现有 50 多个通用单元操作模型，用户还可以根据需要建立自己的模型。CHEMCAD可以将各个单元操作组织起来，形成整个车间或全厂的流程图，进而完成整个流程的模拟计算，及时生成工艺流程图（PFD），支持动态模拟，并具有强大的计算分析功能。

CHEMCAD的特色在于和流程结合得非常紧密的换热器计算模块。在我国由于CHEMCAD物性较少，设计院不太使用，高校使用较多。

12.2.3.4 HYSYS

HYSYS流程模拟软件原是加拿大Hyprotech公司产品，是Hyprotech公司在其稳态模拟软件HYSIM的基础上开发出的动态模拟仿真软件，主要用于化工及机械方面的专业流程模拟，它允许设计者通过概念上的设计在计算机上实现生产装置的模型化。

加拿大Hyprotech公司创建于1976年，是世界著名油气加工模拟软件工程公司，是最早开拓石油、化工方面的工业模拟、仿真技术的跨国公司，其技术广泛应用于石油开采、储运、天然气加工、石油化工、精细化工、制药、炼制等领域，它在世界范围内石油化工模拟、仿真技术领域占主导地位，率先开发出微机版动态模拟系统HYSYS 1.0。动态模拟系统HYSYS的推广及应用给石油化工设计领域、生产领域、研究领域带来一场深刻的革命，成为石油化工领域划时代的里程碑。Hyprotech已有17000多家用户，遍布80多个国家，其注册用户数目超过世界上任何一家过程模拟软件公司。目前世界各大主要石油化工公司都在使用Hyprotech的产品，包括世界上名列前茅的前15家石油和天然气公司，前15家石油炼制公司中的14家和前15家化学制品公司中的13家。

我国HYSYS用户已超过50家，所有油田设计系统全部采用该软件进行工艺设计，在中石油和中石化系统应用也非常广泛，如中国海洋总公司、壳牌中国分公司（Shell）、辽阳石油化纤公司、大庆石化设计院、扬子石化公司、抚顺石化设计院等。

HYSYS软件分动态和稳态两大部分，其稳态部分主要用于油田地面工程建设设计和石油石化炼油工程设计计算分析，动态部分可用于指挥原油生产和储运系统的运行。

12.2.3.5 DESIGN Ⅱ

DESIGN Ⅱ为美国WinSim Inc.公司开发的流程模拟软件，官方网站：http://www.WinSim.com。DESIGN Ⅱ是强大的流程模拟计算工程，它可以为大量的管线和单元操作做热量平衡和物料平衡。DESIGN Ⅱ的简便而精确的模块，使工艺工程师把注意力集中在工程上而不是计算机操作上。DESIGN Ⅱ for Windows提供自由格式文字窗口，只需要很少量的输入数据和DESIGN Ⅱ命令。DESIGN Ⅱ提供了一些先进的特性如：热交换器和分离器的核算及设计计算。DESIGN Ⅱ for Windows包括了879种纯组分的数据库以及直到C20的绝大部分碳氢化合物，包括了38种已知特性的世界原油数据。

12.2.3.6 FLOWTRAN

FLOWTRAN(Flowsheet Translator）是20世纪60年代由美国孟山都公司（Monsanto）开发的一套流程模拟软件，它采用序贯模块法设计，共有30个通用单元操作模型，180种物料的物性数据。程序开发采用一种连续修正的面向问题的语言（POL）。该流程模拟软件的一个最大特点是含有费用和尺寸计算子程序，实用性强。它不仅能进行物料和热量衡算，还能进行费用和尺寸计算，因此，Flowtran在化工设计部门得到广泛应用。与SimSci公司的PRO/Ⅱ一样，Flowtran在高等院校承诺不用于商业目的的前提下为其提供教学用软件。

12.2.3.7 DESIGN/2000

DESIGN/2000是由美国Chemshare公司开发的第三代流程模拟软件，它采用先进的序贯模块方式进行程序设计，在循环收敛计算方面得到很大的改善。物性数据库系统采用Chemshare开发的Chemtran，含有1000多种化合物，并可根据基团贡献估算参数。早期的DOS版本（5.0版）支持交互式输入，能生成工艺流程图和通过屏幕显示帮助信息，但是不支持图像输入。DESIGN/2000也提供教学用软件，价格约为商用价格的1/6。

12.3 化工装置及系统设计软件

按照化工设计程序，在完成物料工艺流程（PFD）设计后，工艺设计专业进入设备的工艺设计阶段，即结合工艺流程设计确定化工单元操作所用设备的类型、材质和设备的工艺设计参数。然后进行管道及仪表流程图及系统设计。本节简单介绍在设备的工艺设计及系统设计过程中的常用软件。在具体设备设计方面，主要介绍是换热器设计及相关软件；在系统设计方面，简单介绍常用的管网设计软件。

12.3.1 换热器设计软件

换热器是化工生产最常用的设备，换热器设计及模拟优化计算已形成了一些商用软件包。但占据市场的主要是HTRI和HTFS两个软件。一般流程模拟软件都会与这两个软件有接口，有的还可以直接将换热器的计算结合到流程计算中。由于传热的复杂性，这两家软件提供商都有实验装置，可以考察各种情况下的传热效果，然后对软件进行修正，在大部分情况下，计算结果和现场情况是吻合的。

12.3.1.1 HTRI

HTRI（heat transfer research，Inc.）是一个于1962年创建的国际性协会，网站是www.htri-net.com，致力于工业规模的传热设备研究，开发基于试验研究数据的专业模拟计算工具软件，提供完善的产品、技术服务和培训。HTRI目前在全球用户多达600多个，HTRI帮助其会员设计高效、可靠及低成本的换热器。HTRI Xchanger Suite是换热器设计及核算集成的图形化用户环境，其中Xphe能够设计、核算、模拟板框式换热器；Xist能够计算所有的管壳式换热器；Xace能够设计、核算、模拟空冷器及省煤器管束的性能，还可以模拟分机停运时的空冷器性能；Xjpe是计算单管夹套（双管）换热器的模型；Xtlo是管壳式换热器的管子排布软件；Xvib是对换热器管束的单管中由于物流流动导致的振动进行分析的软件；Xfh能够模拟火力加热炉的工作情况。图12.3为HTRI用户界面主窗口。

12.3.1.2 HTFS

HTFS系列软件创建于1967年，是英国原子能委员会AEA研究所开发的计算传热及流体力学软件。1997年，AEA公司和加拿大Hyprotech公司合并后，HTFS软件遂由Hyprotech接管，并将这个软件与HYSYS的物性计算系统结合，使得HTFS具有强大的物性计算功能。2002年，Hyprotech公司与ASPEN TECH公司合并，HTFS即成为ASPEN TECH的先进工程套件AES中的构成部分。通过热力学专家和过程建模人员的合作，集合了ASPEN TECH和Hyprotech的技术精华，新一代的Aspen HTFS，减少了设计循环周期(更少的重复劳动)，提供了更多的、全面的过程优化机会。将HYSYS与ASPEN PLUS集成，使得ASPEN HTFS与ASPEN TECH功能强大的物性计算系统连接，使其可选用各种状态方程、活度系数法或ASPEN PLUS和HYSYS流程模拟软件所具有的方法。

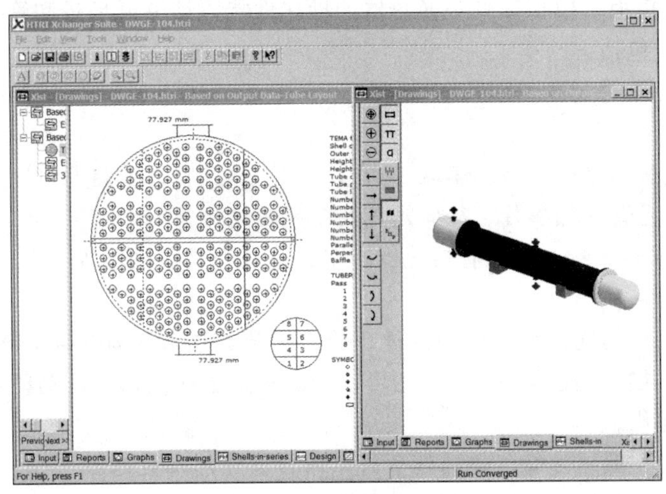

图 12.3 HTRI 用户界面主窗口

(1) HTFS 组成部分

HTFS 由以下几部分组成：HTFS. TASC—管壳式换热器软件；HTFS. ACOL—错流换热器（空冷器）模拟计算软件；HTFS. MUSE—板翅式换热器软件；HTFS. FIHR—加热炉（直接火加热换热器）计算程序；HTFS. APLE—板式换热器软件；HTFS. FRAN 和 HTFS. PIPE 软件。这里仅介绍 HTFS. TASC 软件的基本功能，其他部分请读者参考相关手册或专著。

(2) HTFS. TASC 软件功能

图 12.4 为 HTFS. TASC 用户界面主窗口。HTFS. TASC 的软件主要功能如下。

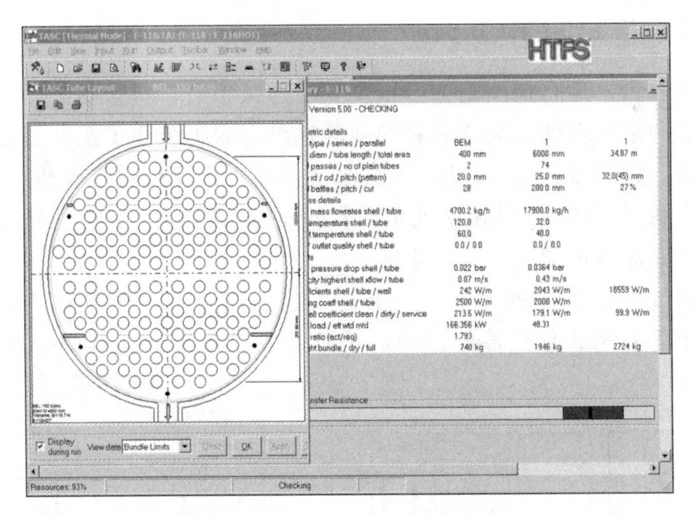

图 12.4 HTFS. TASC 用户界面主窗口

① 计算模式

设计 对于给定的工艺条件进行换热面积或成本优化设计，计算换热器的各种参数。

核算 指定流体的进、出口条件，核算换热器是否能够提供足够的负荷，并计算换热器的实际换热面积与所需换热面积之比。

模拟 对于给定的换热器，当工艺介质进口确定后，模拟其出口状态及计算换热器的操作性能。

热虹吸换热器模拟 模拟热虹吸换热器的操作性能，计算循环量和管路压降。

② 换热器类型包括：

- 所有 TEMA（tubular exchange manufacture association，美国管式热交换器制造协会）标准换热器
- 单换热器或换热器组（最多串联 12 台，并联无限制），换热器可以水平或垂直放置
- 管壳可以是光管、低翅片、径向翅片及螺旋带翅片等
- 非 TEMA 式换热器，如双管换热器、多管束双壳式换热器等
- 热虹吸换热器

③ 对于通过壳程的气、液或两相流体，检查由流体引起振动的可能性。该方法可预测流体弹性稳定性、共振、流体冲击等，还可以预测热虹吸换热器的流动稳定性。

④ 排管布置优化。

⑤ 可处理光管、低翅片管、轴向翅片管，内含低翅片管数据库。

⑥ 折流板形式有单缺口、双缺口、缺口无管折流板，以及杆式折流板。

⑦ 输出结果包括以下部分：

- 优化设计的详细结果，包括总重、各种方案的比较表
- TEMA 规格的设计报告，可与微软的文字处理软件相连
- 换热器平面尺寸图
- 管、壳程的各种详细数据
- 各种可能引起振动的原因及详细描述
- 可以预测可能发生的不稳定流动（热虹吸式换热器）

⑧ 成本核算、管束排列优化及换热器管束排列图。

12.3.2 换热流程与 PINCH

对于一个生产装置，运行成本是一个很重要的考核参数，这包括公用工程的消耗。换热流程设计的主要目的是尽可能地利用装置内部的热量，减少公用工程的消耗，在一次设备投资和运行费用之间寻找到平衡点。PINCH 技术是换热流程设计的基础和手段。以物料平衡、热量平衡为起点，利用 PINCH 技术从能量回收的角度对核心的工艺过程提出修正，可以在换热流程的设计中确保能量回收目标的实现。

图 12.5 是流程设计的洋葱模型，反应器是工艺的核心，一旦确定了反应的进出物流和循环物流，就可接下去完成分离器的设计，进而可以确定这个过程的物料平衡、热量平衡

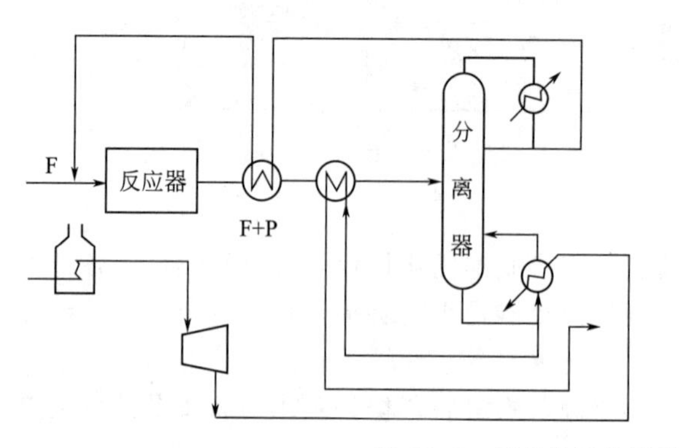

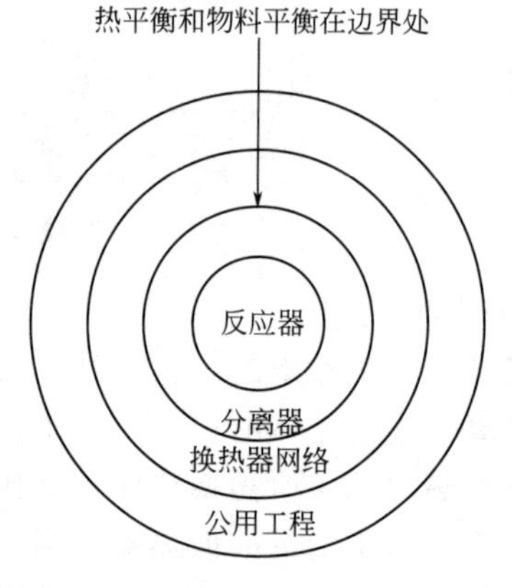

图 12.5 流程设计的洋葱模型

量，再接下来是设计换热网络，最后可以确定工艺所需的冷热公用工程量。

在换热网络的设计方面，SUPERTARGET、ASPEN PINCH、SIMSCI HEXTRAN 和 HX-NET 四个软件都采用了 PINCH 技术，它们都与一个或多个流程模拟软件有接口，可以导入流程计算的结果。用户能从全局浏览检查和监视换热网络性能，或检查每个换热器的各自性能。图 12.6 是两张软件界面截图。

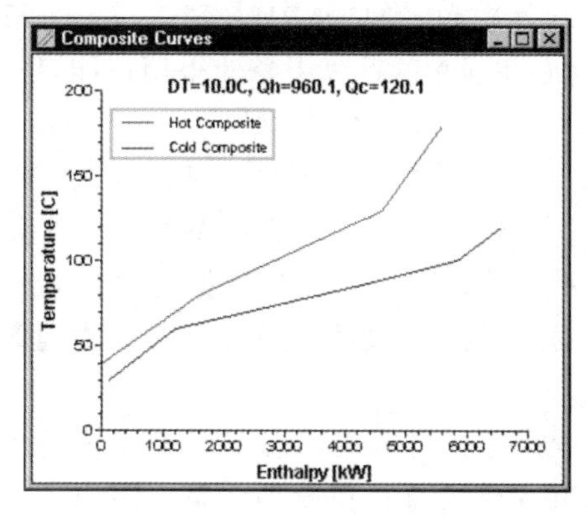

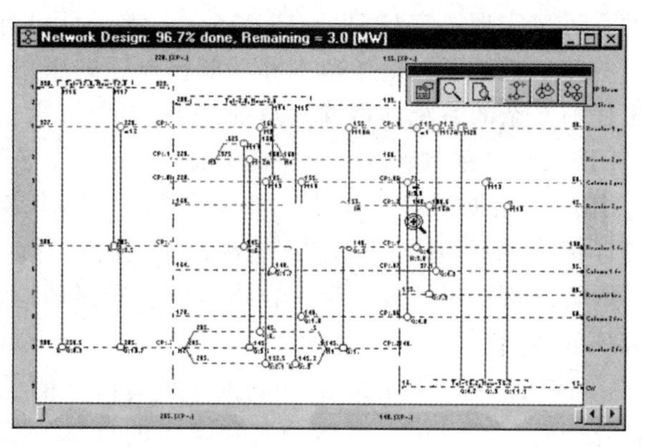

图 12.6　用 PINCH 设计换热网络的界面截图

(1) ASPEN PINCH

ASPEN PINCH 是一个基于过程综合与集成的夹点技术计算软件。它应用工厂现场操作数据或者 ASPEN PLUS 模拟计算的数据为输入，设计能耗最小、操作成本最低的化工厂和炼油厂流程。它的典型作用有：①老厂节能改造的过程集成方案设计；②老厂扩大生产能力的“脱瓶颈”分析；③能量回收系统（如换热器网络）的设计分析；④公用工程系统合理布局和优化操作（包括加热炉、蒸汽透平、燃气透平、制冷系统等模型在内）。采用这种夹点技术进行流程设计，一般对老厂改造可以节能 20%左右，投资回收期为一年左右；对新厂设计可节省操作成本 30%左右，并同时降低投资 10%～20%。

(2) SIMSCI HEXTRAN

SimSci 公司开发的 HEXTRAN 是一个全面的、帮助工艺工程师分析和设计各种类型传热系统的模拟工具，从夹点分析的概念设计到换热器和换热网络的设计与核算，涉及的传热设计范畴十分广泛。现使用的 SimSci HexTran v9.1 整合了 PRO/Ⅱ的热力学模型和组分库用于严格计算工艺物流，并生成准确的热力学性质和传递性质。

(3) HX-NET

HX-NET 软件主要用于换热器管网设计和优化，可在完整、交互式的环境中提供重要的工程建议。由于 HX-Net 具有强大的、综合性的工艺模拟器和其简单易用的能量分析功能，使得工艺工程师能够迅速地在现有工艺流程中找到提高能量效率的潜在点。该软件主要功能有：①数据提取向导技术，可以自动从流程模拟器中提取温度、热焓、流量等相关数据；②目标技术，可以为给定的工艺流程找到最大的能量效率操作；③自动改进技术，可以自动找出实现最大能量效率操作的最好方法，使设备能够得到控制。

12.3.3　管网计算软件

在化工装置中，公用工程，如冷却水、蒸汽的管网是非常复杂庞大的，如果设计选择的管径不合适，就可能影响到装置的正常运行。PIPENET 是在管网设计方面占领先地位的软件。我国开发的 PNStar 是非常优秀的中文管网流体力学计算软件。

(1) PIPENET

PIPENET 源于剑桥大学的研究成果，现已成为英国及许多国家的标准设计软件，广泛服务于石油、天然气、造船、化工以及电力工业等领域，在世界各地拥有超过1500个用户。

PIPENET 不但是一个高效、简洁、准确的计算工具，更是一个强大的工程设计优化平台。管网系统的计算和优化、设备的选型以及事故工况下的水力学分析，均可在 PIPENET 帮助下迅速实现。它与 PDS/PDMS（三维工厂设计软件）和 CAESARII（管道应力分析软件）的接口扩展了其应用范围和功能。友好的用户界面和强大的计算引擎使得用户能轻松地模拟任何复杂的系统并得到满意的结果。

PIPENET 系列产品包括 Standard Module、Spray/Sprinkler Module 和 Transient Module。用户可根据其需要选择不同的软件或优惠套装。虽然上述软件的应用背景、适用条件和设计标准各不相同，但是用户界面却大同小异，不同软件的原始输入数据可实现相互转换、内置及可扩展的资料库、在线帮助、错误预检、强大的快捷键和编辑功能都极大地方便了客户的使用。

① PIPENET Standard Module　拥有广泛的工业用途，可解决稳态工况下流体的水力学计算问题，其中包括流体分布和阻力的计算、管道（或风道）和设备（泵、阀门、孔板等）的选型和优化、异常工况（管道堵、漏和破裂）的模拟，等等。图 12.7、图 12.8 分别为 PIPENET 设计蒸汽系统管网和冷却水系统管网部分截图。

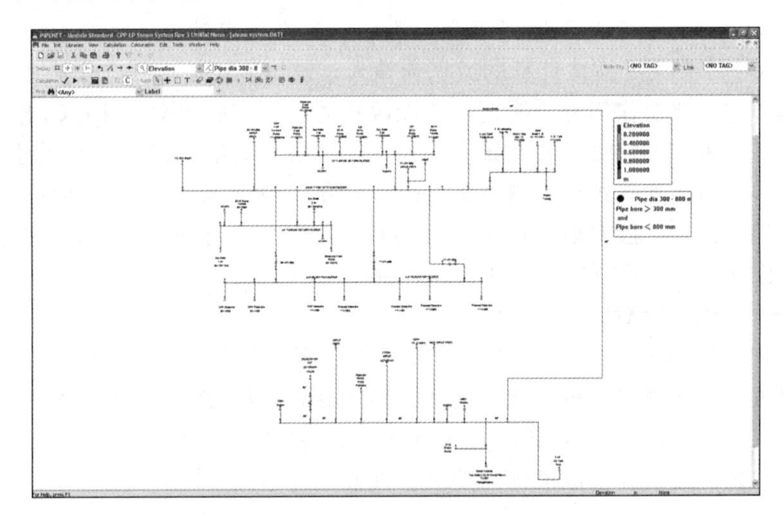

图 12.7　PIPENET 设计蒸汽系统管网部分截图

② PIPENET Spray/Sprinkler Module　是专门针对消防系统开发设计而开发的专业软件，可选用的消防规范包括 NFPA 和 FOC。它可满足诸如石油、化工、钻井平台、电站及船只等行业对消防系统的严格、特殊的设计要求。

③ PIPENET Transient Module　可模拟由于设备启停、阀门操作等因素造成的管网内流场瞬息变化，计算系统压力和流量的波动，预知水击或气锤，验证系统对动态工况的响应性，甚至可检验控制系统在瞬态情况下是否会控制失效，最终达到快速、准确、高效、安全的建设目标。

(2) PNStar

PNStar 是我国西安维维计算机技术有限责任公司开发的管网之星，能够计算管道、枝状管网的流量、压力分布，图形界面上任意构造管网分支。适应不可压缩流体（水、溶液

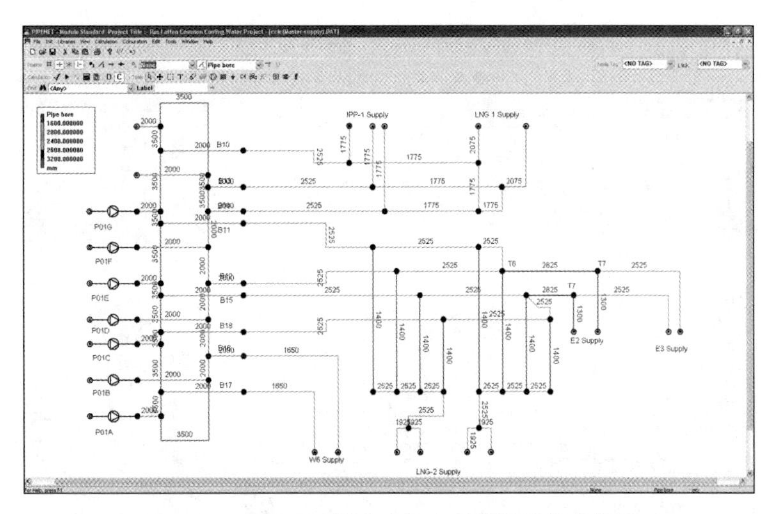

图 12.8 PIPENET 设计冷却水系统管网部分截图

等)、可压缩流体（水蒸气、天然气等），物系、阻力模型的选择十分方便，特别适合于计算水管网和天然气管网。PNStar 集图形操作、自动计算、实时响应、所见即所得、报表输出、管网示意图输出、Excel 和 AutoCAD 文件接口于一体，使传统的管网计算从概念到功能发生了革命性变革。

PNStar 的操作是基于图形的，用户直接在屏幕上定义管网图，在管网图上输入数据，管网的复杂程度不限。计算在数据输入的同时自动进行，详细结果同时显示出来。笔记本式的屏幕多页实时显示计算结果。

① 管网图及部分结果标注，如图 12.9 所示。

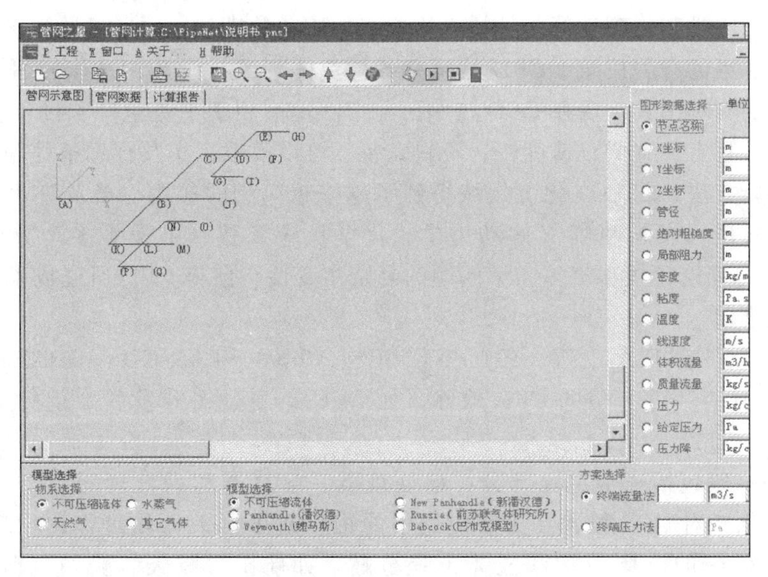

图 12.9 节点名称图形输出

② Excel 格式的报表，每个节点多达 16 项数据，包括节点名称、体积流量、质量流量、线速度、压力、压降、密度等，如图 12.10 所示。

③ 结果输出方便灵活，可以打印管网图、Excel 格式的报表；可以输出接口文件：AutoCAD 文件 *.scr 和 Excel 报表文件 *.xls。

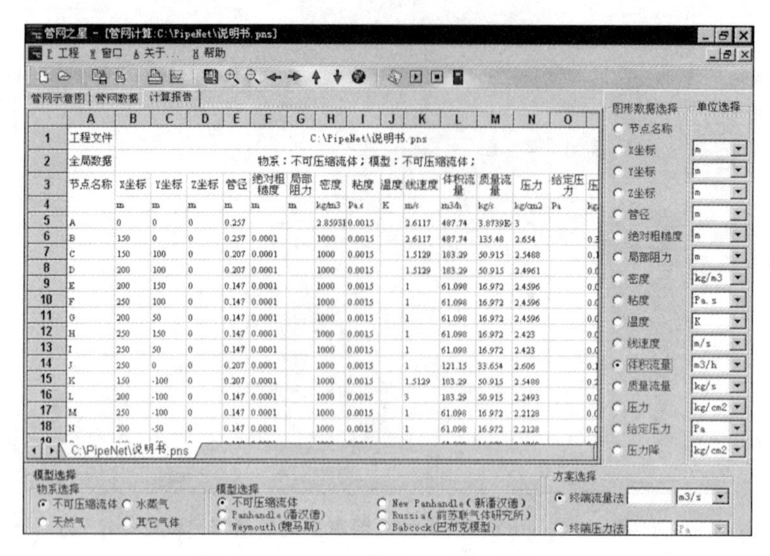

图 12.10 Excel 格式的计算结果报表

12.3.4 CFD 软件

前面涉及的换热计算是基于设备规模进行的，所得结果实质上是宏观的平均值，对于抓住换热过程的主要问题是有益的，但无法从中了解设备内部各位置的温度、浓度、压力、速度等物理量的分布情况，然而这些参数对于换热器设计是非常重要的。通过计算流体力学（computational fluid dynamics，CFD）可获得设备内部各工艺操作参数分布。

CFD 是 20 世纪 60 年代伴随计算机技术迅速崛起的流体力学的一个分支。它综合数学、计算机科学、工程学和物理学等多种技术构成流体流动的模型，再通过计算机模拟获得某种流体在特定条件下的有关信息。CFD 是研究各种流体现象，设计、操作和研究各种流动系统和流动过程的有利工具。现在 CFD 技术已经广泛地应用于工业生产和设计。CFD 计算相对于实验研究，具有成本低、速度快、资料完备、可以模拟真实及理想条件等优点。作为研究流体流动的新方法，CFD 在化工领域得到了越来越广泛的应用，涉及流化床、搅拌、转盘萃取塔、填料塔、燃料喷嘴气体动力学、化学反应工程、干燥等多个方面。然而，因 CFD 技术严格的理论背景和流体力学问题的复杂多变性，使得 CFD 研究成果与实际应用的结合成为极大难题。

常见 CFD 软件有 FLUENT、PHO-NENICS、CFX、STAR-CD、FIDAP 等。除了通用的 CFD 软件，还有一些专门的 CFD 软件，如 FLUENT 公司开发的专门针对搅拌槽进行模拟的软件 MixSim。

CFD 软件一般包括三个主要部分：前处理器、解算器和后处理器。CFD 通用软件包的出现与商业化，对 CFD 技术在工程应用中的推广起了巨大的促进作用。现在，CFD 技术的应用已从传统的流体力学和流体工程范畴，如航空、航天、船舶、动力、水利等，扩展到化工、核能、冶金、建筑、环境等许多相关领域。CFD 技术软件主要有 FLUENT 和 PUMPLINX。

（1）FLUENT 软件

FLUENT 的软件设计基于 CFD 软件群的思想，从用户需求角度出发，针对各种复杂流动的物理现象，采用不同的离散格式和数值方法，在特定的领域内使计算速度、稳定性和精度等方面达到最佳组合，从而高效率地解决各个领域的复杂流动计算问题。基于上述思想，FLUENT 开发了适用于各个领域的流动模拟软件，这些软件能够模拟流体流动、传热传质、化学反应和其他复杂的物理现象，软件之间采用了统一的网格生成技术及共同的图形界面，而各软件之间的区别仅在于应用的工业背景不同，因此大大方便了用户。

在全球众多的 CFD 软件开发、研究厂商中，FLUENT 软件独占 40%以上的市场份额，具有绝对的市场优势。FLUENT 将不同领域的计算软件组合起来，用来模拟从不可压缩到高度可压缩范围内的复杂流动。由于采用了多种求解方法和多重网格加速收敛技术，因而 FLUENT 能达到最佳的收敛速度和求解精度。灵活的非结构化网格和基于解的自适应网格技术及成熟的物理模型，使 FLUENT 在旋转与湍流、传热与相变、化学反应与燃烧、多相流、旋转机械等方面有广泛应用。

图 12.11、图 12.12 分别是用 FLUENT 分析常压炉内燃烧状况、搅拌罐内、烟气脱硫吸收塔中烟气流动的结果。

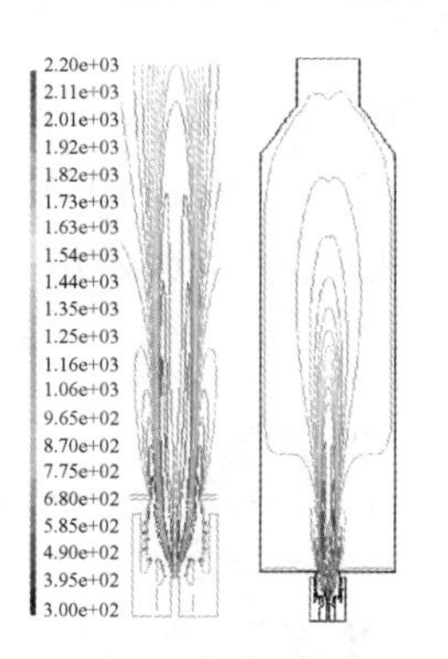

(a) 常压炉内燃烧状况

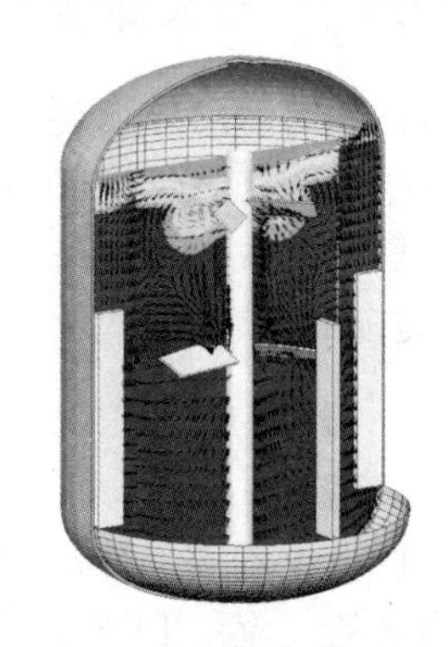

(b) 搅拌罐内流体

图 12.11 FLUENT 分析流体状况

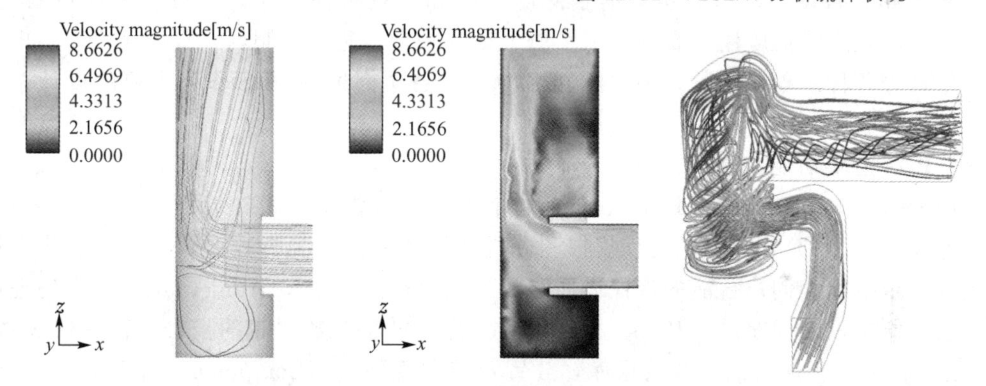

图 12.12 FLUENT 烟气脱硫吸收塔中烟气流动状况

（2）PUMPLINX

PUMPLINX 是美国 Simerics 公司专门针对各类泵的水力学模拟计算开发的 CFD 软件，可以为工程师设计泵类提供快速可靠的结果。PUMPLINX 的核心部分是一个功能强大的 CFD 求解器，能够求解可压缩及不可压缩流体流动、传热传质和湍流等物理现象。PUMPLINX 提供多种泵的专用模块用于泵的网格生成、参数设定、非定常计算中网格移动变形、后处理中数据自动采集等多项专用功能。目前，PUMPLINX 提供下列泵的专用模块：轴流离心泵；新月形内啮合齿轮泵；外齿轮泵；摆线内齿轮泵；轴流柱塞泵；滑片泵；螺旋桨风扇。

12.4 化工装置布置设计软件

在化工设计中，当完成工艺流程设计、设备的工艺设计和系统设计后，化工工艺专业的设计任务转入施工图设计或装置工程设计阶段，进行化工装置布置设计。在化工厂建设中，工厂布置是非常重要的，设备及管道系统的设计不仅影响投资效益，也影响装置的操作及运行安全。随着计算机技术的发展，运用CAD绘制工程平面设计图已很普遍，而利用计算机进行三维的工程设计已成为当前发展的主流。本节简要介绍在此过程中主要涉及的设备布置设计、管道应力计算和施工设计软件。

12.4.1 设备布置设计软件

目前国内外已经开发多种三维装置设计软件，如PLANTWISE、PDS、Smart Plant 3D、VANTAGE PDMS、BENTLEY AutoPLANT等。全球按照装机量排名前三位的三维工厂设计软件分别是PDS(美国Intergraph公司)、PDMS（英国剑桥公司）和AutoPLANT(美国Bentley公司)。

12.4.1.1 PDS/Smart Plant 3D

PDS（plant design system）是美国Intergraph公司20世纪80年代中期开发的计算机辅助设计系统，是在交互式图形设计系统IGDS和数据管理检索系统DMRS的基础上开发出来的。应用PDS的有关软件可完成工艺及仪表流程图、仪表索引、仪表回路图、设备数据表、设备布置、建筑结构三维模型、管道三维模型、管道轴测图及材料表、通空调风道及电缆槽架等方面的设计。PDS也具有消除隐藏线和干扰碰撞检查。经过不断地更新完善，目前该产品已经广泛地应用于石油化工、海上钻井平台、化工及制药、日用品生产、电力以及污水处理等各种工程领域。许多国际知名的工程公司都选择PDS作为主要的设计系统和项目合作依据。

(1) PDS主要功能

①Process Flow Diagram(PFD)，创建智能的工艺流程图。②Piping & Instrumentation Diagram (P&ID)，允许从工艺流程模拟和分析软件包中引入分析数据到项目数据库，用以组合流程标签数据和创建智能的带仪表回路的工艺流程图。③Instrumentation，为物理回路设计仪表和产生仪表回路图（ILDs)，产生包括索引和ISA数据表的报告、管理仪表数据。④Piping，根据一个庞大的在线数据库，放置管道和管件。⑤Equipment Modeling，提供创建设备模型的工具，可以用基本3D元素组合设备模型，也可以从数据库中自动创建复合设备模型。⑥Structure Modeling，可创建钢结构、楼板和墙等模型，产生图纸。⑦HVAC Modeling，提供交互式3D工具用于布置和创建暖通管道和管件模型。⑧Electrical Raceway，提供交互式3D工具用于设计、布置和创建电缆托盘、电缆管道和地下电缆管道模型。⑨Interference Checking，检查3D模型中部件之间的物理碰撞和指定的软碰撞，例如不足的安全空间或维护空间。⑩Drawing Extraction，从3D模型中抽取平面、剖面图，自动标注属性和尺寸。

(2) PDS主要特点

系统是交互式的，界面灵活，操作方便，易学易懂，可设计并建立包括结构构件、设备元件、管道的三维模型；且模型中所建的元素均有属性，可以迅速准确更改设计内容，使设计人员选择最佳方案；可以从任何角度观看模型，提供一切视图并可消除隐藏线；能够对这个工厂软模型进行碰撞检查，找出设计中存在的问题；最后，设计者还可以进行材料汇总并编制材料表（包括分区材料表和总材料表)。图12.13为用PDS建立某装置的几张三维布置图。

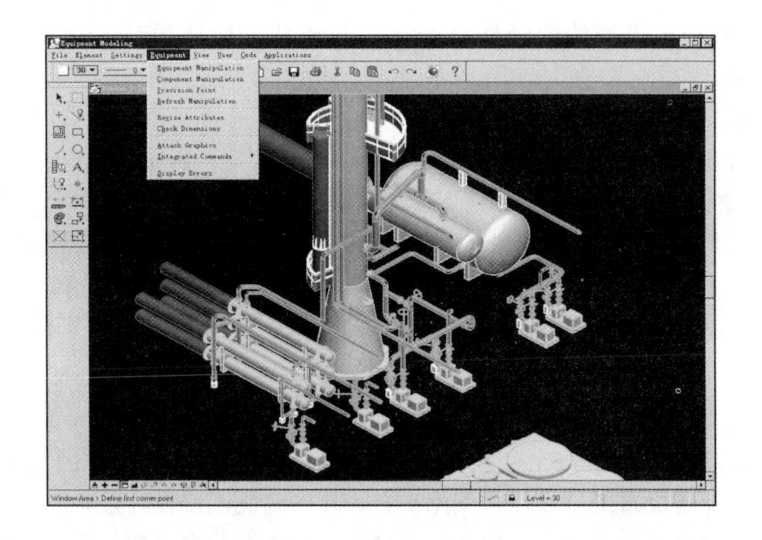

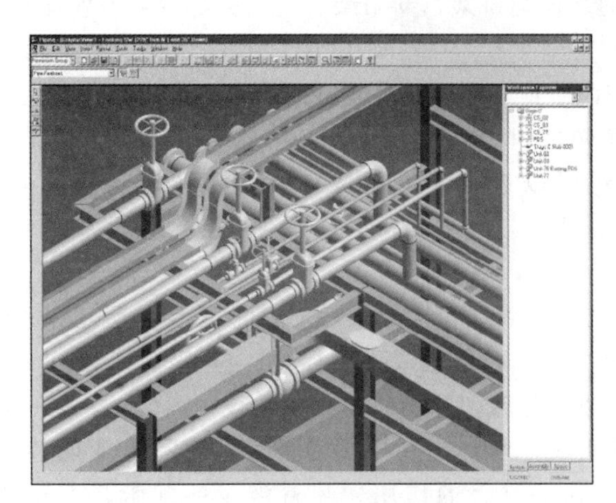

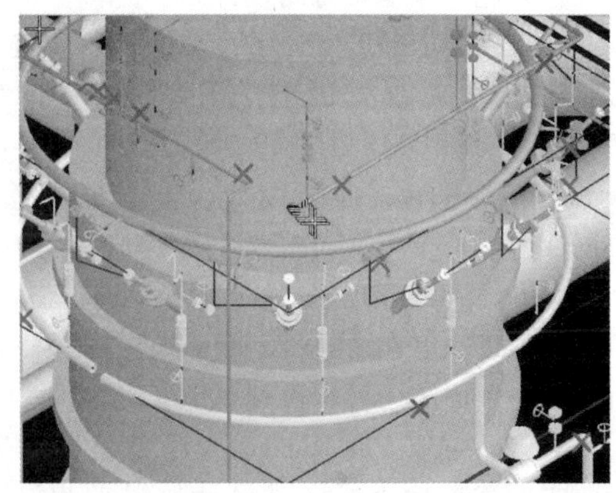

图 12.13 PDS 建立的某装置部分三维图

(3) 应用 PDS 优化配管设计管理

PDS 可以有效地取代以往配管设计所用的工具，适用于配管设计的各个阶段。

① 应用于基础设计阶段　PDS 可以协助配管专业提供设备布置图，完成基础设计版的配管研究图，运用 3D 模型对设备及模型布置进行初步规划。

② 应用于详细设计阶段　在详细设计阶段，配管专业担负着项目的主要任务，因此 PDS 的优势也得到更好的发挥。

③ 应用于施工阶段　直观的 3D 模型可以清楚地向施工单位交底，指导施工的进行。

④ 对设计过程进行控制　工程设计应为管理与控制要求而服务。一方面，设计活动的检测工序要更加细化、量化，便于项目管理与控制其过程；另一方面，又需要在工程设计初期就应考虑到后续采购施工管理的要求。现代项目管理模式实现的核心基础是数据库。PDS 的 3D 模型其实就是一个大型的数据库，从 PDS 的数据库中得到这些准确的“资料”就可以更加合理地控制项目的进度和费用。

⑤ 对设计文件的质量保证。PDS 提供了碰撞检查、连接性检查、数据库完整性检查、材料等级检查和参考资料检查 5 种检查工具，可以依据规范，有效地减少的避免设计错误。同类项目的主体数据库相同，数据库可移植参考使用；3D 模型用于粗轮廓

的检查，再用从PDS得到的图纸和报告进一步校核，保证质量，便于简化操作、合理控制。

(4) SmartPlant 3D

SmartPlant是intergraph推出的新一代工厂设计软件。SmartPlant 3D作为intergraph SmartPlant软件家族的一员，是近二十年来出现的最先进和工厂设计软件系统，这套由intergraph工厂设计和信息管理软件公司推出的新一代、面向数据、规则驱动的软件，主要是为了简化工程设计过程，同时更加有效地使用并重复使用现有数据。SmartPlant 3D主要提供一个完整的工厂设计软件系统和在整个工厂生命周期中对工厂进行维护两方面的功能。

12.4.1.2 VANTAGE PDMS

VANTAGE PDMS(piping design manager system)是世界上优秀的三维设计系统之一，是一体化、多专业集成布置、设计数据库平台，在以解决工厂设计最难点——管道详细设计为核心的同时，解决设备、结构、建筑、暖通、电缆桥架、支吊架、平台扶梯等各专业详细设计，并充分联动，协同设计。

VANTAGE PDMS为了工程的需要还提供了与许多应用软件的接口端，如为了压力管道计算而设置的应力计算软件CAESAR Ⅱ接口、结构计算软件PKPM接口。VANTAGE PDMS在进行管道设计同时，还可以进行支吊架设计、设备建模、钢结构框架、楼梯平台、暖通设计、电气电缆桥架设计，这些都可在同一平台上进行多专业协同工作。

VANTAGE PDMS除了能够生成模型，还能够将模型自动转变成工程需要的管道平面布置图、ISO单管轴测图、断面布置图、任意剖面图、自动或手动标注、材料统计。PDMS所提供的平面图还可转换到AutoCAD环境中进行修改，从而符合本院的设计风格。

VANTAGE PDMS的最大优势在于能够集成化设计，利用多专业模型进行专业内部、专业之间碰撞检查，这对设计质量的提高起到了显著的作用。装置涉及的配管、土建、工艺、给排水、电控、仪表及暖通等多个专业共同协作，全面使用VANTAGE PDMS三维实体建模，充分发挥三维软件的优势，利用其基本的实时检查、实时发现设计碰撞的功能，在设计过程中发现问题、解决问题，有效地减少施工过程中的错、漏、碰、缺。

VANTAGE PDMS三维工厂设计管理系统的功能强大，且灵活方便，实际应用中能够较大幅度地提高设计工作效率，也使无差错设计和无碰撞施工成为可能。它以数据为核心的图形数据一体化技术的全新概念代表了全球三维工厂设计的主流和发展方向。图12.14为用VANTAGE PDMS建立某装置的三维布置图。

12.4.1.3 AutoPLANT

AutoPLANT软件是美国Rebis公司开发的大型化工设计软件，它是在AutoCAD平台上第一个也是唯一成功的三维工厂设计软件，号称是工业标准软件。AutoPLANT包括三维模型、二维配管、工艺流程、电器仪表及控制、钢结构等设计。该软件采用建立真实三维工厂模型方法，设计功能智能性较强，设计过程大大简化，可自动生成平、竖、剖面图，以及单管图和材料统计表等各种设计资料；采用标准AutoCAD文件结构、菜单和画图技巧。采用最新的程序开发框架，其功能已逼近工作站级三维工厂设计软件。在国际上AutoPLANT已被公认为权威的三维工厂设计软件之一，代表了微机平台的三维工厂设计软件的世界最高

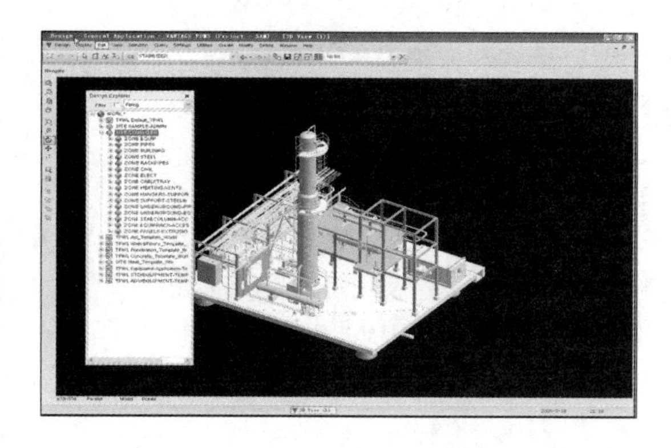

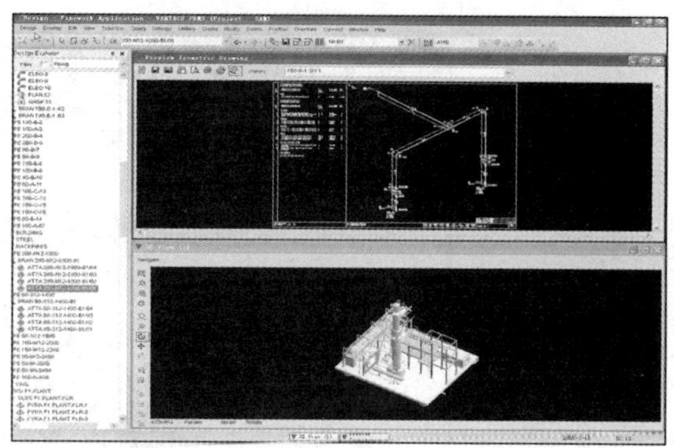

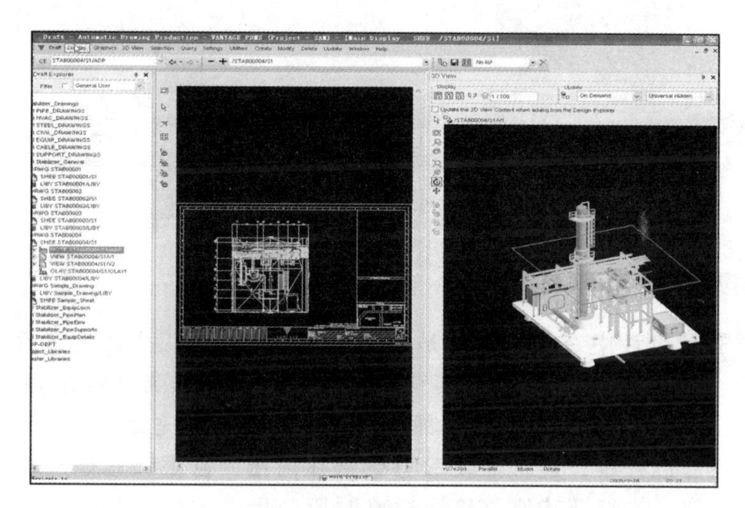

图 12.14 VANTAGE PDMS 建立的某装置部分 3D 布置图

水平。

近年来，AutoPLANT 与 AutoCAD 同步、迅速发展，同样达到了全面的功能集成。AutoPLANT 与 PDS 都在进一步完善各自功能和接口技术。图 12.15、图 12.16 分别为 AutoPLANT 软件建立的部分装置三维布置图和部分管段图。

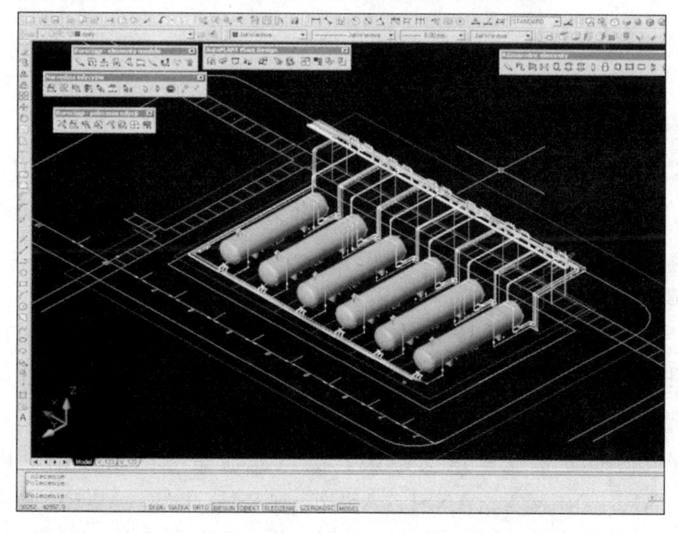

图 12.15 AutoPLANT 建立的部分装置三维布置图

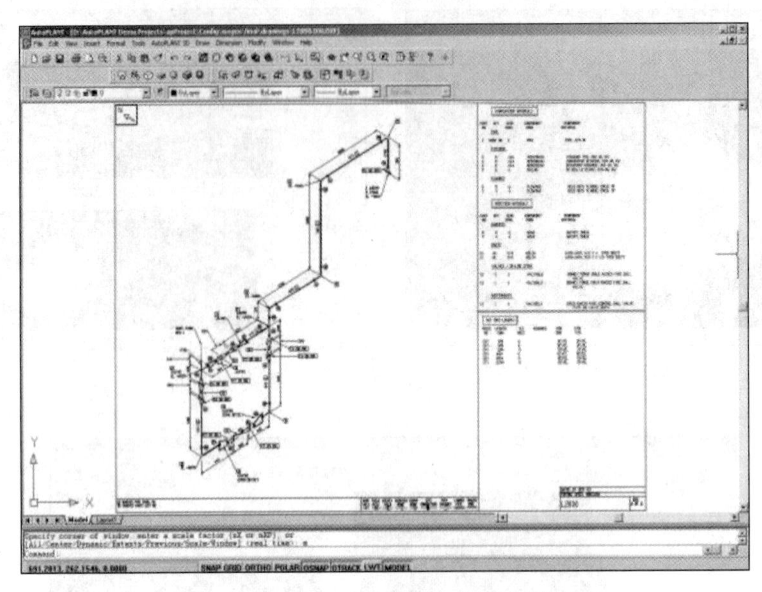

图 12.16　AutoPLANT 建立的部分管段图

12.4.2　管道应力计算软件

在化工装置布置设计中，管路设计是最主要的内容。化工生产装置管路复杂，管路压力等级多，热力管路、夹套管、伴热管、公用工程管路非常多。随着计算机和软件技术的发展，化工装置复杂的配管工作都可以由计算机辅助完成。

在进行配管设计过程中，通常需要验算管道在内压、自重和其他外载作用下所产生的一次应力和在热胀、冷缩及其他位移受约束时所产生的二次应力，以判明所计算的管道是否安全、经济和合理；验算管道对其约束物（设备管嘴及各类支吊架等）的作用力，以判明管道对设备的推力和力矩是否在设备所能安全承受的范围内。目前，常用的应力计算软件有 CAESAR Ⅱ、AutoPIPE 和 TRIFLEX 等。下面对这些软件的功能作简单介绍。

（1）CAESAR Ⅱ

CAESAR Ⅱ管道应力分析软件是美国 COADE 公司于 1984 年研发的，官方网站是 www.coade.com。CAESAR Ⅱ可进行静态和动态分析，提供完备的国际上通用的管道设计规范，使用方便快捷。

该软件在我国化工、石化等行业中得到了广泛应用，是进行管道应力分析的首选软件。尤其在管道静态应力分析和设备管口载荷校核两部分应用较多。图 12.17 为 CAESAR Ⅱ软件分析管道静态应力的过程。

（2）AutoPIPE

AutoPIPE 是专为工业管道系统设计所开发的、基于 Windows 操作平台的工程分析软件，包括静态和动态条件下管道应力的计算、法兰分析、管道支吊架设计和设备管嘴荷载分析等功能。

由于极限的管道荷载通常受管道支吊架、法兰或设备等因素影响，因此 AutoPIPE 集成了 ASME、BS、API、NEMA、ANSI、ASCE、AISC、UBC、WRC 和 BS5500 等组织制定的标准来分析和设计管道系统的应力、变形位移、反力和弯矩，并可将结果传输到其他

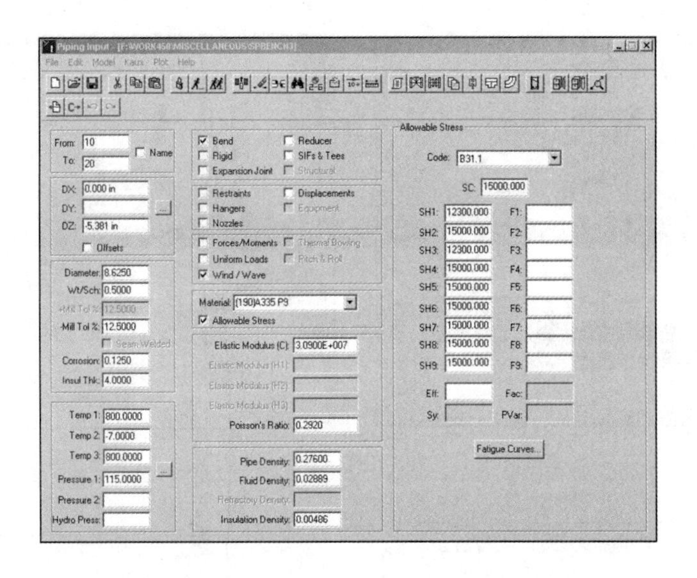

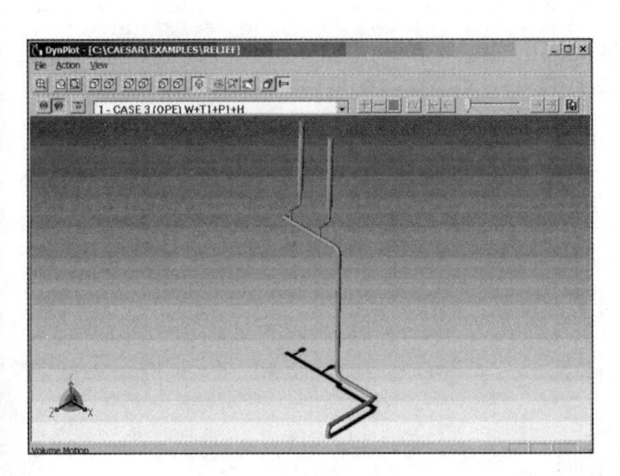

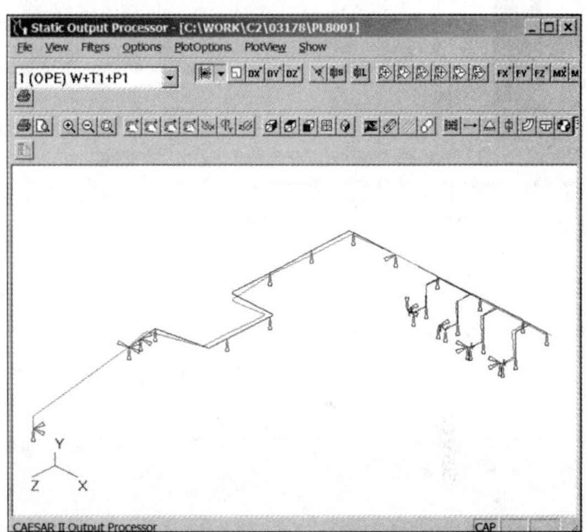

图 12.17 CAESAR Ⅱ分析管道静态应力过程部分截图

系统进行法兰荷载、设备荷载及管嘴局部应力的分析，从而进行整个系统的分析。AutoPIPE 分为标准版和加强版两个版本，而且最新版还在加强版上增加了基于日本 KHK 二级标准的功能作为可选模块。图 12.18 为 AutoPIPE 动态分析管道应力的部分截图。

(3) TRIFLEX

TRIFLEX 软件是美国 AAA-PSI 公司于 1971 年推出的，是世界著名的管道应力分析软件，广泛用于化工、石油、电力、核能、冶金、纺织、机械等行业。20 世纪 80 年代，是美国海军、挪威船级社（DNV）的指定专用设计软件，能够静态和动态分析管道应力和挠度。该程序根据用户选定的大量国家和国际标准进行应力选择、计算和对比。图 12.19 为 TRIFLEX 动态分析管道应力的部分截图。

12.4.3 4D 模型技术

(1) 4D 施工

4D(Dimension) 模型技术应用于建筑施工领域，是以建筑物的 3D 模型为基础，以施工

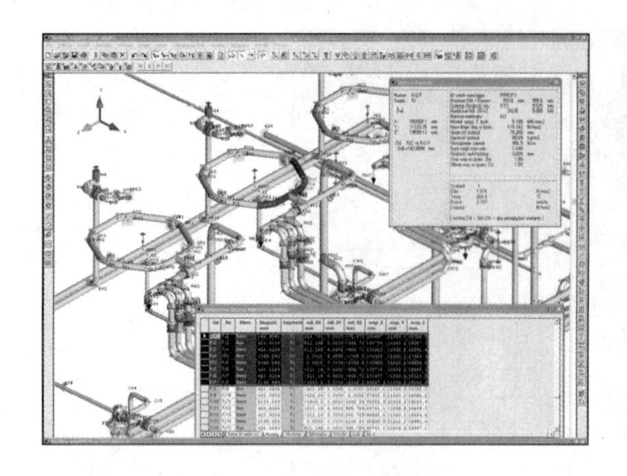

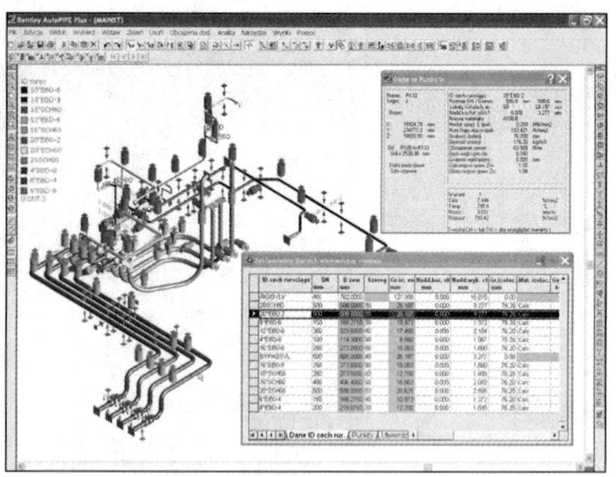

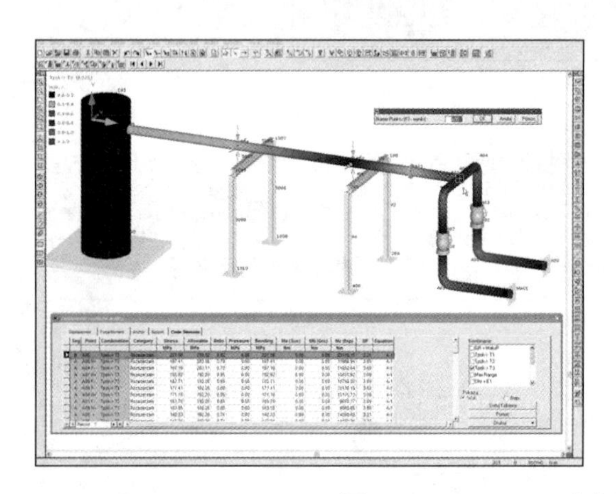

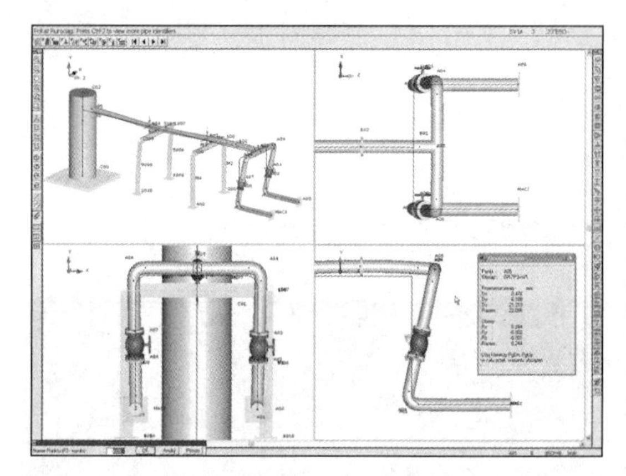

图 12.18 AutoPIPE 动态分析管道应力的部分截图

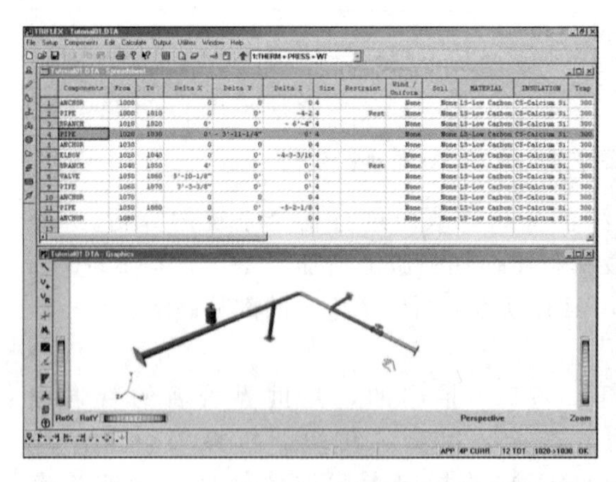

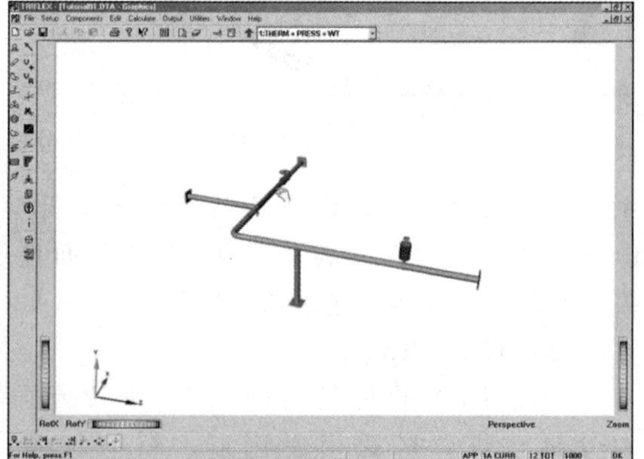

图 12.19 TRIFLEX 动态分析管道应力的部分截图

进度计划为时间因素，将工程的进展形象地展现出来，形成动态的建造过程模拟。4D 模型不仅仅是一种可视的媒介，使用户可以看到建筑物施工过程的图形模拟，而且能对整个计划过程进行自动优化和控制。

随着建筑工程项目规模不断扩大、形式日益复杂，如何在项目建设过程中合理制定施工计划、精确掌握施工进程、优化使用施工资源以及科学地进行场地布置，以缩短工期、降低成本、提高质量，已成为投资者和施工管理人员的共识。传统计划方法中表达工作进度计划的横道图、各种资源计划的直方图已经无法满足应用的需求。而4D模型技术的提出和研究为实现建筑施工动态模拟和跟踪管理提供了可能。

(2) 4D模型

所谓4D模型是在3D模型基础上，附加时间因素，将模型的形成过程以动态的3D方式表现出来。这一理论是美国斯坦福大学CIFE（Center for Integrated Facility Engineering）于1996年首先提出的，随后又推出了CIFE-4D-CAD系统，该系统将建筑物结构构件的3D模型与已有横道图计划的各种工作相连接，动态地模拟建筑物的变化过程。1998年，CIFE发布了新的4D应用系统4D-Annotator。在该系统中，4D技术与决策支持系统进行了有机的结合，借助4D显示功能，管理者能够直观地发现场地中潜在的问题，大大提高了对施工状况的感知能力。2003年CIFE又开发了新的4D产品模型（PM4D，product model and fourth dimension）系统，该系统可以快速生成建筑物的成本预算、施工进度、环境报告以及建筑全生命周期成本分析等信息，还可以通过虚拟现实技术实现产品模型的3D可视化以及4D施工过程模拟。在施工方案设计前期，4D技术有助于对施工方案设计的详细分析和优化，能协助制订出合理而经济的施工组织流程，由于此时确定的施工流程贯穿于整个施工过程，显然此项技术对缩短工期、节省成本、提高工程质量和预测、处理施工难题等非常有益。

目前，CIFE正致力于将4D概念应用于整个A/E/C领域，应用先进的计算设备与交互工具，构建一个全数字交互工作室（Interactive Room），使施工的各参与方能够实时地展开协同工作。IRoom的出现，揭示了下一代的施工管理工具发展的方向。

4D模型技术是计算机应用领域的新发展，虽然其研究尚处于起步阶段，但4D模型技术在土木工程的招标/投标、设计、施工、维护以及实验研究各方面所具有的巨大潜力已经在国际上引起了极大的关注，成为计算机应用领域的又一研究热点。4D模型的研究在国际上已经得到了广泛的重视，是未来工程设计和管理所必需的辅助工具。

(3) 4D模型技术应用实例

【例12.1】 如图12.20所示，要移动的方块是一台烟气换热器的电机。当在review reality中考察它的检修移出通道时（见图12.21），发现它与框架的梁柱发生碰撞（见图12.22）。根据这个结果，及时调整了梁柱的位置，避免了设计的失误。

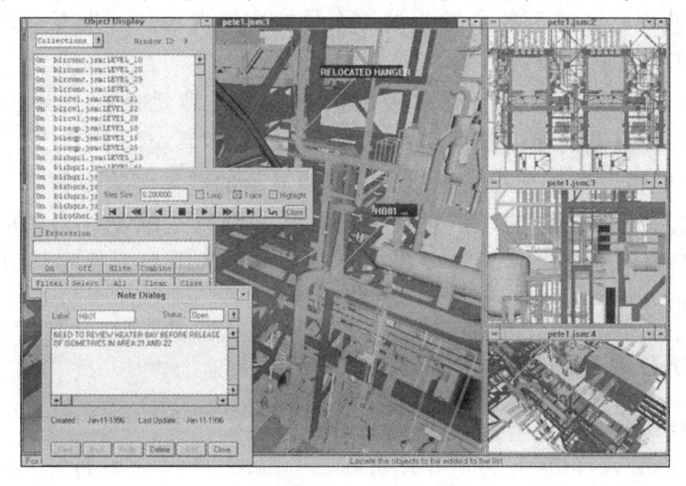

图12.20 例12.1附图1

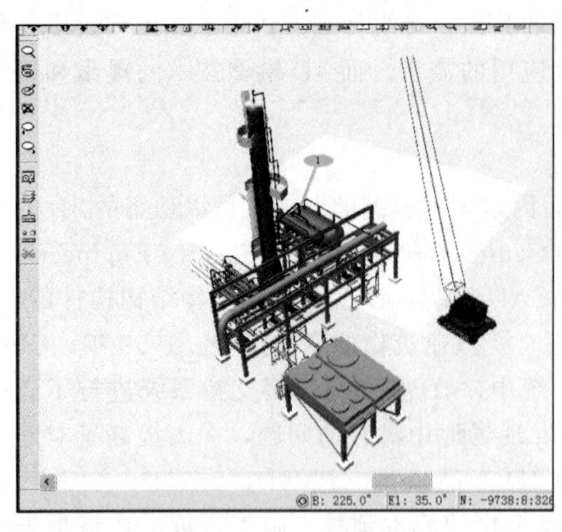

图 12.21 例 12.1 附图 2

图 12.22 例 12.1 附图 3

12.5 计算机绘图软件

工程制图一直被称为工程师“语言”，全世界所有的制造企业仍然必须依靠这种“语言”，在不同国家、持不同语言、分工不同的技术人员之间表达和交流设计思想。因为计算机的出现，过程制图逐步从纸上转移到屏幕上，但工程师们交流的“语言”仍然是按设计规范制成的各类图形文件。

计算机辅助设计在化工工艺设计的最后作用是生成图形文件，包括工艺物料流程图（P&FD）、工艺管道仪表流程图（P&ID）、设备布置图和配管图等。随着计算机图形技术的发展，计算机辅助绘图已经取代了传统的图板。为此，本节简单介绍目前化工设计中采用的绘图软件及其使用方法。

12.5.1 常用的制图软件

目前最为广泛使用的制图软件为 Autodesk 公司研制的 AutoCAD 制图软件，对 AutoCAD 进一步开发使用已经成为各个专业设计人员的主要课题，开发专业图形数据库，以便更详细、直观、准确地表达设计方案。

近年来，许多大型设计软件已经自带图形数据库，满足制作效果图需要，如由英国 CADCentre 公司开发研制的面向数据型大型工厂设计管理系统的 PDMS，提供由 2D 的逻辑模型到 3D 的实体模型，直至交互式虚拟实时模型显示的整体解决方案，涵盖工厂设计的全过程，它不同于以图形为核心的工厂设计系统，是一种以三维设计为主的设计软件。应用 PDMS 这类三维图制作软件已成为当今化工设计发展主流。我国许多设计院都在使用 PDS 和 PDMS 软件绘制化工设计图形文件。

12.5.2 AutoCAD 基础知识

(1) AutoCAD 简介

AutoCAD 由美国 Autodesk 公司开发研制，于 1982 年 11 月发行，是国际上使用最广泛的计算机绘图软件。早期的多个版本中，AutoCAD R14、AutoCAD 2004 具有较大影响力。

AutoCAD 2014 版是 AutoCAD 系列软件中的最新版本。它在以前版本的基础上又做了许多重要的改进，在运行速度、整体处理能力、网络功能等方面都达到了新的水平。AutoCAD 软件不仅能够使二维图形的绘制简便易行，而且还可以通过建立三维实体模型实现设计与制造的一体化。

(2) AutoCAD 的基本功能

① 绘制图形　AutoCAD 最基本的功能就是绘制图形。它提供了许多绘图工具和绘图命令，用这些绘图工具和绘图命令，可以绘制直线、构造线、多段线、圆、矩形、多边形、椭圆等基本图形；可以将一些平面图形通过拉伸、设置标高和厚度转化为三维图形；可以绘制三维曲面、三维网络、旋转曲面等图形，以及圆柱、球体、长方体等基本实体。此外，用它还可以绘制出各种平面图形和复杂的三维图形。

② 标注尺寸　标注尺寸是向图形中添加测量尺寸的过程，是整个绘图过程中不可缺少的一步。AutoCAD 的“标注”菜单包含了一套完整的尺寸标注和编辑命令，用这些命令可以在各个方向上为各类对象创建标注，也可以方便、快速地创建符合制图国家标准和行业标准的标注。

标注显示了对象的测量值、对象之间的距离、角度或特征及自指定原点的距离。标注对象可以是平面图形或三维图形。

③ 渲染图形　在 AutoCAD 中运用几何图形、光源和材质，可以将模型渲染为具有真实感的图像。如要制作建筑和机械工程图样的效果图时，可通过渲染使模型表面显示出明暗色彩和光照效果，以形成更加逼真的效果。

④ 打印图纸　图形绘好后需要打印到图纸上，或者把图形信息传送到其他应用程序或软件进行处理。此外，图形打印输出设置的一个有效工具是布局，利用 AutoCAD 的布局功能，用户可以很方便地配置多种打印输出样式。

由于篇幅所限，有关 AutoCAD 绘图常用命令不在此详细介绍，读者可以根据自己对 AutoCAD 掌握的程度去查阅有关 AutoCAD 教材或资料。下面通过绘制实例进一步说明 AutoCAD 的使用方法。

12.5.3 AutoCAD 绘制工艺流程图

用 AutoCAD 2004 绘制某工艺部分流程图，以此说明工艺流程图的绘制方法和步骤。

(1) 设置绘图环境

① 创建文件　启动 AutoCAD，自动生成一个新图形文件。如果 AutoCAD 在运行中，可选择【文件】→【新建】命令，新建一个图形文件，将该新文件以“流程图”为名称保存。

② 设置绘图界限　在世界坐标系统（WCS）下，用“Limits”命令设定绘图界限，或下拉菜单选择【格式】→【图形界限】。设置图纸尺寸，以毫米为单位。

③ 线型设置　选择【格式】→【线型】命令，在弹出的“线型管理器”对话框中（见图 12.23），如需要其他线型，单击[加载]按钮，弹出“加载或重载线型”子对话框，加载何种线型要根据所绘图形的需要而定，线型选定后，单击[确定]按钮。在本例中选择随层，不用加载其他线型。

④ 图层设置　选择【格式】→【图层】命令，使用图层控制菜单（Layer），确定图层信息。在弹出的“图层特性管理器”对话框中，如图 12.24 所示，图层数量的设置要根据图

形的复杂程度而定，以便于绘图和修改。在 AutoCAD 中，图层控制包括创建和删除图层、设置绘图颜色和线型、控制图层状态等。

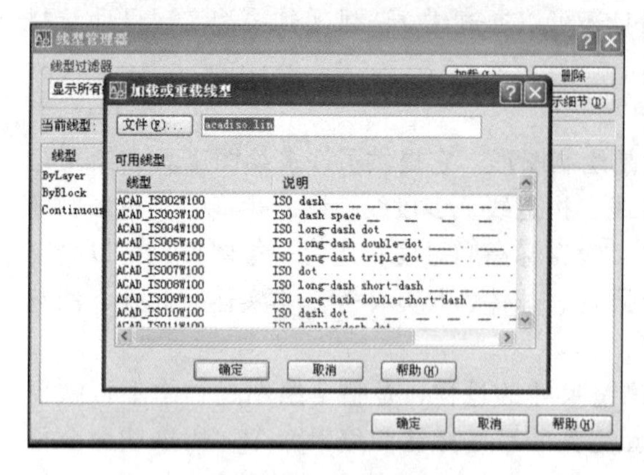

图 12.23　加载线型

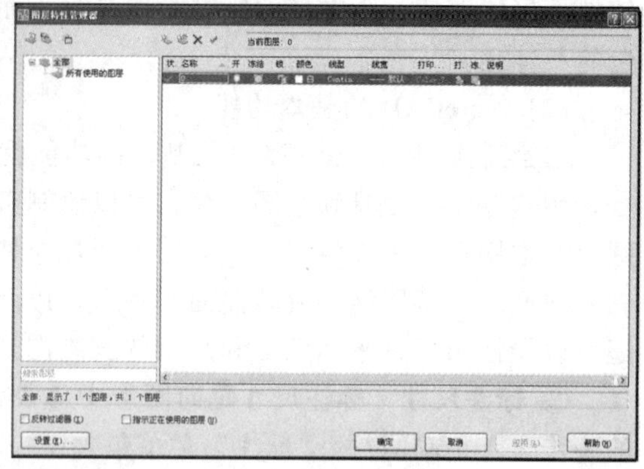

图 12.24　设置图层

⑤ 设置文字样式　选择【格式】→【文字样式】命令，弹出“文字样式”对话框。选择“楷体 GB2312”，单击应用按钮并关闭对话框，如图 12.25 所示。

⑥ 设置图形单位　选择【格式】→【单位】命令，弹出“图形单位”对话框，该对话框的有关参数已经修改，如图 12.26 所示。单击确定按钮。一般建议采用国际单位。

图 12.25　“文字样式”对话框

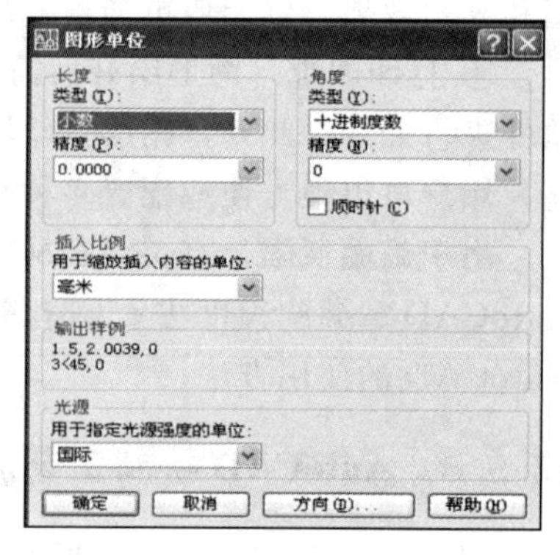

图 12.26　“图形单位”对话框

(2) 绘制工艺流程图

① 绘制化工设备外形轮廓图例　建立命名为“设备”的图层，颜色为“白色”，线型为“Continuous”，状态为“Open”，并使用基本绘图（线、圆、方形、椭圆、弧线等）和编辑（剪断、延长、拉伸、移动、放大、缩小、复制、删除等）工具栏，绘出如图 12.27 所示的设备图例。

② 绘制管道　建立命名为“主管道”及“辅助管道”的图层，颜色可分别为“红色”、“黄色”，线型为“Continuous”，状态为“Open”，并使用基本绘图和编辑工具栏，用线条连接各设备图例，如图 12.28 所示。可设置自动捕捉功能，使绘制的线条位置更准确，打开“Tools”下拉菜单，点击“Object Snap Settings”项，选择端点捕捉（ENDpoint）、中点捕捉（MIDpoint）、圆心捕捉（CENter）、交点捕捉（INTsection）等 11 种捕捉功能。若需要其他线型，可单击“Object Properties”工具栏中的“Linetype”选择所需线型。管线的绘制，主要用直线命令。运用捕捉功能在筒体或封头上选择适当的点，绘

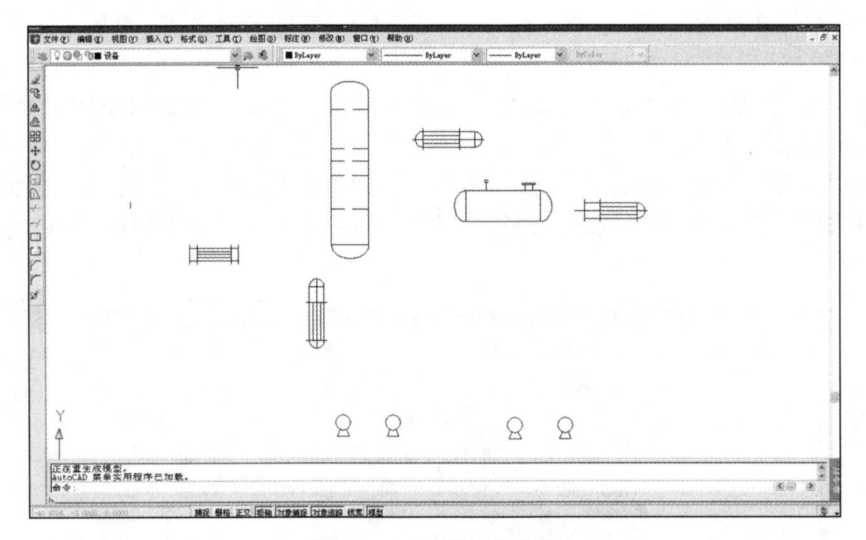

图 12.27 绘制设备外形

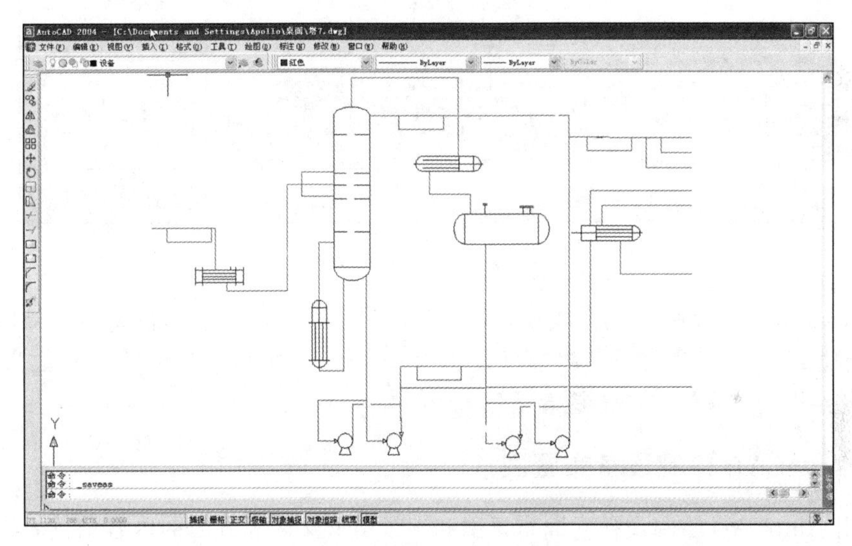

图 12.28 用线条连接各设备

制直线。

③ 绘制阀门、管件、仪表自控制点图例　建立命名为“管件”及“仪表”的图层，颜色可分别为“白色”、“绿色”，线型为“Continuous”，状态为“Open”，并使用基本绘图和编辑工具栏，按流程图规范要求，绘制阀门、管件及仪表控制点图例，并捕入有关管道。当将阀门、管件和仪表控制图例捕入有关管道时，管道与之重叠的部分用编辑工具栏中的“Trim”命令，将管道线段剪断。

④ 绘制物流流向箭头　可以在“管件”或“仪表”图层上绘制箭头，用“Polyline”命令绘制一段与箭头长短相同的线段，将该线段两端的线宽设置不同，一端设为0.00mm，另一端可设为0.06～1.20mm。可把此“箭头”做成图块。把做好的箭头捕入到有关管道中。

⑤ 标注、填写标题栏　标注设备名称、位号及仪表自控制点参量代号和功能代号，填写标题栏。建立命名为“文字”的图层，颜色分别为“白色”。用单行文本标注（DText）命令，选择文字的字体、大小（一般为 3mm 高度的仿宋体）、横排、竖排、起始点位置。

⑥ 图形文件生成　在绘制流程图时，灵活应用图层状态，可生成不同类型的流程图。如需要生成带控制点的流程图时，只要打开所有图层，令其状态为“Open”即可；当关闭“管件”和“仪表”图层，令其状态为“Close”，并增加物流表时，即生成物料流程图；关闭“辅助管道”、“管件”和“仪表”图层，可得一般工艺流程图。本例生成的工艺流程图如图 12.29 所示。

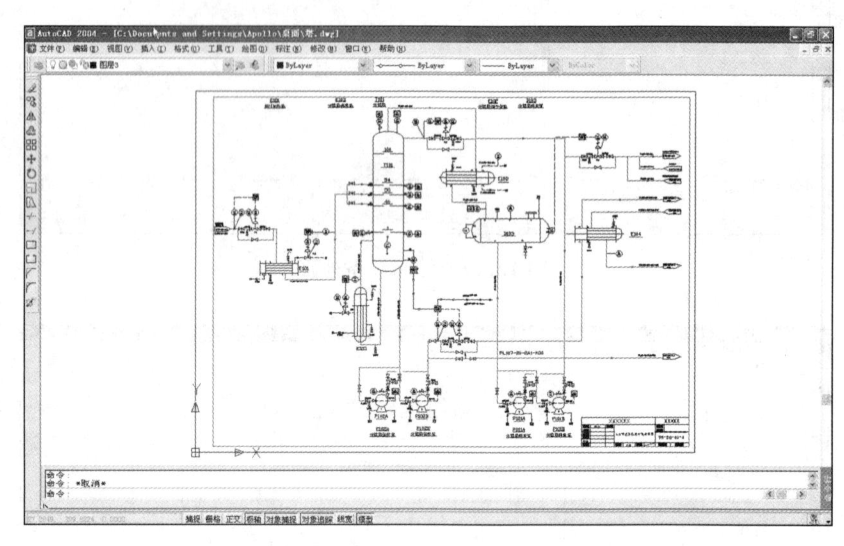

图 12.29　工艺流程图

⑦ 打印图纸　流程图绘制完成后，用“Plot”命令，设置打印机型号、打印区域、图纸大小，根据绘图颜色设置画笔粗细（红色为 0.9mm，黄色为 0.6mm，其他为 0.3mm），预览、调整绘图内容在图纸中央或合适位置。

12.5.4　AutoCAD 绘制设备布置图

关于用 AutoCAD 绘制设备立面布置图和三维图形文件等方面的内容请读者参考有关专著和手册。因内容较多，这里不再赘述。

随着化工行业的飞速发展，化工工业建设中占核心地位的化工工艺设计面临更多、更新的要求和挑战。在化工工艺设计中，无论是工艺计算、流程模拟、设备管道配置，还是图纸绘制等都离不开计算机的辅助设计。当前许多化工工艺软件在设计中已经扮演着重要的角色，设计工作者普遍认为应用高级设计软件是设计能力的一种体现，这不容置疑，但同时还必须对化工工艺计算机模拟有清楚的认识，了解软件自身的特点和不足，认识到化工软件并不是万能的工具，要能够根据设计要求灵活应用、改进和创新，这才是化工设计工作的根本。

如今，化工设计软件正在向多功能、集成方向发展，更强调各装置建设各个阶段之间数据的交流、传输。设计已经不再仅限于装置设计阶段，它延伸到装置开工、正常生产操作和在线调优；在工程方面，它延伸到采购、施工，进而到了装置和工厂的全寿期管理，这就给设计人员提出了更高的要求。希望有志于从事化工设计工作的同学现在打好基础，将来更好地迎接挑战，为我国化学工业的发展贡献自己的聪明才智。

本章小结

随着计算机科学的高速发展，计算机已成为当今化工设计的重要工具，其应用贯穿于设计过程中的各个方面，如化工物性数据的检索与推算，化工流程模拟与优化，工艺过程的物料衡算、热量衡算、设备计算、化工管道应力分析计算、图纸绘制、材料汇总以及各种文件的编制等。在化工设计中主要使用的流程模拟软件有 Aspen Plus 和 ProⅡ；换热器设计软件主要有 HTRI 和 HTFS；管网计算软件主要是 Pipenet，其应用范围包括管网系统的计算和优化、设备的选型以及事故工况下的水力学分析；计算机绘图软件主要是 AutoCAD，国内有的使用 CAXA 电子图版。若作二维图装 AutoCAD 2008 版本即可满足要求；若作三维带配管的化工装置图，AutoCAD Plant 3D 软件非常好用。

本章仅简单介绍了化工设计中常涉及的计算机软件的功能，关于相关软件的具体使用方法应查阅相关专业书籍或参加相应软件的培训。

附　　录

附录 1　管道及仪表流程图中的缩写

（HG 20559.5—93）

缩写词	中 文 词 义	缩写词	中 文 词 义	缩写词	中 文 词 义
A	气力(空气)驱动	BOP	管底	COD	接续图
A	分析	BOT	底	COEF	系数
ABS	绝对的	BP	背压	COL	塔、柱、列
ABS	丙烯腈-丁二烯-苯乙烯	B. P	爆破压力	COMB	组合、联合
ABS. EL	绝对标高	B. PT	沸点	COMBU	燃烧
ACF	先期确认图纸资料	BRS.	黄铜	COMPR	压缩机
ADPT	连接头	BR. V	呼吸阀	CONC	同心的
AFC	批准用于施工	BRZ.	青铜	CONC.	混凝土
AFD	批准用于设计	B. S	由卖主负责	CONC. RED	同心异径管
AFP	批准用于规划设计	BTF. V	蝶阀	CONDEN	冷凝器
AGL	角度	BUR	燃烧器、烧嘴	COND.	条件、情况
AGL. V	角阀(角式截止阀)	B. V	由制造厂(卖主)负责	OCNN	连接、管接头
ALT	高度、海拔	C	管帽	CONT	控制
ALUM.	铝	CAB	醋酸丁酸纤维素	CONTD	连接、续
ALY. STL.	合金钢	CAT	催化剂	CONT. V	控制阀
AMT	总量、总数	C. B	雨水井(池)、集水井	COP.	铜、紫铜
APPROX	近似的		(池)、滤污器	CPE	氯化聚醚
ASB.	石棉	C/C(C-C)	中心到中心	CPMSS	综合管道材料表
ASPH.	沥青	CCN	用户变更通知	CPLG	联轴器、管箍、管接头
A. S. S	奥氏体不锈钢	C. D	密闭排放	CPVC	氯化聚氯乙烯
ATM	大气、大气压	C/E(C-E)	中心到端头(面)	C. S.	碳钢
AUTO	自动的	CEMLND	衬水泥的	CSC	关闭状态下铅封(未经
AVG	平均的、平均值	CENT	离心式、离心力、离心机		允许不得开启)
B	买方、买主	CERA.	陶瓷	CSO	开启状态下铅封(未经
BAR	气压计、气压表	C/F(C-F)	中心到面		允许不得关闭)
BA. V	球阀	CF	最终确认图纸资料	C. STL.	铸钢
B/B(B-B)	背至背	CG	重心	CSTG	铸造、铸件、浇注
B. B	买方负责	CH	冷凝液收集管	CTR	中心
BBL(bbl)	桶、桶装	CHA. OPER	链条操纵的	C. V	止回阀、单向阀
B. C	二者中心之间(中心距)	C. I.	铸铁	CYL	钢瓶、汽缸、圆柱体
BD. V	泄料阀、排污阀	CIRC	循环	D	密度
BF	盲法兰	CIRC.	圆周	D	驱动机、发动机
B. INST	由仪表(专业)负责	C. L(ϕ)	中心线	DAMP	调节挡板
BL	界区线范围、装置边界	CL	等级	DA. P	缓冲筒(器)
BLD	挡板、盲板	CLNC	间距、容积、间隙	DBL	双、复式的
BLC. V	切断阀	CND	水管、导道、管道	DC.	设计条件
B. M	基准点、水准	CNDS	冷凝液	DDI	详细设计版
BOM	材料表、材料单	C. O	清扫(口)、清除(口)	DEG	度、等级

续表

缩写词	中文词义	缩写词	中文词义	缩写词	中文词义
DF.	设计流量	FE	面到面	HC.	软管连接、软管接头
D. F	喷嘴式饮水龙头	F/F(F-F)	平面(全平面、满平面)	H. C. S	高碳钢
DH	分配管(蒸汽分配管)	FF	消防水龙带	HCV	手动控制阀
DIA	直径、通径	F. H	平盖	HDR	总管、主管、集合管
DIM	尺寸、量纲	FH	故障(能源中断)时阀处任意位置	HH	手孔
DISCH	排料、出口、排出	FI	图	HH	最高(较高)
DISTR	分配	FIG.	故障(能源中断)时阀保持原位	HLL	高液位
DIV	部分、分割、隔板	FL	(最终位置)	HOR	水平的、卧式的
DN	公称(名义)通径	FL	楼板、楼面	H. P	高压
DN	下	FLG	法兰	HPT	高点
DP.	设计压力	FLGD	法兰式的	HS	软管站(公用工程站、公用物料站)
D. PT	露点	FL. PT	闪点	HS	液压源
DP. V	隔膜阀	FMF	凹面	HS. C. I	高硅铸铁
DR.	驱动、传动	FO	故障(能源中断)时阀开启	HS. V	软管阀
DRN	排放、排水、排液	FOB	底平	HT	高温
DSGN	设计	FOT	顶平	HTR	加热器(炉)
DSSS	设计规定汇总表	FPC. V	翻板止回阀	HYR	液压操纵器
DT.	设计温度	FPRF	防火	ID	内径
DV. V	换向阀	F. PT	冰点	i. e	即、也就是
DWG	图纸、制图	FS	冲洗源	IGR	点火器
DWG NO	图号	F. STL.	锻钢	INL. PMP	管道泵
E	东	FS. V	冲洗阀	IN	进口、入口
E	内燃机	FTF	管件直连	IN	输入
E	燃气机	FTG	管件	INS	隔热、绝缘、隔离
ECC	偏心的、偏心器(轮、盘、装置)	FT. V	底阀	INST	仪表、仪器
ECC RED	偏心异径管	F. W.	现场焊接	INSTL	装置、安装
E. F	电炉	G(GENR)	发电机、动力发生机、发生器	INST. V	仪表阀
EL	标高、立面	GALV	电镀、镀锌	INTMT	间歇的、断续的
ELEC	电、电的	G. CI	灰铸铁	IS. B. L	装置边界内侧
EMER	事故、紧急	GEN	一般的、通用的、总的	JOB NO	项目号
ENCL	外壳、罩、围墙	GL	玻璃	KR	转向半径
EP	防爆	G. L	地面标高	L	长度、段、节、距离
EPDM	乙烯丙烯二烃单体	GL. V	截止阀	L	低
EPR	乙丙橡胶	G. OPER	齿轮操作器	LN. BLD	管道盲板
EQ	公式、方程式	GOV	调速器	LNB. V	管道盲板阀
E. S. S	紧急关闭系统	GR	等级、度	LC	关闭状态下加锁(锁闭)
EST	估计	GRD	地面	L. C. S	低碳钢
etc	等等	GRP	组、类、群	LC. V	升降式止回阀
ETL	有效管长	GR. WT	总(毛)重	LEP	大端为平的
EXH	排气、抽空、取尽	GS	气体源	LET	大端带螺纹
EXIST	现有的、原有的	GSKT	垫片、密封垫	LG	玻璃管(板)液位计
EXP	膨胀	G. V	闸阀	LIQ	液体
EXP. JT	伸缩器、膨胀节、补偿器	H	高	LJF	松套法兰
FBT. V	罐底排污阀	HA. P	手摇泵	LL	最低(较低)
FC	故障(能源中断)时阀关闭	HAZ	热影响区	LLL	低液位
FD	法兰式的和碟形的(圆板形的)	H. C	手工操作(控制)	LND	衬里
F. D	地面排水口、地漏法兰端部			LO	开启状态下加锁(锁开)
				L. P	低压
				LPT	低点

续表

缩写词	中文词义	缩写词	中文词义	缩写词	中文词义
L. R	载荷比	OC.	操作条件、工作条件	PT. V	柱塞阀
LR	长半径	OD	外径	P. V	旋塞阀
LTR	符号、字母、信	OET	一端制成螺纹（一端带螺纹）	PVC	聚氯乙烯
LUB	润滑油、润滑剂	OF.	操作流量、工作流量	PVCLND	聚氯乙烯衬里
M	电动机、马达、电动机执行机构	O/O(O-O)	总尺寸、外廓尺寸	PVDF	聚偏二氟乙烯
MACH	机器	OOC	坐标原点	Q CPLG	快速接头
MATL	材料、物质	OP.	操作压力、工作压力	QC. V	快闭阀
MAX	最大的	OPER	操作的、控制的、工作的	QO. V	快开阀
M. C. S	中碳钢	OPP	相对的、相反的	QTY	数量
MDL(M)	中间的、中等的、正中、当中	OR	外半径	R	半径
MF	凸面	ORF	孔板、小孔	RAD	辐射器、散热器
M&F	阳的与阴的（凸面和凹面）	OS. B. L	装置边界外侧	R. C	棒桶口（孔）
MH	人孔	OT.	操作温度、工作温度	RECP	贮罐、容器、仓库
M. I.	可锻铸铁	PA	聚酰胺	RED	异径管、减压器、还原器
MIN	最小的	PAP	管道布置平面	REGEN	再生器
M. L	接续线	PAR	平行的、并联的	REV	修改
MOL WT	分子量	PARA	段、节、款	RF	突面
MOV	电动阀	PB	聚丁烯	RFS	光滑突面
M. P.	中压	PB	按钮	R. H.	相对湿度
M. S. S.	马氏体不锈钢	PB STA	控制（按钮）站	RJ	环形接头（环接）
MTD	平均温差	PC	聚碳酸酯	RL. V	泄压阀
MTO	材料统计	PE	平端	RO	限流孔板
MW	最小壁厚	PE	聚乙烯	RP	爆破片
M. W	矿渣棉	P. F	永久过渡器	RS	升杆式（明杆）
N	北	PF	平台、操作台	RSP	可拆卸短管（件）
NB	公称孔径	PFD	工艺流程图	RUB LND	衬橡胶
NC	美国标准粗牙螺纹	PG	塞子、丝堵、栓	RV	减压阀
N. C	正常状态下关闭	PI	交叉点	S	取样口、取样点
N. C. I.	球墨铸铁	P&ID	管道仪表流程图	S	卖方、卖主
NF	美国标准细牙螺纹	P. IR.	生铁	S.	壳体、壳程、壳层
NIL	正常界面	PL	板、盘	S	南
NIP	管接头、螺纹管接头	PLS	塑料	S	特殊（伴管）
NLL	正常液位	PMMA	聚甲基丙烯酸甲酯	SA. V	取样阀
N. O	正常状态下开启	PN	公称压力	SC	取样冷却器
NOM	名义上的、公称的、额定的	PNEU	气动的、气体的	SCH. NO	壁厚系列号
NO. PKT	不允许出现袋形	PN. V	夹套式胶管阀（用于泥浆粉尘等）	SCRD	螺纹、螺旋
NOR	正常的、正规的、标准的	PO	聚烯烃	SECT	剖面图、部分、章、段、节
NOZ	喷嘴、接管嘴	POS	支承点	SEP	小端为平的
NPS	国标管径	PP	聚丙烯	SET	小端带螺纹
NPS	美国标准直管螺纹	P. PROT	人员保护	S. EW	安全洗眼器
NPSHA	净（正）吸入压头有效值	PRESS(P)	压力	S. EW. S	安全喷淋洗眼器
NPSHR	净（正）吸入压头必需值	PS	聚苯乙烯	SG	视镜
NPT	美国标准锥管螺纹	P. SPT	管架	SH. ABR	减震器、振动吸收器
NS	氮源	PSR	项目进展情况报告	SK	草图、示意图
NUM	号码、数目	PSSS	订货单、采购说明汇总表	SLR	消声器
N. V	针形阀	PT	点	SL. V	滑阀
		PTFE	聚四氟乙烯	SN.	锻制螺纹短管
				SNR	缓冲器、锚链制止器、掏槽眼、减震器

续表

缩写词	中 文 词 义	缩写词	中 文 词 义	缩写词	中 文 词 义
SO.	蒸汽吹出(清除)	T	蒸汽疏水阀	V	制造商、卖主
SP	特殊件	T.	管子、管程、管层	VAC	真空
SP.	静压	T&B	顶和底	VARN	清漆
S. P.	设定点	T/B(T-B)	顶到底	VBK	破真空(阀)
S. P	设定压力、整定压力	TE	螺纹端	VCM	厂商协调会
SPEC	说明、规格特性、明细表	TEMP(T)	温度	VEL	速度
SP GR	相对密度(比重)	THD	螺纹的	VERT	垂直的、立式、垂线
SP HT	比热容	THK	厚度	VISC	黏度
SR	苯乙烯橡胶	TIT.	钛	VIT	玻璃状的、透明的
S. S	安全喷淋器	TL	切线	VOL	体积、容量、卷、册
S. S.	不锈钢	TL/TL(TL-TL)	切线到切线	VT	放空
SS	蒸汽源	TOP	顶、管顶	V. T	缸瓦质、陶瓷质
ST	蒸汽伴热	TOS	架顶面、钢结构顶面	VTH	放气孔、通气孔
ST.	蒸汽(透平)	TR. V	节流阀	VT. V	放空阀
STD	标准	T. S	临时过滤器	W	西
S. TE	T形结构	TURB	透平机、涡轮机、汽轮机	WD	宽度、幅度、阔度
STL.	钢			WE	随设备(配套)供货
STM	蒸汽	U. C	公用工程连接口(公用物料连接口)	W. I	熟(锻)铁
STR	过滤器			W. LD	工作荷载、操作荷载
SUCT	吸入、入口	UFD	公用工程流程图(公用物料流程图)	WNF	对焊法兰
SV	安全阀			WP	全天候、防风雨的
SW	承插焊的	UG(U)	地、地下	W. P.	工作点、操作的
SW	开关	UH	单元加热器、供热机组	WS	水源
SYM	对称的			WT	壁厚
SYMB	符号、信号	UN	活接头、联合、结合	WT.	重量
T	T形、三通	V	阀	XR	X射线

附录2 管道及仪表流程图中设备、机器图例

(HG/T 20519—2009)

类别	代号	图 例
塔	T	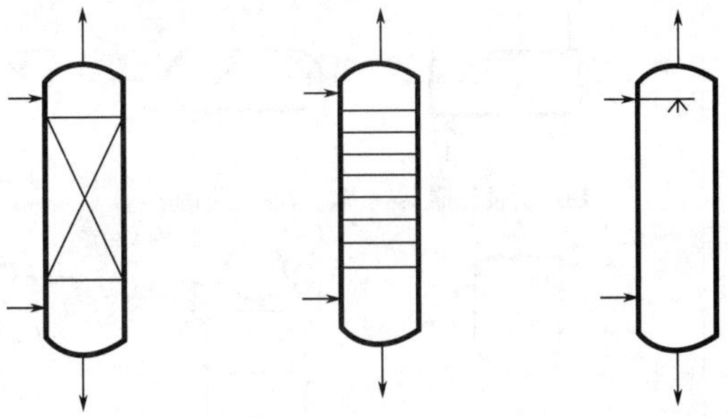 填料塔 板式塔 喷洒塔

续表

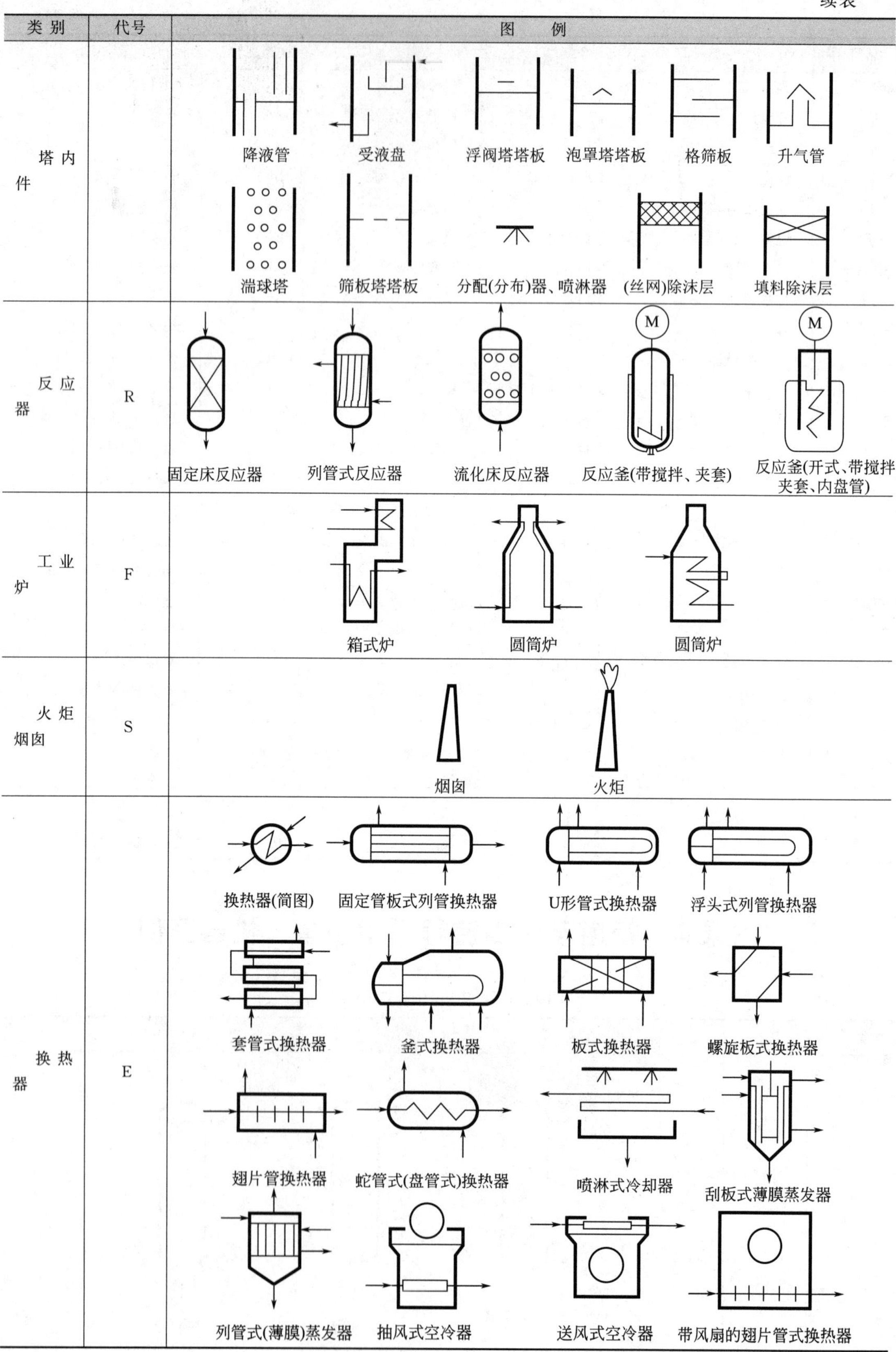

类别	代号	图例
塔内件		降液管、受液盘、浮阀塔塔板、泡罩塔塔板、格筛板、升气管、湍球塔、筛板塔塔板、分配(分布)器、喷淋器、(丝网)除沫层、填料除沫层
反应器	R	固定床反应器、列管式反应器、流化床反应器、反应釜(带搅拌、夹套)、反应釜(开式、带搅拌夹套、内盘管)
工业炉	F	箱式炉、圆筒炉、圆筒炉
火炬烟囱	S	烟囱、火炬
换热器	E	换热器(简图)、固定管板式列管换热器、U形管式换热器、浮头式列管换热器、套管式换热器、釜式换热器、板式换热器、螺旋板式换热器、翅片管换热器、蛇管式(盘管式)换热器、喷淋式冷却器、刮板式薄膜蒸发器、列管式(薄膜)蒸发器、抽风式空冷器、送风式空冷器、带风扇的翅片管式换热器

类别	代号	图例
泵	P	离心泵 水环式真空泵 旋转泵 齿轮泵 螺杆泵 往复泵 隔膜泵 液下泵 喷射泵 旋涡泵
压缩机	C	鼓风机 (卧式) (立式) 旋转式压缩机 二段往复式压缩机(L形) 四段往复式压缩机 离心式压缩机 往复式压缩机
容器	V	锥顶罐 (地下，半地下)池、槽、坑 浮顶罐 圆顶锥底容器 圆形封头容器 平顶容器 干式气柜 湿式气柜 球罐 卧式容器 卧式容器 填料除沫分离器 丝网除沫分离器 旋风分离器 干式电除尘器 湿式电除尘器 固定床过滤器 带滤筒的过滤器

续表

类别	代号	图例
设备内件、附件		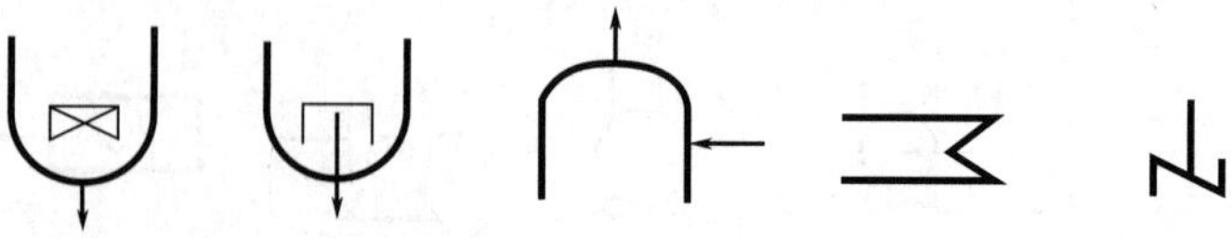 防涡流器　插入管式防涡流器　防冲板　加热或冷却部件　搅拌器
起重运输机械	L	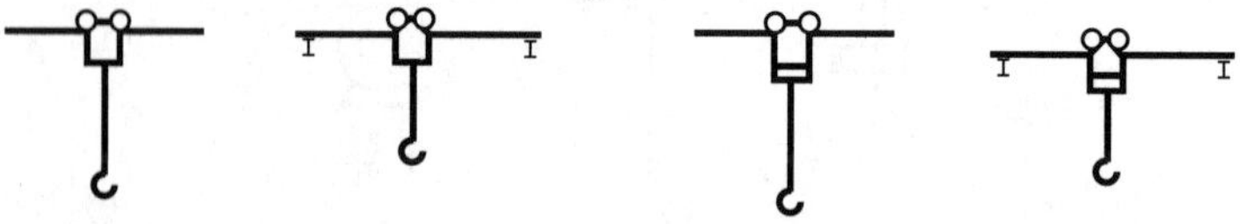 手拉葫芦(带小车)　单梁起重机(手动)　电动葫芦　单梁起重机(电动) 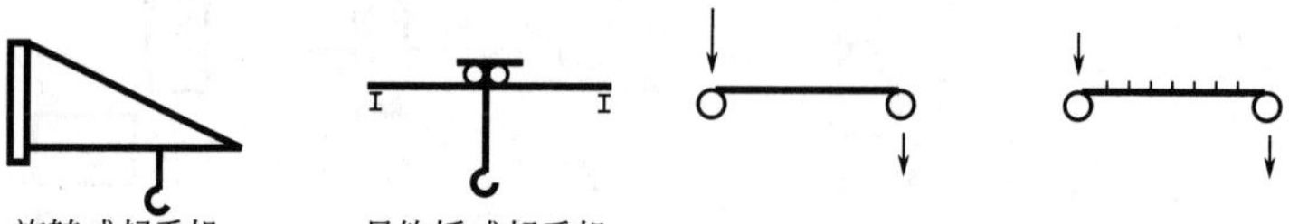 旋转式起重机 悬臂式起重机　吊钩桥式起重机　带式输送机　刮板输送机 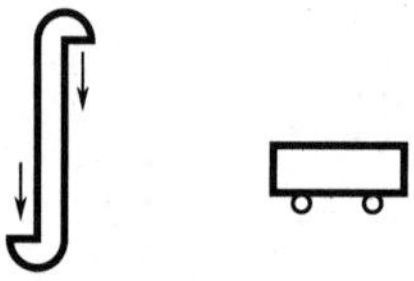 斗式提升机　手推车
称量机械	W	带式定量给料秤　地上衡
其他机械	M	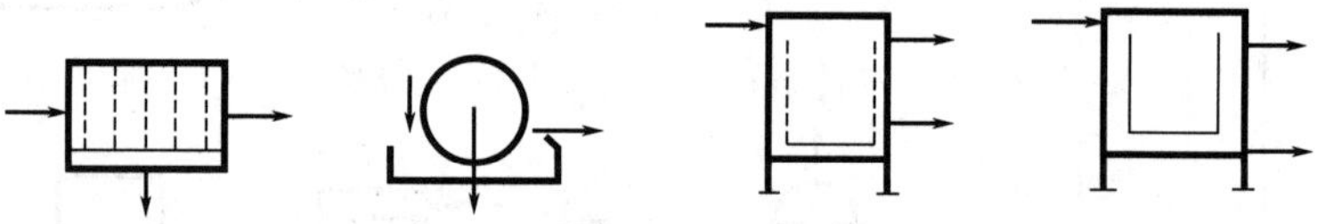 压滤机　转鼓式(转盘式)过滤机　有孔壳体离心机　无孔壳体离心机 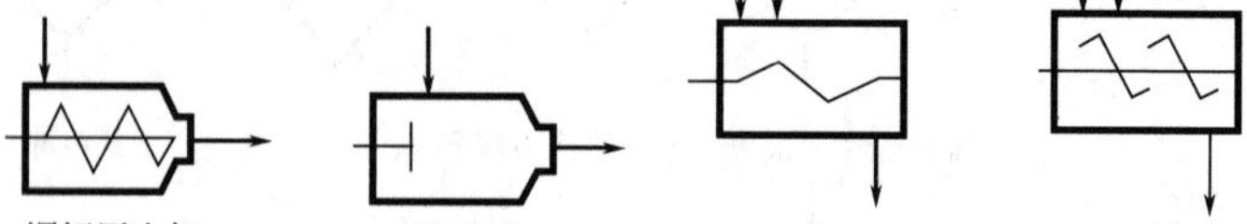 螺杆压力机　挤压机　揉合机　混合机
动力机	MESD	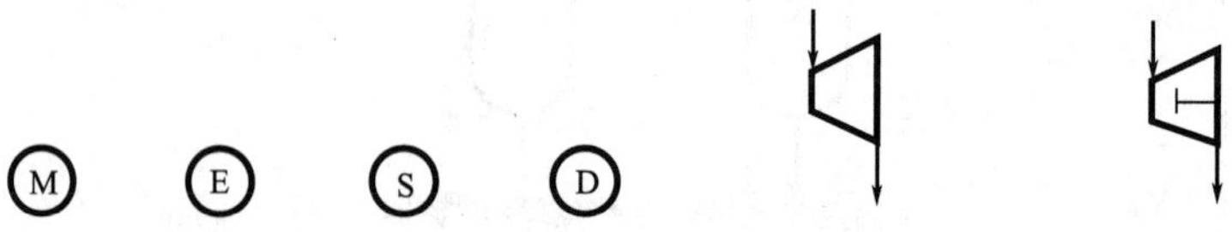 M 电动机　E 内燃机、燃气机　S 汽轮机　D 其他动力机　离心式膨胀机、透平机　活塞式膨胀机

附录 3　管道及仪表流程图中管道、管件、阀门及管道附件图例

（HG/T 20519—2009）

名　称	图　例	备　注
主物料管道		粗实线
次要物料管道，辅助物料管道		中粗线
引线、设备、管件、阀门、仪表图形符号和仪表管线等		细实线
原有管道（原有设备轮廓线）		管线宽度与其相接的新管线宽度相同
地下管道（埋地或地下管沟）		
蒸汽伴热管道		
电伴热管道		
夹套管	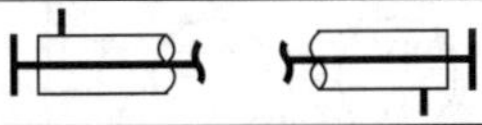	夹套管只表示一段
管道绝热层	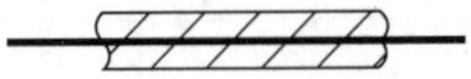	绝热层只表示一般
翅片管		
柔性管		
管道相接	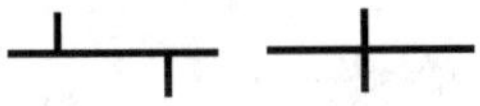	
管道交叉（不相连）	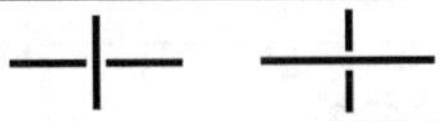	
地面		仅用于绘制地下，半地下设备
管道等级管道编号分界	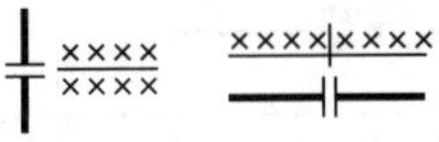 ×××× ××××　××××|××××	××××表示管道编号或管道等级代号
责任范围分界线	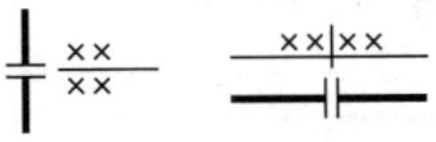 ×× ××　××|××	WE 随设备成套供应 B. B 买方负责；B. V 制造厂负责； B. S 卖方负责；B. I 仪表专业负责
绝热层分界线	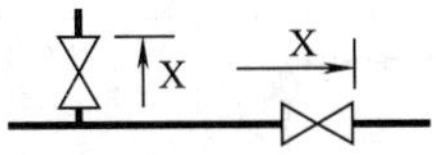 X　X	绝热层分界线的标识字母“X”与绝热层功能类型代号相同
伴管分界线	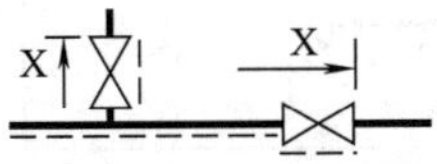 X　X	伴管分界线的标识字母“X”与伴管的功能类型代号相同
流向箭头		
坡度	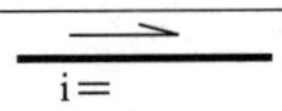 i=	

续表

名　称	图　例	备　注
进、出装置或主项的管道或仪表信号线的图纸接续标志，相应图纸编号填在空心箭头内	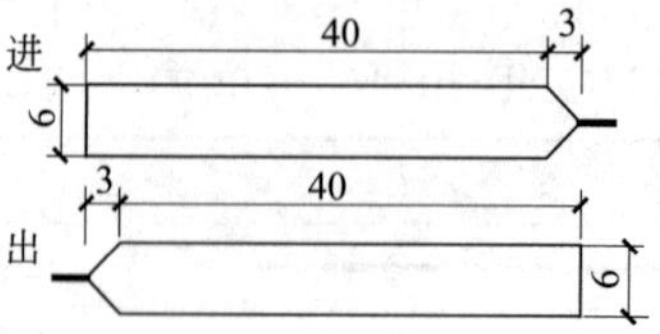 进 40 3 6 出 3 40 6	尺寸单位：mm 在空心箭头上方注明来或去的设备位号或管道号或仪表位号
同一装置或主项内的管道或仪表信号线的图纸接续标志，相应图纸编号填在空心箭头内	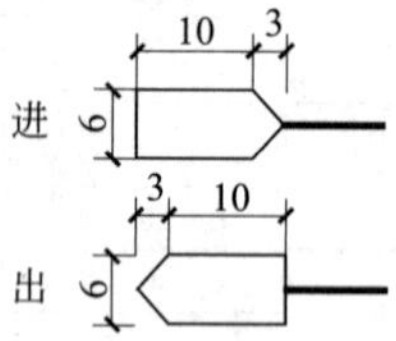 进 10 3 6 出 3 10 6	尺寸单位：mm 在空心箭头附件注明来或去的设备位号或管道号或仪表位号
修改标记符号	 1	三角形内的“1”表示为第一次修改
修改范围符号		云线用细实线表示
取样、特殊管(阀)件的编号框	 A　SV　SP	A：取样；SV：特殊阀门； SP：特殊管件；圆直径：10mm
闸阀		
截止阀		
节流阀		
球阀	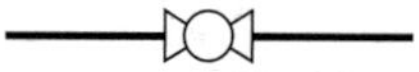	圆直径：4mm
旋塞阀		圆黑点直径：2mm
隔膜阀		
角式截止阀	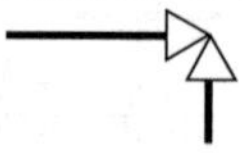	
角式节流阀	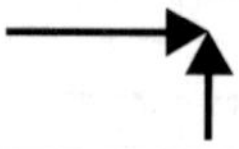	
角式球阀	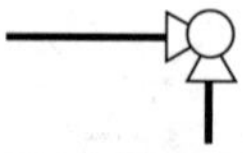	
三通截止阀		
三通球阀		

续表

名　　称	图　　例	备　　注
三通旋塞阀		
圆通截止阀	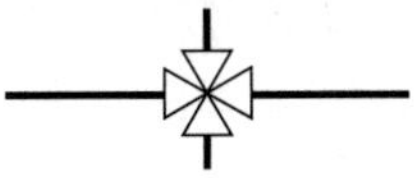	
四通球阀		
四通旋塞阀		
止回阀		
柱塞阀	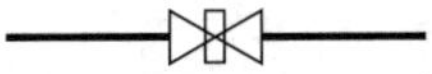	
蝶阀	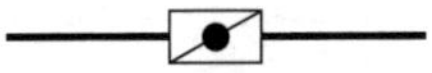	
减压阀	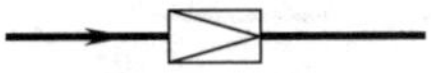	
角式弹簧安全阀	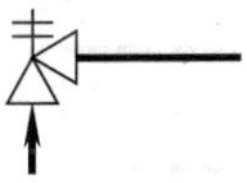	阀出口管为水平方向
角式重锤安全阀	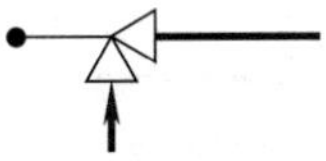	阀出口管为水平方向
直流截止阀	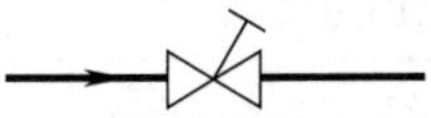	
疏水阀		
插板阀		
底阀		
针形阀		
呼吸阀		
带阻火器呼吸阀		
阻火器		
视镜、视钟	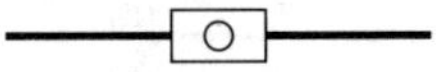	

续表

名　称	图　例	备　注
消声器		在管道中
消声器		放大气
爆破片		真空式　压力式
限流孔板	RO (多板)　RO (单板)	圆直径:10mm
喷射器		
文氏管		
Y 型过滤器		
锥型过滤器		方框 5mm×5mm
T 型过滤器		方框 5mm×5mm
罐式(篮式)过滤器		方框 5mm×5mm
管道混合器		
膨胀节		
喷淋管		
焊接连接		仅用于表示设备管口与管道为焊接连接
螺纹管帽		
法兰连接		
软管接头		
管端盲板		
管端法兰(盖)		
阀端法兰(盖)		
管帽		

续表

名　　称	图　　例	备　　注
阀端丝堵		
管端丝堵		
同心异径管		
偏心异径管	(底平)　(顶平)	
圆形盲板	(正常开启)　(正常关闭)	
8 字盲板	(正常关闭)　(正常开启)	
放空管(帽)	(帽)　(管)	
漏斗	(敞口)　(封闭)	
鹤管		
安全淋浴器		
洗眼器		
安全喷淋洗眼器		
	C.S.O	未经批准,不得关闭(加锁或铅封)
	C.S.C	未经批准,不得开启(加锁或铅封)

附录 4　管道布置图和轴测图上管子、管件、阀门及管道特殊件图例

（HG/T 20519.4—2009）

名称			管道布置图				轴测图	
			单线		双线			
管子								
现场焊			F.W		F.F			
伴热管（虚线）								
夹套管（举例）								
地下管道（与地上管道合画一张图时）								
异径法兰（举例）	螺纹、承插焊、滑套		80×50		80×50		80×50	
	对焊		80×50		80×50		80×50	
法兰盖	与螺纹、承插焊或滑套法兰相接							
	与对焊法兰相接							
同心异径管（举例）	螺纹或承插焊		C. R80×25				C.R80×25	
	对焊		C. R80×50		C. R80×50		C. R80×50	
	法兰式		C. R80×50		C. R80×50		C. R80×50	
偏心异径管（举例）	螺纹或承插焊	平面	E.R25×20 FOB	E.R25×20 FOT			E.R25×20 FOB	E.R25×20 FOT
		立面	E.R25×20 FOB	E.R50×20 FOT				
	对焊	平面	E.R80×50 FOB	E.R80×50 FOT	E.R80×50 FOB(FOT)		E.R80×50 FOB	E.R80×50 FOT
		立面	E.R50×20 FOT	E.R80×50 FOT	E.R80×50 FOB	E.R80×50 FOT		

名称			管道布置图 单线		管道布置图 双线		轴测图	
偏心异径管（举例）	法兰式	平面	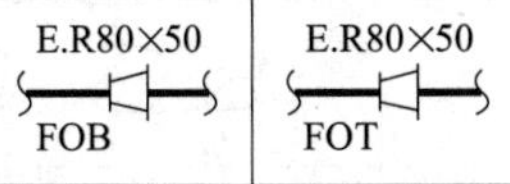 E.R80×50 FOB	E.R80×50 FOT	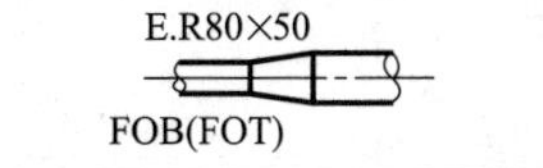 E.R80×50 FOB(FOT)		 E.R80×50 FOB	E.R80×50 FOT
		立面	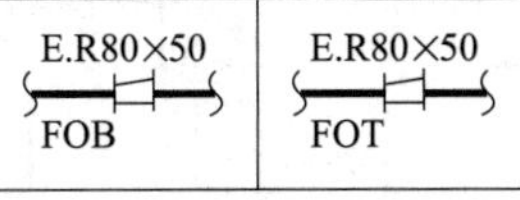 E.R80×50 FOB	E.R80×50 FOT	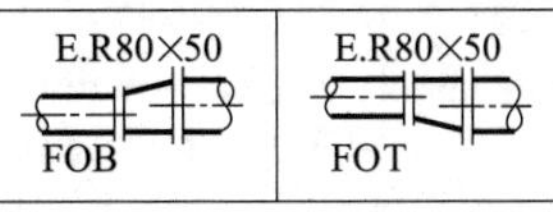 E.R80×50 FOB	E.R80×50 FOT		
90°弯头	螺纹或承插焊连接							
	对焊连接							
	法兰连接							
45°弯头	螺纹或承插焊连接							
	对焊连接							
	法兰连接							
U型弯头	对焊连接							
	法兰连接							

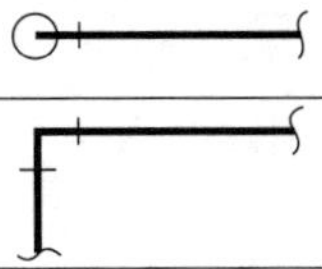

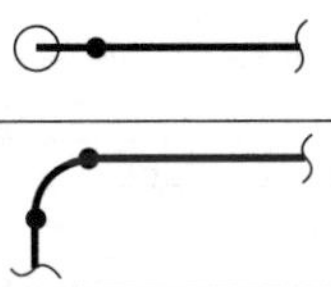

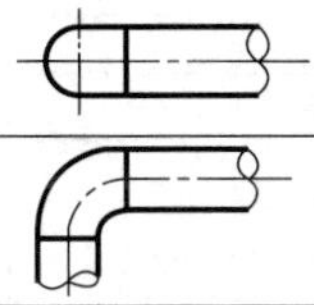

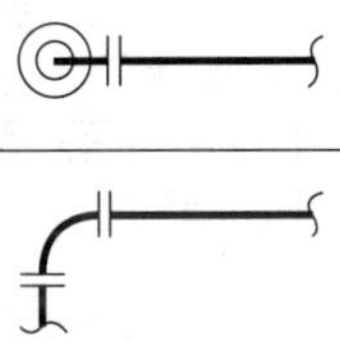

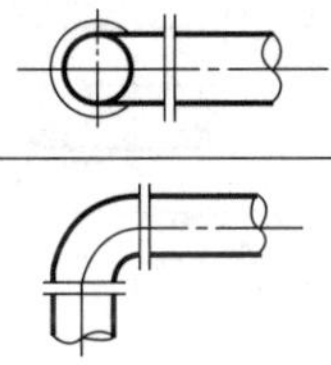

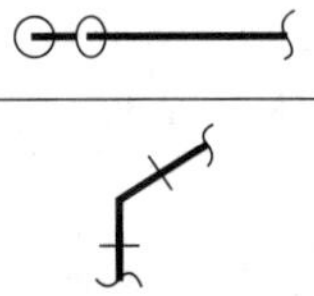

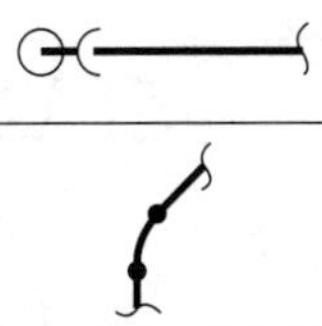

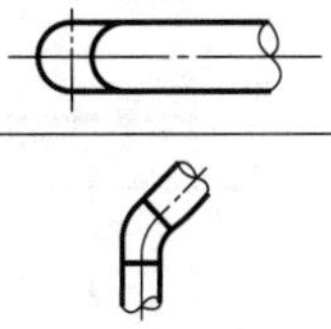

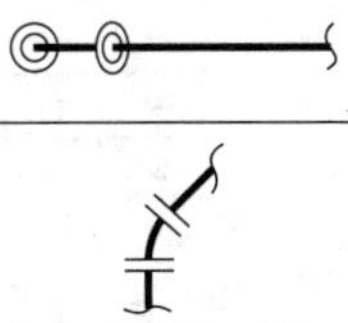

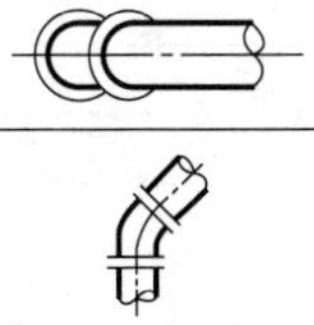

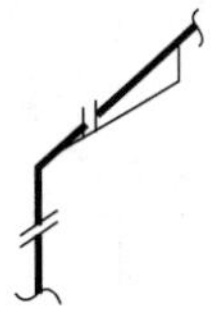

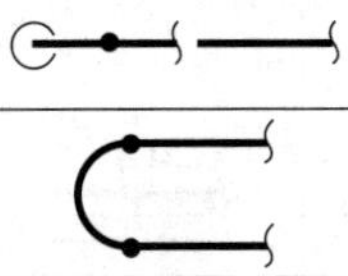

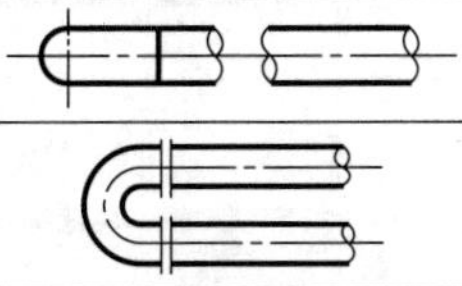

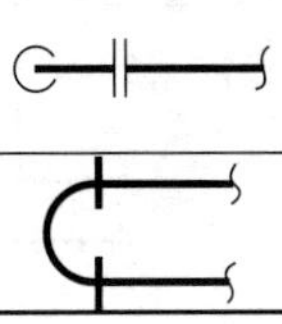

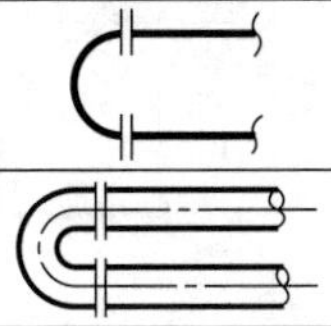

续表

名称		管道布置图		轴测图
		单线	双线	
斜接弯头（举例）			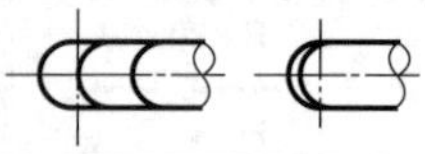	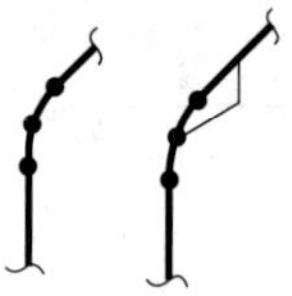
		 (仅用于小角度斜接弯)	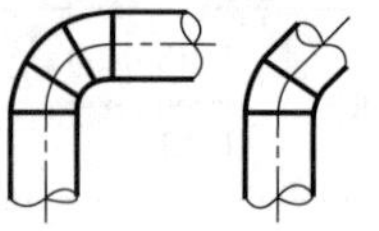	
三通	螺纹或承插焊连接			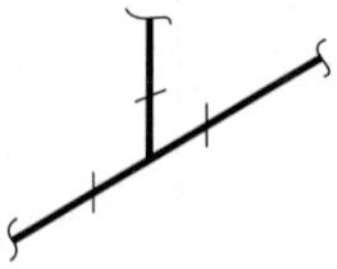

	对焊连接			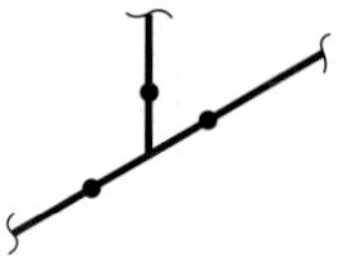
			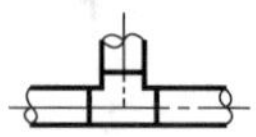	
	法兰连接			
		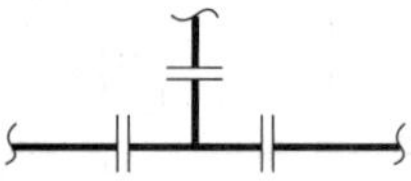	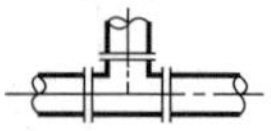	
斜三通	螺纹或承插焊连接	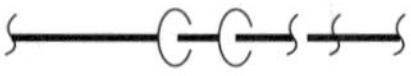		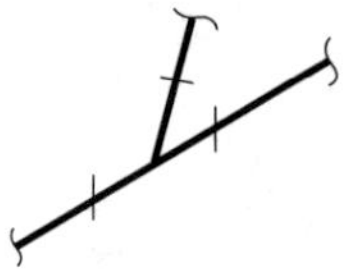
		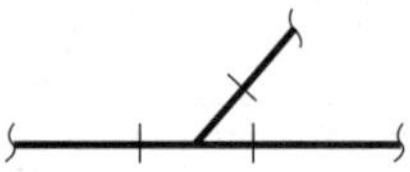		
	对焊连接	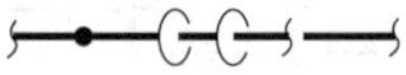		
		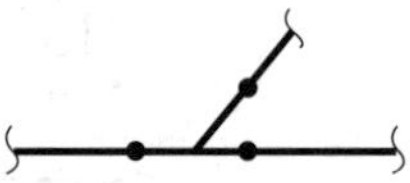	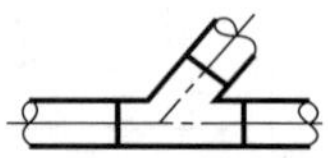	
	法兰连接	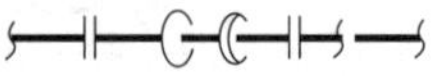	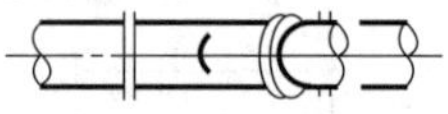	
		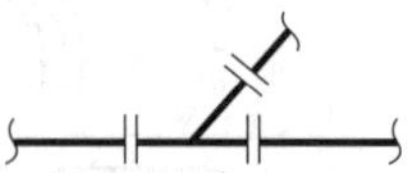		
焊接支管	不带加强板		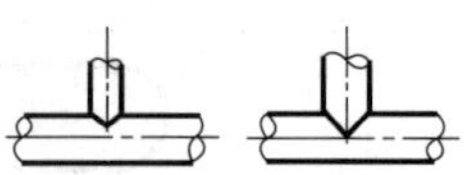	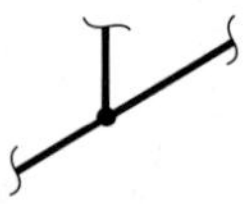
	带加强板		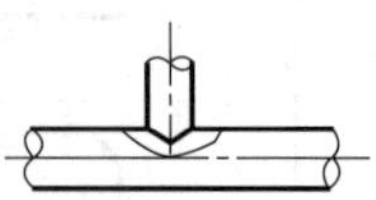	

续表

名称		管道布置图		轴测图
		单线	双线	
半管接头及支管台	螺纹或承插焊连接	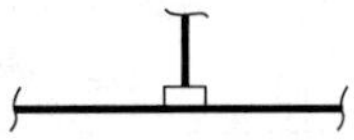	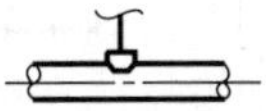	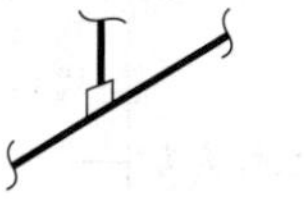
	对焊连接	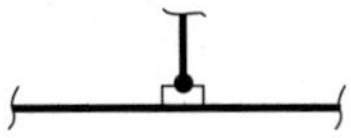	 (用于半管接头或支管台) 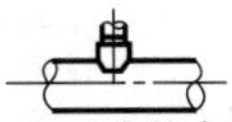 (用于支管台)	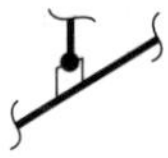
四通	螺纹或承插焊连接			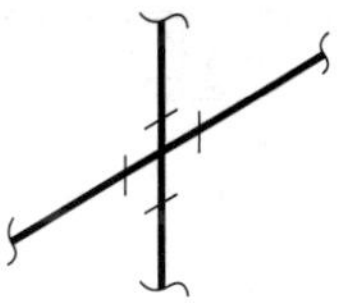
	对焊连接		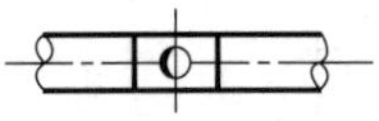	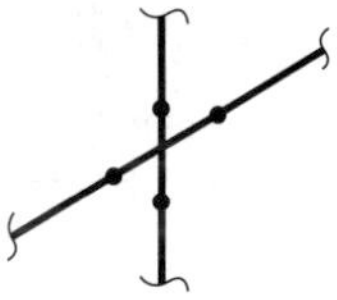
	法兰连接		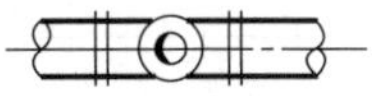	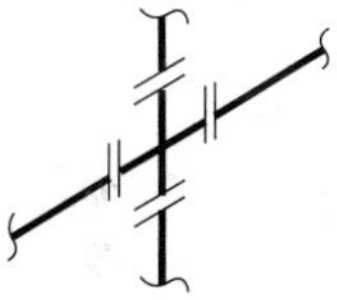
管帽	螺纹或承插焊连接			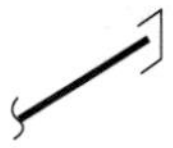
	对焊连接		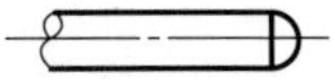	
	法兰连接		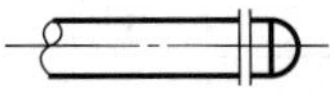	
堵头	螺纹连接	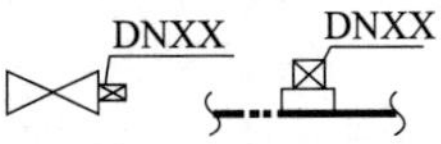 DNXX DNXX		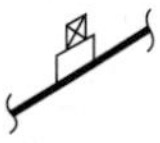
螺纹或承插焊管接头		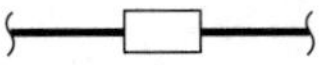		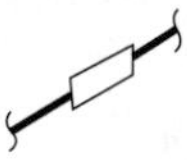
螺纹或承插焊活接头		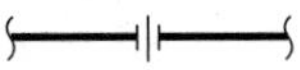		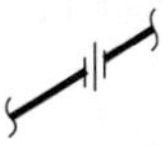

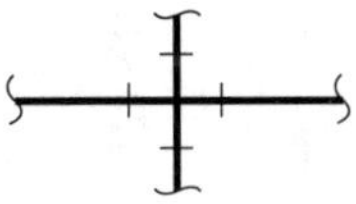

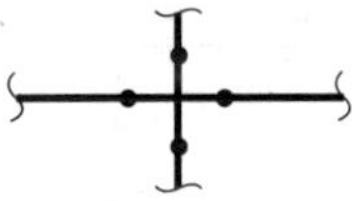

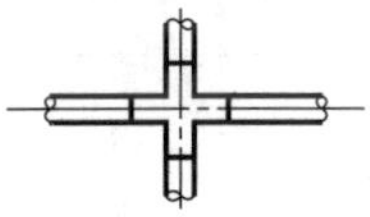

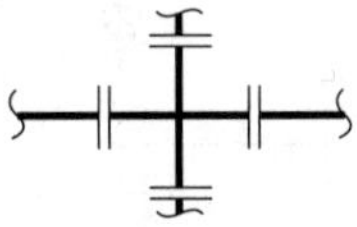

续表

名称		管道布置图 单线	管道布置图 双线	轴测图
软管接头	螺纹或承插焊连接			
	对焊连接			
快速接头	阳			
	阴			

名称	管道布置图各视图			轴测图	备注
闸阀					
截止阀					
角阀					
节流阀					
“Y”型阀					
球阀					
三通球阀					
旋塞阀 (COCK及PLUG)					

续表

名　称	管道布置图各视图			轴测图	备注
三通旋塞阀					
三通阀	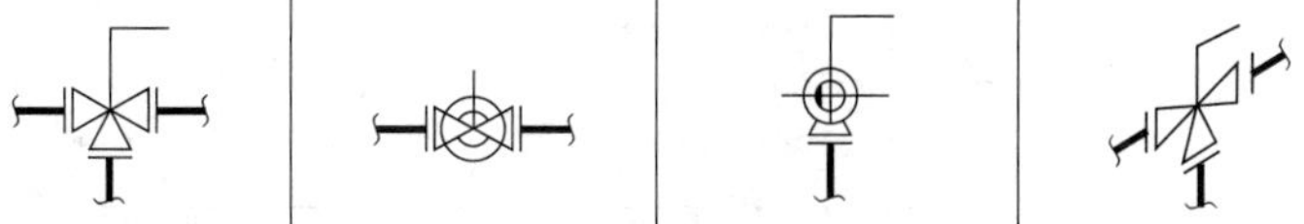				
对夹式蝶阀	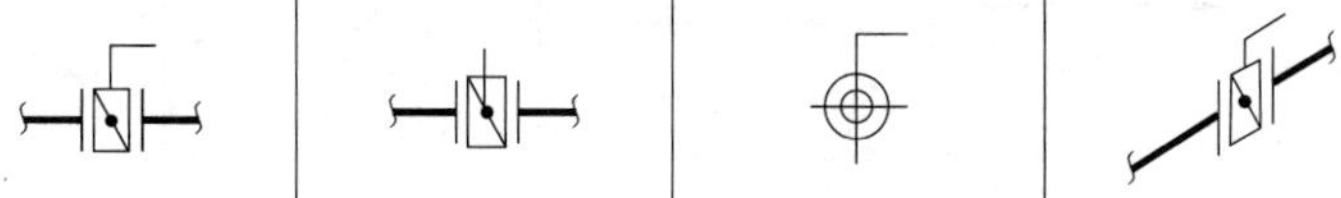				
法兰式蝶阀					
柱塞阀	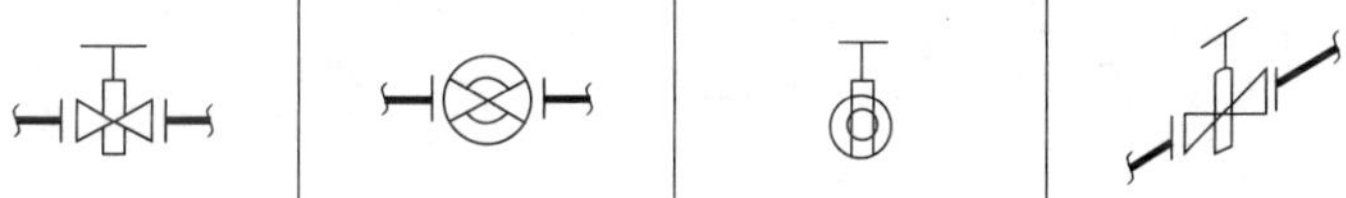				
止回阀	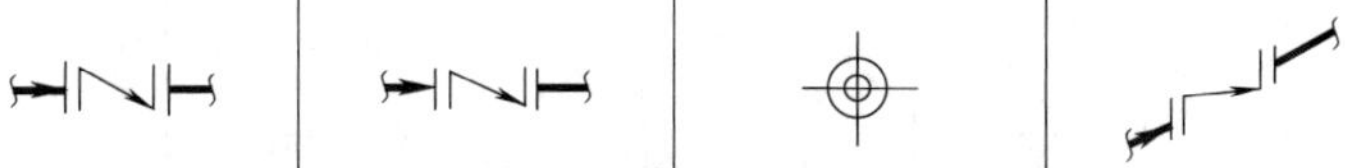				
切断式止回阀					
底阀					
隔膜阀	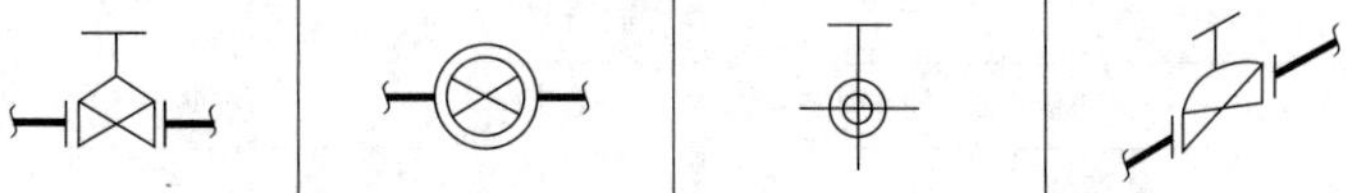				
“Y”型隔膜阀	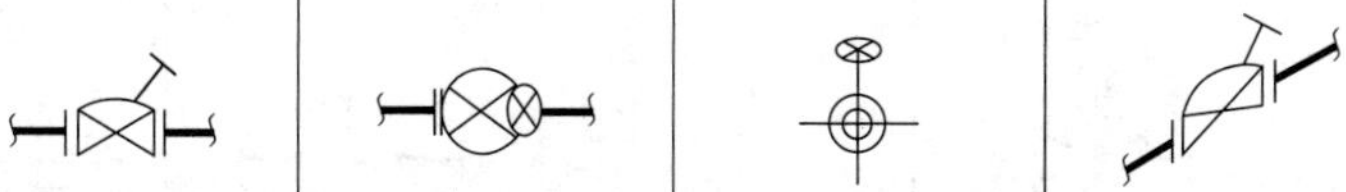				
放净阀	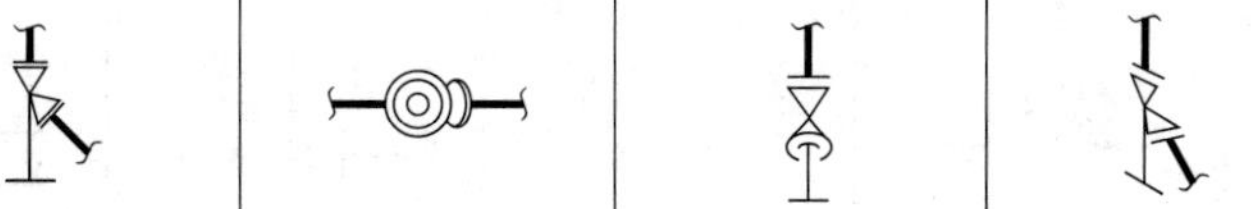				

续表

名　称	管道布置图各视图			轴测图	备注
夹紧式胶管阀	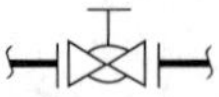				
夹套式阀		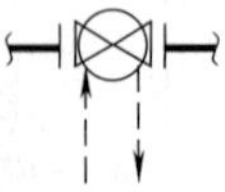		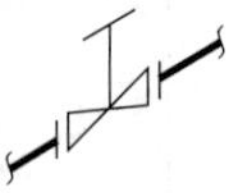	
疏水阀	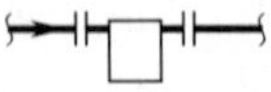			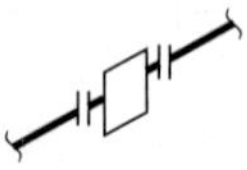	
减压阀	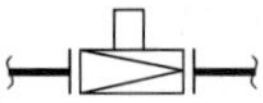			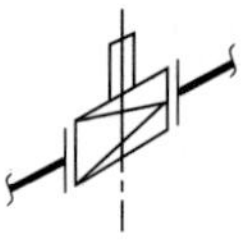	
弹簧式安全阀	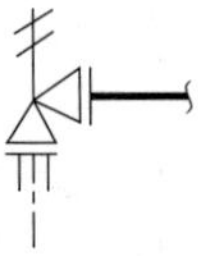	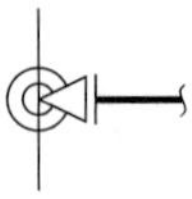		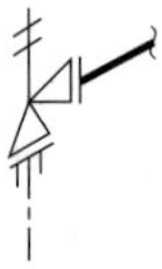	
双弹簧式安全阀	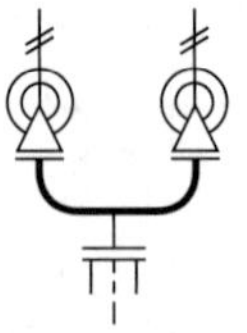		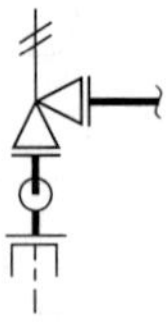	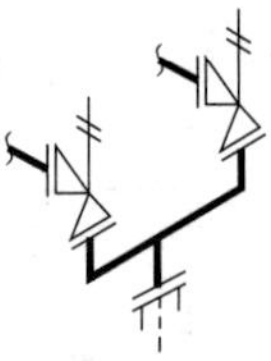	
杠杆式安全阀	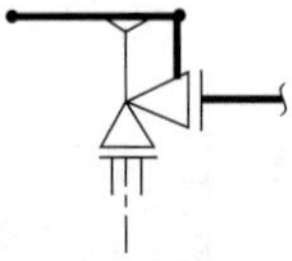		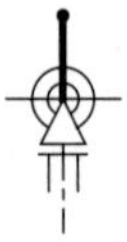		杠杆长度应按实物尺寸的比例画出

非法兰的端部连接					
名　称	螺纹或承插焊连接		对焊连接		备注
	单　线	双　线	单　线	双　线	
闸阀	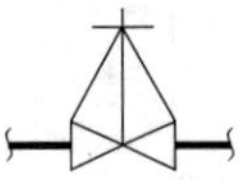		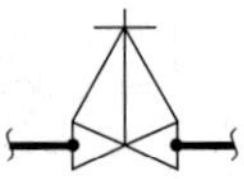	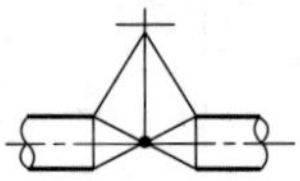	
截止阀	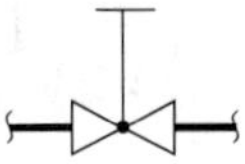		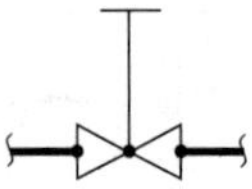	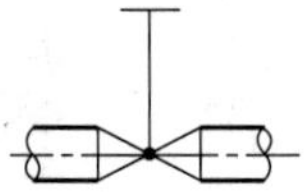	

名称		传动结构				备注
		管道布置图各视图			轴测图	
电动式		M	M	M	M	1. 传动结构型式适合于各种类型的阀门 2. 传动结构应按实物的尺寸比例画出，以免与管道或其他附件相碰 3. 点画线表示可变部分
气动式						
液压或气压缸式		C	C	C	C	
正齿轮式						
伞齿轮式						
伸长杆用于楼面	普通手动阀门					
	正齿轮式阀门					
链轮阀						

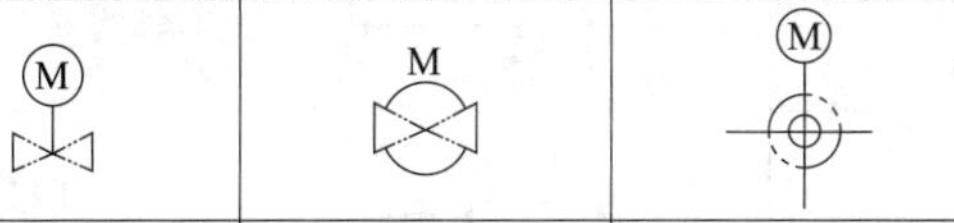

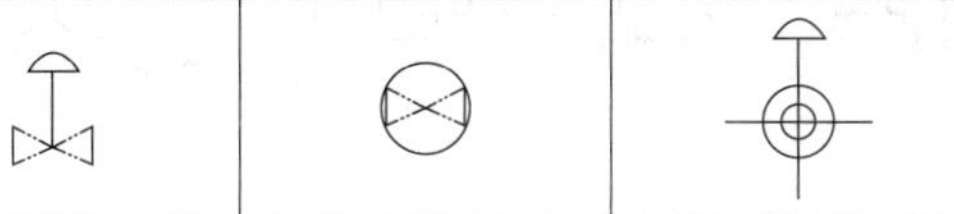

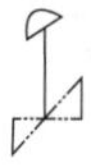

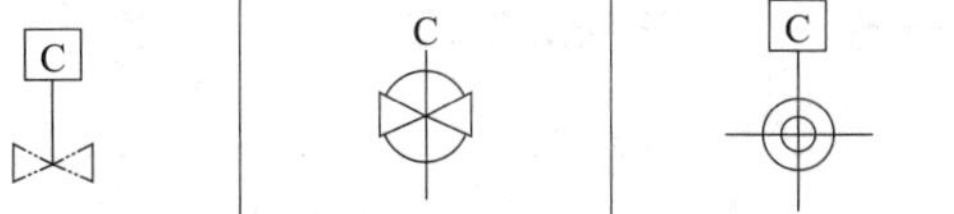

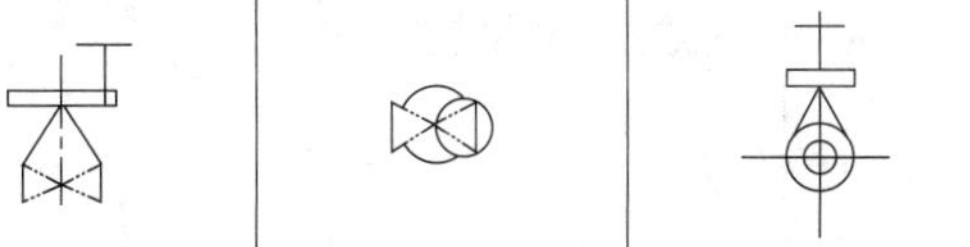

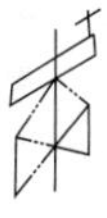

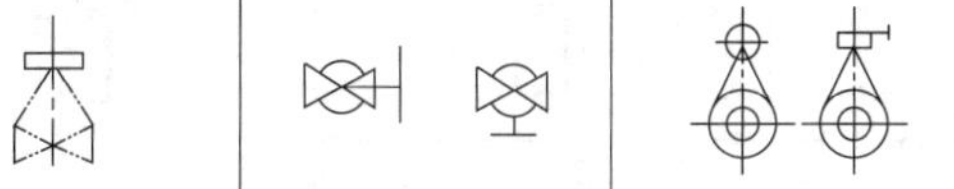

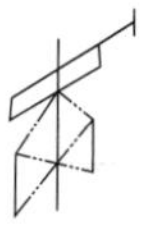

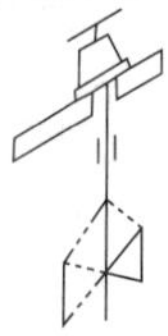

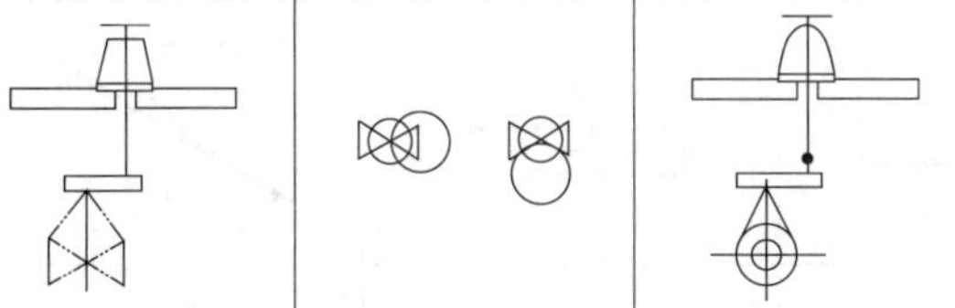

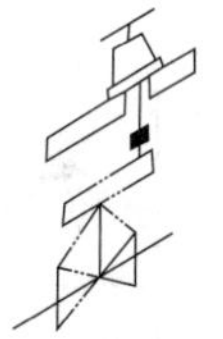

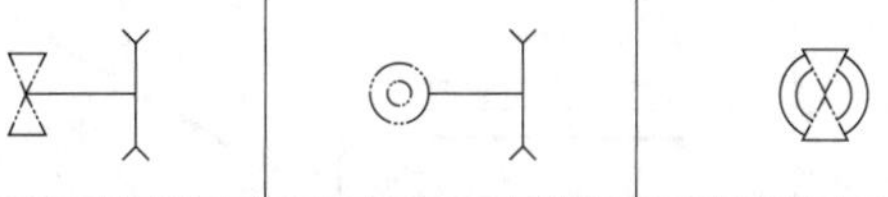

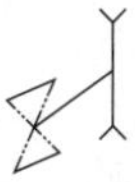

名称	管道布置图		轴测图	备注
	单线	双线		
漏斗				带盖的漏斗画法 
视镜		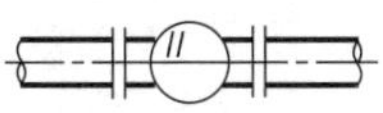	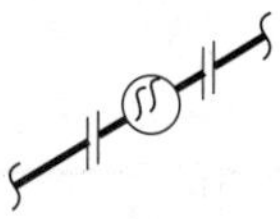	 玻璃管式视镜画法举例

续表

名称		管道布置图		轴测图	备注
		单线	双线		
波纹膨胀节					
球形补偿器					也可根据安装时的旋转角表示
填函式补偿器					
爆破片					
限流孔板	对焊式	RO	RO	RO	
	对夹式	RO	RO	RO	
插板及垫环					
8字盲板					正常通过 正常切断
阻火器					
排液环					
临时粗滤器					

续表

名　称	管道布置图		轴测图	备注
	单　线	双　线		
Y 型粗滤器		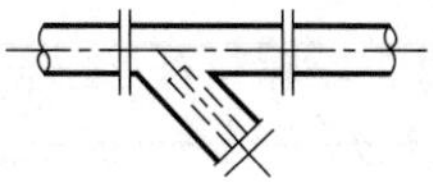	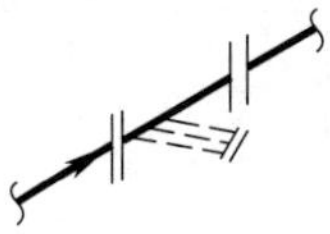	
T 型粗滤器	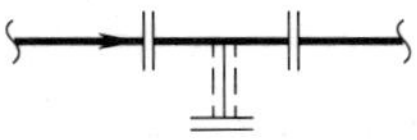	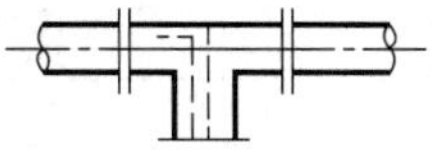		
软管		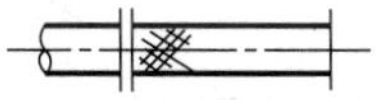		
喷头	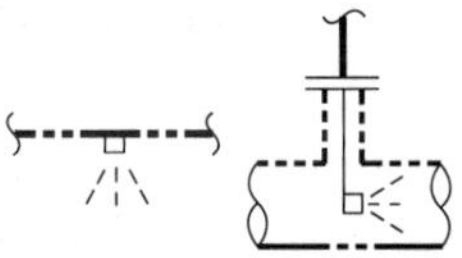	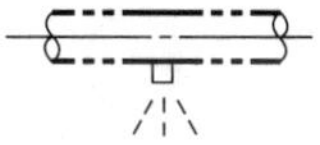	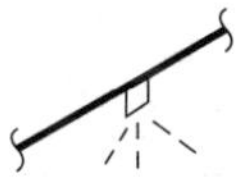	
洗眼器及淋浴		EW（平面图） 立面图按简略外形图		

注：1. C. R——同心异径管；
E. R——偏心异径管；
FOB——底平；
FOT——顶平；
2. 其他未画视图按投影相应表示；
3. 点画线表示可变部分；
4. 轴测图图例均为举例，可按实际管道走向作相应的表示；
5. 消声器及其他未规定的特殊件可按简略外形表示。

附录 5　设备布置图图例及简化画法

（HG 20519—2009）

名　称	图　例	备　注
方向标	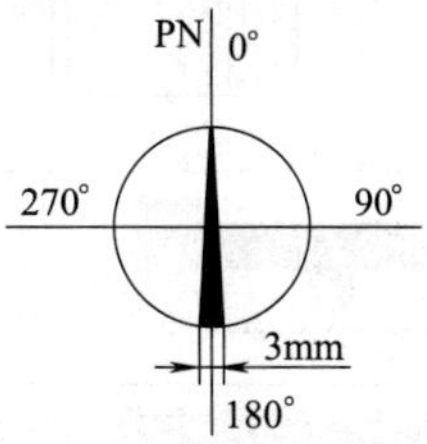 PN 0° 270° 90° 3mm 180°	圆直径为 20mm
砾石（碎石）地面		

续表

名　称	图　　例	备　　注
素土地面		
混凝土地面		
钢筋混凝土		
安装孔、地坑		剖面涂红色或填充灰色
电动机	M	
圆形地漏		
仪表盘、配电箱		
双扇门		剖面涂红色或填充灰色
单扇门		剖面涂红色或填充灰色
空门洞		剖面涂红色或填充灰色
窗		剖面涂红色或填充灰色
栏杆	平面　立面	
花纹钢板	局部表示网格线	
箅子板	局部表示箅子	
楼板及混凝土梁		剖面涂红色或填充灰色
钢梁		剖面涂红色或填充灰色

续表

名　称	图　　例	备　　注
楼梯	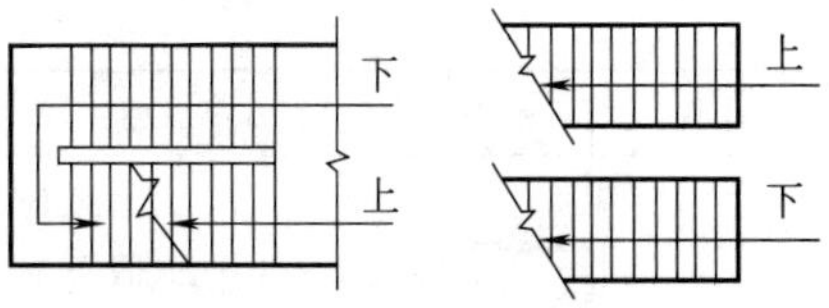 下 上 上 下	
直梯	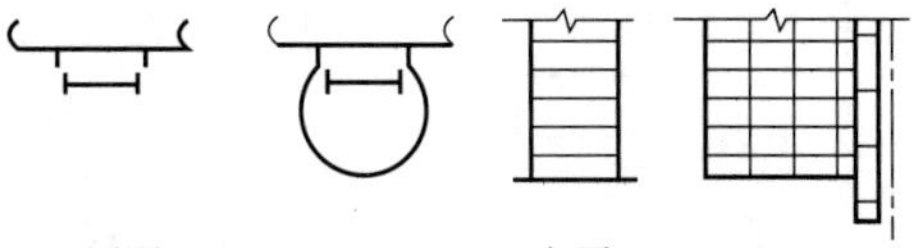 平面　立面	
地沟混凝土盖板	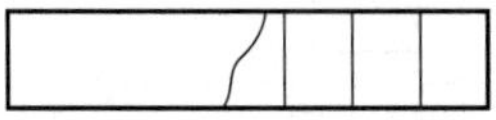	
柱子	混凝土柱　钢柱 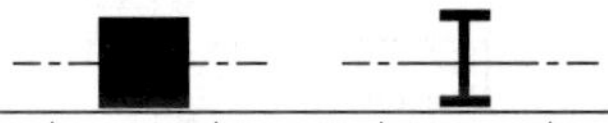	剖面涂红色或填充灰色
管廊	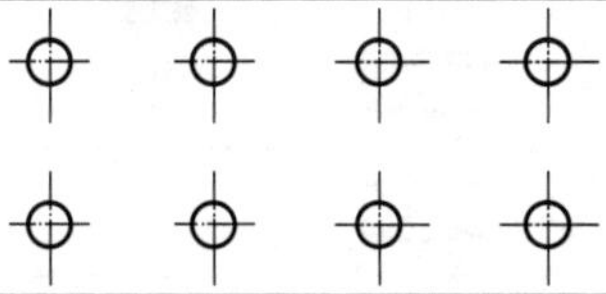	按柱子截面形状表示
单轨吊车	 平面　立面	
桥式起重机	平面　立面	
悬臂起重机	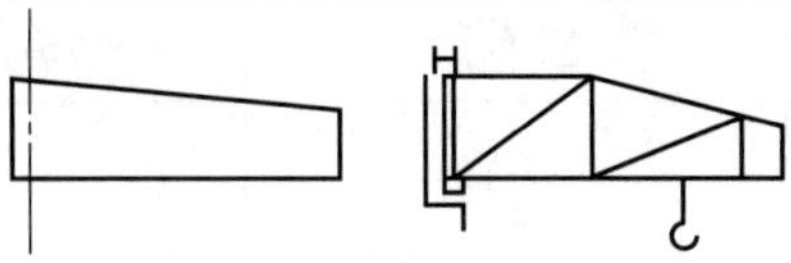 平面　立面	
旋臂起重机	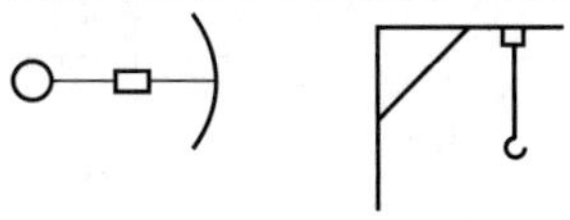 平面　立面	
铁路	平面 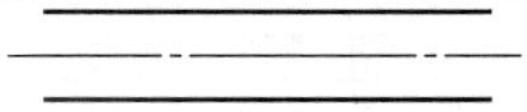	线宽 0.6mm
吊车轨道及安装梁	平面 　T.B.	
平台和平台标高	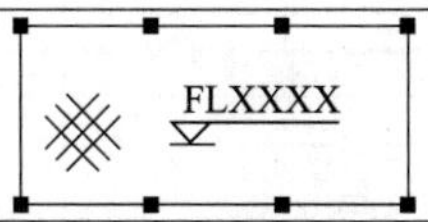 FLXXXX	
地沟坡度和标高	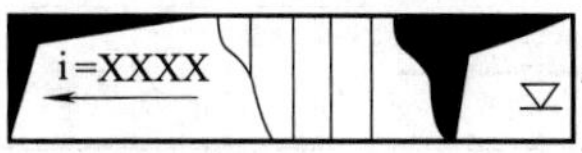 i=XXXX　ELXXXX	

附录6 工厂总布置图图例

序号	名 称	图 例	说 明
1	新设计的建筑物	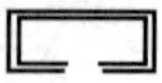	1. 比例小于1：2000不画出入口 2. 需要时可在右上角以点数或数字表示层数
2	原有的建筑物		在设计中要利用者均应编号说明
3	计划扩建的预留地或建筑物		用细虚线
4	拆除的建筑物	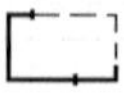	
5	地下建筑物或构筑物		用粗虚线
6	建筑物下面的通道	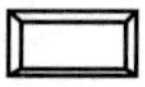	
7	散式材料露天堆场	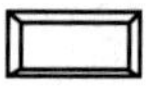	
8	其他材料露天堆场或作业场		
9	铺砌场地		
10	敞棚或敞廊	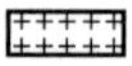	
11	露天桥式吊车		
12	龙门吊车	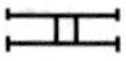	
13	漏斗式贮仓	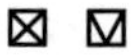	左图底卸式，右图侧卸式
14	冷却塔		左图方形，右图圆形
15	贮罐或水塔		
16	烟囱		必要时可写烟囱高度，用细实线表示烟囱基础
17	围墙		上图表砖石、混凝土、金属材料围墙，下图表镀锌铁丝网、篱笆等围墙
18	挡土墙		被挡土在突出一侧
19	台阶		箭头方向表示下坡
20	斜坡卷扬机道		
21	斜坡栈桥	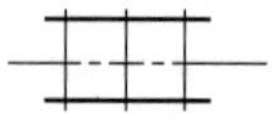	细实线表示支架中心线位置
22	露天单轨吊车	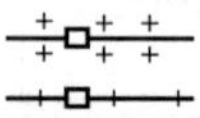	“+”表示支座位置
23	架空索道		方框表示支架位置

续表

序号	名称	图例	说明
24	坐标	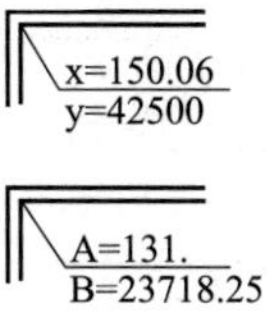 x=150.06 y=42500 A=131. B=23718.25	上图表示测量坐标 下图表示建筑坐标
25	洪水淹没线	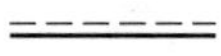	阴影表示淹没区,在底图背面涂红
26	地表排水方向		
27	截水沟或排洪沟	 6 40.00	6 表示 6‰沟底坡度,40.00 表示变坡点间距离,箭头为水流向
28	排水明沟	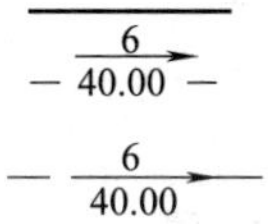 6 40.00 6 40.00	上图用于比例较大图面 下图用于比例较小图面
29	沟底标高	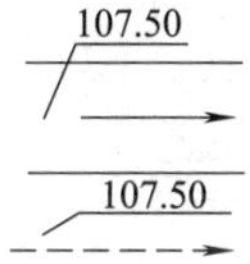 107.50 107.50	上图用大比例图 下面用于小比例图面中
30	有盖排水沟	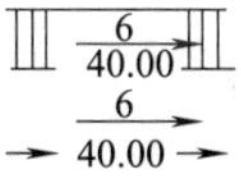 6 40.00 6 40.00	上图用于比例较大图面 下图用于比例较小图面
31	急流槽	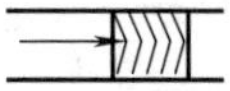	箭头表水流方向
32	跌水	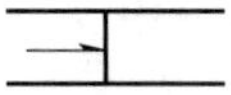	箭头表水流方向
33	分水脊线和谷线		上图为脊线,下图为谷线
34	雨水井		
35	室内地坪标高	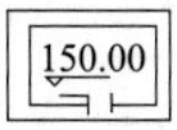 150.00	
36	室外地坪标高	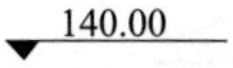 140.00	
37	设计的填挖边坡		边坡较大时可在两端或一端局部表示
38	护坡		边坡较大时可在两端或一端部表示
39	方格网交叉点标高	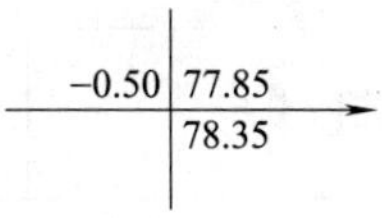 −0.50 77.85 78.35	78.35 为原地面标高,77.85 为设计标高,—0.50为施工高度
40	填方区挖方区未整平区及零点线	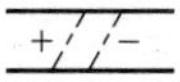 + / / −	“+”为填方,“—”为挖方,中间为未平整区,点划线为零点线

续表

序号	名称	图例	说明
41	新设计的道路	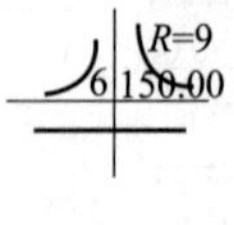 R=9 6 150.00	1. *R* 为道路转弯半径 2. 150.00 表示路面中心标高 3. 6 表示 6%或 6‰纵坡度
42	原有的道路	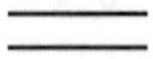	
43	计划的道路	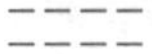	
44	人行道	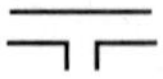	
45	桥梁	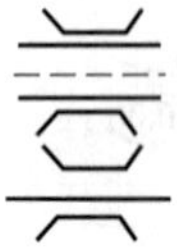	公路桥 铁路桥
46	旱桥	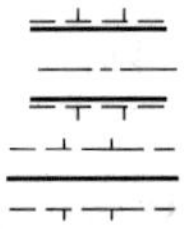	公路旱桥 铁路旱桥
47	跨线桥	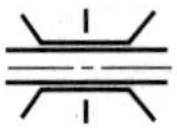	公路桥在上
		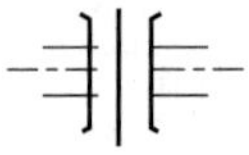	铁路桥在上
48	平交桥	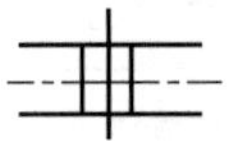	阴影部分在底图背面涂红
49	涵洞涵管		左图用于比例较大的图面，右图用于比例较小的图面
50	平直线隧道	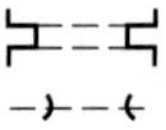	下图为铁路隧道
51	码头	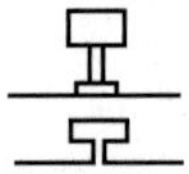	上图为浮码头 下图为固定码头，新建用粗实线，原有用细实线，计划扩建用细虚线，拆除的用细实线加“×”
52	透水路堤	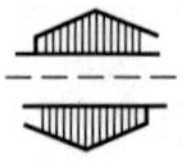	
53	过水路面		
54	坑槽及池类		
55	原有内围墙	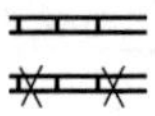	上图表示原有围墙 下图表示拆除的围墙

附录7　首　页　图

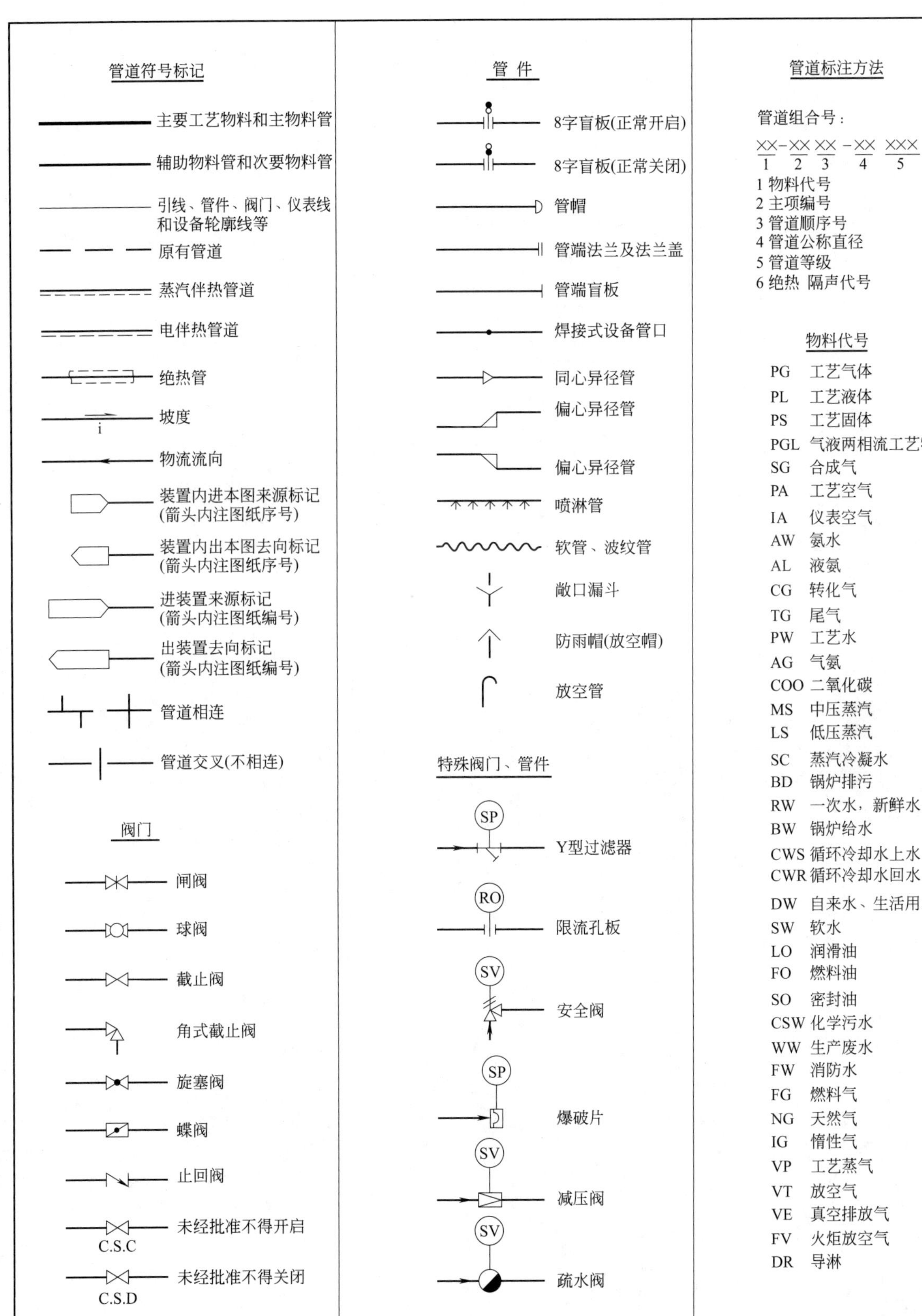

管道标注方法

管道组合号：

XX－XX XX －XX XXX －XX
1　　2　3　　4　　5　　6

1 物料代号
2 主项编号
3 管道顺序号
4 管道公称直径
5 管道等级
6 绝热 隔声代号

物料代号

代号	名称
PG	工艺气体
PL	工艺液体
PS	工艺固体
PGL	气液两相流工艺物料
SG	合成气
PA	工艺空气
IA	仪表空气
AW	氨水
AL	液氨
CG	转化气
TG	尾气
PW	工艺水
AG	气氨
COO	二氧化碳
MS	中压蒸汽
LS	低压蒸汽
SC	蒸汽冷凝水
BD	锅炉排污
RW	一次水，新鲜水
BW	锅炉给水
CWS	循环冷却水上水
CWR	循环冷却水回水
DW	自来水、生活用水
SW	软水
LO	润滑油
FO	燃料油
SO	密封油
CSW	化学污水
WW	生产废水
FW	消防水
FG	燃料气
NG	天然气
IG	惰性气
VP	工艺蒸气
VT	放空气
VE	真空排放气
FV	火炬放空气
DR	导淋

被测变量和仪表功能的字母代号

首位字母			后继字母
字母	被测变量	修饰词	功能
A	分析		报警
C	电导率		控制
D	密度	差	
F	流量	比(分数)	
G	长度		就地观察：玻璃
H	手动(人工触发)		
I	电流		指示
L	物位		信号
M	水分或湿度		
P	压力或真空		试验点(接头)
Q	数量或件数	积分、积算	积分、积算
R	放射性		记录或打印
S	速度或频率	安全	联锁
T	温度		传递
W	称重		

图形符号的表示方法

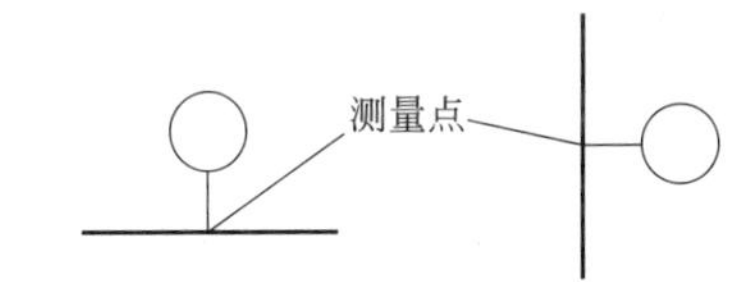

表示仪表安装位置的图形符号

安装位置	图形符号
就地安装仪表	
集中仪表盘面安装仪表	
就地仪表盘面安装仪表	
集中进计算机系统	

连接和信号线

过程连接或机械连接线
气动信号线
电动信号线

英文缩写字母

FC　能源中断时阀处于关位置
FL　能源中断时阀处于保持原位
FO　能源中断时阀处于开位置
H　高
HH　最高(较高)
L　低
LL　最低(较低)

琉璃管液面计表示方法

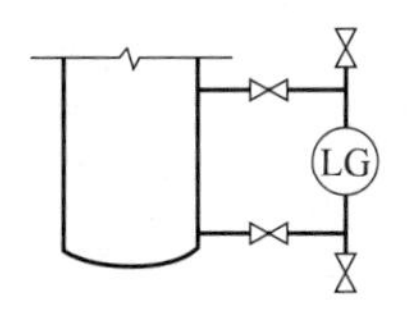

设备位号

X　XX　XX　X
1　2　3　4

1 设备类别代号
2 主项编号
3 同类设备中的设备顺序号
4 相同的设备尾号

设备类别代号

C　压缩机、风机
E　换热器
P　泵
L　起重设备
R　反应器
M　其他机械
S　火炬、过滤设备
T　塔
V　容器、槽罐

会签栏			(单位名称)			工程名称	
专业	签名	日期				单项名称	
			项目负责人		月 日	20××年	设计阶段
			设计		月 日	首页图	设计专业
			校核		月 日	(例图)	图纸比例
			审核		月 日		(图号)
			审定		月 日	工程设计证书:×级××××××××号	第 张 共 张 版次：

附录 8　管道、管件及阀门等的重要结构参数

8.1　常用无缝钢管外径、壁厚、允许工作压力及单位重量

公称直径	外径 /mm	壁厚 /mm	允许工作压力①/MPa	重量 /(kg/m)	公称直径	外径 /mm	壁厚 /mm	允许工作压力①/MPa	重量 /(kg/m)
10	14	3	10.0	0.81	65	76	4	4.0	7.10
15	18	3	10.0	1.11	80	89	4	4.0	8.38
20	25	3	6.0	1.63	100	108	4	2.5	10.2
25	32	3.5	8.0	2.46	125	133	4	2.5	12.7
32	38	3.5	6.0	2.98	150	159	4.5	2.5	17.1
40	45	3.5	6.0	3.58	200	219	6	2.5	31.5
50	57	3.5	4.0	4.62	250	273	8	4.0	52.2

① 指 20 号钢在≤300℃下的工作压力。

8.2　弯头

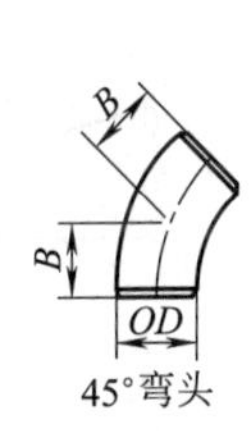

45°弯头

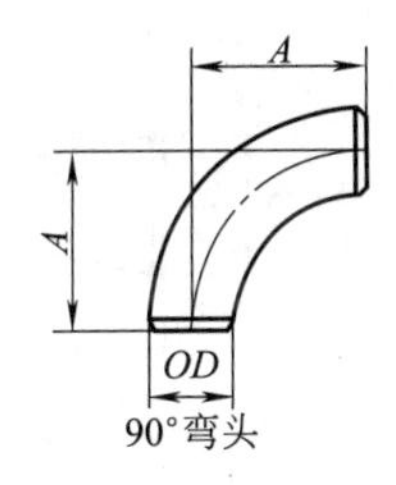

90°弯头

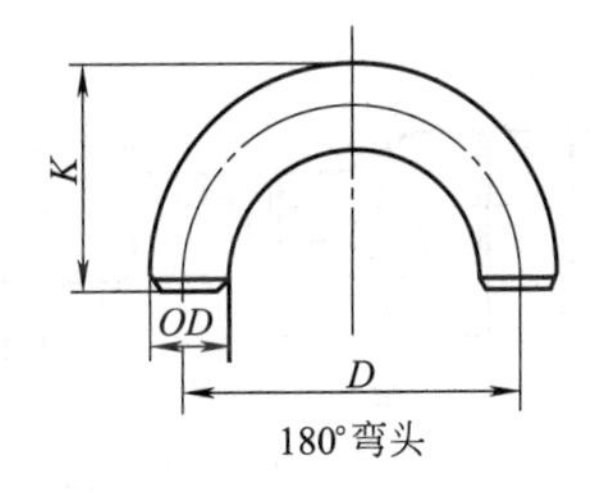

180°弯头

长半径弯头尺寸系列表　　单位：mm

公称直径		尺寸				不同壁厚下的理论质量(90°弯头)					
DN	NPS	*A*	*B*	*D*	*K*	5S	10S	Std	Sch40	XS	Sch80
15	1/2	38	16	76	48	0.05	0.06	0.08	0.08	0.10	0.10
20	3/4	38	16	76	51	0.06	0.08	0.11	0.08	0.10	0.10
25	1	38	16	76	56	0.08	0.13	0.15	0.15	0.19	0.19
32	1¼	48	20	95	70	0.13	0.21	0.25	0.25	0.33	0.33
40	1½	57	24	114	83	0.17	0.28	0.36	0.36	0.49	0.49
50	2	76	32	152	106	0.29	0.47	0.65	0.65	0.90	0.90
65	2½	95	40	191	132	0.57	0.83	1.36	1.29	1.71	1.71
80	3	114	47	229	159	0.80	1.17	2.03	2.03	2.74	2.74
90	3½	133	55	267	184	1.08	1.57	2.74	2.74	3.82	3.82
100	4	152	63	305	210	1.39	2.03	3.85	3.85	5.34	5.34
125	5	190	79	381	262	2.82	3.45	6.51	6.51	9.27	9.27
150	6	229	95	457	313	3.85	4.69	10.1	10.1	15.3	15.3
200	8	305	126	610	414	7.15	9.65	20.4	20.4	30.9	30.9
250	10	381	158	762	518	13.7	16.7	36.1	36.1	48.8	57.3
300	12	457	189	914	619	226	260	531	578	70.0	94.7
350	14	533	221	1067	711	29.0	34.7	68.1	79.2	90.0	132
400	16	610	253	1219	813	39.9	45.5	89.3	118	118	195

续表

公称直径		尺寸				不同壁厚下的理论质量(90°弯头)					
DN	NPS	*A*	*B*	*D*	*K*	5S	10S	Std	Sch40	XS	Sch80
450	18	686	284	1372	914	50.5	57.7	113	168	150	274
500	20	762	316	1524	1016	71.3	81.5	140	219	186	372
550	22	838	347	1676	1118	86.3	98.8	170	—	225	492
600	24	914	379	1829	1219	118	137	202	366	269	634
650	26	991	410	—	—	—	—	238	—	316	—
700	28	1067	442	—	—	—	—	276	—	367	—
750	30	1143	473	—	—	214	264	318	—	421	—
800	32	1219	505	—	—	—	—	362	656	480	—
850	34	1295	537	—	—	—	—	408	742	542	—

8.3 异径管

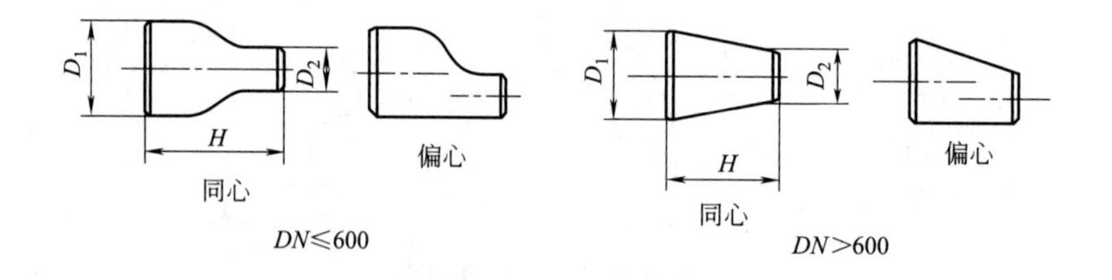

异径管尺寸系列表

公称直径		长度 *H* /mm	不同壁厚下的理论质量/kg					
DN	NPS		5S	10S	Std	Sch40	XS	Sch80
50×25 50×32 50×40	2×1 2×1¼ 2×1½	76	0.17	0.27	0.41 0.41 0.41	0.41	0.56 0.56 0.56	0.56
65×32 65×40 65×50	2½×1¼ 2½×1½ 2½×2	89	0.30	0.43	0.77 0.77 0.77	0.77	1.01 1.01 1.01	1.01
80×40 80×50 80×65	3×1½ 3×2 3×2½	89	0.37	0.53	1.00 1.00 1.00	1.00	1.36 1.36 1.36	1.36
100×50 100×65 100×80	4×2 4×2½ 4×3	102	0.57	0.82	1.63 1.63 1.63	1.63	2.27 2.27 2.27	2.27

8.4 板式平焊法兰

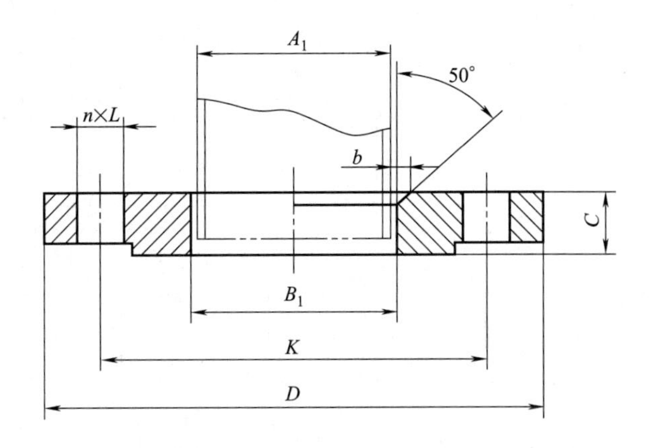

PN6 板式平焊钢制法兰尺寸表

单位：mm

公称尺寸 DN	钢管外径 A_1		连接尺寸					法兰厚度 C	法兰内径 B_1	
	A	B	法兰外径 D	螺栓孔中心圆直径 K	螺栓孔直径 L	螺栓孔数量 n/个	螺栓 Th		A	B
10	17.2	14	75	50	11	4	M10	12	18	15
15	21.3	18	80	55	11	4	M10	12	22.5	19
20	26.9	25	90	65	11	4	M10	14	27.5	26
25	33.7	32	100	75	11	4	M10	14	34.5	33
32	42.4	38	120	90	14	4	M12	16	43.5	39
40	48.3	45	130	100	14	4	M12	16	49.5	46
50	60.3	57	140	110	14	4	M12	16	61.5	59
65	76.1	76	160	130	14	4	M12	16	77.5	78
80	88.9	89	190	150	18	4	M16	18	90.5	91
100	114.3	108	210	170	18	4	M16	18	116	110
125	139.7	133	240	200	18	8	M16	20	143.5	135
150	168.3	159	265	225	18	8	M16	20	170.5	161
200	219.1	219	320	280	18	8	M16	22	221.5	222
250	273	273	375	335	18	12	M16	24	276.5	276
300	323.9	325	440	395	22	12	M20	24	328	328
350	355.6	377	490	445	22	12	M20	26	360	381
400	406.4	426	540	495	22	16	M20	28	411	430
450	457	480	595	550	22	16	M20	30	462	485
500	508	530	645	600	22	20	M20	30	513.5	535
600	610	630	755	705	26	20	M24	32	616.5	636

PN10 板式平焊钢制法兰尺寸表 单位：mm

公称尺寸 *DN*	钢管外径 A_1		连接尺寸					法兰厚度 *C*	法兰内径 B_1	
	A	B	法兰外径 *D*	螺栓孔中心圆直径 *K*	螺栓孔直径 *L*	螺栓孔数量 *n*/个	螺栓 Th		A	B
10	17.2	14	90	60	14	4	M12	14	18	15
15	21.3	18	95	65	14	4	M12	14	22.5	19
20	26.9	25	105	75	14	4	M12	16	27.5	26
25	33.7	32	115	85	14	4	M12	16	34.5	33
32	42.4	38	140	100	18	4	M16	18	43.5	39
40	48.3	45	150	110	18	4	M16	18	49.5	46
50	60.3	57	165	125	18	4	M16	19	61.5	59
65	76.1	76	185	145	18	8	M16	20	77.5	78
80	88.9	89	200	160	18	8	M16	20	90.5	91
100	114.3	108	220	180	18	8	M16	22	116	110
125	139.7	133	250	210	18	8	M16	22	143.5	135
150	168.3	159	285	240	22	8	M20	24	170.5	161
200	219.1	219	340	295	22	8	M20	24	221.5	222
250	273	273	395	350	22	12	M20	26	276.5	276
300	323.9	325	445	400	22	12	M20	26	328	328
350	355.6	377	505	460	22	16	M20	28	360	381
400	406.4	426	565	515	26	16	M24	32	411	430
450	457	480	615	565	26	20	M24	36	462	485
500	508	530	670	620	26	20	M24	38	513.5	535
600	610	630	780	725	30	20	M27	42	616.5	636

8.5 阀门的结构长度

闸阀的结构长度 单位：mm

公称直径 *DN*	公称压力/MPa							
	*PN*1.0/1.6（*PN*2.0/2.5）		*PN* 2.5/4（*PN*5）	仅适用于 *PN* 2.5	（*PN* 4）	（*PN* 10）	*PN* 6.4/10	*PN* 16
	结构长度							
	短	长	常规					
10	**102**	—	—	—	—	—	—	—
15	**108**		**140**		140	165		**170**
20	**117**		**152**		152	190		**190**
25	**127**		**165**		165	216		**210**
32	**140**		**178**		178	229		**230**
40	**165**	**240**	**190**	**240**	190	241		**260**
50	**178**	**250**	216	**250**	216	292	**250**	**300**
65	**190**	**270**	241	**270**	241	330	**280**	**340**
80	**203**	**280**	283	**280**	283	356	**310**	**390**
100	**229**	**300**	305	**300**	305	432	**350**	**450**
125	**254**	**325**	381	**325**	381	508	**400**	**525**
150	**267**	**350**	403	**350**	403	559	**450**	**600**

续表

公称直径DN	公称压力/MPa							
	PN1.0/1.6(PN2.0/2.5)		PN2.5/4(PN5)	仅适用于PN2.5	(PN4)	(PN10)	PN6.4/10	PN16
	结构长度							
	短	长	常规					
200	**292**	**400**	419	**400**	419	650	**550**	**750**
250	**330**	**450**	457	**450**	457	787	**650**	—
300	**356**	**500**	502	**500**	502	838	**750**	
350	**381**	**550**	762	**550**	572	889	**850**	
400	**406**	**600**	838	**600**	610	991	**950**	
450	**432**	**650**	914	**650**	660	1092	**1050**	
500	**457**	**700**	991	**700**	711	1194	**1150**	

公称直径DN	公称压力/MPa							
	PN1.0/1.6(PN2.0/2.5)		PN2.5/4(PN5)	仅适用于PN2.5(PN4)	(PN10)	PN6.4/10	PN16	
	结构长度							
	短	长	常规					
600	**508**	**800**	1143	**800**	787	1397	**1350**	—
700	**610**	**900**	—	—	—	—	**1450**	
800	**660**	**1000**					**1650**	
900	**711**	**1100**					—	
1000	**811**	**1200**						
基本系列	3	15	4	15	19	5	22	23

注：表中黑体数字表示为优先选用尺寸，下同。

对夹式蝶阀和对夹式蝶式止回阀的结构长度

单位：mm

公称直径DN	公称压力/MPa		
	PN≤1.6(PN2.0/2.5)		
	结构长度		
	短	中	长
40	**33**	—	33
50	**43**		43
65	**46**		46
80		49	64
100	**52**	56	
125	**56**	64	70
150		70	76
200	**60**	71	89
250	**68**	76	114
300	**78**	83	
350		92	127
400	**102**	102	140
450	**114**	114	152

公称直径DN	公称压力/MPa		
	PN≤1.6(PN2.0/2.5)		
	结构长度		
	短	中	长
500	**127**	127	152
600	**154**	154	178
700	**165**	—	229
800	**190**		241
900	**203**		
1000	**216**		300
1200	**254**		360
1400	—		390
1600			440
1800			490
2000			540
基本系列	20	25	16

旋塞阀和球阀的结构长度　　单位：mm

公称直径 DN	公称压力/MPa						公称直径 DN	公称压力/MPa					
	PN1.0/1.6 (PN2.0/2.5)			PN2.5/4.0 (PN4.0/5.0)		PN 10.0		PN1.0/1.6 (PN2.0/2.5)			PN2.5/4.0 (PN4.0/5.0)		PN 10.0
	结构长度							结构长度					
	短	中	长	短	长	常规		短	中	长	短	长	常规
10	102	130	**130**	—	130	—	150	267	**394**	480	**403**	480	**559**
15	108	**130**	130	140	130	**165**	200	292	**457**	600	**419**(502)①	500	**660**
20	117	**130**	150	152	150	**190**	250	330	**533**	730	**457**(568)①	730	**787**
25	127	**140**	160	165	160	**216**	300	356	**610**	850	**502**(648)①	850	**838**
32	140	**165**	180	178	**180**	**229**	350	381	**686**	980	**762**	980	**889**
40	165	**165**	200	190	**200**	**241**	400	406	**762**	1100	**838**	1100	**991**
50	178	**203**	230	216	**230**	**292**	450	432	**864**	1200	**914**	1200	**1092**
65	190	**222**	290	241	**290**	**330**	500	457	**914**	1250	**991**	1250	**1194**
80	203	**241**	310	283	**310**	**356**	600	508	**1067**	1450	**1143**	1450	**1397**
100	**229**	**305**	350	305	350	432	700	—	—	—	—	—	**1700**
125	254	**356**	400	**381**	**400**	**508**	基本系列	3	12	1	4	1	5

① 适用于全通径球阀。

注：不适用于公称直径大于40mm以上的上装式全通径球阀以及公称直径大于300mm的旋塞阀和全通径球阀。

截止阀及止回阀（直通型）结构长度　　单位：mm

公称直径 DN	公称压力/MPa						公称直径 DN	公称压力/MPa					
	PN1.0/1.6 (PN2.0/2.5)		PN2.5/4.0 (PN4.0/5.0)		PN10.0			PN1.0/1.6 (PN2.0/2.5)		PN2.5/4.0 (PN4.0/5.0)		PN10.0	
	结构长度							结构长度					
	短	长	短	长	短	长		短	长	短	长	短	长
10	—	**130**	—	**130**	—	210	200	**495**	600	**533**	600	660	**650**
15	108	**130**	152	**130**	165		250	**622**	730	**622**	730	787	**775**
20	117	**150**	178	**150**	190	230	300	**698**	850	**711**	850	338	**900**
25	127	**160**	216	**160**	216		350	**787**	980	**838**	980	889	**1025**
32	140	**180**	229	**180**	229	260	400	**914**	1100	**864**①	1100	991	**1150**
40	15	**200**	241	**200**	241		450	**978**	1200	**978**	1200	1092	**1275**
50	203	**230**	267	**230**	292	**300**	500	**978**	1250	**1016**	1250	1194	**1400**
65	216	**290**	292	**290**	350	**340**	600	**1295**	1450	**1346**	1450	1397	**1650**
80	241	**310**	318	**310**	356	**380**	700	1448 (900)②	1650	**1499**	1650	1651	
100	292	**350**	356	**350**	432	**430**	800	(1000)②	1850	—	1850	—	
125	330	**400**	400	**400**	508	**500**	900	1956 (1100)②	2050	**2083**	2050		
150	356	**480**	444	**480**	559	**550**	1000	(1200)②	2250	—	2250		
基本系列	10	1	21	1	5	2	基本系列	10	1	21	1	5	2

① 仅用于旋启式止回阀；

② 仅用于多瓣旋启式止回阀。

8.6 管道常用保温层厚度

岩棉管壳的绝热厚度表（仅供参考）

管道直径 *DN*		正常操作温度/℃					
/mm	/in	60～350	350	400	450	500	600
≤20	<1	25	30	40	40	50	60
25	1	25	30	40	40	50	60
40	1 1/2	25	30	40	50	60	70
50	2	25	40	40	50	60	70
80	3	30	40	40	50	60	80
100	4	30	40	50	50	70	80
150	6	30	40	50	60	70	80
200	8	30	40	50	60	80	80
250	10	30	40	50	60	80	100
300	12	30	40	50	60	80	100
350	14	30	40	50	70	80	100
400	16	30	40	50	70	80	100
450	18	30	40	50	70	80	100
500	20	40	40	50	70	80	100

参考文献

[1] 国家医药管理局上海医药设计院. 化工工艺设计手册（上下册）. 第四版. 北京：化学工业出版社，2009.

[2] 王静康. 化工过程设计. 第2版. 北京：化学工业出版社，2006.

[3] 韩冬冰，李叙凤，王文华. 化工工程设计. 北京：学苑出版社，1997.

[4] 吴思方. 发酵工厂工艺设计概论. 北京：中国轻工业出版社，1998.

[5] 傅启民. 化工设计. 合肥：中国科学技术出版社，1995.

[6] 胡庆福. 化工设计概论. 北京：中国科学技术出版社，1990.

[7] 侯文顺. 化工设计概论. 第3版. 北京：化学工业出版社，2011.

[8] 周镇江. 轻化工工厂设计概论. 北京：中国轻工业出版社，1994.

[9] H. 桑德勒，E. 卢奇威斯. 实用工艺工程设计工作方法. 北京：中国石化出版社，1992.

[10] 林大钧. 简明化工制图. 第2版. 上海：华东理工大学出版社，2010.

[11] 黄英. 化工过程设计. 西安：西北工业大学出版社，2005.

[12] 周大军，揭嘉，张亚涛. 化工工艺制图. 第2版. 北京：化学工业出版社，2012.

[13] 娄爱娟，吴志泉，吴叙美. 化工设计. 上海：华东理工大学出版社，2002.

[14] 熊洁羽. 化工制图. 北京：化学工业出版社，2006.

[15] 杨基和，蒋培华. 化工工程设计概论. 北京：中国石化出版社，2005.

[16] 胡志彤. 碳酸钙的生产与应用. 内蒙古：内蒙古人民出版社，2001.

[17] 田文德，王晓红. 化工过程计算机应用基础. 北京：化学工业出版社，2007.

[18] 杨友麒，项曙光. 化工过程模拟与优化. 北京：化学工业出版社，2006.

[19] 朱开宏译. Finlayson B A 著. 化工计算导论. 上海：华东理工大学出版社，2006.

[20] 陈声宗. 化工设计. 第3版. 北京：化学工业出版社，2012.

[21] 沈斌. 以3D软件应用为中心的设计管理模式. 石油化工设计，2006，23（1）：52-55.

[22] 贺建勋，顾傲山. PDS软件在配管设计中的应用. 黑龙江石油化工，2001，12（2）：37-39.

[23] 胡文发，何新华. 4D CAD技术的现状及其发展趋势分析. 山东建筑工程学院学报，2006，21（2）：183-185.

[24] 张建平，曹铭，张洋. 基于IFC标准和工程信息模型的建筑施工4D管理系统. 工程力学，2005，22（增刊）：220-227.

[25] 唐宏青. 工艺包设计编写提纲探讨. 化工设计，2001，11（6）：

[26] 江寿建. 化工厂工艺系统设计指南. 北京：化学工业出版社，1996.

[27] 郭泉. 认识化工生产工艺流程——化工生产实习指导. 北京：化学工业出版社，2009.

[28] 化学工业出版社组织编写. 化工生产流程图解. 北京：化学工业出版社，1997.

[29] Kathleen McKinney，Jennifer Kim，Martin Fischer&Craig Howard. Interactive 4D-CAD. Computing in Civil Engineering，1996，383-389.

[30] Heesom D，Mahdjoubi L. Trends of 4D CAD applications for construction planning. Construction Management and Economics，2004，22（2）：171-182.